식품안전과 품질관리

농학박사/식품기술사
한 융 수

태 학 원

머 리 말

식품은 인간이 생명을 유지하는데 중요한 요소이다. 인간은 수 만년 동안 경험을 통해 인체에 무해하고 유용한 자연물을 채취하거나 재배하여 식품으로 이용하여 왔고, 그 경험을 자손에게 전수하여 전통의 안전한 식품체계를 이루어 왔다. 그리고 근대국가는 나라 안에서 국민먹거리를 안정적으로 공급하기 위하여 농업을 국가의 기본산업으로 설정하고 발전시켜 왔다. 그러나 WTO체제가 확산되면서 전에 경험하지 못했던 외래식품이 시장에 많이 유입되고 있고, 그 결과 식생활은 풍요로워졌으나 식품의 안전성에 대한 소비자의 불안감은 높아지고 있다.

식품의 안전에 대한 1차적인 책임은 최종 소비자에게 있으나 소비자가 모든 식품의 안전성을 확인하기는 현실적으로 어렵다. 그래서 정부가 수입식품을 포함한 모든 식품의 안전성을 책임 관리하고 소비자는 정부를 믿고 식품을 구입하여 먹는 식품안전관리의 대행체계로 전환되고 있다.

식품무역이 확산되면서 가격이 싼 원물식품과 가공식품이 많이 수입되고 이로 인하여 한국의 식품산업은 어려움에 처해있다. 이 난국을 극복하려면 소비자의 요구에 맞추어 양질의 안전식품을 공급할 수 있어야 한다. 품질 좋고 안전한 식품을 고객이 원하는 시간에, 고객이 원하는 장소에, 고객이 원하는 형태로 공급하려면 유통체계의 혁신에 앞서 품질관리와 안전관리가 철저하게 수행되어야 한다. 한국의 식품산업이 소비자와 생산자의 신뢰를 바탕으로 경쟁력있는 산업으로 발전하려면 식품안전성의 확보와 품질관리가 그 기본이 될 것이다.

우리나라의 식품안전 품질관리는 아직 초기단계에 있다. 가공식품의 안전 품질관리는 발전단계에 있다고도 볼 수 있으나 농산물, 수산물, 축산물, 임산물, 광산물 등 원물식품의 안전 품질관리는 아직도 현장에서 효과적으로 실행되지 못하고 있는 실정이다. 이는 식품안전 품질관리에 대한 인식수준이 낮기 때문이기도 하지만 현장에서 활용하기 좋은 참고자료가 부족한 것도 하나의 원인이다.

이 책은 식품을 다루는 현장 실무자들이 활용하기 쉽도록 전반부에는 식품의 안전관리와 품질관리에 대한 기본이론을 요약하였고, 후반부에는 식품 부류별로 안전관리와 품질관리 기법을 알기 쉽게 정리하였다. 지금까지 발간된 대부분의 책자들이 각각의 원물식품을 단편적으로 취급하거나 가공식품에 편중되어 있어 모든 식품을 취급해야하는 현장에서는 여러 책자를 참고해야 하는 번거로움이 있었다. 이에 본 책자에서는 곡물식품, 청과식품, 육류식품, 유란식품, 수산식품, 소금, 먹는물 등 모든 원물식품과, 이들을 원료로 제조한 가공식품, 건강기능식품을 포함하여 모든 식품을 포괄하고자 하였다.

의욕은 있으나 능력이 부족하여 미흡한 점이 여러 군데 눈에 띈다. 이는 다음에 보완하기로 하고 우선 하나의 책자로 엮어 펴낸다. 이 책을 엮는데 참고한 자료들에 대하여 일일이 저자의 양해를 구하지 못하였고, 또 출처도 명확하게 밝히지 못한 점은 이 자리를 빌어 사과드리며 저자들의 넓은 양해를 바랄 뿐이다.

아무쪼록 이 작은 책자가 우리나라의 식품안전과 품질관리에 조금이라도 도움이 되어, 더 많은 사람들이 안전하고 올바른 식생활로 건강하고 행복해지면 좋겠다.

2006년 여름
원당에서
일산 한응수 씀

차 례

01 식품의 품질/7

02 품질관리 이론/39

03 식품의 품질평가/91

04 식품의 품질변화관리/131

05 식품의 표시관리/163

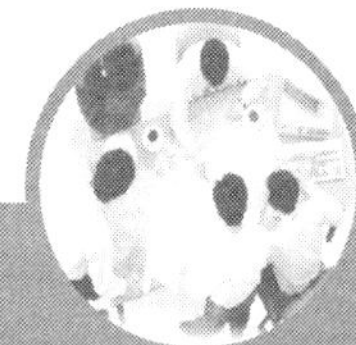

01 식품의 품질

제1절 식품의 분류

1 식품의 정의

식품(食品, food)은 인간이 필요로 하는 한 종류 이상의 식이물질을 함유한 자연물 또는 가공물로서 인간이 먹을 수 있는 약품 이외의 물질을 말한다. 그 중 가공되지 않은 것을 원물식품(原物食品, raw food) 또는 자연식품(自然食品, natural food)이라 하고, 원물식품에 이화학적·생물학적 변화를 주어 소화흡수가 용이하고 기호성과 편리성이 높아진 것을 가공식품(加工食品, process food)이라고 한다. 예를 들어 쌀, 배추, 돼지고기, 참치, 소금 등은 원물식품이고 이를 가공한 쌀밥, 김치, 햄, 참치통조림, 재제염은 가공식품이다.

한국의 2004년도 식품 공급량은 총 70백만 톤으로 옥수수, 쌀, 배추, 우유, 생선, 소금 등 원물식품이 48백만 톤이었고, 라면, 김치, 요구르트, 생선묵, 음료, 콩기름, 홍삼, 된장 등 가공식품이 22백만 톤이었다. 이 중 수입량은 21백만 톤으로 옥수수, 밀, 콩 등 원물식품이 대부분이었고, 수출량은 1백만 톤인데 과자, 라면, 소주, 김치, 설탕, 커피 등 가공식품이 주요 품목이었다.

2 식품의 분류체계

한국의 식품분류체계는 세계화의 추세에 맞추어 국제표준으로 변화해 가고 있다. 국제적으로 통용되는 식품분류체계로는 Codex code와 HS code가 있는데, Codex 분류체계는 국제식품규격위원회에서 제정하여 WTO체제하의 SPS/TBT협정을 관리할 때 기준으로 쓰이고, HS code는 무역식품의 관세율을 정하여 관리하는데 쓰이고 있다. 이들 두 제도는 국제무역에 편리한 장점이 있으나 가공식품과 비가공식품을 명확하게 구분하지 않아 부가가치세 등 국내관리제도와 일치하지 않는 단점이 있다. 이제는 소비자의 입장에서 이해하기 쉽고 국내에서 활용이 편리하며 국제적으로 통용될 수 있는 식품분류체계의 도입이 필요하다.

이에 Codex code와 HS code를 중심으로 국내의 식품공전과 미가공식료품 분류를 고려하여 새로운 9대 분류체계를 〈표1-1〉과 같이 개발하였다.

새로운 분류체계에서는 부가가치세법의 미가공식품 분류기준에 따라 원물식품과 가공식품을 분류하였고, 원물식품은 출처, 형태, 성분, 용도 등을 고려하여 곡물식품, 청과식품, 육류식품, 유란식품, 수산식품, 기타원물식품의 6부류로 분류하였으며, 가공식품은 원료식품의 출처와 용도특성에 따라 곡물가공식품, 청과가공식품, 육류가공식품, 유란가공식품, 수산가공식품, 음료식품, 유지식품, 특수식품, 기타가공식품의 9부류로 분류하였다.

〈표1-1〉 식품의 분류방법

대분류(9)	중분류	Codex(9volume)	HS(20류)	식품공전(20)
1. 곡물식품	1) 곡류 2) 서류 3) 기타곡물식품 4) 과자 5) 면 6) 두부 7) 기타곡물가공식품	7. cereals, pulses and derived products	10. cereals 11. starches 12. oil seeds 19. preparations	1. 과자류 7. 두부류 9. 면류 11. 청량음료중 두유
2. 청과식품	1) 채소 2) 과일 3) 버섯 4) 인삼 5) 기타청과식품 6) 김치 7) 주스 8) 기타청과가공식품	5. fruits & vegetables 6. fruit juices	7. vegetables 8. fruits & nuts 20. preparations	16. 인삼제품류 17. 김치절임식품 11. 청량음료중 과채음료
3. 육류식품	1) 돼지고기 2) 소고기 3) 닭고기 4) 기타육류식품 5) 소시지 6) 기타육류가공식품	10. meats & meat products	2. meat 16. preparations	(소고기, 돼지고기, 닭고기, 육가공식품) 5. 기타식육제품
4. 유란식품	1) 우유 2) 계란 3) 기타유란식품 4) 시유 5) 요구르트 6) 치즈 7) 기타유란가공식품	12. milk & milk products	4. dairy produce, eggs, honey	(우유, 계란, 유가공식품, 난가공식품) 4. 유가공품
5. 수산식품	1) 어류 2) 패류 3) 해조류 4) 기타수산식품	9. fish & fishery products	3. fish 16. preparations	6. 어육제품 19. 건포류

대분류(9)	중분류	Codex(9volume)	HS(20류)	식품공전(20)
	5) 어묵 6) 기타수산가공식품			
6. 음료식품	1) 먹는물 2) 당류 3) 빙과류 4) 청량음료 5) 주류 7) 기타음료식품	11. sugars, cocoa, water, ices	17. sugars 18. cocoa 22. beverages, spirits	2. 당류 3. 아이스크림제품 11. 청량음료 15. 얼음 18. 주류
7. 유지식품	1) 식물성유지 2) 동물성유지 3) 마아가린 4) 쇼트닝 5) 기타유지식품	8. fats & oils	15. fats & oils	8. 식용유지
8. 특수식품	1) 특수영양식품 2) 건강보조식품 3) 건강기능식품 4) 기타특수식품	4. special dietary foods		12. 특수영양식품 13. 건강보조식품, 건강기능식품
9. 기타식품	1) 소금 2) 식품첨가물 3) 다류 4) 조미식품 5) 기타식품		9. coffee, tea 13. gums, resins 25. salt 21. miscellaneous	10. 다류 14. 조미식품 20. 기타식품

3 식품의 공급량

가. 원물식품의 공급량

원물식품은 가공하지 않은 식료품으로 〈표1-2〉와 같이 곡물식품, 청과식품, 육류식품, 유란식품, 수산식품, 기타식품으로 분류할 수 있다. 원물식품의 공급량은 국내생산량과 수입량을 합한 양으로 4,849만 톤으로 추정되며, 곡물식품 1,949만 톤, 청과식품 1,309만 톤, 육류식품 155만 톤, 유란식품 356만 톤, 수산식품 339만 톤, 기타식품 629만 톤이다. 이 중 사료용 곡물 875만 톤, 공업용 소금 266만 톤, 어업용 얼음 58만 톤을 제외하면 식용으로 쓰이는 원물식품의 양은 3,650만 톤으로 추정된다. 이중 가공식품의 원료로 쓰이는 양(약 12백만 톤)을 고려하면 최종 소비자가 식품으로 소비하는 양은 25백만 톤 정도(곡물 600, 청과 1200, 육류 130, 유류 50, 수산 220, 기타 300만 톤)으로 추정된다.

원물식품은 2004년에 파프리카, 배, 돼지고기, 밤, 버섯, 먹는물 등 19만 톤(3억 달러)을 수출하고, 옥수수, 밀, 콩, 바나나, 오렌지, 고추, 마늘, 돼지고기, 소고기, 원당, 소금, 먹는물 등 20백만 톤(68억 달러)을 수입하였다.

〈표1-2〉 원물식품의 공급량 (천 톤)

구분	계	곡물	청과	육류	유란	수산	기타
2000	48,059	20,555	14,596	1,583	3,327	2,797	5,201
2001	49,123	20,310	14,660	1,531	3,473	3,285	5,864
2002	47,912	20,064	13,179	1,711	3,671	3,230	5,839
2003	47,716	19,564	13,625	1,711	3,427	3,296	6,093
2004	48,488	19,486	14,273	1,550	3,559	3,393	6,227

자료 : 농림통계연보, 농림업주요통계, 식품유통연감
주1) 공급량 = 생산량 + 수입량(비식용 포함)
주2) 곡물은 쌀, 보리쌀, 밀, 옥수수, 콩, 서류, 기타
주3) 청과는 채소, 과일, 버섯, 인삼, 기타
주4) 유란은 우유, 계란
주5) 기타는 소금, 먹는샘물, 얼음

나. 가공식품의 공급량

1) 가공식품의 범위

가공식품의 공급량은 가공식품의 범위설정에 따라 크게 달라진다. 밀을 원물식품으로 보고 과자, 빵, 국수를 가공식품으로 볼 때 밀가루를 가공식품으로 분류하느냐 않느냐에 따라 가공식품의 공급량은 189만 톤이나 달라지는 것이다. 부가가치세법 규정에는 밀가루는 미가공식료품으로 분류하여 부가세를 부과하지 않는다. 김치는 가공식품으로 부가세가 부과되었으나 2002년부터 미가공식료품으로 분류되고 있고, 단지 5kg 이하의 밀봉포장김치(공기가 통하는 포장 제외)만을 가공식품으로 분류하고 있다. 이처럼 법규에 따라 가공식품을 분류할 경우 시대에 따라 기준이 달라져 통계에 어려움이 있으므로 학문적인 구분이 필요하다.

2) 식품가공업의 범위

부가가치세법에 따르면 과세대상이 되는 식품가공업은 식품위생법에 규정하고 있는 식품제조·가공업(식품소분업은 제외)과 첨가물제조업으로, 식품가공업에 해당하는 경우라 하더라도 그 식품의 제조행위가 부가가치세가 원초적으로 면제되는 1차 가공단계이거나 미가공식료품의 범위에 속하는 경우에는 부가가치세가 면제된다.

3) 부가가치세가 면세되는 가공행위

원물식품에는 여러 단계가 있을 수 있는데 경작되거나 자연상태 그대로 있는 것, 이를 상품화 및 운반 가능한 상태까지 작업을 가한 것, 운반되어 재고 등으로 쌓여 있는 것 등은 모두 원물식

품의 상태라 할 수 있다. 이러한 원물식품에는 여러 형태의 가공이 가해지는데 식품의 가공방법으로 통상 들 수 있는 것 중 겉껍질벗기기(탈곡), 속껍질벗기기(정미, 정맥), 가루빻기(제분), 말리기(건조), 차게하기(냉장), 얼리기(냉동), 소금절이기(염장), 부수기(분쇄), 자르기(절단), 동물죽이기(도살), 누르기, 고기자르기(정육) 및 포장하기 등의 행위는 모두 당해 원물식품을 최종 소비하기 위한 최소한의 행위로 원물식품 본래의 성질이 변하지 않는 1차 가공 또는 단순가공행위라 할 수 있기 때문에 면세의 범위에 포함시키고 있다.

또한 이러한 1차 가공행위 그 자체가 혼합되거나 여러 단계를 거쳐 외관상 달라졌다 하더라도 본래의 성질이 변하지 아니하는 한 면세한다. 그러나 어느 한 가지의 원물식품이 아니고 두 가지 이상의 원물식품에 대하여 1차 가공행위인 혼합공정이 진행되었다면 이는 1차 가공행위이지만 혼합으로 인하여 본래의 성질이 변한 것으로 보아 과세대상으로 분류하고 있다.

4) 부가가치세 과세대상이 되는 가공행위

어느 정도 본래의 성질이 변하여 가치가 상당히 증가하였다고 보아 과세대상으로 하는 가공행위로는 열가하기(가열, 삶기, 찌기, 굽기, 볶기, 튀기기), 맛내기(조미, 양념하기, 향미), 식품 등에서 특정요소만 뽑는 행위(앙금, 침전, 추출물, 묵 등의 응고상태), 숙성, 발효, 여러 원물식품을 혼합하기 및 배합하기, 최종소비자에게 직접 공급할 수 있는 상태로 거래단위별 포장하기(김치 등 절임식품의 경우) 등을 들 수 있는데, 이러한 행위 중 어느 하나만 거치더라도 당해 식품은 과세대상이 된다.

5) 가공식품의 공급량 변화

가공식품의 공급량은 〈표1-3〉과 같이 2,162만 톤으로 추산된다. 그 중 주류, 당류, 청량음료가 포함된 음료식품이 773만 톤으로 많고, 과자류, 면류, 두부류, 전분류가 포함된 곡물가공식품이 382만 톤이며, 식품첨가물과 조미식품이 포함된 기타가공식품이 374만 톤이다.

가공식품은 2004년에 과자, 라면, 소주, 김치, 커피, 설탕, 홍삼, 마요네즈, 고추장 등 124만 톤(15억 달러)을 수출하고, 식물성유지, 주류, 커피, 김치 등 76만 톤(10억 달러)을 수입하였다.

〈표1-3〉 가공식품의 공급량 (천 톤)

구분	계	곡물	청과	육류	유란	수산	음료	유지	특수	기타
2000	18,814	2,733	1,161	136	2,969	486	7,616	746	110	2,857
2001	19,462	2,953	1,304	150	3,069	485	7,472	777	122	3,130
2002	19,739	2,809	1,389	153	3,000	537	7,502	776	136	3,496
2003	20,501	2,801	1,538	173	3,143	422	7,434	771	191	4,061
2004	21,619	3,818	1,566	171	3,096	624	7,725	775	151	3,736

자료 : 농림통계연보, 농림업 주요통계, 식품유통연감
주1) 공급량 = 생산량 + 수입량
주2) 곡물가공식품, 음료식품, 유지식품, 특수식품, 기타가공식품은 생산량을 공급량으로 간주함

제2절 식품산업과 식생활

1 식품산업의 현황

가. 식품산업의 범위

식품산업은 식용으로 생산된 농수산물 등의 수집, 가공, 포장, 판매 등 복잡한 유통경로를 거쳐 행해지는 제반 경제행위를 수행하는 산업으로 정의할 수 있다. 이러한 식품산업은 원료공급 상황, 제품 생산능력, 소비자의 구매력과 소비행태에 의하여 수급관계가 결정되며 관련 산업과 상호 보완적인 관계에 있다.

식품산업은 농수산물 등을 가공하여 생산자와 소비자를 연결하는 기능 외에 저장, 수송에 의한 시간적, 공간적 수급불균형 조절과 가격안정을 도모하여 국민경제에 기여할 뿐만 아니라, 가공에 의해 소비자의 요구에 부응하며 원물식품의 이용효율을 증가시킨다. 또한 식품산업은 많은 고용 기회를 창출하며 기계산업, 물류산업, 포장산업 등의 발전을 유도한다.

이와 같이 넓은 의미의 식품산업은 식품제조업, 원물식품의 수집 중계업, 운수 보관업, 식품기계제조업, 용기·포장재제조업, 외식산업, 식품 도소매업을 포함한다. 반면 한국표준산업분류에 의한 식품산업은 음식료품제조업으로 여기에는 식품 및 첨가물 제조·가공업과 냉동보관업만을 포함한다. 본서에서는 식품산업의 범위를 쌀, 배추, 돼지고기, 우유, 참치, 소금, 먹는물 등의 원물식품 생산업과 가공식품 생산업(음식료품 제조 가공업)으로 한정하였다.

나. 식품 생산액

한국의 2003년도 식품생산액은 〈표1-4〉와 같이 총 92조원이었고, 이중 원물식품 생산액이 44조원, 가공식품 생산액이 48조원이었다. 원물식품은 쌀, 배추, 사과, 인삼 등 작물재배로 생산한 금액이 24조원, 돼지고기, 닭고기, 우유 등 가축 생산액이 11조원, 어류, 패류, 해조류 등 수산 생산액이 5조원, 종실, 산나물 등 산림 생산액이 1조원, 소금, 먹는물 등 기타 생산액이 3조원이었고, 이들 원물식품과 수입 원료를 가공하여 생산한 가공식품의 생산액이 48조원이었다.

2000년에서 2004년까지 전체 식품생산액은 15조원이 증가하였는데, 원물식품은 4조원이 증가한데 비해 가공식품은 11조원이 증가하였고, 재배업의 생산액은 조금 감소하였다.

〈표 1-4〉 한국의 식품 생산액 (10억원)

구분	재배업	축산업	어업	임업	기타	원물식품소계	음식료품제조업	합계
2000	23,987	8,168	4,470	794	2,456	39,875	37,434	77,309
2001	24,191	8,820	4,526	795	2,721	41,053	39,851	80,904
2002	23,206	9,655	4,323	820	2,826	40,830	42,877	83,707
2003	22,845	9,270	4,730	812	2,953	40,610	43,859	84,469
2004	23,805	11,276	4,770	792	3,083	43,726	47,981	91,707

자료 : 농림업주요통계, 한국통계연감

다. 식품 부가가치 생산액

식품산업의 부가가치 생산액은 〈표1-5〉와 같이 2004년에 45조원으로 식품산업의 부가가치율은 50.3%였고, 이중 원물식품의 부가가치 생산액은 26조원으로 부가가치율이 59.2%로 높았으며, 가공식품의 부가가치 생산액은 19조원으로 부가가치율이 40.2%였다.

이를 부류별로 나누어 보면 쌀, 배추, 사과, 인삼 등 재배식품 생산의 부가가치액이 18조원으로 2000년 이후 감소추세였으나 부가가치율은 76.6%로 높았고, 돼지고기, 닭고기, 우유 등 축산식품 생산의 부가가치액이 4조원으로 증가추세였으나 부가가치율은 32.1%로 낮았다. 또 어류, 패류, 해조류 등 수산식품 생산의 부가가치액은 2조원으로 감소추세였고 부가가치율도 38.8%로 낮았으며, 종실, 산나물 등 임산식품 생산의 부가가치액은 1조원으로 작았으나 부가가치율은 80.0%로 높았다. 한편 소금, 먹는물 등 기타식품 생산의 부가가치율을 50%로 보면 부가가치 생산액은 2조원으로 추산된다.

2000년에서 2004년까지 전체 식품생산의 부가가치액은 4.1조원 증가하였는데, 이는 가공식품의 부가가치액이 3.5조원 증가하고, 원물식품의 부가가치액이 0.6조원 증가한 결과이다.

〈표1-5〉 한국의 식품 부가가치 생산액 (10억원)

구분	재배업	축산업	어업	임업	기타	원물식품소계	음식료품제조업	합계
2000	18,646	2,598	2,155	641	1,228	25,268	15,746	41,014
2001	18,456	2,598	2,067	646	1,361	25,178	15,547	40,725
2002	17,814	3,243	1,812	654	1,413	24,936	16,721	41,657
2003	17,594	2,842	1,972	655	1,477	24,540	16,750	41,290
2004	18,229	3,621	1,852	634	1,542	25,878	19,284	45,612

자료 : 상동

라. 원물식품 생산량

한국의 주요 식품 생산량은 4,895만 톤으로 원물식품이 2,817만 톤이고 가공식품이 2,078만 톤이었다. 주요 원물식품의 생산량은 〈표1-6〉과 같이 2000년 이후 감소추세인데, 이중 쌀 등 곡물식품의 생산량이 570만 톤으로 감소추세였고, 배추, 사과, 버섯, 인삼 등 청과식품의 생산량도 1,309만 톤으로 감소추세였으며, 돼지고기 등 육류식품과 우유 등 유란식품의 생산량은 각각 118만 톤과 272만 톤으로 정체상태였다. 또 참치 등 수산식품의 생산량은 252만 톤으로 정체상태였고, 소금, 먹는물 등 기타식품의 생산량은 296만 톤으로 증가추세였다.

〈표1-6〉 주요 원물식품의 생산량 (천 톤)

구분	계	곡물식품	청과식품	육류식품	유란식품	수산식품	기타식품
2000	28,498	5,954	13,883	1,189	2,687	2,505	2,280
2001	29,580	6,243	13,982	1,163	2,820	2,665	2,716
2002	27,607	5,632	12,499	1,223	3,025	2,475	2,753
2003	26,787	5,031	12,545	1,212	2,823	2,487	2,689
2004	28,168	5,701	13,092	1,177	2,717	2,519	2,962

자료 : 농림업주요통계, 해양수산통계연감, 식품유통연감

1) 곡물식품 생산량

주요 곡물식품의 생산량은 〈표1-7〉과 같이 쌀이 2004년에 500만 톤이 생산되었는데 감소하고 있고, 보리쌀, 콩, 감자, 고구마, 참깨, 땅콩이 각각 20만 톤 이하로 생산되었으며 정체 또는 감소추세였다.

〈표1-7〉 주요 곡물식품의 생산량 (천 톤)

구분	계	미곡	맥류	두류	서류	잡곡	유지작물
2000	5,954	5,291	163	134	248	75	43
2001	6,243	5,515	272	140	205	68	43
2002	5,632	4,927	218	135	231	85	36
2003	5,031	4,451	168	121	183	81	20
2004	5,701	5,000	190	156	236	88	31

자료 : 농림업주요통계

2) 청과식품 생산량

주요 청과식품의 생산량은 〈표1-8〉과 같이 1,309만 톤으로 많았으나 감소추세였는데, 특히 채소와 과일이 생산량은 각각 1,047만 톤과 241만 톤으로 많았으나 감소하고 있고, 버섯과 인삼은 생

산량은 적었으나 증가추세였다. 품목별로는 배추가 265만 톤으로 증가추세였고 무도 145만 톤으로 증가추세였으며, 양파, 마늘, 고추가 각각 95만 톤, 36만 톤, 16만 톤으로 감소추세였으며, 산나물은 3만 톤으로 적었으나 증가추세였다. 또 감귤, 배, 포도, 사과가 각각 58만 톤, 45만 톤, 37만 톤, 36만 톤으로 많았으나 모두 감소추세였고, 복숭아만이 20만 톤으로 증가추세였다. 그리고 버섯 20만 톤과 인삼·생약 6만 톤은 증가추세였고, 밤 등 종실의 생산량은 14만 톤으로 감소추세였다.

〈표1-8〉 주요 청과식품의 생산량 (천 톤)

구분	계	채소					과일	버섯	인삼
		소계	엽채류	근채류	과채류	조미채류			
2000	13,883	11,282	3,745	1,914	2,407	2,417	2,429	158	12
2001	13,982	11,310	3,687	1,885	2,375	2,548	2,488	171	13
2002	12,499	9,796	2,868	1,548	2,264	2,305	2,500	186	17
2003	12,545	10,068	3,262	1,686	2,215	2,028	2,275	187	15
2004	13,092	10,468	3,463	1,790	2,376	2,434	2,411	198	15

자료 :상동

3) 육류식품과 유란식품 생산량

주요 육류식품의 생산량은 118만 톤으로 정체상태였고 유란식품의 생산량은 272만 톤으로 증가추세였다. 품목별 생산량은 〈표1-9〉와 같이 돼지고기와 닭고기가 각각 75만 톤과 29만 톤으로 증가추세였고 소고기는 15만 톤으로 감소추세였으며, 우유와 계란은 각각 226만 톤과 46만 톤으로 정체상태였다.

〈표1-9〉 주요 육류식품과 유란식품의 생산량 (천 톤)

구분	육류 계	소고기	돼지고기	닭고기	유란 계	우유	계란
2000	1,189	214	714	261	2,687	2,253	434
2001	1,163	163	733	267	2,820	2,339	481
2002	1,223	147	785	291	3,025	2,537	488
2003	1,212	142	783	287	2,823	2,366	457
2004	1,177	145	744	288	2,717	2,255	462

자료 : 상동

4) 수산식품 생산량

주요 수산식품의 생산량은 252만 톤으로 〈표1-10〉과 같이 어류는 116만 톤으로 감소추세였고,

패류와 갑각류는 각각 72만 톤과 10만 톤으로 정체 또는 감소추세였으며, 해조류는 55만 톤으로 증가추세였다.

〈표1-10〉 주요 수산식품의 생산량 (천 톤)

구분	계	어류	연체 패류	갑각류	해조류
2000	2,505	1,271	728	119	387
2001	2,665	1,467	697	113	388
2002	2,475	1,202	666	99	508
2003	2,487	1,144	782	104	457
2004	2,519	1,157	716	100	546

자료 : 해양수산통계연감

5) 기타식품 생산량

주요 기타식품의 생산량은 296만 톤으로 〈표1-11〉과 같이 소금이 52만 톤으로 감소 후 증가하였고, 먹는샘물과 식용얼음은 각각 211만 톤과 33만 톤으로 증가 또는 정체상태였다. 그리고 소금 중 공업용소금은 266만 톤으로 증가추세였고, 먹는물 중 수돗물은 59억 톤으로 증가추세였으며, 얼음 중 어업용 얼음은 58만 톤으로 정체상태였다.

〈표1-11〉 주요 기타식품의 생산량 (천 톤)

구분	계	소금	먹는샘물	식용얼음
2000	2,280	521	1,430	329
2001	2,716	515	1,851	350
2002	2,753	357	2,027	369
2003	2,689	411	1,973	305
2004	2,962	523	2,110	329

자료 : 식품유통연감, 환경통계연감

마. 가공식품 생산량

가공식품의 생산량은 2,078만 톤으로 증가하였고 부류별로는 〈표1-12〉와 같이 주로 수입원료로 가공한 곡물가공식품, 음료식품, 기타식품이 382만 톤, 773만 톤, 374만 톤으로 많았으며, 국산원료로 제조한 청과가공식품의 생산량은 157만 톤으로 적었다. 품목별로는 밀가루, 탄산음료, 대두유, 껌·커피는 각각 189만 톤, 121만 톤, 5만 톤, 6만 톤으로 정체 내지 감소추세였고, 맥주, 시유, 설탕, 소주는 각각 180만 톤, 177만 톤, 130만 톤, 118만 톤으로 많이 생산되었고 증가추세였으며, 과즙음료, 혼합음료, 라면, 발효유도 각각 72만 톤, 65만 톤, 57만 톤, 56만 톤이 생산되었고 증가추세며, 아이스크림, 분유, 주정, 두유, 조미료는 각각 38만 톤, 36만 톤, 30만 톤, 20만 톤, 15만 톤으로 생산량은 적었으나 증가추세였다.

〈표1-12〉 주요 가공식품의 생산량 (천 톤)

구분	계	곡물	청과	육류	유란	수산	음료	유지	특수	기타
2000	18,029	2,733	1,161	109	2,276	421	7,616	746	110	2,857
2001	18,643	2,953	1,304	118	2,348	419	7,472	777	122	3,130
2002	19,013	2,809	1,389	157	2,300	448	7,502	776	136	3,496
2003	19,706	2,801	1,538	160	2,455	328	7,434	771	158	4,061
2004	20,776	3,818	1,566	160	2,382	506	7,725	775	108	3,736

자료 : 식품유통연감

1) 곡물가공식품 생산량

곡물가공식품의 생산량은 382만 톤으로 크게 증가하였고, 〈표1-13〉과 같이 수입밀과 옥수수를 가공한 과자류와 면류가 각각 131만 톤과 104만 톤으로 많았으며 수입콩으로 만든 두부와 두유 등도 증가추세였다. 과자와 라면은 8만 톤과 9만 톤을 수출하였다.

〈표1-13〉 주요 곡물가공식품 생산량 (천 톤)

구분	계	과자류	면류	두부류	두유	기타
2000	2,733	1,022	677	274	106	654
2001	2,953	1,120	665	286	111	771
2002	2,809	953	701	276	141	738
2003	2,801	1,025	668	308	205	595
2004	3,818	1,307	1,043	295	165	1,008

자료 : 식품유통연감

주1) 기타는 곡류가공품, 두류가공품, 서류가공품, 전분가공품, 메주, 땅콩 또는 견과류가공품, 전분, 팝콘용 옥수수 가공품

2) 청과가공식품 생산량

청과가공식품의 생산량은 157만 톤으로 증가추세이고, 〈표1-14〉와 같이 김치, 고춧가루, 인삼제품 등 국산 원물식품을 가공한 식품이 많고 생산량도 증가하고 있으며, 주스의 생산량도 88만 톤으로 많고 증가하고 있다. 김치를 3만 톤(1억 달러) 수출하였다.

〈표1-14〉 주요 청과가공식품 생산량 (천 톤)

구분	계	주스	김치	인삼제품류	고추가루	기타
2000	1,161	621	417	22	16	85
2001	1,304	786	417	17	17	67
2002	1,389	786	480	30	21	72
2003	1,538	842	570	33	21	72
2004	1,566	878	547	43	22	76

자료 : 식품유통연감
주1) 김치는 김치, 절임, 조림(젓갈제외)
주2) 기타는 과일류 채소류 가공품, 과채가공품류

3) 육류가공식품 생산량

육류가공식품의 생산량은 16만 톤으로 적고, 〈표1-15〉와 같이 햄, 소시지, 베이컨 순으로 생산량이 많았으며 약간씩 증가하고 있다.

〈표1-15〉 주요 육류가공식품 생산량 (천 톤)

구분	계	햄	소시지	캔	기타
2000	109	56	35	18	-
2001	118	58	39	21	-
2002	157	60	40	27	17
2003	160	59	41	28	37
2004	160	56	44	27	34

자료 : 식품유통연감, 한국축산연감, 한국육가공협회
주1) 우지, 돈지 제외
주2) 기타는 건조저장육, 식육추출물가공품

4) 유란가공식품 생산량

유란가공식품의 생산량은 238만 톤으로 증가하였고, 〈표1-16〉과 같이 시유가 178만 톤으로 많으며 증가추세이고, 발효유는 52만 톤에서 정체상태이며, 분유는 줄고 치즈는 늘고 있다.

〈표1-16〉 주요 유란가공식품 생산량 (천 톤)

구분	계	시유	발효유	분유	치즈	기타
2000	2,276	1,671	530	52	15	8
2001	2,348	1,729	538	52	20	9
2002	2,300	1,664	540	65	21	10
2003	2,455	1,828	555	40	23	9
2004	2,382	1,781	524	45	24	8

자료 : 농림업주요통계

5) 수산가공식품 생산량

수산가공식품의 생산량은 51만 톤으로 증가하였고, 〈표1-17〉과 같이 통조림이 16만 톤으로 많고 크게 증가하였으며 연제품은 정체이고 젓갈은 감소하고 있다.

〈표1-17〉 주요 수산가공식품 생산량 (천 톤)

구분	계	연제품	통조림	젓갈	건조품	기타
2000	421	167	50	57	34	113
2001	419	94	81	48	45	151
2002	448	92	83	39	42	192
2003	328	91	81	36	27	93
2004	506	97	160	33	52	164

자료 : 해양수산통계연보
주1) 수산가공식품은 냉장 냉동품 제외
주2) 기타는 해조제품, 조미가공품, 어유분, 기타

6) 음료식품 생산량

음료식품의 생산량은 773만 톤으로 많으나 정체상태이고, 〈표1-18〉과 같이 주류가 310만 톤으로 많고 증가추세이며, 청량음료는 204만 톤으로 정체이고, 당류와 빙과류는 감소하고 있다. 설탕과 소주를 30만 톤(7천만 달러)과 10만 톤(1억 3천만 달러) 수출하였다.

〈표1-18〉 주요 음료식품 생산량 (천 톤)

구분	계	당류	빙과류	청량음료	주류	기타
2000	7,616	2,527	218	2,003	2,788	80
2001	7,472	2,251	168	2,026	2,982	45
2002	7,502	2,232	143	2,036	3,031	60
2003	7,434	2,264	161	1,921	3,063	52
2004	7,725	2,381	151	2,044	3,095	54

자료 : 식품유통연감
주1) 기타는 벌꿀, 당류가공품

7) 유지식품 생산량

유지식품의 생산량은 78만 톤으로 정체상태이고, 〈표1-19〉와 같이 식물유가 45만 톤으로 많으며 쇼트닝은 7만 톤으로 증가추세이다.

〈표1-19〉 주요 유지식품 생산량 (천 톤)

구분	계	식물유	동물지	마가린	쇼트닝	기타
2000	746	443	21	47	50	166
2001	777	456	22	44	58	178
2002	776	433	19	43	57	215
2003	771	450	15	45	59	202
2004	775	447	9	45	69	205

자료 : 식품유통연감
주1) 식물유는 식용유지에서 마가린, 쇼트닝, 정제가공유지, 기타 제외
주2) 동물지는 우지와 돈지
주3) 기타는 식용유지가공품, 식물성크림, 정제가공유지, 기타

8) 특수식품 생산량

특수식품의 생산량은 115만 톤으로 적고 정체상태이며, 〈표1-20〉과 같이 특수영양식품, 건강보조식품 등 단가가 높은 것이 특징이다.

〈표1-20〉 주요 특수식품 생산량 (천 톤)

구분	계	특수영양	건강보조	추출가공식품
2000	110	95	4	10
2001	122	107	7	8
2002	136	113	9	14
2003	158	138	6	14
2004	108	93	6	9

자료 : 식품유통연감

9) 기타가공식품 생산량

기타가공식품의 생산량은 374만 톤으로 많고 증가추세이고, 〈표1-21〉과 같이 식품첨가물이 158만 톤으로 증가추세이며 조미식품, 다류, 도시락류도 빠르게 증가하고 있다.

〈표1-21〉 주요 기타가공식품 생산량 (천 톤)

구분	계	식품첨가물	다류	조미식품	도시락류	기타
2000	2,857	1,410	289	760	61	337
2001	3,130	1,445	363	861	97	364
2002	3,496	1,581	456	965	112	382
2003	4,061	2,084	378	859	132	608
2004	3,736	1,578	429	1,008	122	599

자료 : 식품유통연감
주1) 조미식품에는 고추가루 제외
주2) 도시락류는 도시락, 김밥, 햄버거, 샌드위치로 1개 500g으로 봄
주3) 기타는 즉석건조식품, 튀김식품, 모조치즈, 재제가공소금, 코코아가공품, 기타가공품

2 식생활의 변화와 식품체계

가. 변화하는 식생활

농업과 식품의 거리가 멀어지면서 즉 생산과 소비가 분리되면서 품질관리가 더욱 중요해지고 있다. 한국의 식생활은 1970년대부터 급속한 변화를 보였다. 사람들은 지금까지 먹어온 것에 만족하지 않고 보다 신선한 식재와 새로운 식품을 폭넓게 적극적으로 추구하고 있다. 가정에서는 가공식품을 더 많이 구입하게 되었고, 가정 밖에서는 자신이 만들 수 없는 식사를 다양하게 즐기게 되어 식생활의 외부의존도가 높아졌다.

2000년의 실질 식품소비량은 20년 사이에 1.26배가 증가되었다. 그 내용을 보면 쌀, 보리쌀, 서류는 줄고, 우유, 육류, 과일은 늘었으며, 밀, 콩, 채소, 수산물은 평균 수준을 유지하였다. 품목별로 보면 최근 20년 사이에 소비가 가장 많이 신장된 식품은 우유로 5.48배로 늘었고, 육류와 과일이 각각 2.82배, 2.45배로 증가했다. 또한 쌀은 0.71, 보리쌀 0.12배, 서류 0.68배로 감소되었다. 또 밀, 옥수수, 콩 등 가공식품의 원료로 쓰이는 곡물은 각각 1.22배, 1.90배, 1.06배 늘었고, 채소와 수산물도 각각 1.23배와 1.44배 증가하였다.

가정의 식생활 변화를 식생활의 서구화라고 해석하는 경우도 있으나 최근 외식산업의 동향을 보면 한식당의 판매가 상승하고 있기 때문에 식재로써 전통적인 식품이 도외시되고 있는 것은 아니다.

가공식품의 소비는 증가하고 있지만 그 중 즉석식품이나 반찬 등 조리를 사전에 실시한 조리완료형 가공식품의 비율은 상승하는 한편, 건어, 건채 등 단순가공식품 비율은 낮아지고 있다. 보존기간을 연장하거나 품질을 향상시킬 목적을 가지고 있는 가공식품과 조리의 외부화를 목적으로 한 가공식품은 식품으로서의 성질이 크게 다르다.

가정의 식품소비는 생활단계의 진행에 따라 변화하여 식품소비도 단신세대, 부부만의 세대, 아이가 있는 세대, 고령 세대별로 다른 소비동향이 나타나고 있다. 연령은 세대요인으로서도 영향을 주는데 어렸을 때의 식생활체험과 시대배경이 기호를 크게 좌우한다. 세대에는 다양한 연령대의 가족이 동거하지만 세대주의 기호가 세대의 식사내용에 많은 영향을 미치기 때문에, 세대주 연령을 그대로 세대를 대표하는 연령으로 생각할 수 있다. 이에 따르면 곡물과 가공식품에서는 연령 간 격차가 크지 않으나 신선식품과 외식에 대해서는 연령 간 격차가 현저하게 나타난다. 신선식품의 지출비율은 젊은 연령층일수록 낮고 고령층일수록 높으나, 외식의 지출비율은 젊은 층일수록 높게 나타나고 고령층일수록 낮다.

개별 식사형태를 가능하게 하는 것이 편의점으로 편의점이 제공하는 도시락이나 반찬류 등의 조리식품은 해마다 소비가 확대되고 있다. 일본 독신남성세대의 식품지출구성을 보면 1984년에는 조리식품의 비율이 1.5%였으나 1999년에는 14.4%로 늘어났다. 한편 이 기간 동안에 외식의 비율은 85.0%에서 59.1%로 저하되었다. 그 결과 중식(中食)사업으로 불리는 식품부문이 확대되고 있다. 일본의 추계에 따르면 1995년부터 2000년에 가정 내에서 조리한 식사인 내식(內食)이 4.8% 증가하였으나 도시락이나 반찬 등 중식이 17.7% 증가하였고 외식은 2.5% 감소하였다.

나. 식생활의 외부화

우리들의 식생활은 단순한 것에서부터 다양한 것으로 변화되어 왔고 그 배경에는 식생활의 외부화가 있다. 식품소비의 동향을 품목별로 분석한 결과 가격이나 소득이 미치는 영향 외에 소비자의 고급지향, 안전지향, 간편지향, 건강지향 등 네 가지 의식이 소비를 크게 좌우하는 것으로 밝혀졌다. 이러한 지향을 실현하기 위하여 우리들은 식품산업에 크게 의존하게 되는데 그 이유는 시간이나 비용 면에서 스스로 하는 것보다 다른 사람에게 의존하는 편이 경제적이기 때문이다.

식생활의 외부화가 어떻게 발전하여 왔는지 식사행동의 관점에서 생각해보면 식사행동은 크게 네 단계로 성립되고, 각각의 단계는 보다 세분화하여 〈그림1-1〉과 같이 몇 가지 단계로 나누어진다.

일반적으로 식생활의 외부화는 조리를 마친 식품의 구입이나 외식기회의 확대를 의미하는 것이나, 이뿐만이 아니라 식재료의 조달, 메뉴의 결정 등 식사를 하는 과정에서 소비자가 관여하는 다양한 행위가 식사의 서비스화에 의해 대체되는 것도 외부화라고 할 수 있다.

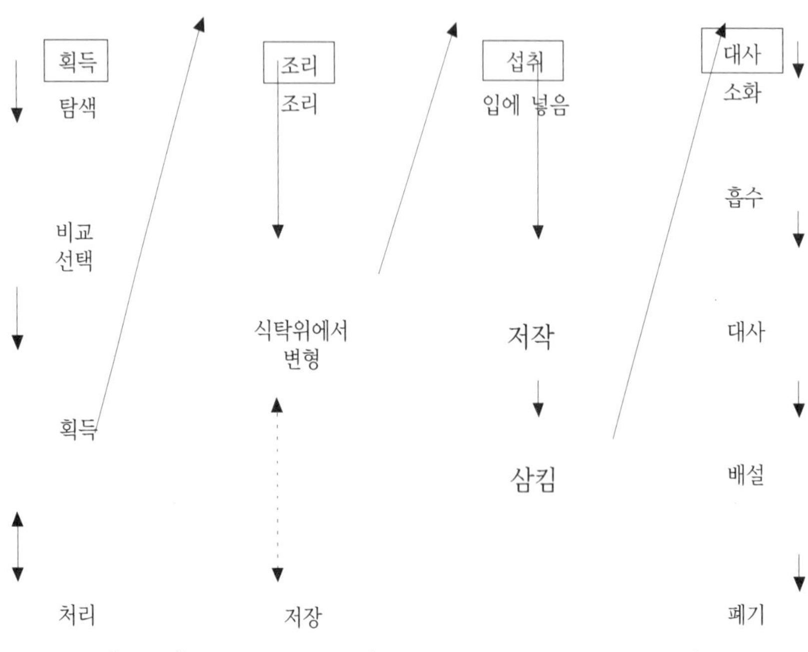

〈그림1-1〉 식사행동의 분해

식사행동의 제1단계는 식재료를 찾는 것이다. 자급자족형 생활에서는 살아 있는 동물의 포획이나 식물의 수확에서 시작한다. 물물교환에서 상품경제로 이행해가는 과정에서 이부분이 먼저 외부화한다. 이것이 농업의 시작이다. 현대에는 채취활동의 외부화가 식재료의 다양화나 광역적인 조달, 선택·안전성의 점검 등을 확실하게 해준다. 식재의 전처리과정인 쌀의 도정이나 식육의 도축은 이 단계에 포함된다.

식사행동의 제2단계는 조리이다. 이 단계는 식재료를 조달한 후 가정에서 조리하는 것, 만들어진 음식을 식탁에 놓는 것, 그리고 먹기 직전에 양념을 치거나 고기조각을 잘게 자르거나 하는 등의 작업이 포함된다. 현재에는 즉석식품이나 냉동식품이 조리활동을 대체한다. 식당에 식사를 하러 가면 물론 조리활동이 외부화된다. 조리활동의 외부화에는 고도가공, 맛 · 향기·외관의 강화, 신선도의 확보, 메뉴결정의 지원 등이 포함된다.

식사행동의 제3단계는 입에서 위까지의 섭취행위이다. 이것에 대해서는 외부화될 수 없을 것처럼 생각되지만 씹기 편하고 마시기 편하게 하는 가공처리, 영양첨가, 그리고 안전성 확보라는 외부화를 생각할 수 있다.

마지막으로 제4단계는 체내과정으로서 소화흡수를 쉽게 하는 처리나 기능성식품에 의한 영양소의 보충 등이 외부화에 해당될 것이다.

식생활의 외부화를 산업경제의 관점에서 고찰해 볼 수 있다.

경제적으로 미숙한 자급자족의 생활을 할 때는 식사행동의 모든 활동을 스스로가 해결해야 할 필요가 있었다. 그 후 상품경제가 확대되면서 식사행동이 외부화되어 간다. 그중 가장 빨리 외부화된 것은 탐색활동으로 식재료의 조달과 선택활동, 즉 안전성의 확인이다. 스스로 찾는 것보다는 제도적으로 안전한 식품의 공급이 보장된다. 이 외부화가 진전되는 요인은 높은 기술을 가진 전문가에게 맡김으로서 생산성이 향상되는 것이다.

농장에서 식탁에 이르기까지의 몇 가지 과정이 산업화됨에 따라 식생활은 외부화되어 간다. 그리고 상품의 가격속에는 외부화된 과정에 대한 비용이 포함되어 간다. 소비자는 자신이 모든 것을 실시하기보다는 훨씬 싼 비용으로 원하는 식품을 손에 넣을 수 있기 때문에 적극적으로 비용을 지불하는 것이다.

일반적으로 식생활의 외부화란 제2단계인 조리활동의 외부화를 의미하고 있다. 외식이나 조리식품 등의 소비가 증가되는 이유는 시간의 기회비용에 있고 기회비용을 좌우하는 요인은 조리를 위한 노력의 부담감과 조리하는 시간이 일정하지 않게 되는 것이다. 스스로 요리를 할 때 소요되는 시간을 임금율 등으로 환산한 금액은 식재비에 더하여 추가적으로 발생하는 식사비용이다. 확실히 외식이나 조리식품은 비교적 비싸기는 하지만 실제로 스스로 요리를 할 때보다 비용이 적게 들지도 모른다. 그리고 주부가 일하는 기회가 증가하였고 가족의 활동시간이 서로 다르게 되었다. 잔업으로 집에서는 식사를 하지 않는 남편이나 밤늦게까지 학교에서 공부하는 아이들로 인해 밤

늦은 시간에 식사를 하게 되는 경향이 있어서 주부가 식구들이 귀가할 때마다 일일이 식사를 준비한다면 노동시간은 크게 증가할 것이다.

다. 식품체계의 대응

생산에서 소비에 이르는 식품의 흐름을 식품사슬이라고 부르며 식품사슬에 관여하는 생산, 가공, 유통 등의 식품산업전체를 가리켜 식품체계(food system)라 한다. 식품체계의 개념도는 〈그림1-2〉와 같이 그릴 수 있다.

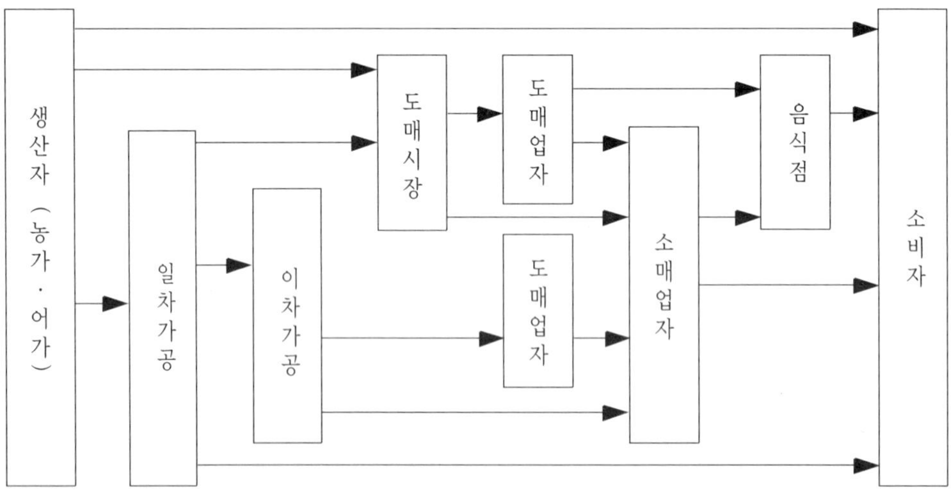

〈그림1-2〉 식품체계의 구조

이 식품체계란 식행동의 외부화를 산업화한 모습이다. 자급자족하던 시대에 소비자가 스스로 실시하지 않으면 안 되는 작업을 다양한 식품산업이 대행해 주고 있는 것이다. 한편 소비자가 최종적으로 지불한 식품의 가격에서 제공되기까지의 과정에서 실제에 소요되는 다양한 비용을 차감한 잔액이 식품체계가 창출한 부가가치액이다. 식품체계가 만들어 내는 부가가치의 원천은 외부화된 식행동에 대해 소비자가 지불해도 좋다고 생각하는 지불의사이다. 현대의 식품체계에서는 수송, 저장, 가공 등 식생활의 외부화 기술의 모든 면에 분업의 이익과 규모의 경제성이 인정되고 있다. 식생활에 관계되는 대부분의 서비스가 소비자 자신이 행하였을 때 소요되는 비용보다 저렴하게 제공할 수 있게 되었다.

이처럼 식품체계에 있어서 부가가치란 식생활의 외부화라고 하는 서비스 그 자체이다. 식생활의 외부화 과정에서 생산부문, 가공부문, 유통부문 각각에 대하여 식행동의 비교적 단순한 작업이 우선 대체되었으나, 지금은 대부분의 식재에서 품질향상이나 안전성확보 등 추가적인 서비스가 부가되었다.

식생활의 외부화가 진행되면 농산물을 단순히 생산하는 것만으로 소비자를 만족시킬 수 없고 외부화의 역할을 담당하는 식품산업이 필요하다. 식품산업은 농림수산업과 함께 식품을 공급하는 자동차의 양 바퀴와 같다.

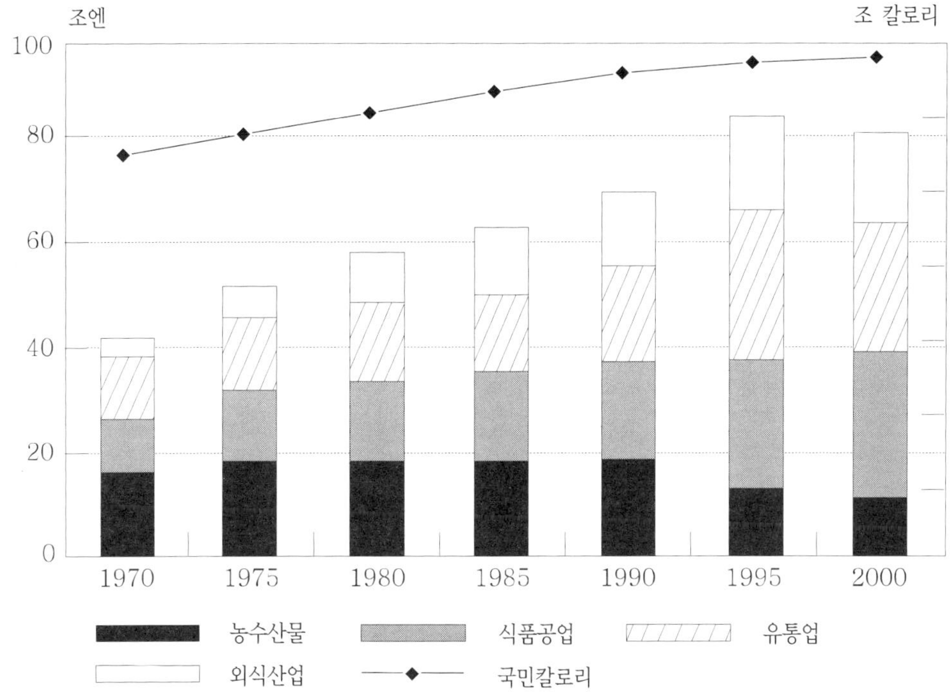

〈그림1-3〉 일본의 식품 소비지출과 부문별 귀속액

〈그림1-3〉은 일본의 식품소비 활동에 있어서 식품체계 각 부문의 공헌도를 수치화 한 것이다. 최종 음식비가 관련산업에 얼마나 지불되었는지 추계하였다. 음식비의 합계금액은 물가수준을 조정하여 2000년을 기준으로 실질화하였다. 1970년에 실질음식비는 42조엔, 2000년은 80조엔이었다. 30년 동안 1.93배 늘어났으나 1990년 이후 농축산업 실질소비액은 감소하고 있다.

현대의 식품체계에서 우리들이 어떤 만족을 얻고 있는가는 막대그래프의 내역을 통해서도 알 수 있다. 최종소비액을 실현하기 위해 농수산업, 식품공업, 유통업, 외식산업이 어느 정도 경제적인 공헌을 하고 있는가가 나타나 있다. 1970년대에는 농수산업 14조엔(35% : 최종소비액에 대한 비율), 식품공업 13조엔(30%), 유통업 10조엔(25%), 외식산업 4조엔(10%)이었다. 이것이 2000년에는 농수산업 11조엔(14%), 식품공업 27조엔(34%), 유통업 27조엔(33%), 외식산업 15조엔(19%)으로 증가하였다.

처음 20년 동안에는 농수산부문은 실질금액에서 거의 같은 금액을 유지하고 있었으나 1990년대에 들어오면서 감소하기 시작하였다. 식품공업부문은 실질금액이 약 2배가 되었고 비율도 확대되었다. 유통업 및 외식산업부문은 실질금액과 비율이 비약적인 신장세를 보였다. 가공·조제된 식품의 대상이 확대됨과 동시에 광역조달 및 고빈도배송이 증가하고 외식기회가 증가되었기 때문이다. 소비자에게 식품이 제공되기까지 많은 중간업자가 관여하게 되었다. 농수산업자로부터 소비자에 이르기까지의 식품사슬이 길어지게 되어 식품체계가 복잡화 되었다.

향후 식생활의 외부화가 계속되고 중식이나 외식의 비율은 더욱 증가할 것이다. 그것은 여성의 사회진출이 확대된다는 점, 시간의 기회비용이 더욱 높아진다는 점, 사람들은 보다 좋은 식사나 새로운 요리를 추구한다는 점, 그리고 식품산업은 앞으로도 끊임없이 기술혁신의 노력을 계속하여 비용절감을 추진한 결과 가정내에서의 조리보다도 효율적인 조리를 실현한다는 점 때문이다.

지금까지 소비자가 선호하는 가치를 생산하는 산업이나 기업이 앞으로도 계속하게 될지는 알 수 없다. 농수산물유통이라고 한다면 신선식품의 이미지가 강하고 지금까지의 판매경로의 전형은 농가 · 농협 · 도매시장 · 도매업자 · 소매업자 · 소비자였다. 그렇지만 최근에는 농가에서 직접 소비자에게 판매하는 경우가 늘고 있다. 1차 가공이 필요한 농산물의 경우와 고도로 가공되는 식품에서는 매우 복잡한 유통경로가 형성되고 있다.

소비자입장에서는 농장에서 식탁까지의 식품체계의 어딘가에서 누군가가 소비자를 만족시키는 기능을 수행하여 준다면 좋을 것이다. 지금까지는 가공을 하는 것은 식품제조업자였지만 식품유통업자로 분류되는 기업이 가공업을 할 수도 있다. 농가가 농업법인을 설립하여 가공이나 판매까지 실시하고 있는 것은 식품체계의 모든 기능을 1차 생산자가 넘겨받아서 모든 부가가치를 획득하려는 움직임이다. 기존의 틀을 넘은 활동은 부가가치의 귀속비율을 흔들게 될 것이다.

라. 식품의 안전과 식품체계

소비자의 요구에 맞추어 가공과 유통이 더욱 복잡해지면서 식(食)과 농(農)의 거리가 확대되었다. 안전관리의 관점에서 본다면 관련부문이 증가하고 각각이 분리되어 있으며 물리적으로 긴 거리를 이동하는 경우, 위해요인이 식품에 혼입할 위험성은 높아진다고 볼 수 있다.

농장에서 수확된 농산물은 반드시 누군가의 손을 거치고 경우에 따라서는 고도한 가공이 이루어진다. 세계의 반대편으로부터도 먼 거리를 운반하여 주문에 맞추어 소매점에 납품되고 있다. 게다가 기술적인 규모의 경제를 실현하고 사업위험을 통합관리하기 위해 대량생산과 광역유통을 추진하고 있다. 만약 상품에 위해가 혼입됐다면 대규모 피해를 가져올 위험이 있다. 물론 그러한 과제에 대처하기 위한 관리기술은 급속하게 진보되고 있다. 냉장·냉동, 재고관리, 정보처리 등 관련기술은 물류효율을 향상시킴과 동시에 안전관리도 개선할 수 있을 것으로 기대되고 있다. 그러나 기술이 완벽하더라도 그것에 관계하는 요원의 기능과 도덕성, 또한 그것을 운영하는 체계가 양호하지 않으면 안전관리대책은 기대하는 대로 작동하지 않는다.

한편 외부화에 의해 식품의 안전이 지켜진다는 측면도 있다. 만약 스스로 먹거리를 찾아야 할 때 그 시점에서 식중독을 일으키는 것을 선택할 위험도 있다. 전문가에게 식품의 탐색과 조달을 맡기는 것은 안전을 현저하게 높여주는 것이다. 게다가 사업으로써 전문적으로 수행되고 있기 때문에 소비자가 스스로 대처하는 것보다도 비용이 상당히 절감될 것이다. 관리된 상황에서 제조된 일반 공업제품은 상품의 품질관리가 쉽기 때문에 약속된 규격이 명시되어 있다. 원물식품은 사전에 세부적인 규격을 정하기 어려우나 품질관리기법의 발달로 관리가능영역이 점차 확대되고 있다.

3 바람직한 식생활

가. 쌀밥·된장·김치를 주축으로 하는 식생활체계의 구축

지난 33년 동안 우리의 식생활은 크게 변화하여 〈표1-22〉와 같이 총 공급열량은 1970년 2,370kcal에서 2004년 2,989kcal로 26% 증가하였고, 이는 주로 지방질의 공급이 4.2배나 증가하였기 때문이며, 탄수화물의 공급은 오히려 5.4% 감소하였고 단백질은 54% 증가하였다.

〈표1-22〉 한국의 1일 1인당 식품공급량 변화 (kcal, g, %)

구 분		1970	1980	1990	2000	2004
공급량	공급열량	2,370	2,485	2,853	3,010	2,989
	탄수화물	483	466	462	475	455
	단백질	65	74	89	97	99
	지방질	20	37	72	80	86
구성비	탄수화물	81.5	74.9	64.7	63.1	60.8
	단백질	11.0	11.8	12.5	12.9	13.2
	지방질	7.5	13.2	22.8	24.0	25.9
	식물성	-	90.9	86.1	85.7	84.4
	동물성	-	9.2	13.9	14.3	15.6

자료 : 식품수급표

이것을 열량비로 표시하면 단백질의 열량비는 11.0%에서 13.2%로 약간 증가하였으나 적정수준을 유지하고 있고, 지방질은 7.5%에서 25.9%로 3.5배나 증가하여 권장량을 크게 상회하고 있으며, 탄수화물은 81.5%에서 60.8%로 크게 줄어서 권장량에 모자라고 있다. 1980년대까지 우리의 지방질 섭취량은 모자라고 탄수화물 섭취량은 과잉이었으나, 1990년대부터는 탄수화물은 모자라고 지방질은 과잉인 식생활로 바뀌었으며, 이로 인하여 각종 생활습관병이 만연하고 있다.

우리의 식생활을 생활습관병을 예방할 수 있는 이상적인 형태로 바꾸려면 지방질 섭취열량을 20% 수준으로 낮추고, 특히 동물성 포화지방산과 콜레스테롤의 섭취를 억제하고 탄수화물의 섭취열량을 65% 수준으로 높이며 무기질과 비타민을 충분히 섭취하여야 한다. 그러기 위해서는 쌀밥, 된장, 김치를 주축으로 하는 전통식생활을 유지하여 쌀밥으로부터 탄수화물을 충분히 섭취하고, 된장으로부터 양질의 단백질과 불포화지방을 섭취하며, 김치로부터 무기질과 비타민을 고르게 섭취하는 것이 바람직하다. 그리고 식사 전에 전통주로 식욕을 돋우고 식사 후에 과일 하나로 기분을 상쾌하게 한다면 이상적인 식생활이 될 것이다.

나. 우리농산물을 이용한 전통가공식품의 생산

식품산업은 국민소득에 비례하여 발전하게 된다. 미국과 일본에서는 농림수산업에 대한 가공식품산업의 부가가치 비율이 100%를 초과하고 있고, 농산물의 유통마진율도 각각 74.6%와 54.4%로 우리나라의 45.0%보다 높다. 이는 소득이 증가함에 따라 가공식품의 수요가 증가하고 이에 맞추어 유통과정에서 원물식품을 가공식품으로 가공하는 과정이 추가되었기 때문이다.

우리나라는 2004년에 원물식품의 부가가치 생산액이 26조원이고 가공식품의 부가가치 생산액이 19조원으로 가공식품산업의 부가가치 비율이 73% 수준으로 낮은 상태이고 농산물의 유통마진율도 아직 45.0%로 낮은 상태이며 가공식품 구입비율도 30%대로 낮다.

그럼에도 불구하고 국내 원물식품의 소비량은 계속 감소하여 원물식품 생산업이 큰 어려움을 겪고 있다. 국산 원물식품의 소비를 촉진시키려면 소비자의 요구에 맞추어 섭취하기에 편리한 가공식품의 형태로 공급해야만 한다. 그리고 소비자의 안전성 요구에 부응하기 위해서는 원물식품의 생산단계에서부터 안전관리를 할 수 있도록 식품의 관리체계를 농장생산에서부터 식탁소비까지 통합 관리하는 것이 바람직하다. 그리고 농업도 안전한 농산물을 소비자에게 제공하고 가공식품 생산에 적합한 품질의 원료식품을 식품가공공장에 공급할 수 있는 고객지향적인 농업으로 바뀌어야 한다. 특히 쌀밥, 된장, 김치를 가공식품의 형태로 소비자에게 공급할 수 있도록 전통식품 가공산업을 발전시키고 전통주의 개발도 서둘러야 한다.

다. 환경을 고려한 식문화체계의 수립

농업은 태양에너지를 물과 이산화탄소를 매개로 하여 식품(화학)에너지로 전환하는 산업이다. 이 과정에서 토양은 식물을 지지하는 역할을 하면서 각종 영양소를 식물체에 공급하는 기능을 한다. 또 축산업이나 수산업은 식물의 광합성작용으로 전환된 화학에너지를 먹이로 동물의 체내에 다시 화학에너지로 저장하는 산업이며 이 과정에서 에너지의 재생산과 함께 낭비가 발생한다.

인간은 식품에 저장된 화학에너지를 식품의 형태로 섭취하여 공기 중의 산소를 흡입하여 서서히 태우면서 열에너지와 운동에너지로 전환시켜 생명을 유지하면서 여러 활동을 영위하는 것이다. 이때 섭취한 식품이 체내에서 완전연소가 일어나면 물과 이산화탄소로 분해되지만 미완전연소가 일어나면 체내에 축적되어 각종 질병을 유발하는 것이다.

식품은 필요한 열량만큼 섭취하는 것이 바람직하나 대개 열량을 과잉섭취하고 있으며 그 원인은 지방질의 섭취가 증가되었기 때문이다. 즉 단위 무게 당 열량이 탄수화물보다 2배 이상 많은 지방질 섭취가 늘고 대신 탄수화물의 섭취는 줄어서 같은 양의 식품을 섭취하더라도 열량이 크게 늘어나는 것이다.

또 소화된 노폐물과 소화되지 않은 찌꺼기는 다시 농장으로 환원되어 식물의 화학에너지 생산원료로 이용되어야 마땅하나 현대 도시문명은 이들을 농장으로 환원시킬 수 있는 길을 원천적으로 차단하고 있다. 인간 분뇨는 수거가 곤란하여 농장으로 환원시키지 못한다 하더라도 축산분뇨는 농장으로 환원시켜 다시 식품을 재생산하는데 이용될 수 있어야 한다.

인간의 식생활에서 체내로 섭취하여 미완전연소되는 식품의 문제뿐 아니라 조리된 후 섭취하지 못하고 쓰레기로 버려지는 음식물쓰레기의 발생도 환경을 오염시키는 원인이다. 특히 음식을 남기는 것을 미덕으로 여기는 정서가 남아 있어서 환경을 악화시키고 있으니 이제는 먹을 만큼만 조리해서 남기지 않고 먹는 식문화체계를 만들어 자연과 인간이 공존하는 쾌적한 환경을 만들어야 하겠다.

제3절 식품의 품질요소

1 품질과 품질관리

가. 품질의 정의

품질(品質, quality)의 어원은 라틴어의 qualitas에서 유래되었고 이것은 물품의 자연적 속성, 즉 바탕(質)을 의미하는 말로서 추상적인 개념이다. 흔히 품질이 좋다 혹은 나쁘다라고 말하지만 그것을 객관적인 특정 성질로 수량화하기 어려우므로 보통 여러사람(品)의 견해에 따라 규정된다.

상품학에서는 품질을 세 가지 요소로 구분하여 물성인자, 결점인자, 성능인자를 포함하는 1차적 품질과 감각인자, 기호인자, 시장적성인자를 포함하는 2차적 품질, 그리고 사후봉사나 PR을 포함하는 3차적 품질로 규정한다. 〈표1-23〉은 상품학에서 분류하는 품질의 구성요소이다. 마케팅에서는 품질이란 가격과 함께 고려되는 사항이며, 상품성(merchantability)으로 표현된다. 상품성은 기능성, 안전성 및 경제성의 함수라고 정의되므로 품질이란 팔릴 수 있는냐를 결정하는 본질로 기업의 생명이 되는 것이다.

그러나 광범위한 품질의 정의는 제조업에서 관리할 수 있는 범위를 벗어나는 포괄적인 개념이고 공업품질관리학에서는 협의의 제조공정에서 통제할 수 있는 품질개념을 대상으로 하며, 주로 상품학에서 말하는 1차적 품질요소가 이에 해당된다. 즉, 공업품질관리에서의 제품의 품질이란 어떤 목적에 맞도록 물건을 만드는 것이고, 품질관리란 생산물의 품질을 최대이윤을 낼 수 있는 품질수준에 맞추는 작업이라고 볼 수 있다.

〈표1-23〉 일반상품의 품질 구성요소

1차적 품질	물성인자	치수, 수량(길이, 무게, 크기, 면적) 원료, 성분(유효성분의 종류 및 함량) 형태, 구조(품종, 위치, 밀도, 가공도, 피부의 두께) 기타 성질(색채, 비중, 점도, 굴절도, 선광도, 응고점, 융점 등)
	결점인자	상처, 오손, 불균형도, 변형, 변질, 부패 등
	성능인자	강도, 경도, 신장율, 저장수명, 영양가, 소화율, 흡습성 등
2차적 품질	감각인자	색, 맛, 향기, 촉감, 조직감, 신선도 등
	기호인자	의장, 디자인, 스타일, 기호도 등
	시장적성인자	포장, 상표, 산지, 제법 등
3차적 품질	서비스인자	사후봉사, PR 등

최적의 품질이란 주어진 조건에서 얻을 수 있는 최상의 품질로, 최소의 비용으로 최대의 효과를 얻을 수 있는 수준의 품질이다. 그러므로 품질의 개념은 소비자에게도 중요하지만 생산자 측에서 더욱 중요하다. 최적의 품질을 얻을 수 있다는 것은 최대이윤을 낼 수 있음을 의미하기 때문이다.

제품의 생산비용은 제품의 품질이 높아짐에 따라 기하 급수적으로 증가하는 반면, 소비자의 입장에서 본 제품의 가치는 품질이 높아져도 체감적으로 증가된다. 〈그림1-4〉는 최대이윤을 위한 최적품질의 결정을 나타내고 있다.

소비자는 최소의 비용으로 최대의 가치를 얻으려 하고 생산자는 최소의 비용으로 최대의 이윤을 추구한다. 따라서 생산자는 최대이윤을 내는 점을 품질목표로 설정하게 되고 품질관리란 이 품질목표에 가장 가까이 접근하는 제품을 생산하기 위한 노력이라고 볼 수 있다. 또한 만들어 내는 제품이 이 품질목표에 가까이 접근할수록 이윤이 커지는 것이다.

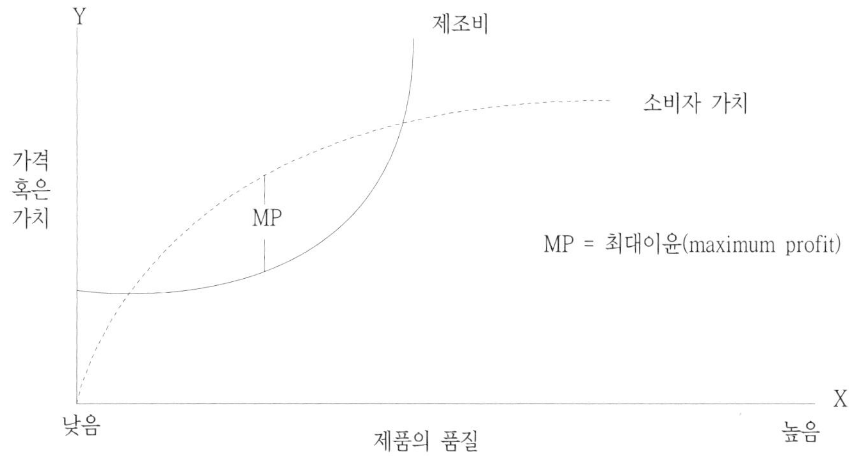

〈그림1-4〉 제품의 품질과 생산비 및 소비자 품질인지도와의 관계

기업이 소비자가 기대하는 품질의 제품을 만들어 내지 못하면 일차적으로 이윤이 감소되고 소비자의 구매의욕을 약화시키게 되며 궁극적으로 경쟁업체에게 시장을 빼앗기게 된다.

식품의 품질에는 일반상품의 품질특성 외에 다음과 같은 특수성이 있다.

첫째, 원물식품은 자연의 1차 생산물이므로 품질이 다양하다. 대부분의 농산물이 재배지역, 기후조건, 수확시기에 따라 성분조성과 모양이 다르고 이로부터 만든 가공식품 역시 원료의 상태에 따라 그 품질이 달라진다.

둘째, 유통과정에서 변질되기 쉽다. 원물식품은 대부분 살아 있는 상태의 것이고 가공식품도 쉽게 변질될 수 있는 것이므로 수확하여 가공하기까지의 저장기간과 관리조건이 최종제품에 커다란 영향을 미친다. 또한 가공된 제품이 소비자의 손에 들어가 섭취되는 순간까지 계속적으로 변질될 수 있으므로 그 기간의 보존조건이 중요하다. 따라서 식품품질관리에서는 식품이 제조된 순간의 품질뿐만 아니라 유통과정을 거쳐 소비자에 의하여 섭취되기까지의 보존성까지도 고려되어야 한다. 식품의 부적당한 저장이나 유통관리는 식중독을 유발시킬 수 있으므로 적절하게 통제되어야 한다.

셋째, 식품의 영양성분은 표시되어야 알 수 있다. 식품은 인체에 필요한 영양성분의 공급을 위한 것이나 이들은 직접적으로 판단하기 어렵다. 특히 원료의 원형을 파괴한 가공식품에서는 적절한 표시가 없이는 그 영양적 가치를 판단할 수 없다. 이러한 이유로 식품의 성분조성과 품질규격을 알리는 표시기준이 필요하다.

넷째, 식품의 기호는 다양하다. 기호는 습관화되면서 형성되는 것이고, 민족, 지역, 신체적 조건에 따라 달라지므로 일정 제품에 대한 개인의 기호는 다를 수 있으며 또한 각 제품에 대하여 기대하는 기준 역시 다를 수 있다. 이러한 점이 식품을 규격화하기 어렵게 만드는 요소이기도 하다.

다섯째, 식품의 품질은 먹어봐야 알 수 있다. 구두를 신어보고 사거나 옷을 입어보고 살 수 있지만 식품은 먹어보고 사기 어렵다. 특히 이물질의 발견, 맛의 변질, 식중독 등이 일어나게 되면 문제가 된다. 이러한 점에서 식품의 결함률 허용기준은 다른 제품보다 더 낮은 수준에서 정해져야 하며 철저한 품질관리가 필요하다.

나. 원물식품의 품질관리

원물식품은 모양과 크기가 다양하므로 일정한 규격으로 포장하여 상품화하기가 어렵고, 포장단위가 크고 무거우므로 인력으로 싣고 내리기가 힘들며, 가공식품이나 다른 공산품에 비하여 단위무게 당 가격이 낮으므로 상대적으로 수송비용이 많이 소요된다. 또 원물식품은 생산이 계절적으로 편중되어 있어 일시에 생산된 많은 양을 저장 보관하면서 연중 소비해야 한다. 그리고 저장 중 호흡 등으로 일어나는 품질저하를 방지하기 위하여 냉장하거나 가공하여 저장성을 높이고 있다.

가공식품의 품질관리를 위해서는 원물식품의 품질등급화가 필요하다. 품질등급제도는 원물식품의 유통구조를 간편하게 하며 유통과정에 드는 비용을 최소화하는 장점 외에도 원물식품을 이용하는 사람이 생산자에게 어떠한 품질이 필요하다는 것을 구체적으로 표시하고 전달할 수 있는 수단이 된다. 완벽한 등급체계란 불가능하지만 적어도 다음과 같은 사항을 만족하여야 한다.

① 등급은 사용자의 관점에서 중요하다고 판단되는 품질특성을 표준으로 정해야 한다.
② 등급표준은 객관적으로 알 수 있는 사항이어야 하며 과학적으로 측정되고 분석될 수 있어야 한다.
③ 등급표준은 많은 사용자에게 유용한 등급으로 적용될 수 있어야 한다.
④ 등급표준은 각 등급이 실제 판매되는 상품의 평균수준을 균등히 구분할 수 있어야 한다.
⑤ 등급체계를 운용하는데 드는 비용이 합리적이어야 한다.

나라마다 그들의 여건에 맞는 농산물표준등급을 정하여 놓고 있다. 미국의 AMS(Agricultural Marketing Service), 일본의 JAS(Japanese Agricultural Standard)에서 농산물의 규격을 정하고 품질에 대한 적절한 표시와 등급을 정함으로써, 농업 생산물의 품질개선, 유통의 원활화, 소비의 합리화와 선택의 편의를 도모하고 있다. 우리나라는 농산물 검사법과 수산물검사법에 근거하여 농수산물의 규격검사와 수입품의 품질검사를 시행하고 있으나 농산물규격은 제정되어 있지 않다.

다. 가공식품의 품질관리

유통 판매되는 식품은 건전성(wholesomeness), 안전성(safety) 및 변조(adulteration)에 대한 정부의 규제를 받게 된다. 규제내용은 각 나마라마다 식품법(Food Law)으로 규정되며 식품법의 기본원칙은 식품이 건강에 피해를 주는 것으로부터 소비자를 보호하고 부정식품의 생산을 방지하는 것이다. 식품의 건전성과 안전성에 관한 기준은 새로운 재료나 방법, 과학적 발견이 이루어지면 그것에 따라 수정 보완되거나 국제교역의 필요에 따라 협의 조정되는 것이다.

국가간의 식품교역을 원활히 하기 위하여 식량농업기구(FAO)와 세계보건기구(WTO) 공동으로 국제식품규격위원회(Codex Alimentarius Commission)를 설치 운영하고 있다. Codex는 세계 공통으로 사용할 수 있는 식품관련법규(식품별 규격, 기준, 첨가물 사용 기준, 오염물질 허용기준, 식품표시기준 등)를 제정하여 각 나라의 식품법 제정과 교역에 참고하고 적용하도록 하는 권장기준이다. 그러나 세계무역기구(WTO)가 Codex기준을 식품교역의 위생규정(SPS)으로 대폭 수용함으로써 이 법이 중요해졌다.

식품의 품질을 구성하고 있는 요소는 크게 나누어 수량 요소, 영양성 요소, 기호성 요소, 위생안전성 요소의 4가지로 나눌 수 있다. 이들 4요소는 어느 한 요소를 뚜렷이 분리하기가 어려우며 서로 상관관계를 가지고 있다.

2 수량 요소

수량 요소는 식품의 품질을 평가하는 일차적인 요소로서 무게, 부피, 개수, 고형분함량, 침전물의 양 등 계량할 수 있는 요소를 의미한다. 수량 요소는 원물식품과 가공식품의 선택에서 사과의 크기, 복숭아 통조림 속에 들어 있는 복숭아 절편의 개수, 김치의 고형물 함량 등으로 표현할 수 있다. 포장식품에서 제품검사의 일차적인 업무가 이들 포장에 명시된 제품의 종류와 양이 정확하게 내부에 들어 있는가를 확인하는 일이다.

3 영양성 요소

영양성 요소는 외관적으로 감지할 수 없는 요소로서 분석을 하여 표시해야만 알 수 있다.

가. 영양소의 조성

단백질, 지방, 탄수화물, 비타민 및 무기질의 함량과 열량 등 인체에 필요한 영양소의 공급능력을 의미한다. 이것은 식품의 일차적인 기능으로 대단히 중요하며, 식품의 종류에 따라 그 함량을 명시하고 반드시 지키도록 식품법에 규정되어 있는 경우도 있다. 이유식, 특수 영양식품, 다이어트 식품, 환자용 식이 및 일부 건강보조식품은 특수기능에 합당한 성분함량을 표시하고 지켜야 한다. 이유식은 영유아의 유일한 식품이므로 완전 영양공급이 가능한 조성이어야 하며, 제품의 포장에 100g 중의 열량, 단백질, 비타민, 무기질 함량을 표시해야 한다. 다이어트 식품은 일반식품보다 열량이 특히 낮아야 하므로 한 끼에 공급될 수 있는 열량을 포장에 표시해야 한다. 이러한 표시의무제도(food labeling)는 선진국에서는 보편화되어 있고 우리나라에서도 점차 확대하고 있다. 재료의 원형을 알아볼 수 없는 가공식품의 경우에는 포장에 제품의 화학조성과 사용한 원료의 명칭을 표시해야 한다.

또 식품 속에 들어 있는 영양소의 질과 가용성은 식품의 제조과정에 따라 변할 수 있다. 예를 들어 분말우유의 경우 같은 화학성분 함량을 가졌더라도 그 처리공정에서 과도한 열처리를 받았거나 장기간 저장된 것은 단백질의 가용성이 저하된다. 식품제조조건에 따라 영양소의 질과 가용성의 변화는 기호성 변화를 동반하는 경우가 있다. 최근에는 미량으로 생체조절기능이 있는 생리활성물질도 중요한 품질요소로 인식되고 있다.

나. 식품첨가물의 사용

식품가공에 사용하는 모든 원료는 식품첨가물로 사용이 허가된 것이어야 하며, 그 사용허용량을 철저히 지켜야 한다. 모든 첨가물은 사용농도가 높음에 따라 인체에 유해한 작용을 일으킬 수 있다. 식품첨가물은 위험과 효용의 균형에 의하여 위험보다 효용이 더 큰 경우에 허용량 이내에서 사용하는 것이 중요하다. 우리나라 식품첨가물공전에는 허용되는 첨가물의 규격과 사용기준이 규정되어 있다.

4 기호성 요소

수량 요소와 영양성 요소는 관계당국에 의하여 기준규격에 따라 통제되나 기호성 요소는 통제에서 제외된다. 소비자의 입장에서 식품의 품질을 생각할 때에는 대부분 기호성 요소를 의미하게 된다. 이것은 오관(五官)을 통하여 감지되고 평가되는 품질로서 소비자 자신이 평가하고 구매 및 선택의 책임을 진다. 기호성 요소는 식품 생산업자가 사업의 존속과 발전을 위하여 스스로 유지 개선시켜야 하는 것이므로 식품산업의 품질관리업무에서 중요하게 취급된다.

식품의 기호성 요소는 시각, 청각, 후각, 미각, 촉각 등 감각기능에 따라 분류한다. 인간의 감각기능은 여러 가지 감각요소를 종합적으로 평가하며, 식품이 가지는 어떤 하나의 특성이 여러 감각요소를 동시에 자극할 수도 있다.

식품의 기호성 요소는 겉모양(appearance), 맛(taste), 냄새(smell) 및 조직감(texture)으로 분류한다. 그림 〈그림1-5〉에서 보는 바와 같이 겉모양은 색채, 크기, 형태와 같은 시각적 요소이고, 맛은 짠맛, 신맛, 쓴맛, 단맛 등 기본맛과 매운맛, 감칠맛 등 미각적 요소이며, 냄새는 식품에서 휘발하는 물질이 코의 후각세포를 자극하여 느끼는 후각적 요소이고, 조직감은 씹을 때 느껴지는 성질과 촉감, 청각 등에 의하여 감지되는 요소이다.

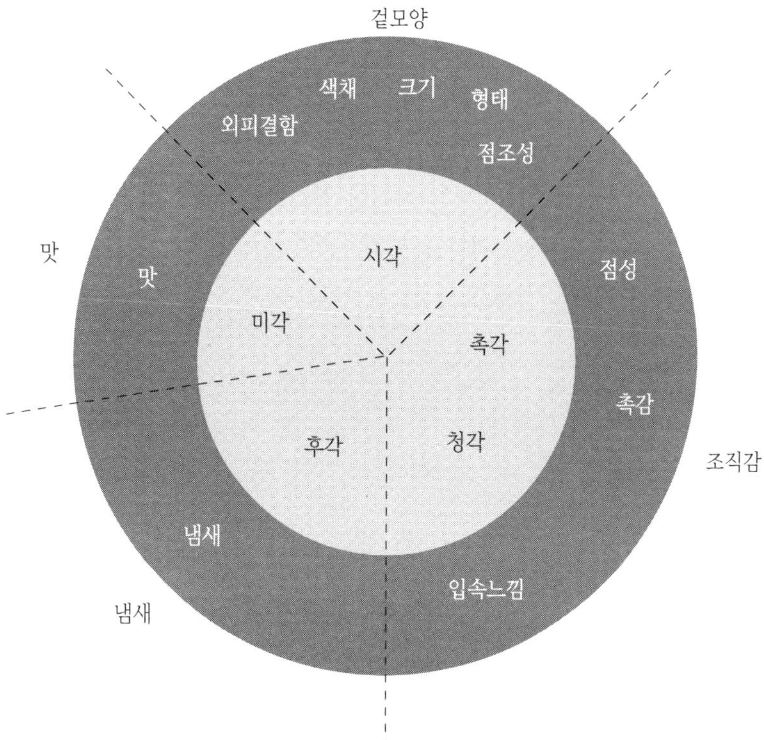

〈그림1-5〉 식품의 기호성 요소

식품의 기호성 요소를 이와 같이 분류하고 정의하는 것은 이들을 정량적으로 측정하기 위함이다. 종합적으로 느껴지는 기호성 품질을 물리 화학적 개념으로 분류 정의함으로써 화학적 분석이나 물리적 측정으로 그 양과 크기를 알 수 있으며, 이들 개개의 측정된 기호성 요소들을 종합함으로써 어떤 식품의 기호성 품질을 객관적으로 표현할 수 있다.

식품의 종류와 용도에 따라 식품마다 품질을 결정하는 몇 가지 특징이 있으므로 모든 관능적 요소를 측정할 필요는 없다. 감자칩은 그 색깔과 바삭거리는 정도가 감자칩의 품질을 좌우하게 된다. 사과의 경우 소스의 원료로 사용되는 경우 외피의 색깔, 형태, 과육의 조직감 등은 중요한 요소가 아니지만, 청과물로 소비될 때에는 이들이 중요한 요소가 된다.

이와 같이 식품의 품질을 물리 화학적 요소로 분류 정의함으로써 그 식품의 특성을 나타내는 중요한 요소만을 선택하여 측정할 수 있다. 식품의 기호성 품질요소를 측정하는 방법은 관능검사법과 기계적 측정법으로 나눌 수 있다.

관능검사법은 주관적인 측정방법으로 식품의 품질을 사람의 오관에 의하여 측정하는 궁극적인 평가방법이며, 측정기계나 기구를 필요로 하지 않는 방법이다. 그러나 식품에 대한 개인의 기호도 차이, 식별능력의 차이, 표현방법의 차이, 편견, 기분의 변화 등으로 재현성 있는 검사결과를 얻기 어렵다. 또한 감각기능에 의한 정도의 표시는 물리적 수치로 나타내기 어렵고 항상 비교값만을 얻게 된다.

기계적 검사법은 객관적인 측정방법으로 물리적 수치를 재현성 있게 얻을 수 있으며, 측정자의 기분이나 주위환경에 영향을 받지 않는다. 또한 사람에게 직접 시험할 수 없는 식품원료라든가 중간제품의 측정이 가능하다. 그러나 이 방법은 사람의 감각작용에 대한 간접적인 측정방법이므로 항상 그 검사법의 타당성을 해당 관능검사를 통하여 확인하여야 하며, 관능검사 결과와 높은 상관관계가 인정될 때에야 사용가치가 있다.

5 위생안전성 요소

가. 영양저해요소와 화학물질

모든 식품은 자연에서 얻어지는 상태로는 다소의 영양저해요소를 포함한다. 이들 영양저해요소는 물에 우려내거나 가열, 절임 등의 가공과정에서 대부분 제거되는데, 부적당한 제조공정으로 인하여 이들 영양저해요소가 식품에까지 잔존될 수 있다. 부적당한 열처리를 받은 두류제품을 섭취했을 때 트립신 저해인자에 의하여 소화불량을 일으키는 예를 들 수 있다.

식품원료에 오염된 잔류농약 및 항생물질은 식품위생안전의 주요 요소이다. 특히 장시간 수송이나 저장이 요구되는 수입식품에 대한 잔류농약 및 안전성 검사는 대단히 중요하다. 식품의 원료 및 제품에 적용되는 잔류농약과 항생물질 등의 허용기준은 식품위생법에 규정되어 있다. 식품은 원칙적으로 항생물질, 합성항균제 및 합성호르몬제를 함유하지 않아야 된다. 다만, 식육, 어류 및 갑각류, 원유 중의 잔류허용기준에 적합한 원료에서 유래된 것은 제외된다고 규정되어 있다. 이에 따라 식육, 어류, 갑각류, 원유에 대한 항생물질 잔류허용기준이 규정되어 있다.

돌, 쇠조각, 머리카락, 곤충, 기생충 및 화학약품 등 이물질은 식품원료의 생산과정과 식품의 제조공정에서 오염될 수 있다.

나. 유해미생물의 오염

식품은 대부분의 미생물에게도 좋은 먹이가 되므로 여러 가지 미생물이 생육할 수 있고 이 중에는 사람에게 질병을 유발시키거나 독성을 일으키는 미생물도 있다. 식품을 통하여 인체에 들어와서 생육 번식함으로써 질병을 일으키는 미생물을 식품전염병원균(food infective microorganisms)이라 하며, 식품을 저장하는 동안 오염된 미생물이 생육하면서 독성대사산물을 식품에 남김으로써 식중독을 일으키는 미생물을 식중독균(food poisoning microorganisms)이라고 한다.

식품 중에 오염될 수 있는 전염성세균과 독소생성균은 철저히 방제되어야 하며, 이들의 생육가능성을 제거하는 것은 식품제조공정관리의 중요한 과제이다. 수인성 전염병이 유행할 경우 식품 공장 내의 철저한 방제가 필요하다. 장기간 수송이나 저장을 거친 수입곡물을 원료로 사용하는 경우에는 이들 원료 중에 마이코톡신의 오염여부를 확인할 필요가 있다.

미생물의 오염은 주위환경 및 공장의 청결이 중요한 요소이며, 식품제조공장 내의 모든 기구와 시설은 청소가 용이하도록 제작되고 배치되어야 한다. 미생물의 오염과 생육 정도는 식품의 품질에 영향을 미치는 중요한 요소이며, 식품법에 식품의 종류에 따라 그 허용 균수가 정하여져 있다.

다. 유전자변형식품

유전자변형체(genetically modified organisms, GMO)와 이를 이용한 가공식품은 인체에 대한 안전성이 확인되지 않았기 때문에 포장에 표시하여 구분 유통하고 있고, 방사선조사식품도 처리여부를 표시하여야 한다.

02 품질관리 이론

제1절 품질관리의 발전

품질의 개념은 고대에도 존재하였지만 공식적인 관리기능으로 인식되기 시작한 것은 20세기에 들어서이다. 품질체계의 발전은 혁명적인 변화보다는 점진적이고도 지속적인 진보의 결과라고 볼 수 있으며, 검사, 통계적 품질관리, 품질보증, 품질경영의 4단계로 구분해 볼 수 있다.

1 검사위주의 품질시대

18세기까지도 제품은 숙련공에 의해 소량으로 만들어졌으며, 손으로 만든 부품들을 끼워 맞추는 형태의 작업에서는 품질이 주로 숙련공의 손기술에 달려 있는 것으로 생각되었다. 그러나 20세기에 들어 대량생산이 시작되면서 부품의 호환성이 중요한 관심사가 되었고, 이에 따라 정해진 작업순서에 따라 호환성 있는 부품을 생산할 수 있는 전용기계가 등장하였다. 이러한 노력에도 불구하고 서로 맞지 않는 부품들이 여전히 만들어졌으므로, 최종조립에서의 문제를 줄이기 위해 제조공정상에서 엄격한 검사가 필요하였다. 이 시기에는 품질관리란 주로 검사에 국한된 것으로 생각되었고, 문제의 원인을 찾아서 제거하는 것은 검사부문의 영역이 아니었다. 20세기 초반에 활동하였던 과학적 관리의 창시자 테일러 역시 효율적인 작업관리를 위해 기능별 조직을 제창함과 아울러 작업의 품질을 검사자가 책임지도록 하였다.

2 통계적 품질관리의 시대

1931년에 발간된 슈하트의 저서 생산제품의 경제적 품질관리(Econimic Control of Quality of Manufactured Products)는 통계적 품질관리의 시대를 여는 계기가 되었다. 슈하트는 1920년대에서 1930년대에 걸쳐 벨 전화연구소에서 근무하였는데, 당시 다지(H. Dodge), 로믹(H. Romig)과 같은 저명한 학자들이 연구소에 소속되어 있었으며 쥬란도 나중에 합류하여 통계적 품질관리를 발전시켰다.

가. 관리도

제품의 특성치는 사용된 재료, 작업자의 기능, 설비의 상태에 따라 어느 정도의 변동이 불가피하다. 심지어 똑같은 품목을 한 사람의 작업자가 동일한 기계에서 만들었다 하더라도 변동은 있게 마련이다. 슈하트는 생산의 모든 단계에서 존재하는 이러한 변동을 확률 및 통계의 관점에서 이해한 최초의 인물이었다. 슈하트는 어떠한 과업을 수행할 때 일어나는 우연변동의 한계를 정의할 수 있으며, 이 한계를 벗어날 때에만 필요한 조치를 취해야 한다고 주장하였다. 그는 시간에 따른 상태를 추적함으로써 우연변동의 한계를 벗어나게 한 이상요인의 존재를 파악할 수 있다고 생각하여 관리도를 개발하였다.

나. 샘플링 검사

양품과 불량품을 구분하기 위해 전수검사를 하는 것은 시간과 비용이 문제가 되므로 생산더미 중 일부만 검사하고 이를 근거로 전체 더미를 받아들일 것인가 말것인가를 결정하는 것이 하나의 대안이 될 수 있다. 그러나 이 경우에는 검사에 사용된 시료의 품질이 더미 전체의 품질을 완전히 반영하는 것이 아니므로, 품질이 좋은 더미가 불합격되거나 반대로 품질이 나쁜 더미가 합격되는 일이 가끔 발생하게 된다. 다지와 로믹은 이러한 문제를 생산자 위험과 소비자 위험이라고 지칭하고, 이를 체계적으로 고려한 샘플링검사방식을 설계하였다. 또한 개별 생산더미를 대상으로 하지 않고 제조공정이나 거래시의 장기적 품질에 관심을 갖고, 불합격된 더미에 대해서는 전수선별을 적용하는 경우에 사용할 수 있도록 평균출검품질한계(AOQL)라는 개념을 도입하였다.

이러한 샘풀링검사방법의 도입으로 전화기기 및 서비스의 품질을 높이는데 상당한 효과를 보았으나 외부로는 별로 보급되지 못하였다. 제 2차세계대전이 발발하고 군수품의 대량생산이 문제로 등장하자, 관리도와 샘플링검사는 군수물자의 생산과 조달에 광범위하게 적용되어 상당한 효과를 보게 되었고, 종전 후 이러한 통계적 품질관리 방법이 민간기업에 널리 보급되었다. 1940년대 카네기공과대학과 스탠퍼드대학에서 통계적 품질관리에 관한 강좌가 개설된 이래 이러한 교육프로그램이 널리 실시되었고, 강좌를 수강한 사람들이 지역별로 품질관리협회를 결성하기 시작하였다.

3 품질보증시대

품질보증시대는 제조부문에 초점을 맞춘 통계적 품질관리가 경영전반으로 확대된 시기였다. 문제의 사전예방이 여전히 일차적인 관심사였지만 품질관리의 도구가 통계학의 영역을 넘어서게 되었다. 품질보증시대의 탄생에는 품질비용, TQC, 신뢰성공학, ZD가 중요한 역할을 하였다.

가. 품질비용

1950년대까지만 하더라도 불량으로 인한 비용이 얼마나 되는지를 알지 못했다. 따라서 품질향상에 수반되는 비용은 얼마까지 허용될 수 있으며 어느 정도의 품질수준이면 만족할 수 있는가에 대한 대답을 할 수 없었다. 오늘날 품질관리 분야의 고전이 된 쥬란의 품질관리핸드북(Quality Control Handbook)의 초판이 1951년에 발간되었는데, 쥬란은 이 책 첫장에서 품질의 경제학을 논하면서 광산에 묻혀 있는 황금이라는 유명한 비유를 사용하였다. 쥬란은 일정한 수준의 품질을 성취하는 데 소요되는 비용을 가피비용(avoidable cost)과 불가피비용(unavoidable cost)으로 구분하였다.

가피비용이란 불량에 관계된 폐기원자재, 재작업이나 수리에 들어가는 공수, 고객불만처리 비용 및 불만족한 고객으로부터 초래되는 재무적 손실을 말하며, 불가피비용이란 예방에 관계된 비용, 즉 검사, 샘플링, 분류 및 기타 품질관리 활동에 관계된 비용을 말한다. 품질향상에 투자하면 실패비용을 대폭적으로 줄일 수 있기 때문에 쥬란은 실패비용을 광산에 묻혀 있는 황금이라고 표현하였다. 그 당시 쥬란은 회피가능한 품질비용을 생산자 1인당 연간 500달러 내지 1,000달러 정도로 추정하였는데 이는 당시로서 상당히 큰 액수였다. 쥬란의 이러한 주장은 예방에 소요되는 품질향상비용과 실패비용을 비교함으로써, 품질향상에 얼마나 많은 액수를 투자해야 하는지 가늠해 볼 수 있도록 해 주었다.

나. 전사적 품질관리(TQC)

GE사의 생산관리 및 품질관리 책임자였던 파이겐바움은 1956년에 품질에 대한 책임을 제조부문에 국한시키지 않는 전사적 품질관리(TQC)를 제창하게 되었다. 그는 TQC를 마케팅, 기술, 생산 및 서비스가 가장 경제적으로 소비자를 만족시킬 수 있도록 품질개발, 품질유지 및 품질향상에 관한 조직 내 여러 그룹의 노력을 통합하는 효과적 시스템이라고 정의하였다. 파이겐바움은 고객만족을 위한 조직 내 여러 그룹의 노력을 효과적으로 통합하기 위하여 품질활동과 책임부문을 행렬형태로 대응시킨 〈표2-1〉과 같은 품질관련표(quality relationship chart)의 활용을 권장하였다. 품질관련표는 부문별로 각기 일하면서 동시에 함께 일하는 시스템을 구축하기 위한 것이다. TQC에서의 품질시스템은 제조부문 뿐만 아니라, 신제품개발, 납품업자 선정, 고객서비스 등을 포괄하고 있으므로 통계학이 품질전문가의 충분조건이 될 수 없다는 것을 시사하고 있는 것이다.

〈표2-1〉 품질관련표(quality relationship chart)

책임영역 \ 책임부분	최고경영자	재무관리	마케팅	개발설계	생산관리	제조기술	품질관리	자재관리	현장운영
고객요구의 확인			(R)						
품질목표 설정	(R)		C	C	C				
제품규격 설계				(R)					
제조공정 설계				C	M	(R)	M	M	C
규격에 따른 생산			M	C	C	C	C	C	(R)
공정능력 결정					I	C	(R)	M	C
외주업체 품질인증	(R)		C	C	C	C	(R)	C	C
검사계획 및 시험절차						C	(R)	C	C
시험 및 검사설비 계획						C	(R)		C
품질정보 피드백			C	C	I	M	(R)	C	C
불만자료 수집			(R)						
불만자료 분석			M	M					
시정조치 마련			M	C	C	C	(R)	C	C
품질비용 편집		(R)	C	C	C				
품질비용 분석		M					(R)		
공정 내 품질측정							(R)		C
공정 내 품질검사				C		C	(R)		
최종제품검사			C	C	M	C	(R)		

범례 : (R)=책임(Responsibility)　　C=기여의무(Must contribute)
M=기여가능(May contribute)　　I=정보입수(Is informed)

다. 신뢰성공학

파이겐바움과 쥬란의 활약이 돋보이던 때에 확률론과 통계학에 뿌리를 내린 품질관리의 또 다른 분야가 등장하게 되었다. 이른바 신뢰성공학이라는 것으로서 항공우주 및 전자산업의 성장과 밀접한 관계를 갖고 있다. 당시 미국 해군에서 사용하던 전자장비의 잦은 고장과 예비 진공관의 보유 문제가 미사일 및 항공우주장비에 발생하고 있었으므로 사용기간 전체를 대상으로 한 제품성능의 문제가 중요한 관심사가 되었다.

우선 신뢰성을 규정된 조건하에서 의도하는 기간 동안 규정된 기능을 수행할 확률이라고 엄밀히 정의하고, 확률론을 활용하여 시간경과에 따른 장비의 신뢰도를 예측할 수 있는 방법론과 설계단계에서 고장률을 낮추기 위한 기법들이 연구되었다. 여기에는 주로 확률분포함수의 개념이 활용되었고 신뢰성을 예측하고 고장률을 낮추기 위하여 여러 가지 다양한 기법들이 동원되었다. 발생 가능한 제품의 고장유형과 그것이 초래하는 영향을 체계적으로 검토하기 위한 FMEA분석(failure mode effect analysis) 부품을 정격 스트레스 수준 이하에서 사용함으로써 수명을 연장하자는 디레이팅(derating), 중요한 부품이나 하부시스템을 병렬로 중복시킴으로써 높은 신뢰도를 확보하자는 리던던시(redundancy)등이 이때에 연구된 것이다. 고장난 부품을 회수하여 실험실에서 시험분석하는 것과 더불어 실사용시 발생하는 고장에 대한 자료를 체계적으로 입수하기 위한 고장자료 수집방법도 함께 연구되었다.

라. 무결점(ZD)

무결점(zero defect)운동이라 불리는 ZD프로그램은 1961년에 마틴(Martin)사에서 퍼싱미사일을 제조하는데 적용하여 비교적 좋은 품질을 실현할 수 있었다. 불량률을 더욱 낮추기 위하여 장려금을 적용함과 아울러 엄격한 검사와 시험을 통하여 플로리다 주 기지에 인도할 수 있었다. 그리고 야전용 퍼싱미사일을 한 달 앞당겨 납품하고 인도 후 10일 이내에 설치 완료되어 정상가동될 수 있을 것을 약속하였다.

그리고 통상적인 검사와 오류에 대한 사후 수정을 할 수 있는 시간적인 여유가 없으므로 전종업원에게 한치의 오류도 없이 맡은 업무를 수행할 것을 요구하였다. 그 결과 미사일의 적시인도와 아울러 24시간만에 정상적으로 가동시킬 수 있었다. 마틴사의 경영진은 이러한 성공이 일차적으로 그들 자신의 태도변환에 따른 것이라는 결론을 얻게 되었다. 완전무결이 실현되지 못하는 배후원인은 단지 완전무결을 기대하지 않았기 때문이라는 결론을 얻고 작업자에 대한 동기부여와 그들의 의식이 관심의 초점으로 부각되었다. 작업자가 범하는 실수의 3가지 보편적 원인인 지식부족, 지원설비부족, 주의부족 중 마지막 것에 대해서는 경영진에서 별로 관심을 두지 않았던 것이었다.

ZD프로그램의 요지는 작업자들에게 최초에 올바르게 수행하도록 주지시키는 것이었다. 경영진은 교육과 특별행사 및 결과의 피드백 등을 통하여 작업자가 이러한 원칙에 점차 익숙해지도록 하였다. ZD프로그램은 구체적인 문제해결기법보다는 사고방식, 동기부여, 작업자의 인식 등에 비중을 두었다. 한편 마틴사의 프로그램을 재빨리 수용한 GE사의 소형엔진 사업부에서는 문제의 원인을 찾아서 제거하려는 ECR(error cause removal)운동을 추진하였다.

당시로서 널리 통용되던 합격품질수준(AQL)이란 품질기준을 부정하고 완전무결을 유일한 기준으로 받아들였던 마틴사는 30년의 근대적 품질관리 역사에 정면으로 도전한 셈이었다. 크로스비는 그의 저서(quality is free)에서는 ZD를 전폭적으로 지지하고 ZD란 기술적으로 가능하며 보다 경제적이라고 주장하였다.

4 품질경영시대

품질관리가 검사중심에서 품질에 관련된 여러 부문의 효과적인 기능적 연결을 중시하는 품질보증으로 발전하였음에도 불구하고 1960년대까지는 품질이란 주로 결함으로 인한 손실이나 기업이 미지의 손상을 방지하기 위해 관리하는 것으로 생각되어 왔다. 품질에 대한 이러한 소극적이고도 방어적인 입장에서 벗어나 품질의 전략적 측면이 고려되기 시작한 것은 1970년대 반도체 산업에서의 일이다.

1980년 HP(Hewlett-packard)사는 미국의 3개 업체와 일본의 3개 업체로부터 칩을 수집해 시험한 결과 품질수준의 차이가 상당히 큰 것을 발견하였다. 수입검사시 일본제품은 고장률이 0이었으나 미국제품의 고장률은 1~2% 였고, 1,000시간 사용 후 일본제품의 고장률은 1000개 중 1개 내지 2개였으나 미국제품의 불량률은 이보다 27배나 되었다. 이러한 사실에 대해 충격을 받은 미국의 반도체 회사들은 일본이 그들의 생산품 중에서 최상급품만을 골라서 미국에 수출한다고 불평하기도 하고 발표된 자료 자체를 부정하기도 하였으나, 대부분의 시장분석가들은 이러한 품질상의 차이가 일본 반도체 회사들의 급속한 성장과 매우 밀접한 관련이 있다고 보았다. 일본은 불과 수 년만에 16K와 64K 반도체 시장을 상당부분 차지할 수 있었다. 이러한 사실은 그것이 의도적이었든 아니었든 간에 품질이 잠재적인 전략무기가 될 수 있다는 것을 강하게 시사하고 있다.

전략적이고 경쟁적인 문제에 관심을 두고 있는 최고경영자의 절대적인 관심을 끌기 위해서는 품질에 대한 새로운 정의가 필요하게 되었다. 제품을 받아들일 만한가 아닌가를 결정하는 것은 내부의 어떤 부서가 정할 수 있는 것이 아니라 고객만이 할 수 있는 것이다. 따라서 규격을 만족시킨다는 것은 부차적인 관심사이며, 고객의 요구를 소홀히 하여 제대로 파악하지 못한다면 제조공정이 아무리 우수하다 하더라도 이점을 누릴 수 없는 것이다. 오늘날 고객은 품질의 문제를 훨씬 더 비중 있게 고려하고 있다. 미국의 소비자가 물품이나 서비스의 구매시 가격보다 품질을 더 중요하게 고려한다는 비율이 1978년에는 30%에 불과하였으나 1990년에는 70%로 대폭 늘어났다는 연구보고도 있다. 한 가지 분명한 사실은 높은 품질이란 소바자를 만족시키는 것이지 그들이 제품에 의한 피해를 받지 않도록 방어해 주는 것은 아니다.

5 품질관리의 현대적 관점

전통적 품질관리와 현대적 품질경영의 차이점은 다음과 같다.

품질경영에 대한 관점의 변화 중 특히 품질과 비용의 관계는 중요하다. 품질수준을 높이면 높일수록 비용이 많이 들어가므로 품질향상에 수반되는 비용상승을 고려한다면 품질과 비용을 어느

선에서 상호 타협하는 것이 현실적인 최선이라는 보편적인 인식이 품질혁신을 가로막는 가장 큰 심리적 장벽이 되고 있다. 이것은 20세기 초에 일어난 생산성혁명을 보다 가속화시킨 경영과학의 잘못된 유산이기도 하다. 경영과학의 기본적 신념 가운데 하나는 모든 문제에는 상충되는 요소들이 공존하므로 이들 상충요소의 상쇄관계를 고려하여 최적타협점을 찾는 것이 무엇보다 중요하다는 것이었다. 그러나 이러한 신념이 잘못되었다는 것은 오늘날 여러 분야에서 입증되고 있다.

상쇄관계의 틀에 사로잡혀 현상을 타파하지 못하는 잘못은 품질분야에서도 오랫동안 지속되어 왔다. 품질수준을 높이려면 처음부터 불량의 발생을 방지하거나 만들어진 불량품을 사전에 철저히 가려내야 하고, 이를 위해서는 예방비용과 평가비용을 늘려야 하지만 불량발생으로 인한 실패비용을 줄일 수 있으므로, 결국 예방 및 평가비용과 실패비용 사이에는 상쇄관계가 성립한다는 것이 종래의 상식이었다.

품질비용이 〈그림2-1〉에서와 같이 상쇄관계를 갖는다면 완전무결(ZD)이란 결코 바람직하지 못하며 어느 정도의 불량을 허용하는 경제적 품질수준이 존재한다.

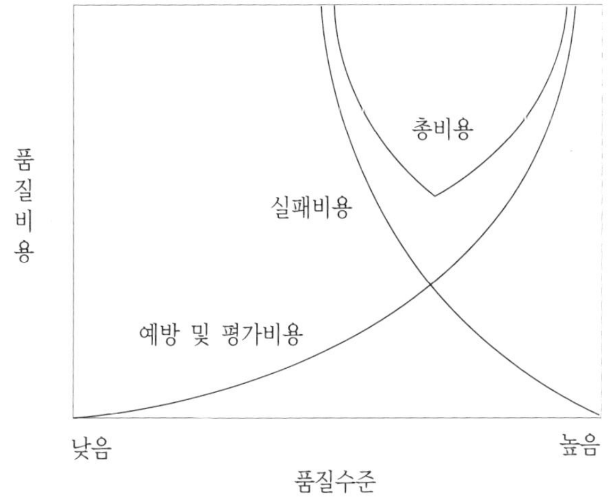

〈그림2-1〉 품질비용에 대한 전통적 견해

그러나 여기에는 한 가지 중요한 의문의 여지가 있다. 완전무결을 달성하기 위해서는 〈그림2-1〉에서와 같이 예방 및 평가비용이 무한히 증가하는 것일까? 1960년대 초 마틴사의 ZD운동은 그것이 사실이 아니라는 것을 입증하고 있다.

오늘날 품질혁신의 많은 성공사례들은 품질이 개선되면 비용이 오히려 감소한다는 것을 보여주고 있다. 여기에는 몇 가지 이유가 있을 수 있다. 첫째, 완전무결을 달성하는 가장 효과적인 방법은 크로스비의 지적대로 최초에 올바르게 하는 것(do it right the first time)이다. 최초에 올바르게 하면 돈이 들어갈 이유가 없으며 그야말로 품질은 무료인 것이다. 둘째, 품질을 높이기 위해

원류관리에 치중하면 예방 및 평가비용이 증가하나 품질비용의 대부분을 차지하고 있는 실패비용을 대폭 삭감할 수 있으므로 오히려 더 경제적이다. 셋째, 업무절차를 간소화하고 작업내용을 표준화하며 사용부품이나 재료의 공용화가 이루어질 때 고품질이 실현될 수 있다. 일반적으로 간소화·표준화·공용화는 원가절감을 가져오므로 품질향상과 원가절감은 동시에 이루어 질 수 있다. 이상의 설명에서와 같이 품질과 비용은 타협해야 할 상충요소가 아니며 품질향상과 원가절감은 동시에 성취될 수 있는 것이다.

〈그림2-2〉는 품질수준이 높아질수록 비용은 오히려 줄어든다는 품질비용에 대한 현대적 관점을 보여 주고 있다.

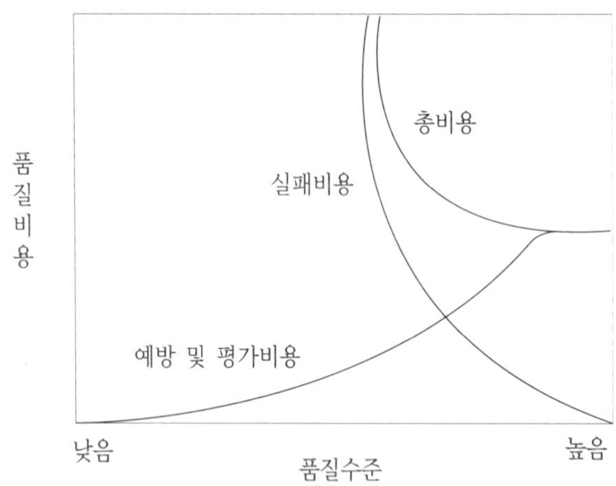

〈그림2-2〉 품질비용에 대한 현대적 견해

제2절 품질관리의 기법

1 지속적 개선의 개념

지속적 개선이란 투입물을 산출물로 변화시키는 과정에 관련된 모든 요소를 향상시키려는 활동을 말한다. 지속적 개선의 대상은 장비, 작업방법, 재료, 그리고 사람 등이다. 망가지지 않았다면 수선하지 마라는 격언이 망가지지 않았다고 해서 더 개선될 수 없다는 의미는 아니다로 바뀌게 된 것도 지속적 개선의 개념 때문이다.

지속적 개선의 개념은 미국에서 먼저 시작되었으나 일본기업들은 지속적 개선활동을 수 년간 지속한 결과 효과를 보게 되었다. 일본기업이 성공을 거두자 다른 나라의 기업도 재검토를 하게 되었는데 이것이 지속적 개선 접근방법에 대한 관심을 불러일으킨 동기가 되었다.

성공적인 지속적 개선활동을 위해서는 경영진의 지원과 관심이 필요하다. 또 지속적 개선활동은 개선을 향한 장기적 노력을 유지하기 위해서 조직문화의 변화가 요구되고, 다음과 같은 경영자의 행동이 필요하다.

① 목표수립, 전략, 하위조직의 지원을 수반하는 전술 등을 개발
② 개방, 신뢰, 협력을 촉진시키는 경영 유형 개발
③ 어려운 시기에도 목표를 확고히 유지하는 것
④ 정해진 방침을 고수하는 결정을 내리는 것
⑤ 협력을 이끌어 내는 보상체계의 개발
⑥ 장·단기의 균형된 관점을 지닐 것
⑦ 지속적인 교육훈련 프로그램 실시
⑧ 팀 단위의 노력과 함께 개인의 노력도 지원해 주는 형태의 공로인정

최고경영자의 역할은 지속적 개선활동의 성공에 있어 결정적인 역할을 한다. 이러한 경영자의 리더십 없이는 하위조직의 의지와 노력에 상관없이 지속적 개선의 효과는 기대할 수 없다.

공정개선 활동은 주로 팀 단위로 다음과 같은 단계로 이루어진다.

① 개선을 위한 공정을 선택하고 개선의 목표설정
② 현 공정을 연구하고 문서화
③ 공정을 개선시키기 위한 방법을 연구
④ 개선된 공정을 설계
⑤ 개선된 시스템을 적용
⑥ 개선된 시스템을 평가
⑦ 개선된 해결책을 제공하여 모든 관계자에게 전달하고 새로운 시스템에 적합한 훈련방침 마련 실시

4단계 ~ 6단계는 만족스런 결과를 얻을 때까지 반복되어야 할 것이다. 공정개선 사이클의 주요 요소들은 이러한 움직임의 원리를 더욱 잘 설명해 주고 있다. 이들을 요약하면 다음의 세 가지로 요약된다.

① 표준화
② Plan - Do - Check - Action 사이클
③ 기법과 도구활용

2 표준화

표준화는 어떤 작업을 수행하는 최상의 방법을 문서화하는 과정으로 두 가지 방법으로 적용된다. 첫째는 공정개선을 위한 시도가 이루어지기 전에 적용된다. 이것은 현재의 작업수행방법 중에 가장 효율적인 방법을 결정하는 것도 포함한다. 이것은 내부공정에만 해당되는 것이 아니라 새로 생겨나는 여러 개선의 비교 기준이 된다. 두 번째는 공정이 개선된 후에 발생하는 것이다. 작업의 새로운 표준이 될 수 있는 새 방법을 문서화하고 그것을 작업의 새로운 기준으로 삼는 것이다. 이것은 작업자 훈련이나 관련공정에 대한 참고기준이 된다.

표준화는 지속적 개선활동에서 자주 사용되는 훈련된 접근법을 보여준다. 개선을 구체적으로 문서화하는 것도 중요하다.

3 PDCA 사이클

슈하트 사이클 또는 데밍 휠(Deming wheel)로 불리는 PDCA 사이클은 지속적 개선활동의 개념적인 기초이다. 이 사이클은 네 가지 기본적인 부분으로 나누어지며 이 사이클은 과정을 원으로 나타내어 계속되는 성질을 강조하고 있다.

계획(plan) : 계획은 현재 공정에 대한 연구로 시작된다. 공정을 표준화시키고 문제인식을 위한 자료를 수집한다. 다음으로 자료를 분석하고 개선을 위한 계획을 개발한다. 계획을 평가하기 위한 척도를 상세히 한다.

실행(do) : 계획을 이행한다. 가능하면 규모를 작게하여 실시한다. 이 단계에서 어떤 변화가 있었는지 문서화한다. 평가를 위해 자료를 체계적으로 수집한다.

검토(check) : 실행단계에서 모아진 자료들을 평가한다. 계획단계에서 설정된 원래 목표와 결과가 얼마나 밀접히 부합되었나를 확인한다.

조치(action) : 만일 결과가 성공적이었다면 새로운 방법을 표준화하고 공정에 관련된 모든 사람들에게 새로운 방법을 전달한다. 새로운 방법을 위한 훈련을 실시한다. 만일 결과가 성공적이지 않았다면 계획을 수정하고 공정을 되풀이하거나 계획을 중단한다.

4 품질관리의 7가지 도구

품질개선활동에 사용되는 기본적인 7가지 품질관리도구(seven QC tools)는 다음과 같다.

① 점검표 ② 도수분포도 ③ 파레토도 ④ 특성요인도 ⑤ 산점도 ⑥ 층별 ⑦ 관리도

이들 7가지 도구 중 관리도에 관해서는 다음 장에서 다루고 본장에서는 7가지 도구 이외에 널리 사용되는 도구인 흐름도를 추가로 설명하기로 한다.

가. 점검표

점검표(check sheet)는 공정으로부터 필요한 자료를 수집하는 데 자주 사용하는 도구이다. 즉, 불량개수, 결점수 등 셀 수 있는 자료를 기입할 수 있게 작성된 표로서 이 점검표를 사용하면 자료를 쉽고 체계적으로 수집할 수 있을 뿐만 아니라 자료를 유용한 정보로 쉽게 변형시킬 수 있다. 수집된 자료는 히스토그램, 파레토도, 관리도 등을 작성하는 데 사용된다.

점검표를 작성하는 양식에는 결함의 형태를 다룬 것이나 혹은 결함의 위치를 다룬 점검표 등이 있다.

〈표2-2〉 점검표의 예

요일	시간	결점의 형태					합 계
		꼬리표 미부착	균형이 안맞음	염색상태가 희미함	헐렁함	기타	
월	8~9	IIII	II				6
	9~10		III				3
	10~11	I	III	I			5
	11~12		I		I	I	3
	1~2		I				1
	2~3		II	III	I		6
	3~4		II	IIII			6
합 계		5	14	8	2	1	30

〈표2-2〉는 막대기로 결점의 형태와 하루 중에 발생한 시간을 나타내고 있다. 꼬리표를 빠뜨리는 문제는 하루 중 이른 시간에 일어나는 경향이 있고, 염색상태가 희미한 결점은 늦은 시간에 주로 일어남을 알 수 있다.

〈그림2-3〉은 제품의 어느 부위에 결함이 생기는가를 알기 쉽게 해준다. 이 경우 결함은 엄지손가락 끝과 첫째 손가락 끝, 손가락 사이, 특히 엄지와 첫째 손가락, 그리고 장갑의 가운데 부분에 주로 일어남을 알 수 있다.

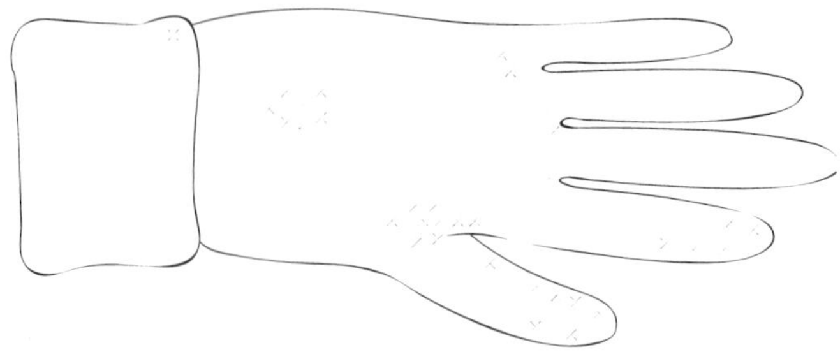

〈그림 2-3〉 점검표의 예

나. 도수분포도

도수분포도(histogram)는 어떤 조건하에서 취해진 자료가 존재하는 범위를 몇 개의 구간으로 나누어 각 구간에 포함되는 자료의 발생도수를 세어서 도수표를 작성한 다음 이를 막대그래프로 표시한 것이다.

공정으로부터 수집한 개별 자료는 비록 일정한 표준 내에서 생산되도록 설계되어 있지만 실제로는 차이가 있기 때문에 단순히 이들을 보기만 해서는 공정특성의 분포를 알 수 없다. 도수분포도는 이러한 정보를 정리하여 공정상태에 관해 결론을 내릴 수 있는 양식으로 표현한 것으로 용도는 다음과 같다.

① 자료의 분포모습 및 산포상태의 파악
② 평균치와 표준편차의 산출
③ 실제 자료와 규격과의 비교

도수분포도의 작성순서는 다음과 같다.

① 정해진 방법에 따라 자료를 모은다(통상 100개).
② 자료 중에서 최대치(L)와 최소치(S)를 구하고 최대치와 최소치의 차로 범위를 구한다.
③ 자료 개수의 제곱근에 근사한 값으로 계급의 수를 정하고 계급의 폭을 결정한다.
   계급의 폭 = 범위 / 계급의 수
④ 최소치와 최대치를 포함하도록 계급의 경계치를 결정하여 도수표에 기입한다.
⑤ 계급의 양쪽 경계치를 더하고 2로 나누어 계급의 중앙치를 계산한다.
⑥ 자료를 계급별로 구분한다.
⑦ 그래프용지 가로축에 계급경계 눈금을, 세로축에 도수를 잡아 도수분포도를 그린다.
⑧ 자료의 이력 및 수 등 기타 필요사항을 기입한다.

〈표2-3〉은 김치 제조업체에서 생산된 35개 김치의 결점수를 나타낸 표이다. 이 표를 보아서는 이 자료의 특성을 일목요연하게 파악할 수 없다.

〈표2-3〉 김치 제조업체에서 생산된 김치의 결점수

0	1	3	0	0
0	5	4	1	2
1	0	2	0	0
2	1	1	1	2
0	4	0	3	1
0	3	4	0	0
1	3	0	1	2

따라서 〈표2-3〉의 자료를 이용하여 앞에서 제시한 절차에 따라 〈표2-4〉와 같은 도수분포표를 만들면 결점수가 0에서 5까지 6개의 계급(class)과 도수, 상대도수, 누적도수, 누적상대도수 등이 표시된다. 〈표2-4〉의 도수분포표를 〈그림2-4〉와 같이 X축에 계급값을, Y축에 각 계급의 도수나 상대도수 등을 표시하여 막대그림으로 나타낸다.

〈표2-4〉 김치의 결점수에 대한 도수분포표

결점수	도 수	상대도수	누적도수	누적상대도수
0	13	13÷35=0.37	13	13÷35=0.37
1	9	9÷35=0.26	13+9=22	22÷35=0.63
2	5	5÷35=0.14	22+5=27	27÷35=0.77
3	4	4÷35=0.11	27+4=31	31÷35=0.89
4	3	3÷35=0.19	31+3=34	34÷35=0.97
5	1	1÷35=0.03	34+1=35	35÷35=1.00
합 계	35	1.00		

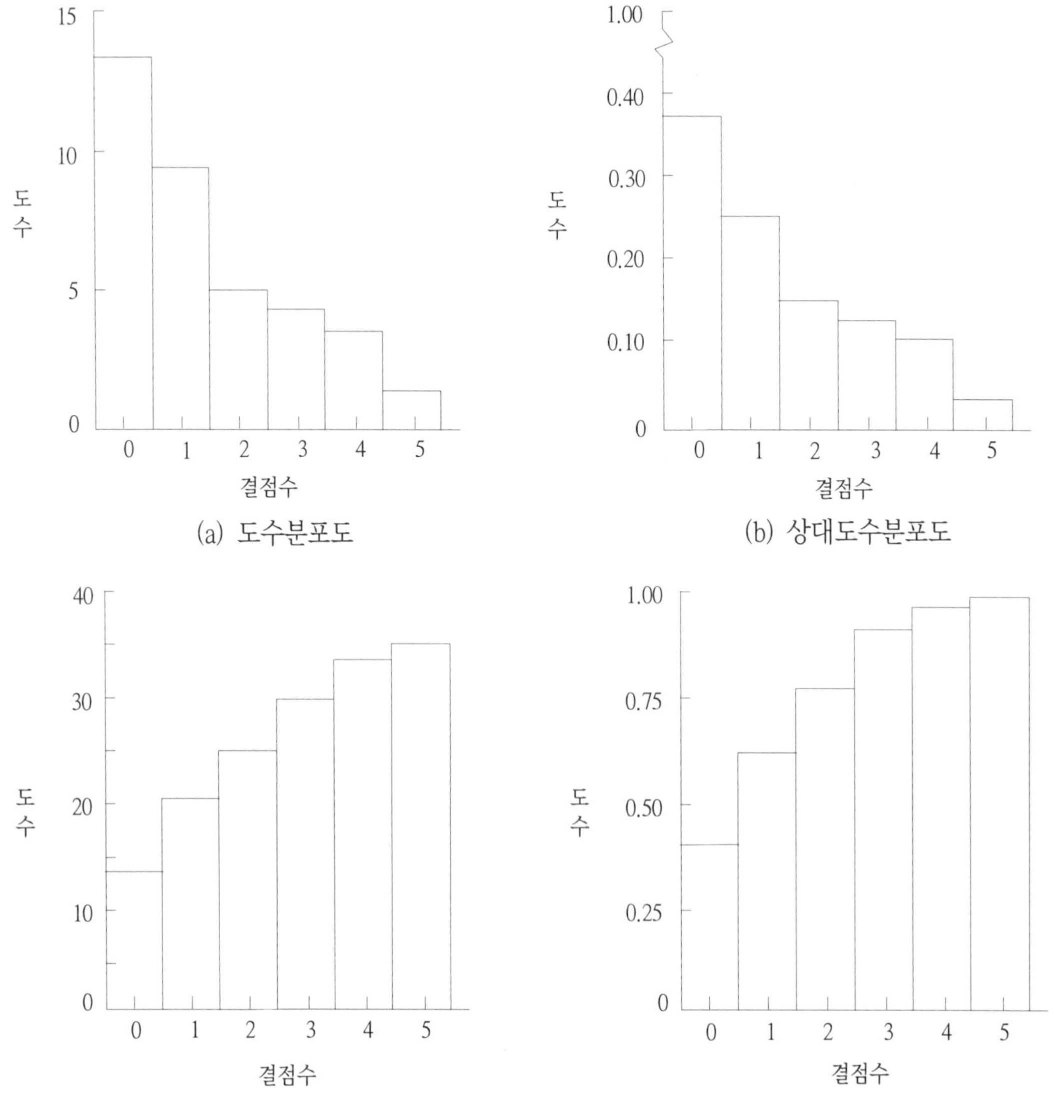

〈그림2-4〉 김치의 결점수에 대한 도수분포도

다. 파레토도

파레토도(Pareto diagram)는 현장에서 문제가 되고 있는 불량품, 결점, 클레임, 사고 등과 같은 현상이나 그러한 현상에 대한 원인별로 자료를 분류하고, 불량개수 및 손실금액 등이 많은 순서로 정리하여 그 크기를 막대그래프로 나타낸 것이다.

파레토도는 19세기 이탈리아 경제학자의 이름을 따서 만들어진 것으로 일반적으로 총발생률에 대해서 높은 비율을 발생시키는 비교적 적은 요소를 추출하기 위한 것이다. 이 분석의 목적은 발생사례를 중요 정도에 따라 분류해서 가장 중요한 것의 해결에 먼저 중점을 두려는 데 있다. 이 분석은 대부분 80%의 문제는 20%의 항목에서 발생한다고 해서 80-20법칙, 혹은 사소한 다수와 중요한 소수(trivial many, vital few)라고 한다. 예를 들어 80%의 기계고장은 20%의 기계고장을 유발하는 요소에서 비롯되며, 80%의 제품결점은 20%의 결점을 일으키는 요인에서 기인된다는 것이다.

파레토도의 특성은 다음과 같다.

① 어떤 항목이 가장 문제가 되는지를 찾아 낼 수 있다.
② 문제 크기의 순위를 한눈에 알 수 있다.
③ 그 항목이 전체의 어느 정도를 차지하고 있는지 알 수 있다.
④ 문제의 크기를 한눈에 볼 수 있기 때문에 설득력이 있다.
⑤ 복잡한 계산을 필요로 하지 않기 때문에 수월하게 그릴 수 있다.

파레토도는 문제해결도구는 아니고 분석도구이다. 이는 문제들을 어떤 순서로 해결해야 할 것인가를 결정하는 데 사용된다.

〈표2-5〉는 한 김치공장에서 1년 동안의 고객 클레임 건수를 공정별로 기록한 자료로서 공정별 클레임 건수의 상대도수와 누적상대도수를 나타내고 있다.

〈표2-5〉 공정별 고객클레임 건수

공 정	클레임 건수	상대도수	누적상대도수
C	112	0.62	0.62
A	35	0.19	0.81
F	12	0.07	0.88
B	10	0.05	0.93
D	8	0.04	0.97
E	5	0.03	1.00
계	182	1.00	

〈표2-5〉의 자료를 이용하여 파레토도를 작성하기 위해서는 다음과 같은 절차를 거쳐야 한다.

① 자료를 분류할 때 문제의 원인, 불량품의 형태 등 수단을 결정한다.
② 관련된 화폐가치 또는 발생도수 등을 기준으로 하여 상대적 중요성을 결정한다.
③ 가장 중요한 항목으로부터 시작하여 차례로 순위를 결정한다.
④ 순서대로 각 항목의 누적도수를 계산하고 중요한 항목 순으로 왼쪽부터 표시한다.
⑤ 각 항목별로 상대적 중요성을 나타내는 막대그래프를 그린다.

〈그림2-5〉는 〈표2-5〉의 자료를 이용하여 작성한 파레토도이다. 이 그림에 의하면 고객클레임

의 81%는 공정 C와 A에서 발생되고 있음을 알 수 있다. 각 항목의 도수를 상대도수로 변환하는 것이 바람직하기 때문에 파레토도는 두 개의 수직척도를 사용한다. 즉 왼편 척도는 원래의 측정치를 나타내고 오른편 척도는 해당하는 상대도수를 나타낸다.

만일 공정 C로 인한 고객클레임의 원인을 좀더 자세히 분석하고자 한다면 〈표2-6〉과 같이 각 원인별 클레임의 수를 조사하여야 한다.

〈표2-6〉 원인별 클레임의 수

원 인	빈 도	상대빈도	누적상대빈도
a. 부적절한 염수염도	45	0.40	0.40
b. 부적절한 절임온도	45	0.40	0.80
c. 신속하지 못한 압력조절처리	12	0.11	0.91
d. 절임시간의 초과	6	0.05	0.96
e. 원료배추의 무게초과	4	0.04	1.00
	112	1.00	

공정 C로 인한 클레임의 80%는 부적절한 염수염도와 온도 때문임을 알 수 있다.

이와 같이 파레토도는 문제의 근본원인을 규명하는 데 이용된다.

파레토도는 이와 같이 문제발생의 근원만을 밝힐 수 있기 때문에 그의 구체적 원인을 밝히고 문제를 해결하기 위해서는 또 다른 분석을 필요로 한다. 즉, 공정 C로 인한 고객클레임의 문제를 해결하기 위해서는 다음에서 설명할 특성요인도에 의하여 그 원인을 밝힐 수 있다.

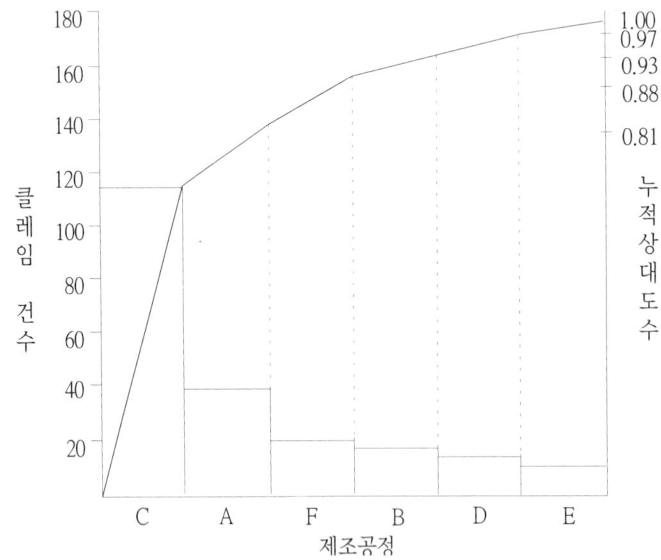

〈그림2-5〉 파레토도

라. 특성요인도

자료의 분석과 문제해결에 사용되는 도구 중에서 특성요인도는 문제해결에 구조적인 접근을 가능하게 한다. 이것은 생긴 모양 때문에 생선뼈도표(fishbone diagram)라고도 한다.

이 분석은 파레토도와 함께 사용할 수 있다. 파레토도는 규격불일치의 주요한 품질특성을 찾아내는 데 이용된다. 이러한 개선코자 하는 특성을 결과라고 할 때 이에 영향을 주는 여러 가지 요인을 찾아내는 데 이용되는 기법이 특성요인도이다. 여러 가지 요인이 규명되면 품질불량(결과, 특성)도 자연히 제거되는 것이다.

특성요인도는 〈그림2-6〉과 같이 개선하고자 하는 품질특성(문제 또는 결과라고도 한다)을 그림의 오른쪽 화살표 끝에 있는 생선의 머리에 표시하고 화살표 반대방향으로 등뼈를 그려나간다.

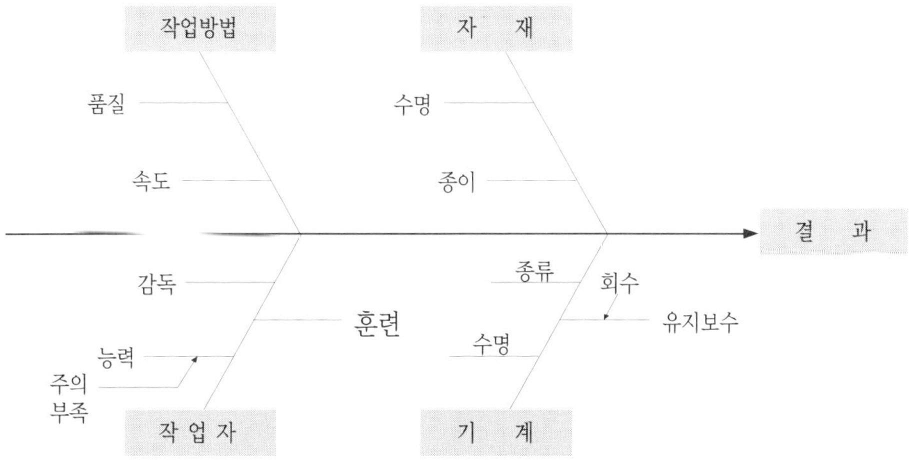

개선하고자 하는 품질특성의 성격에 따라 원인의 분류는 상이하나 보통 4M(man, machine, method, material)과 환경(environment)을 주요 원인으로 취급한다. 특성요인도를 작성할 때에는 고려하는 문제(결과)에 영향을 미치는 모든 가능한 원인을 열거하기 위하여 브레인스토밍(brain-storming)을 실시한다. 특성요인도를 작성하는 절차는 다음과 같다.

① 문제(결과)의 정의 : 해결코자 하는 문제 혹은 품질특성을 분명하게 정의한다. 이러한 문제는 파레토도에 나열된 문제일 수 있다. 일단 문제를 분명히 정의하면 특성요인도의 오른편에 이를 적고 이를 향하여 화살표를 그린다.

② 주요한 원인의 규명 : 문제를 일으키는 주요한 원인들을 규명해야 하는데 예를 들면 제조공정에서 불량부품을 생산하는 주요한 원인은 4M과 환경 등이다.

③ 세부원인의 규명 : 문제를 일으키는 모든 가능한 세부원인을 회의에 참여한 모든 구성원의 브레인스토밍을 통하여 규명한다.

④ 도표의 작성 : 일단 아이디어를 취합하면 원인별로 분류하여 이들을 주요한 원인 밑에 나열

한다. 한 세부요인에 대해서도 세세부요인이 있게 되면 가지를 그어 이를 표시한다. 이러한 과정을 모든 요인의 기록이 끝날 때가지 계속한다.

⑤ 도표의 분석 : 개선하고자 하는 문제의 원인들을 분석하여 가장 가능한 원인을 표시한다. 다음에는 이러한 원인이 문제에 심각한 영향을 미치는지를 살펴보기 위하여 자료를 수집분석한다. 각 원인에 대해서는 이것이 근본원인인지, 이 근본원인을 제거할 해결책은 있는지, 이 해결책은 실행가능하며 비용 효과적인지 등을 따져야 한다.

특성요인도는 파레토도와 함께 사용할 때 더욱 효과적이다. 최초의 파레토도는 개선할 품질특성(결과)을 제시하고 이를 해결하기 위한 특성요인도에서는 다음 파레토도를 작성하는 데 필요한 세부요인들을 만들어 내는 것이다.

마. 산점도

산점도(scatter diagram)란 두 종류의 자료의 관계를 그림으로 나타낸 것이다. 앞에서 설명한 특성요인도는 결과에 영향을 미치는 여러 가지의 원인을 밝힘으로서 단순히 결과와 원인의 관계만을 고려할 뿐 상관관계(correlation)의 정도는 고려하지 않으므로 결과와 원인 사이의 관계가 어느 정도인지를 파악하기 위해서 산점도가 필요한 것이다.

따라서 품질문제를 해결하기 위해서는 특성요인도와 산점도를 함께 작성해야 한다. 품질문제에 영향을 미치는 가능한 요인을 완전히 분석하기 위해서는 특성요인도가 필요하고, 품질문제와 이에 직접적으로 영향을 미치는 요인과의 사이에 존재하는 상관관계의 정도를 분석하기 위해서는 산점도가 필요하다.

산점도를 그리려면 먼저 원인과 결과를 나타내는 두 변수를 결정하여 자료를 수집한다. 그 다음으로 결과에 해당하는 변수를 Y축에 표시하고 결과에 영향을 미치는 원인에 해당하는 변수를 X축에 표시한다.

〈표2-7〉 판매원의 이동거리와 판매량

이동거리	판 매 량	이동거리	판 매 량
0.4	1	3.2	10
0.8	4	3.6	8
1.0	3	3.9	13
1.5	2	4.0	12
1.6	4	4.1	25
2.2	4	4.1	15
2.8	2	4.9	17
3.0	6	5.2	22

〈표2-7〉은 판매원의 이동거리와 판매량에 관한 자료이다. 이 자료를 〈그림2-7〉과 같이 표시하

면 판매원의 이동거리가 길수록 판매량이 높아지는 경향이 있음을 판단할 수 있다.

산점도를 작성한 후 두 변수 간 상호 의존관계의 강도와 방향을 측정하기 위해서는 상관계수를 계산해야 한다. 또한 원인에 해당하는 변수(독립변수)의 특정한 값에 상응하는 결과변수(종속변수)의 값을 추정하기 위해서는 두 변수 사이에 존재하는 함수관계를 나타내는 회귀방정식을 구해야 한다.

〈그림2-7〉 산 점 도

바. 층별

층별(stratification)이란 자료를 몇 개의 범주에 의하여 구분함으로써 문제의 원인을 파악하려는 기법이다.

자료를 층별화하는 절차는 다음과 같다.

① 조사대상 변수를 선정한다.

② 층별화할 범주를 설정한다.

③ 범주별로 자료의 개수를 센다.

④ 막대그래프의 형태로 층별화한 결과를 나타내고 분석한다.

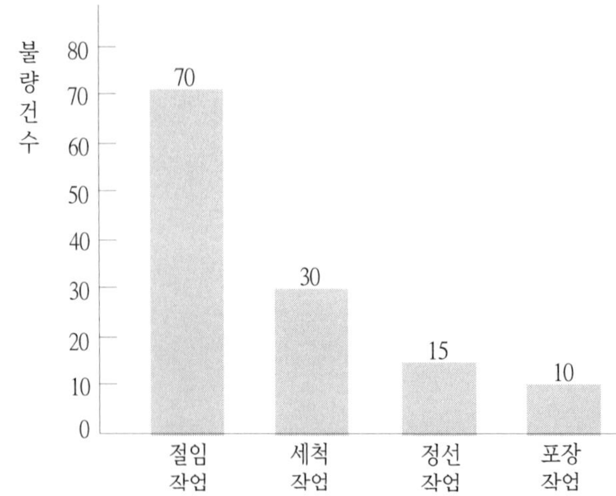

〈그림2-8〉 절임배추 제조 작업형태별 불량건수(전체)

〈그림2-8〉은 어느 식품회사가 1년간 생산한 절임배추의 불량건수를 작업형태별로 분류한 도수분포도이다. 이 도수분포도에 의하면 총 125건의 불량 중에서 절임작업의 불량건수가 70건(56%)으로 가장 주된 원인으로 나타나고 있다. 그런데 이 식품회사의 생산이 두 팀에 의하여 수행되었으므로 팀별로 불량건수를 층별화하여 도수분포도를 그린 결과가 〈그림2-9〉와 〈그림2-10〉이다. 이들 도수분포도에 의하면 A팀보다 B팀의 불량이 현저하게 높으며 특히 절임작업 불량의 상당부분이 B팀에 의하여 야기되었음을 알 수 있다.

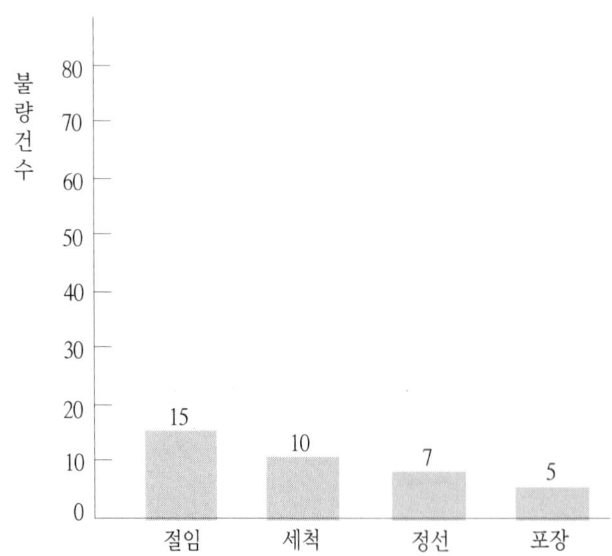

〈그림2-9〉 절임배추 제조 작업형태별 불량건수(A팀)

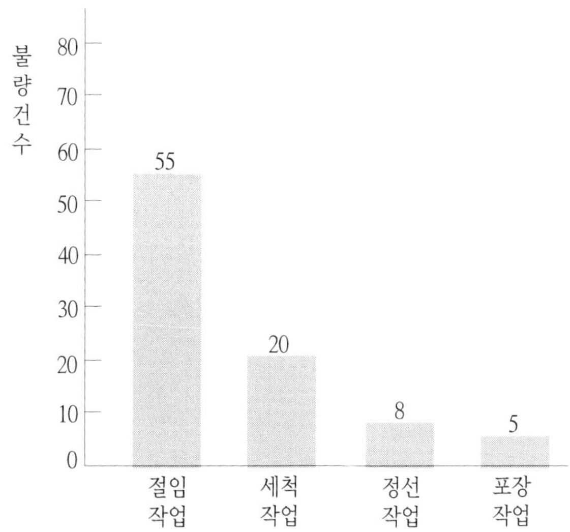

〈그림2-10〉 절임배추제조 작업형태별 불량건수(B팀)

사. 흐름도

현재의 공정이나 의사결정과정을 문장으로 표현할 수도 있다. 그렇지만 가시화된 형태의 공정이나 도표를 이용한 실명은 매우 유용하다. 흐름도(flow diagram)는 공정에서의 주요 단계를 가시화된 설명으로 나타낸 것이다. 이러한 흐름도에 의하여 사람이나 자재가 흐르는 과정을 추적할 수 있다. 흐름도는 생산조업에서의 물질적인 공정일 수도 있고 어떤 행위를 결정하는 의사결정과정일 수도 있다.

아. 품질관리의 신 7가지 도구

앞에서 설명한 기본적인 7가지 품질관리도구는 수치화된 자료를 분석하여 품질문제를 해결하려는 계량화된 기법이지만 신 7가지 품질관리기법은 언어자료를 이용하여 문제를 분석하는 정성적 분석방법이다. 이 방법은 문제를 체계화하고 대책을 수립함에 있어서 수학적으로 접근하지 않고 언어적으로 접근하는 방법이다. 신 7가지 품질관리도구는 다음과 같다.

① 친화도(affinity diagram)
② 연관도(relationship diagram)
③ 계통도(tree diagram
④ 매트릭스도(matrix diagram)
⑤ 매트릭스 자료 해석(matrix data analysis)
⑥ PDPC(process decision program chart)
⑦ 화살표 다이어그램(arrow diagram)

5 과제달성형 접근방법

품질분임조의 창시국인 일본에서도 노동시간의 단축과 일에 대한 가치관의 변화 등 경영환경의 변화로 인하여 품질분임조에 대한 반성의 움직임이 일고 있다. 이러한 반성의 일환으로 과제달성형 접근방법과 같이 기존의 방식에서 벗어난 새로운 기법에 관한 연구가 이루어지고 있다.

이하에서는 과제달성형 접근방법이 도입된 배경과 적용상의 특징을 살펴보기로 한다.

가. 생성배경

1990년대부터 논의되기 시작하여 최근에 본격적으로 연구되고 있는 TQM적 관점에서의 일본적 품질관리의 재검토는 일본기업의 TQM적 틀로의 전환을 시사하는 대표적 주제이다. 이와 동일한 맥락에서 최근 이루어지고 있는 일본적 품질관리의 주목할 만한 변화 중의 하나로 과제달성형 접근방법의 개발 및 보급을 들 수 있다.

과제달성형 접근방법은 일본에서 기존의 문제해결형 접근방법의 한계점을 보완하기 위하여 연구되고 있는 방법이다. 즉 과거의 문제해결형 접근방법이 주로 생산부문을 대상으로 한 방법이었으나 과제달성형 접근방법은 주로 사무, 판매, 서비스 부문의 활동방법으로 제시된 점이 특징이다.

일반적으로 사무, 판매, 서비스 부문은 고객요구의 변화나 경영환경 변화의 영향을 많이 받기 때문에 지금까지 해 본 적이 없는 새로운 업무를 추진해야 하는 경우가 많다. 또한 이 부문에서는 문제가 확실히 파악되지 않는 경우가 많기 때문에 해결해야 할 주제를 설정하는 것도 어렵고 결국 분임조활동도 원활히 진행되지 않는 현상이 발생하는 것이다.

이러한 배경하에서 새로운 접근방법을 개발하여 보급하게 되었고 종래의 접근방법과 병행해서 활용하도록 하기 위하여 종래의 방법론을 문제해결형 접근방법, 새로운 방법론을 과제달성형 접근방법이라고 명명한 것이다.

나. 문제해결형 접근방법과의 차이

문제해결형 접근방법에서의 문제해결과 과제달성형 접근방법에서의 과제달성을 구분하면 다음과 같다.

1) 문제해결형

현재의 수준과 목표치 사이에 차이가 있을 경우 기존의 방법을 전제로 하여 그 차이를 줄이는 활동 즉 기존의 제품제조방법이나 작업방법에 있어서 발생하는 문제를 기존의 방법상에서 원인을 찾아 개선하는 것이다. 예를 들면 어느 공정에서 불량품이 발생한 경우 그 제조공정내에 불량품을 발생시키는 원인이 있을 것이므로 그 원인을 찾아 궁극적으로 불량품을 줄이는 것이다.

2) 과제달성형

목표를 달성하기 위하여 새로운 방법을 창출하는 것을 말한다. 과제달성에는 다음의 세 가지가 있으며 이를 총칭하여 과제라 한다.

가) 신규업무에의 대응

이것은 신규업무의 목표를 달성하기 위한 방법이나 수단을 강구하는 것이다. 예를 들면 종래에 수작업으로 해 오던 장부정리를 신속한 사무처리라는 과제에 의하여 사무자동화로 대응하는 활동을 들 수 있다.

나) 현상타파

이것은 기존의 제품이나 서비스, 업무상의 목표를 달성하기 위하여 종래부터 해 오던 방법을 버리고 새로운 방법을 개발하여 그 목표를 달성하는 것이다. 예를 들면 종래의 방법이 시간이 많이 소요되는 문제점이 있었다면 종래의 방법이 아닌 전혀 다른 새로운 방법을 개발하여 시간단축을 달성하는 것을 말한다.

다) 매력적 품질의 창조

이것은 새로운 매력적인 제품이나 서비스 혹은 업무수행 방법상의 목표를 정하여 이를 달성하기 위한 수단을 개발하여 매력적인 품질을 창조하는 것을 말한다. 예를 들어 시장조사의 결과 기능성김치의 중요성이 파악되면 매력적인 기능성김치를 만드는 것을 과제로 설정하는 것을 들 수 있다.

따라서 과제달성형 접근방법은 문제해결형 접근방법에 비하여 기존의 업무보다는 신규 업무 지향적이고, 당연적인 품질보다는 매력적인 품질 지향적인 성격을 지니고 있다.

다. 적용절차

〈그림2-11〉은 과제달성형 접근방법과 문제해결형 접근방법의 적용절차를 대비한 것이다. 두 방법상의 가장 큰 차이는 두 번째 단계에 있다. 즉 문제해결형 접근방법에서는 현상의 파악과 요인의 해석이 중심이 되지만 과제달성형 접근방법에서는 방책의 입안과 최적책의 추구가 중심이 된다.

과제달성형 접근방법의 적용절차는 다음과 같다.

〈단계1〉 주제의 선정

직장의 과제나 고객요구사항 파악에 의하여 해결해야 할 주제를 선정한다. 이 때 추진의 효율성을 제고하기 위하여 완료까지의 일정과 역할분담 등의 활동계획도 수립한다.

〈단계2〉 과제의 명확화와 목표의 설정

해결해야 할 과제의 현재 수준과 희망 수준을 조사하고 그 차이를 어느 정도까지 줄일 것인지에 관한 목표를 설정한다.

〈단계3〉 방책의 입안

목표를 달성하기 위한 방책을 창출하고 실현가능성이나 기대효과의 측면에서 효율적인 방책을 선정한다.

〈단계4〉 최적책의 추구

선정된 방책을 실현시키는 구체적인 방법을 검토하여 그 기대효과를 예측하고 실시상의 장애요인을 제거할 수 있는 수단을 검토한다. 그리고 종합적으로 이해득실을 평가하여 최적책을 선정한다.

〈단계5〉 최적책의 실시

최적책의 실행계획을 수립하여 실시한다.

〈단계6〉 효과의 확인

최적책을 실시한 후 당초의 목표에 비하여 어떤 결과를 가져왔는지 직접적인 효과 이외의 간접적이 효과가 무엇인지 등에 관한 객관적인 자료를 수집한다.

〈단계7〉 유지 및 관리

최적책의 실시효과가 반감되지 않도록 유지하고 관리하는 방법을 검토하여 추진한다.

〈단계8〉 반성 및 장래의 계획

최적책의 추진방법과 분임조의 운영방법 등에 관한 반성을 하고 아직까지 해결되지 않은 과제를 명확히 하여 장래의 계획에 반영한다.

라. 기대효과

과제달성형 접근방법을 효율적으로 활용할 경우 다음과 같은 효과가 기대된다.

① 분임조활동의 활성화에 기여

우리나라에서 분임조활동이 활성화되지 않는 이유 중의 하나는 해결해야 할 주제를 정하지 못하고 있기 때문이다. 과제달성형 접근방법은 주제선정에도 유용할 뿐만 아니라 기존의 방법론에 식상한 분임조원에게 새로운 방법론을 제시함으로서 분임조활동에 대한 촉매제 역할을 할 수 있다.

② 사무, 판매, 서비스 부문에의 확대

기존의 문제해결형 접근방법은 생산 부문을 대상으로 한 것이었으나 과제달성형 접근방법은 사무, 판매, 서비스 부문을 주대상으로 하는 것이므로, 이 분야에서 분임조활동을 확대시킬 수 있는 방법론이 될 수 있다.

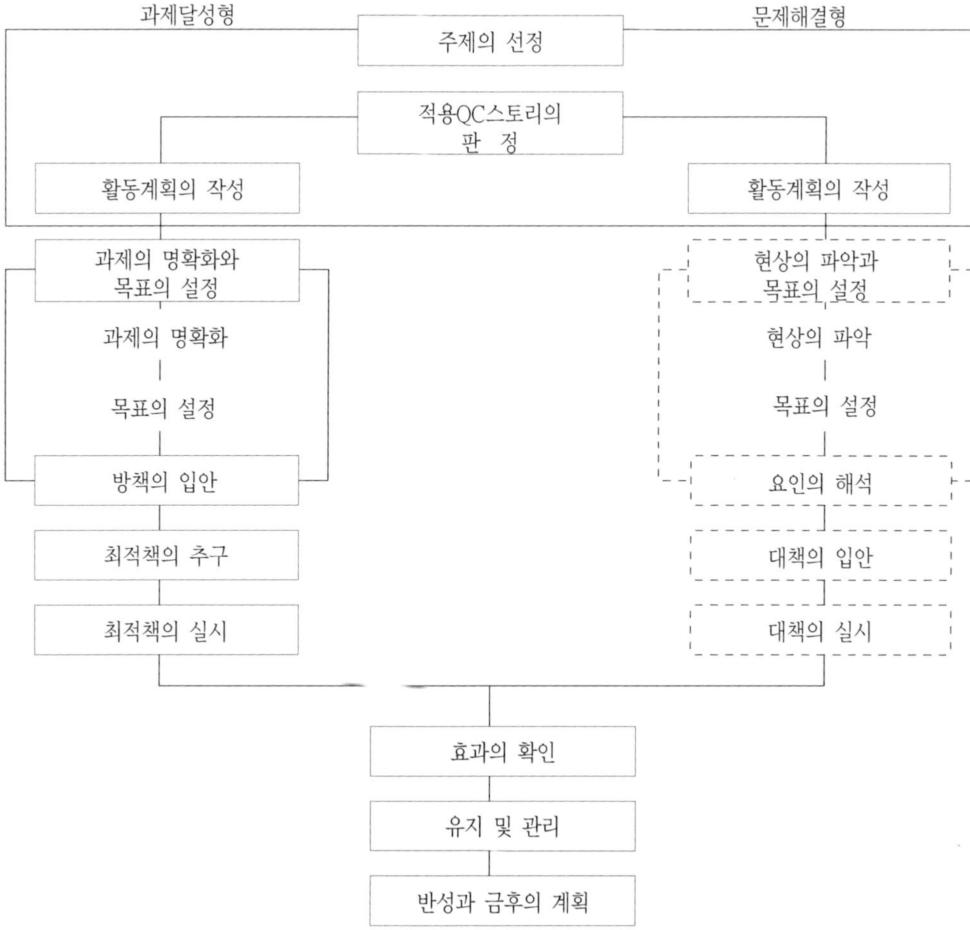

〈그림2-11〉 과제달성형 접근방법과 문제해결형 접근방법의 적용절차

③ 현재수준으로부터의 대폭적인 향상과 새로운 업무의 목표달성에 활용

기존의 문제해결형 접근방법에서는 점진적인 개선을 중시했으나 기업간 경쟁의 격화에 따라 현재의 수준에 대한 대폭적인 품질의 개선과 원가의 절감이 필요하게 되며, 이를 실현시킬 수 있는 방법론이 과제달성형 접근방법이다.

제3절 통계적 품질관리

1 관리도

가. 품질과 산포

제조공정에서는 제조의 목표가 되는 설계품질에 합치되는 제품을 만들어 내는 일이 주요 목표이다. 그런데 일정한 생산조건하에서 작업을 실시한다 하더라도 제조된 제품의 품질에는 반드시 산포(변동)가 생기기 마련이다.

이러한 품질의 산포를 발생시키는 원인을 다음 두 가지로 분류할 수 있다.

첫째, 공정에서 언제나 일어나고 있는 어쩔 수 없을 정도의 산포로서 생산조건이 엄격히 관리된 상태하에서도 발생하는 불가피한 산포이다. 이러한 산포의 원인을 우연원인(偶然原因)이라고 하며, 식별하기 어려운 원료(원·부자재) 및 생산설비 등의 제반 특성의 차이, 작업자의 숙련도의 차이, 작업표준의 허용범위 내에서 작업조건 및 작업환경의 변화 등으로 말미암아 발생한다.

둘째, 보통 때와는 다른 특별한 의미가 있는 산포로서 그냥 보아 넘기기에는 문제가 되는 산포이다. 이러한 산포의 원인을 이상원인(異常原因) 또는 가피원인(可避原因)이라고 한다. 이러한 원인은 불량 원·부자재의 사용, 생산설비의 이상 또는 고장, 작업자의 부주의, 측정이나 시험 등의 오차 때문에 발생한다. 이상원인은 공정에서 만성적으로 존재하는 것은 아니고 산발적으로 발생하며 품질의 변동에 크게 영향을 끼치는 요주의원인으로서 우선적으로 제거대상이 된다.

제조공정이 우연원인에 의해서만 관리된다면 이러한 공정으로부터 제조된 제품의 품질은 균일하게 될 것이며, 동시에 앞으로 제조될 제품의 품질도 예측할 수가 있다. 〈그림2-12〉의 (a)와 같이 우연원인으로만 이루어진 상태의 공정을 관리된 공정 또는 안정된 공정이라고 한다.

일반적으로 제조공정은 작업시간의 대부분이 관리된 상태로 가동되고 있다. 그렇지만 이상 원인이 한 가지만 조재해도 공정은 〈그림2-12〉의 (b)와 같이 관리되지 않은 상태로 변화하여, 불량품이 눈에 띌 정도로 발생되어 앞으로 제조될 제품의 품질 또한 예측하기 어렵게 된다.

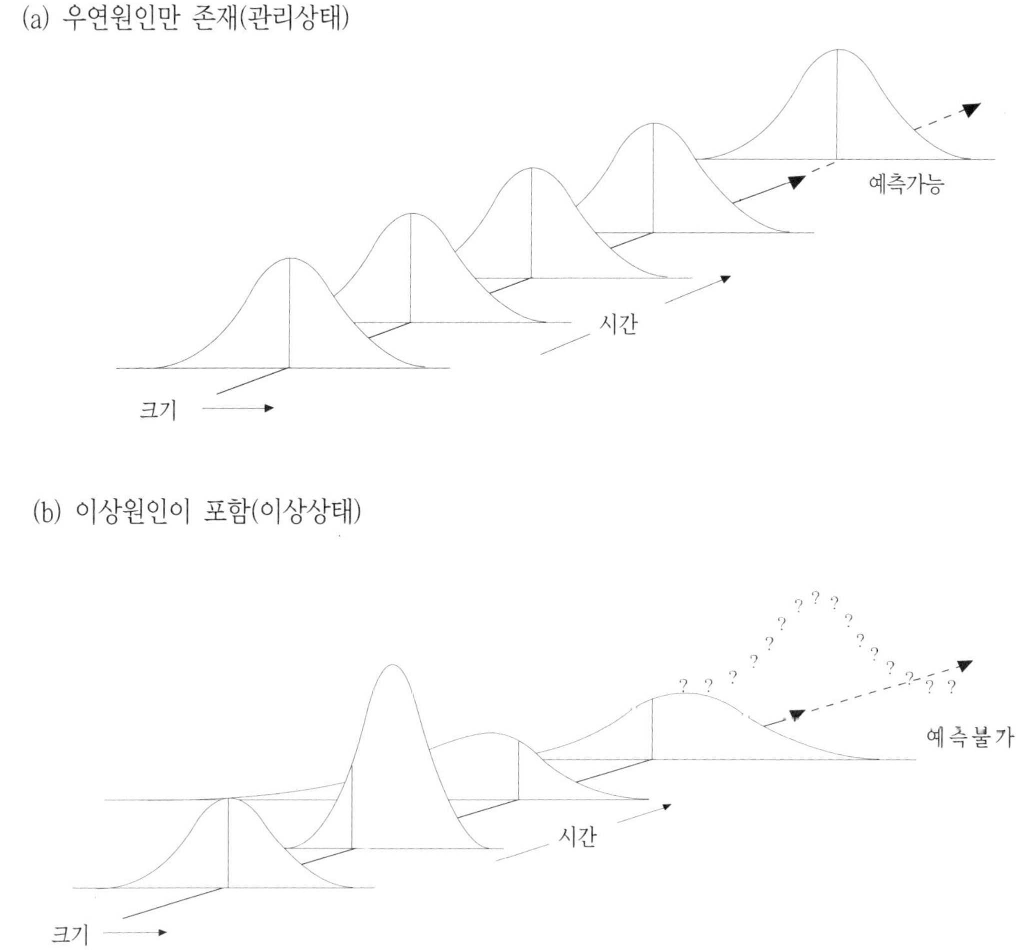

〈그림2-12〉 우연원인과 이상원인에 따른 공정의 품질상태

따라서 품질변동의 원인을 조사하여 우연원인과 이상원인으로 구별하여 이상원인은 현장에서 즉시 조처를 취하여 더 이상 재발하지 않도록 하고, 우연원인에 대해서는 유지 내지는 더 줄일 수 있도록 생산설비의 개선, 작업방법의 개선, 작업자의 교육과 훈련 및 작업환경의 개선 등을 통하여 점차적으로 품질향상을 꾀하도록 하여야 할 것이다.

나. 관리도의 원리

공정의 상태를 나타내는 품질특성치(자료)를 이용하여 품질변동에 영향을 주는 원인을 신속히 판별하고, 발견된 이상원인에 대해서는 조처를 취함으로써 공정을 관리상태로 유지시킬 수 있는 통계적 수법이 바로 관리도이다. 관리도란 〈그림2-13〉과 같이 우연원인으로 인한 산포와 이상원인으로 인한 산포를 구분할 수 있는 중심선 상·하에 관리한계선(관리상한선, 관리하한선)을 결정한 다음 공정의 상태를 나타내는 품질특성치(측정치, 자료)를 타점하여, 이 점이 관리한계선 밖으로 나가면 공정에 이상원인이 존재하고 그렇지 않으면 우연원인에 의한 상태라는 사실을 시간의 경과에 따라 한눈에 알아 볼 수 있도록 그린 일종의 꺾은선 그래프이다.

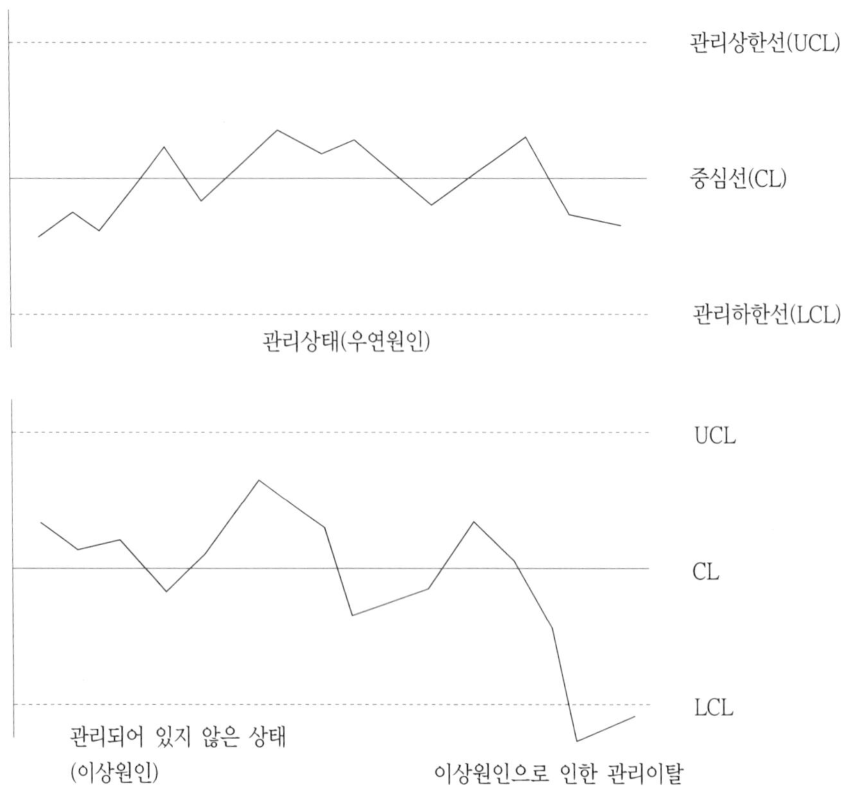

〈그림2-13〉 관 리 도

공정이 관리된 상태라면 거의 모든 점들이 관리한계선 안에 무작위적으로 타점된다. 이것은 공정의 상태가 우연원인에 의해서만 영향을 받기 때문에 품질의 변동도 예측이 가능함을 의미하며 이런 상태라면 공정에 대한 조처는 필요없게 된다. 반면에 관리한계선 밖으로 점들이 자주 타점되면 공정의 상태가 안정되어 있지 않다는 증거로 해석된다. 즉 공정이 이상원인에 의한 상태로 가동되고 있어서 계속적으로 품질상의 문제를 일으키고 있다고 보는 것이다. 이런 경우에는 이상원인을 규명하고 그에 알맞는 관리 및 기술적 조처를 취해야 한다.

따라서 관리도를 이용하는 주된 목적은 공정상의 이상 유무를 신속히 찾아내어 이상원인으로 인한 불량품이 대량생산되기 전에 필요한 조처를 미리 취하여 관리된 상태를 유지하도록 함으로써 최상의 제조품질(적합품질)을 달성하는 데 있다.

다. 관리한계선의 결정

공정이 관리상태인가 아닌가를 구분해 주는 관리한계선은 어떻게 결정하는 것이 합리적일까? 공정을 통계적으로 관리하기 위해서는 규격한계와는 별개의 조처한계, 즉 관리한계를 도입할 필요가 있으며, 이러한 관리한계는 품질특성치가 관리한계를 벗어나면 공정에 이상원인이 존재한다는 것을 의미해야 한다. 다시 말하면, 규격한계는 이미 만들어진 제품의 양·불량을 판정하는 기준인데 반하여, 관리한계는 공정상의 이상원인을 제거하기 위해 공정에 대한 개선조처를 지시하는 관리수단으로 사용되는 것이며, 따라서 규격한계와 관리한계는 별개의 개념이다.

관리도는 공정에 대해 통계적 관리를 실행하는 기준으로 볼 수 있다. 따라서 그 기준은 공정상의 이상원인을 밝힐 수 있어야 하며, 동시에 이상원인을 발견하기 쉬운 기법을 제시하고, 간단하면서도 지속적인 개선활동에도 적용될 수 있어야 한다. 이상을 고려하여 관리한계선은 3σ 법에 의해 정한다. 물론 경제적인 측면도 고려되어야 할 사항이다. 3σ 법이란 통계량(품질특성치)의 기대치의 상·하에 그 통계량의 표준편차(σ)의 3배에 해당하는 폭을 잡아서 관리한계선으로 정하는 방법이다.

공정이 관리상태에 있는 경우에 이 공정에서 제조되는 제품의 품질특성치(계량형)를 취하여 도수분포도를 그려보면 거의 정규분포를 따른다. 자료가 정규분포를 따르면 자료의 평균치로부터 표준편차의 3배의 범위 안에 들어갈 확률이 99.73% 정도가 되므로, 이러한 경우를 〈그림2-14〉에서 살펴보면 점이 관리한계선 밖으로 벗어날 확률은 0.27% 정도가 됨을 알 수 있다. 따라서 이러한 방법으로 결정된 관리선을 직접 활용할 경우, 공정의 이상원인에 대한 존재 유무를 판단하는데 있어서 어느 정도의 과오를 범하는 것을 피할 수 없다.

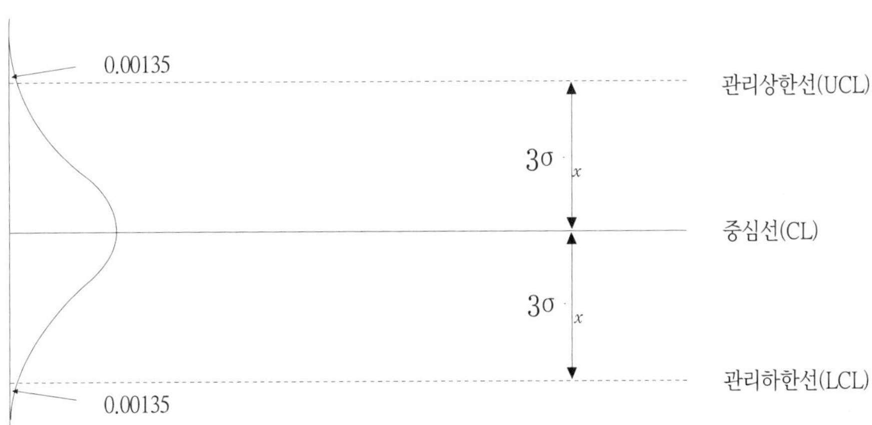

〈그림2-14〉 관리한계선과 시료평균의 도수분포

결국, 이것은 전체 공정의 이상원인 판단시에 일부 공정에서 어쩔 수 없이 발생되는 과오이긴 하지만 통계적·기술적 측면을 고려하여 최소화시키도록 하여야 할 것이다.

이런 과오를 구체적으로 살펴보면 다음과 같다.

첫째, 공정이 실제로 관리상태인데도 불구하고 한 점이 우연히 관리한계선 밖으로 찍혀서, 공정이 관리상태에 있지 않다고 성급히 잘못 판단하는 경우로 이를 제1종과오라고 한다. 3σ 법을 적용한 경우에 제1종과오의 크기는 0.27% 정도가 된다.

둘째, 공정이 실제로 변화하여 관리상태에 있지 않은데도 불구하고 점이 관리한계선 밖으로 찍히지 않을 수도 있다. 이런 경우에 공정이 관리상태에 있다고 잘못 판단하는 것을 제2종과오라고 한다.

라. 관리도의 활용방법

1) 관리도의 종류

관리도는 자료, 즉 측정치의 특성에 따라서 계량형 관리도와 계수형 관리도로 대별된다.

계량형 관리도 중 기본이 되는 것은 $\overline{X}-R$ 관리도이고, 계량형 관리도는 정규분포이론을 적용한다. 계수형 관리도 중 기본이 되는 것이 p 관리도이며 이들은 품질특성에 따라 분류되는데, p 관리도는 이항분포의 이론을 적용한다.

2) 계량형 관리도의 활용

계량형 관리도에서 가장 기본이 되는 $\overline{X}-R$ 관리도(평균치와 범위의 관리도)는 관리항목으로서 길이, 무게, 시간, 인장강도, 순도, 비율 등과 같이 양을 측정할 때 사용한다. $\overline{X}-R$ 관리도는 평균치의 변화를 관리하는 $\overline{X}$ 관리도와 산포의 변화를 관리하는 R 관리도로 구성된다.

$\overline{X}-R$ 관리도의 작성순서는 다음과 같다.

① 자료를 수집한다.

일정기간 동안 발생한 자료를 샘플크기(n) 4~5개 정도로 약 20~25군을 채취하여 측정한다. 아울러 측정치들을 〈표2-8〉과 같이 자료표(data sheet)에 기입한다. 자료표에는 품명, 샘플의 채취방법, 측정방법 등이 기입된다. 〈표2-8〉은 김치공장에서의 염수의 염도관리 표이다.

② 각 군의 평균치 $\overline{X}$ 를 계산한다.

③ 각 군의 범위 R을 계산한다.

R=최대치-최소치

샘플군별로 자료의 값이 가장 큰 측정치와 가장 작은 측정치와의 차를 계산한다.

④ 관리도용지나 모눈종이에 〈그림2-15〉와 같이 좌단에 $\overline{X}$ 와 R의 눈금을 세로로 매기고, 가로에는 샘플군의 번호를 기입한다.

〈표2-8〉 $\overline{X}-R$ 관리도 자료표

일시	샘플군의 번호	측정치 x_1	x_2	x_3	x_4	x_5	계 Σx	평균치 $\overline{x}$	범위 R	적요
	1	9	13	16	7	9	54	10.8	9	
	2	14	9	13	16	3	55	11.0	13	
	3	13	10	6	16	9	55	11.0	10	
	4	14	10	6	16	9	68	13.6	10	
	5	6	7	12	11	13	49	9.8	7	
	6	12	10	15	16	7	60	12.0	9	
	7	17	11	16	11	10	65	13.0	7	
	8	14	11	10	15	10	60	12.0	5	
	9	16	13	9	3	14	55	11.0	13	
	10	15	1	8	7	8	39	7.8	14	
	11	5	6	7	5	10	33	6.6	5	
	12	12	10	10	12	12	56	11.2	2	
	13	11	14	10	15	8	58	11.6	7	
	14	9	6	5	6	7	33	6.6	4	
	15	4	8	4	2	11	29	5.8	9	
	16	10	8	7	3	9	37	7.4	7	
	17	4	7	8	6	11	36	7.2	7	
	18	4	8	11	7	8	36	7.2	7	
	19	7	9	3	8	10	37	7.4	7	
	20	5	11	11	5	11	43	8.6	6	
	21	10	9	14	14	16	63	12.6	7	
	22	8	6	12	8	4	38	7.6	8	
	23	6	14	9	16	10	55	11.0	10	
	24	11	10	15	14	12	62	12.4	5	
	25	12	16	14	13	10	65	13	6	
	26	14	13	12	13	8	60	12	6	
	27									
	28									
	29									
	30									
							계	260.2	200	

$\overline{x}$ 관리도

UCL= $\overline{\overline{x}}+A_2\overline{R}$ =10.0+0.58 ×7.69≒14.46

LCL= $\overline{\overline{x}}-A_2\overline{R}$=10.0−0.58 ×7.69≒5.54

R 관리도

UCL= $D_4\overline{R}$ =2.11×7.69 ≒16.23

LCL= $D_3\overline{R}$ =-

$\overline{\overline{x}}$ =10.0, $\overline{R}$ =7.69

n	A_2	D_4	D_3
4	0.73	2.28	-
5	0.58	2.11	-

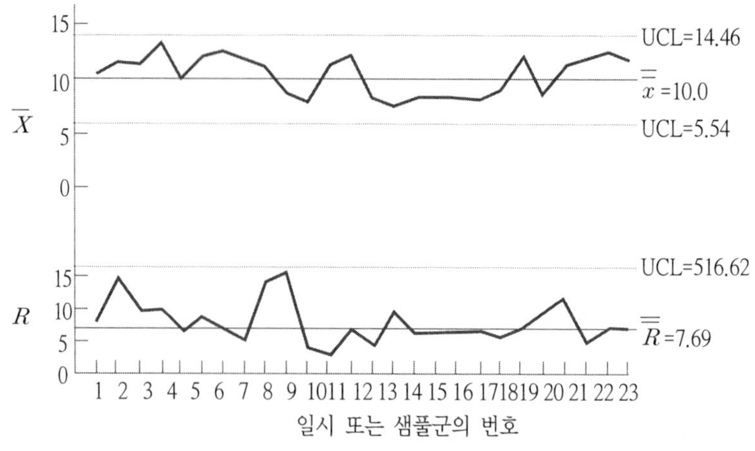

〈그림 2-15〉 $\bar{X}-R$ 관리도

⑤ $\bar{X}$ 의 총평균치 $\bar{\bar{X}}$ 를 계산한다.

⑥ R의 평균치 $\bar{R}$ 를 계산한다.

⑦ 중심선 $\bar{\bar{X}}$ 와 $\bar{R}$ 를 관리도용지에 실선으로 각각 기입한다.

$\bar{\bar{X}}$ 는 $\bar{X}$ 관리도의 중심선이며, $\bar{R}$ 는 R 관리도의 중심선이다.

⑧ 관리한계를 계산한다.

$\bar{X}$ 관리도는

관리상한선(Upper Control Limit) UCL = $\bar{\bar{X}} + A_2\bar{R}$

관리하하선(Lower Control Limit) UCL = $\bar{\bar{X}} - A_2\bar{R}$

R 관리도는

관리상한선 UCL = $D_4\bar{R}$

관리하한선 LCL = $D_3\bar{R}$

A_2, D_3, D_4는 시료수에 따라 다르며 $\bar{X}-R$ 관리도계수를 참고한다.

⑨ $\bar{X}$ 관리도 및 R 관리도상에 관리상한선(UCL)과 관리하한선(LCL)을 점선으로 기입한다.

⑩ 관리도상에 $\bar{X}$ 와 R의 값을 군번호 순서대로 타점한다.

⑪ 관리도에 의하여 제조공정의 관리상태를 판정·조처한다.

타점한 점이 관리한계 밖으로 나오는 것이 있을 때에는 보아 넘기기 어려운 원인이 있으므로 그 원인을 찾아서 조처한다. 점이 한계선상에 있는 경우도 이상상태로 본다.

⑫ 한계를 벗어난 타점에 대한 원인이 밝혀지고 조처되면 이것을 제외하고, ⑤~⑩까지의 순서에 따라 관리선을 재계산하고 조처한다.

3) 계수형 관리도의 활용

계수형 관리도의 기본이 되는 p 관리도(불량률 관리도)는 불량률을 품질특성으로 하여 불량률이 통계적으로 안정되어 있는가를 판정하기 위한 관리도이다.

p 관리도의 작성순서는 다음과 같다.

① 불량률로 나타나는 자료를 수집한다.

이 때 자료는 검사개수 n과 불량개수 pn을 알고 있는 것이라야 하며 충분히 층별되어 모여진 것이어야 한다.

② 자료를 〈표2-9〉와 같이 군으로 구분한다.

군의 크기는 20~100개 정도에서 각 군의 불량개수가 평균 1~5개 정도가 들어가도록 잡는 것이 좋다.

〈표2-9〉 p 관리도 자료표

샘플 군의 번호	샘플의 크기 n	불량 개수 pn	불량률 p(%)	$A=\frac{3}{\sqrt{n}}$	$A\times\sqrt{\bar{p}(1-\bar{p})}\,k$ (%)	UCL $\bar{p}+A\sqrt{\bar{p}(1-\bar{p})}$ (%)	LCL $\bar{p}-A\sqrt{\bar{p}(1-\bar{p})}$ (%)
1	113	3	2.7	0.282	4.0	6.0	-
2	250	3	1.2	0.190	2.7	4.7	-
3	110	3	2.7	0.286	4.0	6.0	-
4	125	2	1.6	0.268	3.8	5.8	-
5	850	17	2.0	0.103	1.4	3.4	0.6
6	100	2	2.0	0.300	4.2	6.2	-
7	150	3	2.0	0.245	3.4	5.4	-
8	140	2	1.4	0.254	3.5	5.5	-
9	112	2	1.8	0.283	4.0	6.0	-
10	900	20	2.2	0.100	1.4	3.4	0.6
11	125	3	2.4	0.268	3.8	5.8	-
12	750	16	2.1	0.110	1.5	3.5	0.5
13	110	3	2.7	0.286	4.0	6.0	-
14	160	2	1.3	0.237	3.3	5.3	-
15	100	1	1.0	0.300	4.2	6.2	-
16	135	4	3.0	0.258	3.6	5.6	-
17	120	3	2.5	0.274	3.8	5.8	-
18	180	3	1.7	0.224	3.1	5.1	-
19	200	4	2.0	0.212	3.0	5.0	-
20	100	1	1.0	0.300	4.2	6.2	-
21	870	20	2.3	0.102	1.4	3.4	0.6
22	132	5	3.8	0.261	3.7	5.7	-
23	750	15	2.0	0.110	1.5	3.5	0.5

샘플군의 번호	샘플의 크기 n	불량개수 pn	불량률 p(%)	$A=\frac{3}{\sqrt{n}}$	$A\times\sqrt{\bar{p}(1-\bar{p})}\,k$ (%)	UCL $\bar{p}+A\sqrt{\bar{p}(1-\bar{p})}$ (%)	LCL $\bar{p}-A\sqrt{\bar{p}(1-\bar{p})}$ (%)
24	760	10	1.3	0.109	1.5	3.5	0.5
25	110	2	1.8	0.286	4.0	6.0	-
계	7452 Σn	149 Σpn	$\bar{p}=\Sigma pn/\Sigma n$=149/7452=0.0199≒2.0% $\sqrt{\bar{p}(1-\bar{p})}=\sqrt{0.02(1-0.02)}=\sqrt{0.0196}$≒0.140=14.0%				

③ 각 군의 불량률 p를 계산한다.

$$p=\frac{pn}{n}=\frac{\text{불량개수}}{\text{검사개수}}$$

④ 평균불량률 $\bar{p}$를 계산한다.

$$\bar{p}=\frac{\sum pn}{\sum n}=\frac{\text{총불량개수}}{\text{총검사개수}}$$

⑤ 관리도 용지에 〈그림2-16〉과 같이 불량률 p를 검사순으로 타점하고 평균불량률 $\bar{p}$를 실선으로 기입한다. 이것이 중심선이 된다.

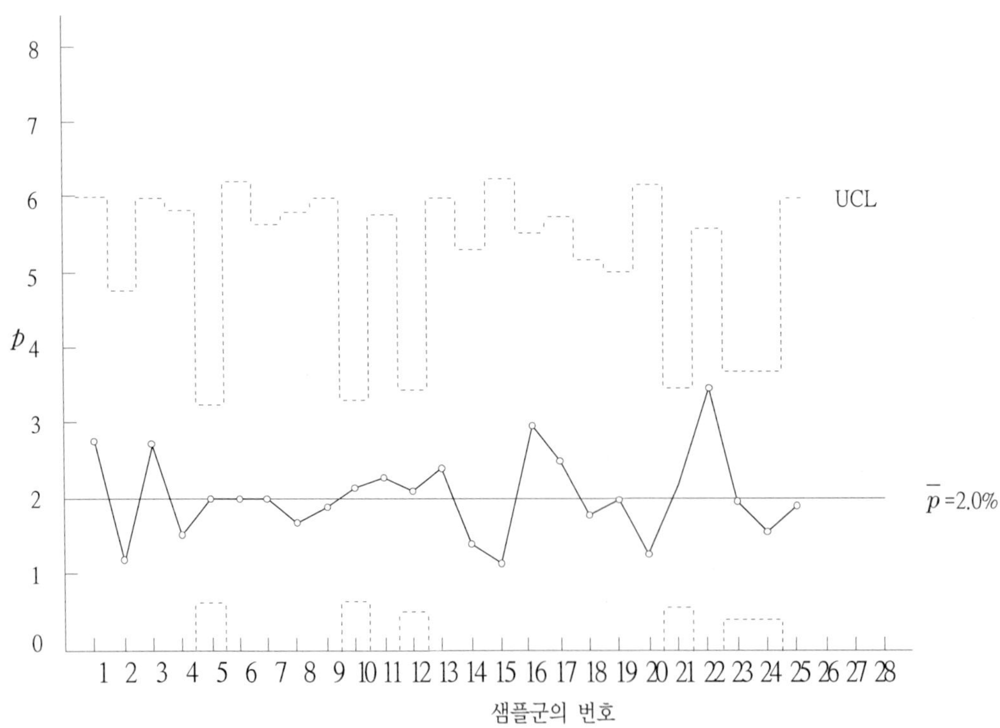

〈그림2-16〉 p 관리도

⑥ 관리한계를 계산한다.

관리상한선 UCL = $\bar{p}+\sqrt{3}of\frac{\bar{p}(1-\bar{p})}{n}$

관리하한선 LCL = $\bar{p}-\sqrt{3}of\frac{\bar{p}(1-\bar{p})}{n}$

⑦ 관리도상에 관리한계를 점선으로 기입한다.

n이 일정하면 상하의 관리한계선도 일정하지만, n의 크기가 검사(샘플군)마다 다를 경우에는 관리한계선은 요철형으로 된다.

⑧ 관리도에 의하여 제조공정의 관리상태를 판정조처한다.

⑨ 관리한계 밖으로 나간 점의 이상원인이 밝혀지면 그 점을 제거하고 ④~⑨까지의 순서로 관리선을 다시 계산한다.

〈표2-9〉에 제시된 자료표는 음료제조업체에서의 규격 불량개수와 불량률에 관한 자료이다. 이들 자료에 대한 p 관리도를 작성한 것이 〈그림2-16〉인데 관리한계선이 요철형으로 나타나고 있다.

4) 관리도의 판단

관리도를 작성하였으면 이를 분석하고 이로부터 원사재·품질·공정 및 작업에 관한 사항과 정보를 수집하여 이상원인을 찾아서 제거해야 한다. 그러기 위해서는 관리도를 보는 요령이 필요하다.

여기서는 원칙만을 간단히 설명한다.

① 점이 관리한계선을 벗어났을 때는 공정에 이상원인이 있음을 나타내므로 그 원인을 찾아서 조처한다. 관리한계선 상에 있는 점도 이상상태로 본다.

② 점이 관리한계 내에 있으면 원칙적으로 공정은 관리상태에 있다고 본다.

③ 그러나 점이 중심선에 대하여 한쪽에만 연속해서 나타날 경우, 특히 점이 7개 이상 연속 한쪽에 몰리는 경우(〈그림2-17〉 (a)), 또는 연속 11점 중 10개가 한쪽에 몰리는 경우(〈그림2-17〉 (b)) 이상원인이 있다고 판단한다. 단 한쪽 관리한계가 없는 경우는 예외이다.

④ 점이 상승 혹은 하강하는 경향(〈그림2-17〉 (c))이나 주기적인 변동 (〈그림2-17〉 (d))을 나타낼 때는 무엇인가 이상이 있다.

⑤ 점이 이상한계 밖으로 반 이상이 나가 있거나(〈그림2-17〉 (e)), 대부분 중심선 부근에 몰려 있는 경우(〈그림2-17〉 (f))에는 공정에 이상이 있다기보다는 관리도의 작성방법, 가령 군별 내지 층별 방법에 이상이 있는 것이다.

(a) 연속 7점이 한쪽에 몰려 있다.
(d) 주기적 변동이 있다.
(b) 연속 11점 중 10점이 한쪽에 몰려 있다.
(e) 이상한계 밖으로 반 이상이 나가 있다.
(c) 하강 또는 상승하는 경향이 있다.
(f) 중심선 부근에 몰려 있다.

〈그림2-17〉 이상을 나타내는 관리도

2 공정능력지수

통계적 품질관리의 주요기능 중의 하나는 공정을 관리상태로 유지하는 것이다. 그러나 그 공정으로부터 생산된 제품들이 규격을 만족하도록 공정을 유도·조정하는 일도 그에 못지 않게 중요하다. 생산된 제품들이 얼마나 규격을 만족하는가, 그렇지 못하다면 규격을 만족하도록 공정을 조정할 수는 없는가 하는 문제들이 공정능력분석의 영역에 해당한다. 즉 제품의 개발 및 제조단계에서 생산공정의 품질변동 정도를 측정하고 규격과 비교·분석하며 변동의 폭을 감소시키기 위해 제반 통계적 방법을 이용하는 것을 공정능력분석이라 한다.

공정능력이란 생산공정이 얼마나 균일한 품질의 제품을 생산할 수 있는지를 반영하는 공정의 고유능력을 의미하며 그 척도로서 일반적으로 6σ 를 사용한다. 〈그림2-18〉과 같이 제품의 품질특성이 정규분포를 따르는 경우 거의 대부분의 제품(99.73%)이 평균을 중심으로 6σ 범위 내에 포함된다.

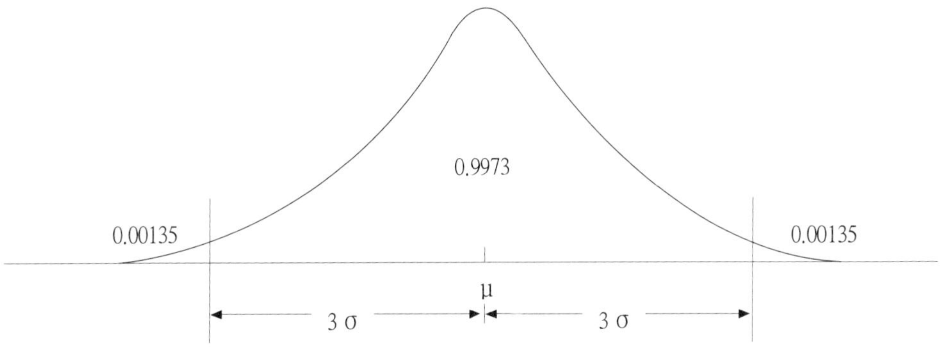

〈그림2-18〉 품질특성이 정규분포를 따를 때의 공정능력

규격과 관련하여 공정능력을 평가하는 척도로서 공정능력지수(process capability index : Cp, Cpk)가 있다. 공정능력지수는 공정능력(6σ)과 규격범위(규격상한-규격하한)의 비율로서 공정이 규격에 맞는 제품을 생산할 능력을 가지고 있는지를 나타내는 지수이다. 규격상한(USL)과 규격하한(LSL)이 주어진 경우 공정능력지수는 다음과 같이 정의된다.

$C_p = (USL - LSL)/6\sigma$

3 샘플링검사

가. 샘플링검사의 개념과 기본유형

샘플링검사는 더미로부터 시료를 추출하여 검사하고 그 결과를 판정기준과 비교하여 더미의 합격 또는 불합격을 판정하는 절차를 말한다. 이러한 샘플링검사가 적용되는 경우는 다음과 같다.

① 파괴검사를 요하는 제품의 품질검사
② 검사에서 불량품의 합격으로 인한 비용이 전수검사의 비용보다 더 적을 경우
③ 유사한 품목이 많기 때문에 샘플링검사로서 전수검사와 동일한 효과를 얻을 수 있는 경우
④ 검사의 자동화가 이루어지지 않은 경우

검사대상이 되는 모든 제품을 검사하는 전수검사에 비하여 샘플링 검사가 갖는 장점은 다음과 같다.

① 검사대상이 적으므로 검사 인력이 소수이고 검사비용이 줄어든다.
② 전수검사의 경우 검사대상의 과다로 인한 피로와 권태가 검사의 오류를 유발할 수도 있으나 샘플링검사의 경우에는 그러한 오류가 줄어들 수 있다.
③ 검사에서의 불합격은 제조업자에게 품질향상에 대한 자극이 된다.

이와 같은 장점이 있는 반면에 다음과 같은 단점도 있다.

① 나쁜 품질의 더미를 불합격시킬 위험을 배제할 수 없다.

② 효율적인 샘플링검사를 계획하는 데 많은 시간과 노력이 든다.

샘플링검사는 검사단위의 품질표시방법에 따라 계수형 샘플링검사와 계량형 샘플링검사로 구분된다.

① 계수형 샘플링검사는 더미의 합격·불합격 판정기준을 불량개수나 결점수와 같은 계수치로 할 경우의 샘플링검사를 말한다.

② 계량형 샘플링검사는 더미의 합격·불합격 판정기준을 길이, 무게, 인장강도 등과 같은 계량치로 할 경우의 샘플링검사를 말한다.

샘플링검사는 계수형 샘플링검사와 계량형 샘플링검사 각각에 대하여 네 가지의 형태, 즉 규준형, 선별형, 조정형, 연속생산형 샘플링검사로 구분된다.

① 규준형 샘플링검사 : 일반적으로 생산자는 좋은 품질의 더미가 불합격되는 것을 피하려 하고, 소비자는 나쁜 품질의 더미가 합격되는 것을 피하려 함으로 양측의 요구를 동시에 만족시킬 수 있는 형태의 검사방식이 필요한데 이를 규준형 샘플링검사라고 한다.

② 선별형 샘플링검사 : 샘플링검사에서 합격된 더미는 전수선별에 의하여 양품만을 받아들이는 샘플링 검사방식이다. 따라서 파괴검사와 같이 전수선별이 불가능한 경우에는 적용할 수 없다.

③ 조정형 샘플링검사 : 이것은 다수의 공급자로부터 더미를 연속적으로 구입하는 경우 공급자가 공급하는 더미의 품질상태(과거의 납품성적)에 따라 샘플링 검사방식을 까다롭게 하든가 수월하게 함으로써 공급자에게 품질향상에 대한 자극을 주기 위한 샘플링 검사방식이다.

④ 연속생산형 샘플링검사 : 이것은 이미 만들어진 더미를 대상으로 하는 것이 아니라 컨베이어 벨트를 이용한 생산방법에서와 같이 제품이 생산라인에서 연속적으로 생산되는 경우에 적용되는 샘플링 검사방식이다.

나. 검사특성곡선

샘플링검사의 요체는 좋은 품질의 더미와 나쁜 품질의 더미를 어떻게 구별하는가 하는 것이다. 샘플링검사의 선별능력은 검사특성곡선(operating characteristic curve)으로 설명할 수 있다. 검사특성곡선이란 더미의 불량률과 그러한 불량률을 갖는 더미가 샘플링검사에서 합격으로 판정될 확률과의 관계를 나타낸 곡선이다.

〈그림2-19〉는 검사특성곡선의 한 예이다. 여기에서 가로축은 더미의 불량률을 나타내고 세로축은 더미의 합격확률을 나타낸다. 예를 들어 더미의 불량률이 3%인 더미가 샘플링검사에서 합격할 확률은 90%가 되는 것이다. 이 그림에서 곡선이 아래로 향해 내려가는 것에 유의할 필요가 있다. 즉, 더미의 품질이 나빠질수록 합격가능성은 줄어드는 것이다.

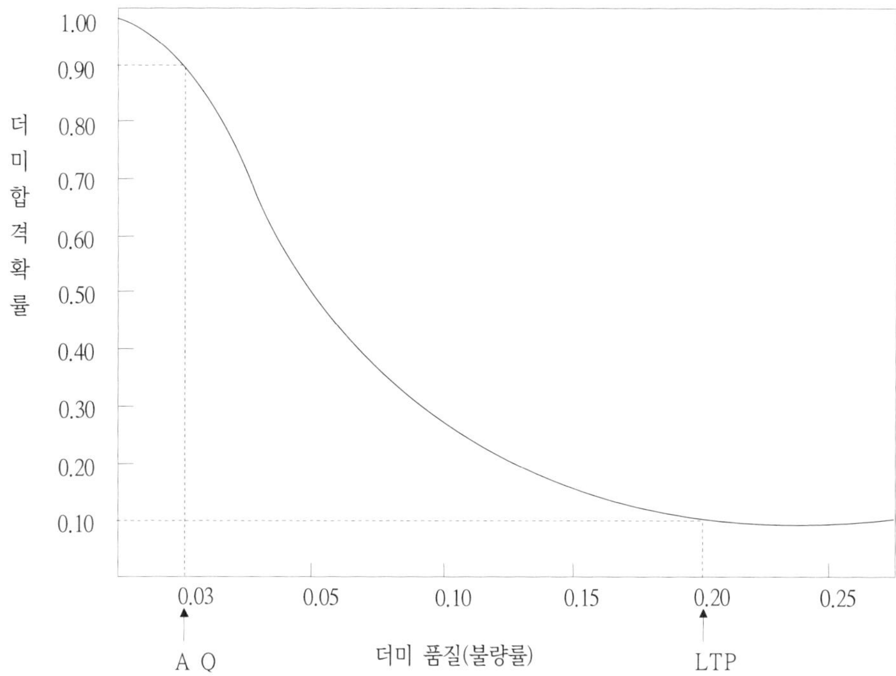

〈그림2-19〉 검사특성곡선(OC 곡선)의 예

〈그림2-19〉의 예에서 20% 이상의 불량률을 가지고 있는 경우에도 그 더미가 합격판정을 받을 가능성이 존재하는 것을 볼 수 있다. 마찬가지로 3% 이하의 낮은 불량률을 가지는 더미도 불합격 판정을 받을 가능성을 지니고 있다. 이와 같이 샘플링검사는 일부시료를 통해 전체 더미의 품질을 판단하는 것이기 때문에 불량품이 많이 섞인 나쁜 더미가 합격되거나 또는 불량품이 적은 좋은 더미가 불합격될 가능성이 존재한다.

샘플링검사가 좋은 더미와 나쁜 더미를 선별해 내는 정도는 검사특성곡선의 기울기에 비례한다. 즉 곡선이 가파를수록 불량률이 낮은 좋은 더미의 합격확률이 높고, 불량률이 큰 나쁜 더미의 합격확률이 낮기 때문에 샘플링검사의 선별력은 높아지는 것이다. 〈그림2-20〉은 좋은 더미와 나쁜 더미를 완벽히 선별해 낼 수 있는 이상적인 검사특성곡선을 보여 준다.

〈그림2-20〉에 있는 것과 같은 이상적인 곡선이 되기 위해서는 모든 더미를 전수 검사할 수밖에 없다. 이렇게 한다면 이론적으로는 분명히 모든 불량품을 제거할 수 있다. 그러나 전수검사를 수행하는 데 드는 비용과 시간을 고려한다면 전수검사는 고려대상에서 제외되는 경우가 많다. 이러한 이유 때문에 고객들은 일반적으로 불량품에 관련된 비용이 크지 않다면 적은 양의 불량품을 지니는 더미를 기꺼이 받아들인다. 흔히 이러한 불량률은 2%~4%에 해당하며 이것을 합격품질수준(acceptable quality level : AQL) 또는 p_0라 한다.

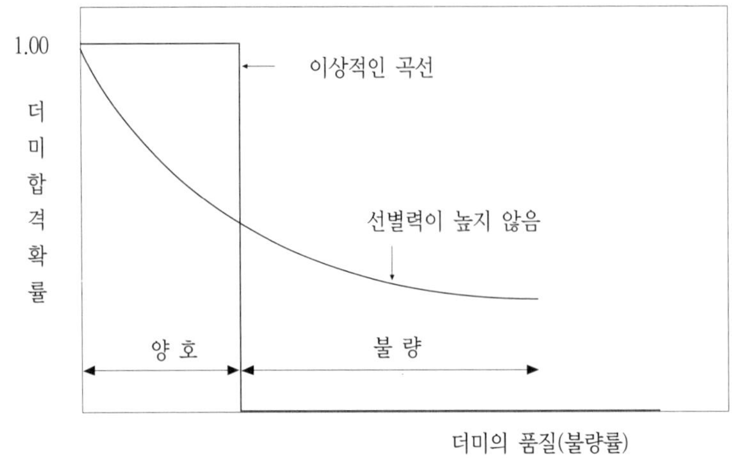

〈그림2-20〉 검사특성곡선의 형태와 더미품질 판별능력

무작위 표본추출로 인해 특정 불량률 이상을 포함하는 나쁜 더미를 선별하지 못할 수 있기 때문에 예상보다 불량품이 더 많이 포함된 더미들이 합격판정을 받을 수도 있다. 이 때 당연히 불합격 처리되어야 한다고 여겨지는 불량률의 하한선을 불합격품질수준(lot tolerance percent defective : LTPD) 또는 p_1이라 한다.

일반적으로 고객은 품질이 합격품질수준 이상이기를 원한다. 그리고 불합격품질수준(LTPD)을 초과하는 불량률을 지닌 더미는 전혀 받아들이고 싶어 하지 않는다. 규준형 샘플링검사에서 불합격품질수준의 나쁜 더미가 합격될 확률을 소비자위험 베타(β)라고 하고, 합격품질수준(AQL)의 좋은 더미가 불합격될 확률을 생산자위험 알파(α)라고 한다. 일반적으로 샘플링검사에서는 생산자위험 5%와 소비자위험 10%를 감수하도록 한다. 물론 판정의 정확도를 높이기 위해 생산자위험과 소비자위험을 더 줄일 수는 있지만 이 경우 필요한 시료의 수가 많이 늘어나야 한다.

다. 샘플링검사의 활용방법

각종 샘플링검사를 실시함에 있어서 샘플링 방식을 일일이 이론식에 의해서 계산하여 결정하는 것은 번거롭다. 그렇기 때문에 〈표2-10〉과 같은 샘플링 검사표를 이용하는 것이 일반적이다. 샘플링 검사방식으로 가장 널리 이용되는 계수규준형 1회 샘플링검사인 KSA 3102 규격의 이용방법을 살펴보자.

〈표2-10〉 계수규준형 1회 샘플링 검사표

P_1(%) / P_0(%)	0.71~0.90	0.91~1.12	1.13~1.40	1.41~1.80	1.81~2.24	2.25~2.80	2.81~3.55	3.56~4.50	4.51~5.60	5.61~7.10	7.11~9.00	9.01~11.2	11.3~14.0	14.1~18.0	18.1~22.4	22.5~28.0	28.1~35.5	P_1(%) / P_0(%)
0.090~0.112	*	400 1	↓	←	↓	→	60 0	50 0	←	↓	↓	←	↓	↓	↓	↓	↓	0.090~0.112
0.113~.0140	*	↓	300 1	↓	←	↓	→	↑	40 0	←	↓	↓	←	↓	↓	↓	↓	0.113~.0140
0.141~0.180	*	500 2	↓	250 1	↓	←	↓	→	↑	30 0	←	↓	↓	←	↓	↓	↓	0.141~0.180
0.181~0.224	*	*	400 2	↓	200 1	↓	←	↓	→	↑	25 0	←	↓	↓	←	↓	↓	0.181~0.224
0.225~0.280	*	*	500 3	300 2	↓	150 1	↓	←	↓	→	↑	20 0	←	↓	↓	←	↓	0.225~0.280
0.281~0.355	*	*	*	400 3	250 2	↓	120 1	↓	←	↓	→	↑	15 0	←	↓	↓	←	0.281~0.355
0.356~0.450	*	*	*	500 4	300 3	200 2	↓	100 1	↓	←	↓	→	↑	15 0	←	↓	↓	0.356~0.450
0.451~0.560	*	*	*	*	400 4	250 3	150 2	↓	80 1	↓	←	↓	→	↑	10 0	←	↓	0.451~0.560
0.561~0.710	*	*	*	*	500 6	300 4	200 3	120 2	↓	60 1	↓	←	↓	→	↑	7 0	←	0.561~0.710
0.711~0.900	*	*	*	*	*	400 6	250 4	120 3	100 2	↓	50 1	↓	←	↓	→	↑	5 0	0.711~0.900
0.901~1.12		*	*	*	*	*	300 6	200 4	120 3	80 2	↓	40 1	↓	←	↓	↓	↑	0.901~1.12
1.13~1.40			*	*	*	*	500 10	250 6	150 4	100 3	60 2	↓	30 1	↓	←	↓	↑	1.13~1.40
1.41~1.80				*	*	*	*	400 10	200 6	120 4	80 3	50 2	↓	25 1	↓	←	↓	1.41~1.80
1.81~2.24					*	*	*	*	300 10	150 6	100 4	60 3	40 2	↓	20 1	↓	←	1.81~2.24
2.25~2.80						*	*	*	*	120 10	120 6	70 4	50 3	30 2	↓	15 1	↓	2.25~2.80
2.81~3.55							*	*	*	*	200 10	100 6	60 4	40 3	25 2	↓	10 1	2.81~3.55
3.56~4.50								*	*	*	*	150 10	80 6	50 4	30 3	20 2	↓	3.56~4.50
4.51~5.60								*	*	*	*	120 10	60 6	40 4	25 3	15		4.51~5.60
5.61~7.10									*	*	*	*	100 10	50 6	30 4	20 3		5.61~7.10
7.11~9.00										*	*	*	*	70 10	40 6	25 4		7.11~9.00
9.01~11.2											*	*	*	*	60 10	30 6		9.01~11.2
P_0(%) / P_1(%)	0.71~0.90	0.91~1.12	1.13~1.40	1.41~1.80	1.81~2.24	2.25~2.80	2.81~3.55	3.56~4.50	4.51~5.60	5.61~7.10	7.11~9.00	9.01~11.2	11.3~14.0	14.1~18.0	18.1~22.4	22.5~28.0	28.1~35.5	P_0(%) / P_1(%)

범례 : 화살표는 그 방향의 칸의 n, c를 사용하고, * 표는 많은 시료수가 필요한 경우이기 때문에 통상적으로 잘 이용되지 않으며, 빈칸의 경우 해당되는 샘플링 검사방법이 없다.

이 샘플링검사는 생산자와 소비자의 요구조건을 동시에 만족시킬 수 있도록 설계된 것으로, 검사더미로부터 n개의 시료를 샘플링하여 시료의 크기 n개 중에 포함된 불량개수가 합격판정개수 c 이하이면 더미를 합격시키고, c를 초과하면 불합격으로 판정하는 방식이다. 적용상황을 살펴보면 다음과 같다.

- 비교적 거래횟수가 적을 때도 적용가능(단 1회만 거래시에도 적용가능)
- 대량의 물품을 일시에 구입할 때
- 파괴검사도 가능
- 공급자에 대한 품질정보를 모르더라도 가능
- 불합격더미에 대한 처리규정은 마련되어 있지 않다.

계수규준형 1회 샘플링검사는 생산자 위험 α =0.05에 대한 합격품질수준(AQL 또는 P_0)과 소비자 위험 β =0.10에 대한 불합격품질수준(LTPD 또는 P_1)을 정하여 샘플링 방식을 결정(설계)하는데, 샘플링 검사표의 적용순서는 〈표2-11〉과 같다.

〈표2-11〉 샘플링 검사표의 적용순서와 적용 예

순서	내 용	적 용 예
1	품질기준을 정한다: 양품과 불량품으로 분류하기 위한 기준을 정한다.	절임배추의 염도가 1.2~1.8% 범위이면 양품으로 한다.
2	P_0와 P_1값을 α=0.05, β=0.10을 기준으로 공급자와 구입자가 협의하여 정한다.	$P_0 = 2\%$ $P_1 = 12\%$
3	더미를 형성한다.	검사더미의 크기를 $N = 1000$개로 한다.
4	시료의 크기 n과 합격판정개수 c를 검사표를 이용하여 구한다. ① 〈표2-10〉에서 P_0와 P_1이 포함된 행과 열이 교차하는 난을 찾는다. ② 찾는 난에서 좌측의 수치가 n이며, ③ n이 더미의 크기를 초과하면 전수 검사를 한다.	n과 c는 다음 순서에 의한다. ① 〈표2-10〉에서 $P_0 = 2\%$를 포함한 행(1.81~2,24)과 $P_1 = 12\%$를 포함한 행(11.3~14.0)이 교차되는 난을 찾는다. ② 교차되는 난의 숫자로부터 $n = 40, c = 2$ 임을 알 수 있다. ③ $n = 40 < N = 1000$이므로 전수검사는 하지 않는다.
5	시료 n개를 검사 더미로부터 샘플링 한다.	검사더미 $N = 1000$개에서 시료 $n = 40$개를 랜덤하게 추출한다.
6	시료를 조사한다 : 순서 1에 따라 시료 중의 불량개수를 조사한다.	시료 40개를 측정한 결과 불량품 개수가 2개였다.
7	합·불합격 판정을 내린다. · 시료 중 불량개수 $\leq c$이면 합격 · 시료 중 불량개수 $\geq c+1$이면 불합격	시료 중 불량개수 $2 \leq c = 2$이므로 더미는 합격시킨다.
8	더미를 조처한다: 미리 사전 약속에 따라 처리한다.	예) 불합격더미는 그대로 반품시키거나, 선별한 후 불량품만 반품시키거나, 특채하되 대금 결제시 할인을 받는다.

4 다구찌 품질공학

다구찌(田口)는 종래의 방법과는 다른 관점에서 품질을 보고, 품질을 향상시키기 위해 전통적인 접근방법과는 다른 각도로 접근할 것을 주장하였다. 다구찌 방법의 핵심은 두 가지로 볼 수 있는데 그것은 손실함수와 로버스트 설계이다.

가. 손실함수(loss fuction)

손실함수가 무엇인지를 이해하기 위해서는 우선 품질에 대한 기존의 개념과 다구찌의 개념이 어떻게 다른지 살펴볼 필요가 있다. 기존의 관점에서는 품질을 바람직한 속성으로만 보았다. 그러나 다구찌는 품질을 손실의 관점에서 이해하여 손실을 줄여야만 더 좋은 품질을 얻을 수 있다고 보았다. 다구찌는 품질이란 물품이 출하된 다음 사회에 주는 손실이며, 다만 기능 그 자체에 따른 손실은 제외된다라고 정의하고 있다. 여기서 손실이란 제품이 완전하지 못함으로 인해 발생하는 낭비, 비용, 잠재적인 손해 등을 말한다. 그는 다음과 같은 예를 들고 있다. 와이셔츠를 깨끗이 입으려면 세탁을 하거나 나림질을 해야 한다. 한 벌의 와이셔츠는 약 80회 정도 세탁하여 입은 후 버려진다고 한다. 현재 세탁을 맡기면 1회에 약 4,000원 정도가 든다. 한 벌의 와이셔츠가 수명을 다할 때 까지의 총 세탁비는 320,000원이라는 결과가 된다. 만약 오염이나 구김을 절반으로 줄여주는 새로운 와이셔츠가 만들어 진다면, 그것은 소비자의 세탁비 부담을 160,000원 덜어 준다. 이 새로운 와이셔츠의 원가가 10,000원 더 높더라도 그것을 20,000원 비싸게 판다면 메이커는 10,000원의 이익을, 소비자는 140,000원의 이익을 누리게 된다. 그뿐 아니라 세탁횟수가 절반으로 줄어 세탁 후의 더러워진 물이나 세탁시의 소음도 절반이 된다. 결국 공해를 반감시키고 물이나 세제 등의 자원소비도 절반이 된다.

또한, 한 식품회사에서 새로운 식품을 개발했을 때 식품이 기능이 탁월하다고 할지라도 만일 이 식품의 섭취에 따라 많은 부작용이 생긴다면 이를 손실이라고 생각할 수 있다. 식품의 경우와 같이 유해한 부작용이 발생하는 것 이외에도 제품에 대한 소비자의 사용상 요구가 만족되지 못하거나 제품이 이상적인 성능을 발휘하지 못하는 것도 손실의 예라 할 수 있다.

기존의 관점과 다구찌 관점의 차이를 좀 더 구체적으로 살펴보기 위해, 생산한 제품에 대한 양·불량을 판정할 때 발생하는 손실을 생각해 보자. 전통적 기준에 따르면 생산품의 특성치가 규격상한과 규격하한의 사이에 들어가면 모두 양품(합격품)으로 판정되고, 하한보다 작거나 상한보다 크면 모두 불량품(불합격품)으로 판정된다.

기존의 관점으로 볼 때 규격하한과 규격상한의 사이에 들어간 양품은 비용 즉 손실을 발생시키지 않지만 그 사이를 벗어난 불량품은 폐기비용이나 수리비용과 같은 비용을 발생시키므로 생산자에게 손실이 된다. 따라서 생산자는 허용공차를 만족시켜서 불량품을 생산하지 않도록 하는 것을 목표로 하게 된다. 손실에 대한 이러한 관점은 〈그림2-21〉과 같다.

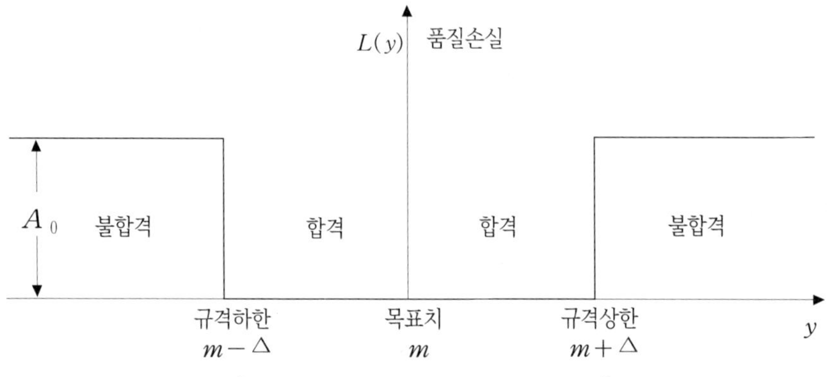

〈그림2-21〉 전통적 관점의 손실함수

여기서 y는 제품의 품질특성치이고, m은 제품의 품질특성에 대한 목표치이다. m-Δ0는 규격하한이다.

이 그림에서 알 수 있듯이 전통적 관점에서는 생산한 제품의 치수가 규격하한과 규격상한의 사이에 있으면 손실은 전혀 없게 된다. 그러나 일단 이 구간을 벗어나면 벗어난 정도에 상관없이 일정한 손실(A_0)을 발생시킨다. 또한 규격하한과 규격상한의 근처에서는 품질특성치가 미소한 차이로 변해도(즉, 실제 제품의 성능차이가 거의 없더라도)손실은 A_0로 갑자기 늘어나는 큰 변화를 보이게 된다.

다구찌의 관점으로 볼 때는 생산한 제품이 목표치를 정확하게 충족시키지 않는 이상 그 제품은 손실을 발생시킨다. 전통적 관점에서는 생산한 제품이 불량품으로 판정되지만 않으면 폐기비용이나 수리비용과 같은 비용을 발생시키지 않으므로 생산자에게는 손실이 생기지 않는다. 그러나 품질특성치가 규격범위 내에 있다하더라도 목표치와 일치하지 않으면 고객에게 불편을 야기시키는 등의 다른 손실을 수반한다. 예를 들어 고객들이 김치를 살 경우, 원하는 염도보다 다소 높거나 낮은 것을 살 수는 있어도 자기가 원하는 정확한 염도를 보다 선호한다. 따라서 생산자는 목표치를 충족시키는 것을 목표로 하게 된다. 손실에 대한 이러한 관점은 〈그림2-22〉와 같다.

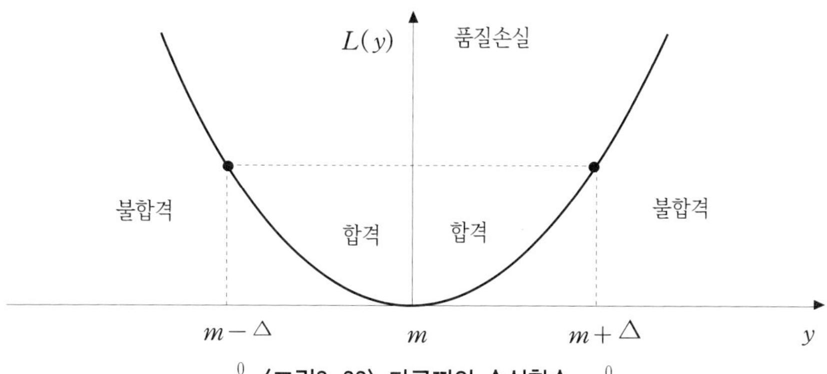

〈그림2-22〉 다구찌의 손실함수

〈그림2-22〉에서 알 수 있듯이 생산한 제품이 발생시키는 손실이 0이 될 때는 제품의 품질특성치가 목표치를 만족시키는 한 점 뿐이다. 그리고 규격하한과 규격상한의 사이에 있든 바깥에 있든 마찬가지로 목표치에서 멀어질수록 더 큰 손실을 발생시키고 손실곡선은 목표치에서 멀어질수록 가파르게 된다.

이와 같은 형태의 손실을 수식으로 유도한 것이 다구지의 2차함수형 손실함수이다. 다구찌의 손실함수는 다음과 같다.

$L(y)=k(y-m)^2$

여기서 k는 품질손실계수라고 불리는 상수이고 y는 제품의 품질 특성치이다. m은 제품의 품질특성에 대한 목표치이다.

다구찌의 손실함수가 기존의 개념에 비해 갖는 효용을 설명하기 위해 Sony-USA 및 Sony-Japan의 예를 들면 〈그림2-23〉과 같다. 소니의 동경공장(Sony-Japan)에서 만들어진 TV는 허용오차를 벗어난 것이 조금 있었으나 대부분이 요구치에 근접하는 A등급인 반면, 소니의 샌디에고 공장(Sony-USA)의 생산품은 전량 모두 규격범위 내에 들기는 하였으나 색상밀도의 분포가 규격범위 내에 골고루 퍼져 있는 일양(uniform)분포의 형태를 취하고 있었기 때문에 A, B, C 등급품의 비율이 거의 비슷하게 나왔다. 종래의 불량률 개념으로 볼 때에는 샌디에고 공장의 생산품이 모두 합격이기는 하나, 실제로는 소비자들은 A등급품이 대부분인 동경공장의 제품을 선호하는 결과가 나왔다.

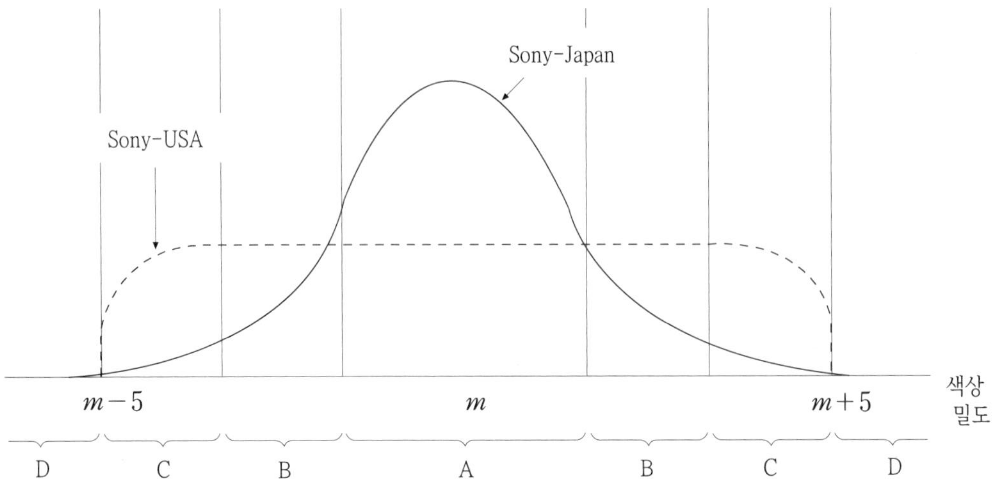

〈그림2-23〉 TV의 색상밀도 분포

Sony-Japan의 K제품이 Sony-USA보다 불량률이 더 높음에도 불구하고 소비자들이 Sony-Japan의 제품을 더 선호한다는 사실은 기존의 손실에 대한 개념으로는 설명할 수 없는 결과인 것이다. 이는 규격범위 내에 들면 손실이 전무하다고 간주하는 전통적 관점보다, 규격범위 내에 있다하더라도 요구치와 완전히 일치하지 않으면 손실이 존재한다고 보는 다구찌의 손실함수가 더 큰 효용을 갖고 있음을 보여 주고 있다.

제품의 품질 특성치는 보통 망소특성과 망대특성 그리고 망목특성의 세 가지로 구분된다.

망소특성이란 배기가스량, 마모량, 처리시간, 불순물의 함량, 균열, 소음 등과 같이 특성치의 값이 작으면 작을수록 좋은 특성을 말하는 것이고, 망대특성이란 인장강도, 접착강도, 사용수명, 효율, 내구성 등과 같이 크면 클수록 좋은 특성을 말하는 것이다. 그리고 망목특성은 제품의 길이, 무게, 두께 등과 같이 목표 값이 주어진 경우 특성치의 값이 목표값에 가까울수록 좋은 특성을 말한다.

나. 로버스트 설계(robust design)

로버스트 설계의 개념을 이해하기 위해서는 먼저 노이즈(noise)의 개념을 알아 둘 필요가 있다. 노이즈란 제품을 생산할 때 제품에 변동을 일으키는 원인, 즉 변동원인을 말한다. 예를 들면 진동, 소음, 기후, 온도, 습도, 먼지, 작업자의 습관 또는 실수, 기계의 노후, 공구의 마모 등이 있다. 로버스트 설계는 제품이 노이즈에 둔감(robust)한, 즉 노이즈에 의한 영향을 받지 않거나 덜 받도록 하는 설계를 말한다.

기존에는 제품에 변동을 일으키는 노이즈를 발견하게 되면 그 노이즈를 제거하거나 차단하기 위해 생산공정을 재설계하는 것이 보통이었다. 이럴 경우 문제의 원인을 제거한다는 면에서 바람직해 보일 수도 있으나 실제로는 재설계에 의한 고비용이 문제가 된다.

한편, 다구찌의 로버스트 설계의 개념에 의하면 노이즈를 발견하게 되었을 때 노이즈를 제거하거나 차단하는 것이 현실적으로 어려운 경우 노이즈에 의한 영향을 없애거나 줄일 방법을 찾는다. 즉 노이즈는 그대로 두고 제품이 그 노이즈에 둔감하도록 설계하는 것이다. 이렇게 할 경우 노이즈를 직접 제거 또는 차단하는 방법보다 더 적은 비용이 들게 된다. 로버스트 설계가 기존의 방법보다 비용이 더 적게 드는 예를 타일회사에서 볼 수 있다.

일본의 한 타일회사는 가마 안에서 구워져 생산되는 타일에 치수불량이 많이 생기는 문제로 고민하고 있었다. 똑같은 크기의 타일을 가마 속에 넣더라도 구워져 나온 타일의 크기가 균일하지 않아서 많은 타일을 치수불량으로 폐기해야만 했다. 그 원인은 가마 내의 온도분포가 균일하지 않기 때문에 가마 속에서 타일의 변형률도 위치에 따라 달라지는 것이었다.

가장 쉽게 생각할 수 있는 해결책은 가마 내의 온도가 균일하게 분포될 수 있도록 가마 자체를 재설계하는 것이었다. 이 방법은 불량품을 가려내서 폐기하는 기존의 방식보다는 장기적으로 비용이 덜 들기는 하지만 여전히 비용이 많이 들었다. 이 문제를 해결하기 위해 구성된 팀은 가마를 재설계하지 않으면서 문제를 해결할 방법을 찾기로 하고 여러 가지 연구와 실험을 수행한 결과 타일 내의 석회석 성분의 비율을 약간 변화시키면 온도차에 의한 영향을 덜 받는다(즉, 로버스트하다)는 것을 알아내었다. 이 방법은 비용이 적게 들 뿐만 아니라 그 효과도 가마를 재설계하는 방법 못지않게 좋았다. 결국 이 방법이 채택되어 문제를 성공적으로 해결하게 되었다.

제4절 표준화와 품질보증

1 표준화의 원리

품질경영체계란 생산되는 제품과 서비스를 포함하여 업무관행의 일관성과 그 향상을 확실하게 도와주는 문서화된 시스템으로, 효율적인 품질경영을 성취하기 위한 절차를 명시한 규격서에 기초를 두고 있다.

일반적으로 알려지고 널리 사용되는 국제적인 품질경영체계 규격은 ISO 9000 시리즈이다. 1987년 품질체계에 관한 최초의 국제규격으로 제정된 ISO 9000 시리즈는 1994년에 1차 개정판, 2000년 2차 개정판이 발행되었다. 이와 더불어 1996년 환경문제에 대한 관심이 고조되면서 환경경영시스템에 관한 ISO 14000이 제정되었다. 이후 국제표준화기구(ISO)에서는 ISO 9000과 ISO 14000을 통합하려는 움직임이 일어나 2002년 ISO 19011이 품질 및 환경경영체계 심사지침으로 제정되었다.

2 ISO 9000 시리즈

ISO 9001은 국제표준화기구(International Organization for Standardization : ISO)에서 제정한 품질경영체계 요구사항을 규정한 국제규격으로, 국가별로 상이한 품질보증규격을 국제적으로 통일하여 국제통상을 원활히 하기 위한 공급자와 구매자 사이의 품질경영과 품질보증에 관한 기준으로, 기본적으로 고객만족을 위한 규격이다.

ISO 9000은 품질경영 및 품질보증 규격의 선택 및 사용의 지침에 대하여 안내하고 있다.

또한 이는 회사의 조직을 정비하고 회사의 표준체계를 국제기준에 맞게 재구성하여 기업이 발전할 기반을 다지도록 하며 업무수행절차를 국제규격기준에 준하여 명확하게 매뉴얼화 하여 문서화함으로써 기업의 구성원이면 누구나 쉽게 문서만 보아도 업무를 수행할 수 있는 체계를 구축 가능하게 한다.

즉, 조직의 구성원 중 일부가 빠진다 해도 업무수행과정을 알 수가 없어 실제 업무가 추진되지 못하는 애로점을 없앨 수 있으며, ISO 9000을 인증받은 기업이라면 책임과 권한이 명확하게 구분되어 있으며, 그대로 실행하고 있음을 의미한다. 이렇듯 ISO 9000 규격을 통해 기업은 자사의 경영체계에 맞는 품질체계를 수립하고 적합성과 실행의 유효성 검증을 통해 제3자 인증을 받는다.

최근엔 제조업, 건설업뿐만 아니라 병원, 학교, 금융, 지방자치단체(공공서비스 부문), 도소매 유통업 등 다양한 분야로 확대 보급되고 있다.

가. ISO 9000 인증 목적 및 필요성

1) 국제적 동향 및 무역장벽에의 대응

현재 ISO 9000을 국가표준으로 채택하고 있는 나라는 120여 개국에 이르러, ISO 9000 시리즈는 세계시장 진출을 위하여 필수조건화되고 있다. 특히 유럽연합 회원국의 경우 자국의 규격준수 평가계획의 일부로서 ISO 9000을 의무적으로 적용하는 등 국제사회의 인증취득 요구에 따른 기술무역/ 품질관세 장벽에 능동적으로 대응하기 위하여 ISO 인증이 필요하다.

2) 고객만족 달성을 위한 최적의 품질경영체계 구축

고객의 요구와 기대를 만족시키기 위하여 제품 및 과정을 지속적으로 개선시키고 고객의 요구사항을 충족시킬 수 있는 제품을 제공하여, 기업 이미지 및 신뢰도 향상으로 고객만족을 달성할 수 있다. 또한 전 직원의 품질 인식을 제고하여 기업 자체의 품질경경체계를 강화할 수 있다.

3) 공공서비스 부문의 대외 공신력 및 신뢰도 확보

효율적인 업무처리 과정을 통하여 고객불만감소, 비용감소, 고객서비스개선을 달성할 수 있다.

나. ISO 9000인증 취득의 기대효과

1) 품질의식 향상

전사적 차원의 품질 최우선 인식이 형성되고 사내표준에 대한 준수의식이 고취되어 전사 차원의 품질경영체계에 대한 이해가 증가한다.

2) 품질경영체계 확립

품질보증 범위가 전사 차원으로 확대되고 조직구성 및 관리체계가 합리적으로 정립되며 불량추적, 재발방지에 따른 품질향상을 꾀할 수 있다.

3) 생산성 향상

업무의 책임과 권한이 명확하게 구분되어 업무효율이 향상되고, 부서간 협의 및 협조 분위기가 확산되며 공정 내 불량률이 감소한다.

4) 고객만족 제고

고객에 대한 개념 확립 및 인식의 전환이 이루어지며 고객불만이 감소된다.

나. ISO 9001 (2000) 주요 항목

1) 품질경영체계

조직은 조직의 업무과정이 무엇인지, 그 업무과정들이 어떻게 상호 연계되어 있는지, 제품을 제공하기 위해 어떤 자원이 필요한지, 그리고 업무과정을 측정하고 개선하는 방법이 수립되었음을 보증할 필요가 있다. 위와 같이 구축된 이후, 품질매뉴얼(quality manual)과 더불어 문서관리 체계(document management system) 및 기록관리체계(record management system)가 구축되어야 한다.

2) 경영책임

조직의 최상위층의 경영자는 조직의 방침과 목표를 설정하고 체계를 검토하며 또한 체계의 효과성을 조직 내에서 의사소통할 책임이 있다.

3) 자원관리

조직은 인적자원뿐만 아니라 장비, 지원서비스 등의 물적자원을 포함한 모든 자원에 대하여 고객은 합의된 것을 받는다라는 것을 보증할 수 있도록, 필요 자원의 관리에 더욱 중점을 두어야 한다.

4) 제품실현

제품서비스를 제공하는데 필요한 모든 업무과정을 포함하여 고객요구사항 접수, 제품의 설계 및 개발, 구매, 제품 및 서비스의 인도 등 모든 활동에 대하여 규정한다.

5) 측정, 분석 및 개선

제품, 고객만족, 경영체계를 측정하는 것, 그리고 체계의 지속적 개선을 보증하는 것은 체계 운영에 있어 필수적이다.

3 위해분석과 중요관리점(HACCP)

가. 개요

HACCP는 Hazard Analysis and Critical Control Point의 약자로서 식품산업에서는 식품의 원료생산 단계부터 최종소비에 이르기까지 발생할 수 있는 모든 위해를 파악하고, 중요관리점을 선정하여 관리함으로써 식품의 안전성을 확보하기 위한 예방차원의 관리활동을 뜻한다.

제품의 안정성을 확보하는데 그 목적을 두기 때문에 ISO 9000시리즈에 포함되어 있지 않은 제품의 안전성이나 제조물책임에 관한 규정이 HACCP에는 포함되어 있다. 즉 ISO 9000 시리즈는 품질보증체계의 유지를 목적으로 한 규격으로, 그 요구사항을 완전히 실시하더라도 반드시 제품의 안전성을 이룩하였다고 볼 수 없으나, ISO 9000시리즈와 HACCP를 함께 도입할 경우에는 제품의 안전성을 확보함과 동시에 자사의 자율적 품질관리체계를 보다 충실히 할 수 있다.

그러나 현실적으로 ISO 9000시리즈는 체계 그 자체가 대단히 부담되기 때문에 모든 기업이 바로 도입할 수는 없다. 특히 식품의 중소기업성은 다품종 소량생산 체계이며 제품제조 형태가 복잡하기 때문에 도입이 그리 쉽지 않다. 따라서 ISO 9000시리즈의 개념에 근거하여 HACCP체계를 도입하는 것이 바람직하다.

여기서 ISO 9000시리즈 중 가장 대표적인 ISO 9001의 요구사항을 보면 HACCP와 공통점을 찾아낼 수 있다. 특히 그 중에서도 기록으로 문서화하여 관리하는 부분이라든가, 제조현장과 관련된 분야가 주체적으로 실시하도록 한 점이나, 종업원 개개인에 대한 교육훈련의 중요성을 강조한 것은 아주 유사한 내용이다. EU 각국에서의 HACCP의 계획입안과 실시에 대한 지침서로서 사용되고 있는 HACCP 방법의 적용가이드라인에서도 HACCP와 ISO 9000시리즈와의 조화성에 대한 중요성이 강조되고 있다.

나. HACCP 인증형태

국제식품규격위원회에서 채택한 HACCP 원리를 기초로 하여 자국에 적합하게 변형한 HACCP을 국가기관에서 인증을 주는 형태이다. HACCP 또는 HACCP와 ISO 9001을 통합한 형태의 체계를 민간기관에서 인증을 주는 형태도 있다.

다. HACCP 구성요소

1) HACCP Plan
2) SSOP(Sanitation Standard Operation Procedures)
3) GMP(Good Manufacturing Practice)
4) SOP(Standard Operation Procedure)

라. HACCP 구축단계

1) 위해분석(Hazard Analysis)
2) 중요관리점(CCP: Critical Control Point) 결정
3) HACCP Plan, GMP, SSOP, SOP 구성
4) 자주위생관리 체계구축

마. HACCP 인증취득의 기대효과

1) 조직 내부의 자주적인 위생관리체계 구축 및 지속적인 개선 추구
2) 식품의 안전성 확보로 고객을 포함한 모든 이해관계자 만족 달성
3) 위생관리의 객관성 및 투명성을 확보하여 PL 및 법적인 규제에 능동적 대처

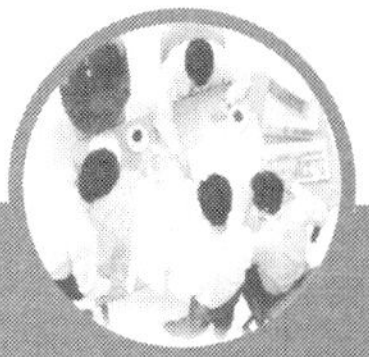

03 식품의 품질평가

식품의 관리 품질은 품질검사로 평가하며 궁극적인 품질은 관능검사로 평가한다.

제1절 품질검사의 기법

검사란 원료나 제품을 제조공정의 흐름에 따라서 다음 공정이나 소비자에게 흘러가도 되는가의 여부를 결정하는 활동으로서, plan, do, check, action 사이클의 check에 해당된다. 검사의 정보는 곧바로 action의 단계에 연결되므로 정확해야 한다. 올바른 검사를 위해서는 신뢰성 있는 샘플링과 신뢰성 있는 측정분석이 요구되며, 사용자(소비자)의 입장에서 검사하는 자세가 필요하다.

1 품질검사 개요

가. 품질검사의 정의와 목적

KS규격에 따르면 검사란 물품을 몇 개의 방법으로 시험한 결과를 품질판정기준과 비교하여 개개 물품의 양품, 불량품의 판정을 내리거나, 더미의 판정기준과 비교하여 더미의 합격, 불합격의 판정을 내리는 것을 말한다.

품질검사의 목적은 좋은 더미와 나쁜 더미의 구별, 양품과 불량품의 구별, 공정이 변했는지 어떤지의 판단, 제품결점의 정도 평가, 검사원의 정확도 평가, 측정기의 정밀도 평가, 제품설계에 필요한 정보 획득, 공정능력의 평가 등이다.

나. 품질검사의 종류

1) 검사공정에 의한 분류

가) 수입검사 또는 구입검사

원재료, 부재료를 입고 또는 구입하여도 좋은지를 판정하기 위해서 하는 검사

나) 공정검사 또는 중간검사

공장내에서 반제품을 다음 공정으로 이동해도 좋은가를 판정하기 위해서 하는 검사

다) 최종검사

완성된 물품이 제품으로서의 요구사항을 만족하고 있는가를 판정하는 검사

라) 출하검사

제품을 출하하는 경우에 하는 검사

2) 검사장소에 의한 분류

가) 정위치 검사

검사 시 특수한 장치가 필요하여 정해진 장소로 검사할 물건을 운반해서 검사하는 방법

나) 순회검사

검사원이 현장을 돌면서 물품을 검사하는 방법

3) 검사의 성질에 의한 분류

가) 파괴검사

물품을 파괴하지 않으면 검사목적을 달성할 수 없는 것, 즉 포장식품의 관능검사나 위생검사 등 검사를 하면 상품가치가 없어지는 검사

나) 비파괴 검사

물품을 검사하더라도 상품가치가 변하지 않는 검사로 포장식품의 중량검사나 과일의 근적외선 분광분석(NIR)과 같이 물품을 파괴하지 않고 품질을 평가하는 방법

4) 판정대상에 의한 분류

가) 전수검사

검사더미의 모든 검사단위에 대하여 하는 검사이다. 여기서 검사단위란 검사의 목적을 위해 선택된 단위체 또는 단위량으로 1개 또는 1조의 물품일 때도 있고, 또는 일정한 길이, 일정한 면적, 일정한 체적일 때도 있다. 개개의 검사단위를 양품과 불량품으로 분류할 경우에는 전수선별이라고도 한다. 전수검사는 전수검사를 하지 않고서는 불량품을 제거할 수 없을 때, 전수검사가 용이하고 또한 그것이 경제적일 때, 불량품이 섞이면 치명적 또는 중대한 영향이 있는 경우, 물품 하나 하나가 양호품이 아니면 안될 경우에 시행한다.

나) 샘플링검사

검사더미에서 미리 정해진 샘플링 검사방식에 따라서 샘플을 취해서 시험하고, 그 결과를 더미 판정기준과 비교하여 그 더미의 합격, 불합격을 판정하는 검사이다. 샘플링검사는 제출된 제품 전체를 선별하는 것이 아니므로 검사에 합격된 더미라도 어떤 허용된 한도내에서의 불량품이 들어

있을 수 있다. 샘플링검사는 파괴검사의 경우, 포장필름, 조미료 등과 같은 대량품, 다수 다량의 것으로 어느 정도 불량품이 섞여도 괜찮을 경우, 검사항목이 많은 경우, 불완전한 전수검사에 비해서 신뢰성 높은 결과가 얻어지는 경우, 검사비용을 적게 들이는 편이 이익이 되는 경우, 생산자에게 품질향상의 자극을 주고 싶은 경우에 시행한다.

샘플링검사는 더미의 처리를 결정하는 행동일 뿐, 더미 내의 개개의 제품을 개별적으로 처리하는 것은 아니므로 제품이 더미로서 처리되는 경우가 아니면 샘플링검사를 적용할 수 없다. 샘플링검사에 의해 합격한 더미라도 그 중에 불량품이 전혀 없는 것은 아니다. 샘플링검사는 샘플을 무작위하게 뽑아내는 것을 기초조건으로 하고 있기 때문에 이 조건이 만족되지 않으면 적용할 수 없다. 샘플링검사는 누가 언제 검사를 하여도 같은 결과가 얻어지도록 적절한 시험방법, 계측방법을 정해두고 또한 판정의 기준도 명확히 정할 필요가 있다. 계량형 샘플링검사에서는 일반적으로 특성치가 정규분포상태에 있어야 하는 것이 전제조건이므로 이 경우 대략 정규분포로 볼 수 있다는 것을 알고 있어야 한다.

다. 샘플링검사의 형태

샘플링검사에서는 더미의 일부를 샘플링하여 조사하고 그 결과에 따라 그 더미 전체의 품질을 판정하여 합격여부를 결정하는 것이기 때문에, 샘플링에 따른 동요는 피할 수 없다. 이 동요에 의한 위험을 적게 하려는 요구와 검사비용을 적게 하고자 하는 경제적인 요구를 고려하여 샘플링검사방식을 선택한다.

샘플링검사의 형태는 규준형, 조정형, 선별형, 연속생산형의 4가지로 분류한다.

1) 규준형(規準型) 샘플링검사

원칙적으로 더미 그 자체의 합격 불합격을 결정하는 것으로, 파는 쪽에 대한 보호와 사는 쪽에 대한 보호 두가지를 규정해서, 파는 쪽의 요구와 사는 쪽의 요구를 만족하도록 구성되어 있다.

파는 쪽에 대한 보호는 품질이 좋은 더미가 검사에서 불합격되는 확률 α (생산자 위험)를 일정한 작은 값으로 정하므로서 보호하고, 사는 쪽에 대한 보호는 품질이 나쁜 더미가 합격될 확률 β (소비자 위험)를 일정한 작은 값으로 정하므로서 보호한다. 보통 α =0.05, β =0.10의 값을 취한다.

이 형태에 속하는 것으로서 다음과 같은 방법이 있다.

KSA 3102 계수규준형 1회 샘플링검사

KSA 3103 계량규준형 1회 샘플링검사(표준편차를 알고 있을 때, 더미의 평균치를 보증하는 경우와 불량률을 보증하는 경우)

KSA 3104 계량규준형 1회 샘플링검사(표준편차를 모를 때, 상한 또는 하한 규격치 중 한쪽만 규정된 경우)

KSA 3107 계수규준형 축차 샘플링검사

KSA 3108 계량규준형 축차 샘플링검사(표준편차를 알고 있을 때, 더미의 불량률을 보증하는 경우)

2) 조정형(調整型) 샘플링검사

사는 쪽에서 샘플링검사를 수월하게 하거나 까다롭게 하거나를 조정할 수 있는 것을 특징으로 한다. 일반적으로 합격으로 하고 싶은 최저한의 더미품질(합격품질수준 또는 AQL)을 정하고, 이 수준보다 좋은 품질의 더미를 합격시킬 것을 파는 쪽에게 보증한다.

한편 사는 쪽에서는 보통 조정의 단계로서 까다로운 검사, 보통 검사, 수월한 검사의 3단계를 다음과 같이 사용한다. 즉, 품질이 좋다고 추정되는 파는 쪽에 대해서 수월한 검사를 적용하여 파는 쪽에게 장려를 해주고, 반대로 품질이 나쁘다고 추정되는 경우에는 까다로운 검사를 적용하여 파는 쪽에게 품질의 향상을 촉구한다.

이 형태의 샘플링검사로서 다음과 같은 방법이 있다.

KSA 3109 계수조정형 샘플링검사(공급자를 선택할 수 있는 경우의 구입검사)

KSA 3111 계수조정형 1회 샘플링검사

3) 선별형(選別型) 샘플링검사

샘플 중의 불량품수가 합격판정 개수를 넘는 경우에 더미의 나머지를 전수선별하는 것을 특징으로 한다. 따라서 이러한 처리를 할 수 없는 경우(파괴검사 등)에는 적용할 수 없다. 이 형태의 샘플링검사에서는 전수선별된 더미는 불량품이 제외되고 양호품과 바꿔지므로 이 더미와 전수선별을 받지 않고 합격된 더미와를 평균한 불량률은 검사를 받기전과 비교하면 작아진다. 검사 후의 평균불량률을 평균출검품질(AOQ)이라고 한다.

이것은 검사전의 더미의 불량률의 값에 관계없이 일정한 값을 넘을 수 없다. 이 일정한 값을 평균출검품질한계(AOQL)라고 한다. 이 형태의 대표적인 것이 KSA 3105(계수선별형 1회 샘플링검사)이다.

4) 연속생산형(連續生産型) 샘플링검사

이 형태의 샘플링검사는 이미 형성된 더미를 대상으로 하는 것이 아니고, 연속생산으로 물품이 계속해서 흘러나오는 상태에서 그대로 적용하는 것이 특징이다. 이를테면 최초 한 개씩 조사해서 양호품이 일정개수 계속되면 일정개수 간격으로 샘플링검사하고, 불량품이 나오면 다시 한 개씩의 검사로 되돌아 가는 방식이다.

이 형태의 샘플링검사에서 대표적인 것이 KSA 3106(계수연속생산형 샘플링검사, 불량개수의 경우)이다.

라. 품질의 표시방법

1) 검사단위의 결정과 품질판정기준

샘플링검사를 하려면 우선 무엇을 검사단위로서 채택할 것인가를 결정하여야 한다. 쌀, 김치, 된장 등과 같이 계량에 의해서 측정되는 것, 자동포장 필름, 실과 같이 연속되는 것은 일정한 중량, 용량, 길이 등을 검사단위로 한다. 또한 수동포장용 봉지, 통조림이나 포대 등의 용기에 들어 있어 하나 하나 셀수 있는 것은 한 개를 검사단위로 한다.

품질은 검사단위의 성질을 조사하고 이것을 일정한 판정기준과 비교해서 결정한다. 이 경우 검사단위의 성질로서 물리적, 화학적, 기계적, 관능적 성질 등의 각종 성질이 있다. 이러한 성질 중에서 검사항목, 시험방법, 측정기 및 판정의 기준 등을 검사규격에 명시한다.

외관검사와 같이 객관적 방법에 의한 정확한 표시가 곤란한 경우에는 한도견본의 채택 등 될 수 있는 한 객관적으로 명확히 표시한다. 한도견본이란 양품 또는 불량품이 되는 품질의 한도를 나타낸 견본이다.

2) 품질표시방법

가) 검사단위의 품질표시 방법

① 양호·불량의 구별에 의한 표시방법
물품의 성질을 검사기준과 비교해서 양호, 불량의 어느 쪽인가로 구별하는 표시방법

② 결점수에 의한 표시방법
물품이 갖는 결점의 수로 표시하는 방법으로서 검사단위마다의 결점수로 표시한다. 이 경우 결점의 기준을 검사규격에 정한다.

③ 측정치에 의한 표시방법
검사단위의 특성을 측정하여 그 측정치에 의해서 품질을 표시하는 방법이다.

나) 더미의 품질표시 방법

① 더미의 불량률(%)
② 더미내의 검사단위당의 평균결점수
③ 더미의 평균치와 표준편차

다) 샘플의 품질표시 방법

① 샘플내의 불량갯수
② 샘플내의 검사단위당 평균결점수
③ 샘플의 평균치와 표준편차
④ 범위

2 품질검사의 실시

검사를 실시함에 있어서는 누가 하여도 같게 되도록 표준화하는 것이 중요하다. 이를 위해서 검사규격과 이에 따르는 검사의 작업표준이 필요하다. 검사규격에 검사단위, 검사항목, 양호 불량 판정의 기준, 검사더미를 정하는 방법, 샘플의 채취방법, 검사방식, 합격 불합격의 판정방법, 검사 후의 더미의 처리, 검사기록, 검사용 기기 및 측정기, 시험방법을 규정하여야 한다.

가. 검사단위를 정하는 방법

검사를 할 때에는 그 검사로 보증하려고 하는 것이 무엇인가를 고려하여 검사단위를 정해야 한다. 사과처럼 한 개 한 개의 제품을 문제로 하는 경우는 사과 한 개를 보증하는 것이고, 그러기 위해서 사과 한 개씩 시험하는 것이므로 검사로 보증하려는 단위는 분명히 사과 1개이다. 이러한 경우에 검사단위는 한 개의 사과가 된다. 그러나 한 개 한 개 생산되는 것이라도 몇 개를 모아서 상자에 넣어서 판매하는 경우에는, 상자속에 한 개의 불량품이 있더라도 그 상자에 들어 있는 것은 불량품이라고 판정된다. 이런 경우에는 한 상자가 검사단위로 된다. 또 포장필름과 같이 연속적으로 생산되는 제품은 검사단위의 개념이 명확치 않으나, 취급의 편의성을 고려하여 검사단위를 정하면 된다. 예를 들면, 자동포장용필름 500m를 1두루마리(roll)로 해서 입고되는 경우에는 1두루마리를 검사단위로 한다. 또한 조미료나 밀가루와 같은 집합체의 검사인 경우에는 검사단위라는 개념이 명확하지 않으므로 보증하고 싶은 단위, 샘플링하는 단위, 측정하는 단위를 명확히 할 필요가 있다.

나. 검사더미를 정하는 방법

합리적인 더미를 만들려면 같은 생산조건에서 생산된 제품으로 더미를 만들고, 다른 원료로 만든 제품, 다른 생산라인, 다른 기계설비의 라인에서 나온 제품, 다른 작업시간 또는 방법으로 만든 제품, 다른 작업자 또는 작업그룹이 제조한 제품은 함께 합하지 말아야 한다. 더미의 크기는 제품의 품질이 안정되어 있고 불합격비율이 낮은 것에 대하여는 클수록 좋고, 이와 반대의 경우에는 작은 편이 좋다.

다. 검사항목을 정하는 방법

검사항목은 구체적인 측정방법이나 객관적으로 비교하기 위한 평가수단이 있는 것이어야 하고, 각 검사항목에는 반드시 규격 한계나 불량판정을 하기 위한 기준이 있어야 하며, 문장만으로 표현하기 어려운 경우에는 한도견본을 만들어 객관성을 유지할 필요가 있다.

검사항목의 결정방법은 첫째, 제품에 일어날 수 있는 결점, 또는 소비자의 요구를 될 수 있는 대로 열거하여 결점의 일람표를 작성한다. 둘째, 이 일람표를 근거로 검사할 필요가 있는 품질특성을 선택한다. 선택할 때는 과거의 정보로 보아 문제가 없다고 생각되는 것은 생략하고, 정말로 필요한 것만을 선택토록 한다. 그러나 식품위생법에서 기준이 정해진 항목에 대해서는 검사항목에 삽입해야 한다. 셋째, 검사항목이 여러개 있을 때 검사의 판정기준을 설정한다. 판정기준으로는 각 항목별로 판정기준을 두는 방법과, 각 항목을 종합해서 1개라도 불량항목이 있으면 불량품으로 보아서 불량품 몇 개, 양호품 몇 개 하는 식으로 합부를 판정하는 방법이 있다. 수입검사 최종제품의 검사, 출하검사인 경우에는 개개의 검사항목으로 판정하는 것이 아니고 물품이 완전한 양호품이어야 하므로 검사항목을 일괄해서 종합적으로 판단하는 방법이 사용된다.

라. 양호 불량판정의 기준

샘플을 각 검사항목에 대하여 시험하였을 때 그 품질특성이 어떠한 값 또는 상태로 되면 그 검사항목을 결점 또는 불량이라고 판정할 것인가를 구체적으로 정해 놓아야 한다. 또 포장재의 외관 등 개인차가 생기기 쉬운 것에 대해서는 한도견본 등을 지정해서 잘못이 없도록 해야 한다.

합부의 한계를 합리적으로 규정하기 위한 요점으로는 첫째, 규격한계치는 원칙적으로 타회사의 상품, 고객쪽에서 본 상품가치, 공정능력 및 법적기준 등에 의해서 정해진다. 여기서 주의할 것은 검사규격은 반드시 제품규격한계치와 일치하지 않는 수가 있다는 것이다. 둘째, 허용품질수준의 결정은 일반적으로 검사합격품을 사용하는 측의 품질요구를 바탕으로 정해지게 되는데, 현실적으로는 제조공정의 능력과 경제성에 의해서 정해진다.

마. 샘플의 채취방법

샘플은 더미의 품질을 대표하도록 채취하는 것이 중요하다. 이 때문에 검사규격에도 어떠한 방법으로 채취하는가를 명확히 규정하여 두어야 한다. 샘플을 채취하는 경우 치우침이 없는 무작위 채취방법을 사용해야 한다. 무작위 샘플링의 수단으로서 단위체를 잘 섞은 다음 눈을 감은 기분으로 손에 닿는 대로 뽑는 것도 하나의 방법이다.

샘플의 채취에 사용되는 난수표는 통계적인 검정에 의하여 만들어진 표로서, 몇 자리의 수라 하더라도 사용할 수 있으므로 어떤 크기의 더미에 사용해도 편리하다. 난수표의 사용법은 KSA 3151에 상세히 기록되어 있다.

바. 검사방식의 결정방법

검사방식을 정하는 데 있어서의 일반적인 검토사항은 다음과 같다.

1) 더미품질의 표시

더미의 품질은 다음 중에서 어느 것으로 나타낼까를 정해둔다.

가) 더미내의 단위체 특성의 평균치(계량검사에 사용)

나) 더미의 불량률(계량, 계수검사의 양쪽에 사용)

다) 더미의 단위체당 결점수(계수검사에 사용)

2) 전수검사인가 샘플링 검사인가

검사할 때 정밀도를 높이는 방법으로 전수검사를 하는게 좋은지, 샘플링검사를하는 편이 좋은지는 경제적인 면과 필요성을 고려하여 결정하고, 검사규격에 정하여 둔다. 또 샘플링검사를 적용하는 경우에는 허용품질로서 어느 것을 적용할 것인가를 표시하여 둔다.

가) 합격품질수준(AQL, acceptable quality level)

합격품질수준이란 검사에서 합격시키고 싶은 요구품질로서, 이것보다 좋은 품질의 더미는 합격되도록 하는 품질수준이고, 불량률(%) 또는 100개당의 결점수로 나타낸다.

나) 더미허용불량률(LTPD, lot tolerance percent defective)

더미허용불량률이란 수입측이 어떤 불량률보다 나쁜 품질의 것은 일정한 비율만 합격시키는 품질수준으로 지정한 것이다. LTPD의 값을 정하기 위해서는 과거의 품질정보를 기초로 하고 공정평균을 비교검토하여 기술적 경제적으로 검사비용이 적도록 정한다. LTPD는 선별형 샘플링검사일 때는 더미별로 품질을 보증할 때에 사용된다.

다) 평균출검품질한계(AOQL, average outgoing quality limit)

장기간에 걸쳐서 검사하는 경우 검사를 끝낸 제품의 평균품질이 어떤 일정한 값을 넘는 일이 없다고 하는 값을 품질수준으로 나타낸 것이다. 즉 검사 후 평균더미품질(평균출검품)의 최악의 값이다. AOQL의 값은 사용할 때에 용이하게 불량품이 제거될 수 있는 제품에는 수월한 AOQL을, 불량품이 있어서는 전체의 작업에 큰 장해를 주는 제품에는 까다로운 AOQL을 지정한다. AOQL은 선별형 연속생산형 샘플링검사를 할 경우에 사용된다.

3) 샘플링검사방식의 선정방법

가) 계수검사인가 계량검사인가를 결정하는 방법

계수검사를 적용하느냐 계량검사를 적용하느냐는 검사의 목적, 검사설비, 시험방법 및 검사의 시간, 제품의 단위 등을 고려하여야 한다. 계량검사의 잇점은 계수검사에 비해서 많은 품질정보가 얻어지기 때문에, 적은 샘플로서 판정이 되므로 검사시간이 많이 걸리거나 파괴검사와 같은 것에서 유리하다. 또한 계수검사의 잇점은 주어진 규격에 대해서 양호품인가 불량품인가를 판정하면 되므로 판정이 용이하고 검사가 까다롭지 않아 특수한 기술을 필요로 하지 않는다.

나) 샘플링형식을 정하는 방법

샘플링형식으로서 1회 샘플링형식, 2회 샘플링형식, 다회 샘플링형식 또는 축차 샘플링형식 중에서 어느 것을 채택할 것인가는 검사의 목적, 검사작업의 난이, 검사비용 등을 고려하여 검사규격에 정한다. 실시상의 편의성 면에서 보면 1회 샘플링형식이 간단하다. 1회 샘플링검사란 검사더미에서 1회만 샘플링하고 그 시험결과에 따라서 검사더미의 합격·불합격을 판정하는 검사이다.

다) 샘플링표의 결정방법

보증품질수준, 계량검사인가 계수검사인가, 그리고 샘플링형식이 지정되면 어느 샘플링표를 사용하면 좋을까 등에 대하여 개개의 제품에 따라 정할 필요가 있다.

공장에 있어서의 수입검사, 공정검사, 출하검사에 사용하는 샘플링표는 발표되어 있는 샘플링표를 사용하면 된다. 그러나 샘플링표에 나타나 있는 여러 가지 주의사항을 그대로 지켜야 한다.

사. 더미처리의 결정방법

올바른 검사를 위해서는 더미가 합격·불합격이 되었을 때의 처리에 대해서 명확히 규정하여 둔다. 합격·불합격 더미에 대한 표시, 불합격으로 판정되었으나 제품의 목적으로 보아 그다지 중요하지 않은 결점인 경우에 선별하여 특채를 하고 싶을 경우의 처리, 검사더미 중의 불량품 또는 불합격 더미의 처리방법을 규정해 두어야 한다.

아. 재검사의 결정방법

샘플링검사에서는 나쁜 제품의 더미라도 몇 번이나 검사를 하게 되면 합격으로 되는 경우가 있기 때문에, 한번 불합격으로 된 것의 재검사에는 주의를 기울여야 한다. 이 때문에 수입검사의 경우에는 불합격 더미가 제출되는 경우의 검사 수속도 정하여 두는 것이 좋다.

자. 검사기록

검사더미마다 작업이 규정된 바에 따라 정당하게 실시되었는지의 점검과 품질정보의 파악 등 관리를 하기 위하여 검사기록이 필요하다. 그러므로 검사기록의 취급, 양식에 관하여 규정할 필요가 있다.

3 품질검사의 관리

품질검사도 하나의 작업이고 공정이므로 검사를 적절히 관리하는 것이 중요하다. 검사의 관리감독자는 검사설비를 최적으로 보존하고, 적정한 자료를 사용하여, 훈련된 검사원이 표준작업에 따라서 검사하므로써 검사의 신뢰성, 정확성, 정밀도를 높여야 한다.

가. 검사기기의 관리

애매한 검사기기를 사용하면 정확한 검사가 될 수 없다. 시험기기가 항상 정확하게 관리되어 있고 정확한 측정이 되도록 하기 위하여는 정밀도나 사용방법이 표준화되어 있어 오차가 생기지 않도록 해야 한다. 또한 검사실수의 감소와 인력절감을 위해 검사설비의 자동화도 필요하다.

1) 취급방법

검사기기는 완전히 정비되어 있는 상태로 예방보전해 두고 정확하게 취급하여 신뢰성 있는 자료를 얻어야 한다. 그러므로 기기의 조작은 그 순서를 요약하여 작업표준으로 정하고, 작업자가 철저를 기하도록 할 필요가 있다. 측정기의 표준작업내용으로는 측정대상과 측정기의 정밀도, 시료의 준비, 측정기의 조정, 측정작업방법, 측정자료의 기록, 보고, 연락법 등이다.

2) 점검기준

검사기기는 사용 전후에 있어서 일상의 점검이 간단하게 이루어질 수 있도록 하여야 한다. 점검주기, 점검기준, 점검후의 조처 기준(기능이 저하되었을 때의 조정 교정 보수 등)을 명확하게 하여 둔다.

3) 점검기록

점검대장을 준비하고 점검결과를 기록한다. 기기이력이 잘 유지되면 점검주기, 수정, 폐기 등의 기준을 합리적으로 정하는데 도움이 될 뿐만 아니라, 예비부표의 확보, 유지 관리에도 도움이 된다.

나. 검사원의 관리

검사를 하는 사람은 검사의 관리상 중요한 요인이므로 검사원의 의식, 검사원의 기술에 대하여 평소에 교육훈련을 통하여 관리할 필요가 있다.

1) 검사원의 의식

생산과 검사의 인간관계는 문제가 발생하기 쉬운 곳이다. 공정한 검사로 현장으로부터 신뢰를 얻어 유효한 품질정보를 현장에 피드백하여 생산활동에 도움을 준다는 연대감을 기본으로 해서 협조관계가 유지되도록 하는 것이 중요하다. 특히 수입검사의 경우는 납품자와 자기회사의 이익에 직접 관련되는 사항을 결정하는 입장에 놓여 있다는 사실을 올바르게 이해시킬 필요가 있다.

2) 검사원의 기술과 기능

검사원의 기술이나 기능은 가장 기본이 되는 항목이다. 제품의 품질기준이나 한도견본에 대하여 정확하게 이해하고 있어야 하며, 계측기의 조작, 측정방법, 점검유지 기술이 소정의 수준에 있어야 한다. 정확한 검사결과를 얻으려면 기술이나 기능이 개인뿐만 아니라 검사의 집단으로서 산포가 없는 것이 중요하며, 개인차가 생기지 않도록 관리한다.

점검의 방법으로서는 화학분석에서 사용되는 것은 표준샘플을 작업사이에 끼워 넣고 오차를 조사토록 한다. 관능검사의 경우에는 동일 더미를 검사원 각자에게 판단시켜서 판정의 정밀도나 오류의 유무를 점검하는 방법을 택한다. 사는 사람과 파는 사람사이에 일어나는 문제의 대부분이 관능검사 항목과 관련되므로, 관능검사체계의 확립이 필요하다. 관능검사를 잘 하기 위해서는 납품업자와 구입자 쌍방이 한도견본을 작성하여 대장을 만들고, 판정기준과 한도견본의 보관조건(먼지, 습기, 직사광선 등)을 명확히 하여 두고 검사원이 내용을 숙지토록 한다.

3) 검사제품의 품질특성 숙지

검사원은 검사하는 제품의 어떤 품질특성이 중요한 것인지, 소비자가 어떻게 사용하고 있는지 등을 알고 있어야 한다. 또한 공정에서 불량이 나왔을 때 어떤 공정에서 어떤 이유로 나온 것인지를 알고 있어야 한다. 이상의 지식은 검사의 성적을 피드백하기 위하여 또는 결점의 중요성을 알기 위해서도 필요하기 때문에 검사부문에 종사하는 사람은 생산의 경험을 하는 것도 바람직하다.

다. 검사환경의 관리

검사의 환경이 잘 정비되어 있지 않으면 검사결과에 나쁜 영향을 미치게 된다. 환경요인으로서는 조명, 소음, 진동, 온도, 습도, 냄새 등 외적인 환경과 검사업무를 하는 구성원의 정신적 육체적인 조건도 있다. 따라서 검사하는 장소는 쾌적하고 인적구성도 조화가 이루어져야 한다.

라. 오차의 관리

분석이나 측정에서 나온 자료는 반드시 오차를 갖고 있기 때문에, 분석치로서 어떤 판정을 내릴 경우에는 오차를 알고 있어야 한다. 오차란 모집단의 참값과 분석치(또는 측정치)와의 차로서 샘플링시에 생기는 샘플링오차와 분석시에 생기는 분석오차가 있다. 정확한 검사, 공정의 개선이나 관리를 위해서는 반드시 샘플링 오차와 분석오차를 조사하고 그 오차가 작아지도록 관리해야 한다.

1) 분석오차의 조사방법

분석오차의 검토에는 분석기술이나 기능 외에 통계적 방법이 적용된다. 분석오차의 조사방법은 분석자가 눈치채지 못하게 같은 샘플을 반복하여 2회 분석한다. 이와 같은 반복분석은 적어도 20회 이상한다. 2회의 분석치를 하나의 군(n=2)으로 하여 $\overline{X}$-R 관리도를 작성하여 오차의 실체를 분석한다.

$\overline{X}$는 자료의 평균치의 움직임, 즉 정확성(또는 치우침)을 나타내고, R은 2개의 자료의 차, 즉 평행분석(또는 반복분석)의 정밀도를 나타낸다. $\overline{X}$-R관리도의 점이 관리한계선을 벗어나 있지

않으면 신뢰성이 있다고 보고, 한계선을 벗어난 점이 있으면 신뢰성이 없는 것으로 본다. $\overline{X}$-R 관리도의 관리한계선을 벗어난 경우에 벗어난 자료는 원인을 알고 있으면 버리고 원인이 분명치 않은 경우에는 버리지 않는다.

$\overline{X}$가 정확성이 있는지를 알아보기 위해서는 평균치 차이의 검정을 하게 된다. 정확성이 없음이 통계적으로 인정되었을 경우에는 그 원인을 조사하여 제거하고, 치우침의 크기를 추정하여 보정해 주어야 한다. R이 관리상태에 있으면 정밀도를 추정한다. 정밀도의 표시는 반드시 표준편차로서 0.2%, $\overline{R}$로서 0.1% 등 정의를 붙여서 나타낸다.

분석오차를 조사하기 위해서 분석을 반복하여 실시하는 경우에는 사람과 장치를 바꾸어서 2회 분석하거나, 날짜를 바꾸어서 2회 분석하거나, 다른 분석실에서 2회 분석하여 재현정밀도를 구해야 한다.

2) 샘플링오차의 조사방법

샘플링오차를 구하기 위해서는 동일한 더미에 대하여 반복샘플링을 하여야 한다. 적어도 20더미 이상에 대해서 반복샘플링하여 분석한다. 이와 같이 해서 한 더미에서 두 가지의 자료가 얻어진다. 이 두가지 자료를 군(n=2)으로 하여 $\overline{X}$-R관리도를 작성한다.

제2절 식품의 품질평가 방법

식품의 품질이 좋고 나쁨을 평가하는 것은 소비자이므로 생산자는 소비자가 요구하는 품질의 제품을 만들어야 한다. 품질평가는 품질사실에 기초를 두고 있고 이 사실은 수치화하여 과학적으로 관리할 필요가 있다.

원물식품과 가공식품의 품질을 구성하는 품질특성은 무한히 존재한다. 무한한 품질특성을 전부 평가한다는 것은 불가능한 일이며 비경제적이기도 하다. 보통 식품에 관한 지식, 경험 및 상식을 기초로하여 품질에 영향을 주는 중점 품질특성만을 선택해서 평가하게 된다.

품질을 평가할 때 품질특성을 수치화하는 것이 바람직하다. 그러나 특성 중에는 색깔, 냄새, 맛, 외관 등 수치로 나타내기 어려운 것이 있다. 이것은 인간의 5감에 의하여 그 정도를 판정하는 것으로 이러한 특성을 관능품질특성이라고도 한다.

품질특성은 소비자가 요구하는 품질인 참특성의 원인이 되는 대용특성으로 구분할 수 있다. 참특성은 관능적으로 느끼기 때문에 수치화하기가 어려우나, 대용특성은 시료를 측정하여 수치화하기가 쉬우므로 수입검사, 제품검사 등에서 많이 쓰이고 있다. 예를 들면 설탕의 참특성인 단맛은 당도라는 대용특성을 분석하므로서 단맛의 품질을 수치로 나타내고 소금의 짠맛은 염도라는 특성을 분석하므로서 짠맛의 품질을 수치로 나타낸다. 대용특성은 요구특성과 상관관계가 뚜렷해야 한다.

원부재료는 제품의 품질에 직결되기 때문에 공장에 입고되는 원료는 품질검사를 하게 되며, 배합비율이나 수율의 계산, 제품조성의 예측, 영양, 열량의 계산 등에 이용된다. 식품은 수량, 영양성, 기호성, 위생안전성 검사를 실시하여 품질을 평가한다.

1 수량 품질평가

수량 품질평가는 식품의 무게, 부피, 개수, 고형분 함량, 침전물의 양 등이 표준규격이나 표시내용과 일치하는지를 평가하는 방법으로 주로 농산물, 수산물, 축산물 등 원물식품의 품질을 평가하는 방법이다.

채소나 과일 등은 수분함량이 높고 유통 중에 수분이 증발하므로 표시내용과 오차가 생기게 마련이고, 이는 품목별로 허용오차를 설정하여 일정범위 내에서 인정하고 있다. 수박 등 단량이 큰 청과물은 1개의 무게로 품질을 표시하기도 하지만 대부분의 포장과일은 포장중량당 개수를 표시하는 방법으로 그 과일의 무게품질을 표시한다. 감귤의 경우 5kg 상자포장에 들어있는 개수에 따라 30과, 50과, 70과 등으로 하나의 크기(무게)를 표시한다. 이때 30과가 50과보다 큰 것을 나타낸다. 배추의 경우도 5톤 트럭 한 차당 가격을 정하여 무게단위로 구입하나 배추 포기의 크기가 너무 크거나 너무 작으면 김치의 수율이 낮으므로 3kg 전후로 크기가 적당한 것을 품질이 우수한 것으로 평가하여 단가를 높게 메기기도 한다.

식품의 수량·품질평가는 가장 기본적인 평가방법으로 간과하기 쉬우나 영양성 품질이나 기호성 품질에 앞서 검사해야 할 중요한 항목이다.

2 영양성 품질평가

식품의 영양소나 열량 등을 평가하기 위해서 단백질, 지방, 탄수화물, 비타민 및 무기질 등을 화학적으로 분석한다. 이러한 영양소는 외관적으로는 감지할 수 없는 요소로서 제품의 품질관리를 위해서 일상적으로 분석한다.

가. 수분(水分, moisture)

식품의 수분은 영양성분은 아니나 품질평가에서 가장 기본적인 측정항목으로 식품의 종류에 따라서는 품질과 보존성에 연관이 있다. 식품은 수분이 극히 낮은 것에서부터 대부분의 성분이 수분으로 되어 있는 것까지 다양하므로 정확한 측정이 곤란하고 오차가 발생한다.

수분분석은 가열건조에 의한 중량변화를 기초로 하는 방법이 대부분이고, 최근에는 샘플의 성상의 변화없이 신속히 분석할 수 있는 장치도 개발되었다.

일반적으로 가열건조법(열풍, 적외선, 고주파 및 진공가열법), 증류법(사이클로헥산 증류법), Karl Fisher법(추출법), 전기수분계법이 이용된다.

나. 탄수화물(炭水化物, carbohydrate)

식품의 성분 중에서 중요한 탄수화물은 탄소, 수소, 산소의 세가지 원소로 구성되어 있다. 일반적으로 식품 탄수화물은 그 구조를 크게 변형시키지 않고서는 분해할 수 없는 구조가 간단한 당류와, 당류가 여러개 결합된 형태를 갖고 있는 전분이 있다. 이 당과 당사이의 결합은 산, 알칼리, 효소 등의 작용에 의해 가수분해 된다. 따라서 탄수화물은 더 이상 가수분해되지 않는 당류와 가수분해 되었을 경우에 생성되는 당류의 수에 따라 단당류, 소당류, 다당류로 분류된다.

단당류(monosaccharide)는 포도당, 과당과 같이 가수분해 되지 않는 가장 간단한 구조를 가진 당류이고, 소당류(oligosaccharide)는 설탕, 맥아당, 젖당, 라피노스와 같이 가수분해될 때 2개 이상의 단당류로 분해되는 당류이며, 다당류(polysaccharide)는 전분처럼 가수분해될 때 많은 수의 단당류로 분해되는 탄수화물이다. 일반적으로 영양성분 분석에 이용되는 탄수화물량은 직접 정량치가 아니고, 전량 100%에서 단백질, 지방질, 회분, 수분을 빼고 남은 것이다. 탄수화물 분석의 대표적인 방법으로서는 Bertrand 법이나 Somogxi 법으로 환원당을 정량하고, 식품 중의 당을 분별정량하는 데는 크로마토그라피법을 쓴다. 탄수화물은 단백질, 지방질에 대응하여 당질(糖質)이라 부르기도 한다.

다. 단백질(蛋白質, protein)

식품의 단백질 정량은 단백질이 일정한 비율로 질소를 함유하고, 단백질 이외의 주성분은 질소를 함유하지 않기 때문에 식품 중의 단백질 정량은 전질소량을 구하고 여기에 일정한 계수를 곱하여 단백질 함량으로 정한다. 그러나 식품 중의 질소화합물은 반드시 단백질뿐만 아니고 식품에 따라서는 아미노산, 핵산염기 및 크레아틴 등을 함유하기 때문에, 전질소 함량에 의한 단백질정량은 명확한 화학량에 의거한 분석은 아니다.

전질소 정량법으로서는 킬달(Kieldahl)법이 일반적이고 질소함량을 단백질 함량으로 환산시 일반적으로 이용하는 계수 6.25는 단백질이 평균 16%의 질소를 함유하고 있다는 것을 전제로 한 값이다.

라. 지방질(脂肪質, lipid)

지방질은 탄수화물, 단백질과 함께 식품의 중요한 성분이다. 지방질은 식품에 특유의 풍미를 준다. 지방질이란 일반적으로 물에 녹지 않고 에테르 등의 용매에 녹는 물질을 지칭한다. 지방질에는 유지, 왁스, 인지질 등 알칼리로 가수분해 되는 지방질과 스테롤, 색소 등 알칼리에 의해서 가수분해 되지 않는 지방질로 분류할 수 있다.

지방질은 다양한 물질을 포함하고 있으나 식용으로 많이 쓰이는 지방질은 유지이다. 유지는 지방산과 글리세롤의 에스테르 화합물인 트리글리세라이드(triglycerides)의 혼합물로서 유지를 가수분해하면 지방산과 글리세롤로 나누어진다.

식품중에 들어 있는 지방질의 정량은 일반적으로 에틸에테르를 용제로 하는 속실렛(Soxhelt) 추출법이 대표적이나 식품에 따라서는 마죠니아관이나 뢰리히관도 이용된다.

마. 비타민(vitamine),

비타민의 분석방법은 종류에 따라 다르다. 비타민은 동물과 사람의 체내에서 중요한 생리작용을 갖기 때문에 영양 생리상 미량이지만 필수적인 유기화합물이다. 더욱이 인체내에서 생성되지 않으므로 보통 식품으로부터 섭취하지 않으면 안된다. 비타민은 용해성에 따라 지용성 비타민과 수용성 비타민으로 나눈다.

지용성 비타민은 기름에 잘 녹으나 물에는 녹지 않는 성질을 갖고 있으며 비타민 A, D, E, F, K 등이 있고, 수용성 비타민은 기름에 잘 녹지 않고 물에 비교적 잘 녹는 성질을 갖는 비타민으로 비타민 B군(B1, B2, B6, B12, nicotinic acid, panthotenic acid, 엽산, 비오틴 등), C, L, P가 있다.

바. 무기질(無機質, mineral)

무기질은 식품성분 중 당질, 지질, 단백질, 비타민 등의 유기물과 수분을 뺀 부분으로, 식품을 적당히 태우면 재로 남는 성분이다. 즉 식품을 도가니에 넣고 온도를 높이면 먼저 수분이 제거되고 계속해서 유기물을 구성하는 C, O, H, N 등이 CO_2, H_2O, NO_2 등으로 되어 날아가고 재가 남는다. 식품분석에서는 이것을 회분(灰分, ash)이라 하며, 식품의 무기질 함량을 나타내는 수치로 사용한다.

무기질 중 Na, K, Ca, Mg와 같이 양이온을 생성하는 것을 알칼리 생성원소라 하고, P, S, Cl과 같이 음이온을 생성하는 것을 산 생성원소라 한다. 식품에 함유된 이들 알칼리 생성원소와 산 생성원소의 당량을 비교하여 산 생성원소보다 알칼리 생성원소가 많은 식품을 알칼리성 식품, 반대의 것을 산성식품으로 나눈다.

일반적으로 이용되는 회분 측정방법은 직접회화법, 유산첨가회화법이 있다.

사. 휘발성 염기질소

식품이 변질된 경우에 아미노산 탈탄산효소에 의한 아민류나 분해과정에서 생성된 암모니아를 휘발성 염기질소라 하여 변질의 지표가 된다. 분석하려는 식품에 물을 넣어 추출하고 이 추출액을 알카리성으로 하였을 때 휘발하는 질소화합물의 총칭으로서 그 주체는 암모니이다. 일반적으로 식품 100g 중에 휘발성 염기질소가 30mg 정도일 때 부패라고 판정한다. 식품공전에는 식육가공에 이용되는 원료육과 포장육의 휘발성염기질소는 20 이하로 규정되어 있다.

아. 산가 및 과산화물가

유지는 식품가공시 또는 저장 중 열이나 효소의 작용 등으로 지방산으로 가수분해되고, 이것은 다시 산소에 의해 산화되어 산패가 일어나 불쾌한 냄새와 맛을 형성하므로 식품 품질저하의 원인이 된다. 식품의 산패정도는 관능적으로 판정하기도 하나 식품의 산가와 과산화물가를 분석하여 평가한다.

산가는 유지의 고유특성은 아니며 유지분자의 가수분해에 의해서 형성된 유리지방산 함량의 척도이다. 따라서 정제되지 않은 유지나 오래 사용하거나 저장된 유지에서는 높으며 정제된 유지에서는 낮기 때문에 산가는 유지의 품질을 나타내는 중요한 지표가 된다. 산가는 유리지방산가라고도 부르며 1g의 유지 중에 존재하는 유리지방산을 중화하는 데 필요한 수산화칼륨(KOH)의 mg 수로서 표시된다.

일반적으로 유지 중의 과산화물의 함량은 과산화물가로서 표시된다. 이 과산화물가는 1kg의 유지에 함유된 과산화물의 mmole수로서 표시된다.

3 기호성 품질평가

영양성 품질은 겉으로 보아서는 알 수 없으므로 소비자의 입장에서 식품의 품질을 평가한다면 대부분 관능적인 기호성 품질이 된다. 이것은 사람의 5감을 통해서 느끼는 품질로서 소비자의 구매동기 유발과 반복구매에 직접 연결되기 때문에 식품공장의 품질관리에서 중요한 의미를 갖게 된다. 계측기술이 발전되어 왔음에도 불구하고 식품공장에서 관능검사가 이용되고 있는 이유는 기구나 측정기를 이용하는 것보다 관능에 의한 방법이 빠르고 간편하게 비교적 정확한 판정결과를 얻을 수 있기 때문이다. 향료의 냄새나 술의 맛과 같은 품질은 관능에 의하지 않고는 측정이 어렵다. 관능검사에서 문제가 되는 것은 검사자의 개인차에 따른 판정의 정확성 여부이나 이는 검사자의 훈련과 한도견본의 설정 등으로 보완되고 있다.

가. 색(色, color)

식품은 우선 모양, 크기, 색, 결합상태 등 외관을 보고 품질의 좋고 나쁨을 직관적으로 평가하기 때문에 색이 중요한 품질요소가 된다.

1) 색의 표시방법

색은 종류가 많고 복잡하여 말이나 글로 표현하기가 어렵기 때문에 다음과 같은 색체계로 표시한다.

가) Munsell 색체계

이 방법은 많은 표준색을 준비하여 두고 번호 및 기호를 붙여서 색샘플을 표준색과 비교하여 보고, 그 색의 이름과 어느 번호에 해당하는가를 알아내는 것으로 식품의 색 표시에 적합하다. 색에는 3개의 독립된 성질인 명도, 채도 및 색상이 있다. 명도란 가장 어두운 흙색에서 가장 밝은 백색까지의 밝기의 정도를 나타내고, 채도는 소위 산뜻함 또는 색의 선명함의 정도이며, 색상은 색의 종류로서 적색, 녹색, 청색 등이다.

나) CIE 색체계

모든 색은 빨강, 파랑, 노랑의 3원색을 어떤 비율로 변화시키면 만들 수 있다. 이와 같은 3원색의 혼합량을 3자극치라고 부르며 모든 색깔은 3자극치로서 표현할 수 있다.

다) Hunter 색체계

CIE 색체계는 대단히 이론적이나 그 표시 수치와 색감각이 직선적으로 연결되지 않는 단점이 있다. 또 Munsell 색체계는 식품의 색 표시에는 적합하나 기계적 측정에는 적합지 않다. 이러한 점을 보완한 것이 Hunter 색체계이다.

이 색체계에 의한 명도, 색상, 채도값은 CIE색체계의 X, Y, Z값으로 환산할 수도 있다. Hunter 색체계는 〈그림3-1〉과 같이 세로축에 명도를 잡아 백색을 100, 흙색을 0으로 하고 이 축에 수직의 평면상에서 옆으로 교차하는 직교좌표 a, b에 의해 색상과 채도를 나타내도록 연구된 것이다. 명도는 L, 색상은 a 및 b로서, 채도는 $\sqrt{a^2 b^2}$으로 나타낸다. a, b의 좌표로 나타내는 색의 성질은 a가 +에서는 적색, 0에서 회색, -에서 녹색을 나타내고, b가 +일 때 황색, 0에서 회색, -에서 청색을 나타내고 있으나, a, b값의 비(比)로서 그 혼합된 색상이 나타나게 된다.

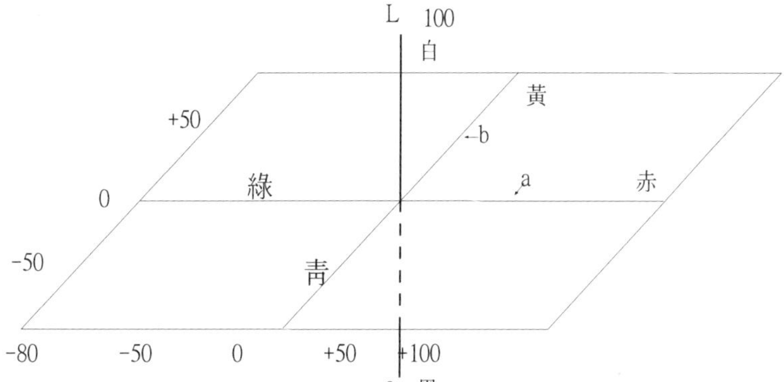

〈그림3-1〉 Hunter 색체계

2) 색의 측정

가) 육안으로 측정하는 방법

식품의 색을 표준색과 비교하는 방법으로 식품이 액체인 경우에는 표준액을 만들어 두고 이것과 비교하는 방법이다.

나) 계기로 측정하는 방법

색의 측정에는 색도계(colorimeter)가 이용된다. 색도계는 눈의 망막구조를 모방한 구조로서 반사 또는 투과광선의 강도를 측정한다. 이 원리는 가시광선에 대하여 표준눈 곡선과 똑같이 반응하는 세가지 필터를 만들어 각각 X(빨강필터), Y(노랑필터), Z(파랑필터)로 하고, 조사광선이 물질로부터 다시 반사되어 이들 필터를 투과하는 방사에너지의 크기를 전기적 에너지로 전환시켜 수치로 나타낸다. 유사한 색차를 측정하는 경우에 정밀도가 높은 색차계가 필요하다 유명한 Hunter 색체계는 그 대표적인 것으로 XYZ를 환산하여 L, a, b의 수치로 나타낸다.

나. 맛(味, taste)

1) 식품의 맛

우리가 일상 쓰는 맛이라는 용어는 음식물을 입에 넣었을 때 느끼는 감각으로 넓은 의미와 좁은 의미의 두 가지가 있다. 식품이 맛이 있다 또는 맛이 없다라고 할 때는 넓은 의미의 맛으로 이때의 맛은 미각에 의한 맛뿐만 아니라 후각, 시각, 촉각, 청각 등의 모든 요소를 종합한 것이라고 할 수 있다. 식품의 종합적인 품질로서 맛의 결정에 관여하는 것은 시각, 후각, 미각, 청각, 촉각 등 외에 식습관, 분위기, 기호, 공복도, 긴장도, 건강상태, 기후 등의 요인이 있다. 이에 대하여 좁은 의미의 맛이란 혀의 면에 존재하는 맛세포에서 느끼는 미각세포를 통한 맛을 말한다.

2) 맛의 분류

모든 식품의 맛은 복잡한 혼합체이며, 이것을 적합한 용어로 표현하기는 곤란하다. 그러나 동양과 서양에서 예부터 이러한 맛을 간단한 것으로 분류하여 왔다. 생리학자인 Henning은 모든 맛을 네가지 기본맛, 즉 단맛(sweet), 쓴맛(bitter), 신맛(sour), 짠맛(salty)으로 분류하고, 4가지의 기본맛을 혼합하여 모든 맛을 만들어낸다고 하였다. 최근에는 조미료로 이용되는 L-글루타민산나트륨의 감칠맛(palatable taste, umami)을 추가하여 다섯가지 기본 맛으로 분류하기도 한다.

음양오행설에서는 오미로 신맛(酸味), 쓴맛(苦味), 짠맛(鹹味), 매운맛(辛味), 단맛(甘味)을 들고 있으나 매운맛은 혀의 미각세포뿐만 아니라 모든 세포에서 얼얼함으로 느끼게 되므로 미각이면서 통각으로 볼 수 있다.

3) 맛의 최소감미농도

최소감미농도란 어떤 맛물질의 고유한 맛을 느낄 수 있는 최소농도를 말한다. 예를 들면 소금의 고유한 짠맛을 느낄 수 있는 최소농도는 0.2% 수용액이고, 설탕의 단맛은 0.5%, 초산의 신맛은 0.0012%, 키니네의 쓴맛은 0.00005%, MSG의 감칠맛은 0.03%가 되어야 느낄 수 있다.

4) 맛에 영향을 주는 요소

음식물을 먹었을 때의 미각에 영향을 미치는 요소로는 온도, 용매, 수면과 공복, 나이와 성별, 흡연 등이 있으며, 이외에도 신체적 정신적인 건강상태, 식습관, 분위기, 미각에 관한 훈련과 경험 등도 영향을 준다.

5) 맛을 내는 물질의 상호작용

일상 식생활에서 단맛, 쓴맛, 신맛, 짠맛, 감칠맛을 단독으로 맛보는 것은 거의 없고, 음식물 중에 들어있는 여러 가지 맛성분이 만드는 복잡한 맛을 종합한 것으로 느낀다. 이와같이 두 종류 이상의 맛을 혼합하여 맛을 낼 때에는 맛의 상승, 상쇄, 대비 또는 변조현상 등 복잡한 상호작용이 일어난다.

가) 맛의 상승효과

같은 계통의 2종류의 맛을 혼합한 경우 양자를 더한 것보다도 강한 맛을 나타내는 현상을 맛의 상승효과라고 말한다. 예로서 식염 1% 용액에 MSG를 0.02% 넣은 것(A)과, 식염 1% 용액에 IMP를 0.02% 넣은 것(B)의 맛을 보면 A, B 모누 싼맛만 느끼나, A, B를 동량씩 혼합(A+B)하면 강한 감칠맛이 난다.

나) 맛의 상쇄효과

상쇄효과라고 하는 것은 상승효과의 반대로서 2종류의 맛의 비율을 변경할 때 그 일방 또는 양방의 맛이 약해지는 미각현상이다. 예로서 사카린의 쓴맛이 글루타민산나트륨 첨가에 의하여 약해지거나, 오렌지주스에 소량의 구연산을 첨가한 때에는 단맛이 감소하고 설탕을 첨가할 때 신맛이 감소되었다고 느끼는 것이다.

다) 맛의 대비현상

2종류의 맛을 혼합하여 맛을 낼 때 하나의 맛이 다른 맛을 강하게 하는 미각현상이다. 예로서 설탕용액에 식염을 가할 때 단맛이 보다 강하게 느껴진다.

라) 맛의 변조현상

일반적으로 쓴맛을 맛본 직후의 물은 달게 느끼고, 단맛 직후의 신맛은 강하게 느낀다. 이와같이 하나의 맛을 본 직후 다른 맛은 그 맛의 영향을 받아 정상적인 맛과는 현저하게 변한 맛을 느끼는 일이 있다.

6) 맛의 평가

식품의 관능품질특성 중에서 중요한 것은 맛, 냄새, 색, 조직감 등의 기호성이다.

인간의 감각은 보통 5관이라고 하여 시각, 청각, 촉각, 후각 및 미각을 말하며 이 중 후각과 미각은 가장 기본적인 감각으로 식품의 기호성에 대하여는 중요한 감각이다. 식품의 품질이란 소비자의 기호성에 맞는 관능적인 성질이 중요하다. 맛의 강도를 객관적으로 평가하기 위해서는 주로 맛을 내는 화학물질의 농도를 측정한다.

· 짠맛은 나트륨(Na), 칼륨(K)의 농도를 화학정량법으로 측정한다.
· 신맛은 pH와 상관관계가 있어 무기산의 경우에는 pH로 측정하고 유기산의 신맛은 산의 농도로 측정한다.
· 단맛은 당농도를 정량하여 당도로 나타낸다.
· 쓴맛은 정량적인 분석이 용이치 않다.

이상의 방법은 단일성분이 들어있을 경우에는 분석이 가능하나, 식품의 경우는 여러 가지 성분의 맛이 복합되어 있으므로 객관적인 정량평가는 어렵다. 관능검사는 사람이 먹어보고 검사자가 주관적으로 평가하게 되므로 객관적으로 계측기를 사용해서 분석하는 것에 비하면 불편하다. 식품의 관능적인 성질과 계측기로서 측정가능한 성질과의 상관관계를 연구하여 이화학적 분석으로 대체시키는 것이 시도되고 있으나 관능검사를 통하지 않을 수 없다. 식품의 기호성은 어디까지나 사람의 감각과 심리작용에 의하여 결정되므로 관능특성의 일부가 객관적인 방법으로 측정될 수 있다고 하더라도 최종적으로 사람의 관능에 호소할 수 밖에 없기 때문이다.

다. 냄새(香, smell)

냄새는 비강상부에 있는 후각세포가 어떤 물질의 화학적 자극을 받았을 때 느끼고 기계적인 자극으로는 느끼지 못한다. 냄새는 냄새성분이 휘발하여 기체로 후각세포에 도달되어야 느끼게 된다. 후각의 예민도는 개인적으로 상당한 차이가 있기 때문에 냄새를 맡는 훈련이 필요하다. 식품은 그 종류에 따라 독특한 향기를 가지고 있으며 우리는 오랜 동안의 경험을 통해서 식품고유의 향기에 익숙해 있다. 이들의 향기는 식품의 가치를 좌우하는 중요한 품질요소 중의 하나로서, 특히, 차, 커피 등의 기호음료, 생강, 후추가루 등의 향신료 등에 있어서 향기가 아주 중요하다.

식품의 냄새는 잘 조화되었을 때는 좋은 느낌을 주지만 조화가 안되었을 때에는 불쾌감을 느끼게 한다. 이와같이 식품과 냄새는 밀접한 관계가 있어 식품의 기호성에 크게 영향을 미치기 때문에 식품가공에서는 중요한 문제로 다루고 있다. 식품을 가공처리하거나 저장하는 과정에서 본래의 향기가 변하거나 떨어지게 된다. 식품 중의 냄새성분은 미량이지만 냄새의 종류는 다양해서 말로는 적합하게 표현하기는 대단히 어렵다.

냄새의 시험은 다음과 같은 방법으로 한다.

1) 관능적인 방법

냄새를 시험하는 간단한 방법으로 냄새나는 물질의 휘발성물질을 코로 보내어 코로 숨을 들이쉬면서 냄새를 맡아보는 방법으로 비교적 정확하다. 냄새를 감지하는 인간의 감응도는 대단히 예민하여 최저 감응농도인 $10^{-11} \sim 10^{-13}$ mole에 상당하는 극미량도 느낄수 있으나, 냄새는 순응이 잘되기 때문에 시험시에는 세심한 주의가 필요하다.

2) 기기적인 방법

기체 크로마토그래피(gas chlomatography, GC)를 이용해서 분석하는 방법이다. 식품 중에는 대단히 많은 냄새성분이 들어 있으나, 한번의 분석으로 수백가지의 휘발성 혼합물에 대한 정성 및 정량분석을 할 수 있다. GC의 검출기는 감도가 좋기 때문에 극미량의 낮은 물질을 성분별로 분리, 확인 및 정량할 수 있다. 모든 휘발성 성분은 체류시간이 다르기 때문에 이것을 이용해서 화합물을 확인하는 정성분석과, 피크의 높이나 면적을 이용해서 정량적인 정보를 얻을 수 있다. 그러나 체류시간만 가지고 화합물을 확인하는 것은 실제로 이들을 확인할 수 있는 표준샘플을 필요로 하므로 이용에 한계가 있다. 이 때문에 최근에는 물질의 분자량과 분자구조를 확인할 수 있는 질량분석기(mass spectrometer, MS)와 GC를 결합시킨 GC-MS가 많이 이용된다. 이 기기는 GC의 현저한 분리능력과 MS의 확인능력을 결합시킨 것으로 신뢰성이 높고 신속성이 크기 때문에 소량의 복잡한 화합물의 정성 및 정량분석에 유용한 분석기기이다. 이 분석법은 전처리조작이 필요하며, 샘플의 전처리, 냄새성분의 분리 및 농축, 분리물의 동정 단계를 거치게 된다.

라. 조직감(組織感, texture)

식품의 조직감은 식품을 입에 넣었을 때, 씹었을 때, 삼켰을 때의 느낌을 종합한 것으로 식품의 주요 품질평가 항목이다. 이에 관한 감각을 보면 식품을 입에 넣었을 때는 촉각이 작용되지만 식품을 씹을 때는 청각도 관여한다. 예를 들면 사과를 씹을 때의 소리인 아삭거림이 심리적으로 미각에 영향을 미친다.

1) 조직감의 분류

식품의 조직감은 다음과 같이 기계적, 기하학적 및 촉감적 특성의 세가지로 분류한다.

가) 기계적 특성

이 성질은 물리적인 것으로 식품을 먹을 때나 가공시에 중요한 특징을 발휘하는 것으로, 연하고 단단함을 나타내는 견고성(hardness), 부스러짐과 찐득함을 나타내는 응집성(cohesiveness), 묽고 됨을 나타내는 점성(viscosity), 탄력을 나타내는 탄력성(elasticity), 끈적함을 나타내는 부착성(adhesiveness)으로 측정한다.

나) 기하학적 특성

식품입자의 크기와 모양에 따라서 나타나는 성질로서 거칠다, 부드럽다, 덩어리지다 등으로 표현되는 특성이다. 예를 들면 과자의 크림에는 아주 미세한 분말의 설탕이 들어있으면 부드러우나, 분쇄가 안된 설탕입자가 들어 있으면 씹히는 촉감에 있어서 이물이 들어간 것과 같이 거칠게 느끼게 된다.

다) 촉감적 특성

수분과 유지 함량에 따라서 느껴지는 성질로서 묽다, 질다, 되다, 부드럽다, 미끈거리다 등으로 표현되는 특성이다.

2) 조직감의 측정

조직감은 주관적인 관능검사방법과 객관적인 기계적 측정방법으로 측정하고, 기계적인 측정은 관능검사 결과와 상관성이 있어야 활용할 수 있으며, 다음과 같은 조직감 계측기가 있다.

가) 침투력 측정기

식품에 침모양의 접촉부를 침투시킬 때 소요되는 힘, 또는 일정한 힘에 대한 침투 깊이로서 측정한다. 이 계기는 식품이 질기다, 연하다, 딱딱하다 등의 정도를 측정하는 것으로, 과실의 성숙도, 육류의 유연도 등을 측정하는 데 사용한다.

나) 압축력 측정기

이 계기는 식품의 압축시 모양이 변형될 때까지 소요되는 압력을 측정하는 것으로서 이 형의 대표적인 것은 빵압축계이며 식빵의 조직감을 측정하는 데 사용한다.

다) 자르는 힘 측정기

칼날 또는 쇠줄같은 것으로 식품샘플을 자를 때 소요되는 힘을 측정하는 장치로서 육류, 치즈 및 채소 등의 조직감을 측정하는 데 사용된다.

라) 씹을 때의 특성 측정기

식품을 씹을 때의 특성인 견고성, 응집성, 점착성, 탄력성 등을 측정하는데 사용된다.

마) 점착성 및 점성 측정기

원료, 반제품 및 제품의 점착성과 점성을 측정하는 장치로서 액체 또는 반고체 식품인 주스, 케첩, 크림, 잼, 젤리 및 마요네즈 등의 조직감을 측정하는 데 사용한다.

바) 다목적 측정기

근래에는 위의 모든 기능을 하나로 묶어서 간편하게 측정할 수 있는 계측기가 개발되어 활용되고 있다. 대표적인 계측기로는 Rheometer, Instron universal testing machine, Texture analyzer 등이 있다.

4 위생 안전성 품질평가

식품이 기본적으로 반드시 갖추어야 할 성질 중에서 가장 중요한 것이 안전성이다. 보통의 품질에 대하여는 일반소비자도 경험적으로 어느 정도 판정을 할수 있으나, 위생안전성에 대하여는 소비자 자신이 판단할 수 없다. 식품이 아무리 영양적으로 좋고 맛, 향 등의 관능특성이 뛰어나더라도 그것을 섭취할 때 피해를 주거나 건강유지에 지장을 주는 독성물질이 들어 있어서는 아니된다. 독물이 들어있는 식품을 모르고 섭취시에는 식중독을 일으키고, 심한 경우에는 인간의 생명까지 빼앗아 가는 일이 발생한다.

식품 중에 존해하는 독물은 다음과 같다.

① 식품을 생산하거나 저장하는 동안 미생물의 오염으로 생성된 물질
② 생산 · 가공공정이나 포장과정에서 혼입된 농약, 항생물질, 식품첨가물, 포장재 등 화학물질
③ 동물의 사육과정에서 인수공통전염병에 감염되어 생성된 수의역학물질
④ 자연식품에 본래 들어 있거나 인위적 조작 또는 공해로 인해 간접적으로 오염된 물질

가. 미생물적 위해물질

1) 병원성 세균

세균 중에는 독성물질을 만드는 세균이 있어 식중독을 일으킨다. 세균성 식중독에는 대량의 세균이 식품과 함께 섭취되어 소화관벽에 감염되어 위장염을 일으키는 경우와 식품 중에 세균이 증식하는 과정에서 생성된 독소에 의해 중독을 일으키는 경우가 있다. 전자를 감염형 세균성 식중독이라 하고 대표적인 것으로는 살모넬라와 장염비브리오균이 있다. 후자를 독소형 세균성 식중독이라 하고 대표적인 것은 황색포도상구균, 보툴리눔균이 있다.

미국에서 발생한 식중독의 원인균은 캄필로박터, 살모넬라, 시겔라, 대장균 O-157:H7, 여시니아, 리스테리아, 장염비브리오 순이었다. 이같은 세균성 식중독을 일으키는 세균이 식품의 원료나 공정이나 제품에 들어있는지를 알기 위해서는 세균검사를 하게된다. 그러나 이러한 세균을 일상적으로 검사한다는 것은 이론상으로는 가능하나 실제로는 불가능하고 비현실적이다. 이 때문에 검사하기 쉬운 균을 대표적으로 선정하여 세균검사를 실시한다. 이것이 대장균군 검사다. 이 검사를 원료나 제품에 대하여 일상 검사함으로서 병원성세균이 오염되어 있는지의 여부를 간접적으로 알 수 있다. 대장균은 장내에 항상 존재하는 균으로서, 식품에서 대장균이 검출된다는 것은 병원균에 오염되어 있을 가능성이 있고, 병원균에 오염되어 있지 않더라도 분변에 의한 오염의 가능성이 크고 비위생적으로 취급되었다는 것을 의미한다.

2) 유해 곰팡이

곰팡이 중에는 그 대사생산물로서 유해물질을 생산하는 것이 있다. 이와 같이 곰팡이가 만들어내는 유독물질을 총칭하여 곰팡이독(mycotoxin)이라고 부른다. 곰팡이독의 오염이 염려되는 식품은 곡류를 중심으로 하는 식물성 식품이다. 곰팡이독의 대표적인 것이 아플라톡신이다. 이것은 Aspergillus flavas라는 곰팡이가 만들어내는 것으로 대단히 강한 발암물질이다. 파툴린은 사과, 배 등의 상처부위에 곰팡이가 오염되어 저장되는 동안에 생성되는 독소이다.

나. 화학적 유해물질

식품에 화학적 유독물질이 오염되는 원인은 농산물 재배과정에서 사용한 농약이 잔류하거나, 가축이나 어패류의 사육과정에서 투여한 항생물질이 남아있거나, 식품첨가물의 제조과정에서 정제가 덜 되었거나, 작업의 실수로 유독한 이물질이 들어간 것을 식품에 첨가하거나, 미량의 환경오염물질이 먹이사슬을 통하여 축적되어 있는 것을 모르고 사용하거나, 식품의 제조, 가공, 보존, 운반 등에 이용되는 기구 용기 포장 등의 재질이 부적당하여 유해물질이 식품에 혼입되는 것이다.

1) 잔류농약

식량생산의 수단으로 농약사용이 증가하여 농약오염의 문제가 발생되고 있다. 이러한 농산물의 잔류농약으로 인한 위해를 사전에 예방하고 농산물을 이용한 가공식품의 안전성을 확보하기 위해서 곡물, 채소, 과일류의 농산물에 대해 농약의 잔류허용기준을 정해놓고 있다. 잔류허용량(MRL)이란 사람이 일생동안 허용치수준의 유해물질이 잔류된 식품을 먹더라도 인체에 독성을 보이지 않을 뿐아니라, 기형아 출산이나 암을 일으키지 않을 정도의 최대허용량을 말한다. 농산물 재배시 농약사용으로 인한 잔류는 사용농약의 종류와 농산물의 종류에 따라 다르다. 살포된 농약은 시간이 지남에 따라 분해되고 또 비에 씻겨 내려간다. 일반적으로 유기인계는 분해되기 쉬우나 DDT, BHC 등의 유기염소계는 분해되기 어렵다. 분해되기 어려운 DDT, BHC는 사용이 금지되어 있으나 후진국에서는 아직도 사용하는 국가도 있기 때문에 후진국에서 수입되는 식품은 농약오염에 주의할 필요가 있다.

2) 항생물질

가축의 사육과정에서 질병을 예방하기 위하여 사료에 첨가하거나 근육에 주입하는 각종 가축의약품이 우유나 고기에 잔류하여 식품으로 섭취하게 되는 경우로서, 항생물질의 섭취로 인해 인체의 항생제 내성이 증가하면 질병치료에 어려움이 발생할 수 있다. 가축뿐 아니라 어패류나 해조류를 양식할 때에도 이러한 약품이 사용되는데 도축이나 출하 전 투약기간을 준수해야 식품안전성을 확보할 수 있다.

3) 식품첨가물

식품첨가물이란 식품을 제조, 가공, 보존함에 있어 식품에 첨가, 혼합, 침윤 또는 기타의 방법에 의해 사용되는 물질이다. Codex의 식품첨가물 및 오염물질분과위원회에서 식품첨가물의 기준규격을 설정하고, 우리나라는 식품위생법시행규칙 별표1에 500여종의 식품첨가물이 지정되어 있다. 조제분유의 안정제로 사용한 제2인산나트륨에 비소가 다량 들어있는 것을 모르고 사용하여 131명의 사망자와 12,000여명의 중독자가 발생한 사고가 일본에서 있었다.

4) 포장재

용기 및 포장에서 올 수 있는 유해물질은 지류에서는 형광증백제, 도자기류에서는 카드뮴, 납,

금속에서는 카드뮴, 납, 아연, 플라스틱에서는 잔존단량체, 가소제, 포름알데히드 등이다.

5) 공정오염물질

PCB는 화학적으로 안정하고 가열해도 분해되지 않을 뿐만 아니라, 전기절연성이 뛰어나기 때문에 콘덴서, 트랜스 등의 절연유로 사용하기도 하고, 진공펌프, 콤프레샤 등의 윤활유로도 사용된다. 이것이 흘러나와 식품에 혼입되는 경우가 있다. 일본에서는 열매체로 사용된 PCB가 스테인리스관의 작은 구멍에서 흘러나와 미강유에 혼입되어 중독사고가 일어난 사례가 있다.

다. 수의역학 위해물질

축산식품에서 인수공통전염병은 질병에 전염된 가축을 식용으로 사용할 경우 사람에게 질병이 발생될 수 있으므로 위생안전성 품질로서 매우 중요하다.

인수공통전염병은 사람과 가축의 양쪽에 이환되는 전염병으로 특히 동물로부터 사람에게 감염되는 병을 말한다. 사람과 동물의 양쪽에 중증의 병을 일으키는 탄저(炭疽), 페스트, 광견병, 우결핵병(牛結核病) 등 외에, 동물에서는 비교적 경증 또는 불현성감염(不顯性感染)으로 그치지만 사람에게는 중증의 병을 일으키는 브루셀라증(症), 야토병(野兎病), Q열 등이 있다. 반대로 사람에게 발병하는 일은 드물지만 동물에게 심한 유행을 일으키는 구제역(口蹄疫) 출혈성패혈증(出血性敗血症) 등이 있다. 이 밖에도 여러 가지 바이러스병, 원충병, 기생충병, 세균병 등 인수공통전염병이 100가지 이상 알려져 있다.

1) 탄저(炭疽, anthrax)

주로 소·말·양 등 초식동물에 발병하는 전염병으로, 크게 호흡기형, 피부형, 소화기형의 3가지가 있는데 사람에 나타나는 피부형은 다른 동물에는 없다. 탄저의 어원은 그리스어 anthrax로 석탄을 뜻하는데, 이 병에 걸리면 피부에 물집이 생기고 검은 딱지가 앉기 때문에 이런 이름이 붙었다. 육식동물이나 사람에게는 비교적 적지만 급성이어서 일단 감염되면 동물이 죽고 난 뒤에야 발증을 아는 경우가 많다. 주요 증세는 발열, 호흡곤란, 피하의 부종 등이며, 부검하면 급성비종, 혈액응고부전을 볼 수 있다. 감염된 동물은 며칠 내에 죽는다.

보통 흙 속에 있는 탄저균이 가축을 통해 사람에게 전염되지만, 탄저균에 감염된 동물을 손으로 만지거나, 동물 배설물에서 나온 탄저균 포자를 들이마시거나, 감염된 동물의 고기를 100℃ 이상의 온도에서 익혀 먹지 않을 때도 걸린다. 그러나 사람과 사람 사이에서는 균이 유포되지 않는다.

2) 브루셀라증

소 브루셀라균, 산양 브루셀라균, 돼지 브루셀라균이 원인체이다. 가축의 경우 이 병은 법정전염병으로 규정되고 있으며 주로 소·산양·돼지의 생식기관과 태막에 염증을 수반하여 유산과 불임증을 나타낸다.

사람에게 감염되면 3주 정도의 잠복기를 거쳐 부정형의 발열·피로·권태감·두통 등의 전신 증세가 나타나는데, 한국에서도 발생한 바 있으며 주로 경구 및 접촉감염으로 전파되었으며, 멸균 처리되지 않은 유제품을 먹은 사람에게도 전염되었다.

가축에서는 백신 접종으로 예방이 가능하나 일단 감염된 가축이 발견되면 법에 따라 도살처분해야 한다. 사람의 경우 그 치료에는 테트라사이클린, 스트렙토마이신, 클로람페니콜 등이 쓰이나, 약제 투여를 중지하면 재발하는 일이 많고 내성균이 나타나므로 치료가 쉽지 않다.

3) 구제역(口蹄疫, foot-and-mouth disease)

발굽이 2개인 소·돼지 등의 입·발굽 주변에 물집이 생긴 뒤 치사율이 5~55%에 달하는 가축의 제1종 바이러스성 법정전염병이다. 소의 경우 잠복기는 3~8일이며, 초기에 고열(40~41℃)이 있고, 사료를 잘 먹지 않고 거품 섞인 침을 흘린다. 잘 일어서지 못하고 통증을 수반하는 급성구내염과 발굽에 수포가 생기면서 앓다가 죽는다. 특별한 치료법은 없고 이 병이 발생했을 경우에는 검역을 철저히 하고 감염된 소와 접촉한 모든 소를 소각하거나 매장해야 한다. 구제역이 발생하는 나라에서는 조직배양 백신을 이용하여 예방한다.

한국에서는 1934년 처음 발생하였고 2000년 경기도 파주 지역에서 발생해 충청도 지역까지 확산되어 큰 피해를 입혔으며, 2001년에는 영국에서 발생하여 유럽, 동남아, 남미 등지로 번졌다.

4) 광우병(狂牛病, bovine spongform encephalopathy)

프리온 단백질의 화학구조에 의해 발생하며, 소의 뇌에 구멍이 생겨 갑자기 미친 듯이 포악해지고 정신이상과 거동불안, 그리고 난폭해지는 등의 행동을 보이는 것이 특징이다. 최근까지 잘 알려지지 않았으나 1996년 3월 영국의 보건부장관이 광우병의 원인이 되는 프리온 단백질의 화학구조가 야곱병을 일으키는 원인물질과 비슷하다는 연구결과를 받아들여, 광우병이 인간에게 감염될 가능성을 인정함으로써 세계의 육류업계에 커다란 타격을 주었다.

이 무렵 영국의 의학전문가위원회는 광우병과의 접촉으로 인간에게 감염될 가능성이 있는 야곱병은, 종래에는 고령자에게 나타나는 병이라고 생각되어왔으나 새로운 종은 젊은이에게도 걸릴 우려가 있다고 경고하였다. 사실 이 무렵 신종의 야곱병에 걸린 환자는 60세 이상이 많았던 과거와는 달리 18~41세까지의 비교적 젊은 연령층이었다. 또 발병에서 사망까지의 기간이 종래의 4개월보다 긴 1년이며, 병원체로 보이는 프리온이 뇌 전체에 퍼져 있는 것이 고령의 환자와는 다르다는 것이다.

영국은 광우병에 대한 조사 보고와 함께 1996년 3월 소고기의 일시 판매중지를 선언하고 유럽연합도 영국산 소고기에 대한 전면 금수조치를 취하였다. 그후 유럽의 소고기 소비량은 40%나 감소하고 수많은 소가 떼죽음을 당하여 유럽 전역의 육류시장과 농가에 커다란 피해를 주었다.

5) 조류인플루엔자(鳥類毒感, pathogenic avian influenza)

조류에 감염되는 급성 바이러스성 전염병으로, 주로 닭과 칠면조 등 가금류에 많은 해를 입힌다. 병원성에 따라 고병원성, 약병원성, 비병원성 3종류로 구분되며, 이 가운데 고병원성은 국제수역사무국(OIE)에서 리스트 A등급으로, 한국에서는 제1종 가축전염병으로 분류하고 있다.

원인체는 A형 바이러스이며, H혈청형과 N혈청형이 있다. 이 두 종류의 단백질에 의해 총 135가지의 바이러스 혈청형이 존재할 수 있는데, 2004년까지 보고된 것은 세계적으로 HA 15종류, NA 9종류이다. 감염은 조류의 분비물을 직접 접촉할 때 주로 일어나며, 물방울, 물, 사람의 발, 사료차, 기구, 장비, 알 겉면에 묻은 분변 등에 의해서도 전파된다.

증상은 호흡기 증상과 설사, 급격한 산란율의 감소가 나타난다. 경우에 따라 볏 등 머리 부위에 청색증이 나타나고 안면에 부종이 생기거나 깃털이 한 곳으로 모이는 현상이 나타나기도 한다. 폐사율도 병원성에 따라 0~100%로 다양하다.

세계적으로 1930년대 이후 발생하지 않다가, 1983년 벨기에, 프랑스 등 유럽에서 발생하기 시작한 이래 현재까지 세계 각국에서 약병원성을 비롯한 고병원성 조류인플루엔자가 발생하고 있다. 고병원성의 경우 인간에게도 감염되어 1997년 홍콩에서 6명이 사망하였고, 2004년 베트남에서는 16명이 사망하였다. 한국에서도 1996년에 이어 2003년 조류인플루엔자가 발생해 전국적으로 확산되었으나 약병원성으로 인체에는 전염되지 않는 것으로 확인되었다.

조류인플루엔자가 발생하면 사육장안의 가축을 전량 도살 처분하며, 발생국가에서는 양계산물을 수출할 수 없게 된다. 따라서 조류인플루엔자가 의심되면 즉시 방역기관에 신고해야 한다. 이후 보건당국의 지시에 따라 감염예방을 위해 항바이러스 제제를 복용하고, 발열이나 호흡기 증상 등 조류인플루엔자 증상이 발생하는지 살펴야 한다. 일반인들도 손을 자주 씻고, 환기를 잘 시키며, 호흡기 증상이 있는 사람과는 접촉하지 않는 것이 좋다.

라. 기타 위해 물질

1) 자연식품에 존재하는 독성물질

자연적으로 존재하는 동식물 중에는 유독한 것이 있고 부분적으로 유독물질이 들어있는 것은 식용되는 것이 있다. 일반적으로 자연식품을 섭취하여 식중독이 일어나는 것은 무지하거나 부주의로 발생하는 것이 많다. 이러한 독성물질은 분석하기도 어렵기 때문에 식품원료를 선택할 때 사전에 안전성 문제를 면밀히 검토해야 한다.

유독물질을 함유하는 독바지락조개와 독버섯, 특수한 환경이나 시기에 유독물질을 함유하는 바지락조개, 복숭아, 매실, 독물이 들어있는 부위가 한정되어 있는 복어와 감자, 생콩속의 트립신저해제와 헤마글루티닌이 대표적인 독성물질이고, 동물성식품 중의 콜레스테롤과 포화지방도 순환기계 질환을 일으키는 원인 물질이다.

2) 유전자변형식품(GM 식품)

GMO(genetically modified organism)는 질병에 강하고 소출량이 많아 식량난을 해소할 수 있다는 장점이 있으나 GMO 식품을 장기간 섭취할 경우에 인간에 무해하다는 점이 분명하게 검증된 바가 없으며, GMO 품종으로 인해 생태계가 교란되는 등 환경재앙이 발생할 수도 있다는 위험성을 안고 있다.

GMO 식품을 보는 시각은 미국과 서유럽 간에 크게 다르다. 유전자 기술이 앞선 미국의 경우 수퍼마켓에서 팔리는 식품의 절반 이상이 GMO를 함유하고 있으며, 미국 국민의 다수는 GMO 식품이 안전하다고 신뢰한다. 그러나 서유럽 국가의 환경단체는 GMO 곡물을 프랑켄슈타인 식품이라고 부르며 일반 대중도 이를 기피하고 있다.

2004년 세계적으로 유통되고 있는 GMO는 콩, 옥수수, 감자 등 약 50여 개 품목으로 50억 달러에 달하며, 국내 유통 중인 GMO도 39개 품목이다. 특히 국내에서 시판되고 있는 두부의 82%가 유전자변형 콩이 섞인 원료로 만들어졌다는 발표로 국내에서도 유전자변형식품의 유해성 여부가 문제가 되었다. 그러나 유전자변형식품의 위험성과 동시에 유용성도 인정되어, 유전자재조합식품 표시제가 2001년 7월부터 시행되고 이를 어기면 2년 이하의 징역 또는 1000만 원 이하의 벌금에 처해지게 되었다.

3) 방사선조사식품

방사선은 물질을 통과할 때 물질의 원자, 원자단, 분자 등을 전리시켜 이온을 생성하게 되는데, 이와 같은 성질을 지닌 방사선을 전리방사선이라고 한다. 감마선, 전자선, X선, 자외선, 알파선, 중성자선 등이 여기에 해당된다. 이 방사선이 식품에 활용되고 있는 비율은 감마선이 80% 전자선이 20%를 차지하고 있다.

가장 많이 이용되는 감마선은 투과력이 강하여 제품이 완전히 포장된 상태에서도 처리가 가능하고, 화학훈증제와는 달리 유해성분의 잔류 및 독성이 없으며, 미생물이나 해충 등을 확실하게 살균·살충하는 등의 장점이 있다.

원래 식품에 대한 방사선조사기술의 이용은 주로 발아·발근의 억제 및 숙도지연 등과 같은 저장성 향상을 목적으로 사용되어 왔으나, 선진국에서는 화학약품의 대체방법으로 병원성미생물 살균기술이나 해충구제의 목적으로 이용된다.

또한 Codex를 비롯한 WHO, FAO, IAEA 등에서는 방사선조사에 의한 식품보존이 다른 어떤 방법보다 안전하며 효과적인 것으로 평가하고 모든 식품에 방사선조사를 적용할 수 있도록 승인하였다.

방사선조사는 3가지 장점을 가지고 있다. 첫째, 해충 및 부패유기체의 생육억제로 식량자원을 장기적으로 안전하게 저장할 수 있다. 둘째, 병원성 미생물 사멸로 더욱 안전한 식품을 생산할 수 있고, 식품을 매개로 한 질병을 예방할 수 있다. 셋째, 공중보건상의 국제 식품교역에 있어서 검역관리의 효과적인 방법으로 평가된다. 그러나 식품에 대한 방사선조사 기술의 이용은 현재 이용되고 있는 다른 식품가공 및 저장방법과 마찬가지로 문제점과 한계성이 있으며 모든 식품에 다 적용할 수 있는 것은 아니다.

4) 환경오염물질

환경오염물질은 다이옥신(dioxin)이 대표적이다. 다이옥신은 염소로 치환된 벤젠 2개가 산소원자에 의해 결합한 고리가 3개인 구조로, 염소화합물의 연소과정에서 생성되어 인체면역계에 치명적인 손상과 생식발육저하에 영향을 미치는 발암물질이다. 다이옥신은 색과 냄새가 없는 고체물질로서 물에 대한 용해도 및 증기압은 아주 낮으며, 유기용매에 용해되지만 용해성은 그다지 크지 않고 열역학적으로 안정하며 미생물에 의한 분해도 거의 일어나지 않는다.

다이옥신의 발생원으로는 PCBs, 클로로페놀, 염소, 제초제의 불순물, 도시쓰레기 소각, 자동차 배출가스, 금속제조(Fe, Al, Mg, Ni) 등이 있으며, 다이옥신 오염의 95%가 염소폐기물을 소각하는 과정에서 발생된다. 제초제와 살균제를 제조하는 과정에서 불충분하게 정제하거나 또는 제지공장, PVC공장 등에서도 발생한다.

다이옥신은 열에 안정하므로 한번 생성되면 환경에 잔류하는 경향이 있다. 쓰레기 소각장에서 생성된 다이옥신이 토양을 통해서 물을 오염시키고, 지용성이므로 물에 그대로 있지 않고 수산물에 농축되는 과정을 거치게 된다. 공기 중에 방출된 다이옥신은 먼지 등에 흡착된 후 풀이나 나무에 가라앉게 되고, 이를 통해 가축에게 오염되는데 실제로 사람이 공기중의 다이옥신을 직접 흡입하는 양은 전체 노출량의 3% 이하이며, 동식물성 식품을 통해 섭취하는 양이 97%를 차지하는 것으로 추정되고 있다. 식품으로 인해 체내에 유입된 다이옥신의 97.5%가 수산물, 육류(소고기, 닭고기, 돼지고기) 및 유제품(우유, 유가공품)으로부터 기인한다. 특히 다이옥신은 미생물이나 자연환경 조건에서 분해가 어렵기 때문에 먹이사슬을 통하여 생물농축계가 비교적 높은 물고기나 지방함유율이 높은 육류 및 유제품 등의 식품에 잔류할 가능성이 높다. 다이옥신은 또한 식품가공, 조리시에 생성되기도 하는데, 특히 튀김용으로 쓰이는 기름과 훈제돈육에서 다이옥신 양이 증가되었다는 보고가 있다.

수백 개의 이성체를 가진 다이옥신은 그 구조에 따라 독성의 정도가 다르지만 다이옥신 중 독성이 가장 큰 TCDD의 급성 경구독성은 청산가리의 10,000배로서 지금까지 알려진 독성물질 중 특수한 몇몇 독성물질(파상풍독증)을 제외하고는 가장 급성독성이 강한 물질이다.

TCDD는 동물에서 면역 및 생식계독성, 발암성 등을 나타내고 인체에 대해서는 국제암연구소가 다이옥신의 발암성을 그룹 1(명백한 발암물질)로 상향 조정한 바 있다. TCDD에 대해서만 1일 섭취허용량을 10pg/kg/day, NOEL(최대 무작용량)은 1,000pg/kg/day로 정하고 있다.

제3절 식품의 관능검사 기법

1 관능검사의 목적

소득수준이 향상되고 관능품질에 대한 비중이 커짐에 따라 식품의 영양성분 등이 좋더라도 관능품질이 나쁘면 식품으로서의 가치를 인정받지 못하게 되었다. 따라서 식품의 품질관리는 물리화학적 분석치보다 인간의 감각에 의한 관능검사결과가 더 중요시되고 있다. 관능검사는 식품의 품질관리와 신제품 개발에 흔히 사용되는 방법이다.

식품 관능검사의 목적은 생산제품의 품질보증, 기존제품의 품질개선, 신제품 개발, 원료 대체, 제품이나 원료의 보존성 시험, 적정사용량의 결정, 수입검사, 제품이나 원료의 등급결정 및 소비자의 기호조사를 하는데 있다.

관능검사는 식품의 맛, 냄새, 색깔 등 관능적 품질특성을 사람의 감각을 이용해서 평가 및 판정하는 것이기 때문에 똑같은 식품을 대상으로 하더라도 사람에 따라 다르고 같은 사람이라도 장소와 시간, 심리상태, 생리상태 등에 따라 다르다. 그래서 통계적인 방법을 기초로 하여 사전에 충분히 계획된 조건하에서 시행해야 신뢰성 있는 결과를 얻을 수 있다.

2 관능검사의 방법

관능검사(sensory evaluation)는 분석적인 실험실검사(analytical test)와 소비자검사(consumer test)로 나눌 수 있다. 차이식별검사(discriminative test)나 묘사분석(descriptive analysis)과 같은 실험실검사는 비교적 소수의 훈련된 패널요원을 이용하며, 소비자검사는 다수의 소비자 또는 제품의 잠재적 소비자를 대상으로 한다.

보통 차이식별검사는 10~20명 정도의 경험 패널요원 또는 훈련된 패널요원을 이용하고 특성묘사분석은 고도로 훈련된 패널요원 6~12명을 필요로 한다. 소비자검사는 주관적인 것으로 검사의 목적에 따라 제품의 수용가능성을 알기 위한 수용도검사(acceptance test)와 소비자의 제품선택 성향을 알아보기 위한 선호도검사(preference test) 및 제품의 좋고 싫음의 정도를 알아보기 위한 소비자 기호척도검사(hedonic test)가 있다. 소비자검사는 보통 40~200명 정도의 패널을 이용하는 중형으로부터 20,000명 규모의 대형까지 있다.

어느 검사방법을 사용할 것인가는 실시하고자 하는 검사의 목적에 따라 달라지고 이에 따라 검사요원의 자격이나 규모도 달라진다. 그러므로 관능검사를 실시하기 전에 검사목적을 명확히 하여 적절한 방법을 선택하고 방법에 맞는 검사요원을 선택하여야 한다. 또 계획을 수립하는 단계에서 통계학자와 의논함으로써 효율적인 결과분석을 할 수 있다.

관능검사를 실시할 때 검사과정은 다음과 같다.

검사의 필요성(목적의 인식) → 적절한 방법의 채택 → 검사원 집단의 편성 → 시료의 전달 → 면밀한 실시계획 → 검사 실시 → 집계 → 분석 → 결론 순이다.

가. 차이식별검사

제시된 샘플을 표준샘플 또는 대조샘플과 비교하여 통계적으로 유의적 차이가 식별되는지를 판단하는 시험이다. 검사방법이 간단하나 많은 수의 검사를 반복 실시하여야 한다.

1) 단일검사(single sample test)

하나의 샘플을 제시하여 판정을 내리는 방법으로 경험으로 머릿속에 들어있는 기억표준과 대비하여 차이가 있는지를 식별하는 방법으로 상당한 훈련이 필요하다. 지금 생산되고 있는 제품이 기존에 생산되고 있는 제품과 품질에서 차이가 있는지를 알고자 할 때 쓸 수 있다. 단일검사법에서는 우연에 따른 정답확률은 50%이며 x^2검정, 분산분석 또는 2점비교검사의 유의검정표에 따라 판정한다.

2) 1·2점 검사(duo-trio test)

이 시험은 3개의 샘플이 패널원에게 제시된다. 먼저 표준샘플을 시험한 다음에 두 개의 샘플(그 중 하나는 표준샘플과 동일하고 다른 하나는 시험하고자 하는 샘플)을 제시하여 어느 것이 표준샘플과 동일한가를 찾아내는 방법이다. 우연에 따른 정답률은 50%이며, x^2검정 또는 1·2점 검사의 유의검정표에 따라 판정한다.

3) 3점검사(triangle test)

이 방법은 다른 방법에 비해 가장 정확한 결과를 얻을 수 있다. 이 시험은 3개의 샘플이 패널원에게 제시된다. 두 개는 동일하고 나머지 한 개는 다른 샘플로 동시에 3개를 제시하여 그 중에서 다른 품질의 샘플을 찾아내게 하는 방법으로 잘 훈련된 사람이라야 쓸 수 있는 방법이다. 샘플의 조합은 AAB, ABA, BAA, BBA, BAB, ABB의 여섯 종류이다. 정답확률은 1/3이며, x^2검정 또는 3점검사의 유의검정표에 따라 판정한다.

4) 2점비교검사(paired comparison test)

표준샘플 또는 대조샘플과 시험하고자 하는 샘플을 동시에 제시하여 차이가 있는지를 비교하는 방법으로 일상의 품질관리에서 많이 이용된다. 이 방법에서 표준샘플이나 대조샘플은 미리 정해진 방법에 따라 만들어 두었다가 쓰는 방법과 전일에 생산된 제품을 대조로 하여 비교할 수 있다. 이 방법은 패널원이 경험자나 미경험자에게도 적용되며 소비자 기호조사에도 응용된다. 단순차이검사나 차이비교검사는 종합적 차이유무 검사에 이용하고, 차이특성이나 차이크기까지 알고

자 하면 다중2점비교검사를 한다.

5) 순위검사(rank order test)

순위시험법은 2점비교검사를 확대한 것으로 속도가 빠르고 한 번에 여러 개의 샘플을 시험할 수 있다. 보통 3~5개의 샘플을 동시에 제시하여 어떤 한가지의 관능품질특성을 기준으로 강도 또는 기호에 따라서 순위를 정하게 하는 방법이다. 샘플의 품질특성이 여러 개 있을 때에는 이것들을 각각 분리하여 따로 시험해야 한다. 이 방법은 잘 훈련된 패널원이 필요하며 신제품개발에 많이 이용한다. 순위법의 시험결과는 Kramer 등이 만들어 낸 표를 이용해서 유의차이를 판정할 수 있다.

6) 채점검사(scoring test)

식품의 품질특성을 수치척도로 평가하는 방법으로 품질의 척도를 나타내는 숫자가 평가하고자 하는 성질과 비례한다는 가정하에 실시하는 것이다. 다른 방법에 비해 일시에 많은 샘플을 처리할 수 있는 장점이 있으나 잘 훈련된 패널원이 필요하다. 식품의 품질특성을 구성하는 여러 특성 중 그 중요도에 따라 비중을 달리하여 점수를 배부해야 한다. 채점에 사용되는 척도는 점수(0~10점 또는 0~100점), 그래프(선 또는 그림 위에 좋다, 나쁘다 등을 표시한 것), 용어표시(가장 좋다, 좋다, 보통이다, 나쁘다, 가장 나쁘다) 등으로 나타내며, 척도위의 표시점은 원칙적으로 등거리여야 한다. 결과의 분석은 t검정, 분산분석을 사용한다.

7) 감도검사(sensitivity test)

감도검사는 어떤 물질에 대한 최소감량을 측정하고자 할 때나, 관능검사를 위한 검사요원, 즉 패널의 선발시에 기본맛 등에 대한 예민도 또는 정상상태를 시험하는 데 이용된다. 이 시험결과 어떤 맛에 대하여 맛을 모르는 미맹이 나타나면 이런 사람은 패널에서 제외시킨다. 또한 냄새에 대하여도 시험하여 어떤 냄새인지를 식별하지 못하는 후맹임이 발견되면 패널에서 제외시킨다.

나. 묘사분석

식품의 향미와 조직감에 대한 특성과 강도 등을 묘사하는 데 이용하는 방법으로, 전문가 또는 숙련된 요원(4~6명)에 의해서만 실시할 수 있다. 실시방법은 둘러앉아서 제시된 시료에 대하여 토의 기록하는 형식으로 진행한다.

1) 향미묘사분석(flavor profile)

향미묘사는 한 제품의 향, 맛, 후미특성 등의 구체적 사항을 한번에 분석할 수 있으므로 제품의 정의를 내리거나 시제품 개발에 효과적으로 이용된다. 향미의 관능특성을 정성적 및 정량적으로 나타낼 때에는 다음과 같이 나누어 묘사한다.

① 풍미특성은 맛, 냄새에 대해 느껴지는 특성을 공통용어를 써서 기술한다.

② 풍미강도는 풍미특성이 얼마나 강한지를 정량적으로 나타낸다.
③ 감응순서는 감각특성이 나타나는 순서를 느낌의 순서대로 나타낸다.
④ 뒷맛은 샘플을 삼키고 난 다음에 입속에 남는 맛, 냄새 등의 뒷맛을 나타낸다.
⑤ 종합적인 평가는 샘플의 종합적인 향미평가로 정량적으로 제품전체의 인상을 나타낸다.

2) 조직감묘사분석(texture profile)

조직감묘사는 식품을 깨물 때부터 저작하여 삼킬 때까지의 과정에서 나타나는 각각의 특성을 분석하고, 그들 세기의 정도를 강도로 표시하며, 이들이 나타나는 순서에 따라 각 특성을 관능적(시각, 청각, 촉각 등)으로 묘사 분석하는 방법이다. 조직감에 대한 특성을 나타낼 때 다음과 같이 나누어 묘사한다.

① 조직감특성은 기계적 특성, 기하학적 특성, 촉감적 특성에 대해 공통용어를 써서 기술한다.
② 조직감의 강도는 조직감특성이 갖고 있는 강약의 정도를 나타낸다.
③ 감응순서는 샘플을 입안에 넣었을 때 느끼는 순서를 나타낸 것으로, 씹기전에 입안에서의 느낌, 처음 씹을 때의 느낌, 계속해서 씹을 때의 느낌, 다 씹었을 때의 느낌, 목구멍으로 삼킬 때의 느낌을 순서대로 나타낸다.
④ 종합적인 평가는 샘플 전체의 인상을 나타낸다.

3) 정량적묘사분석(quantitative descriptive analysis, QDA)

정량적 묘사분석은 제품의 색, 맛, 향, 조직감 특성을 감지되는 순서에 따라 묘사하는 방법으로 제품간의 관능적 특성을 비교하는데 효과적인 방법이다. 이 방법은 제품의 개념을 언어화할 수 있는 패널요원의 능력에 원리를 두고, 유자격 패널요원의 선별과 훈련, 관능적 특성 용어의 개발, 그리고 양적 묘사를 위한 반복실험에서 점수화하는 과정까지 모두를 포함한다. 이 방법은 신제품 개발이나 원료의 대체시에 이용된다.

다. 소비자 검사(consumer test)

소비자 검사는 주관적인 것으로 제품의 현재 사용자이거나 사용가능자를 통하여 개발된 제품의 개념 또는 특성에 관한 소비자의 반응을 조사하기 위하여 실시한다. 소비자검사는 기존제품의 품질유지, 품질향상, 신상품의 개발, 판매가능성 분석에 유효하다. 검사목적에 따라 적절한 검사방법을 선택하는 것이 중요하다. 우선 검사목적과 관련정보를 인지하고 수행할 수 있는 검사의 종류 및 결과의 장단점을 이해하여 실제 얻은 결과를 실행가능한 조건으로 연결하여야 한다. 이를 위하여 검사목적에 따라 목표집단의 설정이 명확해야 하고, 질문표는 목적에 부합되는 정보를 얻을 수 있도록 작성해야 하며, 소비자검사 방법이나 절차를 확립해 놓는 것이 중요하다.

1) 소비자검사에 관계되는 요소

가) 제품자체에 귀속되는 요소

구득가능성, 이용성, 편리성, 가격, 균일성, 저장성, 안전성, 관능특성

나) 소비자 자신에 귀속되는 요소

민족성, 지역성, 연령, 성별, 종교, 교육, 사회 및 경제적 지위, 심리적 동기, 생리적 동기

다) 검사결과에 영향을 주는 요소

조사대상, 예비조사 실시여부, 샘플링 방법, 자료수집 및 분석방법, 결과의 해석

2) 소비자검사 방법

가) 선호도검사(preference test)

선호도검사는 여러 개의 샘플 중에서 어떤 것을 택하겠는가를 묻는 시험으로 비슷한 제품 중에서 선호도가 높은 것을 선정할 때 사용된다. 2개의 샘플을 제시하여 1개를 선택하도록 하고 선택한 샘플의 좋아하는 정도를 표시한다.

나) 수용도검사(acceptance test)

수용도검사는 어떤 샘플에 대하여 시식토록 하고 먹고 싶은 정도를 「많이 먹겠다」, 「먹을만하다」 또는 「먹을 수 없다」 등으로 물어 제품의 수용 여부를 알아보는 시험이고, 새로 개발된 제품에 대하여 시험이 끝나고 소비자 기호조사에 많이 이용된다.

수용도검사는 먼저 기준제품에 대한 소비자의 수용도를 확립한 후 제품의 원료나 제조공정, 저장기간 등에 따른 제품의 관능적 특성차이가 소비자의 수용도에 어떠한 영향을 주는지 알 수 있으므로 제품의 품질유지에 도움을 준다.

다) 기호척도검사(hedonic scaling test)

식품을 먹었을 때 맛, 향기, 조직감 등이 좋으면 종합적으로 쾌감을 느끼게 되고, 그렇지 않으면 불쾌감을 느낀다. 이와 같이 쾌, 불쾌를 느끼는 심리상태를 측정하는 것이 기호척도이다. 이 때의 척도는 가장 좋아하는 점과 가장 싫어하는 점의 사이를 적당한 거리로 구분하여 좋다, 싫다의 정도를 9단계, 7단계, 5단계로 척도화한 것을 사용하며 표현용어는 〈표3-1〉과 같다. 기호척도검사로 검사한 결과는 분산분석으로 해석한다.

〈표3-1〉 기호척도검사의 표현용어

5단계 기호척도	7단계 기호척도	9단계 기호척도
		9. 가장 좋다
	7. 대단히 좋다	8. 대단히 좋다
5. 대단히 좋다	6. 보통으로 좋다	7. 보통으로 좋다
4. 보통으로 좋다	5. 약간 좋다	6. 약간 좋다
3. 좋지도 싫지도 않다	4. 좋지도 싫지도 않다	5. 좋지도 싫지도 않다
2. 보통으로 싫다	3. 약간 싫다	4. 약간 싫다
1. 대단히 싫다	2. 보통으로 싫다	3. 보통으로 싫다
	1. 대단히 싫다	2. 대단히 싫다
		1. 가장 싫다

3 관능검사 패널요원의 선정

관능검사는 관능검사를 하는 패널도 중요하지만 관능검사를 계획하고 실시하는 주관자가 중요하다. 관능검사를 주관하는 사람은 질문지의 작성, 샘플의 조제 및 제공, 용기에 기호부여, 자료의 정리 및 통계분석, 패널의 선정 및 훈련을 해야하므로 관능검사를 하는 데 필요한 지식과 지혜가 있이야 힌디.

관능검사에서 중요한 것은 판정의 감도와 재현성이라고 할 수 있다. 이 관능검사는 실험실에서는 검사원의 집단인 패널(panel)에 의하여 수행된다. 패널이란 특정의 목적을 위하여 선발된 특정의 자격을 갖는 사람의 집합체를 말하고, 패널을 구성하는 개인을 패널요원이라고 하며 패널의 구성요원수를 패널의 크기라 한다.

가. 패널요원의 선발기준

패널요원을 선발할 때의 기준은 다음과 같다.

1) 육체적 및 정신적으로도 건강해야 한다.
2) 식품에 대한 편견과 선입관이 없고 관능검사에 대하여 적극적이고 흥미를 갖는 사람이어야 한다.
3) 검사 시 용이하게 시간을 낼 수 있어야 한다.
4) 연령은 20~50세 전후가 좋으며 남녀의 차별을 둘 필요는 없다
5) 보통정도의 흡연자는 무방하나 과흡연자는 피하는 것이 좋다.
6) 기호조사용 패널의 경우는 직업, 생활정도, 지역 등을 고려해서 선발해야 한다.
7) 정상적인 미각과 후각을 갖고 있어야 한다.
8) 조직감 시험 시에는 의치를 한 사람은 제외시킨다.

나. 패널의 크기

패널의 크기는 시험목적에 따라 다르다.

1) 일상의 품질관리

일상의 품질관리에서 샘플의 특성차이를 식별하거나 특성을 평가시에는 패널의 훈련정도에 따라 패널의 크기가 달라진다.

가) 잘 훈련된 패널 : 5~8명

나) 중간정도 훈련된 패널 : 10~15명

다) 덜 훈련된 패널 : 20~30명

2) 소비자검사

소비자의 기호검사에는 조사규모에 따라 패널의 크기가 달라진다.

가) 규모가 작을 때 : 50~100명

나) 규모가 클 때 : 200명 이상

다. 패널요원의 선정

패널선정기준에 따라 대상자가 선정되면 감도검사를 실시하여 패널요원을 선발하게 된다. 감도검사는 보통 네가지 기본맛(단맛, 짠맛, 신맛, 쓴맛)에 대한 최소감미량을 시험한다. 최소감미량이란 어떤 물질의 맛이 무엇인지 정확하게 인지될 수 있는 최소의 농도를 말한다. 시험용액은 화학적으로 순수한 설탕, 소금, 젖산 및 카페인으로 최소농도액 1번에서부터 최대농도액 14번까지를 만든 다음 농도가 약한 번호부터 강한 번호순으로 시험케 한다. 패널요원에게는 네가지 기본맛에 대하여 시험한다는 사실을 알려주되 어느 맛을 시험할 것인지는 말하지 않는다.

냄새시험에 이용되는 기준물질은 정해진 것이 없으나 멘톨, 암모니아수, 알콜, 식초, 페놀 등을 솜에 묻이고 이것을 작은 시험관에 넣고 코로 냄새를 맡아 어떤 냄새가 나는지를 알아보면 된다.

라. 패널요원의 훈련

실험실에서 활용하는 패널요원은 다음과 같은 목적에서 훈련시킬 필요가 있다.

1) 샘플식품에 익숙케하고 나아가서 그 식품에 대한 전문지식을 갖게 한다. 식품의 품질을 평가하려면 원료, 가공공정, 제품의 화학적 및 관능적 특성을 충분히 아는 것이 좋다.
2) 식품의 기호에 대한 지식을 준다. 기호성의 요소가 되는 색, 맛, 냄새, 조직감 등에 관한 기본지식을 교육시킨다.
3) 관능검사 방법과 판단요령을 숙지시킨다. 차이식별검사 방법의 특색, 순위법, 채점법, 기

호척도, 표현 용어 등을 주지시킨다.

4) 합리적이고 안정된 판단기준을 확립시킨다. 관능검사에 있어서 차이식별검사든 묘사평가든 판단결과가 언제나 재현성이 있어야 한다. 패널요원이 판정하는 요령은 될 수 있으면 표준샘플을 제시하여 익숙하게 한다.

훈련방식은 일정한 것이 없고 훈련기간도 수일에서 수개월 간에 걸쳐 초보적인 훈련, 전문가적인 훈련을 실시한다.

4 관능검사의 환경

관능검사실의 환경은 판정에 영향을 주기 때문에 올바른 검사를 수행하기 위해서는 바람직한 환경이 되도록 설계, 시공 및 유지관리가 되어야 한다. 환경의 요소로는 실내의 온도, 습도, 조명, 색채, 소음, 냄새 등이 있다.

가. 검사실의 위치

정확한 검사를 수행하기 위해서 검사실의 위치는 패널요원의 대다수가 참여하기 편리하고 소음이 적은 곳이면 된다.

나. 검사실의 설계

검사실에는 밀폐식과 개방식이 있다. 밀폐식은 검사원 상호간에 의견교환 없이 독립적으로 개별실에서 검사하는 것이고, 개방식은 여러 검사원이 서로 의견을 교환하면서 검사하는 방법이다. 관능검사는 밀폐식으로 하는 경우가 대부분이다.

검사실은 샘플을 저장하고 조제하는 곳과 실제로 검사를 수행하는 곳으로 나누어 칸막이로 막아서 샘플 조제시에 발생하는 냄새가 패널에게 영향을 주지 않도록 한다.

또한 패널요원이 차례를 기다릴 수 있는 대기실이 필요하다. 검사시에는 안락한 의자에 앉아서 하도록 배려하고, 입안의 헹군물을 버릴 수 있는 용기 또는 시설을 설치하는 것이 좋다. 샘플과 질문지를 놓을 수 있는 충분한 공간을 확보하고, 검사원 상호간의 영향과 혼란을 피하기 위하여 칸막이를 할 필요가 있다. 칸막이한 개별실에는 샘플을 밖에서 직접 제공할 수 있는 작은 문을 설치하도록 한다.

관능검사를 하는데 필요한 비품은 싱크대, 조리대, 냉장고, 저울, 저장캐비넷, 가스레인지, 전자레인지, 조리용구, 믹서, 가열판, 항온수조, 샘플조제용구, 샘플제공용 용기 등이 기본이고 업종에 따라서 필요한 설비가 추가된다.

다. 냄새관리

냄새는 관능검사의 판정에 영향을 미치기 때문에 검사실에서 냄새가 나서는 안된다. 따라서 검사실에 사용하는 건축자재나 비품은 냄새가 없는 것으로 선정하고, 샘플에서 발생하는 냄새는 환풍기로서 환기시켜 검사실에는 냄새가 없도록 유지해야 한다.

라. 조명

대부분의 검사에는 특수한 조명시설이 필요하지 않고 너무 어둡거나 밝아도 좋지 않으므로 적당한 조명을 유지해야 한다. 탁상광도가 50~100lux 정도면 좋다. 색이 있는 샘플 검사시에 색에 따른 선입관을 없애기 위해 색 조절용 빨강, 파랑, 노랑 등의 유색 전등을 설치하고 광도를 조절할 수 있는 장치를 설치하면 좋다.

마. 분위기

검사실은 검사에 참여하는 것이 하나의 즐거움이 되도록 시설을 하고 검사원이 편하고 안정할 수 있는 분위기 조성이 필요하다. 검사실의 바닥, 벽, 천정, 탁자는 적당하게 밝고 안정된 색깔로 도색하고 의자는 안락한 것을 배치한다. 실내의 온도와 습도는 쾌적한 상태가 되도록 온도 22~25℃, 습도 50~60% 정도로 유지한다.

5 관능검사의 실시

가. 샘플의 채취와 조제

검사용 샘플의 채취는 검사하려는 제품을 대표할 수 있는 것을 채취해야 한다. 검사용 샘플의 조제시에는 검사 목적에 맞도록 준비해야 한다. 검사대상 제품은 제품 그 자체를 검사용으로 하거나 조리나 희석 또는 혼합해서 준비하는 경우가 있는데 소비자가 사용하는 방법을 잘 알고 그 방법대로 조제해야 한다.

나. 샘플의 제시

샘플을 제시할 때에는 검사원이 선입관을 갖지 않도록 샘플의 양, 용기, 기구 및 샘플의 온도 등에 주의해야 한다.

1) 외양과 용기

시험하고자 하는 샘플과 표준품 또는 대조품의 색깔과 외형은 동일하여야 한다. 만약 색깔, 모양, 외양이 다르면 판정에 오차를 가져온다. 색으로 인해 오차가 우려되는 경우에는 색이 있는 등을 켜서 색깔차이를 모르도록 하고, 설비가 없을 때에는 안대나 색안경을 끼고 시험토록 한다.

사용하는 용기의 크기, 모양, 색 등은 모두 동일하여야 하며 냄새가 없어야 한다. 샘플이 액체로 투명하지만 짙은 색이 있어서 색깔에 다소의 차이가 있을 경우에는 내면이 검은 색의 용기를 이용하여 색의 차이를 직접적으로 느낄 수 없도록 한다.

2) 샘플의 크기와 수

샘플의 크기는 맛을 보는 데 충분한 양이면 되나 샘플과 대조구의 양은 같아야 한다. 샘플의 종류가 한꺼번에 많이 제시되면 검사원의 피로가 가중되기 때문에, 맛시험에는 1회 샘플의 수는 6종류 이내로 하되 2~3회 반복검사하는 것이 좋다.

한번 검사하는 데 샘플의 수가 많아지면 검사원의 판단력이 피로해져서 정확성이 떨어진다. 한번에 검사할 수 있는 샘플의 수는 검사하려는 제품의 종류와 검사방법에 따라 다르다. 식품의 향미검사에는 다음과 같이 적용된다.

가) 단일검사 : 3~4개

나) 3점검사 : 9개(3쌍)

다) 2점비교검사 : 6개(3쌍)

라) 순위검사 : 4~6개

3) 샘플의 온도

사람의 미각은 대체적으로 15~30℃에서 예민하게 작용하며, 저온에서는 미각이 마비되고 고온에서는 둔해진다. 식품은 종류에 따라 그 식품에 적합한 온도가 있으므로 이 온도에 맞추어 검사해야 한다. 그리고 같은 샘플이라도 온도가 달라지면 미각의 예민도가 달라지기 때문에 검사샘플의 온도는 일정해야 한다.

4) 기호부여

제시되는 샘플은 암호로써 기호를 붙이게 된다. 샘플의 기호는 판단에 영향을 미치는 것을 막기 위해 난수표를 써서 100단위 숫자를 사용하는 것이 좋다. 난수표를 쓰는 것은 샘플의 품질특성과 관계없이 기호의 선입관에 영향을 받는 기호효과를 극소화하기 위하여 임의적인 숫자를 사용한다.

5) 샘플제시 시기와 순서

식사 전후의 공복시나 만복시는 피하는 편이 좋으며 오전에는 10시 전후 오후에는 3시 전후가 바람직하다. 통상 식사 전후 1시간 이내는 피하고 담배를 피우는 사람은 관능검사를 하기 1시간 이내에는 흡연도 피한다.

시료가 2개 이상일 때 샘플의 제시순서는 매우 중요하다. 검사원이 단순히 제시순서 때문에 틀리게 답할 수도 있다. 따라서 제시순서는 각 샘플이 전후 같은 횟수로 제시되도록 균형을 맞추며 큰 시험에서는 순서를 임의로 배열한다. 또 3점검사 또는 순위법에서와 같이 샘플이 동시에 제시될 때에도 배열로 균형을 맞춘다.

6) 검사지침

올바른 관능검사를 수행하기 위해서는 관능검사에 대한 상세한 지침이 필요하다. 맛을 보는 방법, 냄새를 맡는 방법, 씹는 방법 등에 대한 상세한 절차가 기록되어 있는 것이 지침이다. 지침의 내용은 검사하려는 제품의 종류와 형태에 따라 다르기 때문에 해당식품의 품질특성에 맞는 검사방법을 정해야 한다.

이 지침은 검사원을 교육훈련시키는 데 반드시 필요하다. 교육훈련이 잘 되어 있고 경험이 많은 검사원에게는 지침이 필요없으나, 훈련과 경험이 적은 검사원은 검사를 하기 직전에 다시 한 번 지침을 읽고 검사에 임하도록 하는 것이 필요하다.

6 관능검사 결과의 해석

관능검사원을 활용하여 얻어진 결과는 반드시 해석하는 과정을 거치게 된다. 관능검사에서 올바른 자료가 나와도 그것을 해석하는 방법이 잘못되면 올바른 결론을 얻어내기가 어렵다. 특히 검사원의 수가 적을 때는 더욱 그렇다. 따라서 정확한 검사를 위해서는 잘 훈련된 패널을 써서 목적에 맞는 검사방법을 선택하여 시험하고 그 결과를 올바로 해석하는 것이 중요하다. 검사결과의 해석은 주로 통계처리를 하여 보편 타당성 있는 결론을 내린다.

신제품개발시에 이용되는 관능검사방법과 검사결과의 해석에 이용하는 통계적 방법에 대해 조사한 결과 많이 이용하는 평가방법은 3점검사, 기호척도검사, 2점비교검사, 단일검사의 순으로 나타났고, 관능검사자료의 해석시 이용하는 통계적방법은 t검정, 분산분석, x^2검정이 많이 이용되고 있는 것으로 나타났다.

04 식품의 품질변화관리

제1절 품질변화의 원인

식품은 수분과 영양분을 많이 함유하고 있어 자연계에 있는 미생물이 생장하기 쉬울 뿐만 아니라, 원물식품 자체도 조직 속에 많은 효소가 있기 때문에 저장 중에 이들의 작용을 받아 품질이 변화하게 된다. 이러한 변화는 우리에게 이로운 경우보다 해로운 경우가 많으므로 변질 또는 변패라고 한다. 그리고 해충 또는 쥐 등의 동물에 의한 해도 입게 된다. 원물식품 중의 수분이 증발되거나, 조직이나 세포막 등에도 변화가 일어나는데 이런 것들도 변질의 원이 된다. 이들 변화를 일으키는 원인으로는 물리적 작용, 화학적 작용, 생물적 작용의 세 가지를 들 수 있다.

1 물리적 작용에 의한 변화

물리적 작용에 의한 변질은 식품이 놓여 있는 환경에 따라 일어나는 데 주로 온도와 수분의 영향이 크다. 즉 온도는 상온보다 크게 높든가 낮지 않으면 식품에 대한 이들 자체의 영향은 크지 않으나, 화학적 변화와 미생물에 의한 변화를 촉진하든가 저해하는 데 큰 영향을 준다. 수분의 영향은 주위의 온도와 습도에 따라 다른데, 보통 수확 직후의 농산물은 수분이 증발하여 무게와 부피가 줄어들어 외관이 나쁘게 된다. 반대로 건조된 농산물이나 그 가공품은 공기 중에서 수분을 빨아들여 외관과 색이 나빠지고 향기가 변화하며 미생물이 번식하기 쉽게 된다.

2 화학적 작용에 의한 변화

식품의 화학성분에 변화가 일어나는 것으로 공기 중의 산소가 식품에 작용하면 식품의 향기나 색을 변화시킬 뿐 아니라, 비타민 A나 C와 같은 영양소를 파괴시킨다. 빛은 보통 화학적 변화를 촉진시키므로 유지의 산패나 탈색 등은 햇빛의 영향을 크게 받는다. 그리고 산소는 유지에 작용하여 색과 맛을 변화시키고 불쾌한 냄새를 내게 하는 산패현상을 일으키고 가공식품을 갈변시키기도 한다. 또한 신선한 식품재료 또는 가공식품에는 여러 가지 효소가 들어 있으므로 이것을 가열하여 불활성화 하지 않으면 효소가 계속 작용하여 향기와 색을 변화시키는 수가 많다.

3 생물적 작용에 의한 변화

수분이 비교적 많이 들어 있는 원물식품이나 가공식품은 그대로 놓아두면 자연계에 있는 미생물이 번식하여 부패 또는 발효되기 쉽다. 보통 미생물에 의한 분해가 가공의 목적에 잘 맞을 때에는 발효라 하고, 맛과 향 등을 저하시키는 유해한 물질을 만들어 가공의 목적에 합치되지 않을 때에는 부패라 한다. 따라서 부패는 바로 미생물에 의한 변질에 해당된다. 곰팡이나 효모는 보통 탄수화물을 많이 가진 식품에 잘 번식하나 세균은 오히려 단백질이 많은 식품에 잘 번식하여 단백질을 분해하여 부패 또는 발효를 일으킨다. 이들 미생물 외에 파리, 구더기, 곤충 등에 의하여 곡물이 피해를 입는 수가 있는데, 이것도 이들 생물이 번식하여 원물식품이나 가공식품을 나쁘게 변질시키는 것이다.

제2절 식품의 품질변화 기작

1 효소반응에 의한 변화 기작

동식물의 세포 속에는 수많은 종류의 효소가 들어 있어 이것이 생리현상을 일으키고 가축을 도살하거나 농산물을 수확한 후 저장 중에도 작용하여 품질변화를 일으킨다. 또한 생물체를 원료로 하는 식품가공에서도 효소가 관여하게 되므로 효소를 이용하여 가공하는 경우가 많다.

효소는 세포의 원형질에서 생성 분비되는 고분자의 유기물인데, 일정한 온도와 pH 범위 내에서 특정한 유기화합물에만 화학변화를 일으키고 자기 자신은 변화를 받지 않는 생체촉매이다. 효소에는 위장의 소화효소와 같이 세포 밖으로 용출되는 것과 효모 내의 효소와 같이 원형질로 되어 있어 세포를 파괴하지 않으면 세포 밖으로 유출하기 어려운 것의 두 가지가 있는데 전자를 외효소 후자를 내효소라고 한다.

가. 효소의 특성

효소는 여러 가지 화학적 특성을 지닌 촉매이지만 무기촉매와 다른 다음의 성질을 지니고 있다.

1) 효소의 기질특이성

염산과 같은 무기촉매는 여러 가지 물질을 가수분해할 수 있지만 효소는 여러 가지 물질을 가

수분해할 수 없다. 따라서 설탕과 엿당을 가수분해하는 효소는 각각 다르고, 또한 헥소키나아제는 같은 포도당 중에서도 L형에는 작용하지 않고 D형에만 작용하여 포도당 1인산을 형성한다. 이처럼 효소는 특수한 화합물에만 작용하는 특성이 있다. 효소가 작용하는 물질을 기질이라고 하는데, 기질과 효소는 마치 자물쇠(기질)와 열쇠(효소)와 같은 관계가 있어 특정 효소는 특정기질에만 작용한다.

2) 효소의 작용과 온도

무기촉매는 온도가 높아지면 반응이 빨라지나 효소에는 각각 활성이 가장 큰 최적온도와 활성을 잃는 한계온도가 있는데, 이 한계온도보다 높을 때에는 효소의 작용이 저해되거나 효소가 파괴된다. 동물 효소는 그 동물의 체온(30~36℃) 정도가 적온이 되고, 식물 효소는 생육적온이 최적온도이며 보통 효소의 한계온도는 70~80℃이다.

3) 효소의 작용과 pH

효소의 작용은 반응용액의 pH에 따라 영향을 받는데, 각 효소는 그 효소 특유의 pH에서 가장 활성이 크며, 이 pH 이외에서는 작용이 약해지거나 아주 작용하지 않게 된다. 이 최적 pH는 일반적으로 5~7이나 동일한 효소라고 하더라도 원료, 온도, 용액의 농도 등에 따라 다르다.

나. 효소의 분류와 분포

효소는 기질특이성을 지니고 있으므로 그 종류가 매우 많은데, 생물체를 구성하는 유기화합물의 종류와 같은 수가 있다고 해도 과언이 아니다. 분류방법은 효소의 촉매작용을 주로 하고 기질명을 덧붙여 분류하는 것이 보통이며 식품품질과 관계가 깊은 효소는 다음과 같다.

1) 가수분해효소

가) 탄수화물 분해효소

탄수화물(다당류)에 작용하여 간단한 당류로 분해하는 효소를 통틀어 탄수화물 가수분해효소라고 하며 대표적인 예는 〈표4-1〉과 같다.

〈표4-1〉 식품의 탄수화물 분해효소

효 소 명	기 질	분해생성물	소 재
amylase	녹말	엿당, 덱스트린, 포도당	침, 엿기름, 곰팡이
cellulase	섬유소	셀로비오즈	미생물(섬유소분해균, 부패균)
pectinase	펙틴	환원당	과일, 세균, 곰팡이
inulase	이눌린	과당	곰팡이
maltase	엿당	포도당	엿기름, 췌액
invertase	자당	포도당, 과당	곰팡이, 효모, 췌액
lactase	젖당	포도당, 갈락토오스	효모, 세균, 곰팡이
myrosinase	겨자 중의 당원질	겨자류	십자화과 식물의 씨, 줄기, 잎

나) 단백질 분해효소

단백질 또는 고분자의 펩티드에 작용하여 분자가 적은 펩티드 또는 아미노산으로 분해하는 효소를 단백질분해효소라고 하며 대표적인 예는 〈표4-2〉와 같다.

〈표4-2〉 식품의 단백질 분해효소

효소명	기질	분해생성물	소재
pepsin	단백질	알부모즈, 펩톤	위액, 세균
trypsin	단백질	폴리펩티드, 아미노산	췌액, 부패균
papain	단백질	아미노산	파파야, 과일
arginase	아르기닌(arginine)	요소와 오르니틴(ornithine)	간장, 세균
urease	요소(urea)	CO_2와 NH_3	콩류, 곰팡이

다) 에스테르 분해효소

일반적으로 에스테르결합에 작용하여 알콜과 산으로 분해하는 효소를 에스테르 분해효소라 하며 대표적인 예는 〈표4-3〉과 같다.

〈표4-3〉 식품의 에스테르 분해효소

효소명	기질	분해생성물	소재
lipase	유지	글리세롤, 지방산	비장, 종자, 곰팡이
phosphatase	인산에스테르	인산	효모, 엿기름, 식물체조직
cholinesterase	콜린과 같은 암모늄염	아세틸콜린	근육, 혈액, 점액

라) 응고효소

용액 또는 점액 중의 복잡한 화합물을 분해하여 물에 불용성인 물질로 변화시키는 효소를 응고효소라 하며 대표적인 예는 〈표4-4〉와 같다.

〈표4-4〉 식품의 응고효소

효소명	기질	분해생성물	소재
rennet	함인단백질, 카세인	*p*-카세인	송아지의 위액
thrombin	혈액피브리노겐	fibrin	혈액

2) 산화효소

어떤 물질에서 산소를 유리하여 산화되기 쉬운 물질을 산화시키는 효소를 산화효소라 하고 대표적인 예는 〈표4-5〉와 같다. 사과나 고구마의 절단면이 공기에 접촉하여 차차 갈변하는 것은 산화효소의 작용이며, 일반적으로 기질을 갈색으로 변화시키는 작용이 있어 식품가공에 불리한 것이 많다.

〈표4-5〉 식품의 산화효소

효소명	기 질	분해생성물	소 재
glucose oxidase	포도당	글루콘산	세균, 곰팡이
polyphenolase	방향족아민, 페놀	색소	세균, 곰팡이, 효모
catalase	과산화수소	퀴논류, 물	간장, 혈액
peroxidase	과산화물, 페놀류, 방향족아민류	산소, 물	우유, 무
tyrosinase	티로신	멜라닌 색소	감자, 세균

다. 효소반응의 조절

효소의 작용은 온도, 수분, pH에 따라서 크게 영향을 받는다. 식품을 변질시키는 효소는 주로 가수분해효소와 산화효소로서 수분이 A w 0.35 이하로 낮아지면 작용하지 못한다. 고온으로 처리하면 효소는 불활성화되는데, 그 온도는 수분이 많으면 낮고 수분이 적으면 높다. 저온에서는 효소작용이 멈추지 않으므로 -20℃에서도 수분이 존재하면 매우 서서히 작용하여 변질시킨다. 효소작용이 일어나기 위해서는 기질과 효소가 접촉하는 것이 필요하므로 조직이 파괴되지 않는 한 효소작용은 일어나기 어려우나 절단이나 마쇄를 하면 효소작용은 즉시 시작된다.

2 미생물에 의한 변화 기작

미생물은 우리에게 유익하게 이용되는 것이 많으나 원물식품이나 가공식품을 부패시키는 유해한 것도 많다. 미생물이 식품을 변화시키는 것은 미생물이 분비하는 효소의 작용에 의하여 이루어진다. 식품의 품질은 미생물과 밀접한 관계를 가지고 있으므로, 미생물을 잘 이용하여 제품을 만드는 한편 유해한 미생물은 그 번식을 방지하여야 한다.

가. 식품미생물의 분류

1) 곰팡이

곰팡이(絲狀菌, mold)는 발육기관이 실 모양으로 되어 있기 때문에 사상균이라고도 한다. 곰팡이가 발육하는 초기에는 그 균사가 대체로 흰 빛을 띠지만 발육하여 홀씨를 만들 때부터는 곰팡이 특유의 색으로 변한다. 곰팡이의 발육과정을 보면 홀씨가 발육하기에 적당한 조건이 되면 발아하여 발아근이 여러 개로 나누어져 흰색의 덩어리로 되는데 이것을 균사체라 한다. 여기서 자루가 나와 번식기관인 자실체를 만든다. 일반적으로 균사체와 자실체를 통틀어 균총이라고 한다.

가) 푸른곰팡이

푸른곰팡이는 처음에 흰색을 띠지만 발육함에 따라 청색 또는 청록색으로 변하는 곰팡이로서 식품에 발생하여 불쾌한 냄새를 풍긴다. 항생물질 생산 등 공업적으로 이용되는 것도 있지만 일반적으로 유해한 균이다. *Penicillium glaucum*은 푸른곰팡이의 대표적인 것으로서 양분이 적은 곳에서도 잘 자라며, 빵, 떡, 치즈 등에 번식하여 녹색으로 변화시킨다.

나) 거미줄곰팡이

거미줄곰팡이는 술 제조에 관여하는 곰팡이로서 누룩에 들어 있다. 이 곰팡이는 amylase의 분비력이 강하고 젖산 등의 유기산을 만드는 것이 많다. *Rhizopus nigricans*는 엿기름, 과일, 빵 등에 잘 번식하고 과일주스의 펙틴을 분해하여 맑게 하는 작용도 한다.

다) 털곰팡이

털곰팡이의 균사는 털모양을 하고 있다. 이 곰팡이는 대변, 빵, 과일 등에 잘 자라며 양조에 유해한 것도 있지만 유용한 것이 많다. *Mucor mucedo*는 고기, 빵, 채소, 과일 등에 널리 분포되어 있는 털곰팡이의 대표적인 균이나 이용가치는 크지 못하다.

2) 효모

효모(酵母, yeast)는 출아하여 번식하므로 출아균이라고도 하는데, 술 및 알콜의 제조에 불가결한 미생물로서, 보통 알콜발효균을 일컫는다. 그중에는 양조물에 악취를 주고 또한 부패의 원인이 되는 것, 통조림 및 병조림에 번식하여 혼탁, 분해를 일으키는 것 등 유해한 효모도 있다. 효모는 곰팡이보다 작고 세균보다는 큰 단세포로 되어 있고 모양은 구형, 난형, 타원형, 원통형 등으로 크기와 모양은 생활환경에 따라 달라진다. 효모균 중에는 외계의 환경이 불리할 경우에는 세포 내에 홀씨를 만들어 외계에 대한 저항력이 큰 상태로 있다가 환경이 좋아지면 다시 보통법에 의하여 번식을 계속하는 것도 있다.

가) Saccharomyces

표면발효 효모로서 맥주효모, 알콜의 제조에 사용되는 알콜효모, 청주효모, 포도주효모, 빵의 제조에 사용되는 빵효모 등이 있다.

나) Zygosaccharomyces

이 효모는 내삼투압성이 크므로 진한 당액 또는 간장 등 소금이 든 식품에 잘 번식한다.

다) Mycoderma

이 효모는 당액 또는 발효액의 표면에 흰색의 피막을 만드는 산막효모이며 알콜의 함량이 적은 포도주 등에 잘 번식한다. 또 당류 및 알콜을 잘 소비하거나 또는 변화시키는 효모로서 과일주에서 분리한 효모이다.

라) Candida

이 효모는 홀씨를 만들지 않고 산막성인데, 청량음료를 혼탁하게 하고 설탕에 번식하여 악취를 내게 하며 또한 간장, 된장 등에 번식하여 그것을 변질시킨다.

3) 세균

세균(細菌, bacteria)은 병원균을 비롯하여 토양세균, 식품의 부패균, 낙농발효균 등 그 종류가 많아 일상생활과 관계가 깊은 미생물인데 유용균보다 유해균이 더 많다. 세균은 효모보다 더 작은 단세포식물이며 주로 분열에 의하여 번식하므로 분열균이라고도 한다. 세균의 형태에는 구형, 간형 및 나선형의 3가지가 있다.

세균은 생육 번식하는데 환경과 조건이 좋으면 세포의 중앙에서 둘로 쪼개지는 분열법에 의하여 번식하지만, 간균과 같은 것은 영양과 온도 등이 부적당하면 세포내에 저항력이 강한 홀씨를 만들어 종족을 보존한다. 홀씨는 영양분을 섭취할 필요가 없고 고열 또는 한냉 등과 같은 외계의 변화에 잘 견디므로 균체가 죽은 후에도 그 생활력을 오랫동안 보존할 수 있다.

세균은 단백질을 영양원으로 하는 것이 많고 영양이 적은 곳에서도 잘 자라는데, 토양과 같은 유기물이 적은 곳에서도 유기물을 분해한다. 또 소금이 진한 간장에 번식하여 간장을 숙성시키는 것이 있고 산성을 좋아하는 것도 있다. 세균의 발육최적온도가 20℃인 것을 저온균, 30℃ 정도인 것을 중온균, 50~55℃인 것을 고온균이라고 한다. 수생균은 저온균이고 병원균과 부패균은 중온균이며 퇴비균과 온천균은 고온균이다.

가) 초산균

초산균은 홀씨를 만들지 않는 호기성균이다. 이 균은 알콜을 산화하여 아세트산을 만드는데 약주가 시어지는 것을 들 수 있다. 초산균이 술에 번식하면 더께가 앉는데, 유용균의 더께는 점성이 있고 두꺼우며 흔들어도 잘 부스러지지 않지만 유해균의 더께는 얇고 흔들면 쉽게 부스러진다.

나) 젖산균

젖산균은 젖산을 많이 생성하는 균으로 세포는 구형 또는 간형이다. 이 균은 호기성 또는 혐기성이지만, 호기성균은 산소가 약간 있어도 자라는 통성혐기성균과 산소가 있으면 발육하지 못하는 편성혐기성균이 대부분이다. 젖산균 중 젖산제조균, 밑술의 산성을 높여주는 균, 김치나 엔실리지에 관계되는 세균은 유용균이고, 된장이나 고추장을 시게 하는 세균은 유해균이다. 이 균은 또한 사람의 창자 내에서 다른 잡균의 번식을 억제한다. 창자 내에 부패균이 번식하면 가스가 생기고 설사를 하게 되는데, 젖산균이 있기 때문에 그 산으로 부패균의 번식을 억제하므로 정장이 잘 되어 설사를 하지 않는다. 김치와 유산균 발효제품에 많이 들어있다.

다) 나또균

나또균은 삶은 콩에 번식하여 나또 또는 청국장으로 만드는 균으로서 그 발육적온은 42℃전후이다.

라) 부패균

부패균은 그 종류가 많아 혐기성과 호기성, 또는 홀씨를 만드는 것과 만들지 않는 것이 있고 그 분포도 넓다. 부패균 중의 중요한 것은 부패한 음식물, 토양, 물속에 있는 *Bacillus putrificus*, 창자 내, 대변 또는 음식물 속에 있는 *Escherichia coli*, 마른풀, 토양 등에 있는 *Bacillus subtilis*, 혐기성균으로서 홀씨를 만들며 가끔 채소통조림을 부패시킬 뿐만 아니라 보툴린독소를 생산하는 *Clostridium botulinum*이 있다.

나. 미생물의 환경과 증식

1) 미생물의 환경

미생물이 자라는 데는 적당한 수분, 온도, 수소이온농도, 산소, 삼투압 등이 있어야 한다.

가) 수분

모든 미생물은 수분이 있어야 생육 증식할 수 있는데, 특히 세균과 효모는 수분이 많이 필요하며 수분과 미생물의 증식관계는 〈표4-6〉과 같다.

〈표4-6〉 미생물의 증식과 수분

수 분	미생물의 증식
50% 이상	세균의 발육이 잘 됨
25% 이하	세균이 번식하기 어려움
15% 이하	세균은 거의 번식하지 못하나 곰팡이는 13%까지 번식하며, 홀씨는 건조에 대한 저항성이 크다

나) 온도

곰팡이와 효모의 증식은 최적온도 20~30℃, 최고온도는 40℃, 최저온도는 4~5℃이다.

미생물은 최적온도보다 낮은 온도에서도 죽지 않고 견디지만 최고온도보다 높은 온도에서는 비교적 빨리 죽는다. 온도에 따른 미생물의 증식은 〈표4-7〉과 같다.

〈표4-7〉 미생물의 증식과 온도

온 도(℃)	미생물의 증식
121	잠시 가열해도 미생물의 홀씨까지 모두 죽음
100	오래 가열하면 미생물의 홀씨가 죽음
65~88	생활세포는 죽음
50~70	고온균은 번식함
40	대부분의 미생물은 생장을 정지함
15~38	미생물의 증식이 가장 적당함
4~15	미생물의 증식이 저해됨
0	미생물의 생장이 정지됨

다) 수소이온농도

수소이온농도는 미생물의 생육번식에 관계가 크다. 즉 곰팡이 중에는 pH 1~2의 강한 산성에서 증식하는 것도 있지만 대부분의 곰팡이와 효모는 pH 4~5 이하의 산성에서는 증식하지 못한다.

라) 산소

미생물에는 산소를 필요로 하는 호기성균과 산소를 필요로 하지 않는 혐기성균이 있다. 콜레라균과 장티푸스균은 산소가 약간 있어도 자랄 수 있는 통성혐기성균이고, 내삼투압세균은 산소가 있으면 발육할 수 없는 편성혐기성균이다.

마) 삼투압

미생물에는 각각 그것이 자라는 데 적당한 삼투압의 범위가 있어 배양기의 삼투압에 따라 영향을 받는다. 삼투압이 적정 범위보다 낮으면 세포가 파열되고 너무 높으면 원형질이 분리되어 증식하지 못한다. 소금의 농도와 미생물의 증식관계는 〈표4-8〉과 같다.

삼투압을 조절하는 데는 소금이나 설탕 등을 사용한다.

〈표4-8〉 미생물의 증식과 소금의 농도

소금의 농도(%)	미생물의 증식
5이상	부패균의 증식이 억제됨
10이상	보통 효모는 증식하기 어려움
15이상	Zygosaccharomyces는 증식할 수 있음
15~20	부패균은 증식하지 못하지만 죽지 않고 호염성균은 증식함

2) 미생물의 증식

미생물이 증식하는 상태를 보면 〈그림4-1〉과 같이 접종된 처음에는 느리게 증식하지만, 그 후 급속하게 높아졌다가 다시 느려진다.

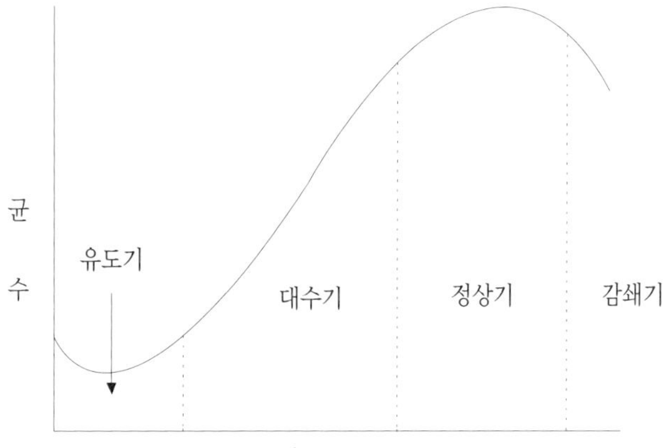

〈그림4-1〉 미생물의 증식곡선

가) 유도기

유도기는 세포가 새로운 환경에서 증식하기 위하여 필요한 각종 효소 단백질을 합성하는 시기로서 세포증식은 거의 없다.

나) 대수기

대수기는 균수의 증식이 대수적으로 증가한다. 즉 세포분열이 잘 일어나 대사물질이 세포질합성에 잘 이용되는 시기이고, 총균수의 증가율과 생균수의 증가율이 일치되는 시기이다.

다) 정상기

정상기는 영양소가 소비되고 배양기의 pH 변화, 특수한 독성물질 등이 생겨 균의 발육과 균의 증식이 잘 되지 않고 오히려 사멸세포가 증가되기 시작하여 생육정지상태로 되는 시기이다.

라) 감쇄기

감쇄기는 생균수가 급격히 감소되는 동시에 사멸하는 세포수가 증가되고, 증식하는 세포수보다 오히려 죽은 세포수가 많아지는 시기이다.

통조림이나 식품 속에 부패균이 들어 있다고 하더라도 유도기에는 별다른 해를 끼치지 않으므로 이 기간을 길게 하는 것이 좋다. 유도기는 식품의 보존온도가 세균 번식의 적온에서 멀어지거나, 처음 세균의 생활력이 약하거나, 세균수가 적어질수록 길어진다.

다. 미생물의 조절

일반적으로 생물은 생육 최적온도가 있다. 저장곡류의 해충은 15~38℃이나 미생물은 종류에 따라 다르며 저온성, 중온성, 고온성으로 나누어진다. 그러나 저온성 미생물도 -10℃가 되면 생육이 불가능하고 고온성도 60℃를 넘으면 생육할 수 없으며, 범위 내에서도 생육속도는 현저하게 다르다. 식품저장 시 이러한 범위 내에서도 한계에 가까우면 오랜 동안 미생물에 의한 변질이 일어나지 않는다.

수분에 있어서도 생육이 가능한 범위가 있다. 식품의 수분에는 미생물이 이용가능한 자유수와 그렇지 않은 결합수가 있으며, 종종 자유수 함량 대신에 식품의 수분활성도로 표시하기도 한다. 수분활성도는 그 식품이 갖는 수증기압과 그 온도에 대한 포화수증기압과의 비로 정의되며, A w로 표시된다. A w 값과 실제 식품의 수분함량과의 관계를 표시하는 도형을 등온흡습곡선이라 하며, 그 모양은 역S자 형을 나타낸다. A w 값이 0.7 정도의 식품에서는 곰팡이도 생육할 수 없다. 효모는 A w 0.85 이하, 세균은 0.93 이하의 식품에서 생육하지 못한다. A w는 식염이나 설탕을 첨가하거나 동결로써 낮아진다.

3 화학반응에 의한 변화 기작

가. 식품성분의 산화

산소의 작용은 주로 2중결합이 많은 화합물, 예를 들면 리놀렌산과 같은 불포화지방산에서 일어나기 쉽고, 이때 분해에 의하여 알데히드를 생성하며 식품의 냄새를 나쁘게 한다. 식품과 산소의 접촉면적이 넓으면 넓을수록 산화가 빠르고, 산화작용을 촉진시키는 것으로 Cu, Fe, 빛 등이 있다. 보통 식품에서는 산소분압을 내리면 산화속도가 둔화되지만, 동결건조한 식품은 산소와의 접촉면적이 매우 넓어서 감압상태로 하여도 산화가 진행된다. 이 경우 질소나 탄산가스와 같은 불활성 가스로 처리하면 산화가 일어나지 않는다.

수분이 매우 적을 때에도 산화속도는 빠르므로 단분자층을 형성할 수 있을 만큼 수분을 함유하게 하는 것이 산화를 억제하는 방법이다. 그 양은 곡류와 같이 전분이 많은 것에서는 6%, 알류·육류 3.5%, 분유 2%, 당이 많은 식품은 0에 가깝다.

온도도 산화에 대해서 영향이 있어 저온에서 산화는 늦지만 동결한 식품에서도 산화는 진행된다.

식품에는 토코페롤, 아스코르빈산, 플라보노이드 등 산화방지력이 있는 화합물이 자연적으로 함유되어 있는 것이 많고, 인공산화방지제의 첨가도 산화를 방지한다.

나. 식품성분의 갈변

식품가공과 저장 중의 갈변은 주로 아미노기의 존재 하에서 알데히드류가 반응하는 것이다. 이 알데히드는 불포화지방산의 산화에 의해서 생기거나 알데히드형 당으로 존재한다. 식품에서 알데히드가 아미노기를 갖는 화합물과 공존하면 결합, 분해, 중합 등의 반응을 일으켜 갈변되며 색뿐만 아니라 냄새나 맛에도 영향을 미친다. 당과 아미노산의 아미노카보닐 반응 외에 아스코르빈산의 산화나 포리페놀류의 산화도 갈변의 원인이 된다.

갈변반응의 진행과 수분과의 관계는 확실하지 않다. 어떤 반응은 수분이 많은 것에서 일어나기 쉽고, 어떤 반응은 수분이 적은 것에서 일어나기 쉬우나 보통은 수분 30~50% 정도에서 쉽게 일어난다. 온도에 의한 영향은 크고 10℃ 증가에 따라 반응속도는 5~6배 빨라진다. 25℃로 저장하는 경우보다 5℃로 저장하는 경우 갈변은 30배나 느려지므로 냉장·냉동하면 갈변은 거의 일어나지 않는다. 또 pH에 의하여도 어느 정도 영향을 받아 중성부근에서 일어나기 쉽고 산성에서 일어나기 어렵다.

이 반응은 빛의 유무에 관계없이 일어나고 산소를 필요로 하지 않는다. 갈변억제제로서는 아황산이 효과적이나 위생상 문제와 냄새 문제로 사용량이 한정되어 있다.

4 물리적 작용에 의한 변화 기작

식품의 기호적인 가치는 맛, 냄새, 색 외에 입안에서 느껴지는 촉감 즉 식품의 물성(物性)에 따라 좌우된다. 식품가공과 관계되는 식품의 물성은 교질성, 리올로지(변형과 유동), 그리고 감각을 통해서 느껴지는 조직감으로 나눌 수 있다.

가. 식품의 교질성 변화

1) 콜로이드의 종류와 상태

교질(colloid)이란 작은 입자(1~100㎛ 정도) 가 어느 물질 속에 균일하게 분산되어 있는 상태를 말한다. 전분이나 분유 등을 물에 풀면 맑지 못하고 흐린 용액을 이루는데 이러한 상태를 콜로이드 상태라고 한다. 콜로이드란 특정한 물질을 말하는 것이 아니라 물질의 존재상태를 의미하는 것이다.

보통 현미경으로 볼 수 있는 입자의 크기는 약 200㎛이므로 콜로이드 입자는 현미경으로 관찰할 수 없다. 어떤 물질이 다른 물질 중에 분산되어 있는 것을 분산계라고 하는데, 전자를 분산상, 후자를 분산매라고 하며, 그 종류는 〈표4-9〉와 같다.

〈표4-9〉 교질상태의 종류

분산매	분산상	분산계	예
기체	액체 고체	연무질 연무질	안개, 구름 연기
액체	기체 액체 고체	포말질 유탁질 현탁질	맥주, 사이다 거품 우유, 크림, 마요네즈 된장국, 전분액
고체	기체 액체 고체	고체 포말질 액체 포말질 고체 교질	식빵, 동결건조식품 버터, 초콜릿, 마가린 사탕과자

가) 졸

일반적으로 분산매가 액체이고 액체의 분산상이 분산되어 있는 것을 유탁액이라고 하고, 액체인 분산매에 고체인 분산상이 분산되어 있는 것을 현탄액이라 하며, 양자를 총칭하여 콜로이드 용액이라 한다. 이러한 상태의 용액을 졸(sol)이라고 한다. 예를 들면 우유, 전분액, 된장국, 수프, 그리고 한천·젤라틴 등을 물에 넣고 가열한 것 등이다. 호화전분이나 젤라틴의 수용액과 같이 분산매와 분산상 간에 친화성이 있는 것은 서로 강하게 결합하고 있어서 전해질을 넣어도 안정하다. 이와 같은 졸을 친수졸이라 한다. 한편, 염화은의 수용액이나 흙탕물은 분산상과 분산매가 서로 친화성이 적어 전해질을 넣으면 침전이 생기는데 이와 같은 졸을 소수졸이라 한다.

나) 겔

한천·젤라틴 등을 물에 넣어 가열한 것을 냉각시키면 일정한 모양으로 굳어 반고체상태의 겔(gel)이 된다. 그 예로서 과일로 만든 잼, 젤리, 묵, 어묵, 두부 등이 있으며, 식품은 거의 겔 상태에 있다고 할 수 있다. 겔은 졸이 냉각되어 굳거나 또는 물을 증발시키면 분산매가 줄어들어 분산상이 서로 밀접하게 접촉하게 되므로 전체적으로 유동성이 없게 된다.

젤라틴이나 한천 같이 물을 함유한 채 분산상이 서로 밀접하게 결합하여 망상구조를 만들어 생성된 겔은 가열하면 망상구조가 파괴되어 졸이 되고, 냉각하면 다시 겔로 되돌아가므로 가역성 겔이다. 한편 산패우유는 단백질이 응고·침전하여 분산상이 서로 응집함으로써 분산매와 분리되어서 원상태로 되돌아가지 않으므로 비가역성 겔이다. 겔을 장시간 방치하면 망상조직이 점차 수축하여 분산매를 분리하고 부피가 감소되는 이액현상이 일어난다. 분말한천이나 판상 젤라틴 등과 수분이 건조된 겔이 액체를 흡수하여 부풀어 오르는 현상을 팽윤이라 한다.

2) 콜로이드의 성질

소금물이나 설탕물 같이 진용액과 우유나 된장국 같은 콜로이드 용액은 서로 그 성질이 다르다. 콜로이드 용액은 다음과 같은 특유한 성질을 가지고 있다.

가) 브라운 운동

브라운 운동은 물분자가 불규칙적인 운동을 하고 있기 때문에 떠도는 콜로이드 입자와 충돌하여 일어나는 현상으로 입자가 적을수록 심하게 일어난다. 이로 인해 졸 상태의 콜로이드 입자는 불균일한 힘의 작용을 받아 운동하고 이 운동에 의하여 입자가 침전하지 않고 물속에 분산되어 있게 된다.

나) 틴달 현상

콜로이드 용액에 강한 빛을 비치면 빛의 통로가 희게 보이는데 이러한 현상을 틴달현상이라 하며 콜로이드 용액에서만 볼 수 있는 특유한 현상이다.

다) 반투성

반투성이란 셀로판막, 유산지막 등이 이온이나 작은 분자는 통과시키지만 콜로이드 입자는 통과시키지 않는 성질로, 이러한 성질을 가진 막을 반투막이라 한다. 조리·가공되지 않은 생식품은 원형질막이 반투성을 지니고 있으나 조리·가공에 의해 막이 찢어지면 반투성이 사라지고 내용물이 녹아나오게 된다.

라) 흡착

콜로이드 입자는 표면적이 크기 때문에 물질에 대하여 흡착작용이 강하다. 교질상태인 식품의 조리재료가 용액 중에 식염 등의 무기염류를 흡착하는 현상을 볼 수 있다.

마) 응석

친수졸에서는 분산상과 물이 단단하게 결합하고 있으므로 전해질을 넣어도 비교적 안정하여 침전하지 않지만 소수졸에 다량의 전해질을 넣으면 콜로이드 입자는 침전하는데 이 현상을 응석이라고 한다. 친수졸은 입자의 하전을 중화하고 다시 입자에 결합하고 있는 물분자를 떼어내야 하므로 전해질을 더 넣어야 침전시킬 수 있다. 이것을 염석이라고 한다.

3) 콜로이드식품

가) 유화식품

지방은 물과 서로 용해되지 않고 분리되는데, 지방과 물을 잘 혼합하여 분리되지 않는 유탁액을 형성하는 것을 유화(emulsificaion)라고 한다. 지방이 물에 녹지 않는 성질은 분자 내에 소수성인 탄화수소 부분에 기인한다. 물에 녹지 않는 소수성기는 CH_3-CH_2-CH_2- 등과 같은 긴 탄화수소 사슬인 알킬기이고, 물에 녹는 친수성기는 -OH, -CHO, -COOH, -NH_2 등이다.

지방이 물에 용해되지 않지만 여기에 단백질처럼 분자 내에 친수성기와 소수성기를 가지는 화합물을 넣으면 지방이 물속에 분산된 유탁액을 얻게 된다. 이러한 현상은 단백질 분자 중에 소수성기는 지방과, 친수성기는 물과 결합함으로써 교량구실을 하기 때문이다. 이와 같이 교량구실을 하는 것을 유화제라 하며 식품의 제조 및 가공에 널리 사용되고 있다. 유화제로는 단백질, 레시틴, 모노글리세리드 등이 있다.

지방의 유화에는 두 가지 형태가 있다. 물중에 지방의 입자가 분산되어 있는 O/W형(oil in water), 그리고 지방 중에 물이 분산되어 있는 W/O형(water in oil)이다. 전자는 우유, 아이스크림, 마요네즈 등이며, 후자는 버터, 마가린 등이다.

나) 거품식품

거품(foam)은 분산매인 액체에 분산상인 공기와 같은 기체가 분산되어 있는 것을 말한다. 거품은 입안의 촉감과 깊은 관계가 있어서 사이다, 맥주, 마요네즈, 아이스크림 등의 품질에 영향을 준다. 공기는 기름보다 비중이 낮아 용액 위에 떠오르기 때문에 물과 공기만으로는 안정한 거품이 이루어지지 않는다. 유화액에서 물과 기름 사이의 계면에 제3의 물질인 기포제가 흡착되어 흡착막을 이룸으로써 안정하게 된다. 맥주의 거품이 안정한 것은 단백질과 호프의 성분 등이 기체와 액체의 계면에 흡착되어 있기 때문이다. 사이다는 기포제가 함유되어 있지 않기 때문에 거품이 쉽게 소실된다. 또한 계란흰자의 수용성 단백질은 스펀지케이크를 만들 때 기포제의 역할을 한다.

대체로 표면장력이 크면 거품이 잘 일어나지 않으나 일단 일어난 거품은 잘 소실되지 않는다. 액체의 표면장력은 온도가 높아지면 감소되므로 거품의 지속성이 없어진다. 그 예로서 찬 맥주는 거품이 많지 않고 잘 꺼지지도 않지만 따뜻한 맥주는 거품은 잘 일어나나 쉽게 소실된다.

식품에서는 거품이 바람직한 경우도 있지만 두부, 물엿, 발효제품 등의 제조에서는 거품이 바람직하지 못하다. 거품을 방지하려면 표면장력이 감소되도록 찬 공기를 보내든지 기름, 지방산, 알콜류 등의 소포제를 사용한다.

나. 식품의 리올로지

리올로지는 복잡한 콜로이드계, 고분자의 점탄성, 이상점성, 소성유동 등을 다루지만 물이나 가스 등의 유동현상은 제외한다. 식품은 탄수화물이나 단백질과 같은 고분자물질을 겔 상태로 다량 함유하고 있으므로 그 물리적 성질이 매우 복잡하다. 리올로지를 식품에 도입함으로써 식품의 경도, 유연도, 입속에서의 감촉, 씹을 때의 감촉 등의 물리적 성질과 점도, 탄성, 소성, 점탄성 등의 리올로지적 성질과의 사이에 상관관계가 있을 경우, 품질의 심리적·감각적인 요소의 일부를 물리적으로 측정할 수 있는 바탕이 될 수 있다.

1) 점성

액체가 외부에서 힘을 받아 유동할 때 액체의 내부에서 흐름에 대한 저항이 생기는데 이것을 점성이라고 한다. 물은 저항성이 적어 점성이 낮은 액체이며 저항성이 큰 물엿은 점성이 높다. 액상의 식품은 점성이 증가하면 끈기가 생긴다. 점성은 용매의 종류, 용질의 종류, 농도에 따라 변하며 같은 액체에서도 온도와 압력에 따라 변한다. 압력이 높으면 점성은 증가하고, 온도가 높아짐에 따라 흐름의 저항이 작아 점성이 낮아진다. 이로 인한 유동을 점성유동이라 한다. 점성을 가진 식품의 예를 들면 꿀, 샐러드 기름 등이다.

2) 탄성

물체에 힘을 가하면 변형이 일어난 물체의 내부에서 응력이 발생하여 소멸하지 않고 지속되었다가 외부의 힘을 없애면 처음 상태로 되돌아가는 성질을 탄성이라 하고, 이때의 변형을 탄성변형이라 한다. 탄성을 가진 식품은 찰떡, 밀가루 반죽, 젤리 등이다.

3) 점탄성

점탄성은 외부의 힘을 작용시켰을 때 점성유동과 탄성변형을 동시에 나타내는 복잡한 성질을 말한다. 이러한 성질을 갖는 물질을 점탄성체라 하며, 그 예로서 껌, 빵반죽 등을 들 수 있다.

4) 소성

버터, 마가린, 생크림 등은 외부에서 힘을 받아 변형된 후 그 힘을 없애도 본래의 상태로 되돌아가지 않는데, 이러한 성질을 소성이라 한다. 버터나 생크림 등을 수저로 떠서 접시에 놓으면 연하지만 접시 위에서 흐르지 않는다.

5) 리올로지 측정

곡류 전분액의 호화점도를 측정하는 것으로는 아밀로그래프가 있는데, 이 점도곡선은 온도상승에 따라 점차 상승하고 최고점도에 도달한 후 점차 감소하며 냉각하면 다시 상승한다. 밀가루 반죽의 점탄성을 측정하는 것을 파리노그래프라 하며 이것으로 강력분과 박력분의 판정 그리고 반죽이 굳기까지의 흡수율을 측정한다. 또한 일정한 굳기의 반죽의 신장도 및 인장항력을 측정하는 데에 익스텐소그래프를 사용한다.

곡류나 과일 등의 경도 측정에는 곡류 강도계나 경도계가 사용되고 있다. 또 커드상의 치즈 경도를 측정하는 커드 미터, 버터의 경도를 측정하는 페니트로미터가 있다. 식용유나 마요네즈 등과 같은 경점도는 모세관 현상을 이용한 오스왈드 점도계를 사용하며, 중점도인 것은 회전하는 원통형에 시료를 넣어 내부마찰저항의 크기를 측정하는 점도계가 사용된다.

다. 식품의 조직감

식품의 조직감(texture)이란 식품의 구조를 이루고 있는 요소들의 복합체가 인간의 감각을 통하여 느껴지는 것으로 식생활 습관, 기호성, 제조공정 및 치아의 건강상태 등에 의해 영향을 받는다.

식품의 조직감 측정은 관능적 방법과 기계적인 방법에 의해 이루어지는데, 관능적인 방법은 식생활 습관과 건강상태 그리고 치아의 상태에 따라 차이가 있을 수 있다. 그러나 기계적인 방법은 치아의 저작작용을 이용한 텍스처미터를 이용한 것으로 객관성을 가지고 있어 주관적인 관능검사 결과와 비교할 수 있다. 조직감의 기계적 특성은 다음과 같다.

일차적 변수에 있어서 견고성(hardness)은 식품의 형태를 변형하는 힘이며, 응집성(cohesiveness)은 식품의 형태를 구성하는 내부적 결합에 필요한 힘이라고 할 수 있다. 점성(viscosity)은 액체가 단위의 힘에 의하여 유동되는 정도이고, 탄력성(elasticity)은 외력에 의하여 변형을 받고 있는 물체가 본래의 상태로 되돌아가려는 성질을 뜻하며, 부착성(adhesiveness)은 식품의 표면이 다른 물체(이, 입안 등)의 표면에 부착되어 있는 것을 떼어내는 데 필요한 힘을 말한다.

이차적 변수에 있어서 취약성(brittleness)은 물질을 파쇄하는 데 필요한 힘으로 견고성과 응집성에 관계되고, 저작성(chewiness)은 고체식품을 삼킬 수 있는 상태까지 씹는 데 필요한 힘으로 견고성, 응집성, 탄력성에 관계된다. 그리고 점착성(gumminess)은 반고체 식품을 삼킬 수 있는 상태까지 씹는 데 필요로 하는 힘으로써 견고성과 응집성에 관계된다.

제3절 품질변화의 조절요소

식품의 품질변화를 방지하는 효과적인 방법은 저온으로 보존하는 것, 수분을 제거하여 A w 0.35 부근으로 하는 것, 효소를 불활성화 하는 것, 수소이온 농도를 낮추는 것 등이 있다. 이러한 조건이 만족되면 식품의 품질변화를 억제하면서 장기간 저장할 수 있다.

1 온도

식품의 온도는 미생물의 증식, 효소의 활성, 수분활성도, 화학반응에 영향을 주어 식품의 품질

변화를 좌우한다.

가. 온도와 미생물의 증식

미생물은 종류에 따라 증식 최적온도, 최고온도, 최저온도가 다르다. 증식 최적온도가 15~20℃인 것을 저온균이라 하고 0℃ 이하에서는 생육이 정지하고 30℃ 이상에서는 죽는다. 최적온도가 20~40℃인 중온균은 10℃ 이하에서 생육은 멈추고 43℃ 이상에서 사멸한다. 최적온도가 50~55℃인 고온균은 40℃ 이하에서 생육이 정지하고 70℃ 이상에서 죽는다. 식품과 관련된 대부분의 미생물은 0℃ 이하에서 생육이 정지하고 70℃ 이상에서 세포가 사멸하며, 100℃ 이상 가열하면 포자까지 죽일 수 있다.

나. 온도와 효소의 활성

효소의 반응속도는 온도가 상승함에 따라 증가하나 적정온도보다 높은 온도에서는 단백질이 변성하여 오히려 반응속도가 감소하거나 활성을 잃게 된다.

효소활성이 최고를 나타내는 온도를 최적온도라고 하는데, 생체효소의 최적온도는 〈그림4-2〉와 같이 30~40℃의 것이 많다. 대부분의 효소들은 50℃ 이상에서는 활성을 잃는데, 일부는 60~80℃에서도 활성이 남아 있는 경우가 있다. 과일이나 채소를 가공하는 경우 전처리로서 데치기를 하는데, 이는 아스코르빈산옥시다제, 폴리페놀옥시다제 및 리폭시다제 등을 불활성화시켜 본래의 색을 보존하고 비타민 C의 손실을 줄이기 위해서이다. 효소의 최적온도는 효소의 농도, pH, 그리고 반응시간 등에 의하여 영향을 받는다.

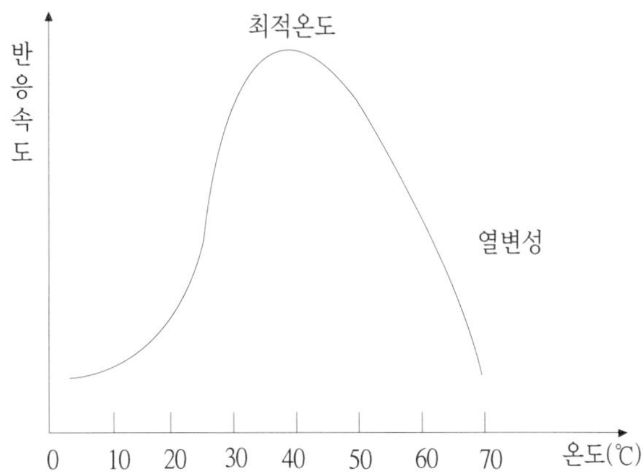

〈그림4-2〉 효소활성에 미치는 온도의 영향

다. 온도와 수분활성도

수분이 많은 식품을 공기 중에 방치하면 건조해지고, 수분이 적은 식품은 흡습하여 평형을 이룬다. 평형에 도달한 식품에 함유된 수분의 양은 온도가 높으면 많고 온도가 낮으면 적어진다. 그러므로 수분함량이 높은 식품도 온도를 낮추면 수분활성도를 낮추어 품질을 보존할 수 있다.

라. 온도와 물리화학반응

식품의 산패나 갈변반응은 온도가 높으면 빨라지고 낮으면 느려진다. 대부분의 식품에서는 0℃에서 품질이 잘 유지된다. 물이 빙결되면 빙결정으로 되는 동시에 체적의 팽창이 일어나며, 이 팽압에 의해서 조직이 파괴되어 단백질의 변성이 일어나고 품질은 저하된다. 다시 동결저장하는 사이에 온도의 변동이 있으면 품질저하 현상이 심화된다. 그러므로 변질이 일어나지 않게 급속동결시켜야 한다.

2 수분

식품 속에 존재하는 물은 화학적, 미생물적 작용으로 식품의 변질을 일으키는데, 이는 식품을 건조시키거나 동결시킴으로써 그 작용을 억제시킬 수 있다. 식품의 수분은 식품의 구조, 형태, 맛, 저장, 가공, 수송 등에 영향을 준다.

가. 식품 속의 물의 형태

식품 속에 들어 있는 물은 자유수와 결합수로 존재하고, 자유수는 식품을 건조시키면 쉽게 제거되고, 0℃ 이하에서 잘 어는 보통 형태의 물이며, 염류, 당류, 수용성 단백질 등을 녹이는 용매로서 작용하며 그 성질은 다음과 같다.

① 전해질을 잘 녹인다.

② 끓는점은 100℃이고 어는점은 0℃이다.

③ 비열은 1cal/g·℃로 크다

④ 비중은 4℃에서 1g/1cc로 최고이다.

⑤ 점성이 0.984g/m·s(20℃)로 온도에 따라 다르다.

결합수는 식품 속의 탄수화물이나 단백질 분자들과 수소결합에 의하여 밀접하게 결합되어 있으며 다음과 같은 성질을 가지고 있다.

① 용매로서 작용하지 않는다.

② 대기 중에서 100℃ 이상 가열하여도 제거되지 않는다.

③ -40℃ 이하에서도 잘 얼지 않는다.

④ 압착해도 제거되지 않는다.
⑤ 정상적인 물보다 밀도가 크다.
⑥ 식품에서 미생물의 번식과 발아에 이용되지 못한다.

나. 수분활성과 식품의 반응속도

1) 수분활성도

식품 중의 수분함량은 보통 %로 표시하나 대기 중의 상대습도를 고려한 수분활성도(water activity ; A w)로 표시하는 것이 바람직하다. 식품의 수분활성도는 어떤 임의의 온도에서 물의 포화수증기압(Po)에 대한 그 식품의 수증기압(Ps)의 비율로 정의된다. 식품의 수증기압은 식품 속에 녹아 있는 용질의 종류와 양에 의해서 영향을 받는다.

식품의 수분활성도는 1 미만으로 어패류, 과일, 채소와 같이 수분이 많은 식품은 0.98~0.99이고, 곡류와 같이 수분이 적은 건조식품은 0.60~0.64 정도이다. 식품의 수분활성도는 효소의 반응속도와 미생물의 증식속도에 영향을 준다. 미생물의 생장에 필요한 수분활성도는 세균 0.99~0.94, 효모 0.88, 곰팡이 0.80, 내건성 곰팡이 0.65, 그리고 내삼투압성 곰팡이 0.60이다.

한편, 식품은 일정한 온도에서 흡습 또는 탈습하여 대기 중의 수분함량과 평형에 이르며 이때의 수분함량을 평형수분함량이라 한다. 상대습도와 평형수분함량과의 관계인 등온흡습곡선은 〈그림 4-3〉과 같은 역S자 곡선을 나타내며, 이것은 물과 식품의 구성성분간의 결합력의 차이 때문이다.

영역 I부분은 식품 중의 수분이 단분자층을 형성하는 부분으로 수화물을 형성하거나 수소결합을 통하여 강하게 결합된 결합수만의 형태로 존재하며, 식품의 안정성이나 저장성이 Ⅱ의 부분보다 낮다. Ⅱ의 부분은 수분이 다분자층을 이루는 부분이고 모세관흡착수로도 존재한다. 이 부분에 존재하는 물은 여러 기능기와 수소결합을 하고 있으며 건조식품의 경우 안정성과 저장성이 큰 수분함량 영역이다. Ⅲ의 부분은 자유수의 영역으로 식품의 품질저하를 가져오는 화학반응과 효소반응이 촉진될 뿐만 아니라 미생물의 증식이 일어나는 부분이다. 이 부분에서는 수분이 자유롭게 이동하는 자유수의 형태로 존재하고 용매로 작용하며 낮은 온도에서 동결된다.

2) 식품의 수분함량과 반응속도와의 관계

식품의 수분활성도와 그 식품에 일어날 수 있는 변화과정, 예로서 미생물의 성장, 유지의 산패, 비효소적 갈변반응과의 관계는 〈그림4-3〉과 같다.

세균은 수분활성 0.90~0.87 이하에서는 생장할 수 없고, 효모는 대부분 0.80 이하에서 생장할 수 없다. 곰팡이는 건조한 표면에서도 잘 자라나 생장가능한 수분활성도의 하한은 0.70~0.75이다. 효소작용은 수분이 단분자층으로 존재하는 범위에서는 거의 정지되나 리파제는 수분활성이 0.1~0.3에서도 활성을 갖는다. 수분활성이 낮을 때 산소반응이 억제 또는 정지되는 것은 주로 기질의 이동이 어렵기 때문이다.

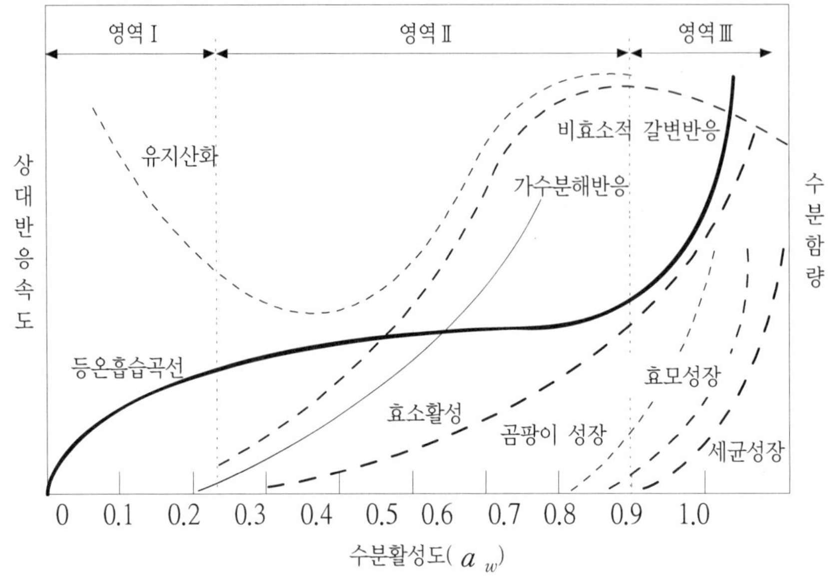

〈그림4-3〉 수분활성과 식품 중에 일어나는 변화과정의 반응속도

비효소적 갈변반응도 수분활성도, 0.6~0.7에서 반응속도가 최대이고, 수분활성이 낮은 단분자층 영역에서는 일어나지 못하며, 0.8~1.0에서는 반응속도가 떨어진다.

유지의 산화속도는 수분활성이 0일 때 크고 수분활성의 증가에 따라 감소된다. 수분이 유지의 산화에 있어서 보호작용을 하는 것은 물이 식품표면에 존재하는 과산화물과 수소결합을 하여, 과산화물의 분해를 억제시키거나 미량으로 존재하는 금속을 수화시켜 산화작용을 억제하기 때문이다.

3 수소이온농도(pH)

수소이온농도는 미생물의 생육, 효소반응, 화학반응에 영향을 준다.

가. pH와 미생물의 생육

미생물의 생육은 pH에 따라 크게 달라서 곰팡이와 효소는 pH 4~5에서 잘 자라고, 세균은 pH 7~8에서 잘 자란다. 그러나 pH가 산성이나 알칼리성으로 치우치면 대부분의 미생물이 잘 자라지 못하므로 식품을 산성으로 유지하면 미생물의 생육을 억제할 수 있다.

나. pH와 효소반응

효소의 작용은 수소이온의 농도에 따라 크게 영향을 받는다. 효소는 일정한 pH의 범위 안에서 최고의 활성도를 나타내는데, 이것을 효소의 최적 pH라 한다. 이와 같이 효소의 반응에서는 pH의 조절이 필요하므로 보통 완충액이 사용된다.

효소의 활성과 pH와의 관계를 보면 종모양의 곡선이 된다. 또한 효소 그 종류에 따라 최적 pH가 다르며 같은 종류의 효소라도 그 급원에 따라 차이가 있다. 펩신의 최적 pH는 1~2이며, α -글루코시다제는 7.0, 트립신은 7~8이다. 생물체의 pH는 매우 작은 범위에서만 변동되므로 인체효소의 최적 pH범위는 매우 좁아서 사람 혈액의 pH는 7.4를 기준으로 0.2의 작은 변화에서도 효소반응의 이상을 초래한다.

다. pH와 화학반응

유지의 산패나 갈변반응도 중성 pH에서 잘 일어나고 산성이나 알칼리성에서 억제된다.

4 산소

산소는 미생물의 생육과 화학반응에 영향을 준다.

가. 산소와 미생물의 생육

호기성균은 산소가 있으면 잘 자라지만 산소가 없으면 사멸한다. 통성혐기성균은 산소가 약간 있어도 자랄 수 있으나 편성혐기성균은 산소가 있으면 죽는다.

나. 산소와 화학반응

유지의 산패와 산화적 갈변반응은 산소가 있어야 반응이 일어나므로 산소를 제거하거나 접촉하지 못하게 포장하면 반응을 억제할 수 있다.

5 빛

가시광선은 미생물의 생육에 관계없으나 자외선은 미생물을 죽이며 빛은 화학반응을 촉진한다.

가. 빛과 미생물의 생육

자외선의 살균력은 식품표면에 흡착된 세균을 20~30초에 죽이지만 식품 내부에 있는 균은 살균하지 못하며 곰팡이의 포자는 죽이기 어렵다. 방사선은 투과력이 있어서 내부의 미생물까지 살균할 수 있다.

나. 빛과 화학반응

불포화지방산을 포함한 유지는 빛을 받으면 산패가 촉진되므로 차광포장을 한다.

6 금속이온

금속이온은 미생물의 생육, 효소반응, 화학반응에 영향을 주고 물성을 변화시킨다.

가. 금속이온과 미생물의 생육

금속이온의 영향은 미생물의 종류에 따라서 다르다. 미생물이 생산하는 효소에 따라 필요한 금속이온이 다르기 때문에 효소의 종류에 따라 금속이온의 영향이 다르다.

나. 금속이온과 효소반응

효소의 작용을 촉진하는 물질을 부활제라 한다. 카르복실라제와 헥소키나제는 Mg이온에 의하여 부활되고, 효소의 부활제로는 칼슘, 철, 마그네슘, 아연, 구리, 망간 등의 금속이온이 있다. 효소의 작용을 억제하는 물질을 저해제라고 하는데, 효소의 저해는 저해제의 제거로 효소작용이 재생할 수 있는 가역적인 저해와 재생되지 않는 불가역적인 저해가 있다. 효소저해제는 여러 가지 약제로 쓰인다.

다. 금속이온과 화학반응

유지의 산패는 금속이온이 존재하면 촉진되므로 이를 방지하기 위해 산화방지제를 첨가한다.

라. 금속이온과 물성변화

금속이온은 두부의 응고를 촉진하고 식물조직의 연화를 방지한다.

제4절 식품의 품질유지방법

식품의 품질은 여러 가지 방법을 복합적으로 적용하면 효과적으로 유지할 수 있다.

1 건조

보통 농산물, 축산물 및 수산물과 같은 원물식품은 수분이 많이 들어 있는데, 이것을 건조하여 수분을 적게 하면 미생물의 생육에 필요한 수분이 부족하게 되므로 미생물이 생육할 수 없게 되며, 또한 식품 중의 가용성 고형분의 농도가 높아져 삼투압에 저항력이 약한 미생물은 생육하지 못하게 된다. 미생물 중에서도 세균, 특히 병원균은 삼투압에 대한 저항력이 약하다. 세균은 식품의 수분함량이 15% 이하에서는 거의 번식하지 못하나 곰팡이는 13%에서도 발육한다. 그러므로 식품을 건조시켜 보존하려면 곰팡이의 생육이 불가능한 수분함량까지 건조시켜야 한다.

식품을 건조시키면 무게와 부피가 작아져서 운반에 편리해지는 반면 성분의 교질변화를 일으켜서 세포조직이 변하기 쉬울 뿐만 아니라 비타민 등이 파괴되고 지방이 많은 식품은 저장 중에 산패를 일으키기 쉬운 결점이 있으나 간편한 방법이므로 옛날부터 사용되어 왔다.

가. 자연건조법

자연건조법은 햇빛을 이용하여 건조하는 방법으로서 특별한 설비가 없어도 되므로, 곡물 등과 같은 농산물의 건조에 이용하여 왔다. 그러나 기후에 영향을 받고 넓은 면적을 차지하며, 건조 중에 신선도를 잃어 품질이 좋은 제품을 얻기 어려운 결점이 있으므로 점차 줄어들고 있다.

나. 인공건조법

인공건조법은 인공적으로 원료에 함유되어 있는 수분의 대부분을 제거하는 방법으로서 열풍건조법, 배건법, 고온건조법, 동결건조법, 감압건조법, 증발법, 거품건조법이 있다.

1) 열풍건조법

열풍건조법은 가열한 공기를 식품의 표면에 접촉시켜 수분을 증발 제거하는 방법으로서 공업적으로 널리 이용되고 있다. 건조기의 종류에 따라 자연환기식과 인공통풍식으로 구분된다.

가) 자연환기식

가열한 공기를 자연적으로 순환시켜 건조시키는 방법으로서 연소하는 열원의 바로 위에 식품을 놓아 건조시키는 직화식과 파이프로 불꽃 또는 증기를 끌어 공기를 가열함으로써 건조시키는 간접가열식이 있다.

나) 인공통풍식

선풍기 등을 이용하여 인공적으로 환기를 하여 건조시키는 방법으로서 이에는 건조실내에 선풍기를 설치하여 건조시킬 물건의 부근에 있는 습기가 많은 공기를 다른 건조한 공기와 속히 교체시켜 건조능률을 높이는 선풍식, 선풍기로 건조실의 한쪽에서 열기가 들어가게 하고 다른 쪽으로 나가게 하여 건조시키는 열풍취입식, 열을 절약하기 위하여 일단 건조에 사용된 공기를 외부로 내보내지 않고 그대로 가열실로 보내 가열한 후 다시 건조에 사용하는 환류식, 건조시킬 물질이 액체일 때 이것을 천장에서 고운 입자가 되게 분무하고 분무입자에 열풍을 보내 단시간에 수분을 발산시켜 분말로 만드는 분무식 등이 있다.

2) 배건법

배건법은 식품을 직접 가열하여 건조시키는 방법으로 열의 이용효율은 좋으나, 가열온도가 높아 식품의 성분이 변화되기 쉬우므로 제다, 고기를 굽는 등의 특수한 경우에만 사용되고 있다.

3) 고온건조법

고온건조법은 높은 온도로 가열하여 식품성분에 특수한 성질을 주게 하는 방법으로서 녹말식품 건조에 쓰이는 방법이다. 녹말을 가열하면 α녹말이 되며 이것을 방치하여 냉각시키면 다시 β녹말로 되돌아가는데, 일단 가열한 α녹말을 80℃ 이상의 고온에서 수분을 제거하여 α녹말 그대로 건조시키는 방법이다. 이와 같이 하여 만들어진 제품은 물만 부으면 바로 먹을 수 있는 장점이 있다.

4) 동결건조법

동결건조법은 식품을 일단 얼린 다음 감압하에서 저온의 건조한 공기를 통하여 건조시키는 방법이다. 따라서 단백질의 응고, 유지의 산화, 교질물질의 변화가 일어나지 않으므로 식품의 물성을 가장 완전하게 보존할 수 있다. 건조식품의 품질을 보존할 수 있고 물을 가하여 원상태로 되돌아가게 하기 쉬운 방법이나 비용이 많이 드는 단점이 있다.

5) 감압건조법

이 건조법은 건조기 내의 공기를 빼내어 거의 진공에 가깝게 감압하여 건조시키는 방법으로서 식품이 직접 산소와 접촉하는 경우가 적고, 비교적 저온에서 건조시킬 수 있으므로 식품의 성분이 산화 변질되는 수가 적다. 또한 효소, 비타민 등의 변화가 적은 상태로 수분을 제거할 수 있다. 그러나 감압건조는 건조시간이 길고 건조온도가 낮아 미생물이 번식하거나 자가소화가 일어나 품질이 나쁘게 될 우려가 있으므로, 공기 대신에 이산화탄소 또는 질소와 같은 불활성 기체를 사용한다.

6) 증발법

증발법은 식품 중의 수분을 가열 증발시키는 방법으로서 연유, 과즙추출물, 엿 등과 같은 액체

식품을 증발 농축시켜 저장성을 높이고 무게를 적게 하는데 이용된다. 이전에는 상압으로 증발시켰지만, 단백질의 응고나 당의 캐러멜화 등의 변화가 일어나 냄새가 나게 되므로 요즘은 진공증발법을 사용하고 있다. 증발에 의하여 농축시킬 때에는 상압법에서는 물론 진공법에서도 과즙음료와 같이 식품 중의 향기가 수분과 함께 증발 제거되므로 제품은 향기가 없어지고 탄 냄새가 나는 결점이 있다.

7) 거품건조법

거품건조법은 건조할 원료에 표면활성제를 가하고 불활성 기체를 채운 후 거품을 일으켜 수분이 쉽게 확산되게 하여 건조시키는 방법이다. 이 방법은 과즙과 같이 건조하기 어려운 것, 또는 점도가 높아 건조할 때 거품이 나기 쉬운 것을 건조하는데 쓰인다.

2 냉각과 동결

가. 냉각의 원리

식품의 성상이나 성분은 상온하에서 물리적, 화학적 및 생물학적으로 변화되기 쉬워 식용에 적합지 못하게 되고 때로는 유해하게 된다. 저온에서는 이러한 변화(변질, 변패)가 억제된다. 즉, 청과물의 호흡속도, 미생물 번식 등은 보통 온도가 낮은 상태에서 억제된다.

식품을 저온으로 냉각시키는 냉동기는 보통 압축식이 사용된다. 압축기 냉동기는 압축기(compressor), 응축기(condensor), 수액기(receiver), 팽창밸브(expansion valve) 및 증발기(evaporator) 등으로 구성되어 있다.

기체상태의 냉매는 압축기에서 수기압으로 압축되어 응축기에 보내진다. 응축기에서 그 압력대로 응축 액화된 냉매는 일단 수액기에 저장되고 액체냉매만 증발기에 보낸다. 증발기의 입구에는 팽창밸브가 있어 밸브가 약간 열리면 냉매가 분출됨과 동시에 팽창되어 기화하기 때문에 기화잠열로서 액상냉매에서 열을 빼앗아 냉각됨과 동시에 증발기 파이프의 외측에 접촉하고 있는 식품자체를 냉각한다. 냉매는 빼앗은 열로 다시 기화되어 압축기로 돌아온다. 이러한 냉동사이클에서 증발기에 식품을 넣으면 식품이 냉각된다.

나. 예냉

1) 예냉의 필요성

신선한 식품은 냉각저장이나 동결처리를 하기 전이나 수송을 할 경우에 품온을 될 수 있는 대로 빨리 저하시키는 것이 품질유지에 유리하다. 이 때 실시하는 냉각처리를 예냉(precooling)이라고 한다.

신선한 청과물은 수확 후에도 호흡작용을 계속하기 때문에 호흡열로 품온이 높아져 급속히 품질이 악화된다. 따라서 될 수 있는 대로 빨리 품온을 낮추어야 한다.

예냉의 효과는 식품종류, 냉각속도, 예냉온도 등에 따라 다르지만 보통 채소에서는 엽채류가 가장 효과가 크고 과채류, 근채류의 순서이다. 청과물의 예냉은 수확한 후 될 수 있는 대로 빨리 하는 것이 효과가 크며 생산지에서 예냉을 하는 것이 바람직하다.

계란도 급속히 냉각(보통 냉풍에 의함)하여 저장하는 것이 품질유지상 중요하다. 식육과 같이 이미 비생체로 된 것은 생물로서의 방어기능이 상실되어 변질이 빠르고 특히 미생물의 침해를 받기 쉬우므로 품온을 빠르게 낮추는 것이 바람직하다.

2) 예냉방식

예냉방식에는 자연순환식, 강제통풍식, 차압통풍식, 냉수침지식, 냉수살포식, 쇄빙식, 진공식이 있다. 강제통풍식은 냉각속도는 다소 느리나 비용이 적게 들고 진공식은 설비비가 비싸다.

다. 동결

식품을 냉동저장하기 위해서는 동결처리를 해야 한다. 동결은 식품의 품온을 동결점 이하로 하여 함유수분을 빙결시키는 것이다. 동결시 식품의 품질을 유지하려면 동결의 처리조건, 동결방법, 장치 등이 적절하여야 한다.

1) 동결의 전처리

냉동저장에 의하여 식품의 품질을 장기간 유지하기 위해서는 동결전에 식품을 데치기, 항산화처리, 가당처리, 염수처리 등으로 우수한 상태로 유지해야 한다.

2) 냉동곡선

식품을 냉각시키면 0℃이하의 과냉각 상태를 나타냈다가 동결점에 달하면 식품의 표면에서 중심으로 얼음이 생성되면서 동결잠열 때문에 냉각 에너지가 소비되고 온도는 천천히 저하된다. 모든 수분이 빙결되면 다시 품온이 저하되기 시작한다.

이 때 빙결정생성대에서 큰 빙결정이 생기면 동결품의 품질에 큰 영향을 미치는데 그것은 이 온도대를 통과하는 시간과 관계가 있다. 빙결정의 생성은 빙결정핵의 생성과 빙결정의 성장이라는 두 단계를 거친다. 식품의 경우 미세한 불용성 물질의 표면에 물분자가 응집하여 규칙적인 분자배열의 입자를 형성한 것이 빙결정핵이며, 이 빙결정핵에 다시 수분이나 수증기가 부착되어 빙결정이 성장한다.

빙결정 성장에 가장 크게 영향을 미치는 것은 냉각속도이다. 품온저하가 급속히 되면 보다 많은 결정핵이 발생하고 빙결정은 작은 것이 많이 생기지만 냉각이 완만하면 역으로 큰 결정이 생긴다. 얼음결정을 작게 하면 품질에 나쁜 영향이 적어지므로 최대빙결정생성대는 될 수 있는 대로 빠르게 통과시키는 것이 바람직하다.

3) 동결방법

가) 공기동결

냉각된 공기를 식품에 접촉시키는 것으로 그 접촉방식에 따라 정지 공기동결장치와 송풍동결장치가 있으며, 송풍식에는 팔레트식, 터널식, 컨베이어식, 캐리어식, 유동식이 있다.

나) 접촉동결

냉각된 금속판(주로 스테인레스강)에 식품을 접촉시켜 동결하고, 전열이 상당히 좋으나 블록동결에서 범용성이 낮다.

다) 침지동결

식품을 그대로 또는 밀착 포장하여 냉각염수에 담그거나 그것을 분무하여 동결한다. 냉각염수에는 소금, $CaCl_2$, 당류, 프로필렌글리콜 등의 수용액이 사용되고 동결시간은 대단히 짧다. 보통 식품의 품질에 나쁜 영향이 있는 것이나 세정이 곤란한 것에는 사용이 어렵다.

라) 액화가스동결

액체질소(LN_2), 액체탄산(LCO_2), LNG 등의 액화가스가 대기압에서 기화될 때에 초지온으로 되므로 이것을 이용하여 냉동기를 사용하지 않고 식품을 초급속동결할 수가 있다.

3 살균

신선한 식품재료 조직이라고 하더라도 공기와 접촉한 상태에서 시간이 지나면 세균이 내부에 침입하게 되어 부패하게 된다. 따라서 저장 중의 식품이 미생물에 의한 해를 입지 않도록 저장하기 위해서는 살균을 해야 한다. 살균법에는 가열살균법, 광선살균법, 여과법, 약품살균법, 전기살균법 등이 있다.

가. 가열살균법

가열살균법은 식품을 가열하여 살균하는 것으로서 가열하는 방법에 따라 건열을 이용하는 건열법과 증기를 이용하는 습열법 및 가압솥을 사용하는 가압법이 있다. 건열법은 180℃ 이상에서 1~2시간 가열하는데, 이것은 식품에 대하여 너무 고온이기 때문에 변질을 일으키기 쉬우므로 식품의 살균에는 응용할 수 없다.

습열법은 식품의 살균에 널리 응용되고 있다. 상압에서 식품을 가열하면 미생물의 세포는 쉽게 죽지만 포자는 저항력이 강하므로 10시간 이상 가열해야만 완전히 죽게 되는데, 그 동안에 식품이 변질하므로 과일, 채소와 같이 비교적 살균이 쉬운 식품에만 이용할 수 있고, 살균이 어려운 식품은 고압솥을 사용하여 고압증기로 처리해야 한다.

가열법에 의한 살균의 효력은 가열온도, 가열시간에 따라 달라지는데, 이것은 수분이 많은가 적은가, 내용액의 pH, 열전도도, 또는 들어 있는 변패미생물의 종류와 양에 따라 다르다.

나. 저온살균법

식품을 고온에서 살균하면 물리적 또는 화학적 변화를 일으켜 식품의 향기와 맛이 손상되거나 영양가가 떨어지는 경우가 있다. 따라서 식품 중의 세균을 완전히 죽이지 못하더라도 비교적 저온으로 가열하여 어느 정도 미생물을 감소시키면 저장기간을 연장시킬 수 있는데 이와 같은 살균법을 저온살균법이라고 한다. 저온살균은 현재 우유, 크림, 초산발효음료, 과일주스, 청량음료, 간장, 된장, 소스 등 여러 방면에 이용되고 있으며 살균온도는 60~75℃이다.

다. 순간가열살균법

과일주스에서와 같이 비교적 가열에 의하여 풍미가 변하기 쉬운 식품을 가급적 향미의 변화를 적게 하기 위하여 높은 온도에서 단시간 살균하는 것이 순간가열살균법이다.

라. 광선살균법

광선살균법은 광선을 이용하여 살균하는 방법으로서 자외선 살균법과 방사선 살균법이 있다.

1) 자외선 살균법

자외선살균법은 파장이 짧은 자외선이 생활세포에 대하여 파괴작용이 있는 것을 이용하는 것이다. 보통 태양광선에는 자외선의 함유량이 적으므로 인공적으로 자외선을 내게 하는 수은등을 사용하고 있는데, 식품의 미생물을 직접 살균하는 효가가 있다. 식품에 자외선을 쪼일 때 표면에 흡착된 세균은 20~30초에 죽게 되지만, 자외선은 물질에 흡수되어 식품의 내부에까지 도달되기 어려우므로 내부에 있는 세균은 죽지 않는다. 따라서 자외선 살균을 할 수 있는 식품은 투명한 액체나 미세한 분말상태의 것에 한정될 수 밖에 없다. 자외선에 대한 저항력은 곰팡이의 포자가 가장 강하다.

2) 방사선 살균법

방사선에는 α선, β 선, γ선 등이 있는데, 그중 β 선과 γ선은 물질에 대한 투과력이 비교적 강하고 식품에 잔류방사선을 줄 위험성이 적으므로 식품의 살균에 사용할 수 있다. 원자로의 폐기물 중에는 β 선과 γ선을 내는 것이 많으므로 이것이 방사선의 좋은 자원이 될 수 있는데 β 선은 투과력이 약하므로 방사선을 내는 물질의 표면에 나오는 도중 자기흡수가 일어나 그 양이 적어지지만, γ 선은 투과력이 크다.

방사선에 의한 생물의 치사선량은 포자 2000kGy, 효소와 곰팡이 1000kGy, 세균 500kGy, 해충과 곤충은 100kGy 이하이다. 일반적으로 미생물을 완전히 죽이기 위해서는 1000~2000kGy가 필요한데, 1000kGy일 때 식품이 흡수하는 에너지는 약 2cal밖에 되지 않아 발열이 극히 적으므로 식품을 가열하지 않고 살균할 수 있다. 따라서 방사선 살균을 냉온살균이라고도 한다.

마. 기타 살균법

강한 살균제를 식품에 넣어 살균하는 것을 약품살균법이라고 하는데, 살균 후에 살균제를 완전히 제거하기 어려우므로 이 방법을 식품에 사용하는 것은 금지하고 있다. 곡물이나 콩류 및 그 밖의 건조식품은 세균의 번식에 의한 피해보다 오히려 곤충의 발생에 의하여 큰 해를 받는 경우가 많다. 곤충에 의한 피해를 방지하기 위해서는 식품을 어떤 약품으로 처리하여 곤충 및 알을 죽여야 하는데 이 조작을 훈증이라고 하며, 사용하는 약품을 훈증제라고 한다. 현재 사용되고 있는 훈증제에는 이황화탄소, 클로로피크린 및 메틸브로마이드 등이 있다.

4 삼투압 이용

가. 염장

염장(salting)은 소금의 방부력을 이용한 저장법으로서 오래 전부터 육류, 어류, 물고기알 등의 저장에 널리 이용되어 왔다. 염장법에는 식품에 소금을 뿌리는 건염법과 식품을 소금물에 담그는 염수법이 있는데, 소금이 삼투하는 것은 후자가 더 빠르다. 소금의 사용량은 건염법에서는 고기의 10~15%의 소금을, 염수법에서는 20~25%의 소금물을 사용한다.

소금의 방부력은 주로 식품 중의 수분을 세균이 이용할 수 없게 하고, 삼투압에 의하여 원형질 분리가 일어나 미생물의 세포가 파괴되는 데 기인한다. 또한 식품의 세포에 원형질 분리를 일으켜 세포가 위축되게 함으로써 수분이 어느 정도 빠져 나가게 하는 것도 식품의 저장성을 높이는 한 원인이 된다. 소금에 대한 미생물의 저항력은 삼투압에 견디는 정도에 달려 있다.

나. 당장

당장(sugaring)은 소금 대신 설탕을 넣어 저장하는 방법으로서 과일제품, 농축연유 등에 이용되고 있다. 당장은 당의 용해도와 결정화가 중요하다. 상온에서 설탕의 용해도는 67%인데, 이 농도에서는 세균의 번식이 억제되지만 효모 및 곰팡이는 견디어 낸다. 한편 전화당은 85%의 용해도를 가지고 있어 방부효과는 크나 오래 저장하면 용해도가 낮은 포도당이 석출하는 경우가 있다. 따라서 당류는 분자량이 작고 용해도가 높을수록 좋으며 석출되지 않는 것이 이상적이다. 당장품에는 잼과 같이 당이 비결정 상태로 되어 있는 것과 꿀이나 초콜렛과 같이 결정상태로 되어 있는 두

가지가 있다.

설탕의 포화용액에서는 곰팡이의 생육을 완전히 억제할 수 없으므로 가용성 고형물의 양을 증가시켜야 한다. 전화당과 설탕을 같은 양 섞어 포와용액을 만들면 가용성 고형물을 75%까지 높일 수 있을 뿐 아니라 당이 석출되지 않게 되며 식품의 저장성을 높일 수 있다.

다. 산장

산장(pickling)은 pH 4.5 이하에서 부패균이 번식하기 어려운 특성을 이용하여 식품을 저장하는 방법이다. 일반적으로 부패균은 약알칼리성에서 잘 자라며 산성에서는 생육이 억제된다.

산의 방부력은 단지 그 산의 수소이온[H^+]만의 작용이 아니라 산 화합물의 음이온 및 해리되지 않은 산의 분자도 관계가 있다. 그래서 산의 종류에 따라 방부력이 다를 뿐만 아니라 유기산이 무기산보다 효력이 더 크다. 아세트산의 pH가 4.9가 되면 세균은 생육하지 못하지만, 효모는 pH 3.9, 곰팡이는 pH 3.1 정도가 되어야만 생육을 저지시킬 수 있다. 산의 저장에서는 산과 소금, 산과 당, 산과 방부제 등과 같이 다른 물질과 혼합하여 사용하면 미생물의 생육을 저지시키는 효과가 더 커진다.

5 방부처리

미생물을 완전히 죽이지는 못하지만 생리적 활동을 억제하고 저해하는 작용을 가진 화합물을 방부제라고 한다.

가. 방부제

미생물이 발육유도기에 머무르게 하고 발육최성기에 이르지 못하게 하는 작용을 하는 것에는 설탕, 소금, 식초, 술, 연기 등이 있는데, 이들은 독성이 없으므로 널리 사용되고 있다. 또 오레오마이신이나 테트라마이신과 같은 항생물질도 생선, 고기류의 보존에 쓰이고 있다.

식품위생법에 의해서 사용식품의 범위와 사용량 등이 규정되어 있으며 벤조산 및 그 염은 청량음료, 과일주스, 간장 등에는 0.06% 이하를 넣을 수 있고, 소르빈산 및 그 소다염은 어묵, 고래고기, 수산가공품 등에는 0.2%, 찐콩에는 0.1% 이하를 넣을 수 있도록 되어 있다.

나. 훈연

훈연은 육의 저장에 많이 이용되어 왔다. 이것은 나무를 태울 때의 연기나 살균력을 가진 물질의 연기를 고기류에 접촉시켜 수분을 제거하는 동시에 살균성 물질을 침입시켜 고기 속에 있는 세균의 생육을 저지시키는 저장방법이다. 훈연을 하는 나무로는 수지가 많지 않은 단단한 나무가 좋고 훈연을 하면 특수한 맛과 냄새가 난다.

훈연법에는 나무를 태우는 곳에서 먼 곳에 식품을 달고 20~30℃에서 장시간 훈연하는 냉훈법과 50~70℃에서 단시간 훈연하는 온훈법이 있다. 냉훈법에 의하면 수분이 많이 제거되어 오랫동안 저장할 수 있다. 온훈법에 의하면 수분이 적게 제거되어 연하며 맛과 냄새가 좋으나 저장성이 낮다. 훈연의 살균성은 포름알데히드 또는 페놀성 물질에 기인한다고 하지만 그 양이 대단히 적으므로, 건조에 의한 저장효과가 큰 것으로 생각된다.

6 기체조절

가. CA저장

과일이나 채소는 저장 중에도 호흡작용을 하여 이산화탄소와 수분 등을 배출하며 당을 소모한다. 이들 식품을 저장할 때 공기 중의 이산화탄소, 산소 및 질소의 비율을 변화시켜서 호흡작용을 억제하는 동시에, 미생물의 생육을 억제시키는 것이 CA저장(controlled atmosphere storage)이다. 그리고 질소와 같은 불활성 기체를 채워서 식품의 호흡작용을 억제하고 호기성 세균의 번식을 억제하여 저장기간을 연장하는 것이 기체저장이다.

이들 저장법은 수확 후에 호흡상승 현상을 나타내는 사과, 서양배, 토마토, 딸기, 바나나 등에 효과가 크며, 호흡상승 현상을 나타내지 않는 포도, 감귤, 레몬, 파인애플 등과 대부분의 채소에는 효과가 작다.

이들을 저장하는 공기 중의 이산화탄소의 농도를 높이면 호흡작용을 억제할 뿐만 아니라, 과일의 착색을 방지하고 후숙 중에 일어나는 여러 가지 화학변화를 적게 함으로써 저장 과일 및 채소의 신선도를 유지하는 효과가 크다. 그러나 이산화탄소의 농도가 너무 높으면 향이 없어지고 착색을 방해할 뿐만 아니라 갈변하여 생리장해를 일으킨다.

과일이나 채소와 같이 생활조직을 가진 식품에 불활성 기체를 작용시키면 세포의 호흡작용을 억제할 수 있으므로 과숙, 위축되는 것을 방지하여 신선한 상태로 오랫동안 유지할 수가 있다. 이때 인공공기 중의 불활성 기체의 농도가 적당하여야 하는데, 그 기체가 너무 많고 산소가 너무 적으면 과일은 분자간호흡을 하여 알콜발효를 일으켜 품질이 손상된다. 따라서 기체저장에는 어느 정도의 산소가 필요하다. 또 저장효과는 불활성 기체의 함량, 산소의 함량뿐만 아니라 저장온도에 따라서도 달라진다.

어류, 육류, 빵 등과 같이 생활조직을 가지지 않은 식품을 저장할 때에는 불활성 기체가 직접 식품에 작용하는 것이 아니라, 이들에 생육하려는 곰팡이, 세균에 작용하여 발육을 억제함으로써 방부작용을 나타낸다. 기체저장은 호기성균의 번식을 억제할 뿐이므로 보존 효과는 크지 못하다.

나. MA포장

MA포장(modified atmosphere packaging)이란 각종 플라스틱 필름 등으로 과일을 포장하는 경우 필름의 기체투과성, 과일로부터 발생한 기체의 양과 종류에 의하여 포장내부의 기체는 대기와 현저하게 달라지고 이것에 의해 청과물을 저장하는 방법이다.

MA포장은 적정한 기체농도가 과일의 종류에 따라 달라서 사과는 산소가 2~3% 이산화탄소 2~3%, 감은 산소 1~2% 이산화탄소 5~8%, 배는 산소 4% 이산화탄소 5%의 적정농도가 유지되어야 한다.

플라스틱 필름이 과일의 포장에 이용되기 시작한 것은 오래 전의 일이다. 처음에는 저장성을 향상시키기 위한 목적으로 사용된 것만은 아니고, 취급상 또는 외관상의 이점을 이용하기 위하여 사용되었다. 저장성 향상을 목적으로 할 때에는 필름의 수분투과성, 이산화탄소나 산소 및 다른 기체의 투과성이 중요하다. 일례로 두께 0.03mm, 크기 20cm × 30cm의 폴리에틸렌 주머니에 사과를 3개씩 넣고 밀봉하여 저온저장을 한 결과 주머니 내의 기체조성은 이산화탄소가 5~10%, 산소가 5%로 유지되어 4개월간 저장에 1%만 감량되었다.

7 포장

식품을 포장하면 미생물의 오염을 막을 수 있고 수분의 이동을 방지할 수 있으며, 빛과 산소를 차단할 수 있으므로 품질보존에 효과적이다. 식품의 포장법으로 통조림 및 병조림이 많이 사용되고 있지만 근래에는 레토르트 파우치와 플라스틱필름도 쓰이고 있다.

통조림 및 병조림은 주석을 도금한 통 또는 유리병에 식품을 넣고 밀봉한 후 가열살균한 것이다. 즉 가열하여 세균을 죽이고 세균이 남아 있어도 생육할 수 없도록 공기를 뽑은 다음 용기 안팎의 공기가 유통하지 못하도록 밀봉하여 미생물이 침입하지 못하게 하는 것인데, 통조림 및 병조림을 만드는 중요한 공정은 탈기, 밀봉, 살균이다. 레토르트 파우치법은 기체가 잘 투과하지 않는 필름으로 식품을 포장 밀봉하여 레토르트 처리를 함으로서 식품을 저장하는 방법이다. 따라서 이들 저장법은 탈기 밀봉저장법이라고도 한다.

통조림, 병조림 및 레토르트파우치 식품을 만들면 식품을 안전하게 장기간 저장할 수 있을 뿐만 아니라 저장 및 운반에도 편리하다. 또한 향미가 좋고 비교적 영양가가 높으며 즉시 먹을 수 있게 조리되어 있을 뿐만 아니라 위생적으로도 완전한 식품저장방법이다.

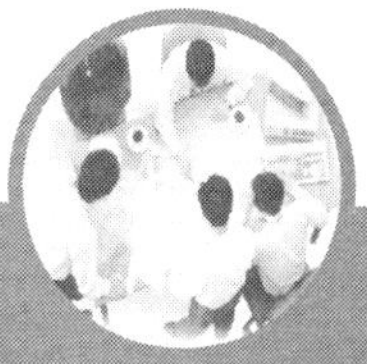

05 식품의 표시관리

제1절 식품의 표시제도

식품의 표시관련 제도로 식품등의표시기준, 원산지표시, GMO표시, 표준규격표시, 이력추적관리표시가 있고, 인증제도에는 농산물품질인증, 친환경농산물인증, GAP인증, 수산물품질인증, 전통식품인증, HACCP인증, 지리적특산품표시, KS인증 등이 있다.

1 식품표시제도의 가치

소비자가 상품을 구매함으로써 얻는 효용은 상품이 보유하는 속성에 의해 결정되고, 식품의 품질속성은 탐색적 속성(search attributes), 경험적 속성(experience attributes), 신뢰적 속성(credence attributes)으로 분류된다. 탐색적 속성은 소비자가 구입 전에 재화를 살펴보거나 조사함으로써 알 수 있는 것으로 대표적인 것은 색깔, 모양, 크기, 포장상태 등이다. 경험적 속성은 소비자가 구입하여 사용해야만 알 수 없는 것으로 맛, 조리 상의 특성 등이 있다. 신뢰적 속성은 소비한 이후에도 곧바로 알 수 없는 것으로 안전성, 영양 등이 이에 속한다.

탐색적 속성의 경우 소비자 정보가 풍부하고 소비자들이 잘 인식할 수 있어 시장기능이 상대적으로 잘 작용하므로, 탐색적 속성 시장은 소비자가 품질에 관한 정보를 얼마나 잘 수집할 수 있는가에 영향을 받는다.

그러나 경험적 속성이나 신뢰적 속성은 공급자와 수요자간에 정보의 비대칭성이 존재하므로 시장기능이 제대로 작동하기 어렵다. 식품에 대한 경험적 속성 시장이 효율적으로 작용하는 데는 생산자의 품질표시(라벨링, 광고, 경고 등)가 중요한 역할을 한다. 몇 가지 품질표시모형(quality signalling model)은 판매자와 소비자간에 정보교환이 어떻게 나타나고, 결과적으로 시장이 어떻게 작동하는가를 설명한다. 예를 들면 레몬모형(lemon model)은 판매자와 구매자간에 품질표시가 비효율적으로 작용할 때 역선택문제 때문에 가장 품질이 낮은 재화가 팔리게 되는 현상을 설명하였고, 표명모형(unfolding model)은 품질표시가 완전히 효율적이고 비용이 발생하지 않으며 신뢰할만한 시장에서 고품질에 대한 가격프리미엄은 재화의 정확한 품질을 나타내고 다양한 품질수준에 대한 시장이 존재함을 설명하였다. 실제 경험적 속성 시장은 두 시장의 중간에 위치하며 광고와 라벨링 등을 통해 정보가 증가할수록 품질표시문제는 줄어들게 된다. 이처럼 경험적 속성은 소비자가 소비함으로써 쉽게 평가될 수 있기 때문에 반복된 구매를 통해 자동적으로 조정되는 성향이 있어서 정부가 라벨링에 깊게 관여하지 않게 된다.

식품의 안전성과 영양특성은 소비자가 소비를 통해 특성의 원인과 결과를 정확히 지적해낼 수 없기 때문에 신뢰적 속성에 속한다. 소비자가 소비한 후에도 특성을 평가할 수 없으므로 소비자가 믿을 수 있는 인증기관(certification agent)에서 품질을 보증하는 것이 필요하다. 이 경우 정부는 소비자가 정보 라벨링을 통해서 품질을 평가할 수 있도록 만드는 중요한 역할을 하게 되며, 표시제도는 경험 또는 신뢰속성을 탐색적 속성으로 전환시키는 역할을 한다.

식품의 품질특성에 대한 정보의 수급균형은 시장참여자가 식품의 특성에 대하여 모든 정보를 갖고 있는 상황에서 수요자와 공급자가 가격순응자로 가정할 경우 가능하며, 그러한 상황 하에서 다양한 특성과 결부된 제품차별화는 가격차별화로 직결되어 성과를 거둘 수 있다. 그러나 식품특성시장은 식품특성의 성격상 본래 완전하지 않고, 시장참여자간의 정보 비대칭성, 정보의 불완전성 등으로 판매자는 소비자보다 식품의 특성에 대해 더 많은 정보를 가지고 있어 식품특성이 과대 또는 과소 공급될 수 있다. 따라서 표시제도는 생산자가 보유하고 있는 상품정보를 소비자가 이용할 수 있도록 함으로써 시장의 비효율성을 낮추는 역할을 한다. 또한 표시제도의 정보비대칭성 제거나 정보탐색비용 절감효과는 소비자의 선호에 한층 부합되는 상품을 선택하도록 하기 때문에 소비자의 효용을 제고하고, 생산자는 표시제도를 통해 상품속성에 대해 보상받게 됨에 따라 생산자잉여가 실현된다.

식품 시장에서 표시제도는 상품속성에 대한 가치를 실현시킴에 따라 중요한 기능을 수행할 수 있다. 식품 시장에서 표시제도의 주요 기능으로는 ①생산물의 식별, 등급화, 특성설명 기능, ②제품차별화 기능, ③부가가치추가 기능, ④상품디자인 및 광고 기능, ⑤소비자신뢰도구축 기능, ⑥소비자교육 기능, ⑦소비자주권확보 기능 등으로 요약될 수 있다.

2 식품표시제도의 운영현황

가. 식품표시제도 개요

식품관련 표시제도는 〈표5-1〉과 같이 농축산물, 수산물, 가공식품, 수출입식품 등 식품분류 및 형태별로 구분하여 운영되고 있다. 농수축산물은 농산물품질관리법, 수산물품질관리법, 축산물가공처리법, 친환경농업육성법을 근거로 운영되며, 가공식품과 포장 농축수산물은 농수산물가공산업육성법, 농산물품질관리법, 수산물품질관리법, 산업표준화법, 식품위생법과 관련된다. 그 밖에 표시에 관한 법률은 상표법, 표시·광고의공정화에관한법률, 대외무역법 등과 간접적으로 관련된다.

식품표시제도는 기본 성격에 따라서 기본표시, 인증표시, 지적재산권 관련 표시의 3가지 종류로 분류할 수 있다. 기본표시는 물리적 정보나 성능 등 객관적 정보제공이 목적이고, 표시기준이 단순·명확하며 소비자의 관심이 매우 높은 표시로서 원산지표시, GMO표시, 표준규격표시, 이력추적관리표시가 해당된다. 인증표시는 소비자 신뢰도 제고가 목적이며, 표시기준이 복잡·다양하여 내용표기보다 인증마크 등의 표시가 적정한 경우로서 농산물품질인증, 친환경농산물인증, GAP인증, 수산물품질인증, 전통식품인증 HACCP인증, 지리적특산품표시 등이 이에 속한다. 지적재산권 관련 표시는 상표등록 및 브랜드가치제고와 관련되는 표시로 지리적표시, 브랜드, 지자체표시 등이 해당된다.

정부가 의무표시방식으로 운영하는 제도는 원산지표시, GMO표시, 가공식품에 대한 일반표시이다. 원산지표시는 소비자의 관심이 매우 높고 국내 농업과 소비자보호를 위해, 유전자변형농산물표시의 경우는 유해성 여부가 과학적으로 입증되지 않았지만 유해성과 관련하여 소비자의 관심이 높기 때문에 의무규정으로 운영되고 있다.

표시제도의 대부분은 정부가 기준설정부터 검사, 인증, 실행의 전 과정에 직접 관여하고 있다. 민간이 관리과정에 참여하는 제도는 친환경농산물인증제도 뿐이며, 실제 인증업무를 담당하는 비중은 전체의 10%에도 미치지 못하고 있다.

〈표5-1〉 식품의 인증·표시관련 법률체계

	관련법률	인증 · 표시제도
농축산물	농산물품질관리법	· 표준규격표시 · 지리적표시 · 원산지표시 · 유전자변형농산물표시 · 품질인증
	축산물가공처리법	· 축산물의 표시기준 · HACCP인증
	친환경농업육성법	· 친환경농산물인증
수산물	수산물품질관리법	· 표준규격표시 · 지리적표시 · 원산지표시 · 유전자변형수산물표시 · 품질인증 · HACCP인증

<table>
<tr><th></th><th>관련법률</th><th>인증 · 표시제도</th></tr>
<tr><td rowspan="5">가공식품</td><td>농수산물가공산업육성법</td><td>· 전통식품인증
· 유기가공품인증</td></tr>
<tr><td>농산물품질관리법</td><td>· 가공품의 원산지표시
· 지리적특산품표시</td></tr>
<tr><td>수산물품질관리법</td><td>· 품질인증
· 가공품의 원산지표시
· HACCP인증</td></tr>
<tr><td>산업표준화법</td><td>· KS표시</td></tr>
<tr><td>식품위생법</td><td>· 식품등의표시기준
(수입유기가공품)
· HACCP인증
· 유전자재조합표시</td></tr>
<tr><td>수출입식품</td><td>대외무역법</td><td>· 원산지표시</td></tr>
<tr><td>지방자치단체</td><td>자치단체 조례</td><td>· 우수농산물 인증·표시</td></tr>
<tr><td>기타</td><td>· 상표법
· 표시·광고의공정화에관한법률
· 계량에관한법률
· 부정경쟁방지및영업비밀보호에관한법률</td><td></td></tr>
</table>

주 : 기타식품(인삼, 술, 소금 등) 관련 법률 제외

나. 주요 식품표시제도의 현황

1) 원산지표시제도

원산지표시제도는 외국의 농수산물이 국산 농수산물로 판매되는 부정유통을 막아 생산자에게 정당한 이득을 보장하고 소비자에게는 정확한 정보제공을 위해 도입한 제도이다. 수출입품에 대해서는 1991년부터, 국내 유통 농수산물과 가공식품에 대해서는 1993년부터 도입되었다. 적용법규는 국내 유통 농산물·가공식품의 경우 농산물품질관리법, 수산물·수산가공품의 경우 수산물품질관리법, 수출입품의 경우 대외무역법에 의한다.

국산 농수산물은 국산 또는 생산된 시·군의 명칭을(수산물의 경우 연근해산이나 생산된 시·군명, 해역명), 수입농수산물에 대해서는 국명(산)을 표시해야 한다. 가공식품의 경우 배합비율이 50% 이상인 원료는 그 원료를, 배합비율이 50% 이상인 원료가 없는 것은 배합비율이 높은 순서로 2가지의 원료를 포함하여 원산지를 표시해야 한다. 2005년 현재 원산지표시 대상 품목은 수입농산물 176개 품목, 국산농산물 145개 품목, 가공식품 121개 품목이며, 비식용 수산물을 제외한 모든 수산물 및 수산가공품이 해당된다.

농산물에 대한 원산지표시는 원산지자율관리표시제를 도입할 방침이다. 이 제도는 농산물판매업체를 대상으로 원산지표시를 자율적으로 책임관리할 수 있는 업체를 신청·심사 후 선정하여 마크를 부여하며, 연간 10~15회 실시하는 수시단속 대상에서 제외하는 등 단속을 대폭 완화하는 반면, 취약한 업체 위주로 인력을 투입하여 단속을 강화하는 제도이다. 자율관리표시마크는 자율적으로 원산지표시를 관리할 수 있는 부서와 인력을 갖추고 최근 2년간 원산지표시 위반으로 적발된 적이 없는 우수업체에 부여된다. 자율관리표시업체로 선정된 곳은 농산물품질관리원과 명예감시원이 합동으로 연 1~2회 불시점검하며 이때 적발되면 자율관리표시마크를 철회하게 된다.

2) GMO 표시제도

유전자변형표시제도는 소비자에게 올바른 정보제공을 목적으로 2000년에 법제화되었다. 농산물의 경우 콩, 옥수수, 콩나물, 감자를 대상으로 유전자변형농산물이 3% 이상 혼입되어 있거나 포함가능성이 있는 경우 이를 명시하도록 규정하고, 수산물의 경우 무지개송어, 대서양연어, 미꾸라지 품목에 대해 적용된다. 농산물은 포함 여부 및 가능성 정도에 따라 유전자변형, 유전자변형 포함, 유전자변형 포함가능성의 3가지로 할 수 있다.

유전자재조합식품표시제도는 유전자변형 농수산물을 주요 원료로 하여 제조· 가공된 식품 또는 식품첨가물 중에서 제조·가공 후에도 유전자재조합 DNA 또는 외래 단백질이 남아있는 식품을 대상으로 한다. 유전자재조합식품표시제는 2001년부터 시행되었으며 제조·가공에 사용한 원재료 중 많이 사용한 4가지 주요 원재료 중 한 가지라도 유전자변형 농수산물을 사용한 경우 이를 표시하여야 한다. 표시방법은 유전자재조합식품, 또는 유전자재조합OO포함식품으로 규정되어 있으며, 유전자재조합여부를 확인할 수 없는 경우에는 유전자재조합OO포함가능성 있음으로 표시할 수 있다. 유전자변형농산물 표시는 농산물품질관리법에, 유전자변형수산물 표시는 수산물품질관리법에, 유전자재조합식품 표시는 식품위생법에 근거한다.

3) 지리적표시제도

지리적표시제도는 지리적 특성을 가진 우수 농수산물 및 가공품의 품질향상, 지역특화산업으로의 육성, 소비자 보호를 목적으로 1999년부터 농산물품질관리법에 근거하여 시행되고 있다. 유명특산품인 경우 품질특성과 지리적 요인과의 관계 등을 통해 적정성을 입증 받았을 때 지리적표시를 등록할 수 있도록 규정되어 있으나, 등록된 실적은 대단히 미약하다. 현재까지 인삼류 및 인삼제품류, 녹차만이 대상 품목으로 지정되고 있으며, 실제 지리적표시의 등록을 받은 업체는 보성녹차, 하동녹차, 고창복분자주에 불과하다.

최근 특허청이 지리적표시제의 지적재산권 개념을 강화하기 위해 지리적표시를 단체표장으로 등록할 수 있게 하는 상표법을 개정함으로써 국내 지리적표시제는 전환기를 맞고 있다. 특허청의 지리적표시 단체표장의 경우 지리적표시와 지리적명칭과의 연계성 여부를 확인하여 독점사용권을 부여하는데 긍정적인 목적이 있으나, 인증대상자의 품질보증능력을 확인하고 보증할 수 있는 체계구축에 어려움이 예상된다.

4) 농수산물품질인증제도

품질인증제도는 농수산물의 품질 향상과 소비자 보호를 위해 생산여건과 품질관리상태 등의 심사를 통해 우수한 농수산물을 인증하는 제도로 농산물의 경우 1992년부터 실시되었다. 2001년까지는 일반재배인증과 친환경재배(유기, 무농약, 저농약)인증이 통합되어 운영되어 왔으나, 이후에는 품질인증과 친환경농산물인증이 분리되어 시행되고 있다. 수산물의 경우 2001년 실시되었으며 수산물, 수산특산물 및 수산전통식품 품질인증으로 나뉜다.

농산물품질인증은 농산물품질관리법을 근거로 하며, 품질관련 세부기준, 생산관리기준, 안전성기준, 산지유명도 및 성가도 등의 인증과정을 거친다. 인증 받은 농산물은 품자 마크를 부여 받고 마크와 품질인증 내역을 포장지에 부착하게 된다. 대상품목은 농산물품질관리심의회의 심의를 거쳐 농림부장관이 고시하며, 2005년 기준 시 대상품목수는 곡류(20개), 과실류(16개), 채소류(26개), 서류·특용작물(8개), 축산물(4개) 등이다. 품질인증 실적은 2004년 말 기준 농가수 51,360호, 물량 181천 톤 규모였다. 수산물품질인증은 수산물품질관리법에 근거하며 품목별 인증기준 및 공장인증기준이 있다. 대상품목은 수산물(21개), 수산특산물(4개), 수산전통식품(43개)으로 인증 받은 수산물과 수산특산물은 국립수산물품질검사원장으로부터 품자 마크를 수산전통식품은 해양수산부장관으로 부터 물레방아 마크를 부여 받는다.

농산물품질인증제도는 인증제도로는 처음 시작된 만큼 타 인증제도에 비해 소비자 인지도가 높고, 고품질(표준규격의 특등급), 안전성(농약안전잔류허용기준), 지리적 특성(산지유명도와 성가도) 등을 포괄하는 종합적인 품질기준의 특성이 있다. 반면 품질인증품의 비중이 총 생산량의 1~2% 수준에 불과하며, 제도에 대한 홍보부족으로 정확히 품질인증품의 개념을 소비자가 이해하지 못하고 오히려 친환경농산물인증으로 오인되는 경우가 많다. 법에 의거 국립농산물품질관리원과 생산자단체가 검사업무를 수행할 수 있도록 규정되었으나 현재까지 생산자단체는 참여하고 있지 않고 국립농산물품질관리원에서 인증업무를 전담하고 있다.

5) 친환경농산물인증제도

친환경농산물인증제도는 친환경농산물품질인증제(농산물품질관리법)와 친환경농산물 신고제(환경농업육성법)를 통합하여 2001년부터 친환경농업육성법을 근거로 운영되고 있다.

인증은 경영관리, 재배포장, 용수, 종자, 재배방법, 생산물의 품질관리 등의 기준에 의거하여 실시되며, 재배방법, 재배포장, 종자 등에 따라 표시방법이 4가지로 구분된다. 유기와 전환기 재배는 화학비료와 농약을 사용하지 않는 재배방법은 동일하나 유기재배포장이 2년(다년생은 3년) 이상인지 여부에 따라 구분된다. 무농약 재배는 농약을 사용하지 않고 화학비료를 1/3 이하로 사용하며, 저농약 재배는 농약과 화학비료를 1/2 이하만큼 사용하는 특징이 있다. 종자의 경우 모두 GMO 농산물을 사용할 수 없으며, 유기재배와 무농약재배는 각각 유기재배종자와 무농약재배종자 사용을 규정하고 있다.

친환경인증 농산물은 2004년에 466천 톤(농가수 28,985호)으로 총생산량의 2.5%를 점한다. 인증 종류별로는 유기 29천 톤, 전환기유기 13천 톤, 무농약 167천 톤, 저농약 257천 톤으로 저농약 인증이 친환경농산물인증의 55.2%를 차지하고 있다. 인증대상품목은 제한이 없으나 전체 인증출하실적으로 보면 채소류가 43.2%, 과실류 32.8%로 청과물이 76.0%를 차지하는 것으로 나타났다. 인증은 국립농산물품질관리원과 민간인증기관에서 담당하고, 각각의 인증비중은 89.3%, 10.7%로 정부인증 비중이 높다.

유기가공식품으로 인증받기 위해서는 국내에서 유기농산물인증을 받은 농산물을 원료로 사용해야 하며, 인증받지 않은 농산물의 함유량이 물과 소금을 제외한 중량비율로 5% 미만이어야 한다. 유기가공식품 인증은 1998년부터 구체적인 규정이 마련되었고, 2003년 기준 인증업체는 풀무원 등 8개 업체, 품목은 녹즙, 녹차, 현미분말, 김치류 등 10개를 대상으로 실시하고 있다. 2001년부터 환경농산물은 친환경농산물마크를 부착하게 되었으나, 유기가공식품은 친환경농산물의 성격이 강함에도 불구하고 관련법규가 다르기 때문에 종전방식으로 품자 마크를 계속 이용하고 있다.

친환경농산물 인증의 경우 저농약, 무농약을 포함하여 유기재배를 인정하고 있어 유기인증만이 규정되어 있는 Codex 가이드라인에 모순되며, 친환경농산물 인증은 친환경농업육성법, 전통식품 및 특산물(유기가공식품) 인증은 농산물가공산업육성법 등으로 각각의 법률에 의해 운용됨에 따라 제도간의 조화와 연계성이 떨어진다.

6) 식품등의 표시기준

식품등의 표시기준은 식품위생법에 의해 실행되며, 판매를 목적으로 하는 식품 또는 식품첨가물과 기준 또는 규격이 정해진 기구와 용기포장의 표시에 관하여 필요한 기준을 규정하고 있다. 표시사항은 제품명, 식품의 유형(따로 정하는 제품에 한함), 업소명 및 소재지, 제조년월일(따로 정하는 제품에 한함), 유통기한, 내용량, 원재료명 및 함량(원재료를 제품명 또는 제품명의 일부로 사용하는 경우에 한함), 성분명 및 함량(성분표시를 하고자 하는 식품 및 성분명을 제품명 또는 제품명의 일부로 사용하는 경우에 한함), 영양성분(따로 정하는 제품에 한함) 및 기타 식품 등의 세부표시기준에서 정하는 사항이다. 식품 등의 제조방법·품질 등에 관하여 허위표시 및 과대광고를 금하도록 규정되어 있다. 식약청은 이에 대한 단속을 실시하고 있으나, 과대광고가 차지하는 비중이 크고 일반의 식품위생관련 검사에서 사후적으로 나타난 표시위반의 경우는 보고되어 있지 않다.

축산물의 표시기준은 축산물가공처리법에 근거하며, 축산물의 위생적이고 원활한 가공 및 관리와 소비자에게 정확한 정보를 제공하기 위하여 도입되었다. 표시대상은 축산물가공품, 수입축산물가공품, 그 외 용기포장에 넣어진 축산물 중 수입축산물 또는 축산물가공업의 허가를 받은 영업자가 제조한 것과 식육포장처리업의 허가를 받은 영업자가 만든 포장육이다. 축산물은 표시사항 및 허위표시·과대광고 금지 기준 등 운영에 있어서 식품 등의 표시기준과 유사성이 상당히 있다.

표준규격표시는 농산물품질관리법에 근거하며, 등급규격, 포장규격, 표시사항에 대한 기준을 규정하고 있다. 표시사항은 품목, 산지, 품종, 등급, 무게 또는 개수, 산년(곡류에 한함), 생산자 또는 생산자단체 명칭 및 전화번호이며, 이중 등급규격은 고르기, 색택, 모양, 당도 등의 품질요소와 크기, 무게에 의해 특, 상, 보통으로 구분된다. 표준규격의 대상품목은 2004년 기준 농산물 127개, 임산물 15개로 총 142개 품목이다.

표준규격표시의 문제점은 출하농산물 중 표준규격품의 비중이 54%로 여전히 낮고, 비포장 농산물에 대한 표준규격표시가 시행되지 않아 소비자의 품질에 대한 확인 요구에 부응하지 못하다는 점이다.

7) KS인증제도

KS(Korean Industrial Standard)는 산업표준화법에 근거한 국가규격으로서 KS상품은 국가가 인정하는 최저규격을 충족시키는 제품임을 의미한다. 1962년에 정부허가제로 시작되었으나 1998년부터 민간인증제(표준협회) 형태로 전환되어 운영되고 있으며, 산업표준회의심의를 거쳐 기술표준원장이 고시 확정한다. 인증대상은 제조업(제품인증)으로서 16개 산업부문에 적용되며 식료품부문이 포함된다. 2004년 기준으로 889품목에 대해 10,039건이 인증을 받았으며, 인증업체는 KS마크를 표시하여 홍보를 할 수 있고 정부조달 우선구매 등의 혜택이 부여된다.

운영상의 문제점으로는 심사기관과 컨설팅기관의 구분이 불분명하여 국제적인 인증체제에 부합되지 않는다는 점이다. 인증기관과 컨설팅기관을 분리하여 투명성을 확보할 필요성이 있다. 기업경쟁력이 향상되도록 KS규격과 심사기준의 지속적인 개정이 필요하며, 현행의 서류위주의 심사시스템을 현장실사 및 기술평가 체계로 개선해야 한다.

8) HACCP(위해요소중점관리기준)

HACCP(Hazard Analysis and Critical Control Point)는 식품의 원료, 제조·가공·조리 및 유통의 각 단계에서 발생할 수 있는 위해요소를 규명하고, 이를 중점적으로 관리할 수 있는 기준설정을 목적으로 한다. HACCP는 생물학적, 화학적, 물리적인 위해 발생을 사전에 방지하기 위한 제도로서, 위해요소관리기준을 적용하여 식품의 위해를 방지·제거하거나 안전성을 확보할 수 있는 단계 또는 공정으로서 중요관리점(CCP)을 정하여 관리하는 과학적·체계적 위생관리기법이다.

가공식품의 HACCP는 식품위생법에 근거하여 1996년에 설정되었다. 축산물의 HACCP는 1997년에 축산물가공처리법에 도입근거를 마련하였고, 1998년 축산물위해요소중점관리기준을 제정하여 2000년부터 2003년까지 연차적으로 전국의 모든 도축장에 의무적용하고 축산물 가공품에 대해서는 자율적으로 적용토록 하고 있다. 수산물은 수산물품질관리법을 근거로 2002년에 외국과의 협약에 규정되어 있거나 수출상대국에서 정하여 요청하는 수출을 목적으로 하는 수산물·수산가공품의 HACCP 기준을 제정·고시하였다. 수산물의 HACCP는 어육가공품 및 냉동수산식품 중 조미가공품 등에 적용되고 있으며, 수출 수산물과 수산가공품의 생산·가공시설에는 등록이 의무화되어 있다. 국내 소비용 수산물의 생산·가공시설에 대해서는 자율로 운영된다.

HACCP 의무적용 대상품목은 어육가공품, 냉동수산식품, 식육가공품, 유가공품 등 6개 식품이며, 빵, 김치류, 건강보조식품, 곡류가공품 등 14개 식품은 자율적용대상 품목이다. 식육가공품 및 유가공품은 농림부로 이관하여 관리하고 있다.

9) ISO인증제도와 지방자치단체 표시제도

ISO인증은 국제기준(ISO 규정)에 의거하여 기업이 품질경영체제를 갖추고 있는지를 제3자(인증기관)로부터 자율적으로 인증 받는 제도로서, 품질경영및공산품안전관리법(ISO 9000)과 환경친화적산업구조로의전환촉진에관한법률(ISO 14000)에 근거한다. 1997년부터 국내인증이 시작되었고, 2004년 말 기준으로 ISO 9000이 12,424건, ISO 14000이 2,610건 인증 받았으며, 총 80여개의 인증기관(국내 36개, 외국 50여개)이 있다.

ISO인증은 기업의 품질경영 및 품질보증활동 체계화에 의한 품질향상기반 마련, 구매자로부터의 중복된 공장평가를 피함으로써 시간 및 경비의 절약, 경영품질에 대한 신뢰성 향상, 국제 공신력 확보 등으로 기업이미지 개선효과를 거둘 수 있다. 그러나 현 단계에서는 인증기관의 난립에 따른 과당경쟁, 인증 컨설팅의 관리부재로 인한 부실인증 발생 등의 문제에 직면하여 국내에서 활동 중인 외국계 인증기관에 대한 자율적 상호감시체계 구축 등의 관리방안 마련이 요구된다.

지방지치단체 표시제도는 도내의 우수한 농특산물의 품질을 도지사가 인증하고, 소비자신뢰 확보 및 경쟁력 향상을 통한 차별화를 위해 도입한 제도이다. 대부분의 광역지방자치단체가 자체의 품질보증제를 도입하고 있으며, 인증품목에 대해서 별도의 인증마크를 사용하고 있다.

지방자치단체의 품질인증표시는 별도의 품질인증기준을 갖추고 적용하는 경우도 있지만 대체로 이미 정부의 품질인증을 받은 우수농산물을 대상으로 공동상표사용을 허가하는 형태로 시행되고 있다. 즉, 우수상표 사용의 허가, 우수농산물의 지정 및 추천 등을 통해서 공동상표를 사용하는 형태이며, 우수상표는 주로 친환경농산물과 지역명품에 적용되는데 대부분 정부의 품질인증을 받은 농산물 및 가공품이 포함된다.

10) GAP와, 추적제

우수농산물관리제도(GAP : Good Agricultural Practice)는 안전하고 위생적인 농축산물 공급을 위해 생산자 및 관리자가 지켜야 하는 생산 및 취급 과정에서의 위해요소 차단 규범을 의미한다. 즉, 환경에 의한 위해요인을 최소화하고 소비자에게 안전한 식품을 제공하기 위하여 농축산물의 재배, 수확, 수확후 처리, 저장과정 중의 화학제, 중금속, 미생물에 대한 관리 및 이력추적의 기록사항 등을 중점관리하여 최종농산물의 안전성을 보장하기 위한 제도이다.

국제적으로 식품안전에 대한 논의가 이루어지면서 2003년 Codex 등을 중심으로 과일 및 채소류에 대한 생산·취급 기준이 마련되었고, 수입농산물의 통관기준으로 요구하려는 움직임이 있다. EU, 미주지역(캐나다. 미국, 멕시코, 칠레 등), 아시아(중국, 말레시아 등) 등은 GAP를 도입하여 실시 중에 있다. 국내에서도 국제기준에 부합하는 고품질농산물 생산과 수출 증대를 목적으로 2002년 약용작물을 시작으로 GAP 도입을 결정하였으며, 2003년부터 약용작물, 파프리카, 수박 등 과채류, 포도 등을 대상으로 농협, 농수산물유통공사, 생약협회를 통해 시범사업을 실시하였다. 2004년에는 19개 품목 312농가를 대상으로 시범사업을 실시하고 농산물품질관리법에 GAP도입의 근거를 마련하였다.

추적제는 합법적인 목표로서의 이력추적(TBT 조치)과 식품안전 목표로서의 이력추적(SPS 조치)의 두 가지 관점으로 정의된다. 전자는 수입국인 유럽국들이 지지하고 있는 개념으로 표시의 적정성 여부 확인 및 소비자 신뢰확보를 위하여 추적제 적용이 필요하다는 입장으로 식품의 공정한 무역행위를 위해 필요한 정보를 제공하는 것이다. 후자는 미국을 비롯한 농산물 수출국과 개발도상국들이 지지하는 개념으로서 식품에 위해가 있을 경우에만 제품을 추적하고 식품에 위해가 없는 경우 표시나 원산지 확인을 위한 서류 등의 요구는 불필요하다는 입장으로 위해에 대해 적정보호수준을 확보하기 위해 위험관리 결정에 필요한 정보를 제공하는 것으로 해석된다.

영국 등 유럽국들은 광우병 발생 이후 소고기에 대해서 추적제를 도입하고 있으며, 일본은 2003년부터 시범사업을 실시하고 있다. 국내에서도 2004년에 소고기 추적제를 도입하였고, 2006년까지 시범사업을 추진 한 이후 2008년 법을 제정할 계획이다.

3 소비자의 식품표시 이용현황

가. 식품 구입 시 고려요인

식품 구입 시 도시 소비자가 고려하는 요인에 대한 조사결과 〈표5-2〉와 같이 농축산물의 경우 신선도(채소 94.8%, 과실 75.8%, 육류 76.1%)를 가장 우선적으로 고려하고 있었다. 과일은 맛(63.5%)을 고려하는 비중이 높았다. 안전성 고려 비중이 육류의 경우 13.6%로 낮게 조사되었으나, 이는 위생과 관련된 안전성 척도로 신선도가 고려되었기 때문으로 보인다. 채소류의 경우 안전성을 고려하는 비중이 16.3%로 과일(11.8%)에 비해서 높아 채소류의 안전성에 대한 소비자 관심이 상대적으로 높은 것으로 나타났다. 가공식품은 브랜드(44.0%)와 안전성(40.6%)이 가장 우선적으로 고려되었다.

〈표5-2〉 식품구입 시 주요 고려요인 (%)

구분	채소	과일	육류	가공식품
가격	44.8	28.8	35.1	29.8
맛	16.5	63.5	28.8	14.3
안전성	16.3	11.8	13.6	40.6
신선도	94.8	75.8	76.1	23.5
영양가	5.3	4.5	13.8	14.1
선별(외관), 포장상태	21.5	15.3	17.0	32.0
브랜드	0.8	0.5	14.6	44.0
기타	0.3	-	61.5	2.0

* 대도시 400가구, 복수응답

나. 표시 이용현황

구입식품과 표시내용이 일치하지 않는다고 생각한 적이 있는 소비자는 36.5%이며, 제조년월일과 원산지항목에서 불일치를 경험했다고 응답한 소비자가 가장 많았다. 표시내용과 구입식품의 불일치를 경험 시 소비자의 52.7%는 불평을 호소하지 않았으며, 불평을 호소할 경우 대부분은 판매점을 통해 하는 것으로 나타났다.

식품 구매 시 포장지 표시내용 확인 정도의 경우 거의 매번 표시를 확인하고 구입하는 소비자는 10%에 못 미치며, 85% 이상 소비자는 자주 또는 가끔 보는 것으로 조사 되었다. 소비자의 연령별로는 30대 계층에서 표시를 확인하는 비중이 높은 반면 50대 소비자의 경우 낮았다.

식품표시에 대한 신뢰도 조사결과 표시에 전혀 관심이 없는 소비자는 10% 정도, 신뢰하지 않는다고 응답한 소비자는 20% 수준이다. 연령계층별로 표시제도에 대한 불신이 가장 높은 계층은 40대로 26.5%의 소비자가 신뢰하지 않는다고 응답하였다. 식품표시를 신뢰하지 않을 경우 그 이유로는 표시절차나 검사과정에 대해 신뢰하지 못하기 때문이 33.3%로 가장 많았으며, 인증업체의 사후관리를 신뢰하지 못하기 때문이 29.0%에 달하였다.

식품표시에 대한 소비자 태도변화를 조사한 결과 1년 전에 비해 식품표시를 더 많이 보게 되었다는 의견이 66.3%로 소비자의 표시이용도가 높아졌고, 신뢰도의 경우 보통으로 평가한 소비자가 가장 많았으나(42.3%) 신뢰도가 제고되지 않았다고 응답한 소비자(17.6%)보다 제고되었다고 응답한 소비자(40.3%)가 많아 신뢰도도 향상되었다.

제2절 식품표시제도의 운영체계

식품표시제도의 운영체계 및 시행방식을 관련 법률과 제도의 목적, 세부규정, 시행절차, 사후관리 등으로 정리하였다. 세부규정은 제도별로 관련 법률규정과의 적합성과 연계성을 중심으로 평가하였다.

1 표시관련 법률의 목적과 제도

가. 법률목적

식품표시관련 법률 중에서 상당수는 상품성과 안전성을 동시에 추구하며, 소비자보호와 생산자 소득증대에 이바지하는 것을 모두 목적으로 설정함으로써 법률의 성격이 명확히 구분되지 않고 표시관련 내용이 중복될 수밖에 없는 조건이 내재되어 있다.

〈표5-3〉과 같이 수산물품질관리법과 축산물가공처리법에는 품질향상과 위생관리가 목적으로 포함되어 있으며 농산물품질관리법에는 안전성이 목적에 포함되지 않으나 안전성 조사관련 규정이 포함되어 내용적으로는 안전성관리가 목적에 내재되어 있다. 또한 식품위생법과 친환경농업육성법은 각각 공중보건증진과 환경보전기능 증진을 목적으로 설정하여 안전과 환경에 기여한다는 점에서 구별되나 전자는 영양의 질적 향상에서, 후자는 농산물품질관리 측면에서 상품성과 관련된다.

〈표5-3〉 식품표시관련 법률의 목적 비교

법률	목적
농산물품질관리법	농산물의 적정한 품질관리를 통하여 농산물의 상품성을 높이고 공정한 거래를 유도함으로써 농업인의 소득증대와 소비자 보호
친환경농업육성법	농업의 환경보전기능을 증대시키고, 농업으로 인한 환경오염을 줄이며, 친환경농업을 실천하는 농업인을 육성함으로써 지속가능하고 환경친화적인 농업을 추구
농산물가공산업육성법	농산물가공산업을 육성하여 농산물의 부가가치를 높일 수 있는 기반을 마련하고, 농산물의 상품성 제고와 공정한 거래의 실현을 도모함으로써 농업인의 소득증대와 소비자보호
축산물가공처리법	가축의 도살·처리와 축산물의 가공·유통 및 검사에 관하여 필요사항을 정함으로써 축산물의 위생적인 관리와 그 품질향상을 도모하여 축산업의 건전한 발전과 공중위생의 향상
수산물품질관리법	수산물에 대한 적정한 품질관리를 통하여 수산물의 상품성과 안전성을 높이고 수산물가공산업을 육성함으로써 어업인의 소득증대와 소비자보호
식품위생법	식품으로 인한 위생상의 위해를 방지하고 식품영양의 질적 향상을 도모함으로써 국민보건의 증진
표시광고의공정화에관한 법률	상품의 표시·광고에 있어서 소비자를 속이거나 소비자로 하여금 잘못 알게 하는 부당한 표시·광고를 방지하고, 소비자에게 바르고 유용한 정보의 제공을 촉진함으로써 공정한 거래질서 확립과 소비자보호

나. 표시제도

식품표시관련 법률은 품목별·포장여부 등에 따라 소관부처가 구분됨에 따라 동일한 표시제도가 여러 법에 근거하여 운영되는 문제점이 있다. 예를 들어 GMO 식품표시제도의 경우 농산물품질관리법, 수산물품질관리법, 식품위생법에 규정되어 있으며, HACCP인증도 대상품목에 따라서 수산물품질관리법, 축산물가공처리법, 식품위생법에 의해 운영되고 있다. 이러한 대부분의 제도가 여러 법에 중복되어 규정됨에 따라 생산자와 유통업체 입장에서 제품의 대한 중복규제가 발생하게 된다. 어묵의 예를 보면 원산지 규정은 수산물품질관리법에, 밀가루의 원산지 규정은 농산물품질관리법에, 어묵가공제품의 일반표시는 식품위생법에 근거를 두고 있다.

수산물과 가공식품의 경우 표시 및 인증관련 업무가 각각 수산물품질관리법과 식품위생법 에 대부분 규율되는 반면, 농산물은 표시 및 인증업무가 모두 농산물품질관리원에 의해 관장됨에도 불구하고 관련 법률이 농산물품질관리법, 친환경농업육성법, 농산물가공산업육성법 등으로 구분되어 운영되고 있다. 원산지표시제도와 지리적표시제도는 농축산물과 농축산가공품 원산지규정이 농산물품질관리법에, 수산물과 수산가공품 원산지규정이 수산물품질관리법에 통합되어 있는 제도이다. 그러나 원산지표시의 경우 표시대상품목이 농축산물과 가공식품으로 구분되어 규정됨에 따라 내용상으로는 한 가지 법률에 규정된다고 보기 어렵다. 또한 지리적표시제도는 농산물품질관리법과 수산물품질관리법에 농수산물과 가공제품을 포함하여 규정하고 있으나 실제는 가공식품만이 대상품목으로 지정·운영되고 있는 상황이다.

다. 대상품목 분류

식품표시관련 법률이 품목에 따라 분리·운영될 뿐만 아니라 대상품목이 각 법에서 분명히 구분되지 않아 생산자와 법 집행자 입장에서 혼란과 어려움이 예상된다. 특히 〈표5-4〉와 같이 원물식품과 가공식품의 규정이 명확하지 않아 동일 식품에 대해 적용기준이 다르게 규정될 가능성이 상존하고 있다.

〈표5-4〉 식품표시관련 법률에서 가공식품 범위규정 비교

법률	규정
식품위생법시행령	가공과정 중 위생상 위해발생의 우려가 없고 식품의 상태를 관능으로 확인할 수 있도록 단순 처리한 것은 제외
식품위생법시행규칙	식품 등의 수입신고 및 검사규정에서 가공과정을 거쳐 식품의 상태를 관능으로 확인할 수 있도록 처리된 것을 포함
농산물가공산업육성법	농산물을 원료 또는 재료로 하여 제조·가공한 가공식품과 전통식품
축산물가공처리법	햄류, 소시지류, 베이컨류, 건조저장육류, 양념육류, 기타식육가공한 것(포장육, 분쇄가공육제품, 갈비가공품, 식육추출가공품, 식용우지, 식용돈지)

법률	규정
수산물품질관리법	수산물을 재료의 50% 넘게 사용하여 가공한 제품 또는 수산물·수산가공품의 함량이 농산물·농산가공품 함량보다 많은 가공품
부가가치세법	미가공식료품은 식용에 공하는 농산물 · 축산물 · 수산물 또는 임산물 중 가공되지 아니하거나 탈곡 · 정미 · 정맥 · 제분 · 정육 · 건조 · 냉동 · 염장 · 포장 기타 원생산물의 본래의 성질이 변하지 아니하는 정도의 1차가공을 거쳐 식용에 공하는 것과, 소금, 수돗물, 김치 · 두부 등 재정경제부령이 정하는 단순 가공식료품, 미가공식료품을 단순히 혼합한 것, 쌀에 식품첨가물 등을 첨가 또는 코팅하거나 버섯균 등을 배양시킨 것으로서 재정경제부령이 정하는 것

가공식품의 범위에 대해서 식품위생법에서는 가공정도를 기준으로 포함여부를 규정하고 있는데, 같은 법률상에서도 적용범위 규정에 차이가 있는 것으로 나타난다. 즉, 식품위생법시행령 13조에 의하면 가공식품 범위에서 가공과정 중 위생상 위해발생의 우려가 없고 식품의 상태를 관능으로 확인할 수 있도록 단순 처리한 것은 제외된 반면, 동 시행규칙 11조에 의하면 가공과정을 거쳐도 식품의 상태를 관능으로 확인할 수 있도록 처리된 것을 포함하고 있다. 농수축산물의 경우 가공식품에 대한 규정이 각각 농산물가공산업육성법, 수산물품질관리법, 축산물가공처리법에 명시되어 있으나, 식품위생법과 같이 가공정도를 기준으로 한 것이 아니고 제품종류와 함량 등으로 설정되어 있다. 농산물가공산업육성법에는 농산물을 원료 또는 재료로 하여 제조·가공한 가공식품과 전통식품으로 정의하고 있고, 축산물가공처리법에는 햄류, 소시지류, 베이컨류, 건조저장육류, 양념육류, 기타식육가공한 것으로 나열되어 있다. 또한 수산물품질관리법에는 수산물을 재료의 50% 넘게 사용하여 가공한 제품 또는 수산물·수산가공품의 함량이 농산물·농산가공품 함량보다 많은 가공품으로 정의하여 수산물 함량을 기준으로 수산가공품을 설정하고 있다. 또 부가가치세의 부과기준이 되는 부가가치세법에 따르면 미가공식료품을 규정하여 법률마다 가공식품 분류기준에 차이가 있어 동일대상품목이 중복되거나 누락될 수 있는 가능성이 있는 것으로 평가된다.

2 규정 및 시행절차

가. 표시기준과 표준규격

일반표시기준의 경우 〈표5-5〉와 같이 산물형태의 농수산물에 대한 품질표시기준의 법적 근거가 마련되지 않았고, 포장제품에 대한 표시항목규정도 표준규격품 여부에 따라 적용기준이 상이한 문제점이 있다. 포장농수산물의 경우 표준규격품은 농산물품질관리법과 수산물품질관리법에 규정되며, 표준규격품임을 표시할 때 품목, 산지, 품종, 등급, 무게 또는 개수, 산년(곡류에 한함), 생산자 또는 생산자단체 명칭 및 전화번호를 표시해야 한다. 반면 포장농수산물 중에서 비표준규격품은 식품위생법에 분리되어 규정되며, 표시사항은 제품명, 식품유형(별도지정), 업소명 및 소재지, 제조연월일(별도지정), 유통기한(식품첨가물과 기구 또는 용기·포장 제외), 내용량(기구 또는 용기·포장 제외), 원재료명 및 함량, 성분명 및 함량, 영양성분(별도지정), 기타 등으로 규정되어 있다.

농림수산물의 중량허용오차 범위는 농산물품질관리법과 수산물품질관리법에는 규정되지 않으며 계량에 관한 법률과 식품위생법의 식품등의표시기준에서 규정하고 있으나 가공품과 마찬가지로 1kg 이상 포장단위에서 1% 오차범위가 허용된다. 따라서 포장농수산물의 경우 표준규격품 여부에 따라 다른 법률에 규정되고 표시기준이 일치하지 않아 소비자의 혼란을 초래할 수 있다. 비표준규격 포장농산물은 산지, 품종, 등급의 품질정보가 제공되지 않고 유통기한 등 가공식품과 동일한 항목이 적용되는 등 농수산물 특성이 반영되지 못하는 문제점이 있다. 또한 농수산물은 가공식품과 달리 유통과정에서 수분이 계속 감소하므로 자연감량현상이 심하게 발생하여 중량허용오차범위 기준을 맞추기 어렵고 이로 인해 소비자와 생산자간의 분쟁 및 민원이 발생할 소지가 크다.

〈표5-5〉 식품별 표시항목 비교

분류 / 표시사항	농산물품질관리법		수산물품질관리법	축산물가공처리법	식품위생법
	포장양곡	농산물규격품	수산물규격품	축산물(축산가공, 포장육)	가공식품, 포장농수산물(비규격품)
품목	●	●	●	●	●
산지	●	●	●		
품종	●	●			
등급	●	●	●		
산년	●				
내용량(무게/개수)	●	●	●	●	●
제조연월일(별도지정)				●	●
생산자 주소	●	●	●	●	●
유통기한				●	●
원재료 및 함량				●	●
성분명 및 함량				●	●
영양성분(별도지정)				●	●
기타사항				●	●

나. 품질인증

품질인증제도는 친환경농산물인증, 농산물품질인증, 전통식품인증, 특산품인증, 수산물품질인증 등 인증의 성격과 품목에 따라 구분되어 다양하게 실시되고 있다. 따라서 관련제도 간에 연계성이 결여되고 표시방식 및 위반제재 등 시행규정에 차이가 있다.

품질인증의 유효기간은 〈표5-6〉과 같이 대부분의 제도에서는 1년으로 규정되어 있으나, 수산물품질관리법상에는 2년으로 규정되어 있다. 위반제재의 경우 표시위반과 마찬가지로 수산물품질관리법에 시정명령조치조항이 포함되어 있다. 표시방식에 대해서는 대부분 인증표시와 함께 기본표시를 하도록 규정하고 있으나, 농산물가공산업육성법의 특산물품질인증에는 인증표시만 표시사항으로 규정되어 있다.

〈표5-6〉 품질인증의 법간 비교

	농산물품질관리법	친환경농업육성법	농산물가공산업육성법	수산물품질관리법
적용대상	품질인증	유기농산물·전환기유기농산물·무농약농산물 및 저농약농산물	특산물과 전통식품(특산물에 유기농산물가공품인증 포함)	수산물·수산특산물 및 수산전통식품
유효기간	1년	1년	1년	2년
품질인증 기관	농산물품질관리원, 생산자단체	농산물품질관리원, 인증기관	농산물품질관리원 지원 또는 출장소	수산물품질검사원, 생산자단체
표시내용	품질인증표시, 표시사항(표준규격품 표시사항)	친환경농산물표시, 생산자(수입품은 유통업자)의 성명, 주소, 전화번호, 인증번호, 품목, 산지, 생산연도(곡류에 한정), 무게	특산물품질인증 : 인증표시 전통식품품질인증 : 품명, 원료명, 내용량, 제조연월일 및 유통기한, 생산자 명칭·주소 및 전화번호	수산물, 수산특산물 : 산지, 품명, 생산년도, 무게, 생산조건(자연산, 양식산), 등급, 업체명 및 대표자 수산전통식품 : 품명, 원료명, 내용량, 제조연월일 및 유통기간, 생산자의 성명, 주소 및 전화번호

친환경농산물인증의 경우 친환경농업육성법, 유기농산물가공식품의 경우 농산물가공산업육성법, 유기식품표시는 식품위생법으로 분산되어 규정됨에 따라 제도간의 조화와 연계성이 떨어진다. 즉, 유기농산물인증은 친환경농업육성법에 근거하여 반드시 인증을 받은 농산물에 한해 유기농산물 표시가 가능하다. 유기농산물가공품인증은 농산물가공산업육성법시행규칙의 생산조건(국립농산물품질관리원장이 지정·고시하는 생산조건에 의하여 인증한다는 조항)을 근거로 제정된

유기농산물가공품품질인증에관한규정으로 시행되며, 유기농산물을 95% 이상 사용하고 제조·가공과정이 적합해야 한다. 인증대상품목으로는 녹즙, 주스류, 녹차류, 분말류 등이 고시되었고, 고시되지 않은 품목에 대해 인증 받고자 할 때는 국립농산물품질관리원장의 승인을 받도록 규정되어 있다.

유기가공품을 수입할 경우 대부분의 국가는 수입국과 동등한 검사 및 인증제도를 갖춘 나라의 인증기관에서 발행한 인증서를 가지고 적합여부를 판단하나, 우리나라는 식품위생법의 규정을 적용받아 우리의 인증기준으로 평가하는 것이 아니라, 수출국 정부의 관리기준으로 평가함으로써 수입유기식품의 명확한 관리가 어려운 상황이다. 즉, 식품의약품안전청의 유기식품관련 고시에 의하면 국내식품의 경우 해당 식품의 제조·가공에 사용한 원재료 중 정제수와 염화나트륨을 제외한 95% 이상을 친환경농업법의 유기농산물 기준에 따라 생산되어 품질인증을 받은 농·축·임산물을 사용하도록 규정한 반면, 수입식품의 경우에는 식품의약품안전청 고시규정에 적합한지의 여부는 당해제품 수출국 정부에서 정한 유기농산물 및 유기가공식품의 표시에 관한 규정의 인증기관 요건에 적합한 기관에서 발행한 인증서로 판단할 수 있다고 규정하고 있다. 따라서 유기식품이 반제품 또는 완제품으로 수입되는 경우 식품위생법의 규정을 적용받아 우리의 인증기준으로 평가하는 것이 아니라 수출국 정부의 관리기준으로 평가하고 있다.

다. 원산지와 지리적표시

원산지표시제도와 지리적표시제도는 산물과 가공식품의 관련규정이 통합·운영되는 유일한 제도로서 농산물 및 농산가공식품의 관련 규정이 농산물품질관리법에, 수산물 및 수산가공품의 관련규정이 수산물품질관리법에 규정되어 있다. 또한 수출입물품의 원산지표시는 대외무역법에 근거를 두고 있다.

원산지표시 관련 법률이 상당부분 통합이 이루어진 것으로 보이나 〈표5-7〉과 같이 법률 간의 모순, 불일치 측면이 내재되어 있다. 첫째, 가공식품의 원산지표시는 농산물과 수산물 품질관리법에 근거를 두고 있음에도 불구하고 가공식품의 원산지표시대상 품목의 정의·분류체계가 농수산물의 대상 품목과 연계되지 않아 혼란과 불일치가 발생한다. 즉, 가공식품 원산지 표시 대상품목은 농산물원산지표시요령에 규정되어 있으나 식품공전의 식품분류를 근거로 선정되었으며 농산물 대상품목과 연계성이 부족하다. 또한 건강기능식품에관한법률 제정 이후 식품공전 중 영양보충용 식품, 인삼·홍삼제품 등이 구분됨에 따라 가공식품의 표시대상품목도 분산·운영되고 있다. 수산물과 수산가공식품에 대한 원산지표시대상품목은 수산물품질관리법에 모두 규정되나 품목간에 연계성이 부족하다.

예를 들어 밀은 원산지표시 대상품목인 반면 밀가루를 원료로 하는 가공식품 중에서는 식빵과 과자류만이 대상품목으로 지정되어 있어 식빵 이외의 빵류 및 가공식품은 원산지표시가 의무화되지 않는다. 또한 가공식품 중에서 김치류는 원산지표시대상품목이나 주원료인 배추는 원산지표시대상품목에서 제외된다. 즉, 표시대상 지정 농산물과 수산물 가공형태의 경우 어떤 품목으로 가공하느냐에 따라 원산지표시를 하지 않아도 되는 문제점이 있으며, 역으로 원산지표시대상 가공식품의 경우 원료에 대해서는 원산지표시의무가 부과되지 않을 수 있다.

원산지표시 관련 법률의 두 번째 문제는 수입원료를 이용하여 국내에서 생산한 가공식품의 원산지 판정에 관한 것이다. 대외무역법에서는 수입물품의 생산·제조·가공과정에 2개 이상의 국가가 관련될 경우 최종적으로 실질적인 변형을 행하여 그 물품의 본질적 특성을 부여하는 활동을 행한 국가를 원산지로 한다고 규정하고 있다. 즉, 수입원료를 이용한 가공식품의 경우 단순가공형태가 아니라면 국내산으로 규정될 소지가 있다. 반면 농산물품질관리법시행령과 수산물품질관리법시행령에서는 수입농수산물과 농수산가공품의 원산지표시기준이 기본적으로는 대외무역법을 따르고 있지만 농산물품질관리법에는 수입농산물 등을 국내에서 가공한 경우 당해 가공품의 원산지는 그 가공품에 제공된 수입농산물 또는 수입가공품의 원산지로 본다는 단서조항을 포함하고 있다. 이 단서조항은 수입농산물로 가공 시 제품의 원산지를 수입농산물(수입가공품)의 원산지로 규정하고 있어 대외무역법과 근본적으로 상충되는 조항이다. 또한 농산물품질관리법시행령의 경우 수입농산물의 비중에 대한 언급이 없어 수입농산물(수입가공품)이 어느 정도 이용될 경우 수입산으로 규정되는 지에 대해 명시되어 있지 않기 때문에 규정을 엄격히 적용하기 어려운 상황이다. 이러한 법률적인 모호성과 모순되는 측면은 실제 동일한 사안에 대해 정반대의 판결사례를 낳기도 하였다. 중국산 배추를 사용하여 국내에서 제조한 김치에 대하여 국산표시가 정당하다는 1심판결사례(인천지법 2004년)와 제품에 한국산으로 표시할 경우 소비자가 김치원료 원산지를 모두 한국산으로 오해할 가능성이 높기 때문에 농산물품질관리법에 따라 사용원료를 기준으로 원산지를 표시해야 한다는 2심 항소판결사례(인천지법 2005년)가 있다.

〈표5-7〉 원산지제도의 법률간 비교

원산지표시	농산물품질관리법	수산물품질관리법	대외무역법
대상	농산물 및 그 가공품의 원료	수산물 및 그 가공품의 원료	수입농산물 및 수입가공품
수출입품 원산지 판정기준	수입농산물 등의 원산지판정기준은 대외무역법시행령 55조 원산지판정기준을 따름. 다만, 수입농산물 등을 국내에서 가공한 경우 당해 가공품의 원산지는 그 가공품에 제공된 수입농산물 또는 수입가공품의 원산지로 봄	수입수산물 및 수산가공품의 원산지판정기준은 대외무역법시행령 55조 원산지판정기준을 따름.	수출입품의 생산, 제조, 가공과정에 2이상 국가관련 경우 최종적으로 실질적 변형을 행하여 물품의 본질적 특성을 부여하는 활동수행 국가를 원산지로 봄

원산지표시	농산물품질관리법	수산물품질관리법	대외무역법
표시방법	• 국산농산물은 국산 또는 시군명 표시 • 국내가공품(수입가공품국내가공포함)은 원료함량순위에 따라 원산지표시 - 50% 이상 원료, 또는 배합비율 높은 순 2가지 원료 • 포장에 인쇄하거나 스티커표시, 포장 않을 경우 당해농산물스티커 또는 표시판 또는 판매용기 표시 • 한글표시, 필요시 영문과 병기 • 위치, 글자크기, 색깔 등은 고시	①국산 또는 연근해산, ②시군명, ③원양산, ④수입수산물가공시 원료생산국 • 국내수산가공품 원산지표시 - 50% 이상 원료, 또는 배합비율 높은 순 2가지 원료 • 포장에 인쇄하거나 스티커표시, 포장 않을 경우 당해수산물스티커 또는 표시판 또는 판매용기 표시 • 한글표시, 필요시 영문과 병기 • 최종구매자 쉽게 알아볼 수 있는 글자크기, 식별용이, 쉽게 지워지거나 떨어지지 않는 방법표시	• 한글·한문 또는 영문으로 표시 • 최종구매자가 용이하게 판독할 수 있는 활자체표시 • 식별하기 용이한 위치표시 • 쉽게 지워지거나 떨어지지 않는 방법으로 표시 • 단순한 가공활동을 수행할 경우는 당초의 원산지표시를 해야 함

지리적표시절차는 〈표5-8〉과 같이 농산물 및 농산가공품에 대해서는 농산물품질관리법, 수산물 및 수산가공품에 대해서는 수산물품질관리법에 규정되어 있다. 표시대상과 표시방법 등에서 유사하나 수산물품질관리법에서는 수산물품질관리심의회 심의를 거쳐 선정하는 것으로 규정된 반면, 농산물품질관리법에서는 농산물품질관리심의회를 거치지 않고 지리적표시심의회를 별도로 두고 있다.

그 밖에 위반제재의 경우 원산지표시와 지리적표시 모두 수산물품질관리법에는 시정명령조치단계를 두지만, 농산물품질관리법에서는 시정명령에 관한 규정이 없다.

〈표5-8〉 지리적표시제도의 법률간 비교

	농산물품질관리법	수산물품질관리법
대상	지리적 특성을 가진 우수한 농산물 및 그 가공품	지리적 특성을 가진 우수한 수산물 및 수산가공품
신청자	생산자단체 또는 가공업자로 구성된 단체(법인에 한정), 단 생산자 또는 가공업자가 1인인 때는 예외	생산자단체 도는 가공업자로 구성된 단체(법인에 한정). 단 생산자 또는 가공자가 1인인 때에는 예외

	농산물품질관리법	수산물품질관리법
절차	지리적표시심의회의 심의를 거쳐 농림부장관이 고시-신청자에 의한 등록신청을 산림청장 또는 농산물품질관리원장에게 제출-지리적표시등록심의회의 심의 후 결정	수산물품질관리심의회의 심의를 거쳐 해양수산부장관이 등록대상품목, 대상지역을 선정-신청자에 의한 등록신청을 수산물품질검사원장에게 제출-심사 후 결정
표시내용	위치, 글씨크기, 색상, 도안의 크기	위치, 글씨크기, 색상, 도안의 크기

라. GMO표시

GMO관련 표시제도는 GMO용어 해석의 차이에 따라 제도의 명칭이 다르게 규정되어 있다. 즉, 〈표5-9〉와 같이 농산물품질관리법과 수산물품질관리법에서는 GMO를 유전자변형농산물 또는 유전자변형수산물로 명명하며, 인공적으로 유전자를 분리 또는 재조합하여 의도한 특성을 갖도록 한 농수산물로 규정하고 있다. 반면 식품위생법에서는 GMO식품을 생물의 유전자 중 유용한 유전자만을 취하여 다른 생물체의 유전자와 결합시키는 등의 유전자재조합기술을 활용하여 재배·육성된 농·축·수산물 등을 원료로 하여 제조·가공한 식품 또는 식품첨가물로 규정하고 있으며, 유전자재조합식품등의표시기준을 근거로 운영되고 있다.

표시규정에 있어서도 농산물품질관리법에서는 GMO 아님 표시가 가능하나 식품위생법에서는 이러한 표시규정을 금지하고 있다. 품목선정절차의 경우 수산물품질관리법에서는 수산물품질관리심의회의 심의를 거쳐 해양수산부장관이 표시품목을 선정하여 고시하는 반면, 농산물품질관리법에서는 농산물품질관리심의회 심의를 거치는 것이 아니라 농림부장관이 정하여고시하도록 규정되어 있다. 위반에 대한 제재에 있어서는 수산물품질관리법상에는 시정명령조항이 포함되어 있다.

〈표5-9〉 GMO표시의 법률간 비교

	농산물품질관리법	수산물품질관리법	식품위생법
대상	인공적으로 유전자를 분리 또는 재조합하여 의도한 특성을 갖도록 한 농산물	인공적으로 유전자를 분리 또는 재조합하여 의도한 특성을 갖도록 한 수산물 및 이 식용수산물	유전자재조합기술을 활용하여 재배·육성된 농축수산물 등을 원료로 하여 제조·가공한 식품 또는 식품첨가물
품목선정 절차	농림부장관이 정하여 고시 (콩, 옥수수, 콩나물, 감자)	수산물품질관리심의회의 심의를 거쳐 해양수산부장관이 정하여 고시	식품의 기준 및 규격은 식품의약품안전청장 고시
표시방법	• 구매자가 용이하게 판독할 수 있는 활자체로, 식별용이 위치에, 쉽게 지워	• 구매자가 용이하게 판독할 수 있는 크기와 포장의 바탕색과 다른 색깔로 식	• 지워지지 않는 잉크·각인 또는 소인 등을 사용하여 소비자가 쉽게 알아볼 수

	농산물품질관리법	수산물품질관리법	식품위생법
	지거나 떨어지지 않는 방법, 글자크기는 구매자가 쉽게 알아볼 수 있는 크기 • 유전자변형(농산물명), 유전자변형(농산물명) 포함, 유전자변형(농산물명) 포함가능성 있음 • 비의도적혼입비율 3%이하	별하기 쉬운 위치에 지워지거나 떨어지지 않는 방법으로 표시 • 유전자변형(수산물명), 유전자변형(수산물명)포함	있도록 용기·포장의 바탕색과 구별되는 색상의 10포인트 이상의 활자로 표시 • 주표시면 또는 원재료명 옆에 유전자재조합식품 유전자재조합OO포함식품, 유전자재조합OO포함 가능성 있음(임의) 표시

마. HACCP

식품위생법에서 HACCP는 일반식품제조·가공업체를 대상으로 하며, 축산물가공처리법과 수산물품질관리법은 각각 도축장 및 축산물 가공장과 수산물 생산·가공시설에 대한 HACCP 인증을 규정하고 있다. HACCP 인증의 경우 〈표5-10〉과 같이 절차와 표시방법은 제도 간 유사하나, 위반제재규정에 차이가 있다. 수산물품질관리법은 위반 시 징역 또는 벌금을 규정한 반면, 축산물가공처리법과 식품위생법에서는 과태료만 규정되어 있고 벌금도 자이가 있다.

〈표5-10〉 HACCP의 법률간 비교

	수산물품질관리법	축산물가공처리법	식품위생법
대상	위생관리기준에 적합한 수산물의 생산, 가공시설 및 위해요소중점관리기준을 이행하는 시설을 운영하는 자	도축장 및 축산물가공장의 영업자	식품을 제조가공하는 영업자 중 보건복지부령이 정하는 영업자, 위해요소중점관리기준의 준수를 원하는 영업자
절차	품질검사원장에게 신청-결정으로 등록되면 품질검사원장은 해양수산부장관에 보고하고, 관할 지방해야수산청장 또는 시도지사에게 통보	검역원장에게 신청서를 제출, 관할시도지사와 함께 적정성 여부 검토, 검역원장이 지정한 후 이를 농림부장관 및 시도지사에게 보고 통보	지정신청의 경우, 식품의약품안전청장에게 신청, 지정서 교부
표시	등록된 자는 그 생산, 가공시설에서 생산, 가공, 출하하는 수산물, 수산물가공품 또는 그 포장에 이를 표시하거나 광고할 수 있음	지정을 받은 자는 이를 표시할 수 있고, 그렇지 않은 자가 위해요소중점관리기준 적용업소라는 명칭을 사용하지 못함	지정을 받은 자는 이를 표시할 수 있고, 그렇지 않은 자가 위해요소중점관리기준 적용업소라는 명칭을 사용하지 못함

바. 허위표시와 과대광고

허위표시나 과대광고에 관한 규정의 경우 농산물품질관리법과 수산물품질관리법에는 따로 규정되어 있지 않으며, 벌칙관련 규정에서 제도별 과태료와 벌칙규정을 제시하고 있다. 식품위생법과 축산물가공처리법에서는 허위표시 등의 금지조항을 두고 있으며, 이에 근거하여 벌칙조항이 규정된다. 표시·광고의공정화에관한법률의 부당한 표시·광고행위의 금지에서는 소비자를 속이거나 소비자로 하여금 잘못 알게 할 우려가 있는 표시·광고행위로서 공정한 거래질서를 저해할 우려가 있는 행위로 포괄적인 규정을 하고 있다.

허위표시금지조항의 경우 허용표시 등의 범위에서 법률간 일치하지 않는 측면이 있다. 즉, 식품위생법 시행규칙 허위표시·과대광고 및 과대포장의 범위에는 용기·포장 및 라디오·텔레비전·신문·잡지·음곡·영상·인쇄물·간판·인터넷 그 밖의 방법에 의하여 식품 등의 명칭·제조방법·품질·영양가·원재료·성분 또는 사용에 대한 정보를 나타내거나 알리는 행위를 규정하고 있다. 반면 축산물가공처리법 시행규칙범위에 용기·포장 및 라디오·텔레비전·신문·잡지·음곡·영상·인쇄물·간판 기타의 방법이 포함되어 인터넷에 의한 규정이 포함되지 않고 있다.

또한 허위표시금지조항의 벌칙규정이 동일한 행위에 대한 벌칙임에도 불구하고 제도별, 법률별로 차이가 있다.

3 사후관리업무

가. 표시감시기관 현황

농산물의 원산지표시 감시는 농림부에서 통합적으로 계획을 수립하고, 농산물품질관리원과 지자체에서 실시하고 있다. 연 1회의 정기단속과 명절 등 특별단속이 필요한 경우 실시되는 수시단속이 있다. GMO표시, 친환경농산물인증표시, 품질인증표시에 대한 단속은 농산물품질관리원 자체계획 하에 실시되며, 9개 지원 및 94개 출장소에서 단속이 이루어지고 있다.

수산물의 원산지표시는 수산물품질관리법 제정 이후 단속 및 과태료 부과 권한이 지자체에 이양됨에 따라, 수산물품질관리원은 단속을 하고 위반사항을 해당 지자체에 통보하는 방식으로 변경되었다. 품질인증에 대한 단속은 수산물품질관리원 13개 지원에서만 이루어지며, 인증품 공장에 대한 사후관리는 법의 심사규정을 근거로 각지원에서 6개월에 한 번씩 이루어진다.

일반식품에 대한 단속은 식품의 허위·과대광고 관련 규정에 근거하여 식약청 지방청과 시도에서 함께 추진되나, 과대광고에 대한 단속이 대부분이다. 공정거래위원회에서도 부당한 표시·광고행위의 금지를 근거로 단속을 실시하고 있으나 광고관련 단속이 대부분이다.

나. 표시단속 현황

농산물에 대한 원산지표시 단속은 2004년에 27만 개소에서 실시되었으며, 적발건수 기준으로 농관원과 지자체에서 각각 90%와 10%를 담당하였다. 허위표시에 대한 처분내역은 고발·입건과 과태료 부과가 각각 절반정도를 점하고 있다.

원산지 다음으로 표시제도에 대한 단속건수가 많은 것은 유전자변형농산물표시, 친환경농산물인증, 품질인증표시 순서이다. 유전자변형농산물표시의 경우 위반실적은 없으며, 미표시에 따른 과태료 부과 실적만이 있다. 농산물품질인증표시의 경우 2004년 적발건수는 77건으로 조치내역은 표시정지 3개월이 42건이고, 인증취소(16건), 시정명령(14건) 순이다. 친환경농산물의 경우 생산 및 유통과정에서 취소가 143건으로 가장 많고, 정지3개월(61건)과 정지1개월(51건) 순이다.

수산물에 대해서는 부정기적으로 판매처를 기준으로 단속을 실시하며, 표시단속위반 중 품질인증표시에 대한 위반이 5%, 원산지표시 위반의 경우가 95% 정도이다. 수산물의 원산지표시에 대한 지도·단속건수는 2004년 2만 건으로 이중 지자체에서 단속한 실적이 92%에 이른다. 2004년 위반 조치된 건수는 과태료 부과가 1,854건으로 대부분이며, 고발건수는 133건으로 7% 수준이다.

가공식품에 대해서는 지방청의 경우 판매점, 제조업소, 유통점을 대상으로 단속하며, 각 시도는 유통점, 집단급식소, 음식점 등을 대상으로 단속을 실시하고 있다. 가공식품에 대한 허위표시·과대광고 처리건수는 2004년 기준으로 판매업소 1,746건, 제조업소 741건으로 총 2,487건에 달하는 것으로 보고되었으나, 대부분 과대광고에 관한 처리건수이며 허위표시 관련 건수는 거의 없다.

제3절 식품안전 표시와 추적제

1 식품안전의 중요성

대규모 식품사고의 빈번한 발생과 그에 따라 표면화된 식품의 허술한 안전관리체계로 인해 식품 및 식품공급자에 대한 소비자의 불신이 높아졌다. 소비자의 불신은 대기업조차 붕괴시키고 시장을 축소시킬 수 있다. 소비자는 이력이 명확한 식품을 필요로 하고 있으며 유통경로의 불투명성은 그 자체가 불신의 요인이 된다. 식품의 이력과 경로의 투명성을 확보하는 수단으로서 식품사슬의 추적(traceability)이 필요하게 되었다.

또한 식품의 안전성을 확보하기 위해 지금까지 공장 등에서는 HACCP, ISO9000s 등과 같이 품질확보를 위한 공정관리체계가 도입되어 왔다. 그리고 대규모 식품사고의 빈번한 발생으로 인해 공정관리체계를 강화할 필요성이 증대되었고, 식품체계의 추적제는 식품안전확보체계를 보완보

강할 수 있을 것으로도 기대되고 있다.

식품에 요구되는 것은 안전관리와 품질관리를 식품사슬 전체를 통해 일관되게 확보하는 것이다. 이를 위해서는 공장 내뿐만이 아니라 농장에서의 원료생산에서 시작하여 식품가공단계, 유통경로를 경유하여 소비자의 손에 도달되기까지, 즉 농장에서 식탁까지의 식품사슬의 추적제가 필요하다.

식품사슬은 다단계이기 때문에 중간에 흐름이 단절되기 쉽고, 적어도 식별코드 등 어느 정도 체계의 표준화가 이루어지지 않으면 사슬을 연결할 수 없다.

ISO9000s나 HACCP에서는 제조기록을 남기기 때문에 제조이력확인은 가능하지만, 그것은 공장내의 공정에 한정되기 때문에 다단계 사업자나 여러 공장이 이어지는 식품사슬에서는 실시하기 어렵다. 또한 제품 또는 제품더미 단위로 제조기록을 검색하거나 원료에서 반제품이나 완제품으로 모양을 변형시켜가는 식품을 더미단위로 틀림없이 추적·소급하는 것은 어렵다. 추적은 제품에 고유의 식별기호를 첨부하고 이것을 제품과 연결하는 추적제 고유의 식별관리체계를 구축함으로써 가능하다.

2 추적제의 국제동향

식품추적제 확립의 움직임은 1990년대 말부터 유럽연합과 북미에서 본격화되어 왔다.

유럽연합에서는 BSE대책을 위해 소의 등록과 식별, 소고기의 표시 및 유통경로의 투명성확보를 목적으로 소와 소고기에 의무화되었다. 또한 유전자변형체(GMO)에 추적제 도입을 의무화하는 법안이 2003년에 유럽의회를 통과하여 GMO를 원료로 하는 모든 식품에 추적제를 확보하고, GMO식품의 식별과 표시가 의무화되었다. 목적은 건강에 대한 위험정보의 수집, 제품회수, 표시의 신뢰성확보에 있다. 그 외에 수산물과 사료에도 추적제의 규정이 있다. 식품 전체에는 2002년에 채택된 규칙에 추적제 조항이 설치되어 2005년 모든 식품과 사료, 식용동물, 식품과 사료의 원료에 도입되었다. 동 규칙에서는 식품안전요건에 식품과 사료사업자의 제품회수 책임이 정해져 있으며 추적제의 확보는 그 담보조치라고 할 수 있다.

프랑스에서는 1999년의 농업지도법 및 소비법전에 추적제 확립을 촉진하는 것이 규정되었고, 근년에는 공업규격협회가 농식품산업을 위한 추적제 지침, 소와 도축장·부분육가공장·소매점 등의 체계규격, 감사규격 등을 작성하였다.

북미에서는 캐나다의 식품회수계획에 추적제가 도입되어 간결하고 명료하게 요건이 규정되어 있다. 미국은 식품표시에 도입되는 것에 반대하고 있는데 미국이 원산국인 GMO에 표시의무가 부가되는 것이 마케팅 상 불리하기 때문이다. 위험관리에 있어서도 추적제는 과도한 예방조치라 보고 있으나 식품회수계획에는 요건이 포함되어 있고, 또한 생물테러법에서 국내 식품 제조자나,

수입식품의 유통사업자에게 부두도착 전에 정보제시를 요구하고 있다.

일본에서는 BSE발생 직후인 2001년에 식품추적제개발위원회에 의해 소고기와 식품의 추적제에 관련한 선진사례조사가 실시되었다. 그것이 농림수산성의 식품안전대책에 있어서 추적제도입을 촉진하는 방향으로 이어져 식품추적제 지침이 책정되었다. 그리고 식품위생법을 개정하여 식품사고 발생 시의 원인규명을 목적으로 식품사업자가 식품의 구입처 등의 기록을 보유하는 것이 장려되었다. 또한 소와 소고기에 대해서는 2003년에 소의 개체식별정보의 관리와 전달에 관한 특별조치법을 제정하여 추적제가 의무화되었다. 이 법의 목적은 BSE 대책 및 축산관련산업의 건전한 발전과 소비자의 이익증진에 있다.

국제적으로는 ISO에 식품사슬상의 추적제에 대한 ISO규격이 제정되었고, Codex에서는 생물공학응용 식품특별소위원회의에서 GMO의 위험관리방법으로서 추적제를 포함해도 좋다고 결정되었다.

3 추적제의 정의

국제적으로는 ISO9000s에 고려 대상이 되어 있는 것의 이력, 적용 또는 소재를 추적할 수 있는 것으로 정의되어 있다. 제품의 경우에는 재료 및 부품의 원친, 치리의 이력, 출고 후 제품의 배송 및 소재가 추적된다.

유럽연합에서는 식품, 사료, 식품으로 가공되는 동물, 식품 혹은 사료에 포함될 것이 의도되어 있거나 또는 예상되는 물질에 대해, 생산, 가공, 유통의 모든 단계를 통해 그것을 좇거나 거슬러 조사하는 능력이라고 정의하고 있다.

일본에서는 추적제를 생산, 처리·가공, 유통·판매의 식품사슬 각 단계에서 식품과 그 정보를 추적하고 또한 소급할 수 있는 것으로 정의하고 있다. 그리고 소비지방향으로 식품의 행선지를 따라가는 것을 추적(trace back 또는 tracing), 생산지방향으로 이력을 거슬러 올라가는 것을 소급(trace forward 또는 tracking)이라고 부른다. 정의의 요점은 식품과 그 정보가 연관되어 있어야 된다는 점, 식품사슬 모든 단계에서의 기록이 필요하다는 점, 소급과 추적이 가능하다는 점이다.

식품추적제의 요점은 식품에 정보를 연관하여 식품을 식별할 수 있게 하는 것이며, 기록된 식품에 관한 정보를 실마리로 식품이 소비지방향으로 유통된 행선지의 추적과 식품이력의 소급을 가능하게 하는 것이다.

4 추적제의 목적

추적제는 제품의 이력, 소재의 파악, 제품과 과정에 관련된 정보의 검색을 가능하게 하는 식품 취급의 기초적인 체계이며, 〈표5-11〉과 같이 위험관리의 수단, 제품정보의 신뢰성확보의 수단, 제품관리의 효율향상수단으로 사용할 수 있다.

무엇을 목적으로 할 것인가는 위험의 상태나 표시의 중요성 등 각각의 제품이나 식품사슬의 특성, 소비자의 요구 등에 따라 다르므로 목적을 명확히 하여 그것에 맞는 체계를 확립하는 것이 중요하다.

〈표5-11〉 식품 추적제 확립의 목적

가. 위험관리의 수단
- ① 제품의 결함원인을 과정을 거슬러 탐색하여 바로잡을 수 있도록 한다.
- ② 목표 제품을 신속하고 정확하게 철거하거나 회수 가능하게 한다.
- ③ 건강에 대한 자료수집을 용이하게 하여 위험관리방법의 발전을 돕는다.
- ④ 생산, 가공, 유통 관련자의 책임을 명확히 한다.

나. 제품에 관한 정보의 신뢰성확보 수단
- ① 경로의 투명성을 높인다.
- ② 소비자와 거래상대, 관련기관에 신속하고 적극적인 정보를 제공한다.
- ③ 표시의 입증성을 높인다.
- ④ 오인을 방지하고 거래를 공정하게 한다.

다. 사업자의 제품관리·공정관리의 효율향상 수단
- ① HACCP나 ISO9000s 체계와 결합하여 공정의 안전관리와 품질관리를 강화한다.
- ② 물류관리를 효율화하고 재고관리를 개선한다.

가. 신속한 원인규명과 정확한 제품회수

높은 수준의 안전관리나 품질관리의 체계를 도입하고 있어도 사고는 발생할 수 있다. 추적제에 의해 그 제품더미가 어느 사업자를 경유하여 제조·판매되었는가에 대해 기록이 남겨져 있으면 취급사업자를 바로 알아낼 수 있으므로 제품의 결함을 발견하였을 경우에 신속히 원인규명에 착수할 수 있다.

그리고 그 원인의 영향을 받은 더미를 알아내면 회수범위를 좁힐 수 있다. 또한 기록에 의해 그 더미의 행선지를 추적할 수 있기 때문에 회수해야 할 제품이 어디에 있는지를 신속하게 알아내어 매장이나 창고 등의 소재지로부터 정확히 철거하고, 또한 구입한 소비자로부터의 회수도 쉽게 된다. 이러한 체계가 없는 경우에는 원인규명이나 회수가 늦어져서 피해가 확대되거나 전제품의 회수가 필요하게 되므로 비용이 많이 들고 사업자의 신용이 상실된다.

프랑스에서 BSE로 처분되어야 할 소고기가 수퍼마켓에서 판매되어 소동이 일어났으나, 이미 소고기의 추적제가 정비되어 있었기 때문에 신속하게 철거·회수되었으며, 또한 만약의 사고에 준비하는 체제가 갖추어져 있다는 사실을 알고 소비자의 신뢰가 향상되었다.

나. 신뢰성확보에 의한 공정거래나 위험관리에 기여

표시의 신뢰성을 높이는 역할은 산지나 품종에 따라 가격차가 크게 발생하여 허위표시의 유혹에 빠져들기 쉬운 농산물이나 식품에 유효하며, 소비자를 오인으로부터 구제하여 산지를 보호하고 공정한 거래를 할 수 있도록 한다.

고베우 등 산지브랜드에서는 표시를 보호하고 무임승차를 방지하기 위해 추적제가 도입되어 있다. 프랑스에서도 소고기는 산지나 품종에 따라 가격차가 커서 표시의 신뢰성이 요구되기 때문에 프랑스 국산 소고기표시나 품종표시 등에 추적제가 도입되고 있다.

또한 알레르기 유인물질 함유식품과 같이 위험이 큰 식품의 표시신뢰성을 확보하는 것은 위험관리에도 유효하다. 그리고 BSE 발생국에서 소고기의 추적제가 의무화된 것과 유럽연합이 GMO의 추적제와 표시의 규칙을 정한 것처럼 건강영향에 대해 소비자의 불안이 큰 식품의 표시에도 유효하다. 또한 높은 수준의 식품안전성이나 품질을 보증하는 인증제도에도 제품에 대한 보증을 보강하기 위해 추적제가 도입되고 있다.

추적제에 의해 표시의 신뢰성이 확보될 수 있는 것은 표시에 기재되는 사항에 대응하도록 해당 제품을 통합하여 고유의 번호 등으로 식별하고, 다른 제품과 혼합되지 않도록 분별관리하기 때문이다. 이러한 상태에서 절단이나 포장공정, 재포장 등을 실시하고 당해 제품에 상표를 부착하는 체계를 만들기 때문에, 내용물과 표시사항과의 일치가 담보된다. 또한 취급사업자와 작업내용에 대한 기록을 남기는 것은 고의로 내용물을 바꿔치는 일을 방지하는 대책이 된다. 또한 물량회계를 도입하면 잘못된 혼입을 방지하는 대책이 된다.

또한 허위표시나 커다란 식품사고가 일어날 때마다 소비자는 식품의 유통경로가 보이지 않는 것 자체에 커다란 불안감을 가져왔다. 누구의 손을 거쳤는지를 알 수 있도록 경로를 명확히 하여 투명성을 확보하는 것은 소비자의 불안을 해소하고 시장으로부터 신뢰를 회복하는 방안이다.

다. 품질관리 · 안전관리와 재고관리의 효율화

추적제는 제품의 특성을 관리하는 수단이 아니므로 제품의 품질이나 안전성의 관리를 실시하기 위해서는 그것을 위한 체계를 별도로 확립하여야 한다. 또한 추적제로 추적할 수 있는 것은 그 체계 하에서 기록된 제품의 특징 중 미리 정해져 있는 사항에 한정된다.

그러나 안전관리나 품질관리체계, 공급사슬관리(SCM)에 추적제를 결합하면 관리의 효율은 크게 향상된다. 그것은 추적제를 통해 제품더미를 식별번호로 관리하는 방식이 고안되면 제품과 그 관리정보를 대응시켜 정확히 기록·전달할 수 있기 때문이다.

재고관리에 대해서는 언제 입고되어 어떠한 제품더미가 창고의 어디에 있는지 등의 재고상태를 일목요연하게 알 수 있기 때문에 불필요한 재고를 보유하는 일이 없어지고 거래처주문에 정확히 대응할 수 있으므로 상당한 비용이 절감된다. 여기에 HACCP 및 ISO9000s를 결합하면 높은 수준의 안전성관리가 가능하며, 또한 식품사슬을 통한 일관된 품질관리도 가능하게 된다.

5 사업자가 갖추어야 할 요건

추적제를 확립하려고 하는 경우에는 사업자나 사업자조직이 그 목적을 명확히 해 두는 것이 필요하다. 무엇을 목적으로 하는가에 따라 식별단위의 크기, 기록, 표시하는 정보내용, 채용하는 정보전달수준의 종류가 좌우된다.

각 사업자가 실시해야 할 요건은 ①제품을 적절히 식별 관리하는 것으로 식별관리가 추적제의 기본요건이며 이 요건이 충족되지 않으면 식품의 추적·소급은 불가능하고, ②체계의 신뢰성을 확보하기 위해 체계의 검사가 요구되며, ③신용을 확보하기 위해서는 법령준수가 요구된다.

소비자가 요구하는 것은 농장에서 식탁까지 식품사슬의 전체를 통해 추적제가 확보되는 것이다. 식품사슬은 다단계로 구성되어 있으며 복수의 사업자가 관여하고 있으므로 사업자의 체계가 사슬로 연결되도록 사업자사이에 조직화된 추진이 필요하다.

가. 제품의 식별관리와 더미

1) 식별관리의 기본요건과 기록

식별관리란 원료와 제품 및 반제품을 상호 대응시키고 또한 그들을 구입처, 판매처와 대응시키며 기록에 의해 특정할 수 있도록 하는 것이다. 이를 위해서는 고유의 식별번호(기호)가 이용된다. 식별관리의 기본절차는 〈표5-12〉와 같다.

〈표5-12〉 추적제를 위한 식별관리의 요건·절차와 기록

1. 기본요건
가) 제품의 식별단위를 정하여 식별단위에 식별번호(ID번호)를 부여하고 특정화한다.
나) 식별된 더미를 다른 것과 섞이지 않도록 분별·관리한다.
다) 아래의 대응시킴을 실시하여 기록한다.
① 원료더미의 식별번호와 구매업자의 식별번호
② 원료더미의 식별번호와 반제품 및 제품더미의 식별번호
③ 통합(분할)전 더미의 식별번호와 통합(분할)후 더미의 식별번호
④ 제품더미의 식별번호와 판매업자의 식별번호

2. 선택요건
가) 원료 및 제품의 안전관리에 필요한 공정상태를 식별단위별로 식별번호를 붙여 기록한다(특정된 건강피해를 일으키지 않도록 하는데 필요한 관리해야 할 위해와 중요관리점에 대응하는 기록).
나) 원료 및 제품의 품질관리에 필요한 공정상태를 식별단위별로 식별번호를 붙여 기록한다(특정된 요구되는 품질을 확보하는데 필요한 품질요소와 중요관리 점에 대응하는 기록).
다) 표찰에 표시하는 사항을 식별단위별로 식별번호를 붙여 기록한다.

한편 식별번호를 부여하는 방법은 제품의 상태에 따라 잉크, 숫자 또는 바코드를 기록한 표찰, 전자칩 등 다양한 방법이 있다. 중요한 것은 제품에 식별번호가 결여된 상태를 만들지 않도록 하는 것이다.

2) 최소한의 절차·기록과 그 이상의 바람직한 작업·기록

〈표5-12〉의 기본요건이 추적제를 위한 최소한의 절차와 기록이며, 식품을 취급한 사업자가 그 기록만 남기고 있으면 제품 또는 더미단위로 식품이 거쳐 간 경로를 알아낼 수 있고, 추적과 소급이 가능하다. 그 최소한의 절차와 기록을 통해 사고의 원인규명과 제품회수에 대응하기 위한 신속한 경로의 소급이나 행선지의 추적 및 원산지표시의 보증이 가능하다.

그 이상의 정보기록이 각 단계별로 어느 정도 필요할 것인가는 추적제의 목적과 그 수준에 따라 다르다. 가령 원인규명을 명확히 실시하기 위해서는 제조공정의 기록이 필요하다. 원산지나 취급사업자 이외의 정보를 표시하는 경우에는 그 표시사항에 관계되는 기록이 필요하다. 또한 제품의 안전관리나 품질관리에 관계되는 필요한 정보가 기록되어 있으면 이들의 관리효율을 높일 수 있다.

3) 더미의 형성·통합·분할과 기록

식품의 식별은 더미단위로 실시하는 것이 일반적이고 공정에서 더미의 통합과 분할이 일어나는 것은 효율에 관계는 되지만 추적제를 저해하는 절대적인 문제는 아니다.

중요한 것은 더미를 형성하거나 더미를 통합·분할할 때, 식별관리가 정확이 실시되도록 주의하는 것이다. 이를 위해서는 더미에 포함되기 이전의 원료나 제품과 거기에서 형성된 더미와의 대응관계, 통합(분할)하기 전의 더미와 통합(분할)한 후의 더미와의 대응관계를 각각의 식별번호를 사용하여 정확히 대응시켜야 한다. 그리고 나중에 소급하거나 추적할 수 있도록 그들의 대응기록을 남기는 것이 필요하다. 대응기록만 있으면 어떻게 통합·분할이 이루어지든 기본적인 추적·소급은 가능하다. 연속생산에서 경계점을 알 수 없을 때에는 그 부분은 복수의 더미가 혼합되어 있다는 것을 기록한다.

추적제를 추진할 때 가장 먼저 추구해야할 것은 그 시점에서의 처리·가공·물류의 공정상태에 따라 그것을 조금씩 개선하여 식별관리가 가능하도록 하는 것이다. 더미를 작게 하거나 식별관리의 정밀함을 추구하는 것은 그 다음의 단계이며, 추적·소급의 효과를 높이려고 할 때 필요하게 된다.

4) 더미의 형성조건과 정의

더미를 식별단위로 하는 경우에는 두 가지 사항에 유의할 필요가 있다.

첫째, 위험관리에 대한 고려로 동일한 생산조건별 범위로 더미를 형성하는 것이 필요하다. 동일 생산조건이란 농장에서는 동일한 재배방법(품종이나 농약의 사용 등), 공장에서는 같은 날 또는 같은 시간대 동일원료에 의한 제조를 가리킨다. 제품에 문제가 발생하면 같은 방법, 같은 원료, 같은 시간대에 생산한 것에 영향을 미치기 때문이다. 다른 생산조건의 상품을 더미로 통합하면 더미는 불균일하게 되어 원인규명이나 회수효율이 떨어진다. 또한 제조시간대를 세밀하게 구분하는 등의 방법으로 더미를 작게 할수록 효과적으로 원인규명을 실시하고 회수범위도 좁힐 수 있으나 이로 인해 분별관리의 비용은 상승한다.

둘째, 반드시 상품표시정보에 대응하도록 더미를 형성하는 것이 필요하다. 소매표찰에 표시되는 항목은 그 일이 발생한 단계부터 소매단계까지 더미를 구분하여 다른 것과 섞이지 않도록 관리하여야 한다. 그러나 소매표시를 하지 않는 것은 더미를 통합하거나 분할할 때 어느 더미를 통합(분할)하였는지 기록을 남기기만 하면 된다. 표시항목이 늘어나면 더미는 작아지지만 정보량이 늘어나 분별관리비용이 상승한다.

식별단위를 어느 정도 작게 할 것인가는 이상의 두 가지 요인에 관계되며 그것에 필요한 비용과의 균형관계로 판단한다.

5) 더미의 예시

표시를 고려한 더미를 우유를 예로 생각해 보자. 만일 생산농가명이나 번호를 소매단계에서 표시한다면, 농가별로 나누어서 집유나 처리를 실시하여야 한다. 한 농가분의 처리가 끝나면 세정하여 다음 처리에 들어가지 않으면 안 되기 때문에 공정은 매우 비효율적으로 이루어지게 된다. 이것은 건조·조정작업을 실시하는 쌀, 선과를 실시하는 청과물, 닭고기나 돼지고기에서도 마찬가지다.

그러나 생산농가표시를 하지 않을 경우에는 농가별 더미는 통합되어도 좋다. 단, 추적·소급을 가능하게 하기 위해서는 더미를 통합할 때 어느 농가의 더미를 통합하였는가를 알 수 있도록 해두어야 한다.

집유더미번호와 거기에 포함되는 출고농가의 ID번호를 대응시켜 기록해 둘 필요가 있다. 이와 같이 대응시킨 기록만 있으면 농가로의 소급이나 농가로부터의 추적능력이 확보된다.

쌀이나 청과물에서는 건조·조정시설이나 선과장 입고 시에 농가×품종×수확일별 더미로 입고하고, 출고할 때에는 산지×품종(등급)×조정일(조정시간)별 더미로 출고하면 된다. 이 경우 동일 더미로 통합되는 농가의 재배방법을 통일하여 두면 위험관리의 관점에서 본 더미의 균일성도 유지된다. 통일되지 않은 경우라도 농가별로 재배기록을 남기면 더미를 구성하는 농가의 재배방법이 혼합되나 더미인 쌀의 성질은 그 범위에서 특정할 수 있다. 만일 유기생산방법을 표시한다면 이것 또한 생산방법별로 더미를 나눌 필요가 있다. 그 외에도 각 단계에서 안전, 위생, 품질 등의 특정기준에 근거하여 생산이나 제조된 것을 더미로 하면 품질보증이 가능하다.

제품에 농가번호를 부착하거나 농가의 생산이력을 표시하는 것이 추적제라고 오해하는 일이 있으며, 농가별 분별관리와 이력전달이 필요하기 때문에 추적제는 불가능하다고 하는 경우가 있다. 물론 그러한 표시를 하려면 매우 곤란하나 농가번호나 농가의 생산이력 표시와 농가별 분별관리는 추적제의 본질은 아니다.

나. 체계의 신뢰성확보와 체계의 검사

추적제의 신뢰성을 확보하기 위해 또한 기능성을 향상시키기 위한 체계에 대한 검사가 필요하다. 체계검사란 식별관리나 기록 등의 작업이 정해진 절차에 따라 실시되고 있는지 여부를 확인하는 것이다. 그 때문에 절차를 문서화해 두는 것이 필요하다.

또한 최종제품의 식별번호에서 생산지 쪽으로 소급해보고, 또한 농장출고품의 식별번호를 이용하여 소비지 쪽으로 추적해봐서 체계가 올바르게 기능하고 있는지를 확인하는 방법도 있다. 그리고 입고할 때와 출고할 때 또는 원료와 그곳에서 제조된 제품에 대해 각각의 중량 또는 수량을 기록하고 대조함으로써 그들의 작업 전후로 비정상적인 증감이 없는지를 확인하고, 작업실수를 점검하는 방법이 있다.

이상에 대해 문서화된 내부검사절차서를 작성하여 사업자 자신이 내부검사를 실시하는 것이 필요하다. 또한 적절한 검사기관에 의뢰하여 제3자검사를 실시할 수 있으면 신뢰성이 높아진다.

다. 사회적 윤리의 확보

추적제는 관련법규에 정해진 규정을 충족시키고, 사회적 윤리에 바탕을 둔 것이 아니면 안 된다. 법령준수란 법령과 사회적 윤리의 준수를 의미한다. 체계를 만들 때 위생·안전기준이나 표시기준 등 관련법규에 대해 준수해야 할 사항을 파악해 둘 필요가 있다.

6 정보의 기록·전달·개시와 그 수단

가. 정보의 기록·전달수단의 선택

정보의 기록이나 전달에 어떤 수단을 사용할 것인가는 목적, 기술적 가능성, 효율성이나 신속성, 비용을 고려하여 선택한다.

전표나 표찰 등 종이만을 이용하여 식별하기 위한 정보나 기록을 전달하는 방법은 효율은 떨어지지만 비용은 절약할 수 있다. 한편 표찰에도 1차원이나 2차원 바코드를 기재하여 자동판독기로 읽어 들일 수 있도록 하여 전자정보체계의 자료관리와 결합하면 효율적으로 운영할 수 있다. 특히 RFID(radio frequency identification)와 같은 작은 전자칩에 각 단계에서 미리 정해진 정보를 부가하여 가는 것이 가능하면 제품과 함께 제품의 관리정보를 보내는 것이 용이해진다. 제품을 받음과 동시에 온도이력이나 위생조건 등 당해제품의 관리상황 정보를 읽어 들일 수 있기 때문에 품질점검이나 품질관리를 효율화할 수 있다. 그러나 효율은 높지만 비용이 발생한다. 어느 수준이 적절한지는 제품의 취급과 사업규모에 따라서도 다르다. 같은 식품사슬이라도 점포나 사업소의 규모에 따라 다를 수 있다.

나. 정보의 기록과 소비자에 대한 정보제공

또한 소비자에게 전달하는 정보의 내용이나 전달방법도 적절히 선택할 필요가 있다. 제품에 첨부되거나 매장에서 공개되는 정보는 표시의 일환이다. 이에 대해서는 정보량이 많다고 좋은 것은 아니다. 식품을 구입할 때는 식품을 선택하는 사고시간도 한정되어 있으며 인간의 인지능력에 제약도 있기 때문에 정보과다는 반대로 선택을 곤란하게 한다. 인간은 활용하는 정보와 판단에 걸리는 시간은 한정되어 있기 때문에 깊이 생각하면서 대응할 수는 없는 것이다.

추적제에 있어서 중요한 것은 중요한 항목에 관한 기록이 남겨져 필요할 때 그것을 확인하고 검증할 수 있도록 하고, 그것에 의해 보증이 이루어지는 것이다. 기록한 것을 모두 공개하거나 공개할 것을 기록의 목적으로 하는 것은 앞뒤가 뒤바뀐 것이다. 기록은 안전성이나 품질관리 등 공정관리를 적절히 실시하기 위한 것이다. 기록된 정보 중에서 필요한 것이 전달되고 더 필요한 것은 공개되어야 할 것이다. 무엇을 기록하고 무엇을 공개할지 숙고하여야 한다.

인터넷으로 상세한 정보를 검색할 수 있도록 해도 좋지만 추적제의 본질은 아니다. 생산자의 얼굴사진이나 상세한 생산정보를 전하는 것도 같다. 이것을 실시할 것인가의 판단은 마케팅범주에 속하는 것이며 추적제에 기대되는 위험관리나 정보표시의 신뢰성을 확보하는 기능과는 다르다.

일본의 소비자와 사업자에 대한 조사에 따르면 추적제에 필요한 것은 이력내용이 상세할 것보다도, 신뢰받는 기관에 의한 검증이나 점검체계, 책임소재의 명확화였다. 이력내용에 대해서는 알기 쉬움이 요구되고 있다.

그러나 제품에 사고가 발생하였을 경우에는 긴급사태가 되기 때문에 정보량이 많은 것이 좋다. 사실을 숨기지 않고 공개하는 것과 원인이나 대응책을 신속하게 공개하는 것이 필요하다. 추적제에 의해 제품의 관리기록이 남겨져 있으면 신속하고 적극적으로 정보를 제공할 수 있을 것이다. 또한 위험전달도 정보량이 많을수록 의사소통이 원활하게 진행되는 것으로 밝혀져 있다. 같은 정보제공이라도 일상적인 제품표시의 일환으로 한 정보제공과 사고·긴급 시 위험전달은 각각 구별하여 생각할 필요가 있다.

제품표시의 일환으로 소비자에게 제공되어야 할 정보, 소비자가 요구하는 정보는 무엇인지 연구할 필요가 있다. 유럽연합에서는 자발적인 표시계획으로서 농장에서 소매점까지 각 단계에서 기준을 설정하여 일관된 품질관리를 실시하는 예가 다수 있으나 관리정보를 하나하나 전달하지는 않고 마크가 표시될 뿐이다. 그래도 사업계획은 인증제도의 형태를 취하고 있으며 제3자에 의한 인가나 일상적인 검사를 통해 품질관리체계에 대한 객관적인 보증이 이루어지고 있다. 마크가 그 보증의 표시이다.

다. 생산이력의 개시와 추적제

한편 생산이력정보의 기록이나 개시가 추적제와 혼동되는 일이 있다. 생산이력정보는 농장단계의 재배나 사육의 기록을 가리킨다. 그 기록과 개시는 생산자가 스스로 생산관리의 상태를 점검하고 또한 소비자에 대해 생산과정을 투명화 하는데 중요한 일이지만, 무엇을 어디까지 공개하는 것이 적절한가를 숙고할 필요가 있다.

또한 그것은 추적제의 전제가 되지만 그것만으로는 추적·소급을 확보할 수 없다. 추적·소급에는 소매단계까지의 취급사업자 기록이 없어서는 안 되며, 또한 도중에서 생산물 처리나 가공이 실시되거나 더미의 통합·분할이 이루어질 경우에는 대응시켜 기록할 필요가 있다.

7 추적제의 사업자 조직과 제약

추적제를 모든 사업자에게 의무화하는 경우에는 각 사업지가 각각의 요건을 실행하는 것만으로 추적제가 완성된다. 그러나 자발적으로 추진하는 경우에는 식품사슬을 구성하는 사업자가 조직을 만들어 식별번호, 코드체계, 더미의 결정 등에 대해 어느 정도 합의를 해두어야 추적과 소급의 연속성을 확보할 수 있다. 또한 의무적 체계가 있는 경우라도 의무화되어 있는 이상의 위험관리에 대비하거나 제품정보의 전달이나 표시를 하는 경우에는, 사업자 조직이 없으면 그들에 대한 정보를 갖는 제품의 추적·소급의 연속성은 확보할 수 없다. 이 경우의 조직은 거래관계에 있는 특정한 사업자만으로 만드는 것이 아니라 그 식품을 취급하는 많은 사업자에 의해 만들어지는 것이 바람직하다.

추적제는 다양한 목적에 사용할 수 있으나 몇 가지 제약을 받는다.

우선 부문이나 제품의 성질에 따라 적용가능성이나 효율이 크게 다른 기술적 제약이다. 원료의 성질, 더미의 규모, 집하와 수송방법, 제조·상자작업·포장의 양식에도 좌우된다. 또한 전달되는 정보의 신빙성에 문제가 있는 경우, 하나의 단계에서 다음 단계로 정보전달이 곤란한 경우, 생산조건이 다른 불균일한 더미가 구성되는 경우에는 추적의 효율이 저하되기 때문에 그것을 방지하는 것이 필요하다.

두 번째는 추적제의 확립에는 체계개발비, 제조기기의 개선, 계량기나 정보기기 등 설비비, 기록보관·식별·연수 등 운용비, 체계의 검사비 등이 필요하므로 경제적 제약이 있다. 어느 수준의 체계를 만들 것인가는 목적과 추구하는 효율에 따라 다르므로 제품으로부터 얻을 수 있는 이익과 추진비용을 고려하여 결정해야 한다. 이 경우 고객 또는 소비자의 요구, 기술적인 실시가능성, 경제적인 수용가능성 등의 요건을 검토하여 판단하게 된다. 또한 효과는 재고관리, 품질관리, 안전관리의 개선 등 다른 영역에도 미치기 때문에 이익과 비용은 종합적으로 다루어야 할 필요가 있다. 추적제는 어디까지나 목적달성을 위한 수단이므로 체계의 확립 그 자체를 목적으로 하는 것과 같은 과도한 추구는 피해야 한다.

8 추적제를 갖춘 종합적 관리체계 구축

HACCP 등의 안전관리나 ISO9000s 등과 같은 품질관리체계를 추적제와 결합하여 〈그림5-1〉과 같이 기업별관리하의 종합적인 체계를 식품사슬을 통해 형성해 가는 것이 바람직하다. 또한 〈그림5-2〉와 같이 재고관리를 포함한 공급사슬관리와의 결합이 이루어져 통괄기관이 관리하면 더욱 바람직하다. 이때 공적기관에 의한 외부검사항목으로는 위생과 안전성이 포함되어야 하고, 통괄기관이 작성하는 사양서에는 위생, 안전성, 품질, 환경, 추적제, 기록, 검사규정이 있어야 한다. 이것이 이루어졌을 때 사업자에게 의미 있는 체계가 되고, 소비자에도 안전성이나 품질이 확보된 신뢰성 높은 체계가 된다.

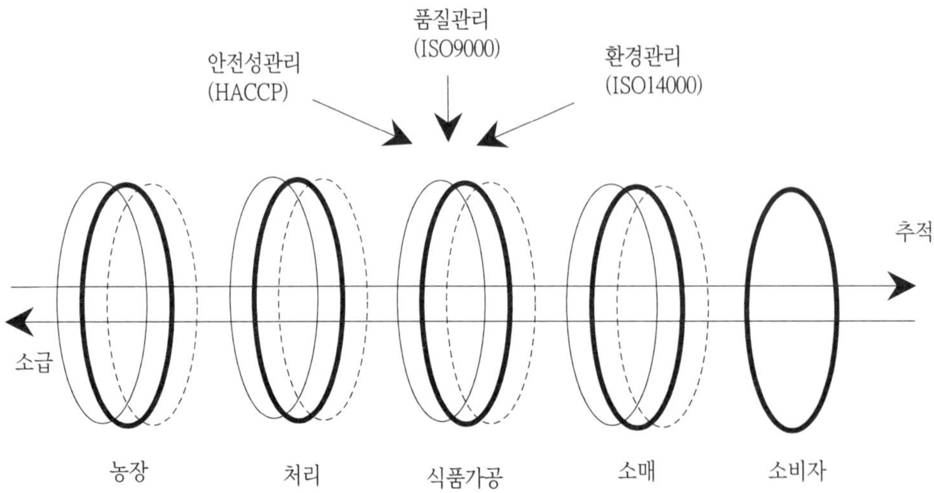

〈그림5-1〉 기업별관리하의 추적제를 통한 식품사슬의 결합체계

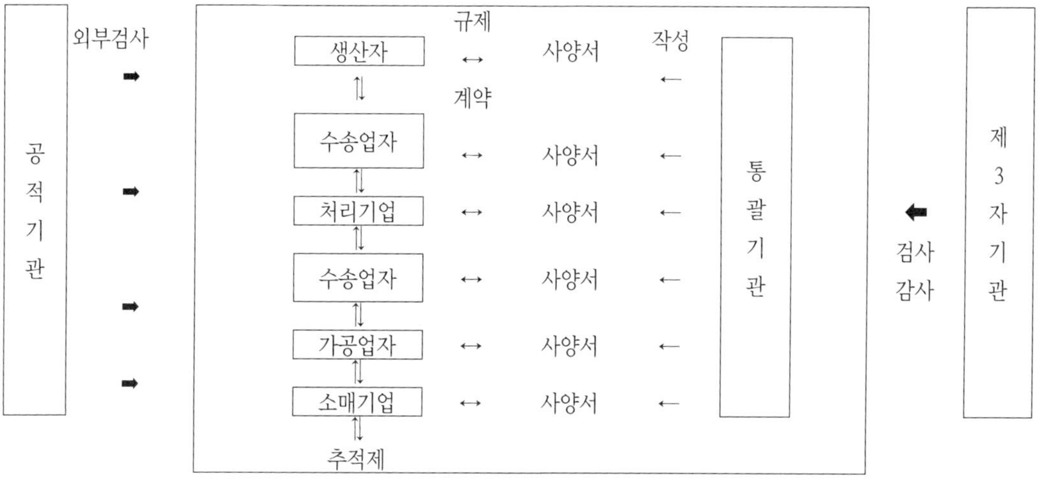

〈그림5-2〉 통괄기관관리하의 추적제를 이용한 농장에서 식탁까지의 종합적 관리체계

추적제에서는 제품정보를 더미번호로 관리하므로 HACCP나 ISO9000s 등의 안전성 및 품질관리체계와 결합하면, 이들 체계에서 기록되는 제품의 품질, 원재료, 포장재, 제조공정, 출고 이후의 상태정보를 더미번호로 관리할 수 있게 되어, 더미단위로 품질이나 안전성 관리가 가능하게 된다. 또한 사업자나 공장 내뿐만이 아닌 식품사슬을 통한 일관된 품질관리도 가능하게 된다. 유럽연합내의 각국에서는 소고기를 시작으로 농장에서 소매점까지 일관된 품질관리에 바탕을 둔 품질보증체계가 발전하고 있다.

소비자가 요구하는 것은 식품공급 중에서도 안전성확보를 위한 사회기반으로서의 추적제이다. 자사제품의 차별화나 부가가치를 높이기 위해 사용하는 것에는 불신과 거부감이 강하다. 이익추구를 우선하여 소비자의 건강보호를 경시해온 것이 지금까지의 식품사건의 배경에 있었는데, 다시 같은 길을 걷게 되는 것으로 보이기 때문이다. 적어도 비용을 동반하고 효과에 대한 비용의 균형을 고려하지 않으면 안 되지만, 사회기반구축에 대한 투자는 공급체계와 식품에 대한 신뢰를 높여 장래에 걸쳐 시장을 보전한다는 생각이 필요하다.

사회기반으로 추적제를 구축하기 위해서는 관련업계 간에 논의할 수 있는 장이 필요하다. 이를 위해서는 식품사슬을 통하여 관련 산업이 사회적 사명을 완수하기 위해 연대할 수 있는 업계간 연합조직의 형성이 필요하다. 유럽연합에서는 업계 간 연합조직의 주도로 인해 시장상태의 개혁이 진행되고 있다. 이러한 과정 속에서 호환성이 있는 체계의 개발이 요구된다. 정보체계를 이용하는 경우가 많기 때문에 1차원, 2차원 바코드, 전자칩 등 어느 것을 사용해도 자료의 호환성이 확보될 수 있도록 소비자의 입장에서 코드체계의 표준화가 필요하다.

제4절 식품표시의 신뢰성과 인증제

1 식품표시의 신뢰성

세계적으로 발생한 BSE(소해면상뇌증)는 농업·식품계의 다양한 문제를 표면화시키는 계기가 되었고 그 하나가 식품표시문제이다. BSE 검사개시 이전의 소고기 시장격리사업에 관련하여 대기업의 허위표시 문제가 고발되었고, 그 후에도 계속적으로 식품산지, 원료, 농약·첨가물 등의 허위표시문제가 발생되어 식품기업의 사회윤리와 함께 식품표시의 신뢰성이 낮아졌다.

표시의 신뢰성확보에서 문제가 되는 것은 의무적 표시의 정비, 자발적인 표시의 질서와 그들에 대한 국가의 규제 및 조정이다. 의무적 영역과 자발적 영역에 있어서 신뢰확보대책을 명확히 하는 것이 필요하다. 의무적 영역에서는 어떠한 규제가 채용되는가가 중요하고 사업자는 법령의 규정을 준수하기 위해 노력해야 하지만, 자발적 영역에서는 사업자 스스로가 표시의 신뢰성을 확보하기 위한 노력이 이루어져야 하며, 국가도 그것을 촉진하는 제도적 장치를 마련하는 것이 필요하다.

2 표시정보의 신뢰성

가. 표시의 정보기능

상품의 표시는 품질신호이다. 표시는 상품의 품질에 관한 정보를 제공하는 기능을 하며, 표시로 제공되는 정보는 소비자가 품질을 식별하고 상품을 선택할 때의 중요한 판단자료가 된다. 그중에서도 식품안전성에 관련된 표시는 건강에 대한 위험을 회피하는 유일한 정보가 되는 경우가 있다. 가령 제조일(유통기한)이나 알레르기 유인물질의 포함 유무 등에 관한 정보가 그러하며, 취급이나 선택의 실수는 건강위해로 직결된다. 그 외에 품질이나 안전성에 관계되는 표시에 대해서도 소비자를 오인으로부터 보호하고 공정한 거래를 실현하는 기능이 있다.

표시의 정보기능에는 품질식별의 표지로 기능하는 경우(마크, 상표 등)와 상세한 품질을 알리는 기능을 하는 경우(표찰이나 첨부된 카드 등에 대한 기록정보)가 있다.

나. 표시의 두 가지 영역

표시의 정보기능에 대한 신뢰성은 공적인 규제영역과 민간질서에 맡겨져 있는 영역에 따라 다르다. 어느 쪽 영역에 맡겨질 것인가는 제공되는 정보내용이 어떠한 사회적 의미를 가지는가에 따른다. 사회적으로 확보되어야 할 수준의 안전성, 위생, 건강 등 안전성에 관계되는 정보의 신뢰성은 공적규제의 영역에, 그 외의 품질에 관계되는 정보의 신뢰성은 민간질서의 영역에 맡겨진다.

식품의 안전성에 관계되는 표시의 정보기능에 대한 신뢰성이 공적규제에 의해 부여되는 것은 그것이 모든 사람에게 평등하게 영향을 미치고 나아가 생명이나 건강을 좌우하여 공익성을 가지기 때문이다. 그리고 이러한 품질요소는 상품을 눈으로 보고 식별할 수 없고 경험에 의해 검증할 수도 없어 표시정보가 유일한 판단자료가 되기 때문이다. 신뢰의 근거가 되는 규제는 기준, 검사·감시, 벌칙으로 구성되며 법령에 명문화된다. 공적규제의 영역에서는 주로 표시를 의무화하는 적극적인 규제가 이용된다.

한편 그 외의 품질에 관계되는 정보를 표시를 통해 제공하는 것은 사업자의 자발성에 맡겨지지만, 그곳에도 경험에 의한 검증, 전통에 의해 입증된 명성, 여론, 거래규격, 사회적 검증제도 등 다양한 민간질서의 형태로 발전되어 왔다. 또한 민간질서의 영역에도 해서는 안 된다는 금지규제가 공적규제로 존재한다.

지금까지는 안전성에 관계되는 정보는 공적규제영역, 그 외의 품질에 관계되는 정보는 민간질서영역이라고 하는 비교적 명료한 영역분담이 있었다.

표시정보의 신뢰성이 흔들리는 것은 식품과 그 위해의 상태, 생산·제조기술이나 방법, 인간의 사회생활의 상태, 과학기술에 커다란 변화가 있었을 때, 또는 시장이나 유통의 상태가 이들 변화와 정합하지 않게 되었을 때이다.

이 경우 공적규제의 영역에서는 법령을 재편성하는 것이 과제다. 재편성에는 기준, 검사·감시, 벌칙 재검토 등의 규제방법 변경과 함께 민간질서영역에 놓인 대상을 공적규제영역으로 옮기는 영역경계의 재편이 있다. 이러한 법령의 재편성은 표시정보의 신뢰성을 다시 확보하기 위한 지금까지의 주요한 방법이었다. 일본은 2000년의 표시관련법 개정에서 의무표시의 대상 영역을 확대하고, 그 외의 품질에 포함되는 원산지, 원재료 등의 표시를 새롭게 의무화하였다. BSE와 관련되는 2002년의 허위표시사건 뒤에는 규제방법을 더 강화하였다.

한편 민간질서의 재편성, 민간질서를 규제하는 법령의 재편성이 필요하여 유럽연합에서는 민간질서에 공적제도를 조합하는 방법이 새롭게 도입되고 있다. 품질에 의한 가격차가 큰 것과 같은 오인에 의한 불이익이 크고 또한 표시의 신뢰성확보에 생산방법과 생산과정의 관리에 대한 검사·보증을 필요로 하는 것과 같은 경우이다. 검증방법이 되는 것이 공적인증제도이다. 대상을 민간질서의 영역에서 공적규제의 영역으로 옮기는 것이 아니라 표시는 자발적이지만 제도화하여 민간질서의 영역에 둔 채로 공적제도를 도입하는 것이다. 그 결과 민간질서영역과 공적규제영역과 겹치는 접합영역이 확대되고 있다. 접합영역에는 유럽연합에는 원산지호칭(전통산지상품), 그 외에 품질표시가 들어가며, 프랑스에서는 고품질품(라벨루즈), 기준을 충족시킨 제품(품질적합증명), 조건불리지역의 생산물(산악표시)이, 독일에서는 안전성·품질이 관리된 제품(QS마크)이 들어가며, 민간기관과 국가의 2단계 인증제도를 취하고 있다. 또한 민간인증에는 국제적으로 규격화된 사회성이 높은 것으로 ISO9000s나 HACCP 등으로부터 민간단체·민간회사에 의한 인증까지 포함된다.

민간질서에 의존하는 자발적 표시기능은 주류경제학에서는 시장의 기능으로 환원시켜 다루어 왔으나, 주류경제학이 말하는 시장의 기능은 협의의 교환기능에 지나지 않는다. 교환기능 중에는 품질이나 신뢰의 질서제도를 화폐가치로 평가하는 것은 가능하지만 품질의 종류를 나누는 규격제도나 신뢰의 질서제도(국가인증, 민간 제3자인증, 기업의 자가인증, 또는 원래의 인증제도)를 창조할 수는 없다. 그러한 사고는 시장의 제도적 측면 또는 시장에 관련하는 사회적 조정제도 속에서 과거의 질서제도를 참조한 창조적 사고와 사회적인 교섭과 합의에 의해 생겨나는 것이다.

다. 공적규제영역과 사적질서영역의 규제

일본의 식품표시규제는 식품위생법, JAS법(농림물자의 규격화 및 품질표시의 적정화에 관한 법률), 경품표시법(부당경품류 및 부당표시 방지법), 부정경쟁방지법의 네 가지 법에 걸쳐 이루어지고 있다. 공적규제영역에 놓여 있는 식품의 안전성에 관련된 표시는 주로 식품위생법이 규제하고 있다. 표시의무규정이 중심이지만 보건기능식품이나 알레르기물질의 표시장려규정도 포함한다. 그 외 다양한 품질표시에 관련된 민간질서를 규제하는 법이 JAS법, 경품표시법, 부당경쟁방지법이다. 모두 금지규정에 의해 규제하고 있었으나 2000년부터 JAS법에 표시의무규정이 도입되었다.

일본 식품위생법은 건강위해의 발생방지를 목적으로 지정된 품목에 대해 소비기한, 제조·가공자의 이름·소재지, 첨가물, 보존방법의 표시가 의무화되어 있고, 또한 알레르기물질을 포함하는 식품의 표시, GMO식품의 표시도 2001년부터 의무화되었다. 2003년에는 검사와 감시, 벌칙도 강화되었고 공중위생에 위해를 끼치는 허위·과대표시나 광고가 금지되었다.

JAS법은 품질의 적정한 표시를 통하여 소비자의 적절한 상품선택에 기여하는 것을 목적으로 2003년부터 신선식품, 가공식품, GMO식품에 품질표시기준을 설정하여 표시를 의무화하였다. 의무화된 것은 〈표5-13〉과 같이 원물식품의 원산지, 가공식품의 원재료명, 수입식품의 원산국명 등의 표시이며, 민간질서에 맡겨져 있었던 일부를 공적규제영역으로 이행시킨 것이다. 그들은 소비자의 상품선택에 있어 관심이 높고 커다란 가격차를 가져오는 사항으로 허위표시의 대부분은 이들 사항이었다.

경품표시법은 부당한 표시로 고객의 유인을 방지하고 공정한 경쟁을 확보하여 일반소비자의 이익보호를 목적으로 품질·규격의 우량 오인표시, 가격이나 그 외 거래조건의 유리 오인표시를 금지하고 있다. 공정거래위원회에 의한 감시체계와 배제조치, 벌칙 등이 갖추어져 있다.

동법은 민간의 협약을 지지하여 사업자나 사업자단체가 공정거래위원회의 인증을 받아 자율적인 표시에 관한 규약(공정경쟁규약)을 갖출 수 있도록 되어 있다. 인증 후에는 업계가 공정거래협의회를 설치하여 공정거래위원회의 승인을 받아 규약을 운용한다. 가령 식육의 표시에 관한 공정

〈표5-13〉 식품의 표시에 관한 규제법과 표시의무항목

항 목	식품위생법	JAS법		경품표시법 (공정경쟁규약)
		가공식품	원물식품	
명칭(품명)	○	○	○	△
원재료		○		△
첨가물	○	○		△
원산지(원산국)		△	○	△
유통기한	○	○		△
소비기한	○	○		△
GMO식품	○	○	○	
알레르기물질	○			
내용량		○	△	○
보존방법	○	○		△
제조업자/수입업자	○	○	△	○

주 : △은 품목별로 의무화되어 있는 것을 나타냄

경쟁규약은 식육의 종류, 품명, 원산지, 중량, 냉동 등의 표시나 부당표시의 금지, 할인가격의 표시기준을 정하고 있다.

부당경쟁방지법은 사업자 사이의 공정한 경쟁과 국제규칙의 확보를 목표로 유의상품표시, 원산지, 품질, 내용, 제조방법 등의 오인표시를 금지하거나 그 표시를 한 상품의 거래금지를 규정하여 손해배상, 벌금을 부과하고 있다.

식품의 안전성에 관계되는 표시의무와 그것에 대한 규제가 강화되고, 또한 그 외의 품질 중에서 관심이 높은 원산지, 원재료는 민간질서영역에서 공적규제영역으로 이행하여 의무화되었다.

라. 민간질서영역에서 정보신뢰성의 한계

다양한 품질영역에서는 소비자 자신의 경험에 의한 검증이 이루어지며, 과거에는 전통으로 나타나는 시간적 축적과 상품제공자(이용자)의 공간적 근접성에 의해 성립되는 신뢰관계가 존재하였다. 상표는 전통에 의해 입증된 자산이며 시간적 축적과 공간적 접근성에 근거한 신뢰세계에서 명성의 상징이었다.

그러나 대량생산·대량유통은 전통과 지역접근성에 근거한 구성원간의 신뢰관계와 명성이 통용되는 범위를 좁히고, 반대로 기업마케팅이 기호나 미디어를 통해 새롭게 명성을 만들어 냈다. 다양한 소비자공간을 향해 기업이 자사제품과 타사제품과의 대체불가능성(우월성)을 주장하는 제품차별화 행동이 취해진다. 여론을 통한 명성을 획득하기 위해 상표는 마케팅에 의한 커뮤니케이션의 기호가 된다. 명성을 획득하기 위해 전통이 있는 것처럼 보이거나 증명이나 기술의 기초가 없

는 채로 표찰을 사용하지만, 여론의 세계에서 명성을 유지하는 것은 전통에 의해 입증된 자산이 아니라 식별 가능한 기호뿐이다. 명성을 상징하는 상표는 이렇게 마케팅활동을 통해 전통과 지역 근접적 세계로부터 여론의 세계로 옮겨져 왔다.

그러나 상품의 제공자와 이용자의 거리확대는 품질정보의 직접적인 확신을 불가능하게 하고 차별화에 의한 다양한 제품의 범람은 소비자 자신의 경험에 의한 검증의 축적을 곤란케 하였다. 기업마케팅에 의거한 명성, 그 상징인 상표는 이렇게 검증성이 부족하고 신뢰의 근거가 되기 어렵다. 소비자의 시대는 그 명칭과는 반대로 정보 확인에 있어 소비자가 소외된 시대라고 할 수 있다. 대량생산·유통시대에 맞는 품질정보의 검증양식이 결여되어 왔다는 것이다.

소비자가 요구하고 있는 것은 검증가능성과 객관적 보증을 통해 담보되는 신뢰이다. 지산지소와 같이 지역근접성을 되돌리는 운동은 중요한 일이지만 모든 유통을 그것으로 대체시킬 수는 없다. 근접성을 가지지 않는 익명의 세계에서 어떻게 신뢰를 확보할 것인가가 과제이다. 유럽연합에서는 공공의 연대라고 하는 관계위에 사회적 검증을 실시하는 인증제도를 유력한 방법으로 인식하여, 그 합의와 검증절차에 대한 검증에 힘을 쏟고 있다.

유럽연합은 기업마케팅에서의 상표 한계와 사업자 자신이 실시하는 품질보증의 실패를 경험하고 있다. 실패의 원인은 보증의 객관성을 확보하지 못하면 무임승차를 방지할 수 없었다는 것이다. 유럽연합이 추진한 신뢰회복을 위한 새로운 길은 권한을 가진 기관이 검증을 실시하는 인증제도의 도입이며, 인증제도에 참가함으로써 생산자나 기업의 상표는 신뢰를 획득하고 있다.

3 자발적 표시영역의 신뢰확보

상품 제공자와 이용자의 공간적 근접성이 사라지고 여론에 따른 신뢰가 붕괴된 이후의 신뢰형성에 있어 중요한 것은 사회적 연대를 바탕으로 한 신뢰확보이며, 그 수단은 표시의 정보기능에 대한 사회적인 검증가능성의 확보이다.

검증가능성은 〈그림5-3〉과 같은 절차에 의해 확보할 수 있다. ①검증가능성의 기초가 되는 품질의 정의, ②정의된 품질의 관리와 기록, ③제3자에 의한 검증-등록과 인가(인증제도), ④알기 쉬운 표시이다. 또한 ⑤관리된 품질의 보호(무임승차의 배제)와 ⑥추적제에 의한 검증가능성의 보강을 부가해야 한다. 이러한 절차가 널리 인지됨으로써 새로운 표시정보의 신뢰성을 확보하는 민간질서가 될 수 있다.

① 검증가능성의 기초가 되는 품질의 정의
정의주체(조합)의 확정
규약·협정에 명문화

⬇

② 정의된 품질의 관리와 기록
관리방법의 문서화(조합·사업자)

⬇

③ 제3자 인증에 의한 검증(인증제도)
인가(조합 및 국가에 의한 인가)와 등록
검사·감시(제3자의 검사·감시)

⬇

④ 알기 쉽고 정확한 표시
마크에 의한 표시(조합에 의한 마크의 관리)
팜플릿 등에서의 정의·관리방법의 전달)

⬇

⑤ 정의된 품질과 표시의 보호(무임승차의 배제)
마크의 등록과 법령에 의한 보호

⑥ 추적제에 의한
검증가능성의 보강

〈그림5-3〉 자발적 표시영역에서의 질서 있는 새로운 신뢰확보의 절차

가. 식별·검증가능성의 기초가 되는 품질의 정의

1) 품질정의의 의미

표시는 품질의 신호이며, 신호가 바르게 기능하고 있는지를 검증할 수 있게 하기 위해서는 우선 품질이 정의되어야 한다. 품질이 식별되어 동등성이 검증될 수 있도록 품질을 정의한다. 그것은 제품의 품질동등성을 인지가능한 정보로 다루는 지표를 창출하는 것을 의미한다. 가령 유기농산물, 국산소고기, 한우의 표시 등의 산지상표가 나타내는 품질은 무엇을 근거로 산지상표라고 할 수 있는지 품질을 확인하는 지표를 확정하는 것이다.

2) 주체의 확정과 정의의 명문화

정의를 실시하는 주체를 명확히 하고 규약이나 협정으로 명문화할 필요가 있다. 민간질서는 당사자·관계자 상호간의 규칙이며 품질의 정의는 사업자의 동의를 바탕으로 한 품질에 대한 합의에 의해 성립된다. 정의를 정하는 것은 사업자사이의 협조와 교섭의 과정이며 집합적인 행위이다. 합의과정은 논쟁이나 대립을 동반하는 일이 있으며 당사자 모두에게 만족스런 결과에는 이르지 못하고 어느 시점에서 일치한 것에 대한 승인을 표현하는 것이다. 그러나 결과가 소비자가 보아 납득할 수 있는 것과 같은 사회적 시점이 필요하다. 국가나 지방자치단체 등의 공적주체는 민간

의 합의를 촉진, 규제, 인증, 보호, 지지하는 조정자로서의 역할과 인증에 필요한 법령이나 제도적 틀을 입안하는 일도 있다.

3) 품질개념의 변화

또한 품질개념의 변화에도 주의하여야 한다. 품질개념이 〈표5-14〉와 같이 제품에 나타나는 품질만이 아니라 과정의 품질이 중시되는 방향으로 변화하고 있다.

〈표5-14〉 품질개념의 변화

가. 제품에 나타나는 품질 (완성품의 물성적인 검사로 확인가능)
　　예) 형상등급, 품질등급, 성분
나. 과정품질 (완성품의 검사에서는 확인할 수 없는 요소)
　① 어디에서 생산되었는지(공급의 경로를 포함)
　　예) 원산지, 취급자(장소)
　② 무엇을 사용하였는지
　　예) 특정품종(한우), 전통적인 원료, 약제·첨가물
　③ 어떻게 생산되었는지
　　예) 유기생산, 관리된 생산, 전통기술을 사용한 생산, 동물애호, 환경부하가 적은 생산
다. 소비자가 요구하는 품질(소비자는 품질의 공동결정자)

제품에 나타나는 품질이란 완성품의 물성적인 검사에 의해 확인할 수 있는 것이다. 형상이나 품질이 적절히 규격화되면 그것을 지표로 품질을 정의할 수 있다. 가령, 소고기의 등급을 결정하기 위해 육질에 대해 11지표, 정육비율에 대해 5지표가 있다. 지방교잡은 육질지표의 대표적인 것이다.

과정의 품질은 ①어디에서 생산되었는지, 어떠한 경로를 거쳐 공급되었는지(장소), ②무엇을 사용하여 생산되었는지(원재료), ③어떻게 생산되었는지(생산방법) 등 과정에 관계된 것이다. 과정은 농장에서 식탁까지에 이른다. 원산지는 장소에 관계되지만, 어떠한 첨가물을 사용하였는가, GMO의 사용유무, 한우 등의 품종은 원재료에 관계된다. 생산방법에는 전통적인 기술을 사용한 생산이나 특정의 품질관리기준을 바탕으로 한 생산물이 포함된다. 이들은 유기농산물의 품질처럼 원재료와 생산방법이 조합되기도 한다. 유명 소고기는 장소, 원재료(품종), 제품의 품질 등이 조합된 것이다.

품질의 정의는 이렇게 변화한 품질개념에 대응하여 적절하고 정확하게 이루어져야 한다.

한편 유럽연합에서는 농장, 처리장, 수송, 소매 등 각 단계에서 위생이나 안전성, 품질이 일정기준에 근거하여 관리된 농산물이나 식품을 공급하는 사업이 성행하고 있으며, 사업의 명칭을 정하여 마크로 표시하고 있다. 프랑스의 BTB, BVP, 화란의 IKB, 독일의 QS, 바이에른 주정부가 관리

하는 QHB 등이 유명하다. 이들의 경우는 각 단계의 관리기준에 의해 정의된다.

나. 정의된 품질의 관리와 기록

정의에 따라 그것이 만족될 수 있도록 사업자에 의해 품질관리가 이루어 져야 한다. 관리되는 품질에는 정의에 따라 제품에 나타나는 품질만이 아니라 과정의 품질이 포함된다. 원료의 조달, 생산 장소, 제조·유통과정을 통해 정의를 충족시킬 수 있도록 품질관리방법이 정해지고, 그에 따라 작업이 실시되었을 때 정의를 충족시키는 품질이 실현된다.

검증가능성을 확보하는 데는 정해진 관리방법이 문서화되어 있어야 하고, 그에 대응하여 제품 관리상태의 기록이 보존되어 있어야 한다. 기록을 보존하여 두면 나중에 소급하여 정의대로 품질을 실현하는 공정관리가 정확히 이루어졌는지를 확인할 수 있기 때문이다.

다. 제3자에 의한 검증

검증을 가능하게 하기 위한 요건이 확보되었다고 해도 소비자가 직접 개별사업자의 관리기록을 조사하여 확인하는 것은 불가능하다. 따라서 소비자 대신에 제3자가 그 확인 작업을 실시하는 사회적인 검증체계가 필요하다.

검증작업으로 필요한 것은 ①품질상태의 기록을 바탕으로 성해진 질차대로 관리가 이루어졌는가에 대한 확인, ②정해진 관리방법이 정의된 품질을 충족시키는 것으로 적절한지에 대한 점검, ③품질의 정의가 타당한지에 대한 점검이다. 이들 작업을 통해서 표시가 제공하는 제품의 품질에 관한 정보가 신뢰할 수 있는 것인지에 대한 검증이 가능할 것이다.

이러한 검증의 요건과 절차를 정하여 권한을 가진 기관이 그것에 근거하여 사업자의 품질관리체계의 적합성심사를 실시하여 합격자는 등록하고, 등록 후의 검사·감시에 의한 품질관리방법의 신뢰성검증을 실시하도록 한 것이 인증제도이다.

일본에서도 고베우, 교토의 전통채소 등과 같이 통일된 관리주체 하에서 정의가 명확히 이루어진 것에는 이러한 인증제도가 도입되어 있다. 모두 관계단체를 결집시킨 조직을 만들고 그것이 관리주체로서 정의를 정하고 인증을 실시하고 있다. 인증의 역사가 깊은 유럽연합에서는 조사를 외부의 전문기관에 의뢰하여 검증의 객관성을 높이거나 국가가 통제하는 2단계 인증 등이 도입되는 등 보다 강화된 방향으로 진행되고 있다.

라. 알기 쉽고 정확한 표시

식품구매 시에 정보를 받아들이고 생각을 하는 데는 시간이 한정되어 있다. 그 외의 품질에 관계되는 자발적 표시의 정보는 알기 쉽고 정확해야 할 필요가 있다. 인증제도는 정해진 품질의 관리기록을 남기지만 그 상세한 정보를 표시하는 것보다 보증되어 있다는 것을 증명하는 마크를 사용하는 경우가 많다.

마크는 조합(협의회) 또는 권한기관이 관리하여야 한다. 교토의 전통채소는 마크를, 고베우는 神戸肉之証을 앞에서 말한 협의회나 협회가 관리하고 있다.

마. 표시의 보호와 지지

1) 보호의 의미

표시정보의 신뢰성을 확보하기 위해서는 정의를 충족시키지 못하는 것을 배제하는 무임승차 배제방법이 준비되어 있어야 한다. 정의를 충족시키는 품질의 생산을 하고 있지 않음에도 불구하고 당해 표시를 무단으로 사용하는 무임승차자가 발생하면 본래의 제품생산자나 공급자의 신용이 실추된다. 또한 소비자는 표시에 혼동되어 정의를 충족시키지 못한 제품을 구입하여 불이익을 받게 된다. 따라서 무임승차를 배제하는 조치를 마련하는 것은 정의된 품질의 제품과 그 표시를 보호하고 그 생산자·공급자를 보호함과 더불어 소비자를 품질의 오인으로부터 보호하게 된다.

2) 무임승차의 배제 조치

표시정보의 신뢰성을 검증하는 절차가 확보되어 있지 않으면 무임승차를 배제하기 어려운 이유는 어느 것이 무임승차제품인가 식별할 수 없기 때문이다. 그러나 그것만으로 충분하지는 않고 공적인 주체에 의해 보호와 배제의 제도적인 조치가 확보되어 있어야 한다. 또한 다른 사람이 확립한 상표사용은 부정경쟁방지법(유사표시의 금지)에 따라 벌칙이 부과되지만 실제로는 유효한 배제를 하지 못하고 양심에 기대할 수밖에 없는 상태였다.

유럽연합의 원산지호칭제도나 프랑스의 다섯 가지 공적마크와 같이 정의된 산지상표를 등록하고 법령을 통해 국가가 보호하는 조치가 필요할 것이다.

3) 정의지연에 따른 배제 곤란

정의를 하는 것은 상표를 보호하려는 생산자나 취급업자 측의 행동이다. 그럼에도 불구하고 주요한 산지상표에 대해서조차 충분한 정의가 이루어져 있지 않다. 그것이 산지나 상표 허위표시를 일으키는 또 하나의 원인이며, 원래 무엇을 보호하고 배제할 것인지 대상이 애매하였던 것이다. 그럼에도 불구하고 상표로 귀속하는 가격의 비중이 크다. 이러한 상태가 매우 느슨한 표시에 대한 의식을 만들어 낸 것이라고 할 수 있다.

바. 추적제에 의한 검증가능성의 보강

표시정보의 검증가능성을 보강하기 위해 추적제의 확보가 진전되었다. 식품의 공급과정은 농장생산에서 시작하여 처리·가공, 유통을 경유하여 소매나 외식산업에 이르기까지 다단계를 거치기 때문에 관리와 기록도 전체의 과정을 통한 것이 아니면 의미를 가지지 못한다. 가령 농장에서는 정의를 만족시키고 있어도 유통 중 다른 것과 섞이면 의미가 없기 때문이다. 소매점까지의 일관된 제품의 식별관리가 필요하다.

추적제는 하나의 제품 또는 제품더미, 그 취급자 또는 장소를 고유의 번호(기호)에 의해 식별하고 각 사업자가 제품더미단위로 식별번호를 부착하여 취급기록을 남김으로써 제품의 행방을 추적하고, 제품의 이력정보를 거꾸로 추적할 수 있도록 하는 체계이다.

표시에 대해서는 식별번호를 실마리로 당해번호를 붙인 제품의 과정기록(원재료, 생산방법, 소재)을 검색하여 확인할 수 있도록 한다. 이를 통해 당해 식별번호를 가지는 제품과 그것에 부착되어 있는 표시정보와의 정합성을 입증할 수 있도록 하려는 것이다. 즉 제품이 틀림없이 표시하고 있는 것이라는 제품과 표시의 정합성 입증이다.

추적제는 원산지와 같이 제품검사에 의해서는 확인할 수 없는 사항과 건강에 대한 위험이 높은 제품의 식별과 표시에 도입된다면 효과적이다. 유럽연합에서는 2000년에 소의 개체식별과 소고기의 표시를 관리하기 위해 추적제의 도입이 의무화되었고, 2003년에 GMO의 표시를 관리하기 위해 도입을 의무화하는 법안이 채택되었다. 소와 소고기에서는 소의 개체식별번호나 제품더미번호 등의 식별번호에 의해 소의 개체 - 지육 - 부분육을 대응시키는 것과 체계를 관리하는 권한기관을 설치하는 것이 의무화되어 있다. 그것에 근거하여 의무적 표시체계로서 조회번호, 출생지(국), 비육지(국), 도축상의 인가번호·국명, 해체공장의 인가번호·국명의 표시가 의무화되었다.

또한 소고기의 다양한 품질에 대한 자발적 표시에 있어서도 추적제가 도입되어 있다. 의무적 표시로 정해져 있는 이상의 정보제공이 자발적 표시체계로 장려되고 있다. 그러나 그 경우에는 표시사양서를 작성하여 권한기관으로부터 승인을 받고 모든 단계에서 관리체계를 구축함으로써 가축에서 부분육까지 명확하게 연결시키는 추적제가 요건으로 되어 있다.

4 유럽연합에서 자발적 표시의 검증

유럽연합에서는 민간질서에 맡겨지는 그 외의 품질에 관계되는 정보의 표시로 인증제도를 확충하여 유럽연합이나 가맹국정부가 검증을 보강하는 정책방법을 취하고 있다.

인증제도에 근거한 품질표시는 원산지호칭의 사용, 유기생산 등 고유 생산방법에 의한 것, 농장에서 식탁까지 일관된 품질의 과정관리로 대별된다. 표시에는 마크가 이용되며 마크도 인증기관에 의해 관리됨으로써 신뢰성이 담보된다.

그 외의 품질에 관계되는 정보의 검증에 있어서의 과제는 다양한 품질에 대한 검증과 보증을 어떻게 통제할 것인가이다. 프랑스에서는 보증하는 품질내용을 크게 분류하여 제도를 만들고 순차적으로 새로운 유형을 준비함으로써 제도가 포괄하는 범위를 확대하는 방법을 취하고 있다. 안전성을 포함한 품질에 대해 농장에서 식탁까지 일관된 과정관리의 표시는 소고기를 필두로 하는 식육에서 진행되어 직업 간 연합조직이 사양서를 작성하여 제3자기관에 검사를 의뢰하는 경우가 많다. 그러나 아직 유기생산증명이나 원산지호칭과 같이 통제된 인증제도의 정비에는 이르고 있지 않다.

유럽연합에서는 인증제도를 통해 다양한 식품에 대해 자발적 표시의 신뢰확보가 추구되고 있으며, 소비자의 요구에 대응할 수 있는 풍부하고 신뢰성 있는 정보를 제공하는 기능을 수행하고 있다. 또한 사업자는 이들의 인증제도에 가입하는 사양서에 추적제를 부가하고, 동시에 HACCP나 ISO9000s의 인증을 취득하는 것이 증가되고 있다.

5 산업계의 연대와 식품정보교환

유럽연합에서 인증제도와 추적제는 민간에 의해 개발된 것이다. 소고기에 대한 농장에서 식탁까지 일관된 과정관리계획은 생산자단체, 도축기업단체, 식육업자단체 등 식품체계를 구성하는 모든 직업단체가 모여 수직적인 직업 간 연합조직을 개발하고, 실시에 있어 업계의 합의를 형성하여 왔다. 추적제는 그런 가운데 도입되기 시작한 것이다. 원산지호칭은 지역의 직능조합에 의해 보호되고 조합에 의한 인증이 출발점이 되고 있다. 유기생산인증도 민간의 추진이 기초로 되어 있다. 그들을 국가 그리고 유럽연합이 지지하고 보호하여 신뢰확보를 위한 공적인증의 체계를 만들어 시장의 안정을 꾀하여 왔던 것이다. 일상적인 품질관리에 직접 책임을 가지는 기업, 전반적인 통제와 검증을 실시하는 직능적인 직업연합조직, 최종적인 권한기관인 국가의 유기적인 조정이 필요하다.

06 식품위생과 안전성

제1절 미생물오염과 식중독

1 식품위생의 개요

가. 식품위생의 정의

인간의 생명을 유지하는 데 필요한 식품은 적당한 영양소를 함유하면서 인간의 건강과 생명에 위해를 일으켜서는 안된다. 세계보건기구(World Health Organization, WHO) 환경위생전문회의 정의에 의하면 식품위생(food hygiene)이란 식품의 생육 · 생산 · 제조에서부터 사람에게 섭취되기까지의 모든 단계에서 식품의 안전성과 건전성을 확보하기 위한 모든 수단을 말한다. 식품위생은 인간이 항상 섭취하는 음식물은 물론 이와 관련된 첨가물, 기구 및 용기, 포장 등에 관하여 위생적인 품질 및 성상을 확보함으로써 인간의 건강을 유지하고 식생활을 안전하고 위생적으로 하기 위한 것이다.

나. 식품위생의 중요성

인간이 건강을 유지하고 오래살기 위해서는 안전하고 영양가 있는 음식물을 섭취하는 것이 중요하다. 식품의 안전성 확보가 식품위생의 목표이다. 식품위생은 식품으로부터 오는 미생물오염과 인공 및 환경유래 유해물질을 밝히고 오염되지 않도록 예방함으로써 식품을 통한 질병발생을 줄일 수 있다. 국민의 경제수준과 의식수준이 높아짐에 따라 국민의 평균수명이 길어지고 있는 것은 우수한 의료기술의 보급과 식생활개선에서 비롯된 것이다. 따라서 식품을 통한 위해발생을 미연에 방지하고 이로 인한 경제적 손실을 최소화하기 위해 식품위생관리가 중요하다.

다. 식품과 건강장애

식품으로 인한 위생상의 위해요인은 이질·장티푸스·콜레라 등 각종 경구전염병, 각종 식중독,

회충·조충 등의 기생충병, 자연독, 그리고 식품첨가물·유해중금속·잔류농약 등의 오염에 의한 만성 중독질환을 비롯하여 항생물질에 의한 식품오염 등이 문제시 되어 있다. 이 밖에도 저온유통체계의 보급에 따른 문제, 방사선 조사, 환경호르몬, 유전자변형식품(GMO)의 안전성 등 과학기술의 발전과 더불어 식품위생상의 문제도 새로운 국면으로 진전되고 있다. 따라서 식품으로 인한 건강장애도 식생활의 변화, 식품산업 및 기술의 발달에 따라 변화되고 있다.

2 식품과 미생물 오염

가. 미생물 오염

식품은 농산물, 축산물 또는 수산물을 원료로 제조되고 그 생육환경인 토양, 물, 공기, 동물, 식물, 하천, 바다 등으로부터 미생물 오염을 받는다. 보통 건강한 동식물의 조직 내부는 무균상태이고, 표면, 기도, 소화관 등의 내 표면부에 미생물이 부착되어 있다고 생각하지만, 병원미생물이 감염되어 발병할 때는 조직 내부도 병원미생물의 오염을 받게 된다.

더욱이 생산에서 소비되는 사이에 식품취급자, 동물·곤충 등의 생물, 식품의 처리·가공·보존을 위한 기구·기계·공장설비, 공기, 물 등에서 유래되는 미생물에 의해서도 오염된다. 이와 같이 식품은 어떠한 오염원에서 오염이 일어나는가에 따라서 식품을 오염시키는 균종이 결정되며, 그 후 미생물총의 형성에 중요한 영향을 준다.

나. 식품의 미생물총

식품에 부착한 미생물은 발육에 영향을 미치는 이화학적 및 생물학적 인자와 식품을 둘러싼 외부환경의 영향을 받아 식품에 정착하게 되며, 그 환경에서 가장 적합한 균이 먼저 증식하여 그 식품 특유의 미생물총(microflora)을 형성한다. 따라서 식품 중의 미생물총을 분석함으로써 변질의 기작을 규명하거나 식중독 원인물질의 추정이 가능하고 미생물의 길항 및 경합현상을 이용하여 미생물을 관리할 수 있다.

다. 오염지표세균

식품이나 식품생산 환경의 일반세균 오염상황을 조사하기 위하여 보통 총균수와 일반세균수를 측정한다.

1) 총균수

총균수(total counts)란 생균수와 사균수를 합한 것을 말하며 식품위생법에서 주로 우유 및 유제품, 통조림식품, 기타 가열살균을 행한 제품 등에서 가열 이전의 원료 및 위생적 취급상태 등을 알기 위하여 총균수를 측정한다.

2) 일반세균수

일반세균수(standard plate counts)는 생균수(total viable counts)라고도 하며 표준평판배양법(aerobic plate count method)으로 측정한다. 이 방법은 표준한천배지에 희석한 시료를 혼합 응고시키고 37±1℃에서 24±2시간 배양한 후 형성된 세균의 집락수(colony)를 측정하여 시료 중의 생균수를 계산한다.

라. 분변오염지표세균

식품이 분변에 오염되어 있으면 취급이 불량하였거나 불결한 식품일 뿐만 아니라 분변으로 배설되는 장티푸스균, 콜레라균, 이질균 등의 병원균에 오염되어 있을 가능성이 있다. 분변오염을 화학적 물질로 증명하거나 식품 중에서 원인균을 검출한다는 것은 기술적으로 어려우므로 이들 병원균과 장관 내에서 공존하며 쉽고 빠르게 검출할 수 있는 세균을 검출함으로써 분변에 의한 오염과 병원균의 존재를 추정할 수 있다. 이와 같은 세균을 분변오염지표세균이라 하며, 대장균군과 장구균이 이용된다.

1) 대장균군

대장균군(Coliform group)이란 그람음성의 무아포간균으로 젖당을 분해하며 가스와 산을 생산하는 호기성 또는 통성혐기성 세균군을 말한다. 식품에 대장균군이 존재한다는 것은 그 식품이 어떤 경로든 분변에 오염되었을 가능성을 나타내고 있으며, 또한 이와 그 유래를 같이 하는 병원균이 존재할 위험성을 나타내는 것이다.

한편 대장균군은 많은 식품 중에서 증식 가능한 이열성 세균이기 때문에 특수한 가공식품(우유 및 유제품, 식육 및 어육연제품 등)에 있어서는 제품의 가열, 살균이 확실하게 실시되었는지의 여부를 판정하는 위생지표세균으로 이용되고 있다.

2) 장구균

장구균(Enterococcus group)은 그람양성의 쌍구균 또는 단연쇄상의 구균이다. 장구균은 대장균과 마찬가지로 장내에 분포하나 분변에서의 균수가 대장균보다는 적고 냉동식품에서의 생존율은 높아서 동결 전의 식품오염검사에 활용된다.

3 식중독

가. 식중독의 개념

식중독(food poisoning)이란 음식물을 섭취함으로써 일어나는 질병이나 건강장애를 말한다. 음식물을 먹은 사람이 발열, 구토, 설사, 복통 등의 급성 위장장애를 일으키는 질병을 총칭하며, 식품에 오염된 세균, 유독물질, 동식물의 독소에 기인한 이상증상과 함께 신경증상도 포함된 비정상 상태를 말한다.

식중독은 〈표6-1〉과 같이 식중독을 일으키는 원인물질에 따라 세균성 식중독, 화학성 식중독, 자연독 식중독으로 분류하고 있으며, 근년 바이러스성 식중독이 추가되었다.

〈표6-1〉 식중독의 분류

세균성 식중독	① 감염형 : 살모넬라균, 장염비브리오균, 캠필로박터균, 리스테리아균 등 ② 독소형 : 포도상구균, 보툴리누스균, 클로스트리디움 퍼플린젠스균, 세레우스균 등
바이러스성 식중독	① 로타바이러스, 아데노바이러스, 소구형바이러스 등
화학성 식중독	① 우연 또는 과실로 혼입된 유해물질에 의한 중독 : 농약, 수은, 카드뮴, PCB, 다이옥신 등 ② 유해착색료 중독 : auramine, rhodamine B, β -nitroaniline 등 ③ 유해방부제 중독 : 붕산, 포르말린 등 ④ 기타물질 : methanol, 비소화합물 등 ⑤ 조리기구·포장 등에 의한 중독 : 합성수지제, 셀로판, 염화비닐, 알미늄박 등
자연독 식중독	① 동물성 자연독 : 복어독, 조개독 등 ② 식물성 자연독 : 버섯독, 감자독 등 ③ 곰팡이독 : 아플라톡신, 맥각 등

나. 식중독의 발생현황

식중독은 나라에 따라서 발생빈도에 차이는 있으나 여러 종류의 식중독이 매년 발생하고 있으며, 식생활의 유형과 지역에 따라서 나타나는 식중독의 형태도 다르다. 식중독은 다양한 원인에 의해서 발생하고, 나타나는 증상도 다양하며, 아주 가볍게 나타날 수도 있으나 심하면 사망하기도 한다. 식중독은 모든 사람을 대상으로 하여 발생하지만 특히 노인이나 질병에 감염되어 쇠약한 사람이 쉽게 중독현상을 일으킨다.

일반적으로 소량의 식중독균을 섭취할 때는 중독증상을 일으키지 않는다. 질병을 일으킬 수 있는 세균수는 최소한 10,000개의 균수에서부터 많으면 수백만 개에 달한다. 예를 들면, 살모넬라균은 10만 개 내지 100만 개의 균수를 섭취할 때 감염되어 증상을 나타내지만, 시겔라균의 경우는 10개의 아주 적은 균수를 섭취해도 발병하는 경우가 있고, 포도상구균은 거의 50만 개의 균체 수준에서 장독소를 생산한다. 또한 개인에 따라서 각 균종에 대한 감수성에 차이가 크기 때문에 중독발생에도 차이를 나타낸다.

다. 세균성 식중독

세균성 식중독(bacterial food poisoning)이란 세균이 증식한 식품을 섭취함으로서 발생하는 급성위장염을 주요증상으로 하는 건강장애를 말하며, 발병형태에 따라 〈표6-2〉와 같이 감염형(infection type)과 독소형(toxin type)으로 분류한다.

1) 감염형

감염형 식중독은 세균이 오염된 식품을 섭취할 때 장관 내에서 증식함으로서 발병하거나 이미 식품 중에서 증식하여 존재하고 있던 원인균이 장점막에 작용함으로서 식중독을 일으키는 것으로 살모넬라균, 장염비브리오균, 설사성대장균, 캠필로박터균, 리스테리아균 등이 속한다. 감염형 식중독세균은 전염병에 비해서 병원성이 약하기 때문에 대량의 균수(10^6~ 10^8)를 섭취해야만 발병하지만, E. coli : O157 : H7이나 리스테리아 모노사이토제네스의 경우는 10~1,000개의 균수만으로도 발병이 가능하다. 일반적으로 잠복기가 12~48시간이고 설사와 발열을 동반한다.

〈표6-2〉 세균성 식중독의 종류와 오염원

형별	속(genus)	종(species)	오염원
독소형	Clostridium	*Cl. botulinus* A,B,E,F형(보틀리누스균)	토양, 식품
		Cl. perfringens A, F형(웰시균)	토양, 하수, 분변
	Staphylococcus	*Staph. aureus* (포도상구균)	화농소, 비강, 인후 등
	Bacillus	*Bacillus cereus* (세레우스균)	토양, 하수
감염형	Salmonella	*Sal. enteritidis*(살모넬라균)	사람, 개, 고양이, 닭, 돼지 등
	Campylobacter	*Campylobacter jejuni*(캠필로박터균)	닭, 돼지 등
	Escherichia	*E. coli* (설사성대장균)	척추동물의 장관
	Listeria	*L. monocytogenes*(리스테리아균)	닭, 돼지, 개 등
	Vibrio	*V. parahaemolyticus*(장염비브리오균)	해산어패류
		V. vulrificus(비브리오 패혈증)	해산어패류
	Yersinia	*Y. enterocolitica*(여시니아균)	닭, 돼지, 개, 하수

2) 독소형

독소형 식중독은 식품내독소와 생체내독소로 구분된다. 원인균이 식품 내에서 증식하면서 생산한 식품내독소를 섭취함으로써 일어나는 것은 포도상구균과 보툴리누스균 등이 있다. 이 경우는 원인균이 식품 내에서 사멸하고 없어도 독소가 존재할 때는 식중독을 일으킬 수 있으며, 주요 증상은 설사, 복통, 구토이다. 일반적으로 잠복기가 비교적 짧아서 화학적 물질에 의한 급성 식중독과 비슷하다. 원인균이 증식하면서 생산한 생체내독소에 의해서 일어나는 것은 클로스트리디움 퍼프린젠스균과 장관독소원성 대장균 등이 있다. 이들 세균에 의해서 식중독이 발생하기 위해서는 발병에 필요한 균수나 독소가 식품 중에 존재할 때 가능하다.

3) 세균성 식중독의 예방

식중독을 예방하기 위해서는 식품생산에서 유통, 조리, 섭취에 이르는 각 단계에서 식중독 세균의 오염을 막고, 증식을 저지하며 죽이기 위한 노력이 필요하다. 세균성 식중독의 예방에는 〈그림 6-1〉과 같이 세가지 원칙을 지키는 것이 중요하다.

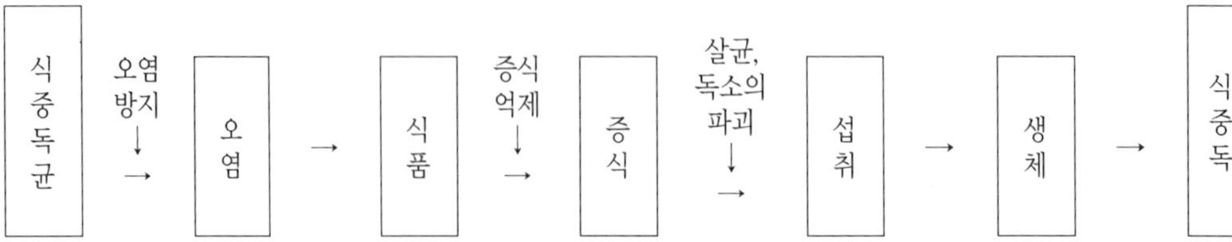

〈그림6-1〉 세균성 식중독의 발생과 예방 3원칙

가) 원료식품의 세균오염 방지

식품의 원재료는 항상 신선한 것을 사용할 것이며, 조리자나 식품 취급자는 손을 청결히 하여 손을 통한 식품오염을 방지해야 한다. 특히 화농성 질환이 있는 자는 업무에 종사시키지 말아야 한다. 또한 칼, 도마 및 식기류는 항상 청결히 유지하고 소독할 것이며, 파리, 바퀴 및 쥐 등에 의한 오염을 방지한다.

나) 식품에 오염된 세균의 증식억제

통조림과 같은 특수한 식품을 제외하고는 식품을 완전하게 무균상태로 유지한다는 것은 불가능하다. 따라서 식품을 장기간 실온에 방치하여 두는 일이 없도록 하고 바로 섭취하지 않는 식품은 5℃ 이하의 저온에 보존하거나 55℃ 이상의 고온에 유지시켜 세균의 증식을 방지한다.

다) 살균 및 독소의 파괴

포도상구균의 내열성 독소에 의한 식중독 외에 살모넬라균, 장염비브리오균, 설사성대장균 등의 감염형 식중독이나 열에 쉽게 파괴되는 독소에 의한 보툴리누스균 식중독은 식품을 섭취하기 전에 충분히 가열처리하면 방지할 수 있다.

라. 바이러스성 식중독

전염성 위장염을 일으키는 병원체는 크게 바이러스성과 세균성으로 분류되나 선진국에서는 바이러스성 위장염의 발생빈도가 높다. 특히 유아에서 발생하는 위장염은 대부분이 바이러스성이라고 생각되며, 성인에서도 경증이나 불현성감염을 포함하여 많은 위장환자가 바이러스의 감염을 받고 있는 것으로 추측된다. 전자현미경이 도입된 이후 많은 원인 바이러스가 분리되었으나 발생빈도나 중증도를 고려할 때 중요한 것은 A군 로타바이러스, 장관 아데노바이러스 및 소구형 바이러스이다.

마. 곰팡이독소 중독

곰팡이독소(mycotoxin)는 곰팡이가 생산하는 유독성 대사산물로서 사람이나 동물에 질병이나 이상 생리작용을 유발하는 물질을 의미하며, 이 독소에 의해서 일어나는 질병을 곰팡이독소 중독증이라고 한다.

곰팡이독소 중독증의 특징은 곡류, 목초 등의 특정한 식품이나 사료의 섭취가 원인이 되고, 원인물질이 곰팡이에 오염되어 있으며, 식중독 발생은 계절과 관계가 깊다. 또한 곰팡이독소 중독은 동물에서 동물로, 사람에서 사람으로 전파되지 않으며, 감염형 식중독이 아니다. 중독이 일어난 동물은 항생물질이나 약제요법을 시행하여도 큰 효과가 없다.

곰팡이 독소는 100여 종이 알려져 있고, 장애가 일어나는 생체 내의 주된 기관이나 부위에 따라 다음과 같이 분류된다. 간장독(hepatotoxin)은 동물의 간경변, 간종양 또는 간세포의 괴사를 일으키는 독소로서 간암을 일으키는 aflatoxin이 대표적이고, 이 밖에 islanditoxin 등이 있다. 신장독(nephrotoxin)은 급성 또는 만성 신장염을 일으키는 독소로서 citrinin 등을 장기간 섭취함으로써 만성적 신장장애를 일으킨다. 신경독(neurotoxin)은 뇌 및 중추신경계에 장애를 일으키는 독소로서 paturin, citreoviridin 등이 있다.

제2절 식품오염과 질병발생

1 경구전염병

가. 경구전염병의 개념

식품, 식기류, 장난감, 손가락 등을 통하여 경구적으로 감염되는 질병을 경구전염병이라 하며, 일명 소화기계감염병이라고도 한다. 소화기계감염병은 병변이 주로 소화기 계통에서 생기나, 폴리오(소아마비)와 같이 병원균이 경구적으로 침입하여 소화기계를 경유하여 감염을 일으키기도 한다.

경구전염병에는 병원체에 따라 세균성 전염병에 세균성이질, 장티푸스, 파라티푸스, 콜레라 등이 있고, 바이러스성 감염병은 폴리오(소아마비), 전염성설사증, 유행성간염 등이 있으며, 기생충성 감염병에는 아메바성이질 등이 있다. 이 밖에 성홍열, 디프테리아 등도 경구감염을 일으킨다. 경구전염병은 병원체와 고유숙주인 사람과의 사이에 감염환이 성립되어 있으므로 병원체는 사람에서 사람으로 감염되지 않고, 식품 등의 비고유숙주에서 다량의 균수로 증균된 상태의 식품을 섭취함으로써 일어난다.

나. 경구전염병의 발생요인과 역학적 특성

1) 발생요인

전염병이 발생하기 위해서는 전염원, 전파경로 및 숙주감수성의 3요인이 성립되어야 한다. 특히 이 중 경구전염병은 그 전파양식이 주로 식품이란 전파체를 통한 경구적 감염이란 특징이 있다.

전염원은 대개 환자나 보균자에 기인한다. 간혹 후두 분비물(폴리오)이나 혈액(유행성간염) 등도 있으나 아주 희소하고, 전염원의 대부분은 환자 및 보균자의 분뇨가 오염원으로서 식품이나 기타 물건을 오염시킨다. 대개 식품이 병원균의 전파체 역할을 하고 간혹 환자나 보균자로부터의 직접접촉 또는 장난감, 손수건, 걸레, 침구, 식기, 손가락 등을 통한 간접접촉도 있으나 희소하다. 병원체가 전파체인 식품을 오염시키는 양식은 분뇨가 먼저 식수, 식기, 손가락, 쥐, 곤충 등에 직접 오염되고, 이들을 통하여 식품이 간접적으로 병원체의 오염을 받는다.

환자의 발생규모는 직접오염의 경우가 간접오염에 비하여 크다. 또 분뇨가 식수를 오염시킨 수계유행(water-borne epidemic)과 식품을 오염시킨 식계유행(food-borne epidemic)과는 환자의 발생상황이 다르다.

2) 식계유행의 역학적 특성

① 환자발생이 오염식품의 급식범위에 한정되어 발생한다.

② 환자발생은 폭발적으로 유행하며, 환자가 발생한 후 2~3일에 환자수가 최고에 달하였다가 점차 감소한다.

③ 환자발생은 일반적으로 성, 연령, 생활정도, 직업 등에 따라 다르다.

④ 잠복기는 짧고 병원균이 음식물 중에서 증식하는 경우가 많아 심하게 감염된다.

⑤ 환자 발생은 여름에 많다.

⑥ 발병률과 치사율이 수계유행에 비하여 높다.

3) 연도별 경구전염병의 발생현황

식품을 매개로 한 경구전염병의 연도별 발생현황을 보면 〈표6-3〉과 같이 파라티푸스와 비브리오 패혈증은 발생이 증가하고 있고, 결핵, 세균성이질 및 장티푸스도 비교적 높은 발생률을 나타내고 있다. 이들 질병은 약간 감소하는 경향이나 그 감소폭이 매우 적게 나타나고 있는데 이는 단체급식소에서 식품관리가 비위생적으로 취급되는데서 비롯된 것으로 볼 수 있다. 디프테리아, 폴리오, 브루셀라증, 탄저는 최근 10년간 발생하지 않았다.

〈표6-3〉 연도별 경구전염병의 발생현황

병명	1996	1997	1998	1999	2000	2001	2002	2003
콜레라	2	10	0	3	0	162	4	1
장티푸스	475	265	380	308	234	401	221	199
파라티푸스	9	9	12	11	7	36	413	88
세균성 이질	9	11	906	1,781	2,462	928	767	1,118
장출혈성대장균	-	-	-	-	1	11	8	52
결핵	29,197	24,304	23,989	21,435	19,692	34,128	32,010	-
비브리오 패혈증	-	-	-	-	21	41	60	80

참고 : 국립보건원 2004통계자료

4) 예방대책

경구전염병의 예방은 병원소인 분뇨를 배설하는 환자, 보균자 등을 조기에 발견하고 필요에 따라 격리시키는 것이다. 또한 환자 및 보균자는 절대 식품을 취급하지 말아야 하며, 식품관련종사자에 대한 정기적인 건강진단과 분변검사를 실시하여 보균자를 색출한다. 그리고 병원체를 갖고 있는 분뇨로 인한 직·간접적인 식품오염을 방지한다. 또한 평상시의 건강관리에 유의하고 예방접종을 받도록 한다. 음식물은 신선하고 위생적으로 처리된 것을 먹고, 특히 여름철에는 냉수나 생식을 피하는 것이 좋다.

2 인수공통전염병

인수공통전염병은 짐승을 통해 인체에 감염되는 전염병으로 결핵, 부루셀라증, 탄저, 리스테리아증, 돈단독, 여시니아감염증, 큐열, 소해면상뇌증, 조류인플루엔자 등이 있다.

가. 결핵(Tuberculosis)

결핵균의 감염에 의한 사람, 소, 돼지, 개 등의 만성전염병으로 공중보건상 매우 중요한 질병이다. 선진국에서는 생활환경의 개선, 치료제의 개발, BCG백신 등으로 현저히 감소하였지만, 우리나라에서는 아직도 많이 발생하고 있는 질병으로 그 피해가 크다. 결핵은 원래 사람의 전염병으로 문제시 되었으나 인수공통전염병으로 중요시된 것은 우형결핵균에 감염된 젖소로부터 착유한 젖을 매개로하여 사람 특히 소아에 전파된 점이다. 사람에 감염되는 결핵균은 인형결핵균과 우형결핵균이 있다.

나. 소해면상뇌증(Bovine Spongeform Encephalopathy, BSE)

소해면상뇌증이란 성숙한 소에서 발생하는 만성 신경성질병으로 별명은 광우병(mad cow disease)이며, 프리온병(prion disease)이라고도 부른다. 이 질병은 1985년 영국에서 최초로 보고되었다. 병원체는 비정상적인 변형 프리온(prion) 단백질이며, prion은 단백질(protein)과 바이러스(virion)의 합성어로 감염성이 있는 단백질이다. 소가 감염되면 중추신경계가 파괴되어 뇌가 마치 스폰지 모양의 병변을 나타내며, 소가 쉽게 흥분하는 증상을 나타내기 때문에 광우병이라 부르기도 한다. 사람에서는 크로이츠펠트-야콥병(Creutzfeltdt-Jakob disease, CJD)과 비슷하나 이와 구별이 되는 변형 크로이츠펠트 - 야콥병(vCJD)이 뇌에 스폰지 모양의 병변을 나타낸다. 소해면상뇌증은 사람의 CJD와 관련이 있는 것으로 보고됨으로써 여러 나라가 긴장하고 있다. 소해면상뇌증은 국제수역사무국(OIE)에서 B급 질병으로 분류하고 있으며, 국내에서는 제2종 가축전염병으로 지정되었다.

사람의 vCJD은 BSE에 걸린 소의 소고기 및 감염조직(뇌, 척수 및 골수)이나 오염식품을 섭취함으로써 경구감염된다. 최근에 vCJD와 CJD가 오염된 외과기구와 뇌침부전극, 소에서 유래된 뇌하수체 추출 성장호르몬제와 기타 약제, 사람의 감염혈액, 감염조직(각막, 뇌경막)의 이식 등 치료를 통한 감염이 보고되어 있다.

광우병은 영국에서 최초로 발생된 이후 EU회원 12개국과 동유럽국 2개국에서 발생되었다. 세계적으로 18만여 두가 발생하였고 이 중 99% 이상이 영국에서 발생하였다. 역학적 조사결과 이 병에 걸린 소의 육골분이 포함된 영국산 사료를 수입 사용함으로써 전파된 것으로 추정하고 있다.

사람의 vCJD는 1996년 이후에 91명(영국 87명, 프랑스 3명, 아일랜드 1명)이 발생하였는데 평균 발생연령이 29세, 질병 경과기간이 14개월인 것으로 알려져 있다.

현재 우리나라에서는 소해면상뇌증이 발생하고 있지 않으므로 이 질병이 유입되지 않도록 하는 것이 최선의 방역대책이다. 따라서 철저한 검역을 통하여 발생국가로부터 반추동물이나 그 생산물(우유 및 유제품, 원피 제외)이 수입되지 않도록 해야 한다. 또한 국내에서 소해면상뇌증이 의심되는 의사환축이 발생할 때에는 즉시 방역기관에 신고하여 최단시간 내에 정밀진단이 이뤄져야 하며, 조기에 색출하여 박멸함으로써 양축농가 및 축산업의 피해를 최소화하고 안전한 축산물을 국민에게 공급하는 데 방역의 초점이 맞추어져야 한다.

다. 조류인플루엔자(Avion influenza)

조류인플루엔자는 대부분의 조류에 감염되는 질병으로 전파가 빠르고 병원성이 없는 것부터 치사율이 100%인 고병원성에 이르기까지 다양하다. 병원체는 혈청형이 많으며 주로 닭과 칠면조에 피해를 주는 급성바이러스성 전염병으로 오리는 감염되더라도 임상증상이 잘 나타나지 않는다. 조류인플루엔자 바이러스는 조류뿐만 아니라 돼지나 사람 등 포유류에도 감염될 수 있다는 점에서 중요시된다.

인플루엔자 바이러스의 혈청형은 바이러스가 가지고 있는 성분에 따라 A, B 및 C형으로 구분되며, 조류인플루엔자 바이러스는 조류에 감염되는 바이러스이고 A형에 속한다. 사람에 감염하는 인플루엔자 바이러스는 6종의 HA 및 3종의 NA로만 되어 있는 반면 조류인플루엔자 바이러스는 15종의 HA와 9종의 NA가 있다.

증상은 감염된 바이러스의 병원성에 따라서 다양하며, 주요 증상은 호흡기 증상을 나타내고 산란율이 저하되며 폐사한다. 국내에서 발생된 조류인플루엔자는 약병원성이며 산란율이 감소된 것이 특징이다.

조류인플루엔자 바이러스가 사람에 감염되는 경우는 다음 두 가지이다. 첫째는 조류인플루엔자 바이러스가 돼지에 감염되고 감염된 돼지에서 사람 인플루엔자 바이러스와 유전자 재조합과정을 거쳐 사람에 전파할 수 있는 신종 바이러스가 생기는 경우이다. 1993년 이탈리아에서 조류의 H1N1 바이러스와 사람의 H3N2 바이러스가 돼지에 감염하여 사람에 감염할 수 있는 신종 인플루엔자 바이러스가 출현한 것이 대표적인 예이다. 둘째는 조류인플루엔자 바이러스가 직접 사람에 전파되는 경우로 1997년 홍콩에서 조류의 H5N1 바이러스가 사람에 직접 감염되어 6명이 사망한 사례가 있다.

국내에서는 1996년 경기도 화성에서 처음으로 H9N2형의 저병원성 조류인플루엔자가 발생한 이후 산발적으로 발생하고 있다. 2003년 12월 충북 음성에서 H5N1형의 고병원성 조류인플루엔자가 발생한 이후 3월 경기도 양주에서 시작하여 7개 시도 19개 농가(닭에서 10건, 오리에서 9건)에서 발생하였다. 긴급 대책으로 발생농가와 위험지역에 사육되는 가금류 520만수를 살처분하였다.

국내 분리주는 최근 중국 분리주와 유사하게 NA단백질 줄기부위의 아미노산이 20개 결손된 것이 특징이며, 이는 1997년과 2001년 중국 등 아시아지역에서 분리된 H5N1주와 비슷한 바이러스형으로 보고 있다. 이 조류인플루엔자 바이러스는 사람에는 병원성이 없는 바이러스로 판명되었다.

3 기생충감염병

가. 기생충과 식품

소화기 계통에 기생하는 대부분의 기생충은 식품을 통하여 인체에 감염된다. 인체기생충으로 중요한 것은 원생동물인 원충류, 흡층류, 조충류, 선충류 등이다. 감염경로를 대별하면 동물성식품을 경유하는 것(간, 폐흡충)과 채소 등 일반식품을 경유하는 것(회충, 구충)이 있다. 전자는 동물이 기생충의 생활환(life cycle)에서 중간숙주로 되어 있는 것이 대부분이기 때문에 기생충과 그 동물의 결부는 필연적이다. 이에 반해서 후자는 식품과 기생충의 결부가 필연적이 아니고 우발적으로 식품 등에 부착한 기생충이 경구로 침입하여 감염되는 것이다.

식용동물을 통하여 감염되는 기생충은 그 동물이 중간숙주이고 인간이 종숙주로 되는 것(간, 폐흡충)과 중간숙주인 동물식품을 섭취함으로써 유충이 인체 내에 머물러 중간숙주로 작용하는 것(유구조충)의 두 가지가 있다. 식품의 종류와 주요 기생충의 종류는 〈표6-4〉와 같다.

〈표6-4〉 식품의 종류와 주요 기생충

식품의 종류	기생충의 종류
참게 등의 담수게 및 가재	폐흡충
붕어 등의 담수어류	간흡충
은어	요코가와이형 흡충
숭어	이형이형흡충
가물치	유극악구충
대구, 청어, 고등어 등 해산어류	아니사키스
개구리, 뱀 등	만손열두조충
소	무구조충
돼지	유구조충, 선모충
소, 돼지	단방조충, 톡소플라스마
채소류	아메바성 이질, 회충, 구충, 동양모양선충

나. 기생충병의 감염실태

우리나라의 기생충병 감염은 과거 인분을 비료로 사용할 때는 토양이 기생충으로 오염되고, 그 오염된 토양에서 재배한 채소나 과일 등이 기생충에 오염되어 기생충 감염의 악순환을 이루어 왔다. 우리나라의 장내 기생충 감염률은 현저하게 감소하고 있다. 구충, 폐흡충, 조충 등은 0.1% 이하로 극히 낮고, 회충, 편충 등도 분뇨처리의 위생화로 매우 낮은 수준이다. 그러나 간디스토마는 높은 감염률을 보이고 있다. 특히 낙동강, 섬진강지역 주민의 감염률이 높은 것은 담수어류의 생식습관에 따라 감염환이 이루어지고 있기 때문이다. 담수어류의 생식을 통한 광절열두조충, 유극악구충, 장흡충 등도 감염사례가 보고되고 있다.

다. 식용동물에 의한 기생충감염

식육이나 어류 등을 섭취함으로써 감염되는 기생충에는 흡충, 조충, 선충 및 원충류 등이 있으며 간흡충증이 대표적이다.

간흡충은 간디스토마라고도 하며 성충은 나뭇잎과 같이 납작하고 긴 타원형으로 오이씨와 같다. 간흡충증은 피낭유충(metacercaria)을 가진 민물고기(참붕어, 잉어, 피라미 등)를 날로 먹을 때 소장으로 들어가 껍질을 벗고 담관으로 이동하여 1개월 후에 성충이 된다. 때로는 왜우렁이에서 나온 피낭유충이 오염된 물을 음용함으로써 감염되기도 한다. 간디스토마의 성충이 다수 기생하여 담관을 막으면 간과 비장이 비대해지고, 복수, 부종, 설사, 소화장애, 황달, 빈혈 등이 나타난다. 예방은 민물고기의 생식을 피하고 감염되면 곧 구충해야 한다. 그러나 간디스토마의 보충숙주는 개와 고양이이므로 이런 동물의 치료도 중요하다. 개에 감염된 간디스토마는 2~4년간 생존한다고 알려져 있으며 고양이의 감염율이 높으므로 보충숙주에 대한 구충이 요망된다.

라. 채소류에 의한 기생충 감염

채소를 섭취함으로써 감염되는 기생충에는 회충, 구충, 동양모양선충이 있다.

회충은 세계적으로 분포하는 가장 보편적인 기생충이다. 사람에 감염되면 소장에 기생하고 감염 후 산란까지 60~65일이 걸린다. 암컷 한 마리가 하루에 10~20만 개의 알을 낳는다. 분변으로 배출된 충란은 적당한 조건(22~23℃, 9~13일)에서 발육하여 감염성이 있는 성숙란이 된다. 회충 알은 채소류 등과 함께 섭취된 후 십이지장에서 부화하여 장간막, 정맥 또는 림프관, 간, 폐동맥, 폐를 거쳐 기관지, 식도, 위를 경과하여 소장에서 성충이 된다. 회충감염에 의한 장애로는 담관, 췌관, 충수 등에 침입하여 위해를 일으키며, 다수의 충체에 의한 장폐색 외에도 두통, 오심, 현기증, 복통, 설사, 담마진, 전간 등의 증상이 나타난다. 분변 중의 회충란은 계절에 따라 다르나 평균 300일 정도 생존하고, 토양 속에서 2~5년간, 여름의 김치 속에서 40일 후에도 약 20%의 회충란이 생존하였다는 보고가 있다. 열에 대한 저항성은 76℃ 이상의 열탕에서 1초 이상, 65℃에서 10분 이상 가열로 사멸되지만, 60℃ 이하에서는 10시간 이상 처리해도 사멸되지 않는다. 따라서 오염이 의심되는 채소는 잎을 펴서 흐르는 물에 여러번 씻은 후 열탕에 1분 정도 처리하는 것이 효과적이다.

4 자연독 감염증

식품에 들어있는 동물성 자연독으로 복어독, 마비성패독, 설사성패독, 바지락독이 있고, 식물성 자연독에는 감자의 솔라닌, 청매독, 버섯독이 있다.

가. 복어독

복어중독은 동물성 자연독 중 가장 많이 발생한다. 우리나라 근해는 40여종의 복어가 분포되어 있고 10여종이 식용되고 있다. 복어는 유독성이 많으며 종류에 따라 유독부위와 독력에 차이가 있고 계절에 따라서도 차이가 있다. 복어독은 산란기인 12월부터 3월까지 독소축적이 심하여 중독 발생이 많다. 우리나라 근해에서 잡히는 복어 중 독력이 강한 것은 복섬, 검복, 매리복, 졸복, 자주복 및 밀복 등이다. 난소와 간에 독성이 많고 정소에는 독이 거의 없으며 간장의 경우도 수컷보다 암컷이 독성이 강하다. 독성이 강한 포란기와 무란기의 해부소견을 보면 무란기의 내장은 간장이 크지만, 산란 직전의 포란기는 생식선(정소)과 간장이 대부분을 차지하고 있다.

복어독은 테트로도톡신(tetrodotoxin)이라는 독소이며, 비단백성 독소 중에서 가장 강력한 물질로 알려져 있다. 복어독은 맹독성으로 사람의 치사량은 약 2mg이고 치사율은 60% 정도이다. 중독증상은 식후 20분에서 6시간 이내에 입술, 혀끝, 손끝의 마비가 시작되고, 이어서 두통, 복통, 구토가 있으며 운동불능 상태가 된다. 예방으로는 복어요리 전문가가 만든 요리를 먹어야 하고 난소, 간장, 알 등에 독성이 많으므로 이런 부위를 먹지 않도록 주의한다. 복어독에 중독되었을 때는 위 내용물을 토하게 하고, 위세척하거나 설사를 하도록 하여 위내의 독소가 흡수되지 않도록 한다.

나. 감자의 솔라닌

감자의 발아부위와 녹색부위에 들어 있는 솔라닌(solanine)이라는 배당체가 용혈작용 및 마비작용을 나타낸다. 솔라닌은 솔라니딘이란 알칼로이드에 단당류가 결합된 배당체이다. 보통 감자에는 2~13mg/100g이 함유되어 있지만, 햇볕에 쬐여 녹색으로 변한 곳과 발아 부위에는 80~100mg/100g으로 증가하여 중독을 일으킬 수 있다.

중독증상은 식후 수 시간 내에 복통, 설사, 구토, 현기증, 졸림, 가벼운 의식장애 등이 나타나며 발열은 없다. 예방으로는 감자의 껍질을 발아부위까지 제거하거나 끓여 먹어야 한다.

다. 청매독

미숙한 매실 중에는 아미그달린(amygdalin)이라는 청산배당체를 함유하고 있다. 아미그달린은 산이나 효소에 의해서 분해되면 청산(HCN)을 형성하여 독성을 나타낸다. 청산은 독성이 매우 크며 성인에 대한 치사량은 0.2g 정도이다. 이밖에 은행, 수수, 오색콩 등도 청산배당체를 함유하여 식중독을 일으킬 수 있다.

중독증상은 생체에 흡수된 청산이 중추신경계의 자극과 어지러움증을 일으키며, 혈액 중의 산화환원작용을 억제하여 죽게 된다.

라. 버섯독

버섯중독(mushroom poison)은 식물성 자연독 중 가장 많으며 주로 가을철에 발생한다. 독버섯으로 유명한 것은 화경버섯, 무당버섯, 미치광이버섯, 광대버섯, 끈적버섯, 땀버섯, 외대버섯 등이다. 버섯독의 유독성분은 머스카린, 머스카리딘, 아가리카시드 등이다. 버섯독의 중독증상은 구토, 복통, 설사, 경련, 혼수상태, 근육경직과 유사한 증상을 일으키고, 대개 식후 30분~2시간에 일어난다. 독버섯을 정확히 감별하기는 어려우나 색깔이 선명하고 아름답거나 악취가 나거나 쓴맛, 신맛을 나타내거나 점액성의 액이 나오거나 공기 중에서 변색하는 것은 유독하다.

버섯중독은 가을철 버섯채취 시기에 많이 발생하는데 이것은 독버섯의 식별이 어렵기 때문이다. 경험 없는 버섯채취는 하지 말고 의심스러운 버섯은 먹지 않는 것이 최선의 예방법이다. 버섯중독에 대한 처치방법은 환자가 의식이 있고 경련증상이 나타나지 않을 때는 구토제를 먹여 토하게 한다. 의식이 없고 경련이 있을 때는 위세척관으로 위를 세척하거나, 유산마그네슘과 같은 설사제를 투여하여 독물이 흡수되지 않도록 한다. 그러나 병원으로 신속히 후송하여 의사의 처치를 받는 것이 안전하다.

제3절 식품중의 유해잔류물질

1 식품 중 유해물질의 잔류

오늘날 각종 유해물질이 자연환경으로 방출되어 식용 동식물로 이행되고 축적되어 사람의 건강에 잠재적으로 위해를 주고 있다. 모든 식품은 일체의 유해물질을 함유해서는 안 되는 것이 원칙이다. 그러나 유해물질에 의한 오염이 전혀 없는 식품을 현실적으로 기대하기란 어려운 일이며 앞으로도 불가능할 것이다.

유해물질이 환경 중으로 방출되면 〈그림6-2〉와 같이 식품사슬(food chain)을 거쳐 사람에 도달된다. 유해물질 중에서 지용성이 높은 유기염소제, 유기수은제 등은 이러한 식품사슬을 통하여 농축(생물농축)된다.

또한 식품의 생산에서부터 수송, 저장, 보존, 소비에 이르는 과정에서 식품이 유해하게 될 수 있다. 즉 가축에 투여한 동물용 약품이나 사료첨가물이 축·수산식품으로 이행, 축적하여 잔류하게 된다. 또 농약에 의한 농·수산식품의 오염, 그리고 저장 중에 식품성분의 화학적 변화에 의해서 유해하게 되거나 가공, 조리과정에서 유해물질이 생성될 수 있다. 이 밖에 식품의 조제, 가공단계에서 유해물질이 잘못 사용되거나 식품에 혼입되어 사고를 일으킨 사례도 있다. 최근 중국산 농산물, 축산물 및 어패류 등이 국내시장을 잠식하고 있어서 식품의 안전성 차원에서 국민의 건강을 위협하고 있다.

유해물질이 식품에 혼입되는 경로는 내인성(동식물성의 자연독, 항히스타민성 물질 등), 외인성(의도적 또는 비의도적으로 식품에 가하여지는 유해성 금속 등), 유기성(산화유지, 열분해생성물, 니트로소화합물 등)으로 분류할 수 있다.

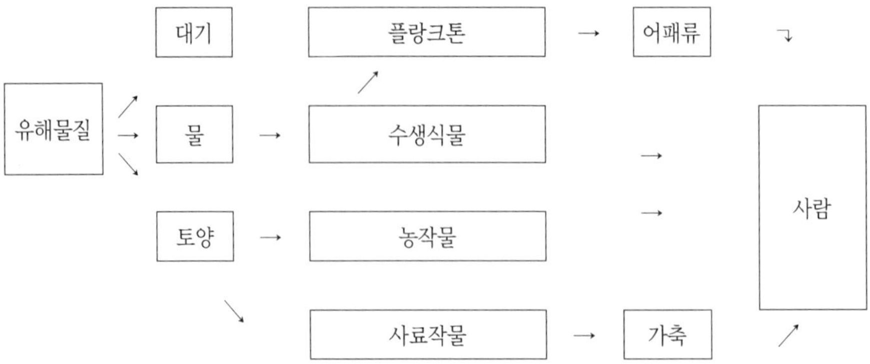

〈그림6-2〉 유해물질의 식품사슬

2 식품 중 유해중금속의 잔류

산업 발전에 따라 급성 및 만성중독의 원인이 되는 유해·유독 물질이 식품에 혼입될 수 있는 기회가 증가하고 있다. 뿐만 아니라 원물식품이 유해물질이 혼입된 채로 수입되고 있어 소비자들의 건강을 위협하고 있다. 개인의 오용, 오인, 부주의 등으로 인하여 발생하는 사고는 그 범위가 좁은데 반하여 연기, 먼지, 자동차 배기가스, 유해·유독한 물질을 함유하는 공장폐수, 유독한 농약살포, 핵폭발에 의한 방사능 물질의 낙하 등은 광범위한 환경의 오염을 초래하여 식품을 오염시키고 있다. 이와 같은 환경의 오염은 음료수나 사료, 또는 원물식품에 혼입될 기회가 많아져서 중독발생을 일으킨다.

가. 수은

메틸수은에 오염된 어패류를 섭취함으로써 일어난 미나마타병은 1953년 일본에서 대규모로 발생하여 사회문제를 일으켰다. 그 원인은 화학공장에서 촉매제로 사용했던 염화제2수은이 폐수 중에 방출되어 뻘속의 혐기적 조건하에서 메틸수은으로 환화되었던 것이다. 해수나 하천 중의 메틸수은의 농도는 비교적 낮지만 플랑크톤을 통하여 어패류 중에 축적된다. 이러한 어패류를 사람이 먹었을 때 체내에 축적되어 증상을 나타낸다. 물고기 중의 메틸수은의 농도는 물에 함유하는 농도의 100만 배까지 달하고 이렇게 오염된 어패류를 먹은 사람이 미나마타병에 걸린다. 메틸수은에 오염된 어패류를 섭취하게 되면 장관세포막을 투과하여 뇌에 도달하게 되고, 여기서 탈메틸화되어 민감한 효소의 -SH기와 결합함으로써 독성을 나타낸다.

근년 참치와 같이 큰 생선은 태아의 뇌 발달에 해로운 수은에 오염되었을 가능성이 크기 때문에 임산부들은 섭취를 삼가야 한다고 미국 식품의약청 전문위원회(FDA)가 권고하고 있다. 2003년에 임산부에게 상어, 황새치, 동갈삼치, 옥돔 등 4종류의 생선섭취를 삼가하도록 권고한 것도

이 때문이다. FDA는 메틸수은이 1ppm 이하로 함유된 생선은 안전하지만 황새치 등 4종류는 이 기준치를 초과하고 있다고 지적하였다.

나. 카드뮴

1950년대 말 일본에서 공장폐수 중 카드뮴(Cd)에 의해서 발생한 이타이이타이병은 가장 대표적인 공해성 질환이다. 당시 폐광에서 폐기된 카드뮴 건전지에서 배출된 카드뮴이 토양에 흘러들어 농작물이 오염되었고 이 농작물을 먹은 주민에게 새로운 질병이 발생된 것이다. 카드뮴은 발암성, 변이원성 물질이기 때문에 공중위생상 매우 중요하게 평가되고 있으며, 고환의 위축으로 인한 생식기장애와 고혈압 등을 유발한다.

카드뮴을 장기간 섭취하게 되면 세뇨관에 병변이 생겨서 단백뇨, 당뇨, 다뇨 등의 신장증상이 나타나고, 이어서 재흡수기능이 저해되어 2차적으로 칼슘이나 인 등이 오줌으로 나가서 체내 칼슘의 불균형을 초래하여 골연화증을 일으킨다.

다. 납

납중독은 연독(鉛毒)이라고도 하며 급성과 만성중독이 있는데 실제로 문제가 되는 것은 만성중독이다. 납(Pb)이 식품 중에 혼입될 수 있는 것은 용기나 기구 등에 함유된 납이 용출되기나 식품원료 자체가 오염되어 있는 것이다. 납을 대량으로 흡수하여 급성위장염 증세를 나타내는 급성독은 희소하며, 만성은 극소량(1일 1mg)의 납을 장기간 지속적으로 섭취함으로써 생긴다. 대기오염원으로는 가솔린에 의한 자동차배기가스, 납제련공장이나 축전지공장의 매연 등에 의한 납, 산화납 등이 있고, 수질오염원으로는 납의 제련공장이나 도금공장의 폐수 등이 있다.

식품을 통하여 납을 섭취하게 되면 납은 간을 통하여 대부분 담즙으로부터 대변으로 배출되나 일부는 뼈에 침착되었다가 골수에 독성을 나타내어 권태, 두통, 피로감, 빈혈 등이 나타난다.

3 식품 중 농약의 잔류

농약에는 살충제, 살균제, 제초제, 살서제, 성장조절제, 훈증제 등이 있다. 또한 일부 농약 중에서 저독성 농약이 가정용 방역제로 사용되기도 한다. 농약의 위해를 대별하면 환경오염과 식품오염으로 구분된다. 농약의 독성도 점차적으로 급성독성이 강한 것에서 저독성의 것으로 대치되는 경향이 있어서 문제되는 것은 주로 만성독성이다.

가. 유기인제 및 카바메이트계 농약

유기인계 및 카바메이트계 농약은 콜린에스터라제의 작용억제제로 농작물 생산에 많이 이용된다. 이들 농약은 유기염소계에 비하여 안전성이 향상되었고 축적잔류성이 없기 때문에 농산물에의 잔류는 문제되지 않는다. 과거 우리나라에서는 급성독이 약한 마라치온, 스미치온, 다이아지논, 바이텍스, DDVP 등이 사용된 바 있다. 일본은 10종의 유기인계 농약과 카바메이트계 1종 등 11종에 대하여 사료에 지도기준을 정하여 규제하고 있고, 미국이나 FAO/WHO는 농축산물에서 잔류허용한계를 정하여 사료원료로 사용될 수 있는 농산물에서도 그 허용한계를 정하고 있다.

유기인제의 중독은 아세틸콜린의 작용을 억제하여 신경에 과잉자극증상이 나타나, 식욕부진, 구역질, 구토, 복통, 설사, 전신경련, 호흡근 마비, 권태감, 불안감, 두통, 현기증, 언어장애, 흥분, 혼수 등이 나타난다.

나. 유기염소제

유기염소제는 대부분이 안정된 화합물로서 식물체내에서 거의 분해되지 않고 체내의 지방조직, 지방질이 많은 중추신경에 축적되어 위험을 줄 수 있다.

한국에서는 1970년대에 먹이사슬에 의한 생물학적 농축으로 고등생물에서의 고농도 잔류 등 축적잔류성이 문제가 되어 사용이 금지되었다. 그러나 유기염소계 농약은 가격이 저렴하여 아직 사용하고 있는 국가도 있으며, 특히 과거 과다한 사용으로 인한 토양환경오염으로 동식물에 오염되어 잔류되고 있다. 따라서 유기염소계 농약의 잔류는 사용을 금지하였다고 하여 완전히 피할 수 없는 실정이므로 농축산물에 대한 잔류허용한계를 정하여 규제하고 있다. 이들 축적성이 높은 농약은 DDT, BHC, 디엘드린, 알드린 등이며, 생체 내에 축적되므로 미량의 흡수도 주의할 필요가 있다.

중독증상은 주로 중추신경증상으로 처음에는 식욕부진, 구역질, 구토, 두통 등이 있고, 중독이 진행됨에 따라 자극흥분성이 심해지며, 간헐적 또는 강직성의 경련이 일어나고 결국에는 혼수상태에 빠져 사망하게 된다.

다. 유기수은제

유기수은은 농약으로 많이 사용되고 각종 유기수은제가 제초제나 살균제로도 사용되고 있으며, 특히 수은의 알킬유도체는 종자소독에 흔히 사용된다. 유기수은에 의한 중독 중에서 알킬수은이 가장 무섭다. 유기수은으로 인한 급성중독은 사고로 인한 경우가 많고, 만성중독은 유기수은을 직업적으로 취급하는 사람, 환경오염에 의한 흡수, 그리고 오염된 음식물을 섭취함으로써 일어나는 경우가 있다.

급성중독은 피부에 염증을 일으키고 자극증을 수반하는 작은 물집을 만들며, 눈이나 상기도점막을 자극하여 궤양을 일으키고 위장증상과 신장장애도 일으킨다. 알킬수은의 만성중독증상은 떨림증, 시야축소, 언어장애 등 중추신경장애가 나타난다.

라. 수확 후 처리농약

수확한 농산물을 보관과정에서 해충이나 유해미생물에 의한 피해를 방지할 목적으로 사용되는 농약을 수확 후 처리농약이라고 하며, 에틸렌디브로마이드, 피페로닐부톡사이드, 치아벤다졸 등을 훈증제로 사용하고 있다. 이들 농약은 곡물류의 곰팡이나 해충을 죽이거나 여름철에 채소류 등의 변질을 방지하기 위하여 수확 전이나 수확 후에 살포하여 문제시 되고 있다.

4 식품 중 항생물질의 잔류

항생물질은 양축업 및 양식업에서 동물의 질병예방, 치료, 성장촉진 및 사료효율 향상 등의 목적으로 사용되고 있다. 국내에서 가축 및 수산용 항생제는 1000여 톤이 판매되고 있으며 이 중 테트라사이클린의 소비가 800톤으로 가장 많다. 축종별 사용량은 돼지, 닭, 양식어, 소 순으로 많으며, 가축용 항생제의 대부분이 사료첨가용으로 사용되고 있다.

법률상 항생제를 사료첨가제로 분류하고 있기 때문에 수의사의 처방 없이 자가치료가 가능하도록 하여 항생제의 남용으로 내성균을 증가시켜 질병치료를 둔화시킬 뿐만 아니라 식육, 계육, 어육, 우유 및 계란 등에 이행되어 잔류하는 것이 문제이다. 항생물질이 혼입된 식품을 섭취함으로써 오는 위해로는 항생물질 그 자체에 의한 유해작용 이외에도 병원균에 대한 내성균의 출현, 알레르기반응을 유발하는 것이 있다.

가. 항생물질의 잔류경로

첫째, 질병의 예방과 치료용으로 사용한 동물성 의약품이 잔류할 수 있다. 즉 유방염 치료에 사용한 항균성물질이 우유 중으로 이행되거나, 기타 질병치료 목적으로 사용한 경구투여제, 주사제 및 수욕제 등 항생물질이 체외로 충분히 배설되지 않고 잔류하고 있는 상태로 도살되는 경우 근육이나 장기 중에 잔류할 수 있다.

둘째, 성장촉진, 사료효율증진 및 특수질병의 예방목적으로 소량이지만 장기간 투여하는 사료첨가제가 잔류할 수 있다.

셋째, 환경오염물질이 축수산물에 잔류할 수 있다. 즉 농약사용에 의한 사료의 오염, 공장·자동차매연 등에서 배출되는 중금속, 방사성물질, PCB 등의 토양환경오염으로 인한 2차적인 식품사슬을 통한 유해물질의 잔류 등을 들 수 있다.

나. 항생물질 등의 잔류허용기준

식품위생법 규정에 의한 식품의 기준 및 규격 중 항생물질 등의 잔류허용기준을 동물용의약품의 잔류허용기준으로 정하여 규제하고 있다.

1) 식육

식육 중 항생물질, 합성항균제, 구충제 및 합성호르몬제의 잔류허용기준은 다음과 같다.

가) 항생물질

소, 돼지, 양, 염소, 닭, 오리, 칠면조 등의 동물에 적용하여 동물별, 부위별(근육, 간, 지방, 신장)로 약간의 차이를 두고 잔류기준을 정하고 있다. Gentamicin 외 21종의 항생물질에 대하여 근육의 경우 불검출부터 1mg/kg 이하로 정하여 규제하고 있다.

나) 합성항균제 등 (구충제 포함)

합성항균제도 항생물질과 같이 적용하고 있으며, 그 종류는 근육의 경우 nicarbazin 외 31종에 대하여 불검출부터 5mg/kg 이하로 다양하게 정하여 규제하고 있다.

다) 성장호르몬

호르몬제는 소고기 및 돼지고기의 경우 diethylstilbestrol(DES)은 검출되어서는 아니되고, zeranol은 소고기에서만 0.002mg/kg 이하로 정하여 규제하고 있다.

2) 어류 및 갑각류

항생물질인 oxytetracycline은 어류 및 바다가재에서만 0.1mg/kg 이하로 규정하고 있으며, 뱀장어 중 oxolinic acid는 검출되어서는 안된다.

3) 우유

제조·가공 직전의 원유, 우유류, 분유류 (탈지분유, 전지분유)에 다음과 같은 잔류허용기준(mg/kg)을 적용하여 규제하고 있다.

가) 항생물질

벤질페니실린(benzylpenicilin)/프로케인벤질페니실린(procaine benzylpenicillin) : 0.004 이하

세프티오퍼(ceftiofur) : 0.1 이하

옥시테트라싸이클린(oxytetracycline) : 0.1 이하

스펙티노마이신(spectinomycin) : 0.2 이하

스피라마이신(spiramycin) : 0.2 이하

디히드로스트렙토마이신(dihydrostreptomycin)/스트렙토마이신(streptomycin) : 0.2 이하

네오마이신(neomycin) : 0.5 이하

나) 합성항균제 등

설파디메톡신(sulfadimethoxine) : 0.01 이하

설파메타진(sulfamethazine) : 0.025 이하

알벤다졸(albendazol)/이소메타미디움(isometamidium)/치아벤다졸(thiabendazole)/페반탈(febantal)/펜벤다졸(fenbendazole)/옥스펜다졸(oxfendazole) : 0.1 이하
디미나진(diminazene) : 0.15 이하

4) 알

가) 항생물질
옥시테트라싸이클린(oxytetracycline) : 0.2 이하
네오마이신(neomycin) : 0.5 이하
스펙티노마이신(spectinomycin) : 2.0 이하

나) 합성항균제 등
플루벤다졸(flubendazole) : 0.4 이하

다. 잔류대책

축산물 및 양식업자가 동물용 의약품이나 사료첨가제의 사용방법, 즉 대사동물, 용법, 용량, 휴약기간을 정확히 이행하면 축·수산식품 중의 항생물질 잔류를 막을 수 있다. 식품첨가물은 식품에 직접 첨가하기 때문에 사람이 반드시 섭취하게 되지만, 동물용 의약품이나 사료첨가제는 가축에 투여하기 때문에 정하여진 사용법을 지킨다면 식품 중의 잔류를 피할 수 있다.

5 식품 중 환경호르몬의 잔류

가. 용어의 정의

산업발달로 각종 화학물질이 인간사회에서 유용하게 사용됨에 따라 많은 화학물질이 생성되어 환경을 오염시키고 이들 오염물질은 먹이사슬을 통하여 다시 인간에게 다가오고 있다. 이러한 일련의 과정에 포함되는 환경오염물질은 그 작용에 따라 흔히 환경호르몬, 내분비장애물질, 잔류성 유해화학물질, 환경유래 유해화학물질 등으로 부르고 있으며 대표적인 물질이 다이옥신이다.

내분비장애물질(EDCs)이란 사람이나 동물의 내분비 호르몬과 비슷하게 작용하는 외인성 화학물질로서 내분비계에 영향을 미쳐 사람이나 동물의 번식장애 등 건강에 위해를 일으키는 물질을 말하며 환경호르몬이라고도 한다. 미국 환경보호국(Environmental Protection Agency, EPA)에서는 내분비장애물질이란 체내에서 항상성(homeostasis) 유지와 발육과정을 조절하는 호르몬의 생산, 방출, 이동, 대사, 결합, 작용 혹은 배설을 간섭하는 체외물질이라고 정의하고 있다.

나. 내분비장애물질의 종류와 특성

내분비장애물질로 알려진 물질은 〈표6-5〉와 같다.

〈표6-5〉 내분비장애물질 목록

내분비계 장애물질로 알려진 물질	내분비계장애물질로 의심되는 물질
Persistent organohalogens(유기염소계물질) Pesticides(농약) Phthalates(프탈레이트) Benzopyrene(벤조피렌) Heavy metals(중금속) Penta nonyl phenols(펜타-노닐 페놀) Bisphenol A(비스페놀A) Styrene dimers and trimers(스티렌 다이머 및 트리머)	2,4-Dichlorophenol, Diethylhexyl adipate, Benzophenone, N-butyl benzene

1) 다이옥신

가) 다이옥신의 구조와 특성

다이옥신(dioxin)은 베트남전쟁 때 제초제로 사용한 2, 4-D(2,4-dichlorophenoxy acetic acid)와 2,4,5-T(2,4,5-trichlorophenoxy acetic acid)에 물순물로 섞여 참전군인에게 고엽제 병이라는 후유증을 남겼다.

다이옥신은 염화탄화수소화합물로서 서로 비슷한 구조를 가지는 PCDD(polychlorinated dibenzo-p-dioxin)와 PCDF(polychlorinated dibenzofuran)를 총칭한다. 다이옥신은 염소가 결합된 두 개의 벤젠을 산소가 연결하고 있는 3고리 방향족화합물이다.

다이옥신은 쓰레기 소각, 종이 또는 펄프의 표백과정, 여러 종류의 플라스틱 제조공정, 유기염소계 농약(제초제)의 제조과정 등에서 배출된다. 화학적으로 안정하여 잘 변화되지 않아 물, 공기, 토양 등의 자연환경에서 오랜 기간 동안 잔류한다. 지방에 잘 녹기 때문에 먹이사슬을 통한 오염은 직접적 노출에 비하여 훨씬 많은 양의 다이옥신이 체내로 유입되며 인체 내 지방조직에 축적되어 몸속에서 오랜 기간 동안 잔류하게 된다.

나) 다이옥신의 발생원인

다이옥신은 공장매연, 폐기물 배출 및 처리, 그리고 염소를 함유한 물질을 소각할 때 발생한다. 일단 공기 중으로 들어오면 대부분은 희석되어 흙이나 식물, 물속으로 들어와 먹이사슬을 통하여 사람의 체내에 도달한다.

다이옥신과 그 유사물질을 환경 속으로 배출시키는 산업 활동은 다음과 같다.

첫째, 다이옥신의 전구물질인 유기물이나 목재 내의 목질소(lignin) 또는 유사구조를 갖는 화학물질과 함께 염소를 태우는 과정이다. 소각로에서 생성되는 다이옥신의 양은 소각되는 쓰레기의 염소함량에 의해 좌우된다. 소각로의 염소는 PVC, 플라스틱랩, 염화용제, 페인트제거제, 그리고 농약 등으로부터 나온다.

둘째, 종이 및 제지산업에서 종이를 표백하기 위하여 염소를 사용할 때, 염소가 목재 중의 목질소와 반응할 때 생성된다.

셋째, PVC, 염소용제, 그리고 농약(살충제) 등 염소를 함유하는 제품을 만드는 화학공장이다.

넷째, 제련, 정제, 시멘트 가마 등의 산업현장이다. 이들 원인의 공통적인 특징은 모두 염소를 이용한다는 점이다. 다이옥신은 염소를 포함하는 산업공정이나 탄소함유 유기물과 함께 염소를 태울 때 생성된다.

다) 다이옥신의 섭취경로

다이옥신은 오염된 물고기, 조개류, 육류, 유제품 등의 식품섭취에 의하여 체내로 유입되며, 존재 가능한 주변에서 미량으로 호흡기 또는 피부점막을 통하여 유입될 수도 있다. 또한 직업적 노출이나 모체를 통한 태아의 노출, 그리고 모유를 통한 섭취 등을 들 수 있다.

다이옥신의 경우 90% 이상이 식품을 통하여 유입되고 1~3%는 호흡기를 통한다. 다이옥신 섭취량의 90% 이상이 오염된 축산물을 통하고 있으므로 동물사료, 음수, 토양 등에 대한 규제는 가축에의 다이옥신을 조기에 차단하기 위한 조치이나. 또한, 식품을 섭취할 경우 지방이 많은 부분을 피하는 것도 다이옥신에 노출되는 양을 줄이는 한 방법이다.

2) PCBs

PCBs(polychlorinated biphenyl)는 1930년대 초부터 변압기나 열매체의 전기절연체로서 전선의 피복, 염화비닐수지 등의 유연제로 많이 사용되었고, 고압용 윤활유, 에어컨오일, 진공펌프오일 등으로 다양한 산업에 유용하게 사용되었다. 이후 유해성이 입증되면서 1970년대에 대다수의 국가에서 사용을 금지하였지만 그동안 많은 양이 사용되어 이미 자연환경에 널리 분포하고 있기 때문에 가축 및 사람에서도 검출되고 있다.

WHO에서는 각종 동물실험에서 아급성 독성 및 차세대에 영향을 미치지 않는 인체에 대한 섭취허용량을 하루 0.005mg/kg으로 정하였다.

3) 브롬화합물

TV, 컴퓨터 등 전자제품의 절연제 및 방화제로 사용되는 브롬화합물에는 PBDEs (polybrominated diphenyl ethers), PBBs(polybrominated biphenyls)등이 대표적이며, 전자제품의 플라스틱 케이스나 전자회로기판으로부터 방출되어 직접 인체에 흡수되기도 한다. 이후 WHO에서는 이들 제품에 대한 대체품을 사용하도록 권장하고 있고, 유럽연합에서는 대부분의 브롬화합물 사용을 금지하였거나 규제하고 있다. 브롬화다이옥신은 염소화다이옥신과 같이 불순물로 존재하며, 독성은 염소화다이옥신과 유사하다.

4) 프탈레이트

프탈레이트(phthalate)는 프탈산 유도체로 플라스틱제품의 유연제로 많은 양이 사용되어 왔다. 가장 일반적으로 사용되었던 프탈레이트는 diethylhexylphthalate(DEHP)로서 PVC의 유연제, 가소제, 페인트, 잉크, 농약의 주성분으로 사용되었다. 프탈레이트는 지방친화성이 매우 크며 휘발성이 있으므로 플라스틱, 특히 PVC 제품으로부터 접촉물질로 쉽게 이동된다. 유아용 플라스틱 장난감 및 화장품 성분으로도 사용되어 문제가 되고 있으며, 프탈레이트가 함유된 포장재에 쌓여 있는 지방 식품은 플라스틱용기나 필름 등으로부터 프탈레이트를 용출시켜 식품을 오염시킨다.

해양이나 담수어에서 생체 내 축적현상이 나타나기도 하나 대부분의 프탈레이트는 포유류에서 빠르게 대사가 진행되므로 농약 등의 유기염소계 화합물이나 PCBs와 비교할 때 생체 내 축적도는 낮은 편이다. 그러나 이것은 우유, 유제품, 지방성식품 등을 포함하여 매우 다양한 식품에서 낮은 농도로 검출되고 있다. 농가의 착유기에 플라스틱 부분이 있다면 우유에 잔류되는 원인이 될 수도 있으며 육류를 포장하는 포장재의 종류에 따라 식육에서 검출될 수도 있다.

다. 원인식품 및 유입경로

환경호르몬은 식생활을 통한 노출이 가장 크며 특히 지방이 많은 식품을 섭취할 때 많이 유입된다. 오염된 어패류, 육류, 유제품 등의 섭취를 통하여 유입될 수 있고, 극히 미량이지만 호흡기 또는 피부를 통하여 노출될 수도 있다. 또한 모체를 통한 태아, 모유를 통하여 아기가 노출되며 직업적 노출도 있을 수 있다. 인체에 유입되는 경로는 90% 이상이 음식물을 통하여 유입되고 있다. 식생활 행태에 따라 차이가 있지만 〈그림6-3〉과 같이 어패류, 소고기, 돼지고기, 닭고기, 우유 및 유제품을 통하여 유입되는 것이 대부분이다.

따라서 이러한 식품이 오염되는 경로를 추적하고 차단하게 되면 그 피해를 최소화할 수 있다. 특히 염소와 관련된 공장폐수로 인한 오염, 축산물의 사료나 축산농가 주변오염, 소각장에서 생성되는 다이옥신은 대기를 오염시키고, 산림자원, 농산물, 토양, 호수나 강물 또는 연안해양 등을 오염시켜 여러 먹이사슬을 통하여 인체에까지 이르게 된다. 인체에 이와 같이 유입된 다이오신은 혈액을 타고 인체의 각 조직에 도달하여 면역기능저하, 피부염, 중추신경장애, 호르몬의 내분비장애 등을 일으키는 것으로 알려져 있다.

다이옥신이 인체에 유입되는 경로별 체내 유입량을 보면 〈표6-6〉과 같이 소고기에 의하여 유입되는 량이 가장 높은 것으로 나타났다.

이들 내분비장애물질은 지용성이라는 특성으로 인하여 지속적인 축적이 일어나 영향을 미칠 가능성에 주의해야 한다. 다이옥신은 약 97%가 수산물, 소고기, 돼지고기, 닭고기 등의 육류, 그리고 우유 및 유가공품이 원인이다. 특히 다이옥신은 미생물이나 자연환경조건에서 분해가 되지 않기 때문에 먹이사슬을 통한 생물농축계수가 비교적 높은 물고기나 지방함량이 높은 육류 및 유제품 등에 잔류할 가능성이 높다. 또한 다이옥신은 식품가공 및 조리과정에서도 발생하며, 특히 튀김용으로 사용되는 기름과 훈제돈육에서 증가되었다는 보고가 있다. 뿐만 아니라 이들 물질은 물이나 토양에 축적되어 분해되지 않은 채로 식물, 어패류, 식육 등에 잔류하여 사람에 섭취됨으로써 인체호르몬의 역할을 방해한다. 또한 물이나 토양 중에 잔류하여 먹이사슬을 통하여 동물이나 사람의 체내에 축적되어 건강을 위협하고 있다.

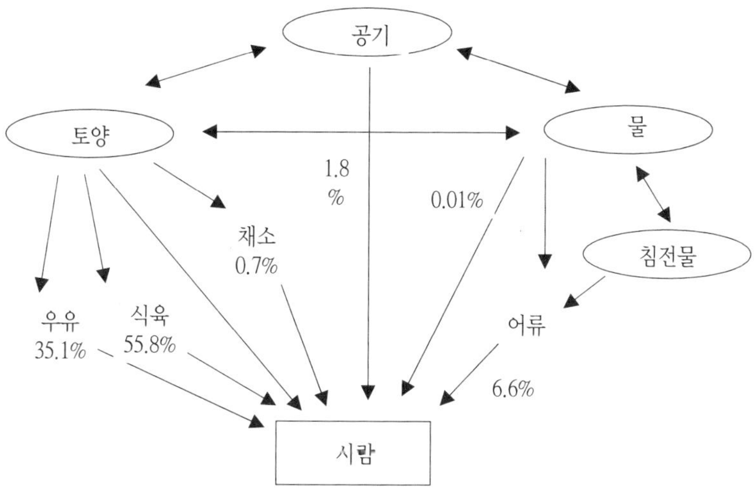

〈그림6-3〉 사람의 다이옥신 섭취경로

〈표6-6〉 다이옥신의 경로별 체내 유입량 (pg TEQ/1인/1일)

유입경로	유입량	유입경로	유입량
소고기	38.0	생선	7.8
유제품	24.1	계란	4.1
우유	17.6	공기	2.2
닭고기	12.9	토양	0.8
돼지고기	12.2	물	무시할 수준

라. 위해작용

동물시험이나 오염원 근처의 역학조사결과 환경호르몬이 인체에 미치는 영향은 다이옥신에 대한 노출정도와 신체의 건강상태에 따라 개인차가 있을 수 있다. 그 결과를 요약하면, 성인의 경우 생식기능장애, 출산율저하, 유산가능성, 호르몬 조절기능변화, 신진대사변화, 당뇨발병 가능성, 면역체계의 이상, 암유발 가능성이 있으며, 태아의 비정상적인 발달 가능성, 신생아 체중감소, 어린이의 성장발달 지연가능성 등이 있다.

역학조사에 의하면 사람이나 야생동물에서 기형을 유발하고 정자수의 감소, 동물에 있어서의 수컷을 암컷으로 만들며, 또한 사람에서도 정자수의 감소, 유방암을 일으키는 주요한 요인이 되는 것으로 보고되어 있다.

마. 관리대책

환경호르몬의 종류 및 배출량에 따라 관리대책이 다르나 일반적인 관리대책을 요약하면 다음과 같다.

첫째, 발생원을 체계적으로 관리하여 배출량을 줄이고 방지시설을 설치하여 오염물질의 배출을 최소화한다.

둘째, 건강상의 피해를 최소화할 수 있는 기준치와 식품에서의 잔류허용기준을 설정하여 지속적으로 규제한다.

셋째, 잔류할 수 있는 매체 즉 대기, 수질, 토양, 식품 및 인체노출 정보를 위한 잔류조사를 지속적으로 수행한다.

넷째, 과학적이고 합리적인 정책수행을 위한 중장기 계획을 수립하고 체계적이고 지속적인 관리를 수행하여 먹이사슬을 통한 인체에의 유입을 줄여야 한다.

제4절 식품기술과 안전성

1 식품가공과 식품첨가물

가. 식품첨가물의 정의와 종류

식품첨가물(food additives)이란 식품의 상품적 가치의 향상, 기호성 증진, 보존, 영양 강화 등의 목적으로 식품에 첨가되는 물질을 말한다. FAO/WHO의 합동전문위원회에서는 식품첨가물이란 식품의 외관, 향미, 조직 또는 저장성을 향상시키기 위한 목적으로 식품에 소량 첨가되는 비영양물질이라고 정의하였고, 한국식품위생법에서는 식품의 제조, 가공 또는 보존을 함에 있어서 식품에 첨가, 혼합, 침윤, 기타의 방법으로 사용되는 물질이라고 정의하고 있다.

식품첨가물은 화학적 합성품과 천연물로 나눌 수 있다. 화학적 합성품이란 화학적 수단에 의하여 원소 또는 화합물에 분해반응 이외의 화학반응을 일으켜 얻은 물질을 말한다. 이러한 화학적 합성품에는 화학물질 등으로부터 화학적으로 합성한 것 이외에도 동물, 식물, 광물 등 천연물 또는 그 추출물을 원료로 하여 이에 화학반응을 일으켜 얻은 것도 포함된다.

한국은 화학적 합성품 398품목, 천연 첨가물 182품목, 혼합제재 7품목, 총 587품목이 있으며 이들을 사용목적에 따라 구분하여 보면 〈표6-7〉과 같다.

〈표6-7〉 식품첨가물의 분류

용도	사용목적	대표적 첨가물
보존료	미생물의 증식에 의해 일어나는 부패나 변질방지	소르빈산, 안식향산 등
살균제	미생물을 단시간 내 사멸하는 작용을 가지며 음료수, 식기류, 손 등의 소독에 사용	차아염소산나트륨, 표백분 등
산화방지제	지방의 산화와 그로 인한 변색을 지연	BHA, BHT 등
착색제	인공적으로 착색하여 천연색을 보완함으로써 식품의 기호적 가치를 향상	식용색소 등
발색제	식품 중에 존재하는 색소를 결합시켜 색을 안정시키거나 선명하게 함	아질산나트륨, 질산칼륨 등
표백제	색소파괴로 흰 식품을 만들거나 색소착색 전에 표백하여 색소착색이 아름답게 되도록 함	아황산나트륨 등
밀가루 개량제	밀가루 표백과 숙성기간을 단축하고 제빵효과의 저해물질을 파괴함으로써 가공적성 등을 개량함	과산화벤조일, 과황산암모늄 등
조미료	식품 본래의 맛을 한층 돋우거나 기호에 맞게 조절하여 미각을 좋게 함	아미노산계, 핵산계 등
산미료	식품에 적합한 산미를 부여하고 청량감을 줌	구연산, 빙초산 등
감미료	식품에 단맛을 부여함	아스파탐 등
착향료	식품의 기호적 가치를 증진하는 방향물질	바닐라, 락톤류 등
팽창제	빵 등을 만들기 위해 밀가루를 부풀려 조직을 향상시키고 적당한 형체를 갖추게 함	명반, D-주석산수소칼륨 등
강화제	식품에 영양을 강화가기 위해 사용하는 비타민, 무기질, 아미노산 등의 물질	비타민류, 무기질류, 아미노산류 등
유화제	물과 기름같이 잘 혼합하지 않는 두 종류의 액체를 혼합할 때 분리를 막고 유화를 도와줌	글리세린, 지방산, 에스테르 등
호료	식품의 점착성을 증가시키고 유화 안정성을 좋게 함	구아검
품질개량제(결착제)	주로 식육제품에 사용하여 결착성을 높여 씹을 때 촉감을 향상시킴	인산염, 중합인산염 등
피막제	과일 및 채소의 신선도를 장기간 유지하기 위해 표면에 피막을 만들어 호흡제한 및 수분증발 방지	물포린 지방산염, 초산비닐수지
껌기초제	껌에 적당한 점성과 탄력성을 갖게 하고 풍미를 유지케 함	에스테르검, 폴리부텐
소포제	식품의 제조공정 중에 발생하는 거품제거	규소수지
추출제	식품의 어떤 성분을 용해 추출하기 위해 사용	n-핵산
이형제	빵의 제조가공 과정에서 구울 때 달라붙지 않게 함	유동파라핀
기타	1) 사용기준이 없는 것 2) 사용기준이 있는 것	1) 인산, 황산 2) 염화칼슘, 수산화나트륨

식품공업협회자료

나. 식품첨가물의 사용기준

식품첨가물의 사용허용량의 결정은 큰 동물에 대한 장기간(적어도 2년 이상)의 만성독성시험에서 완전히 무독성이 인정되는 최고섭취량으로 최대안전량(maximum no effect level, MNL, mg/kg/day)을 정하고, 이 값에 FAO/WHO에서 인정하는 각 식품첨가물에 대한 안전계수(보통 100~200)로 나누어 그 양을 1일 섭취허용량(acceptable daily intake, ADI)으로 정한다.

다. 식품첨가물의 가치와 안전성

식품첨가물은 기호성, 영양 강화, 가공, 보존 등의 목적으로 식품에 첨가하는 화학물질로서 식품의 위생적 유지와 상품적 가치를 향상시키기 위해 필요하다. 이는 최근 식품의 유통확대와 가공식품의 증가로 종류도 다양해지고 사용이 증가하면서 안전성에 대한 불안심리가 커지고 있다. 이는 소비자로 하여금 식품첨가물을 넣지 않고 만든 자연식품을 찾게 하고 있다. 식품첨가물이 인체에 해롭고 불필요한 것만은 아니며, 지나친 기피현상은 오히려 영양불균형(영양과잉 또는 부족증), 곰팡이, 세균 등의 미생물오염으로 인한 문제가 더 심각할 수 있다.

그러나 이러한 식품첨가물을 남용하거나 과잉섭취하면 유해할 수 있으므로 식품가공업체를 대상으로 최소량을 바르게 사용하도록 교육하고 식품에 반드시 그 사용량을 표기하도록 하고 있다. 그러나 기준치대로 섭취해도 많은 종류의 가공식품을 섭취하다보면 과잉섭취가 될 수 있다는 것을 인식하고 식품을 선택할 필요가 있다.

식품첨가물은 식품위생법에서 허용한 것 이외의 것은 사용할 수 없도록 규정하고 있다. 식품첨가를 목적으로 하여 제조된 화학적 합성품이나 이들을 함유한 제제 또는 식품을 판매하거나 판매의 목적으로 제조, 수입, 가공, 사용, 저장 또는 진열하지 못하도록 규제하고 있다. 따라서 허용된 이외의 것이나 불량품을 생산하거나 또는 허용된 식품첨가물을 사용하였다 하더라도 사용량이 지나치게 많을 때에는 식중독을 일으킨다.

2 식품저장과 방사선조사

가. 방사선조사 식품

식품조사란 방사선을 식품에 조사하여 발아를 억제시키거나 숙성을 지연시켜 식품의 보존성을 향상시키고, 병원균, 기생충 및 해충을 사멸시켜 위생적인 식품을 만드는 것으로 열을 가하지 않고 살균이 가능하여 냉살균(cold sterilization)이라고도 한다.

방사선 조사가 식품에 사용된 것은 미국에서 육류의 기생충 오염문제를 해결하기 위한 방법으로 특허를 얻은 1929년부터이다. 1980년대에 들어서면서 방사선 조사기술은 안전성에 대한 과학적 뒷받침과 WHO, IAEA, FDA 등의 국제기구와 선진국의 주도에 의하여 실용화 기반을 마련하였다.

식품조사에는 거의 대부분이 Co^{60}의 감마선을 사용하고 있다. 식품조사는 식품의 발아억제, 살충, 살균 및 숙성조절의 목적에 한하여 사용하고 있고 가열, 냉장, 냉동, 화학약제에 의한 처리와 동일한 이유로 사용된다.

나. 방사선 조사식품의 실용화

식품조사에 대하여 관심을 나타낸 것은 해충이나 미생물 오염에 의한 부패로 식품이 손상을 받는 일이 많아지고 식품의 무역이 확대되면서 식품을 엄격한 수입기준에 부합시켜야 한다는 이유에서이다. 식품조사가 식품의 안전처리와 유통에 유효하다는 것이 입증되었다. 세계 39개국이 조미료, 곡물, 뼈를 제거한 닭고기, 과일, 채소 등 40종류의 식품에 조사를 허가하고 있으며, 그 중 27개국에서 식품조사가 실용화되고 있다. FAO와 WHO의 합동국제식품규격위원회에 의해 조사식품에 관한 국제규격이 채택되었다. 1980년에 조사식품의 건전성에 관한 합동전문가위원회(JECFA)는 평균 10kGy선량까지는 어떤 식품을 조사하여도 독성학 상의 장애를 나타내지 않는다고 결론지었다.

FAO의 추산에 의하면 세계적으로 식량생산의 25%가 수확 후에 해충, 미생물, 쥐 등에 의해 손실되고 있다. 많은 나라에서 해충 및 곰팡이 오염과 발아로 대량의 곡물을 잃고 있으며 근경채소류에는 발아가 주요한 피해요인이 되고 있다.

식품조사는 27개국 이상에서 약 230여종의 식품군에 대하여 실시하고 있으며, 미국 54종, 영국 47종, 프랑스 41종, 네덜란드 20종 등 다양한 식품군에 대하여 허가하고 있다.

한국은 발아억제, 살충, 살균 및 숙도조절의 목적으로 지정된 선량 이하의 방사선으로 1회만 조사하도록 규정하고 있으며, 〈표6-8〉와 같이 주로 가공식품의 원료가 조사처리 되고 있다.

〈표6-8〉 국내 방사선 조사식품의 허가품목

품목	조사목적	허가선량(kGy)
감자, 양파, 마늘	발아, 발근억제	0.15 이하
밤	발아, 발근억제	0.25 이하
버섯(생 및 건조)	살충, 숙도조절	1.00 이하
건조식육 및 어패류 분말	살균, 살충	7.00 이하
된장, 고추장, 간장 분말	살균, 살충	7.00 이하
조미식품용 전분	살균, 살충	5.00 이하
건조채소류	살균, 살충	7.00 이하
건조향신료 및 이들 조제품	살균, 살충	10.0 이하
효소 및 효소 식품	살균, 살충	7.00 이하
알로에 분말	살균, 살충	7.00 이하
인삼(홍삼포함)제품류	살균, 살충	7.00 이하
2차살균이 필요한 환자식	살균	10.0 이하

다. 조사식품의 품질변화

1) 영양적 변화

단백질, 탄수화물 및 지방과 같은 영양물질은 10kGy까지의 선량에서 비교적 안전하고 무기질도 변화가 일어나지 않는다. 특수성분인 분자량이 작은 비타민과 같은 것은 1kGy 이상 처리 시 높은 온도 및 산소 존재 하에서는 약간의 비타민 손실이 생긴다. 그러나 일반적으로 낮은 온도와 산소가 없을 때에는 비타민의 손실을 막을 수 있고 조사식품을 밀폐 포장하여 낮은 온도에서 보관할 때에는 비타민 손실을 막을 수 있다. 비타민의 방사선에 대한 안전성은 조사되는 조건, 즉 비타민의 종류, 온도, 선량, 식품의 종류, 포장에 따라 다르다. 식품 중의 비타민 A, E, C, K 및 B1은 방사선에 대하여 보다 안정하며. 1kGy 이하로 조사한 식품의 비타민 감소는 미약한 것으로 알려져 있다.

2) 화학적 변화

화학적 변화에 영향을 주는 요인은 화합물의 종류, 온도, 습도, 효소 등이지만 가장 중요한 것은 조사선량이다. 예를 들면 곡물의 해충방제에 필요한 선량인 0.5kGy 이하로 조사할 때는 변화가 일어나지 않는다. 멸균에 필요한 선량인 30kGy 수준의 고선량에서 화학적 변화가 일어나지만 변화량은 적다. 또한 식품성분 중 순수한 아미노산, 비타민, 당류 등은 대부분 감마선조사에 의하여 분해되지만, 복합제인 식품에 조사할 때에는 보호적인 효과가 나타난다는 사실이 관찰되었다.

3) 미생물학적 변화

전리방사선은 미생물 내부에 화학적 변화를 일으켜 식품 내의 미생물 종과 수를 크게 감소시키고 생존하는 병원균의 독성도 감소시킨다. 실제로 3~7kGy의 선량을 식품에 조사하면 살모넬라와 같은 병원성 미생물을 사멸시킬 수 있으나 WHO/FAO에서 권고하고 있는 10kGy 이하의 조사가 모든 병원성 미생물을 사멸시키지는 못한다. 그러나 다른 살균식품과 같이 우수제조기준(GMP)에 따라서 취급하고, 포장하거나 저장함으로써 병원성 미생물의 독소생산을 억제시킬 수 있다. 또한 방사선조사는 부패한 식품 속의 미생물은 억제할 수 있으나 부패하고 있는 식품의 외관변화를 억제할 수는 없다. 적절한 조사를 실시하면 병원성 미생물의 독성이나 증식력이 억제될 수 있다.

4) 조사식품의 관능적 변화

식품의 종류에 따라서는 저선량의 조사도 바람직하지 않은 반응을 일으킬 때도 있다. 예를 들면 저선량에서도 우유 및 유제품은 감지할 수 있는 이상한 냄새를 형성하고, 육류 또한 멸균에 필요한 고선량의 방사선을 조사하면 바람직하지 않은 냄새를 일으킨다. 이 같은 현상은 육류의 경우 백색육보다 적색육, 그리고 돼지고기보다는 소고기에서 더 많이 발생한다. 냄새변화는 조사직후 높아지고 식품을 저장하거나 요리하는 과정에서 감소하거나 소멸한다. 저온에서 육류를 조사할 때 냄새의 변화가 적고 효소를 실활시켜 어떠한 냄새의 변화도 감지할 수 없다. 현재 식품조사에 이용되고 있는 10KGy 미만의 선량은 식품의 색, 맛, 풍미 등 식품의 관능적 품질변화에 아무런 영향도 미치지 않는다.

라. 조사식품의 안전성

1) 조사식품의 안전성 평가

식품조사의 안전성 확보를 위하여 과거 40년간의 식품조사에 관한 연구보고서를 토대로 하여 WHO, FDA, IAEA 등을 비롯한 국제기구와 IOCA(국제소비자연맹) 등은 다음과 같은 결론을 내렸다.

첫째, 식품조사는 인간의 건강에 유해한 영향을 미칠 수 있는 식품성분 중에 독성학적인 변화를 초래하지 않는다.

둘째, 조사식품은 위생적인 측면에서 안전하며 미생물학적 위험성을 증가시키지 않는다.

셋째, 조사식품은 인류의 영양상태에 부작용을 줄 수 있는 영양소의 손실을 초래하지 않는다.

넷째, 조사식품은 어떠한 유전적인 영향도 미치지 않는다.

2) 방사선 조사식품의 관리

각국 정부는 방사선 조사식품에 관한 법률을 제공하고 있으며, 포장식품의 표시에 관한 국제규격에 방사선 조사식품에 대하여 마크를 명확하게 표시하도록 규정하고 있다. 식품위생법에 조사식품에 대한 규정을 정해 놓고 관리하고 있다. 또한 조사시설의 안전성확보를 위한 규제가 이루어지고 있으며 산업안전보건법상 조사시설에서 작업하는 종사원의 건강진단 등의 건강관리가 실시되고 있다.

방사선조사식품의 인체에 대한 안전성이 검증되기 전까지는 가급적 사용을 자제하고, 부득이 사용하는 경우에는 방사선조사 사실을 포장에 표시하여 구분 유통하여야 하겠다.

3 유전자변형식품

가. GMO의 정의

인구가 증가함에 따라 식량의 수요는 날로 증가하고 있으나 농지면적은 한정되어 있고, 화학비료나 농약사용은 잔류에 의한 안전성 문제가 제기되고 있어 이들 방법에 의한 식량증산에도 한계를 보이게 되었다. 이에 육종학자들이 새로운 품종을 효율적으로 개발할 목적으로 유전공학 기술을 이용하여 만든 것이 유전자변형생물체이다. 유전자변형이란 어떤 생물의 유전자에서 유용한 유전정보 즉 내한성이나 내병성 등을 갖는 부분을 효소 등을 이용하여 절단하고 연결하여 재조합 DNA를 만들고 이것을 다른 생체세포에 넣어서 신품종을 생산하는 기술을 말한다. 이 기술은 농작물 등의 계획적인 개량생산을 가능케 하였다. 이러한 방법으로 만들어진 생명체를 GMO (Genetically Modified Organisms), 즉 유전자변형생물체라고 부른다. 유전자변형이 옥수수, 콩, 벼, 감자 등의 농작물에 행해지면 유전자변형 농작물이라 하고, 이 농산물을 가공하면 유전자변형 식품이 되는 것이며, 이들을 GMO라 부르고 있다.

나. 유전자변형식품의 이용현황

1994년 미국 칼진사에서 생산한 무르지 않는 토마토가 최초로 미국 식품의약청(FDA)의 승인을 얻어 시판된 이후, 1996년부터 몬산토사에서 유전자를 변형한 콩을 상업적으로 대규모로 재배하기 시작하였다. 이후 품목과 비율이 급속하게 증가하면서 현재 미국 내에서 시판중인 GMO는 콩, 옥수수, 감자, 토마토 등 11개 품목에 이른다. 그 대부분은 제초제에 저항성을 갖도록 하거나 해충에 이기기 위하여 자체적으로 독소를 만들어내도록 유전자를 변형한 것들이다. 유전자 변형에 의해서 만들어진 농산물은 기존의 것과 실질적인 변화가 없는 것으로 알려져 있지만, 미국, 캐나다, EU회원국 중에서 몇 나라는 유전자변형 농산물의 수입을 금지하거나 재배를 금지하고 있다. 이는 소비자가 새로운 기술에 대한 불안감이나 자국의 농업정책에 기인한 것으로 보고 있다. 미국에서 가장 많이 재배되는 GMO 품목이 한국이 가장 많이 수입하는 콩, 옥수수이다. 미국에서 재배한 콩의 50%, 옥수수의 27%가 유전자변형체로 추정하고 있으며 한국은 이들 품목을 대부분 수입에 의존하고 있다.

1) 미국

2000년까지 콩 3종, 옥수수 14종 외 32종의 안전성을 확인하는 한편 2001년에는 유전자변형식품을 시장에 유통하기 120일 전에 안전성검사를 받도록 의무화하고 안전성평가 자료를 인터넷 등을 통하여 공개한다는 정책을 발표하였다. 이후 유전자변형식품의 표시가 필요하다는 입장을 취하고 수출업체를 중심으로 자율적으로 표시를 하고 그 지침서를 제정하고 있다.

2) 유럽연합(EU)

EU에서는 1990년에 유전자변형에 대한 법령이 도입된 이후 최근 GMO가 함유된 식품이나 이를 이용하여 제조된 식품이 시중에 출하되면서 이를 규제하기 위하여 신규식품 및 신규식품성분에 관한 EU규칙을 별도로 설정하여 관리하고 있다. 따라서 EU시장에 출하되는 모든 신규식품은 GMO를 함유할 수 있거나 이로 구성되어 있을 수 있다는 내용을 표지나 첨부된 서류에 기재하도록 되어 있다. 새 법규에서는 식품 또는 동물사료에 GMO성분이 0.9% 이상 포함되어 있으면 이를 표시할 것을 의무화하고 있다. 또 농가와 식품업체는 GMO식품의 원산지, 성분배합, 판매 등에 관한 정보를 5년간 보존하도록 하고 있다. 2000년에는 10여종의 농산물, 10여종의 가공식품 및 첨가물의 시장유통을 승인하였고, GMO표시제와 추적제에 관한 새로운 지침을 회원국과 의견조정하여 2003년부터 시행하고 있다.

3) 일본

일본에서는 유전자변형농산물이 상품화됨에 따라 이의 안전성 평가를 위하여 1996년부터 농림수산성이 지침을 마련하여 2000년까지 29품목의 안전성을 확인하고, 2001년부터 안전성심사를 의무화하였다. 또한 JAS법에 근거한 표시를 의무화하고 분별유통증명서를 확인하고 있다.

4) 한국

한국은 유전자변형농산물이 개발되어 실용화단계에 있으나 사회적인 인식과 관심도는 깊지 않다. 2000년에 수입된 콩은 식용으로 329천 톤, 사료용으로 1,238천 톤으로 미국산이 89%이었으며, 옥수수는 가공용 2,093천 톤, 사료용 6,737천 톤으로 총 8,830천 톤이 수입되어 미국산이 전체의 31%를 차지하였다. 농림부는 수입하여 원료상태로 판매되는 콩, 옥수수, 콩나물콩의 표시를 관리하며, 콩과 옥수수는 수입신고 시 GMO포함 여부 표시를 확인하고 있다.

다. 인체에 미치는 위해성

유전자변형 식품은 인류가 그 동안 한 번도 먹어 보지 않았던 식품, 즉 인간이 먹어본 적이 없는 미생물이나 세균의 유전자가 포함된 식품이란 점에서, 수천 년 동안 먹어옴으로써 검증되어 온 다른 식품과 달리 근본적으로 위험성을 안고 있으면서도 검증 없이 식탁에 오르고 있다.

현재까지 제기되고 있는 인체 위해성은 다음과 같다. ①한 유전자가 다른 종에 도입되는 경우 새로운 물질이 생산되므로 독성을 나타내거나 알레르기 반응이 일어날 가능성이 높아진다. ②항생제내성 표시 유전자가 장내세균과 병원균에 확산되면서 인체 내 항생제내성이 증가할 것이다. ③ 또한 수평적 유전자이전과 재조합에 의하여 다양한 병원균 사이에 병독성이 확산됨과 동시에 새로운 병원성 세균과 바이러스를 만들어낼 가능성이 있다. ④세포감염증으로 인하여 질병 바이러스를 재활성화 시키거나, 운반체(벡터) 세포 내로 들어가서 치명적인 효과(암 포함)를 야기할 가능성이 있다.

유전자변형체는 인체에 대한 안전성이 확인되기 전까지는 식품으로 이용하지 말아야 하고, 이를 이용한 가공식품도 안전성이 확인되기 전까지는 사용하지 말아야 하겠다.

제5절 식품의 위생관리

1 식품위생의 확보

가. 식품위생법

식품위생법은 음식물에 기인하는 사고를 방지하여 식품으로 인한 위생상의 위해방지와 식품영양의 질적 향상을 도모함으로써 국민보건증진에 기여함을 목적으로 하고 있다. 식품으로 인한 위생상의 위해요인은 경구전염병, 기생충병 및 식중독, 그리고 식품첨가물이나 잔류농약을 비롯하여 공장폐수로 인한 만성중독성질환, 아플라톡신, 다이옥신 등에 의한 발암성이 지적되고 있다.

각종 위해요인으로부터 식품의 안전성을 확보하기 위해서는 다음과 같은 기본원칙에 따라야 한다.

첫째, 식품이 식중독 원인균에 오염되지 않도록 할 것이며, 이들 원인균에 오염되었거나 오염되었을 우려가 있을 때에는 살균 등 적절한 처리를 하고, 이들 오염된 식품은 사용하지 않도록 해야 한다.

둘째, 식품에 부패나 변패를 일으키는 미생물이 오염되지 않도록 해야 하며, 또한 안전한 방법으로 살균하거나 낮은 온도에 보존하여 미생물의 증식을 억제하여야 한다.

셋째, 식품의 생산, 제조, 가공, 저장, 보존, 조리 등의 과정에서 유독, 유해한 물질이 혼입되거나 첨가되지 않도록 해야 하며, 유해물질이 함유된 사실이 판명되었거나 그 우려가 있는 식품은 식용으로 사용하지 않도록 해야 한다.

넷째, 위조, 변조된 부정식품이 제조되지 않도록 규제조치를 해야 한다.

나. 위해요소중점관리기준(HACCP)

위해요소중점관리기준(hazard analysis and critical control point, HACCP)이란 식품제조의 모든 단계에서 식품위생상 위해를 일으킬 수 있는 각종 요소를 공정별로 분석하고, 식품위해요소가 식품에 혼입되거나 오염되는 것을 사전에 막기 위하여 식품의 위해요소를 중점적으로 관리하는 예방적 관리체계이다.

즉, 식품의 원재료 생산에서부터 제조, 가공, 보존, 유통 및 소비에 이르기까지 전 단계에서 발생할 우려가 있는 위해요인을 조사하고, 감시, 관리하는 방법으로 개발된 체계적 관리방식이다.

HACCP에 의한 식품의 위생관리제도는 FAO/WHO 합동식품규격위원회(Codex)의 가이드라인에 근거한 기본개념으로 우리나라를 비롯한 여러 선진국에서 식품의 위생관리와 안전성 확보차원에서 널리 시행되고 있는 규제방법이다.

다. 개인위생관리

식품의 안전성을 확보하기 위해서는 식품의 제조, 보관, 유통 및 서비스에 이르기까지 식품과 직접, 간접으로 접촉하게 되는 개인의 위생관리가 중요하다.

병원미생물이 식품을 오염시키는 방법으로 중요한 것은 사람과 음식물과의 접촉이다. 사람과의 접촉을 통해서 식품에 오염될 수 있는 미생물 중 중요한 것은 장내세균과 포도상구균이며 이들 미생물은 사람이 오염원이다. 이들 병원체는 사람에 감염되어도 뚜렷한 이상증상을 느끼지 못하고 보균자로 있으면서 음식물을 오염시킬 수 있으므로 식품의 위생관리상 중요하다. 식품관련업소 작업자의 개인위생관리를 위해서 권장하고 있는 작업습관은 다음과 같다.

1) 작업 전후에 손을 깨끗이 씻는다.
2) 세척 및 위생도구들이 바닥, 옷 등에 접촉하지 않도록 위생용기에 보관한다.
3) 손이나 도구의 청결에는 1회용 수건을 사용해야 한다.
4) 식품을 오염시키지 않도록 깨끗한 가운, 모자, 장갑을 착용한다.
5) 화장실을 이용한 후에는 항상 손을 깨끗이 씻고 때에 따라 소독한다.
6) 전염병, 감염성 상처, 감기, 후두염, 피부병 등에 걸렸을 때는 식품취급에 관여하지 않는다.
7) 식품취급자는 정기적인 건강진단을 받게 하여 장티푸스, 결핵, 전염성피부질환, B형간염 등의 감염자를 배제시킨다.
8) 영업자나 종업원에게 일정기간마다 식품위생에 관한 위생교육을 실시하여 식품위생의 중요성을 인식시킨다.

2 가정에서의 식품위생관리

가. 시장 볼 때 점검사항

시장보기는 식품안전관리의 첫 단계로 다음 사항을 주의 깊게 관찰하고 실행해야 한다.

1) 소비기한을 확인한다.

육류 등 신선식품은 신선도가 중요하므로 제품을 잘 살펴보고 반드시 유통기한을 확인하여 구입한다.

2) 액체 유출에 주의한다.

신선한 육류는 선명한 자홍색, 지방은 백색으로 탄력이 있는데 오래되면 육색은 흑갈색으로 변하고 지방에는 핏물이 스며들게 된다.

3) 육류를 보관할 때에는 반드시 비닐에 포장한다.

신선한 육류의 핏물에도 세균이 있으므로 반드시 핏물이 흐르지 않도록 비닐로 포장하여 다른 식품에 핏물이 묻지 않도록 한다.

4) 육류제품은 가장 마지막에 구입하고 곧바로 집으로 온다.

수퍼마켓이나 정육점의 케이스 안은 낮은 온도로 유지되고 있지만, 물건을 골라 장바구니에 넣자마자 온도는 상승하기 시작하므로 신선한 제품은 가장 마지막에 구입할 것이며, 장을 본 후에는 집으로 돌아가 바로 냉장고에 보관한다.

나. 조리시의 사전준비

1) 생고기가 다른 식품에 접촉하지 않도록 한다.

육류를 상온에 두었을 때 유출되는 육즙은 세균이 번식하고 있을 가능성이 있으므로 샐러드, 과일, 조리한 식품에 묻지 않도록 한다.

2) 주방기구는 자주 살균 소독하여 사용한다.

오염된 식칼, 도마, 채, 젓가락 등의 조리기구에 의한 2차 오염에 따른 식중독이 증가하고 있다. 가열하지 않은 신선식품을 다룬 후에는 뜨거운 물에 넣어 살균하도록 한다. 세균류는 열에 약한 것이 많고 O-157 등은 75℃ 이상의 열에 1분 이상 가열하면 사멸한다.

3) 상온방치는 세균증식의 원인이다.

육류를 보관할 때는 냉장고에 넣어두도록 한다. 다시 식품을 조리할 때에는 세균이 묻어있거나 증식하고 있을 가능성이 있으므로 충분히 가열한다. 조리된 식품도 상온에 장시간 방치해 두지 말고 반드시 냉장고 보관한다.

4) 냉동육은 상온에서 해동하지 않는다.

냉동한 육류를 해동시킬 때는 조리대에 방치하지 말고 사용하기 반나절 전에 냉장실에서 해동한다. 저온에서 천천히 해동하는 것은 음식의 맛을 떨어뜨리지 않는 방법이기도 하다. 곧바로 사용하고 싶을 경우에는 전자레인지로 해동한다.

5) 해동한 것은 한 번에 다 쓴다.

냉동육은 반드시 조리할 양만큼 해동하고 해동이 끝나면 곧 조리해야 한다. 일단 해동한 것은 다시 냉동하는 것을 피한다. 이것은 맛도 떨어질 뿐만 아니라 세균이 번식했을 가능성이 있기 때문이다.

다. 식품 가열시 주의사항

1) 육류를 구워 먹을 때는 표면을 확실하게 익힌다.

일반적으로 세균은 상하지 않은 육류나 생선의 표면에도 어느 정도 존재한다. 육류를 구울 때는 표면을 완전히 익힌다. 이렇게 하면 병원성대장균 O-157 등 열에 약한 세균은 사멸하므로 안심해도 된다.

2) 다짐육은 맑은 육즙이 나올 때까지 익힌다.

다짐육을 사용한 햄버거 등은 표면이 노릇노릇하게 눌은 자리가 생길 때까지 굽는다. 또한 안쪽까지 열기가 충분히 갈 수 있도록 뚜껑을 닫고 굽는다. 꼬챙이로 눌러봐서 맑은 육즙이 나오면 잘 익은 것이다. 어린이나 노약자는 저항력이 약하므로 호일로 싼 후에 재가열하면 더욱 안심할 수 있다.

3) 안쪽까지 가열하는 것은 전자레인지가 편리하다.

중심부를 75℃가 되도록 쉽게 익히는 방법은 끓이는 것이지만, 끓일 수 없는 고로케나 햄버거는 두께를 얇게 하는 것도 한 방법이다. 또한 전자레인지를 사용하면 속까지 익힐 수 있으며, 시간으로는 약 3분, 접시의 밑이 뜨거워질 때까지 조리한다.

4) 다시 데울 때에도 충분히 가열한다.

국이나 찌개 등을 데울 때에는 끓을 때까지 재가열한다.

5) 채소가 생육이나 생선에 닿지 않도록 한다.

마지막에 그릇에 담을 때에도 주의하여 조리 선의 육류, 생선이나 계란껍질, 채소의 흙 등에 닿지 않도록 한다.

6) 조리가 완성되면 곧바로 먹는다.

따뜻한 요리는 따뜻할 때에, 차가운 것은 차가울 때에 먹는 것이 맛이 있고 식품위생상 안전하다. 보온을 할 경우에는 60℃ 이상, 차가운 요리는 10℃ 이하에서 냉장하도록 한다. 식중독사고의 60%는 실온방치에 의한 것이다.

라. 식품 보관시 주의사항

1) 냉장고는 용량의 70%만 채운다.

냉장고 속은 채소실은 10℃ 이하, 냉동은 -15℃ 이하가 되어야 한다. 그러기 위해서는 냉장고를 너무 꽉 채우지 않도록 한다. 식품을 꽉 채울수록 냉장고의 기능이 저하되기 때문이다. 문을 열고 닫는 횟수도 최소화한다.

2) 육류의 냉장은 2℃ 이하로 한다.

육류보관의 이상적인 온도는 0~2℃이다. 육류는 공기와 접촉하지 않도록 비닐팩 등에 확실히 밀폐 포장하여 보관하고, 냉장고에 넣었다고 해서 안심해서는 안 된다. 식중독균 중에는 냉장고 안에서도 증식하는 균이 있기 때문이다. 냉장고에서는 소고기는 3~7일, 돼지고기는 2~4일이 보관의 한도이다.

3) 이틀 이상 보관해야 한다면 냉동시킨다.

냉동을 할 경우 냉동에 걸리는 시간을 최소로 하는 것이 육류뿐만 아니라 모든 경우에 좋다. 육류는 수분이 적으므로 냉동에 적절하다. 급속냉동은 조직이 파괴되기 어렵기 때문에 해동해도 맛이 떨어지지 않는다. 하지만 냉동을 하더라도 보관기간은 한 달이 한도이다.

4) 남은 음식은 완전히 식힌 후에 냉장고에 넣는다.

사용하지 않은 젓가락이나 숟가락을 사용해 새 용기에 담아 빨리 냉장고에 보관한다. 완전히 식지 않은 상태에서 냉장고에 넣으면 냉장고 내에 온도가 상승하므로 완전히 식힌 후에 냉장고에 넣는다. 자주 넣었다 꺼내기를 반복해도 세균이 증식한다.

5) 알루미늄 호일을 덮어서 냉동되는 시간을 최소화한다.

열전도율이 높은 알루미늄 호일이나 은박접시를 덮는 것도 효과가 있다.

6) 조금이라도 의심이 가면 버린다.

시간이 오래 경과된 것이나 조금이라도 냄새가 이상하다고 느끼는 것은 과감히 버린다.

7) 다짐육은 익힌 후에 다 써버리거나 냉동 보관한다.

다진 육류는 공기에 접촉되는 면이 많으므로 그날에 다 써버리도록 한다. 다량으로 구입하여 냉동을 할 경우에는 한번 사용할 분량만큼 나누어 랩에 싸서 공기를 막고 평평하게 얇게 펼쳐서 냉동한다. 또한 비닐봉지나 밀폐용기에 넣어 냉동한다. 둥글게 뭉친 덩어리 상태로 냉동시키면 시간이 걸리므로 신선도가 떨어진다. 한번 가열조리한 후 보관하는 것도 안전하게 보관하는 방법이다.

8) 슬라이스 육류는 세분해서 서로 접촉하지 않도록 보관한다.

슬라이스한 육류도 필요량을 나누어 랩으로 빈틈없이 싸서 공기에 접촉하지 않도록 한다.

9) 블럭 육류는 잘라서 나누어 냉동 보관한다.

블럭모양이나 두껍게 자른 육류는 적당한 크기로 잘라 나누어 물기를 잘 닦은 후 랩으로 빈틈없이 싼다. 큰 덩어리라면 육류의 내부까지 냉동하는 것은 시간이 걸리므로 그 동안에 변질될 가능성이 있기 때문이다.

마. 가정에서의 식중독 예방법

1) 식품을 구입할 때는 신선한 것을 구입하고, 육류나 생선의 핏물이 빠져나가지 않도록 포장해서 가져오며, 온도가 높아지기 전에 냉장고에 넣는다.
2) 가정에서 보관할 때는 육류와 생선의 핏물이 흐르지 않도록 깨끗하게 포장하여 냉장고에 넣고, 냉장고의 온도는 10℃ 이하, 냉동의 온도는 -15℃ 이하가 바람직하며, 육류, 생선,

계란을 다루기 전후에는 비누로 손을 씻는다.

3) 조리를 준비할 때는 식품재료를 만지던 손은 반드시 깨끗이 씻고, 조리기구는 다른 식재료에 사용할 경우 열탕 소독한다. 냉동식품은 실온에서 해동하지 말고 해동한 식품은 재냉동하지 않는다.
4) 조리할 때는 조리기구나 식품재료를 다루는 주변이 더러워져 있는지 확인한다. 세균은 육류나 생선의 조직에는 들어있지 않지만, 다짐육에는 다지는 동안 균이 침투할 수 있으므로 속까지 완전히 익힌다. 조리를 중단할 시에는 실온에 방치하지 말고 냉장고에 넣는다.
5) 식사할 때는 식사 전에 항상 손을 씻도록 하고, 음식을 담는 그릇도 모두 청결하게 유지하며, 따뜻한 음식은 따뜻할 때에 차가운 음식은 차가울 때에 먹도록 한다.
6) 남은 음식을 다시 데울 때는 75℃ 이상 충분히 가열하며(국, 찌개는 끓을 때까지 데우고) 조금이라도 이상한 것은 버린다. 식품자체가 변질되지 않아도 식중독균이 오염되어 있을 수 있기 때문이다.

3 단체급식에서의 위생관리

가. 단체급식의 증가

생활수준이 향상됨에 따라 국민의 식생활 양식도 변화되어 식품위생에 대한 중요성과 식품의 안전성 및 건전성에 대한 관심도가 증대되고 있다. 근년 식품제조가공시설이 증가됨에 따른 대형 식중독사고가 발생할 가능성도 증가하고 있다. 특히 단체급식은 특정 다수인에게 지속적으로 식사를 제공하는 특수성 때문에 철저하고도 책임감 있는 위생관리가 요구된다.

미국 FDA는 단체급식 시설에서의 식중독발생은 주로 부적절한 재가열 및 부적절한 보온저장과 연관됨을 지적하고, 급식업소를 포함한 모든 소비시설에 HACCP를 적용할 것을 권장하였다. 일본에서도 장출혈성 대장균 O157 식중독 사건이 학교급식 등 대량조리시설에서 발생하자 HACCP개념에 근거한 대량조리시설의 위생관리방법을 만들어 단체급식에 대한 위생관리를 하고 있다.

단체급식에 있어서 위생관리는 식중독 등 식품위생상의 사고를 미연에 방지하고 효율적인 급식운영이 될 수 있도록 해야 한다. 따라서 급식종사자는 식품의 위생적인 취급을 위한 사전지식을 가지고 안전한 급식이 될 수 있도록 하고, 또한 정기적인 건강진단과 위생교육을 통한 안전하고 맛있는 식사를 공급하기 위해 노력해야 한다.

나. 단체급식에서 위생관리 사항

단체급식은 다량의 식품을 단시간 내에 많은 사람에게 위생적으로 공급해야 하므로 다음과 같은 사항을 준수해야 한다.

1) 위생적으로 안전한 급식이 되도록 적절한 시설과 설비를 확보해야 한다.
2) 음식물은 위생적으로 보관 취급해야 하며, 한번 제공한 음식은 다시 제공하지 않아야 한다.
3) 공동으로 제공되는 음식물은 개인별로 덜어 먹을 수 있도록 국자, 집게, 빈그릇 등을 제공해야 한다.
4) 영양사, 조리사 및 종사자에 대하여 건강진단 및 위생교육을 받도록 한다.
5) 조리 및 음식물을 직접 취급하는 종사원은 반드시 위생복과 위생모 등을 착용하도록 한다.

다. 급식종사원의 위생관리 사항

1) 급식종사원은 6개월에 1회 소화기계 전염병, 폐결핵, 전염성피부질환, 간염검사 등 정기적인 건강진단을 받는다.
2) 콜레라, 장티푸스, 세균성이질, 결핵 등에 감염되었거나 보균하고 있는 경우, 피부병 질환자, B형 간염환자 등은 조리에 종사하지 않도록 한다.
3) 식품과 식기의 오염을 방지하기 위하여 조리작업 전후, 용변 후, 작업 중 오물취급 후에는 반드시 손을 씻고 소독한다.
4) 취사 및 배식의 복장은 구분하여 착용하고 마스크 및 모자를 착용하여 두발이나 외부로부터의 오염을 차단한다.

라. 원료식품 납품업자의 위생관리 사항

1) 식품 납품업자 또는 가족의 건강진단을 정기적으로 실시한다.
2) 납품업자는 가능한 한 조리장의 출입을 삼간다.
3) 점포의 위생상태를 정기적으로 점검한다.
4) 식품의 포장용기 등은 청결한 것을 사용하고 재료의 용기는 뚜껑을 반드시 덮도록 한다.

마. 식품의 위생관리 사항

1) 식품을 구입할 때는 품질, 선도, 첨가물 사용유무, 이물질 혼입유무, 표시확인, 제조년월일, 보존법 등에 유의하고, 채소, 어패류 및 식육은 사용할 양만 매일 구입하고, 48시간 이상 급식시설에 두지 않으며, 검수가 끝나면 조리장 내에 방치하는 일이 없도록 한다.
2) 식품의 보관은 냉장고(2~5℃), 냉동고(-18℃이하), 온장고(65~85℃), 식품창고 등을 활용

하여 미생물의 증식을 억제한다.

3) 채소와 과일의 농약을 제거하기 위하여 중성세제를 사용할 때에는 0.15~0.25%가 적당하며 세정 후 흐르는 물에 충분히 헹군다. 날것으로 조리하는 채소를 차아염소산나트륨용액을 사용하여 소독할 때는 5% 유효염소(시판품의 50배 희석액)에 5분간 담근 후 물로 헹군다.
4) 생선은 머리와 내장을 제거하고 도마와 칼을 채소용과 구분하여 흐르는 물에 씻는다.
5) 전처리한 재료는 바닥에 놓지 말고 용기나 기구 등에 의한 2차 오염에 주의하며, 조리기구는 어패류용, 식육용, 채소용으로 구분하여 사용한다.
6) 조리된 식품은 매끼마다 처리하고 다음 번 급식까지 보관하여 사용하지 않으며 조리 후 배식까지의 시간을 가급적 단축시킨다. 조리한 식품을 배식할 때는 음식에 직접 손을 대지 않으며 집게나 일회용 위생장갑을 사용한다.
7) 생계란을 사용할 때는 껍질이 혼입되지 않도록 주의한다. 병조림, 통조림, 건어물, 가공식품 등은 제조일을 확인한 후 사용한다. 겨울채소의 세척에 주의하고 식중독이 많은 하절기에는 어패류의 조리를 피한다. 조리된 식품은 반드시 뚜껑을 덮어두고 보관 시에는 온도관리에 유의한다.

바. 조리기구의 위생관리 사항

1) 집단급식 시설에서 식기, 기구 및 채소의 세척에 사용되는 것은 중성세제이다. 중성세제는 냉수, 경수 및 다소 염분을 함유한 물에도 비교적 잘 녹아서 침투, 흡착, 팽윤, 유화, 분산의 5가지 세정작용이 잘 일어난다. 일상에서 사용되는 세제는 20% 전후의 계면활성제가 함유되어 있으므로 시판세액을 사용할 때는 500~1000배로 희석하여 사용하는 것이 유효하다. 무조건 농도가 높은 액을 사용하면 식기나 식품에 잔류하는 세제 성분도 많아져 인체에 유해하게 작용할 수 있다.
2) 식기와 식품의 소독은 식중독이나 소화기계 전염병을 예방하기 위하여 행하여지는 것이다. 차아염소산나트륨은 식기 및 식품 소독에 사용되며 사용 농도는 0.2% 정도(유효염소 100ppm)로 하고 2~5분간 담근 후 염소냄새가 나지 않도록 잘 헹군다. 계면활성제는 주로 식기나 손의 소독에 사용되며 식품에는 사용하지 않는다. 사용농도는 대상물에 따라 다르나 0.2~1.0% 농도에서 5분 이상 담근 후 충분히 헹군다.
3) 식기는 음식물의 잔사를 제거하고 충분히 세정, 소독하여 보관한다. 식기세정기를 사용하여 세척한 다음 자비소독(100℃, 3분 이상), 증기소독(100℃, 15분 이상), 열풍소독(80℃, 30분 이상), 약품소독(치아염소산나트륨 0.3~0.5% 용액, 5분 이상 침지) 등을 실시한다.
4) 식기 살균기는 표면살균이 가능하므로 그릇의 표면이 자외선에 조사될 수 있도록 배치하여야 한다.

07 식품위험과 안전관리

제1절 식품위험분석의 개요

1 식품의 안전성에 대한 관심

최근 식품의 안전성에 대한 소비자의 관심이 매우 높아졌다. 소비자의 관심이 식량의 확보에서 안전성을 포함한 식품의 품질로 옮겨져 왔다. 또한 실제로 건강에 영향을 미치는 식품문제가 계속하여 보고되고 있다. 장출혈성대장균 O-157, 살모넬라, 리스테리아 등에 의한 식중독, BSE와 변형 크로이츠펠트야콥병과의 관련성 지적, 다이옥신에 의한 식품오염 등이다. 또한 식품의 대량생산이나 도시화에 따른 인구집중으로 인하여 사고나 중독피해의 범위나 규모가 대형화되기 쉽고, 그에 따라 식품의 안전성이 사회문제화 되고 있다. 무역의 자유화나 해외여행의 일반화, 국내에서 식품의 장거리운송이 보편화됨으로 인해 전에는 예상할 수 없었던 위해가 일어나게 되었다.

생물공학이나 방사선조사 등 신기술의 도입은 식품산업에 있어서 필요하지만, 기술에 대한 자세한 정보를 알 수 없을 경우에는 이들 신기술은 오히려 우려의 대상이 되기 쉽다. 부적절한 정보도 소비자의 불안을 증가시키는 요인이다. 정보가 없는 경우는 물론, 정보가 범람하고 있음에도 불구하고 정확한 정보나 필요한 정보가 없는 경우도 문제다. 또한 단편적인 정보는 본래 건강증진을 추구하고 있어도 그것이 편향된 정보이기 때문에 오히려 건강을 해치는 결과를 초래하는 경우도 있다.

식품과 관련하여 정부나 식품산업에 대한 국민의 신뢰가 낮아진 요인으로는 식품사고 자체보다도 사고가 발생하였을 때의 대응방법이나 정부·산업계의 자세나 도덕성이 거론된다.

2 식품 안전성에 관한 선진국의 동향

식품안전성에 관한 정책으로 미국은 1906년에 순정식품의약품법과 식육검사법을 제정하였다. 순정식품의약품법에는 순정하지 않은 식품을 단속한다는 개념은 있어도 안전성이라고 하는 개념은 명확히 기술되어 있지 않았으나 1927년에 연방식품의약품국이 농무성의 하부조직으로서 설립되면서 안전개념이 도입되었다. 그 후 생산진흥과 안전성확보의 분리를 목적으로 보건성으로 이관되었고 1938년에는 명확히 식품의 안전성에 대해 규정한 연방식품의약품화장품법이 성립되었다. 일본의 식품위생법은 1947년에 성립되었고 한국의 식품위생법은 1962년에 제정됐다.

식품의 안전성은 선진국에 있어서 중요한 정치과제이고 특히 BSE발생 이후 그러한 경향이 강하다. 또한 식품을 수출하고 있는 개발도상국도 식품의 안전성확보에 노력하고 있다.

식품안전성에 관해 공통적으로 강조되고 있는 것은 다음과 같다.

① 생산에서 소비까지의 식품사슬 전부를 관리하지 않으면 식품의 안전성은 보증할 수 없다. 특히 생산단계에서의 안전관리가 매우 중요하다. 지금까지는 최종산물의 규격·기준책정과 검사가 주류이며 식품의 안전성확보는 그것으로 충분하다고 생각되어 왔다. 그러나 BSE, 닭고기의 살모넬라 오염 등 최근의 대규모 식품사고의 원인은 생산가공단계에서의 오염이기 때문에 생산가공단계에서 오염을 방지하거나 절감하는 것이 최종산물의 검사보다 식품의 안전성 확보를 위해서 훨씬 유용하다고 인식하게 되었다.

② 식품안전행정에는 조직적·통합적인 대응이 필요하다. 단순히 관계 부처간의 협력뿐만 아니라 통합이 요구되고, 생산자와 소비자 등 모든 이해관계자의 의견이나 정보의 교환이 필요하다고 인식하게 되었다.

③ 과학적 사실에 근거한 정책이 수립되어야 한다. 과학적 사실의 작성이 중요해졌다. 국제식품규격위원회(Codex)에서는 오염물질의 기준치를 작성하는데 기초가 되는 오염실태 자료를 각국에 제출하도록 요구하고 있다. 즉, 기준치의 작성에 있어서 사실 자료는 필요 불가결하다.

④ 소비자보호가 우선이다. 식품안전성확보의 주목적은 소비자건강의 보호에 있다. 이를 반영하여 각국에서 식품안전행정을 관장하는 조직을 강화하거나 통합 창설하고 있다. 일본도 식품안전기본법을 제정하고 식품위생법을 개정하여 2003년 위험평과를 실시하는 식품안전위원회가 설치되었다. 농림수산성의 조직개편을 통해 소비·안전국이 설치되었고, 후생노동성의 의약국은 의약식품국으로 개칭되었으며, 식품건강부는 식품안전부로 개칭하여 이들 성이 식품안전에 관련된 위험관리를 담당한다. 한국도 식품안전처의 신설을 추진하고 있다.

3 식품 안전성에 관한 사고방식

선진국의 입장은 안전하다고 증명될 때까지 안전하다고는 할 수 없다는 것과, 사고 이후의 대응보다 사고발생 방지에 중점을 둔다 라는 것으로, 안전을 증명할 필요성과 문제발생 가능성을 파악하기 위하여 위험분석이 도입되었다.

전통적인 사고방식은 문제가 발생하지 않으면 괜찮다고 생각하자라는 것으로, 이것으로는 문제가 발생하고 난 뒤에 대처할 수밖에 없다. 사고에 의한 혼란을 방지하거나 사고확산을 방지하기 위한 위기관리는 중요한 역할을 하지만, 사고의 발생을 막거나 피해를 최소화하는 것은 기대할 수 없다.

식품이나 그것에 포함된 물질이 인간의 건강에 안전한지는 양에 의한 상대적인 것으로 절대적으로 안전한 것은 없다. 독성이 강한 물질인 경우에는 소량이라도 건강에 악영향을 줄 가능성이 있으며, 독성이 낮은 물질이라도 일정수준 이상 섭취하면 건강에 악영향을 미친다. 영양소와 같이 생명을 유지하는데 필요한 물질이라도 다량을 섭취하면 건강에 악영향을 미치며 죽음에 이를 수도 있다. 특히 영양적으로 필요한 최대량과 독성을 나타내는 최소량이 가까운 물질에는 주의가 필요하다. 현재 식품에 대한 안전이라는 말을 사용하는 경우는 실제로 사용하거나 섭취하는 양 또는 실제로 일어날 수 있는 극단적인 경우에 안전한지를 말하고 있다.

만약 이 물질은 절대로 안전하고 저 물질은 절대로 위험하다는 양자택일이 가능하다면 식품안전행정은 매우 손쉬운 일이겠지만 실제로는 안전과 위험의 중간영역을 다루게 된다. 이점에 있어서도 위험분석은 유효한 방법이다.

4 위험분석

위험분석(risk analysis)은 보험, 투자, 금융분야에서 크게 진보된 이후, 환경, 화학물질, 식품의 안전성 분야에도 도입되었다. 많은 분야에서 적용가능하지만 분야에 따라 고려해야 할 점도 다르고 관련 용어의 정의나 방법도 다르다. 일반적으로 위험(risk)이란 장래의 손실이나 손실이 발생할 가능성으로 확률적인 요소를 포함하고 그 크고 작음을 추정할 수 있다.

위험분석이란 일반적으로 장래의 손실이나 악영향이 발생할 가능성이나 정도를 추정하고, 그것을 방지하거나 감소시키려고 하는 등의 조치를 취하는 것을 말하며, 위험분석은 통상 위험평가(risk assessment), 위험관리(risk management), 위험전달(risk communication)로 구성된다.

가. 식품 안전성에 관한 위험분석의 배경

식품의 안전성에 관해 위험분석의 개념을 처음 적용한 것은 1980년대의 미국으로 이 분야의 위험분석은 환경오염이나 화학물질의 안전성에 관한 위험분석에 비하여 뒤쳐져 있었다. 그 이유는 필요한 식량의 확보가 필수라는 점, 매일 섭취하는 것이라는 점, 식품의 맛이나 향이 바람직한 것일 필요가 있다는 점 등 여러 가지 이유가 있기 때문이다. 또한 소비자건강의 보호가 중요하지만 식량안전보장의 관점에서 국내의 농업·식품산업의 존속과 보호도 고려하지 않으면 안 된다는 이유도 있었다.

위험분석에 대해 위생조치의 적용에 관한 협정(SPS협정)은 가맹국의 식품안전성에 관한 조치는 국제연합국제기구에 의해 확립된 위험평가방법을 사용한 인간에 대한 위험평가에 바탕을 두어야 한다 라고 서술하고 있다. 식품의 안전성에 있어서 이 국제연합국제기구는 국제식품규격위원회(Codex Alimentarius Commission : Codex)를 말하는 것이다. 이것은 국제식량농업기구(FAO)와 세계보건기구(WHO)에 의해 1962년에 설립된 정부 간 조직으로 현재 169개국이 가맹하고 있다. Codex 설립의 주목적은 소비자건강의 보호와 공정한 식품무역·거래의 보증으로, 무역식품의 국제규격·제조규범 등을 작성하고 있다. Codex는 1993년부터 식품의 안전성에 관한 위험분석에 대해 검토를 시작하였다.

FAO/WHO도 전문가회의를 개최하여 위험분석에 관한 용어의 정의 및 위험평가의 역할에 대한 원칙, Codex 내부를 위한 위험분석 작업원칙을 채택하였다. 가맹국을 위한 위험분석 작업원칙도 작성 중에 있다.

나. 식품 안전성에 관한 용어의 정의

위해(hazard)란 건강에 악영향을 가져올 수 있는 식품 중의 생물학적, 화학적, 물리학적인 물질·요인, 또는 식품의 상태를 말한다. 생산·제조 과정에 사용되는 것, 생산·제조·저장·유통 과정에 기계·기구·접촉물질이나 환경으로부터 오염되는 물질 등을 말하며, 미생물, 화학물질, 방사능 등이 그 예이다.

이에 비해 위험(risk)이란 식품 중에 위해가 존재하는 결과로서 건강에 악영향을 미칠 수 있는 확률과 그 정도의 함수이다. 즉 위험이란 수학적인 개념으로 위해와 같이 눈에 보이거나 직접 기기를 사용하여 측정 가능한 것이 아니다.

위험분석이란 위해의 동정, 위해특성부여, 노출평가, 위험판정의 4단계로 구성되는 과학에 근거한 과정이다. FAO/WHO의 전문가회의에 의하면 식품 속에 포함된 위해를 섭취함으로 인해 건강에 대한 어떠한 악영향이 어느 정도의 확률로 발생하는지를 과학적으로 평가하는 과정으로, SPS협정에서는 식품이나 음료 중의 첨가물, 오염물질, 독소, 또는 병원성생물·미생물 등에 기인하는 인간에 악영향을 미칠지 모르는 가능성의 평가로 정의되어 있다. 위험평가를 실시하는 데는 독성학적 자료나 조사자료, 식품섭취자료 등 각종 과학적 자료가 필요하다.

위해의 동정이란 건강에 악영향을 미칠 위험이 있고 특정식품 또는 식품군에 존재할지 모르는 생물학적, 화학적, 물리학적인 물질·요인의 동정을 말한다. 화학물질의 경우 일반적으로 물리학적, 화학적 성질의 특정(特定)도 포함하는 경우가 많다.

위해특성부여란 식품에 존재할지 모르는 생물학적, 화학적, 물리학적인 물질·요인에 기인하는 건강에 대해 악영향을 미칠 성질을 정성적 또는 정량적으로 평가하는 것을 말한다. 화학물질의 경우 용량반응평가를 실시하도록 되어 있다. 한편 생물학적 또는 물리학적 요인의 경우에는 자료를 입수할 수 있으면 용량반응평가를 실시하는 것이 바람직하다. 용량반응평가란 화학 또는 생리학, 물리학적 물질·요인에 대한 노출의 정도(투여량)와 그 노출의 결과 일어나는 건강에 대한 악영향의 정도 및/또는 빈도(반응)의 관계를 결정하는 것이다.

노출평가란 생물학적, 화학적 및 물리학적인 물질·요인의 섭취량을 정성적이고 또한 정량적으로 추정하는 것이다. 섭취량추정이라고도 한다.

위험판정이란 위해동정, 위해특성부여, 노출평가를 바탕으로, 어느 집단에서 이미 알려진 또는 잠재적으로 건강에 대한 악영향이 발생하는 확률과 그 영향의 정도를 정성적이고 또한 정량적으로 추정하는 것으로 부수적인 불확실성의 추정도 포함한다. 위험판정의 결과가 정량치인 경우 그것을 위험추정치라고 한다.

위험관리는 위험평가와는 별개의 과정으로 모든 관계자와 협의하면서 정책의 선택사항을 신중하게 고려하는 것이다. 이 과정에 있어서는 위험평가의 결과와 소비자보호 등 관련인자를 검토하여, 필요하다면 방지, 관리의 선택사항도 결정한다.

위험묘사는 식품안전에 관련되는 문제와 그 내용을 상세하게 기술하는 것이다.

위험전달이란 위험분석의 전 과정에 있어 위험 그 자체, 위험관련인자나 인지된 위험 등에 대해 위험평가나 위험관리에 관여하는 사람, 소비자, 산업계, 학계나 기타 관계자 사이에 정보나 의견을 교환하는 것을 말한다. 이것에는 위험평가에서 밝혀진 사실이나 위험관리의 결정사항에 대한 설명도 포함된다.

다. 위험분석의 개요

국제적으로 합의되어 있는 위험분석의 개요는 〈그림7-1〉과 같다.

1) 위험분석은 위험관리의 초기작업에서 시작된다.

위험관리의 초기작업은 ①식품의 안전성에 관련된 문제의 특정, ②위험묘사의 확립, ③위험평가와 위험관리를 해야 할 위해의 우선순위 부여, ④위험평가를 실시하기 위한 위험평가방침의 책정, ⑤위험평가 실시의 의뢰, ⑥위험평가결과의 검토 순으로 이루어진다. 위험평가는 위험관리의 초기작업 중 ⑤와 ⑥사이에 실시된다.

위험평가는 위험관리의 기초가 되므로 위험관리자가 어떠한 정책이나 조치를 취해야 할 것인가를 생각하고 위험평가자와 협의하여 위험평가방침을 정한다. 이것은 위험평가에 유효성을 부여함에 있어 중요하다. 위험평가 각 단계에서의 가치판단 등 비과학적인 결단을 내리기 위한 방침이 되기 때문에 위험평가의 과학적 정확성과 독립성을 유지한다. 투명성을 확보하기 위해 그리고 장래에 참고하기 위해 문서화해야 한다. 위험평가방침의 예로서 위험에 노출되어 있는 집단의 결정, 위해의 순위를 정하기 위한 판단기준, 안전관계의 적용에 관한 지침 등이 있다. 위험관리 초기작업의 마지막 과정은 위험평가의 결과검토이다. 이것을 실시하는 위험관리자는 위험평가의 결과를 이해하고 검토할 수 있는 과학적 능력을 갖추고 있어야 한다.

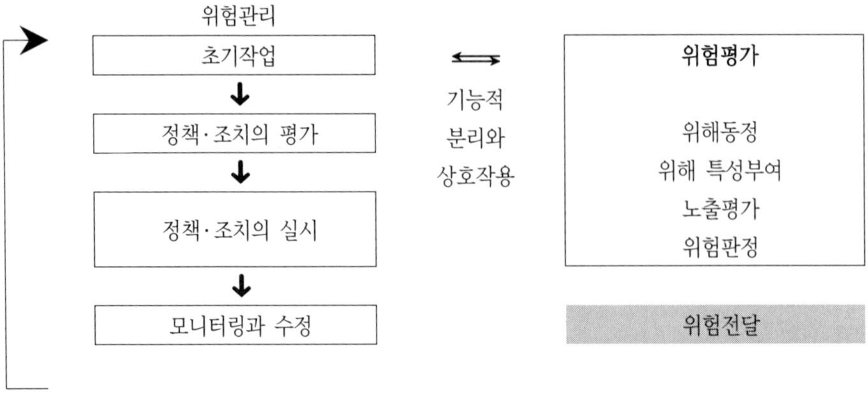

〈그림7-1〉 위험분석(risk analysis)의 개요

외국정부나 국제기관 등으로부터의 정보나 과학논문 그 외의 많은 정보 수집과 해석 등을 통하여 새로운 위해가 국내로 들어오지 않도록 조치를 취해야 한다. 그렇지만 실제로는 발생한 사고에 대처하는 경우도 상당히 많다. 또한 필요한 자료를 작성할 주체를 찾거나 작성을 지시하는 것도 이 단계이다.

2) 위험평가에서는 과학적 자료를 사용하여 위험의 정도를 추정한다.

위해특성부여와 노출평가는 어느 쪽이 먼저 실시되어도 좋다. 통상 위해미생물의 위험평가에서는 노출평가가 먼저 실시되는데 반해, 화학물질의 위험평가에서는 위해특성부여가 먼저 실시되는 경우가 많다.

위험평가는 과학적인 과정이라고는 하지만 순수하게 학술적이어서는 안 된다. 식품안전성에 관한 위험평가에 있어서는 관련된 식품의 생산·제조법이나 저장·유통상태 등도 필요에 따라 고려사항에 포함시켜야 한다.

위험평가에서는 독립성, 중립성, 투명성을 확보해야 한다. 따라서 전문가의 선출을 투명한 방법으로 실시하거나, 참가하는 전문가의 이해관계를 서면으로 제출하게 하는 것이다. Codex나 많은 나라에서 위험평가와 위험적 분리가 이야기되고 있는 것도 위험평가가 과학 이외의 요인으로부터 영향을 받거나, 위험평가자와 위험관리자의 역할이 혼동되는 것을 피하기 위해서이다.

위험평가의 결과는 위험관리를 하기 위해 유용한 형태로 제공되어야 한다. 또한 결과와 각 단계의 검토과정은 투명성을 보증하기 위해 기록을 남겨 회람할 수 있도록 한다.

3) 위험관리에서는 실시할 정책이나 조치와 적절한 안전성기준을 검토한다.

또한 모든 관계자와 의견·정보를 교환하면서 어느 정도 위험을 받아들일 수 있는가, 각 정책·조치의 위험 감소효과, 위험/비용-편익의 균형에 대한 사회과학적 및 자연과학적 고찰, 기술적 실현

가능성, 그 외의 요인을 고려하여 정책·조치를 최종 결정한다. 이때 검토·평가되어 있는 정책이나 조치가 어떠한 위험 감소효과를 가져다주는가에 대해 필요하다면 위험관리자는 위험평가자에 평가를 의뢰할 수도 있다. 그리고 최종 결정된 정책·조치를 실시한다.

4) 실시한 정책이나 조치가 유효하지 않다면 위험관리와 위험평가를 재검토한다.

라. 위험평가와 위험관리의 관계

Codex의 식품안전에 관계되는 위험평가의 역할에 대한 원칙은 위험평가와 위험관리가 기능적으로 분리되어 있어야 하나, 양자사이에 밀접한 상호작용이 있는 것이 필수라고 되어 있다. 미국에서는 위험평가와 위험관리를 같은 조직 속에서 실시하고 있는데 이는 밀접한 상호작용에 중점을 둔 방식이라고 할 수 있다. 또한 영국이나 뉴질랜드에서는 위험관리자가 위험평가를 외부에 위탁하고 있다. 한편 프랑스나 독일에서는 위험평가기관과 위험관리기관은 별개이며, 위험평가기관은 위험평가를 바탕으로 위험관리기관에 권고할 수 있다. 이 권고를 위험관리에 활용할 것인지는 위험관리기관이 정하게 되어 있다.

위험평가기관과 위험관리기관 사이의 밀접한 의견교환이 유효한 위험분석에 불가결한 것으로 인식되고 있다. 이들 사이의 의견교환이 없으면 유효한 위험분석은 기대할 수 없으며 예산, 시간, 인력 낭비로 이어진다.

마. 위험관리에서 고려사항

위험관리의 가장 중요한 기능은 건강보호로 예방이 강조되고 있다. 그러나 식품안전행정에 있어서는 소비자보호와 소규모 생산자·산업보호와의 균형을 생각하는 것도 필요하다. 또한 결정과 그 실시에 있어 투명성을 보증하는 것은 필수적이며 거기에는 모든 이해관계자와의 양방향 정보교환이 필요하다. 물론 이것은 단순히 의견이나 정보를 교환하는 것뿐만 아니라, 적절하다면 다른 이해관계자의 의견을 받아들이는 정도까지 진전되어야 한다. 미국에서는 법률작성과정에서 국민의 의견수렴을 요구하고 여기에는 편지나, 전자우편 등으로 기한 내에 의견을 송부하는 경우나 공청회가 열리는 경우 등 몇 가지 수단이 있다. 송부된 의견은 해석되어 그 해석결과가 공개된다.

위험관리는 계속적인 과정으로 재평가되어야 한다. 또한 과학적 불확실성을 고려하여 불확실성이 높은 경우에는 예방조치(경계조치)를 적용한다는 국제적 합의가 있다. 이 예방조치로는 평상시보다 높은 안전계수와 완전한 사용금지 등이 있으며, 편의적 조치로 인식되고 있다. 즉 새로운 보완자료가 생기면 그것을 검토하고 조치를 계속할 것인지를 결정한다. 유럽위원회의 precautionary principle의 적용은 건강에 대한 악영향이 알려져 있고, 위험평가를 실시한 결과 과학적 자료가 충분하지 않다고 생각되는 경우에 취해지는 잠정적인 조치를 말하며, 보충적 또는 새로운 자료가 나오면 위험평가와 위험관리를 수정하게 되어 있다.

바. 위험전달

위험전달은 위험분석의 가장 중요한 요소이다. 그러나 위험평가나 위험관리 없이 위험전달만으로 가능한 일은 없다. 위험평가자와 위험관리자 사이의 위험전달은 중요하며 정부관계자, 과학자, 소비자, 산업계, 대중매체 사이에도 위험전달이 필요하다.

위험전달은 문제의 해결법(위험관리의 결론)을 결정하는데 도움을 주며, 그 해결법이 사회적으로 받아들여지기 쉽게 하는 역할을 한다. 또한 위험전달이 원활하게 실시되고 있으면 이해관계자의 신뢰·신용확립에 도움이 되기도 한다.

정보공개는 투명성확보를 위해 필수적이다. 일반적으로 정보량과 신뢰도는 비례한다고 보기 때문에 적절한 정보를 적시에 공개하는 것은 신뢰성을 높이는데 유효하다. 그러나 단지 정보를 공개하는 것만으로 전달이라고는 할 수 없다. 곤란함과 불확실성에 대해서도 설명되어야 하며 정보를 일방적으로 공개하는 것만이 아니라, 정보나 의견을 교환하여 타 이해관계자의 요구를 파악하여 정책, 방침에 반영하는 것을 고려하여야 할 것이다. 또한 정보제공방법도 정보를 받아들이는 사람이 이해할 수 있도록 고안되어야 한다. 거기에는 어떠한 내용을 전달하고 싶은지 미리 생각해 둘 필요가 있으며, 어떠한 대상에 전달하는가에 따라 이해하기 쉬운 용어나 방법을 선택하여야 한다.

정보공개에 대한 사회의 요구가 높아지고 있다. 정보는 원칙적으로 공개해야 하지만 과학적, 사회적인 검토가 필요하다. 과학적인 면에서는 자료가 모집단을 반영하고 있는지, 즉 표본추출방법이 바람직한지 여부, 무엇을 목적으로 분석하고 있는지, 분석치에 대한 신뢰성은 어느 정도인지, 그리고 바람직한 통계처리가 이루어져 있는지 등에 대해 검토해야 한다. 그리고 그 결과로서 자료가 무엇을 의미하고 있는지를 파악한 뒤에 정보를 제공해야 한다. 시료의 출처를 공개하는 것에 대한 요구도 크다. 법률위반의 경우는 당연히 공개해야 하지만 무제한으로 공개하는 것에 대해서는 우려하지 않을 수 없다. 즉 근거 없는 소문에 의한 피해를 입을 것을 우려하여 시료를 제공받지 못하게 된다면 오염의 실태를 파악할 수 없게 되기 때문에, 사고가 발생할 때까지 오염이 있다는 것을 인식하지 못하거나 위험관리수단의 유효성을 알 수 없게 된다.

위험전달에서 상대의 입장을 이해하는 것, 정확·진실·공정·투명하고 명료해야 한다는 점은 신뢰성을 높이고 원활한 전달을 확립하기 위해 불가결하다. 정보를 대중매체의 요구에 맞는 형태로 제공하는 것도 중요하지만 과학적 사실을 왜곡해서는 안 된다. 위험전달 활동으로서 교육·계몽활동, 가령 대학을 포함한 학교교육이나 생산자, 식품취급자나 주부에 대한 교육도 중요하다.

위험전달을 곤란하게 하는 요인은 실제의 위험과 국민이 느끼는 위험(인지위험)사이의 괴리이다. 통상 바람직한 정보량이 적을수록 위험은 크게 인지되어 실제의 위험과 차이가 커지는 경향이 있다. 자신이 제어할 수 있다고 생각되는 위해, 편익, 이익이 명확한 위해로 인해 유래되는 위험은 실제보다 작게 인지된다. 그 외 실제의 위험과 인지위험의 차를 확대시키는 각종 요인이 알려져 있다. 식품의 안전성에 관련된 위험전달에 있어서 한 가지 문제는 자연유래의 물질은 안전하지만 합성화학물질은 모두 위험하다는 생각이다. 이러한 생각은 많은 나라에 보편적으로 나타난다. 또한 GMO처럼 미지의 위해로 인한 위험은 이미 알려진 위해로 인한 위험보다 크게 느껴지거나 받아들이기 어렵다. 이들 괴리는 위험전달을 곤란하게 하고 있다.

제2절 식품의 미생물학적 위험관리

1 미생물학적 위험분석

식품유래의 건강위해를 방지하기 위해 지금까지 다양한 노력이 이루어져 왔다. 우수제조규범(GMP)을 시작으로 하는 위생관리방법이 확립되어, 현재는 위해요소중점관리기준(HACCP)이 주류로 자리 잡고 있다. 국내에서도 김치에 대한 HACCP의 도입이 중요한 과제이다. 국내 판매용 식품에서도 우유·유제품 및 가열식육제품, 어육소시지제품, 용기포장 후 가열식품, 청량음료수 등으로 도입대상품목이 확대되었다.

1995년 WTO의 SPS협정에 기초한 수출입시의 동식물검역에 있어서 위생조치의 동등성을 평가하기 위해 위험분석의 필요성이 제기되었다. HACCP에 있어서는 생물학적 위해(특히 미생물에 의한 위해)의 분석에 위험평가에 근거한 방법을 사용하는 것이 제안되었고, 또한 국제식품규격위원회(Codex)에서도 위험분석의 중요성이 논의되어 규격기준 설정에 위험분석 개념을 도입하도록 제안되었다. 그리고 식품의 수출입에 위험분석의 개념을 도입하였고 Codex에서 식품의 미생물학적 위험평가에 관한 지침이 발표되었다. 이와 같이 식품미생물에 의한 건강위해를 줄이기 위해 위험분석 방식이 도입되어 정량적인 위험평가가 이루어지고 있다.

위험분석의 틀을 이해함에 있어서 중요한 것은 위해(hazard)와 위험(risk)의 차이를 이해하는 것이다. 위해는 사람의 건강을 해치는 원인물질 또는 상태를 의미하고 거기에는 미생물학적 위해, 화학적 위해, 물리학적 위해가 있다. 식품 중의 미생물에 의한 위험은 그 위해가 사람의 건강을 해칠 확률, 즉 그들 위해원인물질로 인해 사람이 10만 명 중 몇 명이 병에 걸릴 수 있는지, 또는 그 정도가 어느 정도인지를 나타내는 것이다.

2 미생물학적 위험평가 방법

화학물질에 대한 위험평가는 지금까지 Codex에서도 많이 논의되어 왔으며 방법론적으로는 거의 확립되어 있다. 그러나 미생물학적 위험평가에 대해서는 1995년에 FAO/WHO로부터 지침이 발표되었고, Codex 식품위생소위원회에서 1999년에 지침을 발표하였다. 이 지침에 따르면 미생물학적 위험평가란 다음 네 가지 항목을 실시하도록 되어 있다.

① 위해동정

식중독발생시의 역학적 조사자료, 식품 중에 포함되어 있는 세균종류 및 세균수, 독소에 관한 자료 등을 사용하여 위해를 동정하는 것이다. 그러나 조사비용의 부족과 역학자료가 부족하다는 등의 문제점이 지적되고 있다.

② 노출평가

병원체 또는 독소의 섭취량을 추계하는 것이다. 그러나 식품 중의 미생물 동태, 식품 중 다른 세균으로부터의 저해물질 영향, 또한 제조공정과 조리단계에서 역동적으로 변화하기 때문에 최종적인 섭취량을 추계하는 것은 곤란하다. 또한 식습관이 지역에 따라 다르다는 점도 고려할 필요가 있다. 일예로 김치를 소비하는 지역에서 SARS의 발병률이 낮다는 사실을 들 수 있다. 자료가 부족하다는 것이 많은 어려움을 동반하지만 정량적으로 실시하기 위해서는 이들 모두를 고려하여 생산에서 소비까지 각 단계에서 병원성인자의 양적 분포를 확률분포함수로 기술하여 컴퓨터를 이용한 추산을 실시함으로써 식품 1g 중의 병원성인자 최종섭취량의 분포함수를 도출한다. 또한 1인당 그 병원성인자를 포함하는 식품섭취량의 분포함수를 도출함으로써 1인당 병원성인자 최종섭취량이 추계된다.

③ 위해특성부여

식품 속에 포함되는 병원미생물로 인한 중독도와 기간의 질적 또는 양적 확률 추계를 실시하도록 되어 있다. 즉 발병균량에 대한 추계가 중심을 이룬다. 인체실험이 곤란하고 실험동물을 이용한 실험도 외압의 문제와 동물애호의 관점에서 문제가 있다. 또한 숙주의 감수성 차이, 병원체의 감염력 및 감염률의 다양성, 발병률 차이, 식품 그 자체에 의한 병원성에 대한 영향 등의 자료가 부족한 것이 문제이다.

④ 위험판정

특정한 집단에 대해 잠재적인 미생물위해를 질적 또는 양적으로 추계하는 것이다. 앞에서도 지적하였으나 양적추계는 현시점에서 곤란하다. 질적 추계에는 식품의 섭취경험, 병원체의 생태, 역학자료 및 제조공정에 관련한 위해의 전문가에 의한 판단이 필요하게 된다. 질적으로 추계할 때의 표현은 위험이 높다, 보통, 낮다, 위험이 없다와 같은 표현이 되거나 단계적인 수치가 된다. 위험판정을 실시할 때 식품의 제조에서 소비까지의 흐름 및 위해발생점 예측의 불확실성, 자료의 불확실성 및 다양성을 명확히 하여 분석하는 것이 필요하다.

3 미생물의 정량적 위험평가

미생물학적 위험평가는 위해를 순서대로 5단계로 평가하는 정성적 방법으로 실시되어 왔다. 그러나 최근에는 위험평가를 정량적으로 실시하는 것이 주류가 되고 있다. 정량적 위험평가에는 확정론적 위험평가와 확률론적 위험평가가 있다. 확정론적 위험평가는 자료의 평균치와 표준편차를 고려하여 최악의 경우를 가정하여 위험을 추정하는 방법이다. 이들은 자료가 적은 단계에서도 가능하기 때문에 비교적 빨리 결론을 낼 수 있다는 점이 특징이다. 그러나 위해를 과도하게 무겁게 추정하거나 과도하게 가볍게 추정할 위험이 있다. 한편 확률론적 위험평가는 아직 자료가 적고 연구 및 조사를 실시할 필요가 있으나 확률론적 방법을 도입함으로써 현실사회에 가까운 형태에서 실시할 수 있다.

농장에서 식탁에 이르기까지 각 단계의 자료분포상태를 확률분포로 나타내어 최종적으로 인간이 섭식하는 세균수를 분포로 나타낼 수 있다. 방법은 최초 분포범위내의 난수를 발생시켜 각 과정의 분포내 수치가 추정됨으로써 최종적인 섭식세균수 하나의 값이 추정된다. 이들을 수천번 내지는 수만번 반복추정하여 최종적인 섭식세균의 분포가 추정된다. 다음으로 각 세균수에 의한 감염 및 증상을 나타낼 확률이 추정되어 있으면 어느 정도의 사람이 감염·발증할 것인가가 추정된다.

4 위생조치의 동등성평가

국제무역에서 수출국과 수입국의 식품위생관리 방법의 동등성을 어떻게 평가할 것인가가 과제이다. WTO에 의한 SPS협정과도 관련하여 중요해질 것이다. 동등성의 평가는 수출국과 수입국의 위생조치가 다른 경우 서로 투명하고 과학적인 근거를 가지고 실시할 필요가 있다. 이를 위해서는 위험평가를 실시한 후, 그 국가의 규격기준이 설정될 필요가 있다. 이 경우의 위험평가는 정량적으로 위험을 평가하는 것이 바람직하다. 이 때문에 Codex 식품위생소위원회는 국제적인 미생물학적 위험평가가 필요하다는 것을 인식하고 〈표7-1〉과 같이 다섯 가지 항목에 대해 우선적으로 국제적 위험평가를 실시하기로 하였다.

〈표7-1〉 국제적 위험평가에 있어서의 우선과제

1. *Salmonella spp.*와 닭고기, *Salmonella enteritidis*와 계란
2. *Listeria monocytogenes*와 Ready-to-Eat Food
3. *Campylobacter jejunii*와 닭고기
4. *Vibrio parahaemolyticus*와 굴
5. 장출혈성 *Escherichia coli*와 같은 소고기 및 발아채소

5 Codex의 미생물학적 위험평가

Codex 식품위생소위원회로부터 의뢰받아, 2000년부터 닭고기와 계란의 *Salmonella spp.*와 *Salmonella enteritidis* 및 조리식품의 *Listeria monocytogenes*가 최초의 국제적 평가 대상이 되어 초안을 작성하는 작업이 시작되었다. 또한 2001년부터는 닭고기와 Campylobacter 및 수산식품과 Vibrio의 국제위험평가도 시작되었다.

계란의 노출평가에서는 계란의 생산, 유통·보존, 액란가공, 조리·소비의 4단계로 나누어, *Salmonella enteritidis*에 의한 오염확률과 오염세균수를 분석하였다. 계란의 *Salmonella enteritidis* 오염에 대한 위험평가로서 지금까지 실시하여온 세 가지 예에 대해 그 근거가 되는 자료, 수학적 취급방법 등을 비교분석하여 앞으로 새롭게 실시되는 위험평가를 위한 참고가 되는 방향성을 나타내었다.

Salmonella의 위해특성부여에서는 경구투여시험과 현실의 식중독사례 각각에서 얻어진 섭식세균수와 발병률과의 상관을 비교하였다.

식중독사례에 대해서는 1950년대부터 지금까지의 보고사례를 정리하였으나, 이 중 반수 이상이 일본으로부터 얻어진 자료였다. 대량조리시설 매뉴얼에 근거한 검식(檢食)체계를 통해, 식중독 사건이 발생한 경우에도 원인식품이 확보되는 경우가 증가되었다는 점과 각 지방 위생시험소에서 원인세균수를 정량하는 노력이 있었기 때문이며 이들의 예는 매우 높게 평가되었다.

또한 위험판정에서는 단위 인구당 식중독발증 환자수를 추정하고 각종 대책의 효과를 비교하였다. 가령 상온유통시의 소비기간으로 유통단계에서 14일을 설정한 경우, 식중독 발생수를 감소시키는 효과는 거의 없었으나 7℃이하로 유통시키는 것으로 설정하였더니 환자수가 반감하는 것으로 추정되었다. 유통단계를 7일로 한정하였더니 저온유통과 동등한 효과가 예측되었다.

제3절 식품의 화학적 위험관리

식품에는 〈표7-2〉와 같이 수많은 화학물질이 포함된다. 탄수화물이나 단백질 등과 같은 구성성분이나 영양소 이외에도 식품의 생산·제조·가공에 사용되는 물질과 기구, 포장용기에서 식품 속으로 이행하는 물질이 있다.

〈표7-2〉 식품에 포함되는 화학물질

종류	예
일반적인 식품의 구성성분	탄수화물 무기질 단백질 식이섬유 지질 기능성성분 비타민
의도적으로 최종식품에 첨가되는 물질	식품첨가물(착색료, 감미료, 보존료, 항산화제, 착향료 등) 영양소(칼슘, 비타민 등) 기능성성분
원재료의 생산에 사용된 결과 최종식품에 존재하는 물질	식품첨가물(허용초과분 포함) 농약 가공조제 동물용 의약품 사료첨가물
원재료·식품 중에 자연스럽게 미량으로 존재하는 물질	테트로도톡신, 패류독 등 동물이 생산하는 천연독소 솔라닌 등 식물이 생산하는 천연독소 에틸카바메이트
생산저장 중 곰팡이가 발생하는 물질	곰팡이독(아플라톡신, 오크라톡신A 등)
조리기공 중 생성되는 물질	벤조피렌 등의 다환방향족탄화수소 아그릴아마이드
환경 속에 존재하거나 접촉을 통해 최종식품을 오염시키는 물질	중금속(아연, 수은 등) 다이옥신 포장재에서 이행되는 물질(염화비닐모노머, 아세트니트릴)

천연적으로 생성되는 물질은 안전하지만 합성물질은 위험하다는 개념이 있으나 반드시 옳다고는 할 수 없다. 실제로는 강력한 발암물질의 하나인 아플라톡신은 천연물질이며, 인간의 체내에서 합성되어 생명을 유지하는데 불가결한 여성호르몬이 발암성을 가지는 것도 증명되어 있다. 또한 천연식물로부터 제조된 건강식품에서 건강피해를 일으킨 것도 있다. 한편 최근에는 새로운 합성물질을 식품에 사용하기 위해서는 엄격한 안전성평가가 부과되고 있다. 천연물질이든 합성물질이든 각각의 물질에 특유한 어떤 양을 과다섭취하면 인간의 건강에 악영향을 미칠 가능성이 있다. 따라서 지금까지 오랜 인류역사상 인간의 건강에 미치는 영향에 대해 안전하다고 간주해도 좋다고 하는 지식이 축적되어 있는 물질 이외는 천연이든 합성이든 안전성에 대한 평가가 필요하다.

세계무역기구의 SPS협정에 따라 식품안전에 관한 규격작성을 담당하는 유일한 기관으로 인정되고 있는 국제식품규격위원회(Codex)는 화학물질에 관한 기준치나 그 외 권고의 작성을 위험분석의 틀에 따라 실시하고 있다. Codex에 과학적인 조언을 하는 조직으로서 Codex로부터 독립하여 FAO/WHO 합동식품첨가물전문가위원회(JFCFA), FAO/WHO 합동잔류농약전문가회의(JMPR)가 있다. JECFA에서는 식품첨가물의 안전성평가 및 사양의 결정, 오염물질의 안전성평가, 동물약의 안전성평가와 잔류기준치를 추정한다. 최근에는 노출평가도 실시하고 있다. 이들 기관은 위험평가를 실시하고 Codex는 위험평가결과를 기초로 하여 위험관리를 실시하도록 되어 있다.

국제적으로 합의된 화학물질의 위험평가와 위험관리 방법은 다음과 같다.

1 화학물질 위험관리의 초기작업

위험관리의 초기작업은 ①식품의 안전성에 관계되는 문제의 특정, ②위험묘사의 확립, ③위험평가와 위험관리를 해야 할 위해의 우선순위부여, ④위험평가를 실시하기 위한 위험평가방침의 책정, ⑤위험평가실시의 의뢰, ⑥위험평가결과의 검토 순으로 실시된다.

스웨덴정부가 포테이토칩 등 식품에 아크릴아미드가 함유되어 있다는 것을 보고한 이후 영국이나 스위스 등에서 곧바로 분석을 시작하였던 일은 초기작업이 효율적으로 이루어진 사례이다. 어떤 자료를 작성할 것인지도 여기에서 결정된다. 어느 위해를 우선하여 위험평가를 실시할 것인가에 대해서는 예상되는 피해의 정도나 존재의 범위에 따라 결정된다.

의뢰한 위험평가가 위험관리에 활용될 수 있는 결과를 가져오기 위해 위험평가방침의 책정이 중요하다. Codex에서는 위험분석을 시작하는 출발점으로, 무엇을 위험평가할 것인가를 가맹국의 제안을 바탕으로 Codex 소위원회(식품첨가물·오염물질소위원회, 잔류농약소위원회, 식품중잔류동물약소위원회)가 결정하여 JECFA나 JMPR에게 위험평가를 의뢰한다. 그때 평가하는 시기는 과학적 자료의 유무, 문제의 긴급성, 건강영향과 무역에 대한 영향, JECFA나 JMPR의 일정 등을 고려하여 결정한다.

2 화학물질의 위험평가

위험분석의 틀이 만들어지기 전부터 식품에 사용되는 물질이나 오염물질의 안전성(독성)에 대한 평가는 이루어져 왔다.

가. 위험평가

JECFA나 JMPR은 위험분석이나 위험평가의 틀이 만들어지기 이전부터 안전성·독성평가를 실시하여 왔다. 이것은 위험평가의 위해특성을 규명하는 작업에 해당한다. 식품첨가물·오염물질 및 잔류농약에 대해서는 〈표7-3〉과 같이 WHO가 출판한 안전성·독성평가의 원칙에 따라 급성독성, 단기섭취독성, 장기섭취독성, 발암성, 유전독성 등 실험동물 독성시험자료와 역학조사자료 등을 평가한다.

〈표7-3〉 독성학적 평가에 사용되는 자료의 예

○ 급성독성	○ 생식독성
○ 단기독성	▷ 다세대에 걸친 독성
○ 장기독성	▷ 발달독성
○ 발암성	▷ 기형유발성
○ 유전독성	○ 신경독성
○ 대사	○ 내분비활성

독성시험 결과와 역학조사 결과로부터 건강에 대한 악영향이 관찰되지 않는 최대투여량인 무영향량(non-abserved-effect level ; NOEL)을 추정하여 통상 가장 작은 NOEL을 안전계수로 제거하여 1일허용섭취량(acceptable daily intake ; ADI)이나 잠정1일허용섭취량(provisional tolerable daily intake ; PTDI) 등을 설정한다. 안전계수는 통상 종간 이동 10과 개체변동 10의 곱인 100이 이용되나 자료의 불확실성이 높으면 보다 큰 계수가 사용되며 아주 세심한 시험결과가 이용되었을 때에는 보다 작은 계수가 사용된다.

NOEL을 추정하지 못하고 건강에 대한 악영향이 보여지는 가장 낮은 투여량인 최소영향량(least-observed-effect level : LOEL)밖에 추정할 수 없는 경우에는 200이나 500 등 보다 큰 안전계수가 사용된다. 여기에서 ADI는 식품첨가물, 농약, 동물약 등 식품생산과정에서 의도적으로 사용되는 것으로 설정되고, PTDI는 중금속, 곰팡이독소, DDT 등과 같이 식품생산에 의도적으로 사용되고 있지 않음에도 불구하고 환경이나 자재 등에서 식품 속으로 이행하여 식품을 오염시키는 물질로 설정한다. ADI나 PTDI는 체중 1kg기준으로 나타내어지며 매일.평생 계속하여 섭취하여도 건강에 대한 악영향이 보이지 않는 양을 말한다. 오염물질로 체내에 축적되는 물질의 경우 통상 잠정1주간허용섭취량을 설정한다. 다이옥신류에 대해서는 잠정1개월허용섭취량이 설정되었다.

상기의 안전성·독성평가원칙에 관한 WHO의 문서는 출판 후에 과학의 발달과 더불어 시대에 뒤쳐지게 되었으며, 서로 다른 화학물질군의 안전성평가의 통합·조화와 안전성평가만이 아니라 위험평가를 수용하기 위한 목적 등으로 개정된다.

잔류농약 및 주사부위에 잔류하기 쉬운 성질을 가지는 동물용 약품에 대해서는 콜린에스테라제 저해, 한번의 경구투여에 따른 치사성, 모체에 대한 독성효과의 결과로서 태아발달독성, 급성신경독성, 호르몬이나 생화학적인 변화 등의 자료를 평가하여 필요하다면 급성참조량(acute reference dose ; Acute RfD)이 설정된다. 이 급성참조량은 오염물질을 포함하는 식품을 1일 섭취한 경우의 건강에 대한 악영향의 척도이다.

식품첨가물이나 잔류농약·동물약의 경우는 제조자가 각국의 등록신청시에 자료를 제공한다. 오염물질이나 농약으로 사용이 금지되어 있는 것, 특허가 소멸된 것 등은 정부와 대학의 자료, 문헌검색으로 찾아낸 자료 등을 활용한다.

나. 노출평가

안전성·독성평가는 물질 그 자체의 안전성·독성에 대한 정보는 제공하지만 식품 속에 포함되어 있는 물질을 섭취하는 것에 따른 위험의 정보는 제공할 수 없다. 위험을 추정하기 위해서는 실제로 어느 정도 섭취하고 있는지를 알기 위해 노출평가를 실시할 필요가 있다. 이로 인해 위험분석의 틀과 함께 노출평가가 실시된다. 잔류농약문제에 대해서는 JMPR에서, 잔류동물약에 대해서는 JECFA에서 노출평가를 실시하여 왔다.

국제적인 수준에서는 각국이 처해있는 상황과 같은 상세한 식품섭취 자료나 총체적인 식이연구·조사·감사자료, 당해농약의 사용량 등에 대한 자료를 이용할 수 없기 때문에 수학적 모델을 사용하는 것이 일반화되어 있다.

잔류농약에 있어서는 JMPR이 잔류기준치 추정과 동시에 우수농업규범(GAP)의 조건하에서 실시한 작물잔류시험결과인 중앙값 및 FAO 식품수급표를 통계적으로 처리하여 작성한 모델지역(5지역), 먹을 수 있는 부분의 잔류농도, 가공의 영향 등을 고려하여 경구섭취량을 추정한다.

잔류동물약의 경우에는 JECFA가 대사시험, 분석법, 잔류시험 등의 자료를 바탕으로 추정한 최대잔류량과 과장된 식품섭취량을 사용하여 경구섭취량을 추정하고 있다.

한편 식품첨가물의 경우 잔류물과는 달리 사용한 농도에 가까운 농도가 식품 속에 포함되는 일이 많기 때문에 노출평가에 있어서는 상기의 경우보다 현실에 가까운 추정을 하기 쉽다. 실제의 사용량 이외에 해당 식품첨가물의 판매량이나 생산량에서 추정하는 방법도 있다.

오염물질의 경우에는 안전성·독성 평가는 다른 물질과 거의 같이 실시되지만 Codex에서는 필요에 따라 JECFA에 노출평가를 의뢰한다. JECFA는 각국이 제출한 오염실태조사 자료를 사용하여 분포곡선을 그리고, 최대량이 설정된 경우 또는 몇 가지의 후보치에서 경구노출량이 어느 정도 변화하는지 등을 추정한다. 해당식품의 소비량으로 상기의 FAO 식품수급표를 통계적으로 처리하여 작성한 모델지역 식품을 이용하는 일도 있다.

다. 위험판정

통상 ADI/PTDI 등의 독성학적 지표와 노출평가의 결과를 비교하여 실시한다. 추정된 노출량이 독성학적 지표를 크게 상회하는 경우에는 위험관리를 고려할 필요가 있다. 최근에는 모델화를 통해 정량적으로 위험을 추정하는 방법도 이루어지게 되었으나, 어떤 모델을 사용하는가에 따라 추정된 위험이 크게 다른 경우도 있으며, 아직 정량적인 위험추정은 초기단계에 있다.

3 화학물질의 위험관리

Codex에서는 위험관리가 Codex의 해당 소위원회 및 Codex 총회의 책임으로 되어 있다. 잔류농약·잔류동물약의 경우에는 각각 JMPR, JECFA가 추정한 최대잔류량을, 또한 식품첨가물·오염물질의 경우에는 가맹국이 추정한 최대량을 검토 심의한다. 이때 건강보호가 가장 중요한 고려점이지만 동시에 기술적인 실현가능성과 경제적인 영향 등에 대해서도 논의된다.

가. 기준치의 추정

잔류농약과 잔류동물약에 대해서는 대사시험, 분석법, 잔류시험 등의 자료를 바탕으로 최대잔류량(MRL)을 추정한다. 이 경우 동물약에서는 추정된 경구섭취량이 ADI를 넘어서는 경우에는 잔류농도가 충분히 낮아질 수 있도록 휴약기간을 연장하여 보다 낮은 잔류기준을 권고한다. 즉, 위험관리의 일부도 JECFA가 실시하고 있다.

잔류농약에 있어서는 JMPR이 〈표7-4〉와 같이 자료로부터 농작물 또는 동물성 식품에 주로 존재하는 화합물을 추정하여 잔류물로서 측정할 것을 결정한다. 또한 대사시험이나 분석법 등의 자료와 함께 GAP에서 규정하는 최대한의 조건하에서 실시한 작물잔류시험과 동물사양시험결과를 FAO의 지침에 따라 검토하고 최대잔류량을 추정한다. GAP는 작물잔류시험을 평가하는데 필수정보이다. 그것은 MRL이 원래 농작물이 GAP에 따라 재배된 것인지를 확인하기 위한 것이기 때문이다. 이전에는 농약으로 등록되어 있었으나 현재는 환경오염물질과 같은 화합물의 경우 조사자료를 사용하여 기준치를 작성한다.

가공시험은 노출평가의 정밀도를 높이기 위해 필수로 되어 있다. 또한 사료로서 이용되는 농작물에 잔류되어 있는 경우 동물이행시험이 필수이며, 이것을 사용하여 동물성식품의 MRL을 구한다. 동물용외용약도 Codex의 정의에서는 농약에 속하기 때문에 동물에 대한 직접 사용을 원인으로 하는 MRL을 구하는 경우도 있다. 그 때 추정한 경구섭취량이 ADI를 넘어서고 있다면 그것을 각주로 표시하여 Codex나 각국에 주의를 환기시킨다. 그러나 잔류량의 변경은 실시하지 않는다. 추정된 1일 잔류농약의 경구섭취량이 급성참조량을 넘고 있으면 그것을 지적한다.

〈표7-4〉 JMPR이 잔류농약기준을 추정하기 위해 평가하는 자료

○ 식물과 동물의 대사	○ 조사자료
○ 환경 중의 동태	○ 식품가공시험
○ 분석법	○ 가식부의 잔류농도
○ 농약의 등록과 사용에 관한 정보	○ 동물에 대한 이행시험
○ GAP에 따른 작물잔류시험	

잔류농약·동물약에서는 노출평가와 잔류기준추정을 동시에 실시하고 있다. 또한 잔류기준의 추정은 과학적 자료의 평가를 필요로 하기 때문에 이들 과학적 기관에서 실시하고, 또한 그것을 위험관리자인 Codex 잔류농약소위원회와 식품중잔류동물약소위원회에서 심의한다. 잔류물의 정의도 대사시험의 결과와 대사물의 독성·잔류시험의 결과로부터 JMPR과 JECFA가 결정하고 있다.

한편 식품첨가물의 경우 최대사용기준은 식품첨가물 일반규격의 틀 속에서 Codex의 식품첨가물·오염물질소위원회가 결정한다. 일반규격이 완성될 때까지는 지금까지와 같이 기술적으로 필요한 양에 관한 정보를 바탕으로 고려한 개별식품 소위원회의 제안을 식품첨가물·오염물질소위원회가 검토·승인한다.

오염물질의 경우 최대량에 대해서는 각국 정부로부터 제출된 오염자료를 식품첨가물·오염물질소위원회의 초안작성팀이 평가하고 최대기준치를 제안한다. 객관적으로 신뢰성을 보증할 수 있는 시료추출법과 분석법에 의한 오염실태조사의 자료가 없으면 기준치작성은 진행되지 않는다. 오염물질의 기준치작성에 있어서는 ALARA(as low as reasonably achievable)의 원칙이 중요하다. 자료의 해석을 JECFA에 의뢰하지 않는 이유는 최대량의 설정이 위험관리의 일부이기 때문이다. 또한 최대량은 Codex위원회 식품첨가물·오염물질소위원회에서 검토되지만 필요한 경우에는 JECFA에 노출평가를 의뢰한다.

나. 그 외 위험관리의 선택사항

식품첨가물, 농약, 동물용약품, 사료첨가물과 같이 생산·제조·가공시에 의도적으로 사용되는 물질에 대해 안전성에 문제가 있다고 하는 새로운 지식이 얻어진 경우에는 사용을 금지 할 수 있다. 그래서 환경오염물질과 같이 의도하지 않고 있음에도 불구하고 식품 중에 존재하는 물질보다 관리가 용이하다.

최근 식품사슬 모두를 관리하지 않으면 식품안전은 확보할 수 없다고 하는 개념이 주류를 이루고 있다. 또한 식품안전을 위협하는 물질이 식품에 혼입되는 것을 방지하거나, 그러한 물질이 식품과 접촉할 가능성이 있는 상황에 방치되는 것을 방지하는 것이 식품안전확보에 효율적이고 경제적이라는 시각도 있다. 특히 다이옥신과 같이 많은 식품에 존재하는 오염물질은 기준치를 책정하기 위해 다양한 종류의 식품에 대해 많은 시료분석을 실시하여 오염자료를 작성해야 하며, 또한 기준치를 책정하여도 규제를 위해서는 보다 많은 시료분석을 해야 한다.

또한 오염원과 오염의 원인을 정확히 알고 있는 경우에는 오염원대책과 오염의 원인을 제거하는 조치를 취하는 것이 효과적이다. 이러한 것을 반영하여 Codex의 식품첨가물·오염물질소위원회에서는 이전과 비교하여 훨씬 많은 시간·노력을 생산규범과 제조규범을 작성하는데 투입하고 있다.

지금까지 Codex에서 채택된 화학적 오염물질에 관한 규범으로서, ①낙농동물의 사료원료와 사료보조원료 중의 아플라톡신B1을 감소시키기 위한 제조규범, ②식품의 화학물질에 의한 오염을 줄이기 위한 오염원대책에 관한 규범, ③사과과즙 및 음료 중 사과과즙성분의 파툴린오염 방지와 감소에 관한 규범, ④곡류의 곰팡이독 오염의 방지(감소)에 관한 규범이 있으며, 현재 견과와 땅콩의 아플라톡신오염의 감소, 식품의 아연오염의 방지와 감소, 식품의 다이옥신 및 다이옥신에 관계있는 PCB에 의한 오염의 감소를 목적으로 한 오염원대책, 주석에 의한 오염의 방지와 절감 등에 관한 규범이 작성과정에 있다.

다. 위험평가기관과의 정보교환

Codex에는 위험관리자로서 Codex 소위원회나 총회와 위험평가자인 JECFA, JMPR사이의 위험전달의 중요성이 강조되어 있다. 이것을 받아들여 최근 JECFA, JMPR도 Codex 소위원회에 대해 모든 것을 의뢰하는 것은 아니고, 질문이나 요청을 명확히 하도록 하는 기회가 늘고 있다. 이것은 효율이 좋은 위험분석을 위해서는 위험관리자와 위험평가자 사이의 상호작용이 불가결하다는 것과, 동시에 위험관리자가 문제의 본질을 이해하고 있을 필요가 있다는 것을 나타내고 있으며, 각국의 위험평가와 위험관리에도 적용할 수 있는 것이다.

제4절 수의역학과 식품위험관리

1 수의역학

수의라고 하는 것은 개체의 동물질병을 치료하는 것으로 동물의 질병을 일으키는 병원미생물과 병원물질을 다룬다. 한편 역학이라고 하는 것은 질병빈도의 분포와 결정인자, 질병의 유형, 집단의 건강상태 등을 연구하는 학문으로 개체가 아닌 집단을 대상으로 한다. 따라서 수의역학에서는 야외에서의 표본추출과 설문조사를 실시하는 경우도 많기 때문에 수의학 중에서는 사회과학에 가까운 학문이다.

수의역학은 그 방법에 따라 〈표7-5〉와 같이 분류할 수 있다.

〈표7-5〉 역학의 분류

1. 관찰연구
   ①기술역학 : 집단에 발생하는 질병의 시간적, 공간적 특징을 파악한다.
   ②분석역학 : 질병의 발생 또는 증가의 기작을 파악한다.
2. 개입연구(개입역학)
   인위적인 개입을 실시하여 실험적으로 질병과 요인의 관계를 명확히 한다.
3. 그 외 임상역학, 경제역학, 이론역학 등

기술역학은 질병이 어느 지역에 어떠한 빈도로 일어나고 있는지를 조사·관찰하고 기술하여 정리하는 것으로 역학의 기본이다. 가령 동물질병이 발생하였을 경우 언제(시간), 어디서(장소), 어떤 동물(개체)에 발생하였는지 주변의 정보를 포함하여 조사하고 원인과 대처방법을 검토한다.

한편 분석역학은 질병에 대해 원인과 결과의 관계 등을 조사·분석하는 방법이다. 이들은 어떤 질병의 요인과 결과의 관계를 파악하기 위해 사용되는 방법으로, 의학, 수의학분야에서 많은 실적이 있다. 기술역학과 분석역학이 관찰연구로 불려져 인위적인 조작을 가하지 않고 관찰하는데 비해, 개입연구(개입역학)에서는 요인의 유무를 미리 인위적으로 설정하는 등 인위적인 개입에 의해 요인과 결과의 관계를 파악한다.

그 외에 임상현장에서 발생하는 문제에 대해 관찰적 연구 또는 실험적 연구를 실시하여 임상상(臨床上)의 의지결정에 응용하는 것을 임상역학이라 하고, 질병의 발생과 방역조치에 어느 정도의 비용이 소요될 것인지, 또는 어느 정도의 비용이 소요되었는지를 분석하여 경제적인 측면에서 질병대책 등의 유용성을 평가하는 경제역학이 있다. 특히 가축을 대상으로 질병에 의한 손실은 어느 정도인지, 질병의 박멸 또는 발생예방을 위해 필요한 비용은 어느 정도인지를 파악하는 것이 방역조치나 예방조치 등을 선택함에 있어 중요한 요소가 된다. 이것을 위험평가와 관련지어 고려한 경우 질병 등이 발생한 경우의 피해예측이나 위험관리조치의 선택에 사용하게 된다.

또한 수식이나 컴퓨터 추계를 이용하여 질병의 전파나 방역조치를 평가하는 방법을 이론역학이라 한다. 정량적 위험평가에 있어서도 최근의 컴퓨터기술 향상과 더불어 이 분야에서의 연구도 활발히 이루어지고 있다.

수의역학이 다루는 분야는 동물질병은 물론 식품위생이나 사람·동물의 공통감염증, 나아가 경제분석과 위험분석 등 다방면에 걸쳐있다. 지금까지 수의역학 중에서는 식품이나 동물 등을 매개로 하여 일어나는 인간의 건강피해를 다루는 공중위생분야와 경제동물인 가축의 질병을 다루는 가축위생분야는 분리되어 다루어지고 수의역학도 각각 다른 입장에서 연구되는 일이 많았다. 그러나 식품의 안전성과 사람·동물의 공통감염증의 문제가 크게 다루어져 가축과 동물의 질병으로 생각되었던 것이 인간과의 관련성에서 문제가 되면서 종합적으로 다루게 되었다. 가령 BSE는 원래 소의 질병으로 생각되어 왔으나, 이것이 인간의 변형크로이츠펠트야콥병의 원인이 아닌가라고 생각되어 축산업뿐만 아니라 사회전체에 영향을 미치는 커다란 문제가 되었다. 또한 약제내성균의 문제도 가축에서 사용하는 약제에 따라 내성을 가진 세균이 인간의 건강에 영향을 미치는 것은 아닌가하는 논의가 나오고 있다.

지금까지 특히 가축위생분야에 있어서 수의역학은 가축질병에 주목하여 질병발생상황의 파악이나 가축질병의 원인규명 등을 중심으로 실시하여 왔으나, 앞으로 식품의 안전성이나 인수공통감염증 등의 문제에 대해서는 공중위생이나 가축위생에 국한하지 말고 횡단적으로 취급할 필요가 있다.

2 수의역학과 위험평가

수의분야에서 위험평가가 중요시된 이유는 WTO의 SPS협정에 위험평가에 대한 방법이 포함된 때문이다. 이 협정에서는 〈표7-6〉과 같이 식품검역조치를 실시함에 있어서 수입되는 상품을 매개로 하여 인간, 동물, 식물 등의 질병이나 유해물질이 수입국에 침입하여 사회적, 경제적으로 피해를 끼칠 위험을 과학적으로 평가하여 결정하는 것을 의무화하고 있다.

〈표7-6〉 SPS협정의 개요

1. 검역·위생조치에 대한 원칙
   과학적 원리를 바탕으로 적용하고 무역에 관련된 부당한 장애요인이 되지 않도록 한다.
2. 적절한 검역·위생조치의 결정
   위험평가에 근거하여 적절한 검역·위생조치를 취한다.
3. 조화의 촉진
   원칙적으로 국제기준에 근거한 검역·위생조치를 취한다.
4. 투명성의 확보
   검역·위생조치에 대해 규칙을 공표하고 변경이 있으면 WTO에 통보한다.

이 협정으로 위험분석이라는 사고방법이 가축위생과 식품위생분야에서 정식절차·방법으로 명문화되었다. 이것은 수입국이 자국의 이익을 우선하여 과학적인 근거를 바탕으로 하지 않고 자의적·차별적으로 수입검역조치를 남용하는 것을 방지하기 위해 객관적·과학적 근거를 명확히 하는 수단으로서 요구되었다.

이 협정의 대상이 되는 수입검역조치는 식품위생검역, 식물검역, 동물검역 등으로 관련 국제기관이 위험평가의 지침을 책정하도록 되어 있으며, 수의역학분야에 있어서는 OIE(국제수역사무국)가, 식품위생에 관해서는 국제식품규격위원회가 국제기관으로 지정되었다.

가축위생에 관한 국제기관인 OIE에 있어서는 SPS협정이 발효되기 이전부터 동물검역조치에 있어 위험분석방법을 사용하도록 장려하였으며, 가축·축산물의 수입에 있어 가축질병의 침입을 방지하기 위해 수입국이 채용해야 할 검역조치의 기준을 책정하고 있다.

OIE가 책정한 위험분석은 ①위험평가(위험관리, 위험전달 포함) ②수의조직의 평가, ③ 지역단위관리(국가단위가 아닌 지역을 단위로 하여 질병을 관리하는 것)로 구성된다.

이 위험평가에는 〈그림7-2〉와 같이 위험분석이 위해의 특정, 위험평가, 위험관리, 위험전달의 네 가지 요소로 구성되며, 각각의 역할 및 상호관계가 명확히 정의되었다.

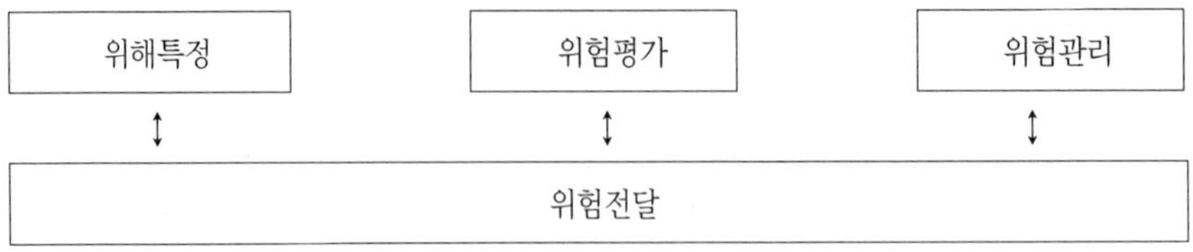

〈그림7-2〉 위험평가의 구성요소

식품위생의 지침에서는 위해의 특정을 위험평가의 요소로 보고 있으나, OIE의 지침에서는 위험평가로부터 독립된 것으로 정리하고 있다는 점이 다르다. OIE는 축산물이나 가축이 수출국에서 발생하고 있는 질병을 들여올 가능성이 있는지를 특정하는 것을 중요시하고 있다.

위험평가는 수출국에 있는 질병이 동물이나 축산물에 의해 수입국에 도착하기까지의 침입평가와 침입한 질병이 수입국의 가축에 확대될 때까지의 노출평가로 구분하고 있다. 이것은 국가에 따라 국내침입 이후의 가축에 대한 노출가능성이 다르므로 구분할 필요가 있기 때문이다. 결과평가에서는 질병이 침입하여 어느 정도의 피해가 발생할 것인가를 추정하고 필요에 따라 경제적인 피해추정도 실시된다. 위험추정(risk estimation)에서는 최종적으로 그들을 종합하여 어느 정도 위험이 있는지를 추정하여, 그들이 어떤 위험인지, 받아들일 수 있는 위험인지 등을 검토한다.

위험관리는 실제적인 의사결정과정에 있으며 위험감소조치를 채택하는 것을 목적으로 한다. 여기에서는 위험평가의 결과를 바탕으로 어떠한 조치가 적절한가를 반복하여 검토한다. 위험관리에서는 위험과 편익을 비교하여 검토하는 것도 필요하다. 사회활동에 동반하여 발생하는 위험은 반드시 편익을 동반하고 있다. 따라서 동물·축산물의 수입, 식중독, 사람·동물의 공통감염증 등에 대해 검토하는 경우도 위험과 동시에 편익도 고려해야 한다. 또한 위험소멸조치를 강구하기 위해서는 당연히 비용이 소요되므로 단위비용에 대해 소멸되는 위험의 정도를 비교함으로써 위험소멸조치의 우선순위를 생각할 수 있다.

한편 특정한 위험을 감소시키는 조치를 통해 다른 위험이 두드러지게 문제가 되는 위험의 상충이 일어 날 가능성이 있다. 내성균의 발생위험을 감소시키기 위해 가축에 대한 항생제사용을 중단하므로써 인간에게 병원성을 가진 세균이 증가하여 인간에 대한 건강피해가 증대될 수 있다. 이 경우 허용할 수 있는 위험의 한도, 실행상의 문제, 경제적 측면, 위험의 상충 등을 종합적으로 고려하여 가장 적절한 조치를 선택하는 것이 바람직하다.

또한 국제거래상에 있어서는 해외로부터 수입되는 것에만 과도한 위험감소조치를 요구하는 것은 수입품을 차별적으로 취급하게 되기 때문에 국제협정상 인정되지 않는다. 즉 국내산 상품에 대해 받아들이고 있는 위험과 같은 정도의 위험은 수입품에 대해서도 받아들여야 한다.

위험전달은 관계자와의 사이에서 정보교환을 실시하는 과정이며 위험분석의 모든 단계에서 실시하도록 되어 있다. 이로 인해 많은 자료를 얻을 수 있고 위험분석과정이 투명화되어 관계자의 이해와 적절한 조치가 가능하게 된다. 한편 위험성 또는 안전성의 한쪽만을 강조하여 시책을 유도하기 위해 일방향으로 정보를 발신하는 것은 위험전달이 아니다. 따라서 위험전달에서는 양측면을 공정하게 관계자에게 전달함으로써 정보를 보내는 쪽과 받는 쪽이 위험에 관한 정보를 공유하고, 상호의견을 받아들일 수 있는 체계를 확보하는 것이 중요하다. 위험이 정확히 전달되지 않으면 억제할 수 있는 정도의 위험이 불안을 가중시켜 억제할 수 없을 정도로 될 수도 있다. 한편 정보를 공개하는 경우에는 개인의 피해가 발생하지 않도록 배려할 필요가 있다.

3 수의역학의 유용성

수의역학은 집단을 다루는 학문이며 개개의 개체에 따라 차이가 있다는 것을 허용하고 전체를 취하여 질병의 동태를 파악하는 것에 유용하다. 수의역학은 위험평가에 있어서 불확실성이나 우연한 편차의 평가에 필요한 학문적 배경을 가지고 있다.

한편 수의분야에서 다루는 대상은 화학물질 등도 있으나 대부분은 병원성미생물이고 미생물을 다루기 때문에 곤란한 면은 있다. 미생물은 환경조건에 따라 증식·사멸되고, 때로는 환경에 적응하여 활동양식을 바꾸는 등 생물로서 복잡한 활동을 한다. 이 때문에 이들 활동을 정량적으로 평가하기는 곤란하며 자료가 부족한 경우가 많다. 또한 최종적으로 인간이나 동물 등에 대한 영향을 평가한다고 해도, 인간이 어떤 식품을 어느 정도 섭취하는지, 어떻게 조리하는지 등을 숫자로 평가하는 것 자체가 어려운 요인도 있다.

그러나 이러한 곤란성이 있다고 해도 위험평가의 필요성은 변하지 않는다. 식품의 안전성이나 인간·동물의 건강피해를 눈앞에 두고, 자료가 없는 것이 위험평가를 하지 않는 이유가 될 수는 없고, 현재의 지식을 가지고 최대한 위험평가를 실시하는 것이 필요하다. 정량적인 평가가 곤란하면 정성적인 평가를 실시하고, 자료가 갖추어진 단계에서 보다 정밀한 평가로 수준을 높여가는 것도 하나의 방법이다. 위험평가는 위험을 평가하는 것 자체가 목적이 아니라, 의사결정, 즉 조치의 선택을 위하여 실시하는 것이다.

4 수의분야에서의 위험평가 사례

가. 정성적 위험평가 사례

위험평가에는 위험을 수치로 평가하는 정량적인 위험평가가 바람직하나 정량적인 위험평가에서는 신뢰할 수 있는 많은 기초자료가 필요하고 모델작성과 검증에 시간을 요하기 때문에 정성적인 접근도 이용되고 있다.

BSE의 위험평가는 BSE 발생국에서 수입된 육골분과 소의 수입량을 바탕으로 BSE 침입위험과 감염의 확대위험을 평가하는 부분과, 국내에서의 재활용 방지조치나 적발능력을 평가하는 부분의 두 가지 요소로 구성되어 있다.

침입위험의 평가에서는 영국으로부터 수입된 것을 가장 위험이 높다고 보고, 그 수입 시기나 수입량에 따라 BSE가 침입할 위험을 평가하고 있다. 여기에서는 소 한 마리와 육골분 1톤을 같은 정도의 위험으로 취급하고 있다. 또한 수입소에 대해서는 BSE의 잠복기간을 고려하여 수입 후에 도축된 연령에 따라서 위험이 다르다는 점도 고려되어 있다.

국내에서의 재활용 방지조치의 평가에 있어서는 소에 대한 육골분의 급여금지, 특정 위험부위의 제거, 지방추출 가열처리상황, 감시의 실시상황 등에 대해 정성적으로 평가를 실시하여 침입위험과 맞추어 평가대상국 전체의 위험을 평가하고 있다.

최종적인 평가결과는 BSE가 발생할 가능성이 거의 없는 국가, 가능성은 없지만 부정은 할 수 없는 국가, 가능성은 있으나 발생보고가 없거나 낮은 수준으로 확인되고 있는 국가, 높은 수준에서 발생이 확인되고 있는 국가 등 4단계로 판정하고 있다. 유럽연합은 이 위험평가의 투명성을 확보하기 위해 구체적인 평가방법이나 각국의 평가내용을 홈페이지에 공개하고 있다.

정성적인 위험평가는 BSE와 같이 질병 그것에 불명확한 점이 많은 경우에도 응용가능한 방법으로 응용범위가 넓다. 그러나 이 방법은 애매한 것을 허용할 수 있는 반면 숫자로 평가할 수 없기 때문에 평가의 정당성과 투명성을 어떻게 확보할 것인가가 중요하다.

유럽연합에서는 BSE에 관한 새로운 과학적 지식이 얻어진 경우 평가방법을 수정하도록 되어 있으며, 또한 새로운 BSE발생국이 인정된 경우에도 수정검토가 이루어지고 있다.

나. 정량적인 위험평가 사례

정량적인 위험평가는 위험의 정도를 수치화하여 분석하는 방법으로 그 결과를 알기 쉽다는 점, 위험소멸조치의 효과를 숫자로 비교할 수 있다는 점 등 때문에 투명성이 높다. 그러나 정량적인 평가를 실시하기 위해 신뢰할 수 있는 자료가 갖추어져 있는 경우가 드물다.

정량적인 위험평가의 예로서 미국 FDA가 2000년에 실시한 위험평가가 있다. 이것은 닭에 사용하고 있는 플로로키노론이라는 항생제가 인간의 식중독 원인균이기도 한 캠필로박터균을 내성화하여, 이 균에 의해 식중독이 발생했을 때 어느 정도 인간의 치료에 악영향을 미치고 있는지를 평가한 것이다. 이 위험평가결과 미국인 3만 5천 명 중의 한 사람이 식중독치료로 인한 악영향을 받을 가능성이 있으며, 또한 면역력이 저하된 사람의 위험은 보다 높을 것으로 추정되었다.

미국의 FDA는 이 위험평가모델을 공개함과 더불어 닭에 대한 이 약제의 사용금지조치를 제안하고, 폭넓게 국민으로부터 의견을 수집하였으나 이에 대해 제약회사, 미국약사협회, 미국수의사회가 과학적인 반론을 제기하였다.

제5절 식품의 위험관리와 예방원칙

1 위해요소 중점관리

가. HACCP의 개념과 역사

1) HACCP의 개념

HACCP(hazard analysis critical control point : 위해요소중점관리)란 식품제조의 모든 단계에서 식품위생상 위해를 일으킬 수 있는 각종 요소를 공정별로 분석하고, 식품위해요소가 식품에 혼입되거나 오염시키는 것을 사전에 막기 위하여 식품의 위해요소를 중점적으로 관리하는 예방적 관리체계이다. 다시 말하면 식품의 원재료 생산에서 제조, 가공, 보존, 유통 및 소비에 이르기까지 전 단계에서 발생할 우려가 있는 위해요인을 조사하고, 감시, 관리하는 방법으로 개발된 체계적 관리방식이다.

HACCP에 의한 식품의 위생관리제도는 FAO/WHO 합동식품규격위원회(Codex)의 가이드라인에 근거한 기본개념으로서 근년 우리나라를 비롯한 여러 선진국에서 식품의 위생관리와 안전성 확보차원에서 운영하고 있는 체계적이고 자율적인 규제방법이며 그 특성은 〈표7-7〉과 같다.

〈표7-7〉 HACCP의 특징

구분	HACCP의 위생관리체계	종전의 위생관리체계
특징	위해의 사전예방	위해의 사후통제
품질관리대상	작업공정 작업공정의 사전관리 전제품의 안전성 확보	최종제품 제품에 대한 사후 샘플조사 최종제품의 불량률 최소화

2) HACCP의 역사

HACCP는 1959년 미항공우주국의 아폴로계획에 사용된 우주식의 안전성 확보차원에서 개발되기 시작한 위생관리기법이다. 이후 미국에서 병원성대장균 O157 : H7에 의한 식중독이 발생하고 식품에서의 위해성요인이 증가하면서 HACCP가 식품위생 및 안전성 확보의 대책으로 정립되어 왔다. 특히 1993년 국제식품규격위원회가 식품안전성 확보수단으로 각국에 HACCP 도입을 권고하였고, 1995년 WTO/SPS 협정이후 교역식품에 HACCP를 적용토록 요구할 수 있게 되었다.

이에 따라 1995년부터 EU는 수출하는 모든 수산식품에 대하여 HACCP체계의 적용을 의무화하였고 미국에서는 2001년 2월부터 전도축장에 HACCP를 적용함으로써 유럽과 미국에 식품을 수출하려는 모든 나라가 HACCP 적용을 서두르게 되었다. 한국은 2003년 7월부터 전도축장 및 도계장에서 이 제도의 적용을 의무화하였고 축산물가공장에도 적용하고 있다.

나. HACCP의 도입 필요성과 적용효과

WTO출범에 따라 식품수입이 증대되었고, 병원성대장균 O157:H7, 리스테리아, 광우병 등이 각국에서 검출되어 새로운 병원체로 부각되고 있으며, 또한 농약 및 항생물질 잔류, 환경오염에 의한 중금속 및 화학물질 오염 등에 대한 위해발생이 확산됨으로써 식품의 안전성 확보에 대한 관심도가 높아지고 있다. 미국, EU 등은 이미 자국 내로 수입되는 식품에 대하여 HACCP 적용을 요구하고 있어 그 대응방안으로서도 HACCP 도입이 요구되고 있다.

HACCP 체계의 적용효과를 식품업자와 소비자 측면에서 살펴보면 다음과 같다.

1) 식품업체 측면

가) 일반적인 효과

① 기존의 정부 주도형 위생관리에서 벗어나 자율적으로 식품위생관리를 할 수 있는 체계적인 관리기법을 확립할 수 있다.

② 예상되는 위해요소를 과학적으로 규명하여 이를 효과적으로 예방함으로써 위생적이고 안전성이 높은 식품을 생산할 수 있다.

③ 위해가 발생할 수 있는 단계를 선정하여 집중적으로 관리함으로써 위생관리체계의 효율성을 극대화시킬 수 있다.

④ HACCP 도입은 시작단계에서는 시설보완과 인력관리를 위한 예산이 증대될 것으로 예상되나 장기적으로는 제품의 품질향상과 생산비절감 등으로 경제적인 소득이 증대된다.

⑤ HACCP 적용마크 부착과 적용품목에 대한 광고가 가능해짐으로써 회사의 이미지와 신뢰성이 향상될 수 있다.

⑥ 경험이 과학적 관리로 뒷받침됨으로써 안전성이 지속될 수 있다.

나) 실질적인 효과

① 식품의 안전성이 보증되기 때문에 경쟁력이 강화된다.

② 제조가공 중 또는 최종 제품의 폐기, 회수 등과 같은 낭비를 감소시킬 수 있다.

③ HACCP 도입은 전종업원의 협력이 필요하게 되므로 조직 전체의 의식이 향상된다.

④ 과학적으로 뒷받침된 자료에 근거하기 때문에 과거의 경험을 통한 위생관리에 비하여 보다 안전한 제품의 제조가 가능하다.

⑤ HACCP 적용업소는 지정제품에 마크를 표시할 수 있어 소비자의 선택과 신뢰성이 향상된다.

2) 소비자 측면

가) HACCP 관리체계에서 생산된 식품을 소비자가 안심하고 먹을 수 있다.

나) HACCP 마크표시를 통하여 소비자가 스스로 판단하여 안전한 식품을 선택할 수 있다.

다. 적용대상과 적용현황

1) HACCP 적용대상

위해요소중점관리 기준을 마련하여 HACCP 실시상황 평가가 가능한 다음 각호의 식품에 대하여 적용한다.

가) 어육가공품 중 어묵류

나) 냉동수산식품 중 어류·연체류·패류·갑각류·조미가공품

다) 냉동식품 중 기타 빵 및 떡류·면류, 일반가공식품의 기타가공품

라) 빙과류

마) 집단급식소·식품접객업소의 조리식품, 도시락류

2) HACCP의 적용현황

가) 미국

농무성(USDA)에서는 식육 및 닭고기의 감시업무에 HACCP 제도를 도입하기로 하고, 산하의 식품안전검사국(food safety and inspection service : FSIS)을 중심으로 연구조사를 하여 연방규정인 식육검사법과 닭고기검사법의 개정안을 1995년에 공포하였다. 또 수산국의 결정에 따라 식품의약품청(FDA)에서는 모든 수산식품가공자에 대하여 HACCP 제도를 적용하였다. 1998년부터 연차적으로 그 적용범위를 중소규모로 확대하여 2001년부터 미국의 모든 도축장과 식육처리장에서 실시하고 있다.

나) EU

EU지역의 모든 가맹국은 각국의 식품위생규정을 제정하여 식품업자에 대한 HACCP 실시를 요구하고 있다. 또한 수산식품, 식육 및 유제품 등에 대하여는 개별적으로 위생규정에 관한 EU지령이 제시되어 HACCP 실시를 요구하고 있다. 뿐만 아니라 EU지역 외로 수출하는 식품을 제조하고 있는 시설에 대해서도 적용하고 있다.

다) 일본

일본후생성은 1995년에 식품위생법에 HACCP 개념에 따른 종합위생관리 제조과정 승인제도를 신설하였고, 1996년 도축장법시행규칙을 개정하여 의무적으로 적용하도록 하였다. 시설규모와 적용항목에 따라 차등화하여 2001년부터 시작하여 2003년까지는 모든 도축장에 그 실시를 의무화하였다. 또한 생채소 및 생과일에 적용하는 외에도 유제품 등 기타 식품에 대해서도 검토하고 있다.

라) 한국

우리나라에서도 HACCP 제도에 대한 세계적 추세에 맞추기 위하여 식품위생법에 식품위해요소중점관리기준이란 조항을 신설하였다. 축산물가공처리법에 축산물위해요소중점관리기준을 고시하여 2000년부터 2003년까지 도축규모에 따라 단계적으로 적용토록 의무화하였다.

라. HACCP 체계의 7원칙

HACCP 체계는 특정의 위해요소를 확인하고 관리함으로써 식품의 안전성을 확실히 할 수 있는 체계적인 관리방식이며, 이 체계에는 12단계가 있으나 다음 7원칙이 중요하다.

1) 원칙1 : 위해요소 분석(hazard analysis)

원물식품의 생산에서 가공식품의 제조 및 최종 소비에 이르기까지 모든 단계에서 잠재적인 위해요소를 분석한다. 즉 위해발생의 가능성을 분석, 해석하며 예방할 수 있는 관리방법을 확립한다. HACCP 팀은 위해가 중요한지의 여부를 결정하기 위해서 위해요소의 발생가능성과 발생하였을 경우 초래될 수 있는 심각성을 고려해야 한다. 발생가능성에 대한 평가는 일반적인 경험, 역학적인 자료, 그리고 기술적인 문헌정보의 종합을 기초로 하여야 한다. 심각성은 위해가 충분히 관리되지 않을 때 소비자에게 일어나는 잠재적 결과의 크기를 의미한다. 중요하지 않거나 가능성이 없을 것으로 보이는 위해요소는 HACCP 계획에서 더 이상의 고려대상이 아니다.

위해요소는 생물학적, 화학적 및 물리적 위해요소로 구분한다.

가) 생물학적 위해요소

생물학적 위해요소로서 주요한 것은 세균, 바이러스, 기생충이고 병원미생물은 바실러스 세레우스균, 캠피로박터균, 클로스트리디움 보틀리눔, 클로스트리디움 퍼플린젠스, 장관출혈성대장균(O157:H7), 리스테리아균, 살모넬라균, 황색포도상구균, 여시니아균 등 9종의 병원성세균이 위해요소를 조사할 때 고려해야 할 것들이다.

나) 화학적 위해요소

화학적 위해물질은 살충제, 항생제, 호르몬제, 중금속, 식품첨가물, 윤활유, 표면코팅물질, 세척제 등 다양하다.

다) 물리적 위해요소

물리적 위해물질은 금속, 돌 등의 이물을 함유하는 것이다. 물리적인 위해발생은 오염된 원료, 부실시설이나 기구, 부실공정관리 및 담당자의 불충분한 교육 등에서 비롯된다.

2) 원칙2 : 중요관리점(critical control point, CCP)의 설정

CCP는 식품안전 위해를 예방, 제거, 감소하거나 허용할 수 있는 수준까지 감소할 수 있도록 하기 위하여 적절한 관리가 적용될 수 있는 지점, 단계 혹은 절차를 뜻한다. 작업 중 위해를 제거하거나 또는 발생가능성을 최소한으로 억제시키기 위하여 관리하여야 할 지점, 단계, 절차를 결정한다. 여기서 단계라 함은 원재료의 생산 및 제조에 해당하는 모든 과정을 지칭한다. 즉 원재료의 생산, 수확, 반입, 배합, 가공, 저장 등의 전과정이 이에 해당된다.

3) 원칙3 : 관리허용한도(control limit)의 설정

각 단계에서 확인된 CCP와 관련있는 예방법에 대한 관리기준, 즉 CCP가 적정하게 관리되고 있는지를 확인하기 위한 관리허용한도는 CCP와 관련된 각 예방법을 충족시켜 주는 판단기준이 된다. 허용한도는 안전한 생산품을 공급하는 현재 이용할 수 있는 최적의 정보에 기초하여야 하며 현실적으로 달성할 수 있어야 한다.

4) 원칙4 : 감시(monitoring)방법의 설정

CCP가 관리되고 있는지와 이후에 있을 검증시에 사용할 정확한 기록을 하고 있는지를 측정 혹은 관찰하는 계획된 절차이다. 모니터링은 다음 3가지 목적이 있다. 첫째, HACCP 운영체계를 추적하는 점에서 식품안전성관리에 필수적이다. 둘째, 허용한도를 초과하여 관리에서 언제 이탈이 생기는지, 셋째, HACCP 계획을 검증하는데 이용하기 위한 문서화된 기록을 제공한다.

5) 원칙5 : 시정조치(corrective action)의 설정

모니터링에 의해 특정의 CCP가 관리허용한도에서 벗어날 경우에 취해야 할 절차이다. 생산제품의 차이에 의한 CCP의 유동성과 발생가능한 이탈 때문에 각각의 CCP에 대한 특별한 조치가 개발되어야 한다. 시정조치는 CCP 관리하에서 유지되었는지 그리고 생산물이 적절하게 취급되었는지를 증명해야 한다.

6) 원칙6 : 검증(verification)방법의 설정

검증은 방법, 절차 혹은 검사의 이용, HACCP 체계가 HACCP 계획과 일치되는지 그리고 HACCP 계획을 수정할 필요가 있는지의 여부를 결정하기 위한 감시에 사용되는 방법으로 구성된다.

7) 원칙7 : 기록(recording)유지방법의 설정

기록유지는 HACCP 체계의 중요한 부분이다. 기록은 정확해야 하고 작업공정, 이탈, 교정조치 등을 반영해야 한다. 기록의 정확성이 결여되면 작업장으로부터 검사의 보류 및 중지의 원인이 될 수 있다.

2 예방원칙

가. 예방원칙의 개념

예방원칙(precautionary principle)은 유럽연합에서 다양한 논의가 이루어지고 있으며, 상당한 논의의 여지가 있는 개념이다. 보호무역의 정당화로 해석되어 비과학적인 금지조치라고 이해되는 경우도 있기 때문에 논쟁은 한층 더 복잡하다. 또한 의사결정의 기반으로 하기에는 너무 모호하고 새로운 기술혁신이나 경제발전을 지연시킨다는 비판도 있다.

예방원칙에 대한 비판에서는 공중위생이나 안전성의 분야에서 모든 선택사항에 관한 편익/비용/위험의 비교분석을 의사결정의 판단기준으로 삼아야 한다고 말하고 있다.

과학적인 위험분석에 근거한 조치와 예방원칙에 근거한 조치를 대립적으로 파악하려는 견해도 있지만, 예방원칙을 위험분석의 틀 속에서 과학적 불확실성이 존재하는 경우의 위험관리의 방법으로 이해하는 것이 타당하다. 따라서 예방주의에 따라 위험평가가 유효하게 되는 상황을 특정화할 수 있고, 직면하는 상황에 대응한 필요한 조치를 파악할 수 있다.

예방원칙은 주로 유럽연합에서 사용되고 있는 용어로 환경분야에서는 예방원칙에 대한 개념에 합의가 이루어져 있지만, 식품안전분야에 있어서는 예방원칙에 대한 국제적인 합의가 없다.

나. 유럽연합의 예방원칙

유럽연합에서는 1992년의 유럽연합조약에서 환경분야의 정책은 예방원칙에 근거한다고 규정하고 있다. 1999년에 이사회가 소비자 관련정책이나 활동에 있어서의 예방원칙을 보다 적극적으로 도입하고 예방원칙의 적용에 대한 명확하고 실효성 있는 지침으로 발전시켜갈 것을 요구했다. 이 것을 받아들여 유럽위원회로부터 제출되었던 것이 예방원칙에 관한 합의(CEC 2000)이다. 예방원칙은 환경보호나 인간, 동물, 식물의 건강/위생의 분야에 있어 고려하지 않으면 안 되는 일반원칙이라고 유럽위원회는 생각하고 있다.

식품분야에 관해서는 일반식품법(CEC 2002)에 예방원칙이 규정되어 있다. 유럽연합에 있어서의 예방원칙에 대한 위치설정의 특징은 위험분석의 틀에서 이해되고 있다.

예방원칙에 관한 조항은 둘로 나누어져 있으며 전반은 예방에 관련하는 상황을 특정하는 것이고 후반은 예방원칙의 범위와 제한에 관한 것이다.

전반에는 이용가능한 정보의 평가를 통해 건강에 유해한 영향의 가능성이 확인되지만 과학적 불확실성이 남는 특정한 상황에서, 보다 포괄적인 위험평가를 위한 정보가 얻어질 때까지 공동체에서 선택된 높은 수준의 보호를 확보하기 위해 필요한 잠정적 위험관리조치를 채용할 수 있다고 하여, 예방원칙이 제한된 상황을 대상으로 하는 것을 보여주고 있다.

후반에는 예방원칙의 범위와 제한에 관해 다음 4항목이 정해져 있다. ①기술적, 경제적인 실행가능성과 적절하다고 간주되는 그 외의 요인에 대해 고려할 것, ②바람직한 보호수준에 대해 균형이 잡혀 있을 것, ③유럽연합에서 높은 수준의 건강보호를 달성하는 데 필요 이상으로 엄격한 조건을 제시함으로써 무역을 제한하지 않을 것, ④생명이나 건강에 대한 위험의 성질이나 과학적 불확실성을 명확히 하여 보다 포괄적인 위험평가를 실시하는데 필요한 과학적 정보의 종류에 대응한 합리적인 조치가 기간 내에 재검토되어야 할 것 등이다.

다. 예방원칙의 필요성

예방원칙은 환경분야의 정책으로 발전해 온 원칙이며 오랜 세월동안 논의를 거쳐 환경분야에서는 이미 정착된 개념이다. 공중위생이나 식품안전의 분야에서 예방원칙이 대상으로 하는 것은 과학적 증거가 불충분하거나 결정적이지 않은 상황이다. 또 불확실하고 잠재적인 위험한 영향이 그 사회가 선택한 보호수준과 일치하지 않을 가능성이 있다는 염려에 대해 합리적인 근거가 존재하는 특수한 상황이다. 그러한 상황에서 규제가 실효성을 갖기 위해서는 과학적인 논쟁이 해결되어 최종적인 판단이 나오기 전에, 지금 여기에 있는 소비자의 건강을 보호하는 것을 목표로 하여 결정해야 한다. 모든 결과가 확정될 때까지 기다리고 있어서는 대책이 늦어 중대한 피해로 연결될 수도 있으므로 예방원칙은 이러한 상황을 대상으로 하는 것이다.

예방원칙의 개념이 과학적 불확실성을 인정하여 그것을 보다 유효하게 관리하는 필요성의 인식이므로 예방원칙은 위험분석이나 과학적 접근과 대립하는 것이라기보다 이러한 접근을 보완하여 강화하는 것이다.

불확실성에 대한 대처는 위험(risk)에 근거한 관리접근과 예경(precaution)에 근거한 관리접근으로 나누어진다. 전자는 확률과 잠재적 위해의 정량적인 평가를 중시하는 분석방법으로 변동성을 모델화하는 것에 관해서는 진보가 보이지만 비결정성의 취급은 어려운 상태이다. 후자는 지식의 결여와 같은 불확실성과 공존하는 방법을 찾으려고 하며, 예방원칙에 근거한 관리는 이 접근에 대응한다. 이 접근에 따르면 위험관리는 불의의 위협에 대해서 보다 적절한 사회체계를 구축함으로써 가능하고, 이러한 접근은 결코 과학을 무시한 것이 아니고 과학을 최대한 이용하는 것이다.

라. 예방적 위험관리 모델

1) 모델의 개요

모델은 위험에 관한 중심적 과제라고 생각되는 심각성, 불확실성, 복잡성, 애매함의 네 가지의 대처를 가능하게 하기 위해 고안되었다. 모델은 〈그림7-3〉과 같이 1단계가 심사(screening), 2단계가 판정(appraisal), 3단계가 규제(regulation)이다.

심사의 목표는 조치 및 관리 선택사항 결정에 도움이 되도록 위험의 주요한 특징을 확인하는 것이고 심사의 과정으로 위험이 4개의 필터에 순서대로 여과된다. 첫 번째 필터는 심각함, 두 번째는 과학적 불확실성, 세 번째는 복잡계 혹은 규모의 크기, 네 번째는 애매함이다.

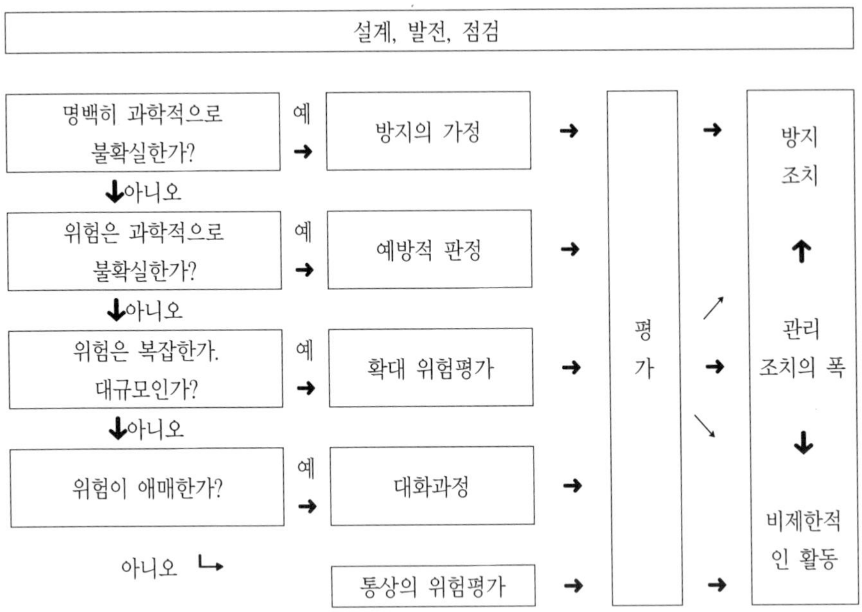

〈그림7-3〉 예방적 위험관리의 일반모델

어떤 위험이 심각한 경우 방지가 가정된다(경우 1). 어느 위험이 심각하지는 않지만 과학적인 불확실성을 가지는 경우 예방적인 평가를 실시한다(경우 2). 또한 심각하지도 않고 과학적 불확실성도 가지지 않지만, 복잡하거나 대규모인 경우 확대 위험평가가 가정된다(경우 3). 심각하지도 않고, 과학적 불확실성도 가지지 않으며 복잡하지도 대규모이지도 않지만 애매한 경우, 대화과정이 가정된다(경우4). 마지막으로 이러한 4개의 필터를 모두 통과하는 위험에 대해서는 통상의 위험평가가 가정된다(경우 5).

2) 심사필터의 기준

심사 필터 중, 심각함을 판단하는 기준에는 편재성, 지속성, 생물축적, 발암성, 돌연변이 유발성, 내분비 교란 등을 들 수 있다. 각각의 필터기준은 충분한 논의를 거쳐 선택되는 것이 필요하다. 이러한 기준은 모델의 설계, 발전, 점검의 과정에서 항상 재검토가 이루어진다.

다음으로 불확실성에 대해서이다. 불확실성은 ①변동성(동일 문제에 대한 개개 반응의 차. 안전계수에 의해 변동성에 대한 대응이 이루어진다), ②측정오차(측정의 불확실성이나 조사의 불확실성 등에 유래하며 통계적인 신뢰구간에 의해 나타내어진다), ③비결정성(비인과적·비주기적인 무작위 문제, 이해하기 곤란한 비선형적·혼돈적 관계에 의한다), ④지식의 결여로 분류되고 있다. 이러한 4가지 요소는 간혹 서로 관련된다. 이 4가지 요소에 공통되는 점은 인과관계의 연쇄에 있어서 확신(신뢰)의 정도를 약화시킨다고 하는 것이다. 이들은 어느 정도 확률론적인 위험평가의 기술적용에 의해 처리할 수 있으나, 그중에서도 비결정성이나 무지의 경우에는 곤란하다.

3번째의 필터는 복잡성 및 규모이다. 복잡성은 특정한 위해와 가능성이 있는 많은 위해의 후보간 인과관계를 동정하여 정량화하기 곤란함에 관련된다(후보사이의 상승작용이나 길항작용, 피드백의 고리, 인과관계의 장기지연 등에 원인이 있다). 또한 확률론적인 기술로 처리할 수 없는 고도로 비선형적인 관계나 혼돈적인 관계의 경우 복잡성은 비결정성으로 변화한다.

4번째의 필터는 애매함이다. 애매함은 동일한 관찰이나 자료의 평가에 근거하는 해석의 폭을 가리키고 있다.

이상과 같은 심사 요소는 상호 관련되어 있는 일이 많기 때문에 상호작용을 고려해 둘 필요가 있다.

3) 음미와 판정

이상과 같은 필터를 통해 위해를 심사하여 〈표7-8〉과 같이 각각에 대해 음미와 판정이 할당된다. 음미와 판정은 정책결정에 필요한 정보나 증거의 수집과 분석과정으로 다섯 가지를 들 수 있다.

사례1의 경우(위험이 분명하고 심각한 경우) 방지조치가 가정된다. 이 경우 고려되는 것은 어떠한 완충요인(상쇄위험, 최우선 편익, 관리에 관한 불가피한 제약 등)이 존재하는지에 한정된다. 이들이 존재하는 경우 조건부로 규제조치가 완화되는 것이 정당화된다.

사례2의 경우(불확실성이 존재하는 경우) 예방적인 음미와 판정을 받는다. 이 경우 예방조치가 자동으로 가상되는 것은 아니고 다양한 규제조치로 귀결될 가능성이 있다. 예방적인 음미와 판정은 문제가 되고 있는 위해에 포함되는 요인을 보다 상세하고 폭넓게 고찰하는데 관계된다. 이 경우 모든 관련주체를 관여시키는 것이 중요하다.

사례3의 경우(위험이 심각하지도 불확실하지도 않지만 복잡하거나 대규모로 확인되는 경우) 확대 위험평가에 의해 가장 적절히 처리된다. 이 경우 확대라고 하는 것은 통상보다도 광범위하게 학제적인 전문가와 관련주체를 평가에 포함시키는 것을 의미한다. 확대위험평가에서는 다른 노출경로의 체계적인 모델링을 포함하여 위험이 모든 관점으로부터 상세하게 고찰된다.

사례4의 경우(위험이 심각하지도 않고 불확실성도 존재하지 않지만 애매함이 존재하는 경우) 애매함을 명확히 하기 위해 대화과정을 거친다. 이 과정은 모든 이해단체나 영향을 받는 단체에 공개적이어야 한다.

사례5의 경우(이상의 모든 필터를 통과하는 경우)는 통상적인 위험평가를 받게 된다. 이 경우 외부의 관계자가 관여해야 할 필요성이 없다.

〈표7-8〉 위험의 심사필터와 그 기준

필터	기준	예시
심각함	편재성, 지속성, 생물축적, 발암성, 돌연변이유발성, 내분비교란, 신경독성 등	아플라톡신 등
불확실성	① 위험 특성 분야의 이론적 기반에 관해 과학적으로 근거 있는 문제와 논점이 존재하는가 ② 문제가 되는 제품이나 기술에 지금까지 예가 없는 특성을 포함한다는 의미에서 본질적으로 새로운 성질이 있는가 ③ 위험의 특성에 관한 특별한 과학적 모델의 완전함이나 충분함에 관해 과학적으로 근거 있는 문제가 존재하는가 ④ 위험의 특성을 부여하기 위한 과학적 모델의 적용가능성에 관해 과학적으로 근거 있는 문제가 존재하는가 ⑤ 위험의 특성에 관한 자료집합의 적용가능성에 관해 과학적으로 근거 있는 문제가 존재하는가 ⑥ 확률론적인 취급이 가능하지 않은 종류의 위험특성에 관해 자료집합의 질에 관해 과학적으로 근거 있는 문제가 존재하는가 ⑦ 확률론적 기술에 의해 완전하고 확실하게 특성화되지 않는, 간접적인, 또는 상호작용을 가지고 상승효과를 갖는 인과관계가 존재하는가	GMO 등 (환경에 주는 영향을 모델화할 수 없기 때문)
복잡성, 규모	① 문제가 되고 있는 위험이 확률론적인 수단에 의해 완전히 특성화 될 수 있다고 하는 복잡하고, 누적적, 가산적인 인과관계에 따르고 있는가 ② 문제가 되고 있는 위험에 노출되는 사람의 수가 일정한 극치를 넘어서고 있는가 ③ 잠재적인 위해규모의 최대한도는 일정한 극치를 넘어서고 있는가 ④ 문제가 되고 있는 영향의 발생과 결과로서 발생할 영향이 나타나는 사이의 시간차는 일정한 극치를 넘어서고 있는가	식품의 병원체, 고전적인 감염증, 식품생산으로 중간투입 시 이용되는 GMO
애매함	① 개개의 수준에서 파괴적인 규모에서의 피해위험이 인식되고 있는가 ② 제도적인 수준에서 서로 다른 행정 사이에서 대립의 징후가 있는가 ③ 대중매체에서 문제가 되고 있는 위험이 명백히 확대되는가 ④ 사회전체의 수준에서 위험의 분포에 관해 사회적 공정이라는 점에서, 또는 특정시민에 대한 명백한 정치적 동원이라는 점에서 부정적 영향의 징후가 존재하는가	농업전략으로서 생물공학의 이용, 혼합 백신 등

4) 규제의 결정

이상의 음미와 판정을 거쳐 규제의 결정이 이루어진다. 이 규제란 전단계의 음미와 판정에서 얻어진 결과를 사회적·경제적 문제와 비교 평량하고 다양한 조치에 대한 찬성·반대의견을 고려하여 규제에 관한 결정에 이르는 과정이다. 여기서 주의할 것은 예방원칙에 근거하는 규제조치는 금지조치 뿐만 아니라 매우 다방면에 걸치는 폭넓은 것이라는 점이다. 그것은 엄격한 금지에서(금지조치나 단계적 금지), 법률상의 요건규정(노출의 기준이나 적정규범 등), 재정적인 조치(의무적인 보험이나 보상기금 등), 그리고 소비자정보표시, 품질관리조치 등의 전략에까지 미친다.

또한 필터의 기준을 설명할 때에 이 모델에서는 심사로부터 판정, 규제로 진행되기만 하는 일방통행이 아니고 역방향으로의 피드백도 중시되고 있다.

마. 예방원칙의 투명성

예방원칙의 적용모델은 위험에 직면했을 때 그 위험을 심각함, 불확실성이라고 하는 필터에 통과시켜 특성을 부여하여 그 특성에 대응해 필요한 조치를 결정하는 것이다. 관리조치의 자의성이나 재량적인 조치를 피해 투명성을 확보하는 것에 중점이 놓여 있다. 또한 모든 필터를 통과한 위험의 평가에는 외부관계자의 관여가 필요하지 않지만, 불확실성이나 애매함이 존재하는 경우에는 평가과정에 가능한 한 관련주체를 참여시킨다. 이와 같이 위험의 특성별로 관련주체의 관여정도가 정해진다고 하는 점이 중요하다. 현재 유럽에서는 정책결정의 투명성과 공개성을 둘러싸고 논의가 진행되고 있으며, 이 점을 중시해 모델을 구축하고 있다.

예방원칙은 불확실성이나 비결정성에 직면했을 때의 유효한 대응조치를 제공한다고 할 수 있다. 이를 위해서는 심사필터의 기준 등에 관한 모든 관련주체의 사회적인 합의형성이 필요하다.

제6절 식품위험의 전달

1 위험전달의 개념

위험전달(risk communication)이란 위험에 관한 개인, 기관, 집단 사이의 정보와 의견의 교환과정이라고 정의하고 있다. 이런 상호교환 과정에는 크게 2종류의 내용이 포함된다. 하나는 위험에 대한 여러 가지 내용이고 다른 하나는 위험내용과 위험관리를 위한 법률과 제도의 정비에 대한 관심과 의견을 나타내는 내용이다.

요점은 첫째, 위험전달은 정보의 상호교환과정으로 정보를 전달하는 것만이 아닌 정보를 듣고 혹은 의견을 진술하는 등 정보를 받아들이는 수요자 측의 움직임도 포함하고 있다는 것이다. 위험전달은 위험정보를 적극적으로 전달하기 위해 노력하고 있으나 이해관계자의 의견과 관심을 듣는 것도 중요하다.

둘째, 위험전달로 상호교환된 정보는 반드시 직접적으로 위험에 관계된 정보만이 아니다. 일상적으로 의심하고 있는 것이나 의문이 기업과 행정에 전달되면 생각지도 못했던 위험의 발견과 상호이해로 연결되기도 한다. 표면적으로는 위험과 관계없어 보이는 정보의 교환도 위험전달에서는 의미 있는 것으로서 중시되고 있다.

식품에 대해서는 위험분석의 구조 내에 위험전달이 정의되어 있고, 위험전달은 위험분석의 모든 국면에 있어서 위험평가를 하는 사람, 위험관리를 하는 사람, 또한 모든 이해관계자와 함께 정보의 의견을 교환하는 일이라고 하고 있다.

위험전달이라는 용어에 대해 위험에 대한 새로운 혹은 특수한 전달방법이라고 생각하는 경우가 있으나 위험전달은 위험에 대한 정보를 교환하는 것만이 아니다. 위험분석 내에서 위치를 차지하고 있다는 것은 사회 전체로서 정보를 공유하고, 식품의 위험을 억제하고, 삭감하여 가자는 의지를 반영하고 있는 것이다.

2 위험전달의 의의

가. 위험전달의 부재

일본에서 BSE사태 전후에 소고기의 소비가 급격하게 침체되고 축산업과 소고기를 취급하는 외식업이 어려움에 처하게 된 것은 적절한 위험전달이 되지 않았기 때문이다.

감염우가 발견되기 직전에 유럽연합의 위험평가 초안을 무시하고 농림수산성이 평가의 중단을 요청하였다. 일본은 감염의 가능성이 없다는 것이 행정기관에 의해 강하게 주장되었고 이것이 결과적으로 행정기관에 대한 불신을 초래하게 되었다.

영국에서도 BSE위기 문제는 위험전달 실패의 결과였다. 문제가 표면화된 1986년부터 공식적으로 BSE와 소고기소비와의 관련을 인정한 1996년까지 10년간 영국정부와 과학자는 소고기를 먹는 것은 위험이 없다고 주장하여 왔다. 결과적으로 나중에 진실이 아니라는 것이 판명된 위험 없음 주장이야말로 경제적 및 사회적으로 영향을 끼쳤다고 해석되고 있다.

일본에서는 BSE 문제가 식품의 위험전달에 대한 관심을 고조시켰다. BSE문제조사검토위원회 보고(2002)에서는 행정대응의 문제점으로 위기관리의 방법과 생산자 우선, 소비자보호 중시시책, 부처간 연계부족과 정책결정과정의 불투명 등을 지적하고, 마지막으로 정보공개를 철저히 하지 않았던 점과 소비자의 이해부족을 들고 있다. 또한 앞으로의 식품행정방향으로 소비자우선으로의 전환과 위험분석의 도입 필요성에 대해 언급하고 있다.

나. 위험전달의 실태

위험에 대해서 과소평가하여 정보를 전달하지 않았다는 것은 BSE 문제에서뿐만 아니라 공해와 약해의 문제에서도 반복되어 왔다. 과거의 실패를 바탕으로 많은 위험에 대한 정보를 수집할 수 있게 되었고, 납득하고 의사결정을 할 수 있는 제도를 만들어 왔다. 예를 들면 자동차의 회수제도와 같이 결함과 사고의 통보제도와 공해에 대한 반성을 기초로 한 규제의 강화 등이다. 이런 제도와 규제는 사회전체에서 위험정보를 공유한다는 점에서 위험전달의 하나이다. 이런 제도가 잘 정비되어 감에 따라서 우리들은 훨씬 안전한 사회에서 살아갈 수 있게 되었다.

식품 분야에서 논의되고 있는 추적제도 위험전달을 제도로써 실현한 하나의 예이다. 또한 식품 허위표시 사건과 관련이 깊다고 생각되는 내부고발(whistle-blowing)제도의 검토도 시작되고 있다. 내부고발은 위험에 대한 정보를 비교적 적은 비용으로 얻을 수 있다는 점에서 위험전달의 유효한 수단 중 하나이다.

다. 위험전달과 안전한 사회 실현

이러한 통보제도와 규제강화는 당사자에게는 번거로운 것으로 생각되나 정보를 간단하게 제공받을 수 없는 비전문가나 소비자의 입장에서 생각해보면 바람직한 제도이다.

식품기업의 경우 사내의 부정이 사외에 통보되는 것은 바람직하지 않은 것이라고 생각될 것이나 원료사용과 제조공정에 부적절한 것이 있고 기업 내에서 그것을 개선할 수 없다고 한다면 그것을 사외에 밝히는 내부고발제도가 좋은 방법이다.

위험전달이 번거로운 것이 되거나 피하고 싶은 것이 되어서는 안 된다. 그것은 해야 하는 것이며 또 실제 생활에도 이로운 것이라는 확신이 중요하다.

3 식품위험의 인식

가. 식품위험의 인지

위험의 인지에 대해 심리학 분야의 연구결과 식품의 위험인지 요인으로 피해의 크기, 위험의 인식, 인공물이라는 3가지가 추출되었다.

피해의 크기 인식은 살모넬라균, 잔류살충제, 성장호르몬과 같은 잘 모르는 원인에 대해 높고, 유기식품과 전통적 재배방식을 통해 얻어진 식품에서는 낮다. 피해의 크기에 대한 인식이 높아지면 정부를 시작으로 기관에 의한 규제의 필요성이 명백하게 높아진다. 만약 위험전달에 의한 피해의 크기 인지를 낮게 한다면 불필요한 규제를 감소시킬 수 있다.

위험의 인식이 높은 것은 설탕, 콜레스테롤, 포화지방산을 들 수 있으며, 낮은 것으로는 유전자변형식품, 방사선조사식품, 초산염 등을 들 수 있다.

인공물에 대한 식품위험인지에는 자연상태에 있는 것은 좋은 것이라는 고정관념이 있다.

나. 식품위험의 추측

식품의 위험은 개인의 선택문제였다. 개인의 선택이라는 의미는 그 위험을 받을지 여부는 개인의 판단에 달려있고 사회에서 합의할 필요가 없다고 하는 것이다. 그리고 개인의 선택 위험에 대해서는 위험인지가 일반적으로 낮다는 것이 알려져 있다. 즉 식생활을 포함하여 식품 문제에 대해서는 위험이 약간 낮게 추측된다는 것이다.

4 위험전달의 신뢰

가. 식품문제의 변화

식품의 안전이 개인의 선택보다 사회적 위험관리문제로 이행하고 있는 배경에는 BSE문제와 유전자변형식품과 같은 새로운 형태의 식품위험 문제가 있다. 식품위험 문제가 사회적 문제가 되면 될수록 일반시민, 기업, 정부, 소비자단체 등 여러 이해관계자의 위험전달이 중요해진다.

유전자변형식품의 주요 논점이 사람들의 가치관 대립에 있으며 그 대립은 과학적 연구의 발전과 전문가 사이의 합의를 통해서는 해결할 수 없다고 지적되고 있다. 해결 방법으로 참여적 과정의 실현에 토론을 실시하는 일과 신뢰를 획득하는 일 두 가지가 필요하다.

나. 신뢰의 획득

사회심리학의 설득연구결과 신뢰의 성립에는 전문성과 성실성의 2가지 인지가 중요하다는 것이 명확해졌다. 전문성이라 하는 것은 그 정보원이 그 주제에 대해서 정확한 것을 말하는 능력이 있는 전문가인가 여부이다. 성실성이라 하는 것은 정보원이 스스로 정확하다고 믿을 수 있는 것을 말하고 있는지 아닌지에 대한 판단이다.

이러한 이유로 과학자와 소비자단체가 점차 신뢰를 받게 되고, 기업과 행정기관이 신뢰받지 못하는 것이다. 과학자가 신뢰받는다는 것은 당해문제에 대해 전문가적 지식을 가지고 있기 때문이고 이것은 전문성 인지에 의해 성립하는 신뢰이다. 한편 소비자단체가 신뢰받고 있는 것은 기득권익에 관계없이 정확하다고 믿는 것을 말하고 있다고 생각하기 때문이고 이것은 성실성의 인지에 의해 성립하는 신뢰라고 할 수 있다.

대중매체가 그 만큼 신뢰받지 못하는 것은 전문적 지식을 지니고 있지 않다고 판단되기 때문이다. 그 결점을 보충하기 위해서 점차 대중매체에는 전문가라 불리는 사람들의 해설을 등장시키는 일이 있다. 또 기업과 행정이 신뢰받지 못하는 것은 이익정보를 전달하는 것과 혹은 위험정보를 전달하지 않는 것이 스스로에 이익이 된다고 의심받기 때문이다. 여기에서 문제가 되는 것은 기업과 행정기관의 성실성 인지이다.

5 위험전달과 참여

가. 위험관리의 신뢰

정보의 전달에 대한 신뢰와 위험관리에 대한 신뢰가 중요하다. 위험전달에서는 위험관리에 대해 사람들의 기대에 부합하는 내용을 전할 수 있을 때 그 정보는 신뢰할 수 있는 것으로 간주되고 있으며, 이러한 점으로부터 위험관리에 대한 신뢰와 위험전달이 밀접하게 관련되어 있다고 할 수 있다.

위험관리가 식품에 대한 신뢰에 있어 중요한 이유는 대량으로 생산된 식품은 보통사람이 생산과정을 알기 어렵기 때문이다. 이런 생산과정 전부를 관리하는 것은 일반 소비자에게는 대단히 어렵고 과학적인 모든 정보를 이해하는 것은 불가능할 것이다. 따라서 정확한 과정을 거친 정보인지 아닌지를 점검하는 것이 소비자에게 있어서는 현실적인 방법이다. 감독관청의 점검과 인증제도를 시작으로 위험관리에 관련된 정보의 중요성이 높아진다. 또한 감독관청과 제3자 기관만이 아닌 일반 사람들의 대표가 점검하기도 하고 의견을 말하기도 하는 기회가 있는 것 등도 위험관리에 대한 신뢰를 높이는 요인이다.

나. 의사결정참여의 중요성

여성, 고령자, 교육정도가 낮은 사람을 위험전달을 통해 의사결정에 참여시킨다면 위험인지가 낮아질 가능성이 있다. 비전문가는 위험에 대한 적절한 지식이 부족하지만 위험전달에 의해 지식을 습득하게 되면 그 지식이 향상되고 위험인지가 개선된다고 하는 이론이 있다. 그러나 사람들의 이해는 정보 그 자체에 의해 변화하는 것이 아니라 참여적 과정에 의해 변화한다는 이론도 있다. 식품의 위험전달이 좋은 결과를 주었다면 그 성과는 이런 참여적 과정의 실현을 통해 사람들이 식품위험문제에 대한 관심과 이해가 깊어지게 되었다는 것이다.

6 위험전달체계의 구축

위험전달은 새로운 개념이다. 그것을 실현하기 위해서는 여러 가지 어려움이 예상되며 실현과정에서 실패도 있을 수 있다. 오해받는다고 생각하고 정보를 제공하지 않거나 한 번의 실패에 전달노력을 포기해서는 아니된다. 행정기관, 주민, 대중매체, 소비자단체 등 이해관계자가 실패도 포함하여 상호간에 학습하는 것이 필요하다.

누구든 식품전문가와 같은 지식을 가지는 것은 현실적으로는 어렵지만 그렇다고 지식을 확대할 노력을 하지 않아도 좋다는 것은 아니다. 일반사람이나 대중매체도 위험에 대한 지식과 이해를 넓히는 노력이 요구된다. 그런 측면에서 전문가는 일반사람과 대중매체의 지식이 충분하지 않은 것을 비난하거나 완전한 지식에 기초한 판단을 요구하는 것도 공감을 얻기 어렵다.

또한 사람들의 합의를 얻으려는 나머지 안전을 지나치게 보증했기 때문에 실제로는 실현되지 않았던 그 보증이 불신으로 이어졌다는 것은 BSE사건이 증명하고 있다. 전문가에게 요구되는 것은 실패가 있다는 것도 인식하고, 무엇을 알고 무엇을 모르는가, 불확실성의 정도는 어느 정도인가를 솔직하게 전달하는 자세다.

과학적 지식이 제한되어 있는 때에는 불확실성이 높아지므로 위험전달에 있어서 많은 사람을 참여시키고 의사결정의 과정을 기록해 놓는 것이 필요하다. 과학적 지식이 갱신됨으로써 그 결정에 실수가 있다고 판명되는 일도 있으나, 논의 결과가 기록되어 있으면 이전에는 세울 수 없었던 차선책을 세우는 것이 가능해지기 때문이다.

위험전달은 식품안전확보의 문제를 곧바로 해결할 수 있는 유일한 방법은 아니나 번거롭기만 한 절차도 아니다. 모든 관계자의 성실한 노력이 축적됨에 따라 비로소 식품의 안전확보를 위한 체계의 하나로서 위험전달이 유효하게 기능할 것이다.

08 식품의 유통관리

식품의 안전성을 농장생산단계에서 식탁소비단계까지 일관되게 관리하고, 식품의 생산품질을 소비품질까지 유지하기 위해서는 유통과정에서의 식품안전과 품질관리가 효과적이고 효율적으로 이루어져야 한다.

제1절 식품의 유통환경

1 식품 소비구조

식품의 소비형태는 양과 영양을 중요시하는 소비에서 맛과 건강기능을 추구하는 질적인 단계로 발전하고 있다. 소득이 낮을 때는 생명을 유지하기 위해 쌀, 보리, 밀 등 곡물 중심의 양적인 소비에 치중하나 소득수준이 높아지면 맛과 건강을 고려하여 식품을 선택하게 되며, 고도의 대중소비단계로 가면 〈그림8-1〉과 같이 먹거리에 대해서도 예술적인 감각을 추구하게 된다.

〈그림8-1〉 소득증대에 따른 식품소비단계

산업발전에 따른 식생활구조와 소비구조의 변화로 식품유통도 〈표8-1〉과 같이 변화하고 있다. 즉 농산물 생산도 고도화되는 등 농업발전이 동시에 이루어지고 소비자들의 소비구조가 고급화, 간편화, 건강지향적으로 변모되고 있다. 농산물의 소비도 소득증가에 따라 생산과 저장이 용이한 곡류, 서류 등에서 채소, 과일, 육류 등 고급 신선식품과 편의성과 건강성이 높은 가공식품으로 변화하고 있다.

〈표8-1〉 산업발전에 따른 식품유통의 변화

구 분	1단계	2단계	3단계
경제발전	전통 농업사회	공업화·도시화 전개	고도 산업화와 대중소비
식생활 목표	기아로부터의 해방	식단의 영양균형 추구	고급·편의·건강 추구
소비구조	곡물식품, 상품차별 거의 없음	신선식품, 상품 차별화 수준 낮음	가공·조리·편의식품 위주, 고도의 상품 차별화
유통기능 및 구조	곡물거래 중심, 도소매 미분화, 대인 직접 현물거래	신선식품 도매시장 발달, 대량유통 확대, 표준화 미비, 수퍼마켓 및 연쇄점 증가	유통경로 다양화, 맞춤생산·맞춤유통, 도소매업 대형화, 계약거래, 직거래 확대
생산구조	곡물 위주, 소량 다품목 생산	신선식품 생산 확대, 상업농 발전, 생산기반 확충	신선식품, 가공식품 집중생산, 표준화 상품 대량생산 연중조달, 냉장유통

국민 1인당 식품공급량 추세를 보면, 〈표8-2〉와 같이 주곡인 쌀을 포함한 곡류는 1980년대 이후 지속적인 감소를 보이고 있는 반면 채소, 과일, 육류, 우유 소비는 지속적으로 증가하고 있다. 특히 쌀은 1980년 1인당 연간 133kg을 공급하였으나 2004년 89kg으로 감소한데 반해, 채소류는 121kg에서 161kg으로, 과실류는 16kg 내외에서 42kg으로, 육류는 14kg에서 37kg으로, 우유는 11kg에서 54kg으로, 어패류도 23kg에서 41kg으로 크게 증가하였다.

세계 주요국과 비교할 때 우리나라는 과일, 육류, 우유 소비가 늘어나고는 있으나 여전히 쌀과 채소 중심의 식품소비구조를 유지하고 있다.

〈표8-2〉 주요 식품별 1인당 연간 공급량 변화 (단위 : kg)

구 분	1980	1985	1990	1995	2000	2004
곡 류 (그중 쌀)	185.0 132.9	185.4 128.0	175.4 120.8	173.1 110.6	166.8 97.9	153.1 88.6
채소류	120.6	98.6	132.6	160.6	165.9	160.8
과실류	16.2	26.6	29.0	39.1	40.7	41.6
육 류	13.9	16.5	23.6	32.7	37.5	36.9
우 유	10.8	23.1	31.8	38.5	49.3	53.8
어패류	22.5	30.7	30.5	33.4	30.7	40.8

자료 : 한국농촌경제연구원, 식품수급표 2005.12.

한편 소비자들의 식품소비구조는 가공식품과 외식에 대한 소비가 늘어나고 있고, 고품질 안전식품, 가정식 대체식품, 조리식품을 선호하고 있다.

가족구조의 핵가족화는 외식, 가공 및 조리식품, 소포장 단위의 식품 구매를 증가시키고, 여성의 경제활동 참여가 늘어나면서 식생활은 더욱 간소화되었다. 소비자 가구의 가공식품 지출비중은 1982년 20.6%에서 2000년 35.5%로 높아졌다. 또 가정소비의 증가율은 0.4%로 유지된 반면, 외식소비는 연평균 13.8%의 높은 증가추세를 보여 총식료품비 중 외식비 지출 비중이 40%를 넘게 되었다. 또한 소득증대에 따라 건강에 대한 국민의 관심이 높아지고, 유전자변형체의 위해성 논란, O-157대장균의 발생, 광우병 확산 등으로 소비자들의 식품안전성에 대한 우려가 높아지고 있다.

이러한 소비자들의 소비구조의 변화는 식품의 구매에도 영향을 주어 구매장소, 구매단위, 구매형태 등에서 편의성 추구 경향이 나타나고 있다. 그리고 〈그림8-2〉와 같이 식품 구입 장소가 재래시장에서 대형할인점으로 바뀌고 있고 구매단위도 소량화가 이루어지고 있으며 포장유통이 크게 증가하고 있다.

향후 식품소비는 고급, 편의성, 건강지향이 지속되고 강화될 것이며 식품유통도 시장개방 확대, 외식산업 발전, 전자상거래 활성화 등으로 변화가 예상된다.

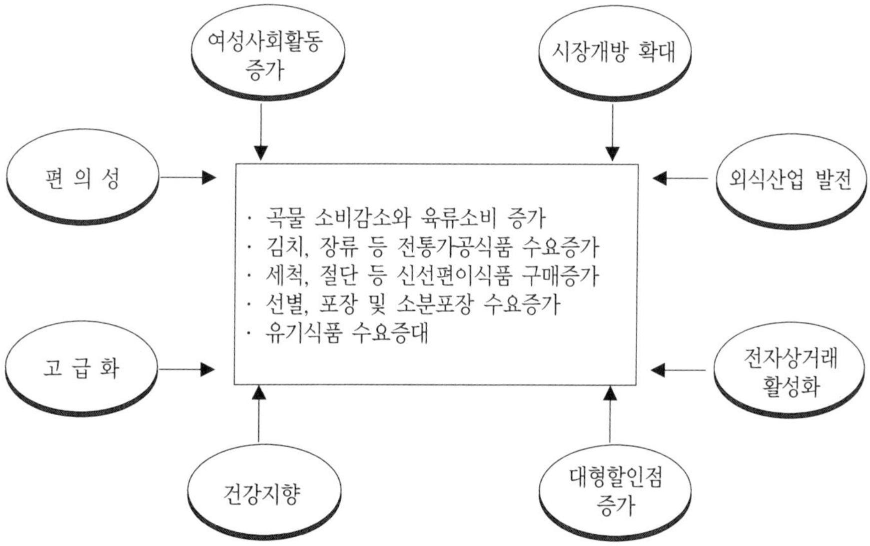

〈그림8-2〉 유통환경 변화와 식품 소비형태의 변화 전망

2 식품생산구조와 기술환경 변화

국민소득의 증가와 공업화는 농업생산을 자급자족농업에서 상품생산농업으로 전환시켰으며 농가수도 1970년 248만 호에서 2000년 138만 호로 크게 감소하였다. 이에 따라 농가호당 경지면적도 1ha 수준에서 1.5ha로 증가하였고 산지유통에서도 생산자조직 단위의 규격상품 공동출하가 확대되어 소비지 유통기구와의 거래교섭력을 높이게 되었다. 그리고 유통시장의 개방으로 영세한 식료품점과 도매시장의 기능이 위축되고 있다.

식품의 생산 측면에서 예상되는 변화는 첫째, 국내의 식품 공급능력 증가와 더불어 수입물량의 증가로 청과물을 중심으로 만성적인 공급과잉의 가능성이 커지고 있다.

둘째, 생산의 전문화와 단지화가 추진되고, 상품 차별화를 위해 농산물의 표준규격화와 브랜드화가 추진되고 있다. 특히 표준화된 상태에서 수입되는 수입 농산물은 국산 농산물의 표준규격화를 촉진할 것으로 보인다. 따라서 산지에서 수집상의 역할이 약화되고, 미곡종합처리장, 농산물포장센터, 축산물종합처리장, 식품가공공장 등 산지유통시설을 중심으로 한 품목별 생산자단체의 기능이 강화될 것이다.

셋째, 생산의 전문화는 가격변화에 따른 위험부담을 가중시키므로 생산자는 유통업자와의 수직적 결합을 도모해야 될 것이다.

한편 농산물 유통과 관련하여 수송기술, 저장기술, 가공기술, 선별포장기술의 발달과 정보화의 진전은 유통의 선진화에 다음과 같이 기여하고 있다.

첫째, 도로건설, 대형수송차량의 증가, 팔레트와 지게차의 보급 확대 등 수송기술의 발달은 신속한 대량수송을 가능하게 하고 물류효율을 높이는 데 중요한 역할을 하고 있다.

둘째, 냉장 및 건조기술의 발달은 청과물과 곡물의 저장을 용이하게 하고 있다.

셋째, 배추의 산지절임과 김치제조 및 돼지고기 및 닭고기의 산지가공은 소비자의 편리성추구에 부응하고 있다.

넷째, 예냉, 선별, 등급화와 같은 품질관리기술로 상품성 저하와 수확 후 손실이 크게 줄고 있다. 우리나라는 수확 후 관리기술이 낙후되어 농가에서 고품질의 농산물을 생산하고도 유통과정 중 변질이 발생하여 경제적 손실을 입어 왔으며, 국내시장에서 수입 농산물과의 경쟁력뿐만 아니라 세계시장에서 경쟁력을 떨어뜨려 왔다.

농산물 유통에 변화를 주고 있는 기술 환경 중에서 정보화는 농촌에 TV, 라디오, 전화, 컴퓨터 등이 급속히 보급되고 선도농민들, 농업기술센터, 산지유통센터 등에 농산물 홈페이지가 개설되고 인터넷에 의한 전자상거래가 확산되고 있다. 이에 따라 농민들이 농산물 거래정보를 신속히 접하게 되는 등 정보 환경이 크게 개선되고 있다.

3 시장개방 가속화

UR협상 타결 이후 WTO체제에서 일부 농산물을 제외하고는 저율의 관세로 수입이 급격히 늘어나고 있다. 또 DDA협상과 FTA협정은 관세상한을 설정하여 시장개방이 급격할 것으로 예상되고 있다. 특히 중국이나 미국과의 자유무역협정체결은 한국농업을 크게 위축시킬 것이다.

이미 중국으로부터 채소, 특용작물 등 수입이 급증하고 있어 국내 생산기반이 크게 위협을 받고 있다. 주품목인 고추, 마늘, 양파, 한약재 등의 수입이 계속 늘어나고 있으며, 최근 생강과 당근, 무, 배추 등 부패성이 높은 신선채소 및 김치와 같은 가공식품 수입도 늘어나고 있다. 중국은 풍부한 농업노동력과 다양한 기후조건, 동부지역의 광활한 평야지 농토를 바탕으로 채소생산을 크게 늘려 일본과 한국에 집중적으로 수출하고 있다.

DDA협상과 농산물 수입증가가 농산물 유통에 미치는 영향은 첫째, 저가 농산물 수입이 급증하여 정부의 농산물 수급과 가격조정 등 시장개입정책이 근본적으로 어려워지므로 시장개방을 고려한 정책으로 전환될 수밖에 없다.

둘째로, 중앙정부의 품목보조정책은 일정수준 제한되기 때문에 생산자단체나 지자체에 의한 정책 집행이 불가피해지게 될 것이다.

셋째로, 저가격의 신선농산물 수입이 급증할 경우 국산 농산물의 공급과잉과 소비위축으로 가격하락이 지속될 것으로 예상된다.

넷째로, 민간 식품가공업체와 외식업체가 가공원료로 수입농산물 사용을 확대함으로써 국산농산물의 소비가 감소하고 생산자조직의 산지 가공공장이 어려움에 처할 것이다.

마지막으로 국산농산물의 상품성제고 노력이 매우 중요해질 것이며, 수입품과 국산품의 차별화가 중요할 것이다.

제2절 식품 유통경로와 유통마진

1 식품의 유통경로

가. 유통경로의 개념

유통경로(distribution channel)란 상품이 생산자로부터 소비자에게 도달될 때까지의 이전통로로서 다양한 유통기능을 수행하는 독립적이지만 상호의존적인 다양한 조직체의 집합이다.

유통경로를 구성하는 유통단계란 제품 및 그 소유권이 이전될 때 관계하는 중간업자의 수를 말하며, 유통경로의 길이는 유통단계가 많을수록 길다고 할 수 있다.

〈그림8-3〉에서는 0단계에서부터 3단계까지의 유통경로 유형을 나타내고 있으며, 그 외 4, 5단계의 유통단계가 존재할 수도 있다. 0단계 유통경로란 중간 유통단계가 없는 것으로서 생산자와 소비자간 직거래를 나타내고, 1단계 유통경로는 생산자와 소비자 중간에 소매상이 관여하는 유통경로이다. 2단계 경로는 생산자와 소비자 중간에 도매상과 소매상이, 3단계 경로에서는 도매상·중간상·소매상이 관여하게 된다.

유통경로의 길이는 제품특성 및 다양한 수요·공급 특성에 의해 영향을 받고 있다.

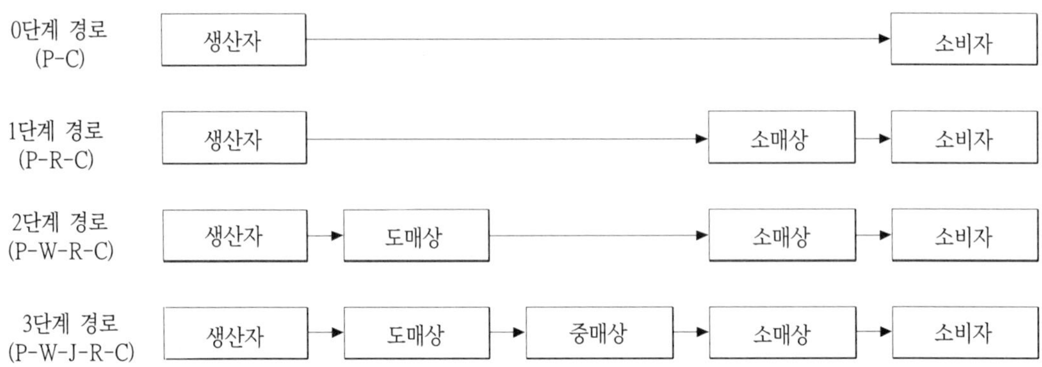

〈그림8-3〉 유통경로의 유형

〈표8-3〉 유통경로 길이의 결정요인

구 분	긴 유통경로	짧은 유통경로
제품특성	· 동질적 단위 · 경량품 · 작은 크기 · 비부패성	· 이질적 단위 · 중량품 · 큰 크기 · 부패성
수요특성	· 단위구매량 작음 · 구매빈도 높고 규칙적 · 고객수 많음 · 고객의 지역적 분산	· 단위구매량 큼 · 구매빈도 낮고 비규칙적 · 고객수 적음 · 고객의 지역적 집중
공급특성	· 생산자수 많음 · 지역적 분산생산	· 생산자수 적음 · 지역적 집중생산

나. 농산물 유통경로의 변화

농산물의 경우는 보통 3단계 유통경로인 생산자 → 도매시장법인 → 중도매인 → 소매상 → 소비자의 유통경로를 취하고 있다. 일반적으로 농산물 유통경로는 공산품에 비해 긴 특성을 보이고 있는데, 그 이유는 농산물의 상품적 특성이 기술적으로 복잡하지 않고 공급 측면에서도 많은 수의 영세 생산자들이 전국적으로 분포하고 있기 때문에 중간 유통기능이 필요하다.

농산물 유통에서 도매시장의 역할과 기능이 큰 이유는 전국적으로 분산된 생산자와 소매상을 연결해 주기 위한 수집·분산 기능을 도매시장이 효율적으로 수행해 왔기 때문이다. 그러나 도매시장 유통은 다단계 유통구조로서 유통마진이 크게 발생하고 유통기관 간 조정과 통제가 어려운 문제점이 있다.

도매시장을 중심으로 한 전통적인 유통경로가 최근 대형유통업체 및 종합유통센터의 산지 직거래, 전자상거래 등의 확대로 유통경로가 다양화되고 있다. 대형유통업체, 종합유통센터, 전자상거래, 산지유통센터 등을 통한 유통은 전통적인 도매시장 유통과는 질적으로 다른 특성을 가지고 있기 때문에 신유통체계로 개념화한다.

신유통체계의 확산 결과로 21세기 농산물 유통경로는 〈그림8-4〉와 같이 다양화되고 있다. 도매시장의 경우도 전통적인 도매시장법인 → 중도매인의 경로뿐 아니라 도매상 경로도 새롭게 도입되고 있으며, 대형유통업체, 종합유통센터, 전자상거래(B2B, B2C) 등에 의한 도매시장 이외의 거래도 중요한 유통경로로 부상하고 있다.

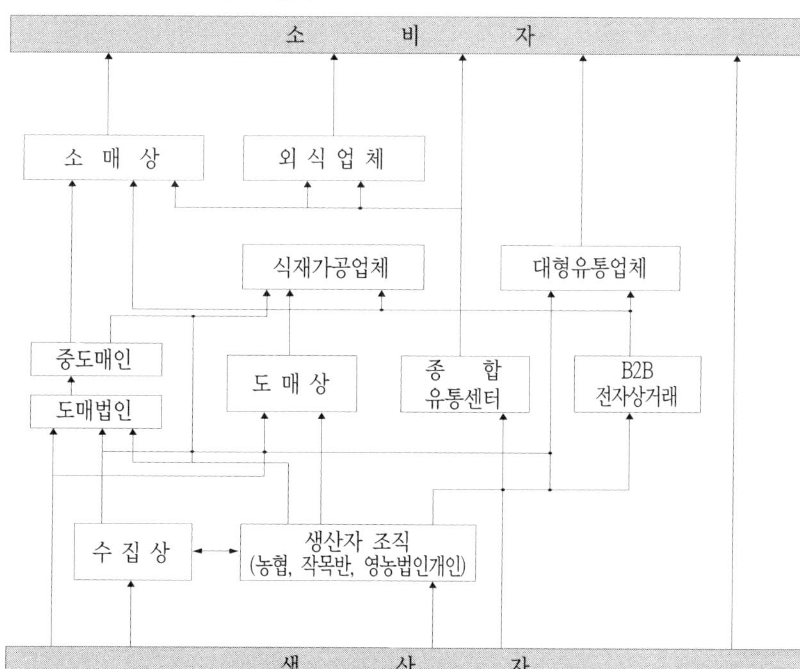

〈그림8-4〉 21세기 농산물 유통경로

신유통체계는 수직적 유통경로의 특성을 가지고 있으며, 단순한 유통경로 변화 이상의 특징을 가진다. 신유통체계의 특징을 경로, 주체, 상품, 거래방식, 물류, 정보 등 6가지 항목으로 나누어 전통적인 유통체계와 비교하면 〈표8-4〉와 같다.

〈표8-4〉 전통적 유통체계와 신유통체계의 비교

구 분	전통적 유통체계	신유통체계
경 로	· 수집상, 도매시장, 재래시장으로 구성 · 상호 독립적이며 일회성 거래	· 산지유통센터, 종합유통센터, 대형유통업체로 구성 · 장기적이고 전속적인 거래
주 체	· 영세규모의 전근대적인 상인	· 대형유통업체, 산지유통조직
상 품	· 비규격품 위주	· 표준규격품 위주 · 차별화되고 가공처리된 농식품
거래방식	· 현장에서의 경매 혹은 상대거래	· 예약상대거래, 통명거래
물 류	· 수작업에 의한 하역	· 단위적재체계에 의한 하역 기계화 · 물류기기 표준화에 의한 물류합리화
정 보	· 사후적 정산정보	· 판매시점관리, 전자자료교환 등 유통정보화 · 인터넷쇼핑 등 전자상거래 활용

신유통체계는 유통마진 절감, 가격안정성 제고 등 긍정적인 효과를 보이고 있다. 종합유통센터 및 대형유통업체 경유 시 유통단계 단축 및 물류합리화 등의 요인으로 유통마진이 절감된다. 대형유통업체의 경우 산지 직구입시 가격을 일주일에 2회 정도 조정하고 구입물량을 사전에 예시함으로써 도매시장에 비해 생산자 수취가격의 안정성이 높다. 아울러 신유통체계에서는 장기적 전속거래관계를 유지하기 때문에 도매시장의 전통적 유통체계보다 거래비용이 절감된다.

2 식품의 유통마진

가. 유통마진

식품유통에 있어서 유통마진을 이해하기 위해서는 유통비용과의 차이점을 이해해야 한다. 먼저 유통마진은 유통과정에서 발생하는 모든 유통비용과 이윤, 즉 가공·포장·수송·보관·감모 등 물류비용, 점포임대비용, 중간상인들의 이윤 등이 모두 포함된 개념이다. 따라서 유통마진율은 일정기간 내의 실제 판매액에서 구입액을 뺀 차이를 판매액으로 나누어서 구한다.

유통마진율에 영향을 주는 요인에는 가공도 및 저장여부, 상품의 부패성, 계절적 요인, 수송비용, 상품가치 대비 부피 등이 있다. 즉 가공도가 높거나 저장을 오래하는 품목은 그렇지 않은 품목에 비해 유통마진율이 높고, 수송거리가 멀거나 상품가치 대비 부피가 큰 상품도 유통마진율이 높게 된다. 물론 중간상인의 이윤이 과다한 경우도 유통마진율이 높아지게 되나, 유통마진이 유통과정 중에 발생한 모든 비용과 이윤을 포함하는 것이기 때문에 상인들의 이윤만이 유통마진을 설명하는 것은 아니다. 유통비용은 유통마진에서 이윤을 제외한 금액이다.

나. 품목별 유통마진

농산물 품목별 유통마진은 농수산물유통공사에 의해 매년 조사되고 있다. 조사품목수는 〈표 8-5〉와 같이 쌀·대두 등 식량작물 6종, 배추·무 등 엽근채류 8종, 수박·참외 등 과채류 6종, 고추·마늘 등 조미채소류 9종, 사과·배 등 과일류 8종, 소고기·돼지고기 등 축산물 4종으로 총 28품목 41종류이다.

〈표8-5〉 유통마진 조사품목수

종 류	품 목
식량작물(6종)	쌀, 대두, 감자(봄, 고랭지, 가을), 고구마
엽근채류(8종)	배추(봄, 고랭지, 가을), 무(봄, 고랭지, 가을), 상추, 당근
과채류(6종)	수박, 참외, 오이, 딸기, 토마토(일반, 방울)
조미채소류(9종)	풋고추, 건고추, 마늘(난지형, 한지형, 저장), 양파(일반, 저장), 대파, 생강
과일류(8종)	사과(일반, 저장), 배(일반, 저장), 단감, 포도, 감귤, 북숭아
축산부류(4종)	소고기, 돼지고기, 닭고기, 계란

자료 : 농수산물유통공사.

다. 유통단계별·내용별 유통마진율

유통마진율은 풍흉에 의한 판매가에 의해 큰 영향을 받기 때문에 연도별 일정한 추세를 발견하기 어렵다. 한국의 전체 농산물 유통마진율은 〈표8-6〉과 같이 2005년 45%로 미국, 대만, 일본보다 낮은데, 이는 선진국일수록 소비자의 기호에 맞추어 유통과정에서 선별, 가공, 포장, 예냉, 브랜드화 등이 수행되어 유통비용이 증가하기 때문이다.

한국의 유통단계별 유통마진율은 출하·도매단계보다 소매단계가 높으며, 내용별로는 직접비용보다 간접비용의 비중이 크다.

〈표8-6〉 유통단계별·내용별 유통마진율 (단위 : %)

구 분		2000	2001	2002	2003	2004	2005
유통마진율		40.6	43.7	45.0	43.7	40.8	45.0
단계별	출 하	9.3	11.7	10.3	11.5	8.3	11.2
	도 매	9.9	9.4	10.2	9.6	9.1	10.2
	소 매	21.4	22.6	24.5	22.6	23.4	23.6
내용별	직접 비용	15.3	17.3	14.6	12.5	13.7	14.3
	간접 비용	13.0	13.1	18.9	15.0	14.3	15.4
	이 윤	12.3	13.3	11.5	16.2	12.8	15.3

주) 직접비 : 포장비, 하역비, 수송비, 상장수수료, 감모비 등
간접비 : 임대료, 인건비, 제세공과금, 감가상각비 등
이 윤 : 유통마진에서 직접비와 간접비를 공제한 상인 이윤
자료 : 농수산물유통공사.

라. 부류별 유통마진율

부류별로는 〈표8-7〉과 같이 엽근채류, 조미채소류의 유통마진율이 높고 축산부류, 곡물류의 마진율이 낮은 편이다.

〈표8-7〉 부류별 유통마진율 (단위 : %)

구 분	2000	2001	2002	2003	2004	2005
전 체 평 균	40.4	43.7	45.0	43.7	40.8	45.0
엽 근 채 류	72.2	77.8	79.2	72.5	75.7	68.0
조 미 채 소 류	55.9	58.8	54.2	64.5	52.0	64.8
과 일 류	50.3	54.8	52.6	51.8	48.3	50.0
과 채 류	44.7	43.0	45.3	44.4	46.6	42.0
축 산 부 류	33.3	34.5	40.4	34.3	31.2	42.7
곡 물 류	17.7	19.9	21.4	19.4	19.7	27.4

마. 주요 품목의 직거래 유통마진율

주요 품목의 2004년도 직거래 유통마진율은 〈표8-8〉과 같이 평균 37.1%로 도매시장 경유시의 53.3%보다 16.2%p 낮은 것으로 조사되었다. 특히 고랭지무, 딸기, 수박, 복숭아, 풋고추의 마진율 차이가 컸다. 그러나 2005년에는 직거래유통의 유통마진율이 44.3%로 높아져서 도매시장유통과의 마진율차이가 11.5%p로 작아졌고, 봄배추, 양파, 소고기 등의 품목에서는 도매시장유통의 마진율이 더 낮은 것으로 나타났다.

〈표8-8〉 주요 품목의 경로별 유통마진율 비교(2004년, 2005년) (단위 : %)

구 분		쌀	봄배추	고랭지무	수박	딸기	풋고추	양파	사과	복숭아	소고기	평균
2004	도매시장 (A)	17.2	75.0	67.1	50.0	48.0	51.5	66.0	38.6	41.7	37.2	53.3
	직 거 래 (B)	13.9	73.1	37.8	27.0	25.2	36.1	61.2	30.0	23.4	33.5	37.1
	A - B	3.3	1.9	29.3	23.0	22.8	15.4	4.8	8.6	18.3	3.7	16.2
2005	도매시장 (A)	25.4	58.0	73.7	42.9	41.8	63.3	68.8	41.1	43.3	36.8	55.8
	직 거 래 (B)	23.4	62.9	48.2	33.0	26.9	54.8	70.6	31.9	34.4	38.2	44.3
	A - B	2.0	-4.9	25.5	9.9	14.9	8.5	-1.8	9.2	8.9	-1.4	11.5

자료 : 농수산물유통공사

바. 외국과의 유통마진율 비교

농산물 유통마진율은 가공도, 유통서비스수준 등에 의해 결정되기 때문에 유통마진율의 단순한 비교로 유통의 효율성을 비교하기는 곤란하다. 일반적으로 유통마진율은 선진국일수록 커지는 경향을 보인다.

주요 농산물 유통마진율을 보면 일본 54.4%, 미국 74.6%, 대만 62.8%로 한국의 50.0%보다 높았다

제3절 식품 소매유통

1 소매상의 기능

소매상은 제조업체 → 도매상 → 소매상 → 소비자로 구성되는 전통적인 유통경로상의 마지막 단계에 위치하고 있다. 소매상은 최종소비자와 직접 접촉한다는 점에서 제조업체와 도매상의 판매싱과에 큰 영향을 미치고 있다. 소매상이 소비자에게 제공하는 기능은 다음과 같다.

첫째, 소비자가 요구하는 상품구색을 제공한다. 소매상은 여러 공급업자로부터 상품을 제공받아 다양한 상품구색을 갖춤으로써 소비자에게 상품선택에 소요되는 비용과 시간을 절감할 수 있게 하고 선택의 폭을 넓혀준다. 소매상이 소비자에게 제공하는 상품구색의 폭과 깊이는 개별 소매상의 전략에 따라 달라진다. 일반적으로 전문점은 상품구색의 폭이 좁은 대신에 깊이가 있고 편의점의 상품구색은 폭이 넓은 대신에 깊이는 얕은 편이다.

둘째, 소비자에게 필요한 정보를 제공한다. 소매상의 소매광고, 판매원 서비스, 점포 진열 등을 통해 고객에게 상품 관련 정보를 제공하여 소비자의 상품구매를 돕는다.

셋째, 자체의 신용정책을 통하여 금융기능을 수행한다. 즉 소매상은 제조업체 대신 소비자와의 거래에서 발생하는 여러 유형의 비용을 부담한다든지 고객에게 신용이나 할부로 판매하는 등의 금융기능을 수행한다.

넷째, 소비자에게 상품의 배달, 설치, 사용방법의 교육 등과 같은 서비스를 제공한다. 소매업태간 경쟁격화에 따라 소매상이 제공하는 양질의 서비스가 특정의 상품 및 점포를 선택하는 데 있어 중요한 역할을 한다. 상품진열에 전문적인 기술을 필요로 하거나 고가 또는 크기가 큰 상품의 경우에는 이러한 부가서비스가 소비자의 점포선택에 중요한 역할을 한다.

2 식품 소매업태

소매상의 형태를 업태(format)라고 하며, 업태는 상품구성, 가격대, 입지, 점포규모, 판매방식, 영업방식, 서비스수준과 같은 소매믹스를 종합적으로 고려하여 구분하게 된다.

공급이 수요를 초과하고 상품판매에 경쟁이 심화되면서 소매상 형태가 소비자의 편의추구에 맞추어 발전하게 되었다. 소비자가 원하는 일괄구매(one-stop shopping)를 충족시키기 위해 백화점 등 종합점이 발전하게 되고, 저가격을 선호하는 소비자를 위해 할인점이라는 신업태가 도입되었다. 소비자의 기호에 따라 다양한 업태가 새로이 개발되고 있으며 기존 업태도 환경변화에 부응하여 지속적으로 변화하고 있다.

최근 우리나라에도 구멍가게, 재래시장과 같은 기존 업태뿐 아니라 백화점, 수퍼마켓, 할인점, 전자상거래와 같은 신업태가 확대되고 있다.

가. 구멍가게

구멍가게는 우리나라에서 전통적인 업태로서 소매업의 대부분을 차지하고 있다. 구멍가게는 주택지역에 위치하면서 식료품을 중심으로 한 생활용품을 주로 취급하고 있다. 영업시간이 긴 반면 가격은 수퍼마켓에 비해 높은 편이다. 대부분의 구멍가게는 매장면적이 30평 미만이고 점포주가 직접 경영하는 생계유지형으로 영세하다. 구멍가게는 긴 영업시간과 외상판매를 통해 고객을 확보해 왔으나 소비자가 일괄구매를 선호하고, 할인점 등 저가격을 강점으로 하는 업태가 발전하면서 구멍가게의 경쟁력이 급속히 약화되고 있다.

나. 재래시장

재래시장은 영세규모의 구멍가게와 노점상 등이 집합적으로 혼재된 공간으로 쌀, 생선, 청과 등의 식품은 물론 의류, 잡화, 가구 등의 생활용품에 이르기까지 다양한 상품구색을 갖추고 있다. 또한 재래시장은 이들 상품을 비교적 저렴한 가격에 판매하여 지금까지 서민생활에서 중요한 역할을 해왔다. 그러나 재래시장도 구멍가게와 마찬가지로 소비자의 기호변화와 신업태 발전에 따라 영업부진이 계속되고 있어서 재래시장의 재개발사업을 추진하고 있다.

다. 백화점

백화점은 의류, 가정용 설비용품, 신변잡화류 등의 각종 상품을 부문별로 구성하여 일괄구매를 할 수 있도록 한 업태이다. 국내 백화점은 의류, 가전, 가구, 생필품, 신변잡화류 부문 이외에 수퍼마켓과 식당가까지 포함하고 있는 것이 특이한 점이다. 특히 식품부문과 식당가, 문화센터 등은 소비자를 모으는 집객효과 측면에서 중요한 역할을 하고 있다. 백화점이 소비자에게 제공하는 편익은 많은 수의 상품계열과 다양한 상품구색, 편리한 입지, 쾌적한 쇼핑공간 등이다.

백화점은 근대적 대형점으로 독점적 지위를 누리면서 1990년대 초까지 매년 20%에 가까운 성장을 기록하였으나 할인점으로의 고객이탈과 외환위기로 성장속도가 둔화되고 있다. 국내 백화점은 중산층을 주고객으로 하고 있고 매출의 40% 정도가 세일기간에 발생하고 있는 특징을 가지고 있다. 특히 고급상품의 판로 역할을 수행함으로써 제조업체의 성장을 측면에서 지원하기도 하였다.

라. 수퍼마켓

수퍼마켓은 주택가에 입지하여 식료품, 세탁용품, 가정용품 등 생활필수품을 중점적으로 취급하는 소매점이다. 점포의 규모가 구멍가게에 비해 크고, 셀프서비스를 특징으로 한다. 또한 수퍼마켓은 식품이 전체 매출액의 70% 이상을 차지하며 POS체계 등 유통정보기술을 채용하고 있는 근대적인 소매업태이다. 자동차와 냉장고의 보급 확대는 소비자로 하여금 1회 대량구매가 가능하게 만들었고, 아파트 단지가 확산되면서 대형점포를 확보할 수 있었다. 이러한 배경 하에 수퍼마켓은 셀프서비스 쇼핑을 도입함으로써 저렴한 가격을 실현할 수 있었다. 아울러 수퍼마켓은 여러 개의 점포를 하나의 업체가 경영하는 체인 형태로 운영되고 있다.

최근에는 할인점이 급속히 성장하넌서 수퍼마켓의 영업이 곤란을 겪게 되자 기존 소형점포를 대형화하거나 생식품의 품질을 강화함으로써 대형할인점과의 차별화를 추구하고 있다.

마. 편의점

편의점은 소규모 매장으로 인구 밀집지역에 위치해서 24시간 영업을 하는 신업태이다. 상품구성에서는 재고회전이 빠른 식료품과 편의품, 문방구 등 한정된 제품계열을 취급한다. 즉 편의점은 연중무휴 24시간 영업이라는 시간의 편리성, 접근이 용이한 공간의 편의성, 다품종·소량의 유명상표를 주로 취급하는 상품의 편의성을 특징으로 하고 있다. 편의점의 입지로는 주로 아파트단지 등 주택밀집지역이나 유동인구 및 야간활동인구가 많은 지역이다. 가격은 수퍼마켓보다 다소 높다. 편의점은 1988년 서울올림픽 이후 본격적으로 도입되어 10년 만에 2,000개를 넘어서는 등 급속히 성장해 왔다.

편의점은 대부분 프랜차이즈 형태로 영업하고 있다. 프랜차이즈란 본부와 가맹점 간에 계약을 맺어 점포를 운영하는 형태이다. 가맹점주는 점포운영관련 자본과 인력을 제공하고, 가맹점 본부는 상호를 사용하도록 허락하거나 점포에서 판매되는 상품을 공급하기도 한다. 또한 가맹점 본부는 점포운영에 관련된 노하우를 제공하고 가맹점주의 교육을 담당한다. 광고와 판촉 등을 본부에서 담당하기도 한다. 본부의 이러한 서비스에 대해 가맹점주는 일정의 로열티를 제공해야 한다.

바. 할인점

할인점은 저가 대량판매의 영업방식을 토대로 하여 유명 제조업체 상표를 일반업태보다 저렴한 가격으로 판매하는 소매상을 말한다. 할인점은 체인화를 통한 대량구매를 실현함으로써 상품의 구매비용을 낮추고, 지가가 저렴한 지역에 입지하며 건물 및 내부장식에 대한 투자를 최소화하여 점포개설비용을 절감하고 있다. 점포운영 측면에서는 서비스를 최소화하여 인력을 절감함으로써 비용을 줄이고, 유통업체상표를 도입하여 상품의 가격을 낮추며, 적절한 상품구색으로 재고비용을 절감하고 있다.

할인점은 미국, 유럽 등에서 발전되어 왔으나 우리나라도 1996년 유통시장 개방 이후 까르푸(Carrefour), 테스코(Tesco), 월마트(Wal-Mart), 코스트코홀세일(Costco Wholesale) 등이 국내에 진출하면서 도입되었다. 할인점은 1993년 신세계가 서울 창동에 이마트(E-Mart)를 출점한 이후 롯데, LG 등 기존 대형유통업체와 농심가, 서원유통 등 중소형 유통업체도 할인점 사업에 참여하기 시작하였다. 까르푸와 월마트는 2006년에 각각 이랜드와 이마트에 인수 합병되었다.

국내 할인점의 특징은 상품구성에서 식품의 비중이 높고 복층식 매장구조를 갖는다는 점이다. 할인점의 상품구성을 보면 식품이 절반 이상을 차지하고, 식품 중에서는 신선식품 27%, 가공식품 25%의 비중이며 전자제품 17%, 신변잡화 12%, 의류 12% 순이다. 점포당 평균 매장면적은 3,000평 정도이고, 상용 종사자는 120여명이다.

할인점의 유형은 하이퍼마켓(hypermarket), 수퍼센터(supercenter), 회원제 창고형 도소매점(membership wholesale club), 카테고리 킬러(category killer), 아울렛(outlet) 등으로 구분해 볼 수 있다.

하이퍼마켓 혹은 수퍼센터는 수퍼마켓이 대형화되면서 비식품의 구색이 확대되어 식품과 비식품을 한 점포에서 취급하는 할인점으로 우리나라의 주력 할인점 형태이다. 대표적인 업체는 까르푸로 대형매장에 식품을 중심으로 다양한 상품구색을 보이고 있다. 수퍼센터는 비식품 위주의 할인점에 대형 수퍼마켓이 추가된 개념으로 월마트를 들 수 있다.

회원제 창고형 도소매점은 소비자에게 일정한 회비를 받고 회원 고객에게만 30~50% 할인된 가격으로 정상품을 판매하는 유통업태이다. 취급품목은 가공식품, 잡화, 가정용품, 가구, 전자제품 등 3~4천개에 불과하며 인기상품 위주의 상품구색을 보이고 있다. 판매가를 거의 마진이 없게 설정하고 고객의 연회비에서 이익을 내는 영업전략을 취하고 있다. 또한 매장은 거대한 창고형으로 실내장식은 거의 없으며 상품을 포장상자 혹은 묶음으로 판매하여 운영경비를 최소화하고 있다. 코스트코홀세일, 델타클럽 등이 대표적인 업체이다.

카테고리킬러는 특정 품목에 특화된 전문 할인점이다. 컴퓨터, 스포츠용품, 건축자재, 완구, 가전제품, 사무용품 등 특정 품목에 전문화된 할인점으로 농산물에 특화한 농협의 하나로클럽이 일종의 전문할인점이라 볼 수 있다. 카테고리킬러는 특정 제품계열에서 전문점과 같은 깊은 상품구색을 갖추고, 대량구매, 대량판매, 낮은 비용으로 저렴한 상품가격을 제시하고 있다.

아울렛은 제조업체 혹은 유통업체가 기존 상품 혹은 재고품을 초염가로 판매하는 소매형태이다. 아웃렛은 주로 의류상품에서 발달되어 있으며 서울의 변두리와 분당, 일산 등 신도시에 아웃렛 밀집지역이 발전하고 있다. 아웃렛은 현금회전에 압박을 주는 재고의 원활한 처리를 위해 큰 폭의 할인된 가격으로 판매하고 있다. 하지만 재고품이 아닌 정상품을 할인된 가격으로 판매하는 일반 할인점과는 운영방식에서 차이가 있다.

사. 무점포 소매상

지금까지는 점포를 가지고 상품을 판매하는 소매업태를 살펴보았으나 최근 들어 점포를 보유하지 않는 무점포 판매가 발전하고 있다. 무점포 소매상은 교통난, 맞벌이 등으로 쇼핑할 시간적 여유가 없는 소비자에게 시간을 절약해 주는 효용이 있다. 또한 소매업자 입장에서는 점포를 보유하지 않으므로 점포비용을 절감할 수 있고 입지조건에 관계없이 고객에게 접근할 수 있다. 무점포 소매상으로는 자판기판매, 방문판매, 통신판매, TV홈쇼핑, 전자상거래 등이 있다.

1) 자판기판매

자동판매기는 24시간 판매와 셀프서비스를 하며 파손 가능성이 작은 일용품을 판매하고 있다. 자동판매기는 설치비용이 높고 파손위험이 높기 때문에 높은 가격수준을 유지한다. 국내의 경우에는 커피, 담배, 음료수, 즉석라면 등의 자동판매기가 있고 다른 상품으로 확산되는 추세이다. 특히 국내에서 지가와 인건비가 높아짐에 따라 자동판매기의 전망이 밝은 편이다.

2) 방문판매

영업사원을 이용한 방문판매는 오래된 역사를 가진 무점포 소매업이다. 조선시대에 집들을 돌아다니며 신변잡화류를 판매하였던 방물장수도 여기에 해당된다. 방문판매는 판매원이 직접 고객을 방문하여 얼굴을 마주보면서 상품설명을 하기 때문에 설득력이 있다. 현장에서 상품의 기능을 실연할 수 있고 소비자의 의문사항을 즉석에서 해결해 줄 수 있다. 방문판매 품목은 우유, 요구르트와 같은 유제품, 학습지, 화장품, 서적 등이다. 그러나 방문판매는 인건비 상승, 높은 마진율, 취업주부의 증가, 교통체증 등의 요인으로 성장이 제약되고 있다.

최근에는 방문판매 유형 중 소비자와 판매상을 겸하는 다단계판매가 증가하고 있다. 다단계판매란 상품을 사용해 본 소비자가 그 상품의 우수성을 인정하여 스스로의 의사로 판매원이 되고 그 상품을 주위에 권해서 새로이 형성된 소비자가 다시 판매원으로 전환되는 과정이 무한히 반복되는 판매기법이다. 주로 일상용품을 판매하며 하위판매원의 판매실적에 따라 수당이 차등적으로 지급된다. 이에 따라 판매원들은 하위판매원을 확보하기 위해 적극적인 노력을 경주하게 되며, 그 결과 판매원의 수가 기하급수적으로 증가하게 된다.

3) 통신판매

통신판매란 광고매체를 통하여 상품에 대한 정보를 제공하고, 전화, 팩스, 편지 등의 통신수단을 통해 주문을 받는 무점포판매 형태이다. 주문상품은 우편이나 택배를 이용하거나 직접 전달한다. 통신판매에서 전통적으로 이용된 광고매체는 우편 카탈로그였으나 최근에는 전화, TV, 인터넷 등의 중요성이 커지고 있다. 특히 전화로 상품정보를 제공하는 것을 텔레마케팅이라 한다. 통신판매에서는 표적고객의 선정과 고객명단 수집, 그리고 적절한 상품의 선정이 중요하다. 취급하는 상품은 표준화, 규격화된 상품이 주류를 이루고 있다. 통신판매는 백화점과 우체국 등이 주도하고 있으며, 최근에는 신용카드회사와 전문 통신판매업체가 발달하고 있다. 특히 우편통신판매는 제조업체, 농산물생산자단체 및 유통업체가 기존 판매방식을 보완하는 수단으로 활용되고 있다. 통신판매가 부진한 이유는 신뢰성이 확보되어 있지 못하고 통신판매에 적합한 상품의 개발이 미진하기 때문이다.

4) TV홈쇼핑

TV홈쇼핑은 TV를 통해 상품구매를 유도하는 소매방식으로 직접반응광고를 이용한 주문방식과 홈쇼핑채널을 이용한 주문방식이 있다. 직접반응광고란 TV광고를 통해 간략한 상품소개와 주문전화번호가 제공되면 이를 시청한 소비자가 무료전화를 이용하여 상품을 주문하는 방식이고, 홈쇼핑채널을 이용한 방식은 홈쇼핑을 전문으로 하는 케이블TV를 통해 이뤄진다. 우리나라에서 TV홈쇼핑은 1995년에 도입되었으나 짧은 기간에도 불구하고 케이블TV 가입자수의 지속적 증가, 상품구색 확대 등으로 매출이 급증하고 있다. 특히 TV홈쇼핑은 상품을 TV프로그램과 같은 형식으로 소개하여 현장감과 생동감을 주고 집안에서 편리하게 주문할 수 있다.

5) 전자상거래(인터넷 마케팅)

1990년대 중반 이후 인터넷의 이용이 증가함에 따라 전자상거래는 점차 자리 잡아 가고 있다. 전자상거래란 인터넷이라는 매체를 통해 가상공간에서 이루어지는 모든 경제적 교환행위로 정의될 수 있는데 인터넷 마케팅 혹은 사이버 마케팅이라고도 한다. 광의의 전자상거래는 전자자료교환, 인터넷, PC통신, 전자우편, 통신망 등을 이용하여 네트워크상에서 이루어지는 모든 교환 및 거래활동으로 이해될 수 있다. 전자상거래는 고객과 기업 모두에게 이익을 준다. 고객의 관점에서 보면 상품을 구매하는 데 있어 시간적, 공간적 제약을 받지 않고 상품구매에 필요한 정보를 쉽게 획득할 수 있다. 또 기업은 점포가 필요 없기 때문에 저렴한 비용으로 상품의 전시와 판매가 가능하고 저렴한 비용으로 광고를 할 수 있으며, 고객의 특성과 구매행위를 분석하여 개별고객의 특성과 요구에 맞는 마케팅 전략을 수립할 수 있다.

전자상거래의 제약요인은 첫째, 인터넷 기술이 완전하지 않아 상품의 검색 및 주문과정이 불편하고 안정성이 떨어진다. 둘째, 대금지불의 안전성이 낮다. 무통장입금은 그 사이트에서 결제가 완결되지 않는다는 점에서 불편하고 신용카드의 사용은 보안기술이 완벽하지 않아 해킹을 당할 수 있다는 문제점이 있다. 셋째, 전자상거래 사이트의 상품구색이 다양하지 않으며 상품의 표준화가 미진하다. 마지막으로 주문된 상품의 택배비가 높다. 이러한 문제점 때문에 전자상거래가 주력 소매업태로서 자리 잡지 못하고 있으나 기술수준이 발달하고 마케팅 능력이 개선됨에 따라 활성화될 것으로 전망된다.

3 식품 소매업의 구조

가. 식품소매업의 현황

우리나라의 식품소매업은 영세규모의 구멍가게형이라 할 수 있다. 2004년 식품 관련 소매업의 사업체수는 11만 개소, 종사자수는 19만여 명이며 매출액은 11조 원이다. 〈표8-9〉와 같이 점포당 평균 종사인원은 1.8명에 불과하고 평균 판매액은 1억원에 모자란다.

〈표8-9〉 음식료품 소매업의 연도별 추이

연 도	사업체수	종사자수 (명)	판매액 (십억원)	사업체당 평균		
				종사자수	판매액 (백만원)	사업장면적 (m^2)
2001	115,416	201,913	9,779	1.7	84.7	34.6
2002	116,653	216,873	10,619	1.9	91.0	30.2
2003	111,981	202,843	10,608	1.8	94.7	39.4
2004	108,689	194,105	10,776	1.8	99.1	38.5

자료 : 통계청, 도소매업통계조사보고서 각 연도

소매업 형태별로는 소규모 구멍가게가 전체 식품 소매업체수 중 49%를 점하고 있으며, 그 다음으로 곡물, 고기, 채소, 과일, 담배 등을 판매하는 전문소매점이 43% 차지하고 있다. 그러나 최근 대형 수퍼마켓 및 할인점의 점포수가 증가하면서 종합형 소매업이 비중이 높아지고 있다. 2004년에는 10억 원 이상 매출업체가 500여 곳으로 증가하였고, 종업원 20명 이상 업체도 136곳으로 증가하였다.

나. 대형유통업체 현황

농산물 유통에서 매출비중이 큰 대형유통업체는 수퍼마켓, 백화점, 할인점으로 최근 이들 대형유통업체가 차지하는 비중이 급증하고 있다. 2002년에 전체 소매업에서의 점유율은 백화점 11.6%, 할인점 11.5% 수퍼마켓이 3.9%의 점유비를 보이고 있다.

신업태 중에서 가장 성장률이 높은 업태는 할인점으로 식품소매업의 대형화를 선도하고 있다.

현재 우리나라 할인점 시장을 주도하고 있는 업체는 이마트, 까르푸, 롯데마트, 삼성테스코(홈플러스) 등이며, 2002년 말 점포수를 보면 이마트 51개, 롯데마트 32개, 까르푸 25개, 홈플러스 21개다. 2006년에 이랜드가 까르푸를 인수하였다. 앞으로 할인점 시장이 포화단계에 근접하면서 대형화된 수퍼마켓인 수퍼수퍼마켓이 발달할 것으로 전망된다. 수퍼수퍼마켓은 매장면적이 500~700평 정도로 기존 수퍼마켓보다는 크고 할인점보다는 작은 규모이며, 상품구색도 식품 위주로 구성되어 있다.

1) 농산물 판매동향

첫째, 대형유통업체의 전처리 및 소포장 농산물의 선호도가 높아지고 있다. 특히 당근, 무, 고구마 등을 산지에서 세척한 상품의 비율이 높아지고 있으며 절단채소의 판매도 확대되고 있다.

둘째, 식품 안전관리가 강화되고 있다. 대형유통업체는 안전성이 확보된 특정 지역과의 거래를 선호하고 있으며 품질인증품의 판매가 확대되고 있다. 특히 식품안전성은 유통업체 간 차별화 전략의 일환으로 중요성이 커질 것으로 예상된다.

셋째, 유통업체는 다양한 소비자 요구를 충족시키기 위해 품질을 이원화하고 있다. 저렴한 세일상품과 고품질 상품을 같은 매장에서 취급하기도 하는 등 상품의 다양성을 높이고 있다. 일반적으로 백화점은 고품질 상품의 판매를 확대하고 할인점은 중저가의 기획상품 판매를 확대하고 있다.

넷째, 소비자 만족도를 높이기 위해 신선식품의 경우에도 고객이 상품에 만족하지 못하는 경우 교환이나 환불해주는 리콜제도를 운영하고 있다.

2) 농산물 구매 시 고려요소

첫째, 대형유통업체가 농산물을 구매할 때는 품질과 가격의 합리적인 조화를 추구한다. 유통업체들은 일정 품질 이상의 농산물을 적정한 가격에 구매하고자 한다.

둘째, 농산물 안전성의 확보를 위해 상품검사기능을 강화시키고 있다. 식품안전성을 강화시키기 위해 유기농산물의 개발을 추진하고 있다.

셋째, 거래의 안정성을 추구하여 출하규모가 크고 안정적인 공급자를 요구하고 있다.

마지막으로 경쟁력을 확보하기 위해 도매시장구매, 산지비축구매, 산지포전구매, 농가계약재배 등 다양한 거래방식을 도입하고 있다.

다. 외식 및 식자재 유통업

전체 식품소비지출 중 외식비 지출이 40%에 달해 식품유통에 있어서 외식의 중요성이 커지고 있다. 기업형 외식시장은 약 1조5천억 원 규모로 패밀리 레스토랑 2천억 원, 패스트푸드 1조3천억 원으로 추정되고 있다. 아울러 기업형 외식시장은 소득수준 향상으로 시장규모가 지속적으로 확대될 전망이다. 단체급식은 학교, 회사, 공장 등에서 식사를 제공하는 외식업으로 자체에서 급식을 준비하는 형태와 전문업체에 위탁하는 형태가 있다. 단체급식시장은 총시장규모 3조5천억 원

규모로 위탁 1조5천억 원, 자체 2조 원이다.

외식 및 식자재 유통업체서 취급하는 식품은 품질보다는 가격이 낮은 수입산을 선호하는데 이는 낮은 식단가, 소비자의 품질식별능력 부족 등에서 비롯된다.

외식 및 식자재 유통업체의 식품구매특성으로는, 첫째 센트럴키친 운영으로 맛의 통일을 위해 식자재 질이 일정하도록 유지하고 있고, 둘째 계절별, 메뉴별 신규 식자재의 지속적 개발을 요구하고 있으며, 셋째 수입 식자재 사용이 증대하고 있고, 넷째 본사에 의한 중앙집중구매와 사업장 구매의 조화를 추구하고 있다. 최근에는 사업장에서의 노동력 절감, 쓰레기 문제 때문에 산지에서 부분 가공하는 신선편이식품에 대한 수요가 증대되고 있다.

라. 전자상거래 및 TV홈쇼핑

전자상거래의 기반인 인터넷 이용자수가 2005년에 4300만 명에 달하였고, kr도메인도 64만 개에 이르렀다. 2005년의 사이버 쇼핑몰의 거래규모도 11조 원 규모로 2001년 3조 원에 비해 3.7배 증가하여 전체 소매판매액의 8.3% 수준이다. 식품을 판매하는 인터넷쇼핑 사이트는 600여 개이며, 전체 매출액은 8,158억 원 수준으로 전체 전자상거래 매출의 7.6% 정도이다. 부류별로는 식음료 및 긴강식품 5,311억 원(65.1%), 농수산물 2,847억 원(34.9%)이다. 농림부에서는 통합쇼핑몰(www.a-peace.com)을 운영하고 있으며, 일부 시빙지치단체(경기도 kgfarm.co.kr) 및 농협중앙회(인터넷 하나로클럽 shopping.nonghyup.com) 등에서 쇼핑몰을 운영하고 있다. 2002년에 전자상거래를 할 수 있는 홈페이지는 농업인 1,400개, 지역농협 240개가 개설되어 있다. 산지와 대형 구매처 간 거래를 중개하는 B2B는 아직 초보단계이며, 비교적 표준화가 잘 되어 있는 수입 축산물을 중심으로 2001년 1,717억 원 매출을 달성하였다. 수요처로는 대형유통업체, 단체급식업체, 가공업체 등이다.

TV홈쇼핑 시장규모는 2002년 4조8천억 원으로 비약적 성장세를 보이며, 식품의 비중은 5% 내외이다.

제4절 식품 도매유통

1 도매상의 기능과 유형

도매상은 제조업체로부터 상품을 조달하여 이를 소매상 혹은 다른 도매상에게 판매하는 유통기관이다. 도매상의 기능은 매우 다양하지만 수집과 분산이 주요기능이다. 외국에는 상품의 수집

·분산과 물류를 담당하는 대형도매상이 활성화되어 있으나, 국토가 협소한 우리나라에는 특정 제조업체의 상품만을 취급하는 전속 도매상만이 존재하며, 수집기능이 부족하고 규모가 영세하다.

도매상은 유통경로 상에서 발생하는 소유권 이전, 물류, 촉진, 금융, 위험부담, 협상, 주문, 지불활동 등의 기능을 수행함으로써 유통효율화에 기여하고 있다.

가. 제조업자를 위한 도매상의 기능

제조업자를 위한 도매상의 기능으로는 시장확대, 재고유지, 주문처리, 시장정보제공, 고객서비스 대행 등이 있다.

1) 시장확대

제조업자의 시장은 광범위한 지역에 산재하고 있는 다수의 고객으로 구성되어 있다. 고객이 상품을 필요로 할 때 쉽게 구매할 수 있도록 합리적인 비용으로 필요한 시장을 유지하기 위해 도매상을 활용하게 된다.

2) 재고유지

도매상은 제공되는 제품의 일정부분을 재고로서 보유하게 된다. 그러므로써 도매상은 막대한 재고보유에 따른 제조업자의 재무적 부담과 위험을 감소시켜 주고 안정된 판로를 제공해 주기 때문에 제조업자는 보다 확실한 생산계획을 세울 수 있게 된다.

3) 주문처리

제조업자가 수많은 소매상으로부터 소량주문을 받게 되면 주문처리에 비용이 많이 드나 소수의 집중화된 도매상을 상대하게 되면 주문물량이 커지고 주문횟수가 줄기 때문에 주문처리 비용이 감소된다.

4) 시장정보제공

도매상은 지리적으로 고객들과 가깝고 다양한 고객정보를 확보하고 있으므로 이러한 정보를 제조업자에게 제공하여 제조업자의 제품계획, 가격결정, 마케팅전략 수립을 도와준다.

5) 고객서비스 대행

소매상은 상품의 교환, 반환, 설치, 보수, 기술적 조언 등을 필요로 하는데 제조업자보다 도매상이 이러한 서비스를 대행하게 되면 효율이 높아지게 된다.

나. 소매상을 위한 도매상의 기능

소매상을 위해 도매상이 수행하는 기능으로는 구색갖춤, 소단위 판매, 신용과 금융, 소매상서비스, 기술지원 등이 있다.

1) 구색갖춤

도매상은 다수의 제조업체로부터 상품을 제공받아 다양한 상품구색을 갖춤으로써 소매상은 다수의 제조업자에게 직접주문을 하는 대신에 소수의 전문화된 도매상에게 주문을 할 수 있다.

2) 소단위 판매

제조업자는 일회 주문량의 최소단위를 제한하나 도매상은 소매상의 소량주문에 응해주기 때문에 제조업자와 소매상의 요구를 만족시킬 수 있다.

3) 신용과 금융

도매업자는 소매상에게 외상판매를 확대함으로써 상품을 구매할 수 있는 기회를 확대하고 소매상이 필요로 하는 많은 품목을 보관하여 소매상의 재고부담을 감소시켜 준다.

4) 소매상서비스

소매상은 상품의 구매처로부터 배달, 수리, 보증 등 다양한 유형의 서비스를 요구하게 되는데 도매상은 이 같은 서비스를 제공함으로써 소매상의 노력과 비용을 절감시켜 준다.

5) 기술지원

상품은 사용에 대한 기술적 지원과 조언이 필요한데 도매상은 숙련된 판매원을 통해 소매상에게 기술적 지원을 제공한다.

다. 도매상의 유형

도매상에는 다양한 유형이 존재하고 있으며 일반적으로 제조업자 도매상, 상인 도매상, 대리인 및 중개인으로 분류된다. 도매상, 대리인, 중개인의 차이점은 도매상이 상품의 소유권을 보유하는 데 비해 대리인과 중개인은 상품을 소유하지 않고 단지 거래를 성사시키는 기능만을 하는 데 있다.

1) 제조업자 도매상

제조업자 도매상은 제조업자에 의해 운영되는 도매상으로 판매지점이나 판매사무소를 들 수 있다. 제조업자는 재고통제와 판매 및 촉진관리를 향상시킬 목적으로 자신 소유의 판매지점이나 사무소를 설치하게 된다. 판매지점은 재고를 보유하고 있으나 판매사무소는 재고를 보유하지 않는다.

2) 상인 도매상

상인 도매상은 상품의 소유권을 보유하고 독립된 사업체를 운영하는 전형적인 도매상이다. 상인 도매상은 완전서비스 도매상과 한정서비스 도매상으로 대별된다.

완전서비스 도매상은 유통경로 상에서 물적소유, 촉진, 협상, 금융, 위험부담, 주문, 지불 등 거의 모든 활동을 수행한다. 또한 재고유지, 판매원의 이용, 신용제공, 배달, 경영지도와 같은 종합적인 서비스를 소매상에게 제공하기도 한다. 일반적으로 완전서비스 도매상은 광범위한 소매상으로 구성된 식료품이나 약품산업에서 볼 수 있다. 특히 수퍼마켓이나 편의점에서 판매되는 상품을 종합적으로 조달하여 배송해주는 종합도매상이 이러한 유형에 속한다.

한정서비스 도매상은 소수의 한정된 서비스만을 제공하는 유형의 도매상으로 현금거래 도매상, 트럭 도매상, 직송 도매상, 진열 도매상 등이 있다. 현금거래 도매상은 회전이 빠른 특정 상품만을 소매상에게 현금지불을 조건으로 판매하며, 농수산물 소매업자가 도매상에 가서 현금을 지불하고 소량의 농수산물을 구매하는 경우가 이에 해당한다. 트럭 도매상은 판매와 배달 기능을 하고 식료품을 중심으로 한 부패성이 강한 제품을 취급한다. 주로 수퍼마켓, 소규모 채소상인, 병원, 음식점, 호텔 등을 순회하면서 현금판매를 한다. 직송 도매상은 고객으로부터 주문을 접수하면 거래조건에 적합한 제조업자를 찾아 상품을 제조업자로부터 고객에게 직접 운송한다. 진열 도매상은 점포까지 상품을 배달하여 선반에 진열하는 역할까지 수행한다. 진열 도매상은 위탁판매를 하므로 상품의 소유권을 보유하고 최종소비자에게 판매된 상품에 대해서만 소매상에게 대금을 청구한다.

3) 대리인과 중개인

대리인과 중개인은 상품에 대한 소유권을 보유하지 않고 단지 상품의 거래를 촉진시키는 역할만을 수행하는 점에서 상인 도매상과 차이가 있다. 이들은 상품매매를 용이하게 하고 그에 대한 대가로 수수료를 받는다.

대리인(agent)은 일시적인 거래가 아니라 장기적이고 지속적인 거래를 위해 구매자나 판매자 한쪽을 대표한다.

중개인(broker)은 구매자와 판매자 사이에서 거래협상을 도와주는 데 있다. 중개인은 재고를 보유하지 않고 금융에 관여하지도 않으며 따라서 거래에 대한 위험을 부담하지 않게 된다.

2 식품 도매시장

가. 도매시장의 필요성과 기능

청과물 유통에서 도매시장의 비중이 큰 이유는 채소와 과일은 부패하기 쉽고 저장성이 약하며, 산지가 전국 각지에 분산되어 있고 소매상이 영세하며, 다양한 상품구색을 요구하고 있기 때문이다. 따라서 다양한 종류의 청과물을 한 장소에 집결하여 거래를 신속하게 수행하고 공정하게 가격을 결정하며 대금정산이 신속히 이루어지는 도매시장이 필요하다.

도매시장은 농산물의 수집, 분산, 가격형성, 대금결제, 정보전달 등 다양한 기능을 수행하고 있다. 먼저 도매시장은 풍부한 구색의 다양한 농산물을 전국으로부터 집하하는 수집기능을 효율적으로 수행하고 있다. 둘째, 가격형성 기능으로 특히 공영도매시장은 경매를 통해 수급을 반영한 가격을 신속하게 결정할 수 있다. 셋째, 도매시장은 다수의 소매업자 등에서 대량의 농산물을 신속히 분산하는 기능을 수행한다. 넷째, 출하자에게 판매대금을 신속하고 확실하게 결제하며, 마지막으로 도매시장 내 수급과 가격에 관한 정보를 수집하여 생산자 및 소비자에게 전달하는 정보기능을 수행하고 있다.

나. 도매시장의 기구

도매시장은 시장개설자, 도매시장법인, 중도매인, 매매참가인으로 구성되고, 이외에 관련사업자와 직판상, 소매상이 관여한다.

시장개설자(도매시장관리공사, 관리사무소)는 시설의 정비와 유지관리를 하며 업무의 허가 및 거래의 공정성을 감시한다. 서울특별시농수산물공사의 기능으로는 농수산물도매시장의 관리와 운영, 유통업무 종사자에 대한 지도감독, 도매시장의 거래질서 확립, 농수산물 유통구조 근대화 사업 등이 있다.

도매시장법인은 생산자로부터 위탁된 물품을 경매로 중도매인 또는 매참인에게 판매하고 일정의 수수료를 취한다. 도매시장법인의 기능에는 산지개발과 수집, 경매주관과 정산, 선대자금과 외상제공, 경매결과의 보고와 전파 등이 있다.

중도매인은 도매법인이 주관하는 경매에 참여하여 물품을 구입하고 마진을 붙여 소매상에게 판매하며, 경우에 따라서는 하매인(앞자리상) 등을 통해 소매상에게 판매한다. 중도매인의 기능에는 분산 및 가격결정 외에 상장예외품목을 중심으로 분산활동과 산지 수집활동도 수행하고 있나. 매매참가인은 중도매인과 함께 경매에 참여하여 물품을 구입하는 백화점, 할인점, 대량수요자 등 실수요자를 말한다.

중도매인으로부터 상품을 구입하여 도매시장 내에서 일반 소비자를 대상으로 판매(소매)를 하는 직판상과 백화점, 할인점, 수퍼마켓, 단체급식업체, 구멍가게 등 중도매인으로부터 물품을 구입하는 소매업자도 도매시장에서 활동하고 있다.

이외에 도매시장에는 운송업자, 하역노조, 식당, 약국, 은행 등이 있고, 정부기관으로는 잔류농약검사를 수행하는 보건환경연구원 등이 있다.

다. 도매시장 유통체계

도매시장 유통체계는 생산자가 직접 혹은 수집상을 통해 도매시장법인에 농산물을 출하하면, 도매시장법인은 경매를 통해 위탁된 농산물을 중도매인에게 배분하며 중도매인은 거래하는 소매상에게 농산물을 배송하게 된다.

반입과 경매준비는 저녁 6시~10시에 하며, 경매는 밤 10시부터 시작되는데 신선도 유지가 중요한 엽채류의 경매를 먼저하고 과채류, 과일류의 순으로 진행한다. 경락된 상품은 현장에서 도매되거나 중도매인 점포에 옮겨져 계속 판매된다.

도매시장에서는 상장경매를 기본적인 거래제도로 규정하고 있으나 일부 품목에 대해서는 상장예외를 인정한다. 2000년 농안법 개정으로 시장도매인(도매상) 제도도 도입되었다.

경매의 종류는 수지식, 전자식, 기계식으로 구분하거나 하향식, 상향식으로 구분하기도 한다. 경매방식으로는 이동식, 고정식(꽃), 차상경매(무, 배추 등) 등이 있다.

경매절차는 다음과 같다.

① 농산물을 시장 내에 반입한다.
② 하차와 선별은 하역노조원이 표준송품장에 의거해 물품을 확인하면서 하차하고 품목별, 출하주별, 등급별로 구분하여 판매장에 적재한다.
③ 판매원표 작성은 경매사가 판매원표에 일련번호, 생산자명, 품명, 수량 등을 기재한다.
④ 견봄품 발췌는 고정식 판매품의 경우 경매에 사용될 견본품을 출하자별, 등급별로 발췌하여 경매장으로 운반한다.
⑤ 호창, 경락, 기록은 호창수가 경매번호, 생산자, 등급, 수량 등을 호창하면, 중도매인이 수지로 응찰금액을 표시하고 경매사는 최고가격 제시자에게 경락시킨다.
⑥ 낙찰서 발부는 경매사보가 경락단가와 낙찰자 번호를 판매원표에 기재하고 낙찰서를 작성하여 중도매인에게 건네준다.
⑦ 상품인도는 하역노조원이 어느 출하주의 농산물이 어느 중도매인에게 경락되었는지 건별로 기록하고 낙찰된 농산물을 해당 중도매인 점포로 배송한다.
⑧ 정산은 경매가 끝나면 경매사가 표준송품장과 판매원표를 합철하여 경리과로 보낸 후 출하조합에 경락상황을 팩스로 전송한다. 만일 가격이 특별히 낮아 출하자가 경락을 취소하면 다음날 재상장하기도 한다. 경리과에서는 출하 조합별로 경락대금을 송금하고 송금 받은 농협은 즉시 출하주별로 통장에 입금한다.

도매시장에 출하하는 출하자는 도매법인에 상장수수료를 지불해야 한다. 상장수수료는 판매액의 4~7% 수준으로 도매법인은 상장수수료 중 일부를 시장사용료 및 출하장려금 등으로 지불한다. 출하자에 대한 출하장려금은 출하실적이나 품질인증 여부에 따라 지불하며 중도매인에게도 수수료의 일부를 판매장려금으로 지급하고 있다.

표준송품장은 판매원표 작성시 근거로 이용되기 때문에 기재사항을 정확히 기재하여야 업무착오를 없애고 대금정산도 신속히 이루어진다.

라. 도매시장 유형

도매시장은 개설자에 따라 크게 도매시장, 공판장, 유사도매시장으로 구분할 수 있다. 도매시장은 농수산물유통및가격안정에관한법률에 의거하여 시장의 개설허가를 받아 영업하는 법정 도매시장과, 도소매진흥법에 의해 시장허가를 받아 도매영업을 하는 일반도매시장이 있다. 법정도매시장은 다시 중앙도매시장과 지방도매시장으로 구분하며, 법정도매시장 가운데 정부와 지방자치단체가 공동투자하여 시에서 개설하고 관리하는 시장을 공영도매시장이라 하고, 민간이 투자하고 시·도로부터 개설허가를 받아 운영하는 시장을 민영도매시장이라 한다.

농수산물공판장은 농업협동조합이 시도지사의 허가를 얻어 개설하고, 도매시장과 같은 거래 관계자를 두며 도매시장의 여러 가지 규정을 적용한다.

유사도매시장은 농수산물 도매거래를 위하여 농안법에 따라 개설한 법정도매시장 이외의 시장을 말한다. 유사도매시장은 시장으로서 형태를 갖추고 도매거래를 하고 있지만 도매시장의 명칭을 사용할 수 없고, 농림부나 지방자치단체의 감독을 받지 않는다.

마. 농산물 도매시장 현황 및 발전전망

1) 도매시장 거래물량 추이

공영도매시장의 확대로 공영 및 법정도매시장, 공판장 경유율이 1997년 47%에서 2000년에 50%로 증가한 반면 같은 기간 유사도매시장 경유율은 46%에서 29%로 감소하였다. 그러나 도매시장의 비중은 1997년 93%에서 2002년 75%로 감소한 것으로 추정된다. 공영도매시장 확대로 공영도매시장 경유물량은 전체적으로 증가되고 있으나 도매시장 유통경로는 종합유통센터, 직거래, 전자상거래 등 대안적 유통경로가 발달함에 따라 경유율이 감소하고 있다.

가락동 도매시장은 전체 공영도매시장 중 물량에서는 41%, 금액에서는 49%를 점하고 있다. 가락동 도매시장의 취급물량은 개장 이후 지속적으로 증가하다가 1990년대 중반 이후 정체하고 있다. 부류별로 보면 청과물은 210만~220만 톤 범위이고 수산물과 축산물은 감소추세이다.

2) 도매시장 거래량 전망

수직적 조정의 관점에서 볼 때 소비지 대량수요처가 산지와의 계약을 통한 직거래, 계약생산, 생산단계의 통합 등을 통한 거래물량을 증가시킴에 따라 도매시장의 비중과 위상이 낮아질 전망이다. 유통환경의 변화와 유통진화단계로 볼 때 도매시장은 점차 그 중요성이 낮아질 것이다.

도매시장은 중장기적으로 경유물량의 감소로 위상과 역할이 위축될 것으로 보이나 상당기간 농산물 유통에 있어서 중추적인 기능은 지속될 것이다. 특히 수집·분산, 가격결정, 상품구색, 비규격품 처리, 시장정보 등에 있어서는 도매시장이 여전히 중요한 기능을 수행할 전망이다.

미국, 유럽 등 선진국도 대형유통업체가 성장하고 청과물 수입이 증가하면서 도매시장의 비중이 감소하고 있다. 미국은 청과물 유통물량 중 도매시장 경유율은 30%에 지나지 않고 유럽도 40~50%에 불과하다. 일본은 채소 83%, 과일 63%로 도매시장 경유율은 높으나 점차 감소하고 있다.

3) 도매시장 발전방향

향후 도매시장이 발전하기 위해서는 운영효율화를 통한 비용절감, 서비스기능 확대, 공정성 강화, 시장질서 확립이 필요하며, 각각의 구체적인 방안은 다음과 같다.

가) 운영효율화 방안

비용절감을 위한 운영효율화 방안으로는 첫째, 하역기계화 체계 구축을 위한 시설을 보완하고, 둘째, 법인 및 중도매인의 구조조정으로 시장 참여자를 규모화하며, 셋째, 경매제 이외에 효율성 높은 거래제도를 확대하고, 도매상제도의 경우 출하주 보호장치 등 보완책 마련 후 신중한 도입으로 거래제도를 개선하고, 넷째, 법인 및 중도매인의 운영효율화를 위한 영업규제를 완화하며, 다섯째, 법인 및 중도매인의 정보화에 의한 효율성을 제고해야 한다.

나) 서비스확대 방안

첫째, 보관기능을 확대하여 재고의 일시적 보유에 의한 수급조절을 통해 가격안정화를 꾀하고, 둘째, 잔류농약검사 등 안전성 검사 기능을 확대하며, 셋째, 농산물 취급요령 교육 등 소매상 영업을 지원하고, 넷째, 상품개발 방향, 소비자기호정보 제공 등 산지 지도기능이 필요하며, 다섯째, 가격, 거래물량, 반입물량 등 유통정보의 정확도 개선 및 효율적인 전파로 유통정보의 유용성을 높여야 한다.

다) 공정성강화 방안

첫째, 중도매인 경영실태를 조사하고 정보보고를 의무화하여 경영의 투명성을 높이고, 둘째, 전자경매시 사후 가격조정에 따른 투명성을 확보하고 상장예외품목의 거래투명성을 제고하며, 셋째, 시장 감독기능을 강화하여 개설자가 도매시장법인, 중도매인의 불공정 행위를 강력히 감독한다.

라) 시장질서확립 방안

첫째, 유사도매시장을 민영도매시장화하여 제도권으로 흡수하고 정비하여 공영도매시장 입주상인과의 공정한 경쟁을 유도하고, 둘째, 쓰레기처리 및 무허가상인을 단속하여 시장환경을 개선하며, 셋째, 출입카드제를 실시하고 반출입 시간을 제한하여 도소매 분리를 추진하는 것이 바람직하다.

3 종합유통센터

가. 종합유통센터의 개념과 유형

농수산물유통센터는 물류흐름의 다원화라는 측면에서 도매시장의 대안으로 추진되어 왔기 때문에 단순한 물류기능만이 아니라 농산물의 도매기능이라는 상적기능이 강조되어 왔다.

도매기관으로서 유통센터가 성공하기 위해서는 가맹점을 다수 확보하여 집배송 기능을 활성화 시켜야 한다. 서구의 경우는 소매점체인 또는 도매상이 유통센터를 건립하였으나 한국은 생산자단체가 유통센터를 건립, 소매점을 조직화하는 전방통합형이다. 집배송에 의한 도매물류사업과 더불어 현장판매의 현금무배달형 도매활동도 필요하다. 농협유통에 의해 운영되어 오고 있는 농협유통센터는 일본의 집배센터와 유사한 형태이나 도매뿐 아니라 소매를 적극적으로 수행하고 있다.

도소매라는 상적기능과 함께 다양한 물류기능을 수행하는 우리의 농수산물종합유통센터는 농수산물의 출하경로를 다원화하고 유통비용을 절감시키기 위해 수집, 포장, 가공, 보관, 수송, 판매, 정보처리 등 물류활동에 필요한 시설과 관련 업무시설을 갖춘 사업장이다.

종합유통센터의 도매활동은 예약상대거래로 이루어지고 있다. 종합유통센터가 소매기능을 하는 데 대해 비판적 시각도 있으나 현 단계에서 도매업의 사업기반이 취약하기 때문에 도매활성화에 장시간이 소요될 전망이므로 소매는 도매기능을 보완하는 측면에서 중요하다. 도매기능을 지속적으로 강화시켜 나가야 한다, 종합유통센터에서의 소매기능은 유통단계 축소에 의한 직거래 형태라는 점에서 생산자와 소비자에게 유통비용 절감의 혜택을 주고 있다.

나. 종합유통센터의 역할과 기능

종합유통센터는 단순한 수집·분산 기능뿐 아니라 다양한 상적·물적 기능을 수행하는 신유통의 주체로서 도매시장과는 차별화된 역할을 수행하고 있다. 구체적으로는 첫째, 경매제도의 불안정성을 극복하는 거래제도와 가격결정방식을 도입한다. 둘째, 유통정보를 효과적으로 수집하여 생산자에 전달한다. 셋째, 신상품을 개발하는 등 생산을 선도한다. 넷째, 물류체계 개선을 통한 물류합리화를 도모한다. 다섯째, 포장, 가공 등 부가가치를 창출한다.

또한 종합유통센터는 기존 도매시장과는 다른 형태의 물류체계로 농산물 유통경로를 다원화함으로써 생산농가의 출하선택 폭을 넓혀준다.

그리고 생산자와 소비자가 직결된 형태로 중간상인을 배제하고 유통경로를 단축함으로써 유통비용을 절감하여 수취가격 제고와 소비자 가격 안정에 기여한다. 종합유통센터가 도매시장법인과 중도매인의 역할을 통합 수행함으로써 유통단계가 2단계 이상 단축된다. 또 예약상대거래방식의 도입으로 산지 및 유통업체가 직면하는 가격변동 위험을 완화시키는 역할을 한다.

종합유통센터의 기능을 살펴보면 첫째, 수집·분산 기능이 있다. 청과물을 생산자, 포장센터, 간이집하장 등 생산지로부터 예약수의거래에 의하여 수집하고 가공식품의 경우 가공공장으로부터 주문을 통하여 수집함과 동시에 소매상, 대량수요처 등 수요자에게 적정한 가격으로 분산시킨다.

둘째, 보관·저장 기능이다. 수집된 상품을 배송하기 전까지 보관하고 신선도가 요구되는 상품에 대해서는 판매 전까지 상품성이 유지되도록 저장함으로써 수급변동에 따른 가격의 변동폭을 완화시킨다.

〈표8-10〉 도매시장과 종합유통센터의 차이점

구 분	종합유통센터	공영도매시장
1.개설·관리·운영	개설자가 관리 · 운영하여 일원화	개설자는 시, 관리자는 관리공사, 운영자는 지정도매법인
2. 도매 유통단계	개설자가 지정도매법인 및 중도매인의 역할 수행 1단계	개설자(관리공사), 도매시장법인, 중도매인, 매참인, 앞자리 등 3~4단계
3. 출하규격	대포장 또는 소포장, 하역 기계화	대포장 또는 산물수작업, 하역노조의 인력
4. 출하물량	사전발주 원칙, 출하자 제한	제한 없음
5. 가격결정	예약 수의거래	경매원칙
6. 판매처	직영점, 수퍼체인 등 회원	제한 없음
7. 취급품목	가공식품, 양곡, 생필품까지 확대	1차 농수축산물
8. 상품화 기능	단순가공, 소포장 실시	상품화 기능 없음
9. 유통정보	PC·FAX, EDI·VAN	전화 또는 대중매체
10. 공급방법	Cash & Carry원칙, 선택 배송가능	구입자 책임배송

셋째, 식품의 소포장 및 유통가공 기능을 수행하고 있다. 고객의 편리성 지향 등 수요자의 다양한 기호에 맞춰 즉석김치제조, 부분육가공, 곡류의 정선, 배합 등의 기능을 수행한다.

넷째, 정보처리 기능이다. 종합유통센터는 생산자의 희망가격, 수급동향, 시황을 감안한 예약수의거래 방식을 도입, 적절한 범위 내에서 가격을 결정함으로써 농산물의 안정적인 공급체계 구축에 기여한다.

다. 종합유통센터의 유통체계

종합유통센터의 유통체계는 〈그림8-5〉와 같이 신청(주문), 발주, 출하, 배송 및 현장판매 단계로 구분할 수 있다.

1단계인 주문은 거래처에서 각종 정보체계를 통하여 주문을 받는다. 장기적으로는 직영점이나 가맹점의 판매실적이 종합유통센터 호스트 컴퓨터에 자동 보고되어 판매량에 대한 정보를 원활히 입수함으로써 필요 물량을 자동으로 조절할 수 있도록 한다.

2단계인 발주는 가맹점 및 주거래처에서 주문한 물량을 참조하여 필요한 물량을 생산자 또는 출하단체, 포장센터, 청과물종합처리장, 미곡종합처리장, 가공공장에 주문한다.

3단계인 출하(입하)는 주문받은 물량을 생산자 또는 출하단체, 산지유통센터, 미곡종합처리장,

가공공장에서 종합유통센터로 직송한다.

4단계인 배송 및 현장판매는 종합유통센터에서 소매점으로 배송하거나 현장에서 상인에게 판매한다. 아울러 직판장을 통해 일반 소비자에게도 소매로 판매한다.

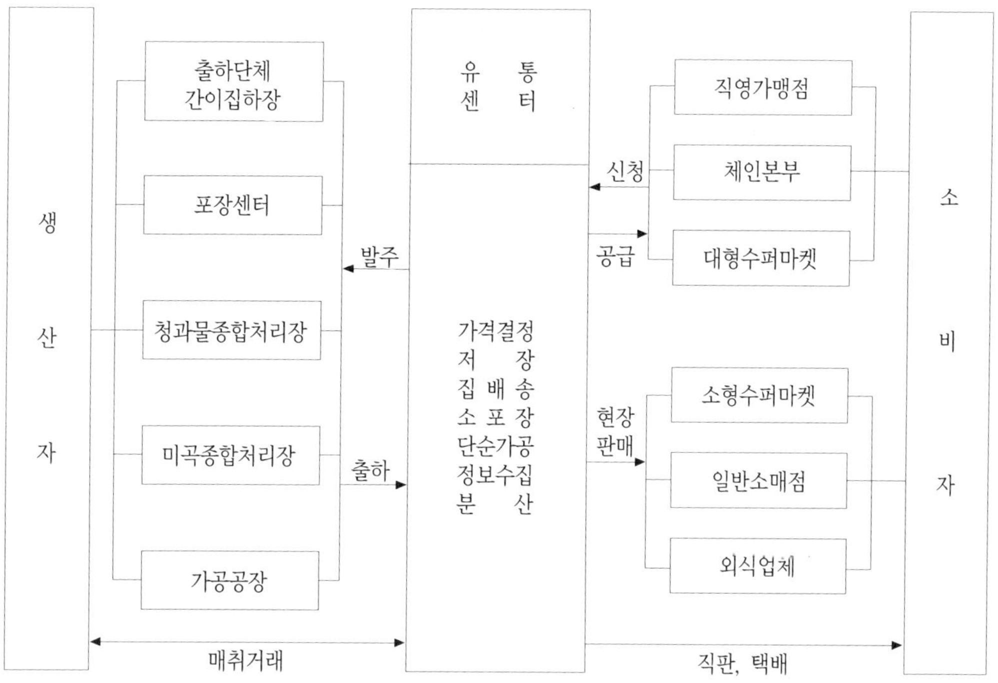

〈그림8-5〉 종합유통센터의 유통체계

라. 종합유통센터의 발전방향

1) 도매물류사업 활성화

종합유통센터가 농산물 유통의 중추적인 기능을 담당하기 위해서는 도매기능이 활성화되어야 한다. 소매업체 간 경쟁이 심화되면서 유통센터에서 소매매출이 정체될 것으로 예상돼 농협유통사업의 지속적인 성장을 위해서는 도매매출의 확대가 필요하다. 종합유통센터 개설 이후 소매위주로 영업하여 수익기반을 갖추고 있기 때문에 지금부터라도 도매확대에 주력해야 한다. 산지출하자의 구입물량 확대에 대한 요구도 도매매출확대를 통해 해결해야 한다.

2) 유통센터간 통합·조정기능 강화

종합유통센터가 운영효율을 높이고 소기의 정책목표를 달성하기 위해서는 유통센터 간 통합 및 조정기능이 필요하다. 구미의 대형유통업체는 수백개에서 수천개의 점포를 단일 경영체에서 운영하며, 우리나라의 이마트, 까르푸 등도 수십개의 점포를 체인스토어 방식으로 운영하고 있다.

종합유통센터 사업방식이 생산자단체형, 공공유형 등으로 다양하여 운영주체의 단일화가 곤란한 측면이 있지만 최적의 조정방안을 강구해야 한다.

3) 실질적인 예약상대거래체계 구축

출하자와 소매업체가 가격불안정성을 문제점으로 인식하고 있어 가격안정화 대책이 필요하고 출하자에게는 실질적인 예약상대거래체계를 구축하여 경영의 안정성을 촉진시켜야 한다.

4) 산지형 종합유통센터의 운영활성화

천안, 군위, 전주, 목포센터 등 산지형 종합유통센터의 운영활성화 방안에 대한 심도 있는 검토가 필요하다.

5) 유통정보화 및 전자상거래 추진

단순한 운영관리체계 뿐 아니라 광범위한 자료분석을 수행할 수 있는 데이터웨어하우스(DW), 고객관계관리(CRM), 공급사슬관리(SCM) 등 첨단 유통정보체계의 구축이 필요하다.

제5절 식품의 물류

1 물류의 개념과 중요성

가. 물류의 개념

물류란 상품의 생산과 소비사이에 존재하는 공간, 시간, 형태의 차이를 극복하여 생산과 소비를 연결하는 데에 관한 물리적인 경제활동을 말한다. 여기에는 식품의 수송, 보관, 가공, 포장, 하역의 물자유통활동과 물류에 관련되는 정보가 포함된다.

근대에 들어서 도시와 농촌이 구분되고 생산과 소비가 지역적으로 분리되면서 상품을 지역과 지역 사이에 효율적으로 이동시키는 것이 중요한 사회적 과제로 대두되었다. 또 일시적으로 생산되는 식품을 연중 공급하는 문제와 배추 등 농산물형태로 생산된 원물식품을 김치와 같은 가공식품으로 만들어 공급하는 가공도 중요하게 되었다.

유통을 상적유통과 물적유통으로 구분하는데 이를 줄인 말이 상류와 물류이다.

협의의 물류는 물적유통(physical distribution)을 의미하며, 판매 측면에서의 물류에 초점을 맞춘 것으로서 완제품을 대상으로 한다. 이러한 협의의 정의는 완제품 이전의 원재료 조달과정을 고려하지 않고 있어 전체적인 물류비 절감에 한계가 있으므로 물류의 개념을 원재료 조달단계에서부터 최종상품의 판매에 이르기까지 전 과정을 관리하는 것으로 확대 정의하고 있다. 이 같은 넓은 의미의 물류를 로지스틱스(logistics)라고 하는데, 원재료의 조달에서부터 최종소비에 이르기까지 상품의 수송, 보관, 가공활동 그리고 이와 관련된 정보를 관리하는 것으로 정의된다. 상품을 생산시점, 생산장소, 생산형태로부터 소비 또는 이용되는 시점, 장소, 형태로 전환시키는 활동, 즉 수송, 저장, 가공활동이 중심이다.

물류는 원재료나 부품의 공급단계에서부터 상품생산단계를 거쳐 완제품이 최종소비단계에 이르기까지 물자가 전달되는 과정을 총체적으로 파악하며, 기업경영에 있어서 모든 후방지원활동을 담당한다.

광의의 물류관리는 〈그림8-6〉과 같이 최종제품의 판매물류, 생산과정에서의 생산물류, 원재료의 조달과 관련된 조달물류가 모두 중요한 영역으로 인식되고 있다. 최근에는 판매된 상품의 반품과 관련된 회수물류 및 사용된 상품의 처리와 관련된 폐기물류도 중요성이 커지고 있다.

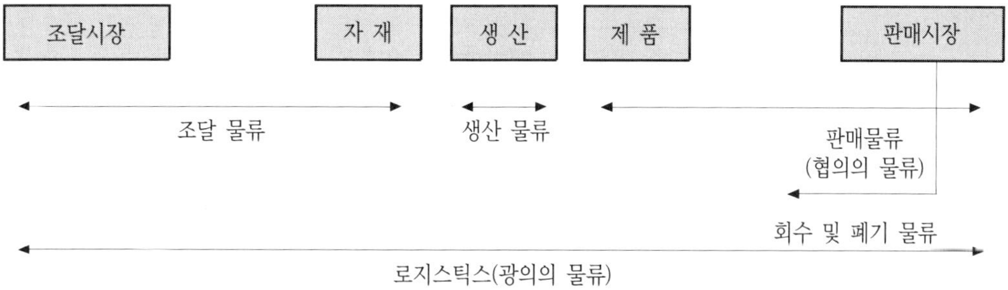

〈그림8-6〉 물류의 범위

나. 물류의 중요성

물류의 합리화와 효율성 제고는 국가 경제적인 관점에서 볼 때 물가상승을 억제하고 국가경쟁력을 높이는데 기여한다. 1980년대부터 도로, 항만 등 사회간접자본이 부족하여 국가 물류비가 급증하기 시작하면서 물류의 중요성을 인식하게 되었다.

물류비에는 상품이 생산에서 소비까지 전달되는 데 들어가는 수송비, 포장비, 가공비, 창고보관비 등 직접적인 비용뿐만 아니라 물류지원에 필요한 부수비용까지 포함되어 있다. 우리나라의 국가 물류비는 2003년에 90조 원이었고, 여기에 국제화물수송비를 포함하면 112조 원에 달한다. 이는 국내총생산액의 12.5%에 해당하여 미국의 7%, 일본의 11%에 비해 훨씬 높다.

기업은 물류를 통해 고객만족을 추구하면서 기업이익을 추구해야 하는데 교통혼잡으로 인한 물류비상승은 경쟁력을 약화시키므로 물류체계의 합리화는 기업의 생존을 좌우한다.

물류개선은 물류의 표준화와 효율화를 통해 물류비용을 절감하면서 고객만족도를 높임으로써 경쟁력을 강화하는 데 목적이 있다.

또한 유통시장이 개방되면서 수입 식품에 대응해 국내 식품이 균일한 품질규격으로 대량공급할 수 있는 체계를 구축하기 위해서 물류개선이 필요하다. 소량다품목 출하상태로는 소비지 대형 유통업체를 중심으로 거래물량을 대량화, 규모화, 체인화하는 추세에 부응하기 어렵다. 산지 입장에서도 인력이 고령화되고 수확 및 선별포장, 상차 등 인건비가 상승하고 단순 육체노동을 기피하는 상태에서는 이들 물류작업이 기계화되어야 한다.

물류비는 물적인 흐름에 소요되는 포장비, 가공비, 보관비, 수송비, 하역비, 물류정보를 포함한 물류관리비 등으로 구성된다. 청과물은 부패하기 쉽고 재선별이 필요하여 감모비, 재선별비, 쓰레기처리비용도 물류비에 포함된다.

2003년 농산물물류비는 〈표8-11〉과 같이 7.2조 원으로 매년 6~10%씩 증가하고 있다. 이 농산물 물류비는 국가 전체 물류비의 8%에 해당되며, 농산물에 대한 소비자 지불가격에서 14%를 차지하고 전체 유통마진에서 32%를 차지하고 있다. 농산물 생산액 29조 원과 비교하면 약 25% 수준이다.

〈표8-11〉 우리나라 농산물 물류비의 비중

구 분	생산자 출하액	유통마진(22조 8,432억 원)		소비자지불액
		물류비	기타 유통비용	
금 액(억 원)	29조4,295	7조2,267	15조6,165	52조2,727
비 중 (%)	56.3	13.8	29.9	100.0

자료 : 농수산물유통공사

농산물 물류비의 항목을 비교하면 〈표8-12〉와 같이 수송비가 전체의 32%로 가장 많고 포장가공비도 31%로 많다. 그 다음이 감모청소비, 보관비, 하역비, 물류관리비 순이다. 국가 전체의 물류비 항목과 비교하면 농산물 물류비는 포장가공비, 하역비가 높은 데 비해 국가 전체 물류비는 수송비가 77%로 높고 보관비도 17%로 높다.

농산물 포장가공비가 31%로 높은 이유는 농산물이 산지에서 가공처리하는 경우가 많고, 도소매 단계에서도 재선별, 재포장되는 경우가 많기 때문이다. 하역비 비중이 10%로 높은 이유는 농산물의 경우 아직도 산지에서 팔레트 적재출하가 적으며, 도매시장을 중심으로 하역기계화가 잘 이루어지지 않고 있기 때문이다. 특히 청소감모비가 13%로 높은 것은 물류 효율화와 도시쓰레기 감소를 위해 시급히 해결해야 할 문제이다.

〈표8-12〉 농산물과 국가 전체의 물류비 항목별 금액과 비율 (10억 원, %)

구 분		계	수송비	포장 가공비	감모 청소비	하역비	보관비	물류관리비
농산물	금액	7,227	2,288	2,232	930	643	691	443
(2003)	비율	100.0	31.7	30.9	12.9	8.9	9.6	6.1
국가전체	금액	90,345	69,470	2,012	-	1,257	15,291	2,315
(2003)	비율	100.0	76.9	2.2	-	1.4	16.9	2.6

주) 국가전체의 포장가공비에는 가공비가 제외된 것이고, 물류관리비는 물류정보비와 일반관리비를 합한 금액임
자료 : 농림부(농산물, 2005), 교통연구원(국가 전체, 2005)

2 물류기능과 농산물 물류체계

가. 물류기능

물류기능은 물자유통기능과 정보기능으로 나눌 수 있다. 물자유통기능은 상품의 장소적, 시간적, 형태적 흐름에 관련된 기능으로서 상품의 공간적 효용에 관련된 수송기능, 상품의 시간적 효용과 관련된 보관기능, 상품의 형태적 효용을 창출하는 가공기능, 물류의 각 단계에서 기능을 연결하는 하역기능, 물류의 시발점인 포장기능으로 구분된다. 물류정보기능에는 통신 기초시설 기능과 전달기능이 포함되다.

1) 수송

수송이란 자동차, 기차, 선박, 항공기 등의 수송수단으로 사람이나 재화를 장소적으로 이동하는 것을 말한다. 수송과 유사한 용어로 운송, 운반, 운수, 교통, 배송(배달) 등이 있다. 일반적으로 수송은 장거리 운송을, 배송은 단거리 배달에 관련된 운송을 말하며, 이 두가지 개념을 합쳐 수배송이라고도 한다.

수송에서 단위적재체계(unit load system, ULS)는 화물을 일정한 중량과 부피로 단위화시켜 하역기계화 및 수송서비스를 효율화하는 체계이다. 이에는 일관팔레트화(palletization)와 일관컨테이너화(containerization)가 있다.

일관팔레트화는 발하주부터 수하주까지 팔레트에 화물을 적재한 채 지게차 등을 이용하여 수송, 보관, 하역하는 방법이다. 우리나라에서 표준 팔레트는 T11로 1100×1100mm의 규격을 가지고 있다.

ULS의 장점은 하역시 파손과 오손, 분실 등을 방지할 수 있으며, 운송수단의 효율성을 제고할 수 있고, 하역의 효율성을 향상시킬 수 있다. 포장의 간소화와 포장비용의 절감, 높이쌓기가 가능하여 저장공간의 효율성을 높일 수 있다. 또한 물류관리의 체계화가 용이해져 하역과 수송의 일관화를 가져올 수 있다. 단점으로는 자본투자가 필요하며 팔레트의 회수관리가 어렵고 적재효율

이 저하되며 지게차 같은 하역기계가 필요하고 공간도 충분히 확보되어야 한다는 점이다.

ULS가 효율적으로 추진되기 위해서는 물류장비와 시설이 표준화되어 서로 연계가 잘 되어야 한다. 팔레트 규격에 맞추어 수송적재함의 규격, 포장단위의 치수, 운반하역장비, 창고보관설비, 거래단위 등이 표준화되어야 한다.

수배송의 공동화는 수송수단의 적재효율을 향상시켜 물류효율을 높이기 위해 2인 이상의 사업자가 공동으로 수송과 배송 활동을 하는 물류공동화의 일종이다. 예컨대 산지에서 여러 농가의 농산물을 모아 공동으로 한 트럭에 실어 소비지로 수송하는 것이 있다.

2) 보관

보관은 상품을 물리적으로 저장하고 관리하며 고객의 주문에 따라 공급함으로써 생산과 소비 간 시간적인 차이를 조정하는 기능을 하며, 수배송 경로의 접점이 이루어지는 거점역할을 수행한다.

보관기능으로는 첫째, 상품의 재고관리를 효율적으로 하여 신속정확한 발주로 고객의 주문에 부응하는 기능, 둘째, 적정량의 재고보유로 총물류비를 줄이고, 셋째, 수송과 배송 사이에서 소량화물을 대량화물로 모으거나 대량화물을 소량으로 나누어 배송하는 중간기지역할을 수행한다. 그리고 단순한 보관 기능뿐 아니라 분류, 가공, 재포장, 검품 등 유통가공 관련 기능도 담당한다.

선품(order picking)은 고객의 주문에 대응하여 창고의 재고로부터 주문품을 골라내어 모으고 출하하는 과정이고, 분류(sorting)는 상품명세에 따라 물품을 일정한 분류기준에 의해 창고 내 일정한 위치에 집합시키는 물류활동이다.

3) 가공

식품은 인간이 필요로 하는 한 종류 이상의 물질을 함유한 천연물 또는 가공물로서 우리가 먹을 수 있는 약품 이외의 물질을 말한다. 식품으로서 섭취할 수 있는 조건을 가지고 있지만 가공되지 않은 것을 원물식품(原物食品) 또는 자연식품이라 부른다. 예를 들면 쌀, 배추, 돼지고기, 참치, 소금 등은 원물식품이며, 이를 가공한 쌀밥, 김치, 햄, 통조림, 재제염 등은 가공식품(加工食品)이라 할 수 있다.

식품가공이란 원물식품에 이화학적, 생물학적 변화를 주어 소화와 흡수를 돕고, 맛, 향, 색, 조직감을 좋게 해서 기호성을 향상시키며, 아울러 저장성을 증대시키는 일련의 가공조작이다.

식품을 가공함으로써 얻어지는 장점은 다음과 같다.

① 소화 흡수를 도와 인체 내에서 영양소의 이용율을 증대시킨다.
② 맛과 풍미를 개선시켜 기호적 가치를 향상시킨다.
③ 가공조작을 통해 저장성을 향상시킬 뿐만 아니라 운반 및 수송을 편리하게 한다.
④ 식품가공을 통해 생기는 부산물을 동물의 사료 또는 비료로 재활용할 수 있도록 한다.
⑤ 생산지에서 출하되는 저장성이 낮은 원물식품을 가공처리하여 보관함으로써 유통과정에서 수요와 공급을 원활하게 조절한다.

4) 포장

포장은 물품을 수송, 보관함에 있어서 가치 또는 상태를 유지하기 위해 적절한 재료, 용기 등을 물품에 가하는 기술 및 상태를 말한다. 포장의 종류에는 물품 낱개를 포장하는 낱포장과 포장화물 내부의 포장인 속포장, 외부의 포장인 겉포장이 있다.

포장의 기능으로는 화학적 물리적 변질을 방지하기 위한 보호성, 기준규격에 의한 정량성, 라벨과 인쇄로 표시하는 표시성, 가치창조, 패션화, 상품성 제고 등이 있다. 또한 진열과 수송, 하역을 용이하게 해주는 편리성도 있으며, 판매, 하역, 수배송을 효율적으로 해주는 효율성, 구매의욕을 높이는 판매촉진성 등이 있다.

5) 하역

하역은 운송 및 보관에 수반하여 발생하는 쌓고 부리기 작업으로서 화물의 쌓기, 부리기, 운반, 입출고, 분류 등의 작업과 이에 부수되는 작업을 말한다. 상품의 수송과 보관 전후에는 반드시 하역작업이 수반되기 때문에 하역의 합리화는 물류과정 전체의 합리화에 중요하다.

하역기기에는 컨베이어, 지게차, 핸드팔레트, 자동분류기 등이 있다.

나. 농산물 물류체계

농산물 물류체계에는 산지에서 소비지까지의 수송, 표준규격출하, 도매시장 하역체세, 저장, 표준코드 등 정보가 포함되어 있다.

농산물의 수송은 농가의 출하규모가 영세하고 생산자조직의 공동출하체계가 미흡하여 원거리 산지에서 소비지 도매시장까지 소형차량에 의해 운송되는 비효율성이 상존한다. 표준규격화는 산지유통센터, 작목반 집하장 등에서 공동선별 포장을 수행함으로써 출하농산물의 품질을 균일화하고 통명거래 기반을 조성하므로 유통의 효율성을 높인다.

우리나라 규격출하 비율은 2002년 49.8%로 높아지고 있지만 선진국보다 낮은 수준이다. 농산물의 평균적인 규격출하비율은 곡물류, 과일류, 서류, 과채류가 높은 편이고 채소류는 낮은 수준이다. 도매시장의 중도매인이나 수집상 등 일부 중간상인은 표준규격 출하가 정착되면 재포장을 통해 얻을 수 있는 물량마진이나 등급마진을 얻을 수 없어 표준규격출하품의 구매를 기피하기도 한다.

물류기능 중에서 병목현상으로 자리잡고 있어 물류효율화와 유통개혁에 걸림돌이 되는 것이 하역문제이다. 물론 우리나라는 규격화, 포장화, 등급화 등 산지유통 개선이 미흡하여 하역기계화를 저해하고 있으나, 도매시장에서 하역노조에 의한 하역의 독점적 수행과 하역기계화에 대한 거부감 등으로 하역체계 개선이 지지부진하다.

3 물류표준화의 개선과제

물류체계를 개선하려면 물류표준화가 선행되어야 한다.

물류표준화란 운송, 보관, 가공, 하역, 포장 등 물류의 각 단계에서 물동량 취급단위를 표준팔레트로 단위화하고, 사용되는 시설, 장비를 규격화하여 이들간 호환성과 연계성을 확보하는 단위적재체계(ULS)를 구축하는 것이다. ULS는 수송, 보관, 하역 등 물류활동을 합리화하기 위해 여러 개의 물품 또는 포장화물을 기계에 의한 취급이 적합하도록 하나의 단위로 정리하여 하역을 기계화하고 수송, 보관 등을 일관하여 합리화하는 구조를 말한다.

물류표준화의 대상분야에는 전국적으로 통합이 필요한 것으로 산업의 기초가 되고 광범위하게 사용되는 물품, 국제경쟁력을 강화하고 합리화 촉진을 위해 통일이 필요한 것, 그리고 국제규격과 조화를 위해 통일이 필요한 것 등이다.

수송에서는 수송장비, 적재함, 냉동탑차, 화차, 컨테이너 등이 표준화 대상이며, 하역에서는 지게차, 컨베이어, 기중기 등이, 보관에서는 보관선반, 팔레트, 포장에서는 포장치수, 재질, 강도, 포장재 등이 그 대상이 되고 있다. 물류지원 분야로서 물류정보에서는 상품코드, 전표, 전자상거래 등이 표준화의 대상이 되고 있다.

물류표준화와 관련된 법령 및 제도에 관한 업무는 주로 건설교통부, 산업자원부에서 담당하며, 농산물 물류에 대해서는 농산물표준출하규격에 관해 농산물품질관리원에서 담당하고 있다. 정부는 물류표준화 기준인 표준팔레트(1,100×1,100m)에 맞추어 규격을 정비하였다.

또한 쌀, 사과, 배 등 89개 품목에 대하여 품질, 포장, 포장단위 무게규격을 전면 개정하여 상품성 향상과 디지털 유통 지원, 물류비용을 절감하였고, 감자, 채소류 품목을 추가하여 총 128개 품목에 대해 규격을 제정하여 운용하고 있다.

그 외에 농산물 물류체계를 개선하기 위해서는 다음과 같은 노력이 필요하다.

첫째, 농산물의 공동규격출하를 촉진해야 한다. 산지단계에서 공동규격출하는 물류표준화 정착을 위한 첫 단계이므로, 농가들이 출하물량을 묶어 공동출하할 수 있도록 생산자조직의 산지유통센터를 통해 공동선별, 포장규격화, 공동출하가 활성화되어야 한다.

둘째, 물류시설을 개선하고 물류기기의 보급을 대폭 확대해야 한다. 단위적재체계에 맞도록 유통시설, 가공시설 등 물류시설이 건설단계부터 물류표준화 개념에 맞도록 건설되어야 하며 기존시설에 대해서도 ULS에 맞도록 개보수를 해야 한다. 생산자조직, 산지유통센터를 중심으로 팔레트풀체계를 운영하여 물류기기의 보급과 이용을 활성화하고, 저온유통체계의 기반구축을 위해서도 예냉시설, 저온수송차량 등 시설과 장비가 보완되어야 하며 도매시장, 물류센터 등의 시설도 저온보관, 저온거래가 가능하도록 보완될 필요가 있다.

셋째, 도매시장의 하역체계 개선을 위해 정책당국과 도매시장의 개혁적인 노력이 필요하다. 하역기계화는 농산물 유통개혁의 병목현상을 해결하는 데 필수 불가결한 요소이기 때문에 하역기계화에 걸림돌이 되는 문제점을 해소할 필요가 있다.

제6절 식품의 산지유통

1 산지유통의 기능

식품유통은 식품이 생산자로부터 소비자에게 이르기까지 유통과정을 통해 효용(시간효용, 장소효용, 형태효용, 소유효용)을 창출함으로 생산적이다.

특히 산지유통은 식품유통과정의 출발점으로 농업인, 생산자단체, 산지유통인이 생산된 원물식품을 선별포장, 표준등급화, 가공, 저장, 수송, 거래, 금융 및 위험부담, 정보제공 등 다양한 기능을 수행하며 효용을 창출한다.

가. 거래기능

산지에서는 작물을 파종하기 전, 파종 후 수확 전의 논밭, 그리고 수확 후 보관 중에 생산농가와 수집상, 또는 생산농가와 생산자단체 간에 거래가 이루어진다. 산지거래방식에는 포전거래, 계약거래, 정전거래, 산지공판 등이 있다.

포전거래는 밭떼기거래 또는 입도선매라고도 하며 무, 배추, 당근, 양배추, 대파, 양파 등 주로 채소에서 많이 이루어진다.

계약재배는 소매업체, 도매상, 농협 등 구매자와 생산자 사이에 파종 전 또는 파종 후 수확 전에 판로, 품질, 가격 등을 계약하는 것이다. 또 판매계약은 소매업자, 도매상, 가공업체 등 계약자와 생산자 사이에 수확 전 또는 시장판매 직전에 가격과 판로를 계약하는 것이다. 이는 농산물 생산에 따른 위험은 생산자가 지나 가격위험은 생산자와 계약자가 분담하고 판로를 안정적으로 확보하는 데 목적이 있다. 채소수급안정사업은 생산자단체가 농민과 계약재배를 하여 생산조절이나 출하조절을 수행하는 것이고, 최근에는 대형소매유통업체도 생산농가나 생산자조직과 계약재배를 하는 경우가 늘어나고 있다.

정전거래는 마당판매 또는 창고판매라고도 하며 농가에서 수확한 농산물을 창고에 보관한 후 방문한 수집상에게 판매하는 거래방법이다. 주로 저장, 보관이 가능한 고추, 마늘 등 채소와 사과, 배, 감귤 등 과일에서 이루어지고 있다.

산지공판은 성출하기에 주산지 생산자단체가 산지공판장이나 경매식 집하장 등에서 중매인을 대상으로 경매를 통해 공동판매하는 것을 말한다. 고추, 마늘, 수박, 양파, 오이, 단감, 참외 공판장 등이 대표적인 산지공판장이다.

나. 출하조절기능

원물식품의 가격변동에 대응해 생산 후의 공급과잉과 가격등락 수준에 따라 판매량과 판매시기, 판매지역, 판매시장 등을 조절함으로써 가격안정과 수급안정을 도모한다. 채소에 대해 채소수급안정사업을 통해 생산공급량을 조절하며, 유통협약과 유통명령제 도입을 추진 중이다. 채소수급안정사업은 고추, 마늘, 양파, 무, 배추, 당근 등 주요 채소에 대해 농협 등 생산자조직과 계약재배를 통해 재배면적과 출하량을 조절하고 산지폐기를 실시하여 생산 공급 물량을 근본적으로 조절하는 제도이다.

유통협약 및 유통명령제는 과잉기조에 있는 농산물의 공급을 품목별 생산자조직에서 산지유통조직과 협약을 통해 조절하되 정부에 유통명령을 요청하여 무임승차에 대한 법적인 제재를 요구함으로써 궁극적으로 소득을 높이기 위한 제도이다.

다. 물적유통기능

산지유통은 산지에서 일반저장, 저온저장 등의 방법으로 농산물을 저장하여 성수기 출하를 억제하고 비수기에 분산출하하여 출하량을 조절함으로써 시간효용을 창출한다. 특히 농가별 소형 저온저장고뿐만 아니라 지역농협, 영농조합법인, 작목반, 지방자치단체, 민간저온저장업체 등에서 중대형 저온저장고를 설치하여 저장기능이 크게 향상되었다.

또한 산지에서 소비지 도매시장, 종합유통센터 등 소비지시장에 출하함으로써 장소효용을 창출하고 있으며, 산지의 가공공장에서 농가와 생산자단체가 가공을 통해 형태효용과 부가가치를 창출하고 있다.

라. 상품화기능

산지유통은 생산한 농산물을 선별, 가공, 상표화, 표준규격화, 포장화 함으로써 부가가치를 높이는 상품화 기능을 수행한다. 상표화는 이미지 차별화로서 생산자나 생산자조직, 지방자치단체 등에서 지역산 원물식품에 대해 브랜드를 부여하고 홍보함으로써 다른 상품과 차별을 유도하여 차별적인 가격과 구매력을 유발하는 전략이다.

한편 표준규격화는 산지유통센터, 작목반, 집하장 등에서 공동선별 포장함으로써 출하 원물식품의 품질을 균일화하고 통명거래 기반을 조성한다. 표준규격화 수준은 유통의 효율성을 대표하는 지표로서 우리나라 규격출하 비율은 2002년에 49.8%로 높아졌지만 선진국보다는 낮은 수준이다. 규격출하비율은 곡물류, 과일류, 서류, 과채류가 높은 편이고, 채소류는 낮은 수준이다. 또한 포장화 비율은 2002년 90.1%이며, 과실류, 서류는 높고, 수박, 대파는 낮으며, 마늘과 배추도 낮은 수준이다.

2 산지출하체계

가. 농가의 판매형태

농가의 농산물 출하는 개별출하, 공동출하, 수집상판매, 정부수매, 직거래로 구분된다. 개별출하는 농가가 직접 소비지 도매시장이나 도매상인, 소매상 등 중간 유통상에 출하하는 방식이고, 공동출하는 작목반, 농협, 영농조합법인 등 생산자조직을 통해 출하를 위탁 또는 매취하는 방법으로 소비지 시장에 출하하는 방식이다. 수집상판매는 농가가 밭떼기나 정전거래로 수집상에게 판매하는 방식이고, 정부수매는 농가가 주로 쌀, 보리 등을 정부에 판매하는 방식이다. 또한 직거래는 농가가 소비자나 생활협동조합에 직접 출하하는 방식을 말한다.

산지에서 생산자조직의 공동출하가 확대되는 반면 수집상의 취급비중이 저하되고 수집상은 품목과 기능 면에서 전문화되고 있다. 특히 과일과 과채류의 공동출하가 늘어 사과, 배, 단감, 감귤은 50% 이상이고 포도는 80% 이상, 오이 · 토마토 · 풋고추 등은 90% 이상이 작목반, 영농조합법인, 농협 등 생산자조직을 통해 공동출하되고 있다.

또한 1990년대부터 생산자조직의 판매활동이 늘어나 생산자조직에서 수집, 저장, 수송기능을 수행하게 되고, 정부의 수매자금 및 자체 가공공장 운영에 의해 (김치공장, 고춧가루공장, 마늘박피공장, 양파산지포장, 저장시설 등) 농가로부터 구매하여 어느 정도의 위험부담기능을 수행함에 따라 농협 계통출하비중이 늘어나는 추세에 있다. 1990년대 초반까지만 해도 수집상의 취급비중이 50% 정도 되었으나 2000년대에는 15~20% 수준으로 낮아졌고 협동조합에서는 산지유통센터와 가공공장을 설립하여 이를 활용한 저장 가공기능 등이 추가되면서 취급이 늘었다.

쌀은 미곡종합처리장(rice processing complex, RPC)을 중심으로 수매가 이루어지고 가공포장되어 소비지 소매점에 판매된다. 쌀의 주된 유통경로는 생산자 → 농협·도정업체 → 도매상 → 소매상 → 소비자이며, 농가의 출하 중에서 산물벼 유통이 확대되고 있으며 고품질 청결미 생산과 브랜드쌀 유통이 촉진되고 있다.

소고기는 수집반출상이 소비지 정육업자나 도매상의 납품의뢰를 받아 도축장에서 도축하여 배송하는 형태이며, 돼지고기는 소고기와 유사한 유통형태와 대리점을 통해 소매점 또는 대량수요처에 판매되는 형태를 띠고 있다. 육계는 계열화주체에 의한 유통이 확대되고 있으며, 계란은 수집반출상에 의한 유통이 이루어지고 있다.

한편 정부에서는 생산 - 도축 - 가공 - 판매를 일괄처리하는 축산물종합처리장(livestock

product processing complex, LPC) 건설을 유도하여, 김제돈육가공공장, 음성계육가공공장, 한냉 중부공장, 안성축산, 부천축산 등에서 냉장 브랜드육 판매와 수출을 선도하고 있다. 이와 같이 축산물은 육가공업체나 계열화주체, 대형유통업체, 대량수요처 등으로 판매되는 경우가 많아 상당 수준 선진화된 거래로 변화되고 있다.

나. 산지출하조직

산지유통은 작목반, 영농조합법인, 협동조합 등 생산자조직에 의한 산지유통과 수집상에 의한 산지유통으로 구분된다. 농가는 50% 이상이 지역농협을 이용하여 판매하고 최근에는 품목전문조합의 산지유통이 늘고 있다.

농업협동조합은 지역조합과 전문조합으로 구분된다. 품목별 전국협의회는 과수, 양념채소, 신선채소, 시설채소 등에 26개, 자조금 조성단체는 6개이다.

작목반은 거주지역 또는 동일 작목을 재배하는 농가들이 모여 협동을 통한 생산성 증대를 목적으로 활동하는 생산 및 산지유통을 하는 조직으로 공동출하를 시행하는 기초조직이다. 작목반은 농협의 계통조직이지만 엄밀한 의미의 하부조직은 아니고, 작목반과 농협의 관계는 지역에 따라 협조관계가 강하기도 하고 약하기도 하다. 영농조합법인은 일반적으로 농협 및 작목반과 경쟁관계에 있다.

작목반이나 영농조합법인의 판매방법은 공동판매와 계통판매비율이 전체의 80% 이상이다. 농협을 통한 공동판매유형은 판매대금 결제만을 공동으로 하거나(29.6%), 수송과 대금결제를 공동으로 하는(30.7%) 비율이 높고, 공동선별·계산 및 농협명의의 포장출하 등 진정한 의미의 공동판매형태(23.8%)는 선진국에 비해 낮다.

산지수집상은 엽근채류와 양념채소 등 가격등락이 심한 품목을 중심으로 위험을 부담하고 고수익을 추구하는 역할을 수행하고 있다. 수집상은 일부 품목에 전문화되어 있는데 무, 배추 등의 엽근채류에 대한 밭떼기와 고추, 마늘, 양파 등 양념채소에 대한 정전거래 비중이 높다.

3 산지유통센터 현황과 발전방향

가. 산지유통센터 설치 현황

농산물 산지유통센터(agricultural product processing center, APC)는 주산지에 산지유통시설을 설치하여 산지유통의 거점시설로 육성하고, 생산과 유통을 계열화하여 시장교섭력을 강화함으로써 소규모 영농의 한계를 극복하고 급변하는 유통환경에 대한 산지의 대응능력을 높일 목적으로 추진되어 왔다.

정부는 유통개혁의 일환으로 표준규격품 출하를 유도하고, 집하, 세척, 선별, 포장, 저장, 가공 등 산지유통기능을 종합적으로 수행하는 산지유통시설을 건립하기로 하여 청과물종합유통시설과 산지유통센터(APC)를 지원하고 있다.

2002년 말까지 APC는 204개가 선정돼 지원되었으며, 운영 중에 있는 산지유통시설은 청과물종합처리장 3개소, 청과물종합유통시설 24개, 협의의 APC 153개소로 총 180개소이다.

또한 지방자치단체에서 소유하고 민간에 위탁운영하도록 하는 공공소유 - 민간위탁 운영 방식의 시설을 지원하고 있다.

2001년도부터는 저온유통기반 확충사업, 간이집하장 시설보완사업을 산지유통센터 설치사업으로 일원화하였으며, 2002년부터 유통사업이 활성화되고 발전성이 있는 조합을 산지유통전문조직으로 지정하여 전문조직에 상품화 시설을 우선적으로 지원하고 있다.

소비지 유통환경에 대응할 수 있는 산지유통여건을 조성하기 위해 집하장, 저온저장고 등 보관위주의 시설지원에서 예냉시설, 비파괴 당도측정기, 에틸렌가스 제거기, 물류장비 등 상품화 시설을 지원하여 산지유통시설 기능을 확대하고 활용도를 높이도록 하였다. APC는 집하선별장과 저온저장고를 중심으로 시설이 설치되어 있으며, 투자비는 평균 10억 원 정도이다. 최근에는 대형화 추세에 있다.

나. 산지유통센터 운영성과

APC는 시설운영과 경영에 대한 미숙으로 시행착오를 겪어왔으나 운영성과가 향상되고 있으며 산지유통의 핵심시설로 자리잡고 있다. APC의 운영성과를 요약하면 다음과 같다.

첫째, 취급물량이 증가하고 품목이 다양화되고 있다. 초기에는 취급품목이 1~2개로 집중되어 있는 시설이 많았으며(특히 과일 산지) 취급물량도 적었으나 시설의 연중 가동일수도 늘어나고 품목도 보완되어 다양화되고 있다. 2002년도 APC의 총취급량(출하량+재고량)은 약 74만 톤으로 전년보다 40%나 증가하였고, 개소당 평균 취급량도 4,110톤으로 28%나 증가하였다. APC의 총취급량은 전국 생산량의 9.1%로 증가하였고 특히 마늘, 양파 등 양념류와 사과, 배 등 과일류 및 당근 등은 APC의 취급비율이 10%를 넘어서고 있다. 반면 배추, 감귤, 단감은 생산자들이 APC를 이용하기보다 직접 출하하거나 중간상인 등에게 포전거래로 판매하는 경우가 많아서 취급비율이 배추 1.6%, 감귤 1.8% 등으로 낮다.

둘째, 시설의 연중 가동일수가 늘어나고 있다. 특히 취급품목이 다양화됨에 따라 저온저장고는 1년 중 9개월을 순수하게 활용하고 있으며, 과거에는 수확철 1~2개월만 한정적으로 활용하던 선별기 가동일수도 크게 늘어나 연중 4개월 정도 가동하고 있다. 저온저장고는 2002년에 277일을 가동하였고, 선별기는 120일로 계속 늘어나고 있다.

셋째, 도매시장 출하비율이 줄어들고 유통업체, 가공공장 등과의 직거래가 늘고 있다. 산지유통시설에서 선별, 포장, 저장, 예냉 등 수확 후 상품화 수준이 높고 일정규격을 대량으로 취급하기 때문에 대형유통업체나 가공공장에서 선호하고 있다. 2002년도 도매시장 출하비중은 44%로 줄어든 데 비해 유통업체 출하비중은 31%로 늘고, 가공공장 등 기타 출하비중은 18%에서 20%로 증가하였다.

이와 같이 운영주체의 경영능력이 향상됨에 따라 APC가 취급품목, 취급량, 가동일수, 출하처 등에서 개선되고 있으나 아직도 개선해야 할 점이 있다.

다. 산지유통센터의 발전방향

청과물을 주로 취급하는 APC는 식품가공공장(FPC), 미곡종합처리장(RPC), 축산물종합처리장(LPC)과 함께 산지유통을 혁신적으로 이끌어 갈 핵심시설이다. 따라서 APC를 청과물의 상품화 거점으로 육성할 필요가 있고, 공동계산제를 실시하도록 조직화할 필요가 있으며, 독립적인 경영체로서 전문적으로 운영될 수 있도록 경영전문화와 수수료 현실화가 필요하다.

첫째, 생산자조직의 출하기능과 APC의 상품화기능을 구분해야 한다. 이를 위해 농협의 APC도 기능을 전문화하고 조합경영에서 독립적인 경영형태로 운영될 필요가 있다. 농가와 생산자단체는 공동출하기능에 특화하고 APC는 선별· 포장· 저장· 수송 등의 기능에 특화하여 상호의존적이고 분업적인 관계를 설정해야 한다.

둘째, APC의 계획적인 운영을 위해 센터를 중심으로 출하농민을 회원으로 묶어 유통협약을 통해 운영하는 회원제 공동계산제를 실시할 필요가 있다.

셋째, APC의 수익구조 개선을 위해 선과수수료, 저장수수료, 판매수수료 등 수수료의 현실화가 필요하다. 현재 APC는 매취 위주로 운영할 때 수익이 발생하고 수탁 위주로 운영할 경우 손실이 발생하는 것으로 조사되었으므로, APC가 수익을 발생하기 위해서는 수수료를 현실화해야만 한다.

넷째, 정부에서도 APC의 규모화와 현대화를 최대한 지원하고 안정된 경영기반을 갖출 수 있도록 제도적인 개선방안을 지속적으로 마련해야 한다. 특히 기존시설이 정상적으로 운영되고 소비지 유통환경 변화에 대응할 수 있도록 예냉, 저온저장시설 등 시설현대화 지원이 이루어져야 한다.

끝으로 APC의 경영규모화와 전문경영을 위해 관내 산지유통시설(APC, FPC, LPC, RPC) 간 통합경영방안을 모색할 필요가 있다. 예컨대 APC를 중심으로 시군지역의 FPC, LPC, RPC를 조합공동사업법인으로 통합하여 물류기기와 인력을 통합 운영하여 효율을 높이는 방안을 고려할 수 있다.

제7절 식품의 마케팅

1 마케팅의 개념

소득이 증가함에 따라 소비자는 양질의 상품을 요구하고 있고 유통서비스에 대한 요구수준도 높아지고 있다. 그러므로 생산자에게서 소비자에게 상품이 효율적으로 흘러가게 하는 마케팅 활동이 중요하게 되었다. 이제는 소비자가 원하는 상품을 생산하고, 고객의 요구를 충족시킬 수 있는 유통방법을 도입해야 한다. 그리고 유통업도 상품을 합리적으로 구매하고 판매해서 소비자의 복지에 기여함은 물론 사업의 유지와 성장에 필요한 이윤을 확보해야 한다.

가. 마케팅의 정의

마케팅이란 기업이 보다 많은 상품을 팔아서 이익을 올리기 위한 활동이므로 이러한 것을 생각하고, 계획하고, 실행하는 기업활동을 마케팅활동이라고 할 수 있다.

기업이 상품을 팔아서 이익을 올리기 위해서는 우선 고객의 필요와 요구를 파악해서, 그에 맞는 상품을 만들어야 한다. 기업은 고객이 어떤 상품을 원하는지를 정확히 알기 위해서 자주 마케팅조사를 한다.

고객의 요구를 파악하고 나면 그것을 상품으로 구체화하는 것이 상품개발이다. 상품의 기능이나 형태는 물론이고, 브랜드, 포장, 가격 등도 대개 이 단계에서 결정된다.

기업이 상품을 생산해서 창고에 쌓아두기만 해서는 고객이 그것을 살 수 없으므로 만든 상품을 대리점에 진열해 놓거나 인터넷 쇼핑몰을 통해서라도 팔아야 고객이 상품을 구매할 수 있다. 즉 기업은 만든 상품을 도매업자나 소매업자에게 팔고 유통시켜야 한다. 상품의 특성에 따라 유통방법도 다르다.

상품을 유통시켜서 점포에 진열해 놓는다고 다 팔리는 것은 아니므로 자신의 상품이 선택되어지기 위해서는 또 다른 노력이 투입되어야 한다. TV나 신문에 광고를 하거나 판매원이 직접 손님에게 상품을 설명하고 권해야 한다. 이처럼 상품을 고객에게 인지시키기 위한 활동을 판매촉진이라 한다.

또한 가격도 고객이 상품을 구매할 것인지 여부를 결정하게 하는 중요한 요인이다. 고객이 어떤 상품을 보고 사고 싶은 마음이 들었으나 가격표를 보니 자신이 생각하는 가치에 비해 비싸면 그 상품을 구매하지 않게 된다.

결국 기업이 상품을 판매하기 위해서는 고객의 욕구에 맞는 상품을 생산하고, 소비자가 살 수 있는 가격을 책정하여, 구매하기 편리한 위치로 유통시키고, 적극적으로 판매촉진활동을 해야 한다. 이러한 일련의 과정이 바로 마케팅활동이다.

마케팅에 대해 보다 학술적으로 정의하면 개인이나 조직의 목표달성을 위해 필요로 하는 교환을 창조하기 위해서 상품개념을 개발하고, 가격을 결정하며, 상품에 대한 촉진과 유통을 계획하고 수행하는 과정이다. 이 정의에서 개인과 조직의 목표는 요구충족이며, 교환이 마케팅의 중심활동이라는 것을 알 수 있다.

나. 마케팅 개념의 발전

물건이 부족하던 시대에는 상품을 만들기만 하면 팔렸다. 그러나 2차대전 이후 소비재 생산기술이 급격하게 발전하여 상품의 공급이 수요를 초과하는 현상이 일어났다. 그 결과 판매자우위시장 구조가 구매자우위시장으로 반전되었다. 이러한 구조의 시장에서는 구매자의 요구를 보다 잘 충족시키기 위해 노력해야만 자기의 물건을 팔 수 있다. 상품 기획에서부터 판매 후 서비스까지 기업의 모든 활동이 소비자의 요구에 초점을 맞추어야 한다. 이처럼 소비자의 관점에서 기업활동을 계획하고 실행하는 것을 소비자 지향적 사고라 한다.

우리나라도 해방 후 설탕, 밀가루 등은 만들기만 하면 팔리는 상품이어서 생산 지향적 시대였었다. 1970년대 중반에 들어서면서 공급과잉으로 기업은 상품을 팔기 위해 광고를 하기 시작하여 판매지향적 시대가 되었다. 1980년대에 들어오면서 시장조사를 통해서 팔릴 수 있는 상품을 만드는데 관심을 기울이기 시작하였는데 바로 마케팅 시대의 도래이다.

다. 마케팅과 판매의 차이

기업의 기본적인 활동은 상품을 만들고 그것을 판매하는 것이다. 판매란 상품이나 서비스를 고객에게 파는 것이고, 마케팅이란 상품이나 서비스를 보다 많이 팔기 위한 전략과 기법이라고 할 수 있다. 교환활동인 것은 동일하나 다음과 같은 차이가 있다.

우선 판매는 어떻게든 많이 팔기만하면 된다는 생각이 앞서는 행위이나, 마케팅은 좋은 상품을 소비자에게 제공하고자 하는 기업활동이다.

둘째, 판매에서는 만든 것을 판다고 하는 생각이 우선이나, 마케팅에서는 팔리는 것을 만든다는 입장에 바탕을 두고 있다.

셋째, 판매에서는 판매부서가 파는 일에 전념하고 인사, 생산, 구매, 재무 등 다른 부서는 자기 자신의 업무만 하면 되나, 마케팅에서는 기업 차원에서 파는 업무를 회사 전체적으로 효율화하는 것이다. 고객에게 얻는 정보나 불만사항을 판매부서뿐만 아니라 기술부문이나 생산부문에서 활용할 수 있는 전사적 마케팅이 중요해졌다.

2 마케팅 환경분석

가. SWOT분석

마케팅 담당자는 상황분석을 통해서 파악된 중요한 사항으로부터 새로운 마케팅 기회(opportunities)와 위협(threats)이 되는 시사점을 찾아내고, 그러한 시사점을 다시 자사의 강점(strengths)과 약점(weakness)에 비추어서 판단해 보아야 한다. 이러한 활동을 머리글자를 따서 간단히 SWOT 분석이라고도 한다.

마케팅은 환경을 분석하는 것에서부터 시작되고 분석을 통해서 시장의 기회와 위협을 찾아낸다. 마케팅 기회란 경쟁자가 따라 하기 어려운 자사만의 강점을 발휘할 수 있는 마케팅 활동의 무대를 말한다.

환경변화에 따라 기회와 위협의 내용이 달라지고 환경이란 기업이 마음대로 바꿀 수 없는 요인으로 기업 밖에서 일어난다. 환경은 일반적인 수준에서의 일반환경과 자기기업의 활동과 직접 관련된 과업환경으로 나누어 볼 수 있다.

1) 일반환경

일반환경은 정치, 경제, 문회, 자연 등으로 사회 구성원 모두에게 폭넓게 영향을 미친다. 기업은 일반환경의 변화에 따라 유리한 기회를 얻기도 하고 불리한 위협에 처하기도 한다.

예로서 여성의 사회활동 참여가 늘어나는 것은 가사노동시간을 줄여줄 수 있는 가정용 기기와 즉석식품에 대한 수요를 증가시키는 기회로 작용할 수 있다. 그러나 이것은 맞벌이부부가 퇴근 후에 간편하게 장을 볼 수 있는 대형할인매장에게는 기회이지만 재래시장 상인에게는 위협요인이 될 수 있다.

기업은 이러한 환경의 변화를 보다 정확하게 예측하고 지속적으로 변화를 관찰하며 정보를 파악하여 사업기회를 포착해야 한다.

2) 과업환경

과업환경은 특정기업이 특정산업이나 시장에서 직접적으로 경험하게 되는 환경요인을 말한다. 음료회사의 대표적인 과업환경은 음료분야의 경쟁업체와 음료를 구매하는 고객이다. 이외에도 이 기업에 음료 원료나 자재를 납품하는 공급자, 이 기업이 생산한 음료를 구매해서 재판매하는 중간상, 그리고 이 기업의 활동과 관련해서 이해관계가 있는 공중 등도 과업환경에 포함된다.

오늘날 시장은 경쟁자가 증가하는 추세에 있고 경쟁자가 증가하면 가격인하와 서비스의 개선에 대한 경쟁이 더욱 치열해지는 경향이 있다. 또 기업은 공중과 우호적인 관계를 형성할 필요가 있다. 시민단체, 지역사회, 주민, 신문, 방송, 금융기관, 정부 등이 기업이 관리해야 할 공중이다. 또한 기업 내 근로자, 경영자, 노동조합 등과 같은 내부공중도 기업의 성과에 중요한 영향을 미친다.

이러한 과업환경 요소들이 변화하게 되면 마케팅 활동에 직접적인 영향을 미치게 되므로 자사의 과업환경이 어떻게 변화하고 있는지를 주의 깊게 관찰하고 분석하여야 한다.

나. 기업의 강점과 약점 분석

기업이 자신의 강점을 활용하고 약점을 보완할 수 있는 마케팅 활동을 수행하기 위해서는 기업이 가지고 있는 마케팅 자원과 능력에 대한 분석이 필요하다.

기업의 마케팅 자원에는 자금과 같은 금전적 자원, 토지·건물·설비와 같은 물적자원, 연구개발·마케팅기법·브랜드·명성·이미지와 같은 무형자원, 그리고 우수한 인력과 같은 인적자원 등이 있다. 이러한 자원 중에서 경쟁자보다 유리한 입장에 있는 자원을 찾아내서 고객의 가치와 만족도를 높일 수 있도록 더욱 강화할 필요가 있다.

마케팅 차원에서 무형자원의 우위가 중요한 이유는 금전적 자원이나 유형자원은 단기간에 보충이 가능하나 마케팅기법, 브랜드, 기업이미지 등과 같은 것은 단기간에 경쟁자가 쉽게 모방할 수 없기 때문이다.

다. 마케팅 목표의 설정

마케팅 활동은 기업 전체의 전략이나 목표와 일관성이 있어야 하고 마케팅 전략은 마케팅 목표를 실행하기 위한 수단이다. 어느 사업부가 연간 20%의 성장률 달성을 목표로 설정하고, 이를 추진하기 위한 전략으로 투자확대전략을 선택하였다면, 마케팅 부서도 사업부의 목표와 전략을 달성하기 위해 실행 가능한 구체적인 목표와 전략을 수립해야 한다. 예를 들어 마케팅 목표로 시장점유율 20% 확대를 설정하였다면 마케팅 전략으로는 시장침투전략을 추진할 수 있다. 시장침투를 위해서는 경쟁자보다 낮은 생산원가나 우수한 품질 등 유리한 것이 있어야 한다.

마케팅 목표는 구체적이고 측정 가능한 형태로 설정되어야 한다. 또 어려우면서도 달성 가능한 수준의 목표, 즉 도전할 마음이 들 수 있는 목표를 설정하는 것이 필요하고, 목표는 반드시 측정할 수 있는 숫자로 설정되어야 한다.

라. 마케팅 조사

판매를 통해 많은 이익을 남기기 위해서는 시장의 사정이나 소비자의 요구 또는 동업자의 실태 등을 조사하거나, 각종 통계자료 등에 의하여 과학적으로 조사, 연구해야 한다. 마케팅 조사는 취급하려는 상품의 공급상황과 수요예측을 정확하게 파악하기 위해서 실시하는 과학적인 시장조사를 의미한다.

수요예측이란 그 상품의 구입을 원하는 사람이 얼마나 되는지를 미리 조사하는 일이다. 이것은 과거의 판매실적이나 실태조사에 의하여 수집한 자료를 기초로 통계적으로 분석하는 것이다.

마케팅 조사를 바탕으로 얼마나 팔릴 것인지를 예측하고, 일정 기간 동안 얼마 정도를 팔 것인가 하는 판매목표를 세워 나간다. 마케팅 조사가 과학적으로 이루어져야 정확한 판매예측을 할 수 있다. 판매경쟁이 치열해지고 소비자기호가 다양해지고 있는 상황에서의 수요예측은 유효수요뿐만 아니라 잠재수요도 파악해야 한다. 여기서 유효소유란 실제 구매로 연결될 수 있는 수요를 말하고, 잠재수요란 일정한 조건만 충족되면 유효수요로 전환될 수 있는 수요를 말한다.

3 소비자 행동분석

가. 소비자 행동분석의 의의

소비자가 상품을 구매하는 바탕에는 요구(want)가 존재한다. 소비자는 자신의 요구를 해결하기 위해 그와 관련된 상품을 구매하는 것이다.

시장환경이 복잡해지고 소비자 요구가 다양화됨에 따라 소비자의 생각을 알아내는 것이 어려워지고 있다. 소비자를 파악하지 못하고는 시장세분화나 표적시장의 선정 등과 같은 마케팅 활동을 효과적으로 수행하기 어려우므로 마케팅 관리자는 소비자 행동을 체계적으로 이해할 필요가 있다.

마케팅 관리자는 먼저 소비자의 특성을 파악해야 하고, 그들이 무엇을, 어디서, 언제, 얼마나, 어떻게 구매하는지를 이해해야 한다. 또한 소비자가 시장에서 어떤 반응을 보이는지, 소비자가 어떠한 과정을 거쳐 상품을 구매하는지에 대해서도 파악할 필요가 있다.

나. 소비자 구매행동의 유형

소비자의 구매행동은 일상적으로 먹는 과일, 채소, 라면, 음료수 등을 구매할 때와 자동차, 세탁기와 같은 고가상품을 구매할 때의 행동이 다르다. 또한 같은 상품에 대해서도 소비자가 처해 있는 상황이나 소비자의 특성에 따라 구매행동이 달라질 수 있다. 소비자의 구매행동은 상품의 성격 및 상품에 대한 소비자의 관여도에 따라 저관여와 고관여로 구분할 수 있다.

1) 저관여 구매행동

저관여 구매행동은 깊이 고려하지 않고 경험이나 습관에 의해서 쉽게 구매 결정을 하는 것을 말한다. 소비자가 과일이나 채소를 구매할 때는 미리 과일이나 채소에 관한 정보를 수집하는 경우는 드물고, 대부분 자기가 살고 있는 인근의 수퍼마켓이나 대형할인점, 재래시장 등에서 습관적으로 구매하게 된다. 껌, 라면, 음료수와 같은 가공식품도 소비자는 구매과정에 그다지 큰 노력을 기울이지 않는다.

저관여 구매행동은 상품의 특성에 따라 습관적 구매행동과 다양성추구 구매행동으로 나누어 볼 수 있다.

소비자가 어떤 상품에 대해 비교적 낮은 관여도를 보이며 상표 간 차이가 크지 않을 경우 습관적 구매행동을 보이게 된다. 예를 들어 과일주스를 사려고 할 때 깊이 생각하지 않고 수퍼마켓에서 손에 잡히는 대로 구입하는 경우이다. 소비자는 가격이 낮고 빈번히 구매하는 상품에 대해서 습관적 구매행동을 보이게 된다. 습관적 구매시 소비자는 상표에 대해서 그다지 많은 정보를 얻으려 노력하지 않으며, 어떤 상표를 구매할 것인가에 대해 별로 신중하게 생각하지 않는다. 소비자가 특정브랜드를 선택하는 것은 그 브랜드가 친숙하다는 이유로 선택하게 되므로 반복적인 광고로 친숙성을 이끌어내는 것이 효과적이다. 저관여 상품의 광고는 짧은 메시지를 반복적으로 강조하고 특징적인 심벌 등을 사용하여 브랜드에 대한 기억을 쉽게 해주는 전략이 필요하다.

소비자의 관여도가 낮으면서도 상표 간 차이가 뚜렷한 상품에 대해서는 다양성추구 구매행동을 하는 경우가 많다. 소비자는 다양성을 추구하기 위해 상표전환을 하게 된다. 예를 들어 라면을 살 때 일단 A상표 라면을 구매하고 그 상품에 대한 평가를 하게 된다. 그 후 다시 라면을 살 때는 B상표 라면과 같은 다른 상표를 구매하는데 이 경우 단순히 이전 것과 다른 상품을 사보겠다는 생각으로 B상표 라면을 구매한다. 이 경우 상표전환은 기존 상표에 대한 불만족 때문이 아니라 단순한 다양성추구 때문에 일어나게 된다.

2) 고관여 구매행동

소비자는 상품에 대해 관심이 높을수록, 상품의 구매가 중요할수록 구매의사결정에 관한 관여도가 높아지는 고관여 구매행동을 보이게 된다. 소비자는 상품의 가격이 비교적 높고 상표 간 차이가 크며, 일상적으로 빈번하게 구매하지 않고 자신에게 매우 중요한 상품을 구매할 때 높은 관여도를 보이게 된다. 자동차를 구매할 경우 소비자는 제조회사의 명성, 디자인, 색상, 연비, 엔진소음, 승차감, 애프터서비스 등 많은 정보를 수집하고 분석한 후에 구매의사결정을 하게 된다.

고관여 구매행동의 경우 소비자는 먼저 상품에 대한 지식을 근거로 하여 그 상품에 대해 주관적인 신념을 가지게 되고, 그 다음으로 그 상품을 좋아하거나 싫어하게 되는 태도를 형성한다. 마지막으로 가장 합리적인 구매대안을 선택하는 과정을 거치게 된다.

고관여 상품을 판매하는 경우 소비자들의 정보수집행동과 그들의 구매행동 및 구매 후 평가 등을 정확히 이해해야 한다. 고관여 상품의 경우 신중하게 평가하여 가장 높은 편익을 주는 상품을 선택하므로 광고를 수행할 때는 자사상품의 장점을 효과적으로 알려야 하며, 상표 차별화를 적극적으로 추진해야 한다.

다. 구매의사 결정과정

소비자가 고관여 상품을 구매하는 경우 〈그림8-7〉과 같은 5단계의 구매의사 결정과정을 거치게 된다.

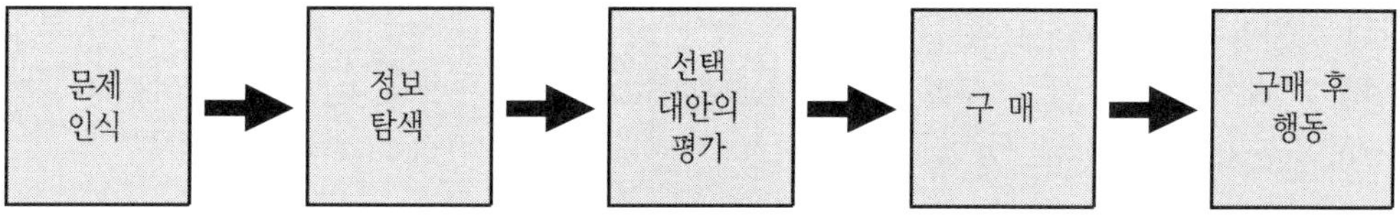

〈그림8-7〉 구매의사 결정과정

소비자의 구매의사결정은 먼저 문제인식에서 출발한다. 소비자는 어떠한 요구가 채워지지 않았을 때 그것을 채우려고 하며, 그것을 채울 수 있는 방법을 모색하게 된다. 방법을 모색한 뒤 정보를 수집하고, 몇 가지의 대안을 선정하여 일정 기준에 따라 평가하고 최종적으로 선택된 것을 구매할 것이다. 그리고 그 이후에는 자신의 구매결과에 대해 평가하는 과정을 거친다. 이러한 일련의 과정을 소비자의 구매의사 결정과정이라고 한다.

1) 문제인식

소비자가 처해 있는 실제 상태와 바람직하다고 생각하는 상태에 차이가 있다고 생각하여 이를 해결해야 할 요구가 있다고 인식하는 것을 문제인식이라고 한다. 이것이 의사결정을 거쳐 구매로 이어지기 위해서는 실제 상내와 비라는 상태 간에 차이가 크고 발생된 문제가 매우 중요한 경우라야 한다.

2) 정보의 탐색

문제를 인식한 소비자는 도움이 될 만한 정보를 탐색한다. 이러한 정보는 자신의 경험, 가족 및 동료, 각종 매체의 광고나 기사, 판매원, 소비자보호원, 혹은 각종 관련기관에서 발행하는 간행물 등을 통해 얻는다.

3) 선택대안의 평가

정보를 입수한 소비자는 평가기준을 결정하여 상표를 비교 분석하게 되고 이 때 제한된 수의 대안만을 대상으로 둘 이상의 기준으로 평가하게 된다.

4) 구매

소비자는 여러 상표를 비교 평가한 후에 특정상표를 결정하고 실제 구매를 하게 되는데 소비자가 구매하기를 원하는 상품과 실제 구매하는 상품에는 차이가 나타날 수 도 있다. 이유는 주위 사람들이 영향을 미치거나 예기치 않은 상황변수가 발생하기 때문이다. 구매를 위해 소비자는 특정 점포를 결정한 후 구매를 하기도 하지만 여러 점포를 방문하고 비교하여 구매하기도 한다.

5) 구매 후 행동

상품을 구매한 후 소비자는 만족 혹은 불만족 등의 반응을 나타낸다. 상품을 사용한 후 만족도가 높은 소비자는 그 상품을 지속적으로 다시 구매할 확률이 높고 만족도가 낮은 소비자는 다시 구매하지 않을 뿐더러 그 상품에 대한 나쁜 평가를 다른 소비자에게 전달하기도 한다. 기업은 구매자의 선택이 현명하였음을 확인시킴으로써 자사의 상품을 구매하였을 때 느낄 수 있는 부조화의 원인을 제거시킬 수 있다. 구매 후 확인전화를 통해 소비자들의 불안요인을 덜어주거나 판매 후 서비스 체계를 구축하는 것 등이 중요하다.

라. 소비자의 정보처리과정

소비자는 구매관련 의사결정을 할 때 기업이 제공한 정보를 처리하게 되는데 이러한 정보처리과정을 통해 소비자의 신념과 태도가 형성 혹은 변화된다. 소비자의 정보처리과정은 노출, 주의, 이해, 반응, 저장 및 기억 등으로 이루어진다.

1) 노출

정보처리과정의 첫 번째 단계는 광고 등 마케팅 자극에 노출되는 것이다. 노출은 소비자가 마케팅 자극에 물리적으로 접근하여 감각기관이 활성화되는 것으로 우연적 노출과 선택적 노출이 있다. 선택적 노출을 통하여 소비자는 마케팅 자극에 대한 노출을 스스로 선택할 수 있다. 어떤 제품에 대한 관여도가 높아지면 소비자는 그 제품과 관련된 광고나 제품정보에 자신을 선택적으로 노출시킬 가능성이 높아진다.

2) 주의

소비자는 마케팅 자극 중에서 일부만을 선택하여 주의를 집중하고 계속적인 정보처리를 하게 된다. 주의는 특정자극에 대해 정보처리능력을 할당하는 것이라고 할 수 있다. 주의는 자발적으로 혹은 비자발적으로 활성화될 수 있다. 자발적 주의는 관련성이 높은 정보를 탐색하는 과정에서 이러한 정보에 주의를 기울이는 것으로 특정제품에 대한 관여도가 높아질수록 관련정보에 대해서만 선택적으로 주의를 집중하게 된다. 이에 반해 자신과의 관련성이 낮은 제품군에 관한 광고에 대해서는 주의를 기울이지 않는다. 소비자는 특이하거나 잘 만들어진 광고에 대해서 자연스럽게 주의를 기울일 수 있는데 이를 비자발적 주의라고 한다.

3) 이해

소비자가 외부자극에 노출되어 주의를 기울이고 나면 그러한 자극의 내용을 이해하는 단계로 넘어가게 된다. 이해는 소비자가 마케팅 자극의 요소를 조직화하고 이것에 의미를 부여하는 과정이다. 소비자가 마케팅 자극을 이해하는 과정을 지각과정이라고도 한다. 지각과정은 소비자의 경험, 기대, 그리고 기억 속에 저장된 관련정보 등으로부터 영향을 받기 때문에 소비자마다 다를 수 있다.

4) 반응

자극에 대한 소비자의 반응에는 인지적 반응과 정서적 반응이 있다. 인지적 반응은 자극을 받아들이며 자연스럽게 떠올리는 생각이고, 정서적 반응은 자극을 접하면서 갖게 되는 여러 가지 감정, 즉 느낌을 의미한다.

5) 저장 및 기억

소비자의 정보처리에 있어서 마지막 과정은 처리된 정보가 기억 속에 저장되는 것이다. 새롭게 처리된 정보는 기존 관련정보와 통합되어 저장된다. 그리고 나중에 새로운 자극에 접하게 되었을 때는 저장된 정보를 이용하여 새로운 정보를 처리하게 된다. 기억은 특정 자극에 주의를 집중하도록 인지적 자원을 할당하며, 그 속에 저장된 기존 지식을 인출하여 마케팅 자극을 이해하는 데도 영향을 미친다.

4 시장세분화

기업이 사업기회를 발견했다 해도 그 시장에 어떻게 접근할 것인가 숙고해야 한다. 기업은 물적으로나 인적으로나 마케팅에 사용할 수 있는 자원이 제한되어 있다. 제한된 자원을 효율적으로 배분해서 투입하기 위해서는 전체 시장을 몇 개의 하위시장으로 나눈 다음 경쟁상대보다 더 잘할 수 있는 세분시장을 골라서 자원을 집중해야 한다.

갈증이 날 때 어떤 사람은 생수를 찾고, 어떤 사람은 청량음료를 찾고, 어떤 사람은 과일주스를 찾듯이 소비자는 개인마다 필요와 요구, 취향, 선호가 다를 수 있다.

기업은 소비자 개인의 요구를 충족시켜 주면서도 마케팅 비용을 최소화하는 경제성을 달성하는 것이 중요하다. 유사한 고객별로 공통된 요구와 취향을 충족시켜 주면, 소비자의 개인별 요구충족과 기업의 마케팅 비용절약이라는 두 가지 과제를 동시에 해결할 수 있을 것이다. 유사한 요구와 선호를 갖는 소비자집단을 세분시장이라 하며, 이러한 방법으로 소비자집단을 나누는 과정을 시장세분화라 한다.

시장을 세분화하는 일반적인 기준은 성별, 연령, 직업 등이고, 이외에도 생활양식이나 소비행동의 유사성 등 여러 가지 기준이 있다. 소비자의 요구와 선호의 동질성을 구분할 수 있는 기준이면 무엇이든지 시장세분화의 기준이 될 수 있다.

소비자는 특정 상품, 상표, 점포를 선택할 때 문화적, 사회적, 인구통계적, 심리적 요인 등에 의해 영향을 받는다.

가. 문화적 요인

문화는 사회적이며 공유되기 때문에 요구충족의 기준이 되고 행동규범이 된다. 국가 간 음식문화 차이를 생각해 보면 문화가 소비자 행동에 큰 영향을 미침을 이해할 수 있다. 중동의 이슬람 문화권에서는 돼지고기를 금기시하는데 돼지고기가 주원료인 햄이 들어 있는 사진을 사용해서 냉장고 광고를 하면 실패할 것이다. 이처럼 문화는 어떤 상품의 구매와 관련된 수요에 큰 영향을 미치게 된다.

소비자는 그 문화가 명시적 혹은 묵시적으로 강조하는 기본적인 가치와 인식, 요구, 그리고 행동양식을 그들의 가족이나 주변 사람들로부터 배운다. 문화는 사람들의 요구와 행동을 유발하는 근본적인 요인 중 하나이다. 따라서 마케팅 관리자는 그 사회의 기본적인 가치구조와 문화적 변화를 이해하고 그에 따른 시사점을 포착해야 할 것이다.

문화는 국적, 종교, 인종 등과 같은 좀 더 작은 하위문화로 구성되어 있기 때문에 이러한 하위문화의 특성을 파악하는 것이 중요하다.

나. 사회적 요인

1) 사회계층

상품을 구매할 때 하위층은 가격에 우선순위를 두는 경향이 있고, 상위층은 품질이나 디자인을 더 중시하는 경향이 있다. 사회계층은 직업, 소득, 교육수준, 재산 등과 같은 변수가 복합적으로 어우러져 몇 개의 계층으로 형성된다. 마케팅 관리자에게 사회계층이 중요한 이유는 소비자는 사회계층별로 유사한 구매행동을 보이기 때문이다.

2) 준거집단

준거집단은 개인행동에 영향을 미치는 집단으로 학교동료, 직장동료, 종교집단, 스포츠동호회, 동아리 등의 형태가 있다. 소비자는 준거집단 구성원의 의견을 신뢰성 있는 정보원천으로 간주하는 경우가 많다. 이와 같이 준거집단은 소비자가 정보를 수집할 때나 상품을 선택할 때 영향을 미치므로 마케팅 관리자는 이를 이용하여 마케팅 전략을 결정할 수 있다.

3) 가족

가족구성원은 가족공동용 상품뿐만 아니라 개인용 상품의 구매행동에도 서로 영향을 주고받는다. 구매의사결정에 있어서 가족구성원의 역할은 정보수집자, 영향력부여자, 의사결정자, 구매담당자 등이다. 따라서 마케팅 전략을 세움에 있어서 정보수집은 가족 중 누가 하는지, 상표는 누가 선택하는지, 구매는 누가 하는지 등을 파악해야 한다. 대부분의 경우 정보수집은 자녀들이 하기 때문에 광고물은 이들 연령층이 쉽게 접할 수 있는 곳에 배치하고, 광고문안을 선택할 경우에는 구매의 최후결정자인 부모에게 초점을 맞추는 것이 효과적이다.

4) 생활양식

생활양식을 구성하고 있는 활동과 관심, 의견 등은 소비자의 구매행동과 밀접하게 관련되어 있다. 소비자는 자신이 관심 있는 상품은 비싸더라도 구입하려 하고, 좋아하는 활동은 시간을 내서라도 하기 때문이다. 따라서 마케팅 관리자는 생활양식의 유형을 파악하고, 유형별로 나타나는 소비행동의 특성을 파악하는 것이 판매효율 증대를 위해 중요하다.

다. 인구통계적 요인

1) 연령

비슷한 연령층의 집단들은 가치관이나 생활태도, 그리고 소비행동에 있어 비슷한 유형을 보여준다. 비슷한 연령층에 있는 사람들은 교육수준과 소득수준이 비슷한 경우가 많고, 특징적인 사회적 사건도 함께 겪기 때문이다. 연령, 결혼여부, 자녀의 유무, 결혼경과년수 등 생애주기도 상품이나 서비스의 구매행동에 영향을 미친다. 같은 연령이라도 결혼여부 혹은 자녀유무에 따라 특정상품에 대한 선호도가 다르다.

2) 성별

어떤 상품에서 소비자는 성별에 따라 다양한 소비유형과 선호도를 보이므로 남성 위주와 여성 위주로 주 소비자층을 구분하여 시장을 공략하기도 한다.

3) 소득

소득과 같은 소비자의 경제적 상황은 어떤 품목을 구매할 것인가가 결정된 후 그 품목 내에서 특정 상표를 선택하는 데 중요한 영향을 미친다. 특정상표의 경우 소득수준에 따라 소비자와 비소비자가 확연히 구분된다.

4) 교육

교육은 신분의 직접적 척도가 되고 개인의 기호, 가치관, 정보처리능력에 영향을 끼친다. 교육은 측정하기가 단순하고, 직업 및 소득 등과 밀접한 관련이 있다.

5) 직업

소비자의 직업도 상품이나 서비스 구매에 영향을 미치고 있다. 운동선수는 편한 운동복을 많이 구매하고 회사원들은 정장을 주로 구매할 것이다. 또한 같은 상품을 구매할 경우에도 직업에 따라 고려하는 상품의 속성이 차이를 보이기도 한다.

라. 심리적 요인

1) 요구

욕구는 본원적 욕구인 필요와 구체화된 욕구인 요구로 나누어진다. 본원적 욕구는 어떤 기본적인 만족이 결핍된 상태를 말하며, 배가 고플 때 이를 해결하고자 음식을 찾고 추위를 피하고자 따뜻한 곳을 찾는 것이 해당된다. 반면에 요구(wants)는 필요를 만족시켜 주는 수단에 대한 구체적 바람을 의미하고, 배가 고플 때 음식을 찾는 것은 필요이지만 밥, 빵, 불고기, 과일 등의 특정한 것을 먹고 싶은 것은 요구에 해당된다.

필요는 시간과 공간에 관계없이 기본적으로 존재하는 반면 요구는 문화적인 환경에 의해 영향을 받으며 소비자의 인구통계적 특성이나 그가 속한 사회환경의 변화에 따라 함께 변해가는 특성을 보인다.

2) 동기

동기(motivation)는 사람으로 하여금 행동하도록 충동시키는 데 충분한 압력을 가하는 욕구를 뜻한다.

매슬로는 인간에게는 다섯 종류의 욕구가 있고 이들은 서로 계층을 이루고 있다고 하였다. 생리적 욕구, 안전욕구, 사회적 욕구, 존경욕구, 자아실현 욕구가 그것이다. 따라서 매슬로에 의하면 생리적 욕구가 결핍되어 있는 사람에게 이를 충족시켜 주면 의욕이 솟는 것이고, 존경욕구가 결핍되어 있는 경우 이를 채워주면 동기가 유발된다. 그리고 하위욕구가 채워지면 그 다음에는 상위욕구를 충족시켜 주어야 의욕이 솟는다. 이러한 욕구는 계층적 특성을 가지고 있어 전 단계의 욕구가 충족되지 않으면 다음 단계에 대한 욕구는 약하며, 전 단계의 욕구가 충족되어야 다음 단계의 욕구가 강해진다.

3) 태도

태도(attitude)는 한 개인이 어떤 대상에 대해 가지는 지속적이며 일관성 있는 평가, 감정, 경향으로 정의된다. 소비자는 어떤 대상에 대한 태도의 결과로 그 대상을 좋아하게 되거나 싫어하게 된다. 어떤 상품이나 상표에 대한 소비자 태도는 그 상품이나 상표에 대한 소비자의 평가를 요약한 것이라 할 수 있다. 어떤 특정상표에 대해 호의적인 태도를 가진 소비자는 그 상표를 구매할 확률이 높을 것이다. 따라서 마케팅 관리자는 태도를 통하여 소비자의 구매행동을 예측할 수 있고 자사상표에 대한 소비자의 평가를 알아낼 수 있다.

4) 학습

학습(learning)이란 어떤 사람의 경험으로부터 신념이나 행동의 변화가 일어나는 것을 말한다. 다시 말해 소비자는 상품을 구매, 사용하면서 혹은 외부의 정보에 의해 자신이 가지고 있던 신념, 태도, 행동을 변화시키게 된다.

5) 개성

개성(personality)은 개인이 다양한 주위환경에 대하여 비교적 일관성 있고 지속적인 반응을 가져오는 심리적 특성으로 정의된다. 특정한 개성유형이 특정 상품이나 상표 선택에 영향을 미치는 경우가 있어서 자기과시를 좋아하는 사람이나 타인과 구별되는 인정을 받고 싶어하는 사람은 품질보다는 자기의 개성을 나타낼 수 있는 상품을 선택할 것이다.

5 표적시장 선택과 포지셔닝

가. 표적시장의 선정

기업은 기업의 자원과 능력, 시장환경의 특성 등을 고려해서 효과적으로 공략 가능한 고객집단을 찾아내야 한다. 경쟁자와 비교해서 더 잘할 수 있는 강점을 최대한 발휘할 수 있으며, 시장의 매력도가 높은 세분시장을 선택하여야 한다.

시장의 매력도는 세분시장의 규모, 성장률, 수익성, 경쟁구조 등에 따라 달라진다. 또 광범위한 시장을 표적시장으로 선정할 수도 있고, 일부분의 시장에 초점을 맞추어서 집중적인 마케팅을 할 수도 있다.

일부분을 표적으로 선정하는 경우에는 어떤 소비자 집단을 표적으로 설정할 것인가 하는 것이 중요하다. 이것은 기업의 능력과 시장상황을 고려해서 선택해야 한다.

나. 차별화와 포지셔닝

기업이 표적시장을 선정한 다음에는 고객들에게 자기상품을 어떤 의미의 상품으로 인식시킬 것인가 하는 것이 중요하다. 소비자가 상품을 구매하는 기준으로 물리적 기능보다는 상품에 대한 비물질적 연상 또는 인식이 중요해지고 있다.

마케팅에서 포지션은 소비자가 인식한 자사상품과 경쟁상품에 대한 상대적 위상으로 기업, 상품, 상표 등과 같은 마케팅활동 대상이 잠재고객의 마음속에서 그려지는 모습을 말한다. 잠재고객은 마케팅 대상의 중요한 속성에 따라 그것은 이러한 것이다라고 생각하며, 그러한 생각이 종합적으로 모여진 것이 결국 포지션이다.

한편 포지셔닝이란 마케팅 목표를 효과적으로 달성하기 위해서 바람직한 목표 포지션을 결정하는 일, 즉 잠재고객의 머릿속에 자리매김 하는 것을 의미한다. 포지셔닝은 표적시장에서 고객에게 자사의 상품이 경쟁상품보다 상대적으로 매력적인 것으로 인식되도록 할 목적으로 행해진다. 이렇게 차별화된 위상은 상품에 대한 소비자의 생각, 느낌, 태도, 이미지 등이 혼합되어서 만들어진다.

일단 바람직한 목표 포지션이 선정되고 나면, 그러한 포지션에 해당하는 이미지가 고객의 머릿속에 형성되도록 하기 위해서 마케팅 책임자는 상품, 가격, 유통, 촉진 등과 같은 마케팅 요소를 효과적으로 혼합하고 결합해야 한다. 그리하여 고객이 이상적으로 생각하는 포지션에 자사상품이 자리잡도록 해야 한다. 이를 위해서는 그것과 일치하는 상품특성, 가격, 유통, 촉진활동 등을 체계적으로 전개해야 한다. 포지셔닝이 제대로 이루어지기 위해서는 우선 경쟁상품에 비해 차별적인 우위가 있어야 하며, 그것은 고객이 이상적으로 생각하는 상품특성에 근거해야 한다.

포지셔닝 전략은 포지셔닝 분석을 전제로 다음과 같은 절차에 따라 수행한다.

① 자신과 경쟁자의 포지션을 평가하여 경쟁구조를 파악한다.
② 잠재고객이 원하는 것이 무엇인지를 분석하여 자사상품에 어떤 특성을 강화하면 충족시켜 줄 수 있을지를 찾아낸다.
③ 잠재고객이 원하는 것과 경쟁자의 상대적 위치를 고려하면서 마케팅 목표를 효과적으로 달성하는 데 바람직한 목표 포지션을 선정한다.
④ 목표 포지션을 소비자에게 효과적으로 알리기 위한 활동을 설계한다.

다. 마케팅 믹스

다음 단계는 마케팅 믹스를 결정하는 것이다. 아무리 매력적인 상품이 개발되었다 해도 그 정보가 고객에게 전달되지 않으면 판매할 기회가 없고, 정보가 전달되었다 해도 고객이 어디에서 그 상품을 구입할 수 있는지를 알 수 없다면 역시 판매기회는 오지 않을 것이다. 나아가 고객이 상품에 대한 정보를 듣고 상품을 찾아냈다 해도 그 가격이 고객의 기대와 차이가 크다면 고객은 그 상품을 사지 않을 수도 있다.

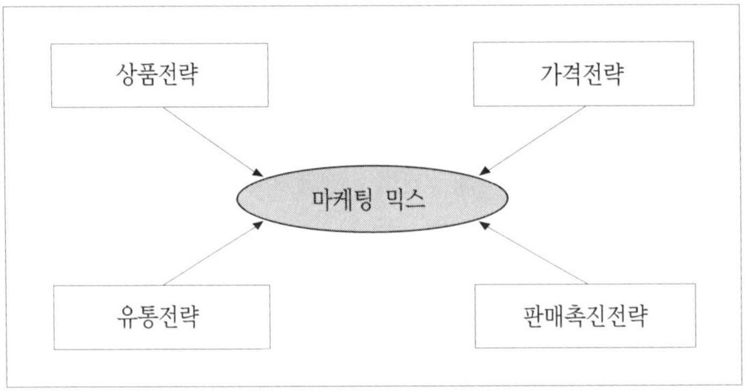

〈그림8-8〉 마케팅 믹스의 구성요소

마케팅 믹스는 표적시장의 요구와 선호를 효과적으로 충족시켜주기 위해서 기업이 제공하는 마케팅 수단을 말한다. 상품을 많이 팔기 위해서 마케팅에서는 〈그림8-8〉과 같이 상품전략(product), 가격전략(price), 유통전략(place) 및 촉진전략(promotion)의 4P를 조합해서 마케팅전략을 세운다.

이것은 이들 네 가지 수단은 사전에 설정된 포지션에 부합되도록 일관성 있게 조정되고 통합된다는 의미에서 믹스라고 한다.

1) 상품전략

상품전략은 소비자의 요구에 맞는 상품을 개발해서 만드는 것이다. 많이 팔리는 상품이 되기 위해서는 고객의 요구를 충족시킬 수 있어야 한다. 이 때문에 상품전략에서는 소비자 요구를 정확하게 파악하는 것이 중요한 과제이다. 또한 고객이 수많은 상품 중에서 자사의 상품을 선택하도록 해야 한다. 이를 위해서는 자사의 상품이 다른 기업의 상품에 비해 우수해야 한다. 이와 같이 고객이 자사의 상품을 경쟁상품에 비해 높은 가치가 있다고 인정할 수 있도록 하는 것이 차별화 전략이다. 또한 상품전략에는 상품의 본질적 기능 이외에 부수적인 부분에 대해서도 충분한 고려를 하여야 한다. 예를 들면 포장, 상표, 디자인, 서비스 등과 같은 것은 소비자가 상품을 선택하는 데 있어서 중요한 요소이다.

2) 가격전략

가격전략이란 상품의 가격을 얼마로 결정할 것인가 하는 것이다. 가격을 결정하는 방법은 여러 가지가 있다. 첫 번째 방법은 생산자 입장에서 상품을 생산하는 데 들어간 비용에다 영업비와 이익을 가산해서 가격을 결정하는 방법이다. 다른 방법은 소비자가 이 상품에 대해 얼마까지를 지불할 수 있을 것인가를 고려해서 가격을 설정하는 것이다. 이 밖에도 가격은 경쟁상품의 가격이나 경기 동향 등에도 영향을 받는다.

3) 유통전략

유통전략에서 중요한 것은 상품을 어떻게 유통시킬 것인가를 계획하고, 그에 적합한 유통경로를 선택하는 것이다. 유통경로란 생산자에게서 소비자에게 이르기까지 상품이 움직이는 경로를 말한다. 일반적으로 생산자 → 도매상 → 소매상 → 소비자의 단계를 거친다. 유통계획을 잘못 세우면 수요가 없는 곳에 상품이 많이 운반되는 반면에 수요가 많은 곳에는 상품이 부족하게 되는 현상이 발생할 수도 있다. 따라서 상품의 특성에 적합한 유통경로가 무엇인가를 숙고해서 결정해야 한다.

4) 촉진전략

촉진전략은 소비자가 상품을 사고 싶은 마음이 들도록 만들어서 실제의 구매로 이어지도록 하는 것이다. 신문이나 TV광고를 어떻게 할 것인가, 세일즈맨과 같은 인적자원은 어떻게 활용할 것인가 등을 결정하는 것이다.

09 곡물식품의 품질관리

제1절 쌀의 품질요소

쌀의 품질요소로는 식품으로서의 특성과 경제적 여건, 소비자의 선호도 등을 반영하여 쌀의 식미, 외관, 영양성, 안전성 그리고 취반특성의 5가지 요소를 들 수 있다. 과거에는 외관이 중시되었으나 최종소비자가 취반 후 먹어서 느끼는 식미와 영양가, 건강에 대한 기여도, 안전성 등이 점차 중요시되고 있다. 특히 쌀 소비를 확대하고 쌀의 경쟁력을 확보하려면 소비자들이 선호하는 품질의 쌀을 생산 유통시켜야 한다.

1 식미

사람이 입으로 먹어서 느끼는 맛(식미)은 품질을 가장 정확히 대변하지만 객관적 측정이 어렵다. 식미(食味)는 직접적인 맛(미각) 이외에 적당한 찰기(촉각), 씹힘감(촉각), 구수한 향기(후각)에 의해 종합적으로 결정된다. 쌀의 경도, 점성, 호화온도, 알칼리붕괴도, 호응집성, 아밀로그램 특성 등의 물리적 성질은 맛과 감각에 크게 영향을 주는 품질요소이다.

백미의 배유세포 속에는 직경 7~25㎛의 전분립이 가득 차 있고, 전분립 주위를 단백질입자가 둘러싸고 있다. 밥을 지으면 전분립의 호화와 팽윤으로 쌀알이 2.5배 정도 팽창한다. 이 때 배유세포벽의 붕괴정도가 심하면 밥이 찰기가 있고 부드러워지며, 붕괴정도가 낮으면 밥이 딱딱하고 찰기가 적다. 생(生)전분은 2중결정구조의 회절도형을 나타내는데 이러한 전분을 β -전분이라 하고, β -전분에 물분자가 들어가 결합이 붕괴되어 결정구조를 잃어버리고 그물망구조가 되는데 이러한 전분을 α -전분이라고 한다. 한편 호화된 α -전분을 실온에 방치하면 점차 굳어지는데 이러한 현상을 전분의 노화(老化)라고 한다. 노화는 열에너지를 잃으면서 수분이 빠지고 다시 결정구조를 만들어 전분이 굳어지는 현상을 말하며 전분의 β 화라고도 한다.

가. 경도

쌀의 경도(단단함 ; hardness)는 밥의 식미에 영향을 주는데 인디카쌀은 중심부 경도가 높고 자포니카쌀은 중심부 경도가 연하다.

나. 점성

밥의 점성(찰기 ; viscosity)은 전분의 한 종류인 아밀로펙틴이 엉켜서 나타나는 현상이다. 식은 밥이 맛없는 이유는 아밀로펙틴이 물을 잃고 노화로 인하여 찰기가 저하되기 때문이다. 온도 0℃, 수분함량 30~60% 하에서 노화가 촉진되고, 상온 이상으로 보온하면서 수분증발을 막으며 찰기가 유지된다.

다. 호화온도

밥이 되는 과정에서 쌀 전분입자의 호화가 완료되는 온도는 55~79℃ 사이이다. 일반적으로 쌀의 호화온도는 3단계로 구분하는데, 호화온도가 높은 쌀은 밥 짓는데 더 많은 물과 시간을 필요로 한다. 호화온도와 식미와의 관계는 분명하지는 않으나 일반적으로 호화온도가 낮은 쌀을 좋아한다.

라. 알칼리붕괴도

쌀 6립을 1.4~1.7% KOH 용액 10~20㎖에 침지하고 30℃에서 23시간 정치시킨 후 퍼짐도와 투명도를 나타낸 것을 알칼리붕괴도라고 한다. 전분의 호화성질과 연관이 있고 알칼리붕괴도가 클수록 쌀알이 잘 붕괴되며, 호화온도가 낮음을 뜻한다. 단립종, 만생종, 조기재배 쌀, 저온등숙한 쌀, 질소다비쌀이 알칼리붕괴도가 높다.

마. 호응집성

호응집성(gel consistency)이란 쌀가루를 알칼리용액에 넣고 호화시켜 냉각시킨 후 평면 위에서 흘려서 호화용액(gel)이 흘러간 거리로 표시한다. 호응집성이 연한 쌀의 식미가 좋은데 한국 재배품종은 대부분 60~100㎜ 범위로 연질에 속한다.

바. 아밀로그램 특성

쌀가루현탁액을 92.0~97.5℃까지 서서히 가열하여 전분을 호화시키고, 호화된 전분을 다시 25~50℃까지 냉각시키는 과정에서 점도변화를 나타내는 것을 아밀로그램이라 한다. 아밀로스 함량이 높을수록 호화온도가 높고, 아밀로그램 점도가 크며, 단단한 겔(gel)을 형성하고, 밥의 조직감이 더 단단하며, 부착성이 떨어지고 저장에 따라 경도가 증가한다.

쌀의 식미는 완전미율·광택·백도·심복백 등의 외관, 수분·단백질·아밀로스 및 지방질 함량 등의 화학성분, 경도·탄력성·응집성·알칼리붕괴도·아밀로그램 특성 등의 물리적 특성, 그리고 쌀밥의 시각·후각·미각 및 촉각특성 등 여러 가지 특성이 관여하여 종합적으로 나타난다.

식미가 좋은 밥은 일반적으로 찰기, 윤기 및 향기가 있고, 씹힘감이 좋다. 그 이유는 전분의 호화, 노화현상 및 밥의 딱딱함, 찰기 등이 물리적 성질과 관련이 있기 때문이다. 쌀이 본래 함유하고 있는 당이나 아미노산의 농도는 혀로 느낄 수 있는 최소농도에 미달되나, 밥을 하면 열수가용성 물질이 농축되어 임계치를 넘어 미각으로 감지된다. 밥알의 당화합물, 펩티드, 쌀겨층의 성분이 맛을 느끼게 한다. 취반한 후의 쌀밥의 외관특성으로는 윤기와 백도가 가장 중요하다. 밥의 윤기는 취반 중 열수에 용해되었던 탄수화물·질소화합물·지질·무기질 등이 취사액으로 녹아 나왔다가 밥이 다 되었을 때 밥알에 형성된 피막이다. 윤기가 많은 밥은 좋은 쌀로 평가되므로 윤기를 높일 목적으로 인위적으로 쌀알에 광택처리를 하기도 한다.

2 외관

쌀의 외관은 소비자의 구매행위를 유발하므로 중요한 품질특성이다. 취반 전 쌀의 외관 특성은 입형(쌀알의 크기·모양), 심복백(心腹白) 정도, 투명도, 색택, 완전미 비율 등이 중요하다. 우리나라에서 맛있는 쌀은 모양이 단원형이고, 심복백이 없으며, 투명하고 맑으며, 광택을 보유하는 것으로 인식되고 있다. 취반 후 밥의 외관은 엷은 황백색이고 윤기가 있어야 한다.

가. 입형

입형(grain shape)이란 쌀알의 장단과 무게를 말한다. 쌀알이 가늘고 길어서 폭에 대한 길이의 비(장/폭 비)가 2배 이상으로 길면 장립(long grain)이라 하고, 장/폭 비가 1 이하이면 단립(short grain)이라고 하며, 장/폭 비가 1~2 범위인 것은 중립(medium grain)이라고 한다. 한국인과 일본인은 단립의 자포니카품종을 좋아하고 유럽에서는 중립의 자포니카품종을 선호하며, 열대아시아에서는 장립의 인디카품종을 선호한다. 쌀알의 무게는 보통 현미 1,000립의 무게로 나타낸다. 1,000립의 무게가 30~40g이면 대립종, 20~30g이면 중립종, 10~20g이면 소립종이라고 한다. 용적중은 충실도의 지표이고 현미 1ℓ 의 무게는 790~840g이다.

색은 벼 또는 현미의 색으로 담황백색, 담황색, 담갈색, 적갈색, 농적색, 자색, 흑자색, 흑색 등 다양하다.

나. 완전미와 불완전미

1) 완전미

벼 품종 고유의 형상과 색택을 보유하면서 등숙이 양호하고 병충해, 기계적 결함 등 장해가 없는 쌀을 완전미(head rice)라고 한다. 쌀의 식미를 높이고 상품성을 높이기 위해서는 완전미가 생산 유통되어야 한다.

2) 불완전미

품종 고유의 형상과 색택을 나타내지 못하는 쌀을 불완전미라고 하며 불완전미의 함량이 높을수록 품위가 낮아지고 식미가 떨어진다.

가) 심백미(white core kernel) : 전분의 축적이 불충실했던 세포층이 건조 후 탈수되면서 광의 난반사로 조직이 백색 불투명하게 보이는 쌀을 말한다. 수분흡수와 효모번식이 양호하여 양조용으로 적합하다.

나) 복백미(white belly kernel) : 품종 특성과 환경의 영향으로 형성되며 품질면에서는 완전미와 큰 차이가 없다.

다) 유백미(milky-white kernel) : 표면이 우유빛처럼 백색 불투명한 쌀알을 말하고 광택이 있어 사미와 구분되고 도정하면 싸라기로 된다.

라) 기백미(white based kernel) : 쌀알 아랫부분(쌀눈이 있는 부분)에서 양분 축적이 불량하여 백색인 쌀을 말한다.

마) 배백미(white backed kernel) : 조기재배 등의 고온등숙시 발생하고 현미의 광택과 도정률이 저하된다.

바) 청미(green kernel) : 과피에 엽록소가 잔존하는 것으로 정미시에 싸라기로 변한다.

사) 동할미(cracked kernel) : 쌀입자 내부에 균열이 있는 것으로 급히 건조하거나 건조가 지나칠 때, 쌀알의 장/폭 비가 작을 때 발생하고, 특히 쌀알의 수분함량이 20% 이하일 때 재흡수하면 많이 발생하며 정미할 때 싸라기로 변한다.

아) 동절미(notched kernel) : 쌀입자 외부가 잘록한 것으로 등숙기의 저온, 차광, 질소 과다, 인 및 칼륨 결핍 때 많이 발생한다.

자) 착색미(colored rice) : 곰팡이와 세균이 번식하여 배유 내부까지 착색된 경우를 말하며 도정해도 반점이 남는다.

차) 싸라기(broken rice) : 쌀알이 온전하지 못하고 잘라지고 부서진 쇄미를 말한다.

카) 사미(chalky rice) : 쌀알이 불투명하며 광택이 없고 내부까지 백색인 발육정지립으로 조제시 쭉정이로 제거된다.

타) 설미(immature brown rice) : 배유가 충실하게 채워지지 못하여 종실이 작은 쌀알을 말한다.

파) 미숙립(immature kernel) : 완전히 등숙되지 못한 쌀알을 말한다.

하) 피해립(damaged rice) : 여러 가지 물리적 피해를 입은 쌀을 말한다.

거) 이병립(rusty kernel) : 병에 걸려 생육이 부진하거나 변색된 쌀을 말한다.

다. 색

쌀의 광택(gloss), 백도(whiteness), 투명도(transparency), 색(color)도 중요한 품질척도이다.

3 영양성

쌀의 에너지함량, 소화율, 당질, 단백질, 지질, 비타민, 무기질 등 영양가의 다소는 식량으로서의 기본적 평가기준이다. 과거에는 영양소함량이 높을수록 고품질로 분류되었으나 최근에는 영양소함량보다는 건강에 기여하는 기능성 성분의 함유 여부를 더 중요한 품질기준으로 보기도 한다.

쌀은 전분이 많고 단백질, 지질 및 회분함량은 비교적 적은 편이다. 쌀알 부위별 일반성분의 분포는 〈표9-1〉과 같다. 무기질과 비타민은 쌀겨와 쌀눈에는 다량 들어 있으나 백미에는 거의 존재하지 않는다. 쌀알의 구성성분은 외층과 중심부가 달라서 쌀알의 내부는 전분이 주성분이나 외층부에는 전분 외에 단백질, 지질, 무기질, 비타민, 소당류, 유리아미노산 등 맛에 관련된 성분의 농도가 높다.

〈표9-1〉 쌀알 부위별 일반성분의 분포 (%)

구분	전분	유리당	단백질	조지방	조회분
벼	53.4	0.5~1.2	5.8~7.7	1.5~2.3	2.9~5.2
현미	66.4	0.7~1.3	7.1~8.3	1.6~2.8	1.0~1.5
백미	77.6	0.22~0.45	6.3~7.1	0.3~0.5	0.3~0.8
왕겨	1.5	0.6	2.0~2.8	0.3~0.8	13.2~21.0
쌀겨	13.8	5.5~6.9	11.3~14.9	15.0~19.7	6.6~9.9
쌀눈	2.1	8.0~12.0	14.1~20.6	16.6~20.5	4.8~8.7

구분	조섬유	중성섬유	헤미셀룰로스	셀룰로스	리그닌
벼	7.2~10.4	16.4	-	-	3.4
현미	0.6~1.0	3.9	-	-	-
백미	0.2~0.5	0.7~2.3	0.1		0.1
왕겨	34.5~45.9	65.5~74.0	2.9~11.3	31.4~36.3	9.5~18.4
쌀겨	7.0~11.4	23.7~28.6	9.5~16.9	5.9~9.0	2.8~3.9
쌀눈	2.4~3.5	13.1	9.7	2.7	0.7~4.1

주) 단백질 : N×6.25

가. 수분

쌀의 수분함량은 저장성, 도정특성, 식미와 관계가 깊다. 쌀의 수분함량은 수확 시에는 20~30%, 저장 시에는 13~16% 이나 일반적으로 14~16% 이다. 함수량이 높을수록 미생물번식이 용이하고, 내부성분의 이동, 효소작용이 활발해져 품질이 변화하기 쉽다. 원료벼의 수분함량이 낮을수록 도정과정에서 싸라기의 발생이 많아지며 취반 전 수침 중에 파손이 쉽게 일어나 밥의 식미를 떨어뜨린다. 같은 품종의 쌀이라도 수분함량이 서로 다르면 같은 양의 물을 넣고 밥을 짓더라도 취반특성이 달라진다.

나. 탄수화물

쌀 전분입자는 직경 7~25㎛의 구형 또는 타원형인데, 이 전분입자 안에 4~6㎛의 전분소립자 20~60개가 가득 차 있어 복립을 형성한다.

쌀 전분은 포도당이 $\alpha-1,4$결합에 의해 직쇄상으로 연결된 아밀로스와 $\alpha-1,4$ 결합 직쇄상에서 $\alpha-1,6$결합에 의해 분지가 생긴 아밀로펙틴으로 구성된다. 아밀로스와 아밀로펙틴의 구조는 유사하나 가지의 위치와 길이가 다르고 분자량도 다르며, 전분의 호화온도 및 호화시간에 영향을 미친다. 아밀로스와 아밀로펙틴의 구성비에 따라 아밀로스가 거의 없는 찹쌀에서부터 아밀로스함량이 25% 이상 되는 고아밀로스 멥쌀까지 다양한 품종이 존재한다.

아밀로스-지질 복합체는 아밀로펙틴보다 열에 안정하여 취반 시 호화가 어렵다. 따라서 아밀로스함량이 높으면 취반 시 흡수량이 많고 밥이 딱딱해지기 쉬우며 끈기가 적고 퍼석퍼석한 밥이 된다. 반대로 아밀로스함량이 낮으면 부드럽고 점도가 있어 식미가 좋은 밥이 된다. 쌀의 유리당 함량은 1% 내외로 극히 낮고 햅쌀보다 묵은쌀에 많아서 쌀의 지표로 이용된다.

식품으로서 쌀 전분의 역할은 효율적인 에너지 공급원(366kcal/100g)이라는 것이다. 또한 다른 곡류 전분에 비하여 체내의 인슐린 분비를 낮추어 비만을 예방하는 데 효과적인 것으로 밝혀져 있다.

다. 단백질

단백질은 아미노산이 펩티드결합으로 연결된 거대분자로 분자 내에 질소를 함유하고 있다. 현미의 단백질함량은 7.1~15.4% 이나 도정을 하면 단백질이 많이 들어 있는 호분층이 제거되어 백미는 5.6~13.3%의 함량을 보인다. 단백질함량은 인디카종이 자포니카종보다 높고 멥쌀보다 찹쌀이 높다.

쌀 단백질은 76~87%가 알콜가용성의 글루텔린으로 이루어져 있는데 알부민과 글로블린은 쌀의 배아와 호분층에 집중되어 있고, 글루텔린과 프롤라민은 배유부분에 존재하여 전체단백질에 대한 알부민과 글로블린의 비율은 외곽부분이 높고 중심으로 갈수록 낮아진다.

라. 지질

지질은 과립 내에 존재하므로 과립이 정상이면 지질은 안정하지만 과립이 손상되면 효소작용 또는 산화작용을 받기 쉽다. 도정하면 과립이 파괴되므로 단시일 내에 부패하고 백미에 붙어 있는 쌀겨도 쉽게 변질을 초래하므로 백미는 현미에 비해 산패하기 쉽고 저장성이 떨어진다.

지질은 저장 중에 변화되기 쉽고 가수분해되어 쌀의 고미취(묵은내)형성에 영향을 준다. 쌀이 고온에 저장되면 지질이 효소에 의해 글리세린과 지방산으로 분해되며, 유리지방산은 산화되어 과산화지질로 변하여 알데히드와 케톤이 되고 이들 성분 때문에 고미취가 나게 된다. 유리지방산은 전분의 나선구조와 결합하여 취반시의 호화를 억제하며 묵은쌀로 지은 밥의 경도를 증가시킨다.

쌀의 지질함량은 현미가 2~3%, 백미가 0.3~0.5%이나 쌀눈은 30%, 쌀겨는 18%나 된다. 미강유는 리놀레산, 올레산 등 불포화지방산의 함유량이 많아 혈중 콜레스테롤 농도를 저하시키는 효과가 있다.

마. 무기질

현미의 무기질함량은 1.0~1.5%로 낮다. 성분별로는 P, K, Mg 함량이 많고 다음으로 Cl, Ca, Si 순으로 많다. 쌀의 무기질은 쌀겨와 쌀눈에 집중되어 있고, 백미에는 거의 존재하지 않는다.

쌀의 무기물함량과 식미와의 관계를 보면 질소와 칼륨의 함량이 높을수록 식미가 저하되고, 인의 함량이 많으면 식미가 향상된다. 칼슘은 함량이 10mg/100g일 때 식미가 적당하다. 마그네슘도 전분의 물성 및 쌀밥의 물성과 관련이 있고 최적치는 130mg/100g이다.

바. 비타민

쌀겨에는 다량의 비타민 E 가 존재하고 비타민 A, D도 상당량 함유되어 있으나, 백미에는 비타민 A, C, D, E가 없다.

사. 식이섬유

백미의 세포벽을 구성하는 섬유성분으로는 셀룰로스, 헤미셀룰로스, 펙틴 등이 있다. 쌀의 식이섬유함량은 곡류 중 옥수수보다는 낮으나 밀가루보다는 3~4 배 많이 함유되어 있어 식이섬유의 급원으로서도 중요하다. 식이섬유는 소화관에 좋은 영향을 주고 만복감을 주므로 비만의 예방과 치료에 효과적이며, 혈중 콜레스테롤 상승을 억제하여 동맥경화와 허혈성 심질환의 예방에 유효하다. 또 중금속과 같은 유해물질의 배설을 촉진하므로 중요한 기능성 품질지표가 된다.

밥을 지어 먹는 쌀과 떡, 술, 과자 등으로 가공하여 먹는 쌀은 그 특성이 전혀 다르다. 쌀의 다양한 용도에 맞는 가공적성은 2차적 품질로서 중요하다. 쌀은 전분의 종류와 성질에 따라 굳기, α 화, 신전성 등에 차이가 있다. 쌀 전분의 굳기는 떡제조에, α 화는 쌀과자 제조에, 신전성은 국수제조 적성과 밀접한 관련이 있다. 심복백미는 양조적성이 높다. 쌀은 도정도별로 성분함량이 변화하는데 이는 가공적성에 영향을 미친다.

4 안전성

쌀은 본래 농약사용이 적은 작물에 속하며 식물체 지상부를 직접 식용하지 않고 알곡을 이용하며 그것도 왕겨를 벗겨내고 도정하여 먹으므로 식품안전도가 매우 높다. 최근 소비자는 쌀을 구입할 때 안전성을 중요한 요소로 생각하므로 농약잔류량이 허용기준에 적합하도록 생산해야 한다. 또, 토양과 수질관리를 잘하여 재배환경이 오염되지 않도록 해야 한다.

쌀을 상온저장하면 5~10월 사이의 고온다습한 환경에서 자체 호흡과 미생물활동으로 품질이 열화된다. 저장조건이 나쁘면 여름을 경과하면서 점성이 크게 떨어지고 경도가 증가하여 식미가 크게 저하된다.

5 취반특성

쌀에 적당량의 물을 붓고 가열하면 전분이 호화되어 밥이 된다. 즉, 생전분인 β전분의 쌀에 물을 넣고 밥을 지으면 소화가 잘 되는 호화전분인 α전분의 형태로 변화되는 것이 밥이 되는 원리이다. 떡이나 밥을 저온에 장시간 방치하면 전분이 노화되어 식미가 저하되고 소화성이 감소한다. 밥을 지은 후 보온밥솥에 장시간 저장하면 밥이 누렇게 변하면서 냄새가 나고 맛이나 질감이 떨어지며 소화도 잘 되지 않는데, 이는 쌀밥의 당분이 아미노산과 반응하여 갈변물질인 멜라노이딘을 형성하기 때문이다.

쌀은 밥을 지을 때 수침조건, 가수량, 취반용량, 취반용기(압력・온도조건) 등의 취반조건에 따라 밥의 찰기(부착성), 경도, 응집성 등이 달라져서 식미가 달라진다. 취반시의 가열흡수율, 취반팽창용적, 호화온도, 취반액용출고형물량, 취반용출액요드흡광도 등은 식미와 밀접한 관련이 있는 것으로 보고되어 있다. 그러므로 취반과정에서의 여러 특성은 쌀의 품질을 나타낼 수 있는 요소의 하나이다.

6 고품질 쌀의 정의와 기준

쌀의 품질은 취급하는 사람의 입장, 기호도, 관심도, 지역 및 시대에 따라서 달라질 수 있다. 그러나 쌀은 식품이므로 품질의 기준은 밥맛을 위주로 평가하는 것이 합리적이다.

가. 양질미 선발기준

우리나라 쌀 품종 육종기관에서 적용하고 있는 양질미(고품질쌀) 선발기준은 다음과 같다.

외관 특성은 단원형, 장/폭 비 1.7~2.0 심복백이 없거나 적고, 투명하고 윤기가 있으며, 다소 황색이 나고, 도정도 75% 이상, 완전미율 90% 이상의 쌀을 고품질로 하고 있다. 이화학성으로는 아밀로스함량 17~20%, 호화온도 65~72℃, 알칼리붕괴도 5~7, 단백질함량 7~9%, Mg/K 비율이 높은 것을 선발한다. 식미 및 취반 특성으로는 윤기가 있고, 밥향이 있으며, 적절한 점성·경도·조직감을 나타내는 것으로 하고 있다. 과거에는 쌀 외관과 품위가 고품질지표로 사용되어 왔으나 최근에는 식미관련 요소를 중시하고 있다. 이와 같은 양질미 선발기준은 분석과 측정이 번거로워 소비자들이 쌀의 품질평가에 신속하게 적용하기에는 어려운 면이 있다.

나. 고품질 쌀의 정의

국내 쌀 품종 육성기관의 양질미 선발기준과 품질관련 전문가가 제시한 고품질 쌀의 기준, 그리고 현재 선호되고 있는 밥맛 특성 등을 종합적으로 고려할 때 우리나라의 고품질 쌀은 다음과 같이 정의할 수 있다.

고품질 쌀은 외관품위가 우수하고 도정 특성이 양호하며, 취반 후의 밥은 매우 옅은 담황색을 띠고 윤기가 있으며, 밥알의 모양이 온전하고, 구수한 밥냄새와 맛이 나며, 찰기와 탄력이 있고, 씹히는 질감이 부드러운 쌀이라고 할 수 있다. 이러한 쌀의 외관상 특징으로는 쌀알이 단원형이고 온전하며, 충실하고 고르며, 심복백이 적고 이물이 없으며, 쌀겨층이 완전히 제거되어 맑고 투명하며 윤기가 있다. 또한, 신선한 쌀 고유의 향이 있고 묵은 냄새가 적다.

한편, 이러한 고품질 쌀의 이화학적 특성은 호화온도는 중간이거나 다소 낮으며, 단백질함량은 7% 이하, 아밀로스함량은 17~18%, 수분함량은 15.5~16.5%, 유리지방산가는 8~15mg KOH/100g, Mg/K 함량비율이 높은 것으로 나타난다.

과거 우리나라의 양질미 개념은 밥이 아닌 쌀을 대상으로 하는 경우가 대부분으로서 식미(입맛)보다 육안으로 보는 쌀의 외관평가 결과이거나 검사등급 또는 품위를 뜻하는 경우가 대부분이었다. 진정한 의미의 미질은 취반 후 밥을 대상으로 평가해야 하며, 그것도 외관보다는 식미를 대상으로 해야 한다.

7 쌀 품질에 대한 소비자 선호도

농촌진흥청에서 2002년 서울시 거주 20세 이상 여성 유배우자 1,000명을 대상으로 쌀 선호도를 조사한 결과는 〈표9-2〉와 같다. 소비자들이 좋은 쌀을 선정하는 기준으로 외관 특성은 윤기가 나면서 투명한 쌀(25.3%), 묵은 냄새가 없는 쌀(17.4%), 싸라기가 없는 쌀(13.7%), 타원형이고 길이가 짧은 쌀(11.4%) 등을 들었고, 밥맛 결정요소로는 벼의 재배지(22.7%), 벼 품종(21.7%), 도정된 쌀의 보관기간(13.8%)을 중요시하는 것으로 나타났다. 또한, 쌀 구입 시 중요하게 고려하는 선정기준 상위 5가지는 잔류농약 정도, 영양가 높은 쌀, 쌀알의 모양, 쌀의 재배지, 품질인증마크였다. 쌀의 브랜드나 가격보다는 안전성과 품질을 더 중시하는 경향이어서 고품질 안전농산물에 대한 소비자의 요구도가 높아지고 있음을 보여주었다.

〈표9-2〉 좋은 쌀 판단기준

순위	외관 판단	밥맛 결정요소	쌀 구매 시 고려사항
1	윤기 나고 투명한 쌀(25.3)	벼의 재배/생산지(22.7)	쌀의 잔류농약 정도(4.08)
2	묵은 냄새가 없는 쌀(17.4)	벼(쌀)의 품종(21.7)	영양가 높은 쌀(4.07)
3	싸라기가 없는 쌀(13.7)	도정된 쌀의 보관기간(13.8)	쌀알의 모양(3.96)
4	타원형으로 길이가 짧은 쌀(11.4)	벼의 보관방식(12.4)	쌀의 생산(재배)지(3.87)
5	하얀 티나 얼룩이 없는 쌀(8.3)	벼의 재배방식(10.5)	품질인증마크(3.73)

한편 경기도 생산자 및 소비자 400명을 대상으로 쌀의 품질에 미치는 품질요소의 상대적 기여도를 조사한 결과 한국인은 식미의 중요도를 34%로 가장 높게 보았고, 영양가 20.6%, 안전성 17.1%, 외관 9.3%, 상품성 8.1%, 기능성 6.3%, 이화학성 4.6%로 보는 것으로 밝혀졌다.

제2절 쌀의 품질평가방법

쌀의 품질평가법은 겉으로 보는 외관품위검사법, 기기로 성분을 분석하여 평가하는 성분분석법, 그리고 사람이 직접 먹어서 느끼는 맛을 검정하는 식미검정법의 3종류로 대별할 수 있다. 과거에는 품질을 외관중심으로 평가하였으나 최근에는 식미검정을 중시하고 있다. 또, 과거에는 사람이 판별하여 객관성이 적었지만 최근에는 기계에 의한 측정기술이 발달하여 객관성이 증대되었다.

1 외관품위 검사법

시장에서 쌀을 구매할 때에는 외관을 보고 구매하므로 외관품질도 중요하다. 쌀의 외관품질을 이해하려면 관련되는 용어의 뜻을 알고 조사방법을 이해해야 한다.

가. 쌀 품위 및 도정관련 용어

1) 수분 : 105℃ 건조법 또는 이와 동등한 값을 얻을 수 있는 방법에 의하여 측정한 함수율을 말한다.

2) 형질 : 껍질의 얇음과 두꺼움, 충실도, 단단함과 무름, 색택, 낟알의 모양과 고르기, 껍질의 긁힌 정도, 심백 및 복백의 정도 등을 말한다.

3) 용적중 : 쌀 1L의 무게를 말하며 보통 부라웰곡립계로 측정한다.

4) 정립 : 피해립, 사미, 착색립, 미숙립, 뉘, 이종곡립 및 이물 등을 제외한 낟알을 말한다.

5) 완전미(head rice) : 도정된 백미를 1호체로 쳐서 체 위에 남아 있는 쌀 중 100g을 채취하여 불완전립을 제외하고 모양이 완전한 쌀과 평균길이의 3/4 이상인 깨진쌀을 말한다.

6) 큰싸라기 : 1호체로 쳐서 통과하지 않고 체 위에 남아 있는 싸라기로 그 길이가 완전한 낟알 평균길이의 1/2 미만인 싸라기를 말한다.

7) 잔싸라기 : 1호체로 치면 통과하되 2호체로 치면 통과되지 않는 싸라기를 말한다.

8) 피해립 : 오염 또는 손상된 낟알(병해립 · 충해립 · 반점립 · 흑점립 · 생리장해립 등)을 말한다. 다만 피해가 경미하여 쌀의 품질에 영향을 미치지 않을 정도의 것은 제외한다.

9) 착색립 : 표면의 전부 또는 일부가 갈색 또는 적색으로 착색된 낟알을 말하나, 쌀의 품질에 영향을 미치지 않을 정도의 것은 제외한다.

10) 분상질립 : 체적의 1/2 이상이 분상질상태인 낟알을 말한다.

11) 이종곡립 : 쌀 이외의 다른 곡립을 말한다.

12) 이물 : 곡립 이외의 것을 말하는데, 벼의 경우에는 곡립 이외의 모든 것을 말하고, 현미의 경우에는 곡립 이외의 것과 1호체로 쳐서 통과한 것을 말하며, 백미의 경우에는 2호체로 쳐서 체를 통과한 것을 말한다.

13) 돌 : 돌, 콘크리트조각 등 광물성의 고형물로서 2호체로 칠 때 통과하지 않고 체 위에 남는 것을 말한다.

14) 제현율 : 벼의 껍질을 벗기고 이를 1.6mm 줄체로 칠 때 체를 통과하지 않는 현미의 비율을 말한다. 실제로 측정할 때에는 정선기로 정선한 벼 시료 1kg을 실험실용 현미기로 탈부(dehulling)한 후 1.6mm 줄체로 현미와 설미를 분리하고 정조량에 대한 현미량의 백분율로 표시한다.

15) 설미율 : 벼 시료 1kg을 탈부한 후 1.6㎜ 줄체로 쳐서 분리된 설미의 비율을 말한다.

16) 현백률 : 현미 1kg을 실험실용 정미기로 도정하여 생산된 백미를 2호체로 쳐서 체 위의 백미를 사용한 현미량에 대한 백분율로 표시한다.

17) 쇄미율 : 도정된 백미를 2호체로 쳐서 체를 통과한 작은 싸라기의 양을 사용한 현미량에 대한 백분율로 표시한다.

18) 도정률 : 도정된 백미량이 벼의 몇 %에 해당하는가로 나타낸다. (제현율 × 현백률) ÷ 100 으로 표시한다.

19) 도감률 : 도정에 의해서 줄어든 양, 즉 쌀겨 · 배아 등으로 떨어져 나가는 도정 감량(도정감)이 현미량의 몇 %에 해당하는가로 나타낸다.

20) 도정도 : 쌀겨층이 완전히 벗겨진 것을 10분도미로 하고, 쌀겨층의 절반이 벗겨진 것을 5분도미로 하여 나타낸다.

나. 쌀 품위검사규격

쌀의 외관품위 검사 시에는 농산물품질관리법에 의한 농산물검사기준의 벼·현미 및 백미 품위검사규격에 따라 육안검사 외에 품위검정기, 백도계 등에 의한 기계적 검사가 가능하다.

1) 벼

우리나라의 벼 검사규격은 〈표9-3〉과 같이 특등은 제현율 82%, 피해립 1%, 이종곡립 및 이물이 각각 0.2% 이하라야 한다. 제현율은 특등이 82%, 1등 78%, 2등 74%, 3등 65%로 규정하고 있다.

〈표9-3〉 벼 품위검사규격

(%)

항목 / 등급	최저한도		최고한도				
	형질	제현율	수분	피해립 · 착색립		이종곡립	이물
				계	착색립		
특등	특등표준품	82.0	15.0	1.0	0.0	0.2	0.2
1등	1등표준품	78.0	15.0	4.0	0.0	0.5	0.5
2등	2등표준품	74.0	15.0	7.0	0.1	1.0	1.0
3등	3등표준품	65.0	15.0	10.0	0.5	2.0	2.0

[기타 조건]

찰벼 중 메벼혼입률 최고한도는 특등 3.0%, 1등 5.0%, 2등 10.0%, 3등 15.0%로 한다.

2) 현미

현미의 품위검사규격은 용적중은 1등이 810g/L, 2등이 800g, 등외가 780g이고, 정립은 1등 75%, 2등 70%, 등외 60%이다. 현미의 등급은 우리나라와 일본은 3등급에 불과하나, 미국은 벼혼입률, 열손상립, 적미, 찰벼혼입률, 백미혼입률 등에 따라 6등급으로 구분하고 있다.

3) 쌀(백미)

쌀의 품위검사규격은 최저한도를 표준품 기준으로 정하고, 수분, 분상질립, 피해립, 착색립, 싸라기 등에 대한 최고한도를 정하여 합격, 불합격의 2개 등급으로 구분하고 있다. 반면에 일본은 품질등급을 4등급, 미국은 6등급으로 분류하고 있다.

백미 합격품이 되려면 수분 15% 이하, 피해립 2% 이하, 큰싸라기 5% 이하, 뉘 3% 이하, 이물 1% 이하라야 한다. 수입쌀의 검사규격은 중립종과 단립종은 국내산 백미와 동일하나 장립종은 피해립 40%, 싸라기 17.0%로 최고한도가 다소 높게 설정되어 있다.

다. 쌀의 품위계측

품위검사에 공시할 쌀 시료 채취량은 약 1.5kg이며, 품위는 수분, 도정도, 이물, 돌, 착색립, 피해립, 싸라기, 분상질립 순서로 계측한다.

계측방법은 첫째, 시료는 충분히 혼합하고 균분기로 축분한다. 둘째, 축분한 시료를 체판 면적 100㎠당 40~50g 정도로 넣고 체별한다. 1, 2호체의 체판 면적이 약 314㎠ 정도 되므로 체별 시의 시료량은 약 150g 정도가 된다. 체별 시의 횟수 및 시간은 20초 동안 좌우로 30회 흔들어 체별한다. 셋째, 시료의 수분함량은 105℃ 건조법에 의하여 측정함을 원칙으로 하되, 이와 동등한 측정결과를 얻을 수 있는 전기저항식 수분계, 전열건소식 수분계, 적외선조사식 수분계에 의한 측정을 보조방법으로 채택할 수 있다. 동일한 시료에 대하여 3회 이상을 반복실시하여 근사치범위내에 있는 것의 평균치를 산출하여 수분함량을 구한다.

라. 쌀의 감정방법

1) 도정도 감정방법

양곡의 도정도를 육안으로 판정하는 것은 품종에 따라 색깔이 다르고, 또 광량의 다소에도 영향을 받아 오차가 크므로 염색하여 판정함으로써 오차를 줄일 수 있다. 이 방법은 정확하기는 하나 다소 복잡하므로 백도계로 측정하는 방법이 개발되었다.

일반적으로 ME(methylene blue, eosin Y) 시약처리에 의하여 쌀겨층의 박리 정도를 표준품과 비교 감정함을 원칙으로 하되 보조방법으로 요드염색법을 이용할 수 있다.

시험관에 도정도가 다른 쌀 10알과 쌀알이 잠길 수 있는 양의 염색약을 넣고 20분간 가볍게 흔든 다음 염색약을 버리고 물로 2~3회 씻은 후 흰 종이나 페트리접시에 실험할 쌀알을 올려 놓은 후, 도정도를 알고 있는 표준품의 염색과 비교하여 도정도를 판별한다.

가) ME염색법

쌀용 시약은 메탄올 1,000㎖에 methylene blue 1.5g과 eosin Y 0.75g을 용해하여 원액을 만들

고, 사용할 때에는 메탄올로 3배 희석하여 사용한다. 착색 촉매제시약으로 트리에탄올아민 3㎖를 100㎖ 메스플라스크에 넣고 증류수 또는 수돗물로 희석하여 3%액으로 만든다. 시료 약 5g을 취하여 3%의 트리에탄올아민용액 15㎖ 정도에 30초간 침지한 다음 맑은 물에 30초간 세척한다. 그 후 ME시약 8㎖ 정도에 1분간 침지하여 착색시킨다. 순도 99% 이상의 메탄올에 약 30초간 잘 흔들어 세척한 후 유리판에 얇게 펴놓고 감정한다. 도정도는 외피는 녹색, 호분층은 청색, 배유부는 분홍색으로 착색되므로 청색 또는 녹색부분의 다소에 따라 판별한다.

나) 요드염색법

시약은 요드 0.5g과 요드화칼륨 0.5g을 먼저 소량의 물에 녹인 다음 물을 가하여 1ℓ 가 되도록 하여 사용한다. 시험관에 시료 5g과 시약을 넣고 가볍게 흔들어서 착색시킨 후 1회 수세하여 감정한다. 배유부는 흑갈색으로 착색되므로 그의 착색반응 정도로써 도정도를 판별한다.

2) 메·찰쌀 감정방법

쌀의 메찰 감정은 요드처리에 의한 배유부분의 착색반응에 의하여 감정한다. 시료는 적당량을 채취하여 사용하되 도정, 절단 또는 분쇄하여 시료로 사용한다. 요드액 0.5g과 요드화칼륨 0.5g을 먼저 소량의 물에 녹인 다음 물을 가하여 1ℓ 가 되도록 희석하여 사용한다. 시료를 유리판 위에 놓고 요드액을 적당량 떨어뜨려 자색이 되면 메, 갈색이 되면 찰로 판별한다.

3) 신구곡 감정방법

쌀·맥류 및 두류에 모두 적용할 수 있는 방법이다. 농산물에는 아밀라제, 리파제, 과산화효소 등의 효소가 존재하며, 저장기간이 길어지면 효소의 활성이 떨어지고 품질도 저하된다. 그러므로 쌀에 G O P 시약을 처리하면 햅쌀은 과산화효소의 활성이 높아서 녹적색을 나타내나, 묵은쌀은 과산화효소의 활성이 약하여 적갈색을 나타내거나 아예 염색되지 않는다. 따라서, 시약에 의하여 산화효소의 활성정도를 감정함으로써 신구곡을 감정할 수 있다. 신구곡 감정은 G O P 시약처리방법을 원칙으로 하되, 보조방법으로 구아야콜처리에 의한 방법을 채택할 수 있다. G O P 시약은 구아야콜 1%액, 과산화수소 3%액, 파라페닐엔디아민 0.2%액이다. 시약이 산성일 경우에는 수산화나트륨을 0.1%의 농도로 첨가하여 중화시킨다. 시료 2g 정도를 분쇄하거나 원형으로 시험관에 넣는다. 구아야콜 4㎖를 가하여 10회 흔들어 준 다음 2분간 정치하고 과산화수소 3~4방울을 가하여 10회 흔들어 준 다음, 즉시 파라페닐엔디아민 3㎖를 가하여 다시 10회 흔든 다음 5분간 정치한다. 최종적으로 맑은 물로 2회 수세하여 감정한다.

신선한 쌀은 배아부, 배유부와 시약이 자색으로 변하나 약간 오래된 쌀은 배아부위만 착색되며, 오래되거나 발열 또는 변색된 쌀은 반응이 일어나지 않는다.

마. 쌀 포장 표시사항

쌀의 품질향상을 위하여 양곡매매업자 및 양곡가공업자 등이 지켜야 할 쌀 포장 표시준수사항은 쌀의 생산년도, 중량, 품종, 원산지, 도정년월일, 생산 또는 가공자의 주소를 의무표시사항으로 기재하여 소비자에게 정보를 제공해야 하고 등급은 권장표시사항이다.

1) 생산년도 : 원료곡의 수확년도를 표시해야 한다. 연산이 혼합되었을 때에는 혼합된 연도를 기재하거나 연산혼합으로 표시한다.

2) 중량 : 실중량을 기재한다.

3) 품종 : 품종명 또는 일반계 등으로 표시한다. 품종이 혼합되었을 때에는 혼합된 품종명을 기재하거나 품종혼합으로 표시한다.

4) 원산지 표시 : 농산물품질관리법에 의한 시 · 군 또는 국산 여부를 표시해야 한다. 수입농산물의 경우에는 대외무역법 시행령에서 정하는 방법에 따라 원산지를 표시해야 한다.

5) 도정년월일 : 쌀로 도정한 날짜를 표시해야 한다. 도정년월일의 표시는 OO년 OO월 OO일의 방법으로 표시해야 한다.

6) 생산자 또는 가공자의 주소, 상호명(또는 성명), 전화번호를 표시해야 한다.

7) 권장표시사항 : 쌀의 등급을 특, 상, 보통으로 기재한다. 농산물검사를 위한 품위기준보다 다소 강화된 기준으로 수분은 16%로 높여 식미가 좋아지도록 하였다. 특등품이 되려면 기타 이물, 착색립이 없어야 하고 싸라기는 3% 이하, 피해립은 0.2% 이하이어야 한다.

2 성분분석 및 특성검정

쌀의 품질은 함유하고 있는 일반성분, 즉 수분·탄수화물·단백질 · 지방 · 회분 등의 함량이나 개별 성분의 성질 또는 성분간의 상호작용에 의하여 영향을 받는다. 쌀도 일반 화학성분의 함량을 분석하거나 물성을 측정하여 품질을 추정할 수 있다.

가. 일반성분 분석

1) 수분함량

쌀 수분함량은 저장력에도 영향을 미치지만 식미 등 품질과도 밀접한 관련이 있다. 수분함량의 측정은 105℃의 건조기에서 건조하여 감소된 중량을 수분량으로 한다. 최근에는 사용이 간편한 휴대용 수분측정기나 근적외분광분석방식의 비파괴측정기가 사용되고 있다.

2) 단백질함량

쌀의 식미에 큰 영향을 미치는 단백질함량은 그 구성원소인 질소를 정량하여 구할 수 있다. 질소는 지방이나 탄수화물에는 들어 있지 않고 단백질에만 함유되어 있는데, 함유율은 단백질의 종류에 관계없이 약 16%를 차지한다. 따라서 쌀의 질소함량을 분석하고, 그 수치에 100/16, 즉 6.25를 곱하면 단백질함량을 구할 수 있다.

식품의 질소정량에는 전통적으로 켈달법이 이용되었는데 매우 번거로운 방법이다. 최근에는 단백질함량을 비파괴 근적외분광분석법으로 구함으로써 짧은 시간내에 정도 높게 분석할 수 있다.

3) 조지방함량

쌀밥의 윤기, 향미, 저장 중의 산패에 의한 변질과 밀접하게 관련되는 지질의 함량은 에테르 등의 유기용매로 추출 정량하여 구할 수 있다. 유기용매에는 지방 이외에도 색소류, 밀랍, 알칼로이드, 유기산의 일부도 용해되므로 조지방이라고 표시한다. 지질은 속실렛장치기라는 추출장치를 사용하여 추출 정량한다.

쌀의 저장 중에 지질이 분해되어 생성된 유리지방산의 함량을 표시하는 방법으로는 산가가 이용된다. 산가는 유지 1g 에 함유되어 있는 유리지방산을 중화하는 데 필요한 KOH의 양을 mg으로 표시하나, 쌀은 유지함량이 적으므로 원료쌀 100g 중의 유리지방산을 중화하는 데 필요한 KOH량을 mg으로 표시한다. 오래 저장된 쌀일수록 유리지방산이 증가하여 산가가 높아진다.

4) 조회분 함량

마그네슘, 칼륨 등의 회분함량은 쌀의 식미에 다소간의 영향을 미친다. 시료를 도가니에 넣고 550~600℃로 가열하여 얻은 재를 정량하여 구한다. 이때의 회분량은 시료 속의 무기질의 총량을 정확하게 나타내는 것이 아니므로 조회분으로 나타낸다.

5) 조섬유함량

조섬유 측정은 헨네베르크-스토만개량법에 의한다. 분쇄한 시료 2~5g을 에테르로 세척 탈지한 후 뜨거운 1.25% 황산 200㎖를 넣고 환류냉각장치에서 30분간 끓인 다음 플라스크에 여과관을 넣고 흡인 여과한다. 건조기에서 건조 칭량하여 조섬유의 양을 구한다.

6) 당도

측정범위가 Brix 32%이고 허용오차가 Brix ±0.2% 이하인 당도계를 사용한다. 공시료를 3등분하여 각 1회씩 측정하여 얻은 가중평균치를 측정값으로 한다.

7) 무기성분 등

쌀에 포함된 무기성분, 유해성 중금속, 잔류농약, 아플라톡신 등의 분석방법은 식품위생법에 규정되어 있는 식품공전의 분석법을 준용한다.

나. 아밀로그램 특성분석

쌀의 주성분은 전분이므로 전분의 특성은 쌀의 품질특성 특히 호화특성에 영향을 준다. 전분의 특성은 물에 현탁된 쌀가루나 쌀전분을 일정한 속도로 교반하면서 가열하여 전분이 팽윤, 호화 및 냉각되는 과정에서 호화액의 점도변화를 연속적으로 측정하여 평가할 수 있다. 대표적인 측정 방법이 아밀로그램이다.

신속점도측정계(rapid visco-analyzer, RVA)는 3g의 적은 시료량으로 짧은 시간 내에 검정이 가능하다. 대개 12% 전후의 현탄액을 만들어서 RVA에 넣고 50℃에서 1분간 유지 후, 4.7분 동안에 95℃까지 상승시키고 95℃에서 2.5분 정도 유지시켰다가 다시 3.7분 동안에 50℃로 냉각시키면서 호화온도, 최고점도, 최저점도, 최종점도 등의 호화특성을 조사한다.

쌀가루의 아밀로그램 특성으로 밥의 호화특성, 식미의 추정이 어느 정도 가능하다. 호화온도가 높으면 전분입자의 내부구조가 치밀하여 가열시 팽윤이 지연되므로 식미가 낮고, 호화온도가 낮으면 식미가 양호하다. 강하점도(최고점도-최저저도)는 호화 중 열과 전단력에 대한 저항성을 뜻하며, 아밀로스함량과 부의 상관을 보인다. 치반점도(최종점도-최고점도)는 전분의 노화 경향을 반영하는데, 값이 크면 노화 진행이 급격함을 나타낸다. 즉, 호화온도가 낮고 강하점도가 높으며 치반점도가 낮은 쌀이 대체로 식미가 좋은 경향을 나타낸다.

다. 성분분석계

700~2,500nm 범위의 근적외선을 이용한 분광분석을 통하여 시료에 함유된 수분, 단백질, 지질, 아밀로스의 함량 등을 거의 실시간으로 신속하게 분석할 수 있는 성분분석계가 사용되고 있다.

3 식미검정법

가. 기계적 식미측정법

1) 식미판정식

쌀이 갖는 이화학적 특성의 중회귀분석에 의한 식미평가의 계량화가 진전되었다. 식미판정식의 변수로서 쌀의 수분함량, 단백질함량, 아밀로스함량, 지방산함량, 정미백도, 백미쇄미율, Mg/K, Mg/K · N, K/Mg, 알칼리붕괴도, 고저알칼리붕괴도차, 호응집성, 아밀로그램 특성 중의 최고점도 · 최저점도 · 최종냉각점도 · 강하점도 · 치반점도, 텍스처메터 특성, 취반특성 중의 가열흡수율 · 팽창용적 취반용출액 · 취반액용출고형물량 · 상온흡수율 · 요드정색도 · 밥의 경도 · 부착성 · 점착성 등이 보고되어 있다.

그중에서도 아밀로스함량, 단백질함량, 조회분함량, 아밀로그램 특성, 알칼리붕괴도, 밥의 경도, 취반액용출고형물량 등 3~8개의 식미관련 이화학적 인자를 이용하여 식미를 추정할 수 있다.

2) 식미기

쌀의 품질은 사람에 의한 관능적 식미가 가장 바람직하고 중요하지만 관능평가는 많은 시간과 노력이 필요하며, 특히 잘 훈련된 검정요원이 확보되어야 한다. 이와 같은 단점을 줄이기 위하여 기계에 의한 식미평가기술이 발전되었다.

1986년 일본 사다케제작소가 근적외분광분석에 의한 식미계를 개발한 이후 여러 회사에서 제품을 개발하여 시판하고 있다. 이러한 것들은 현재 정미공장에서 원료현미의 검사, 품종별 식미값의 경향조사, 브랜드에 대응하여 출하되는 백미검사 등과 식미검사에 활용되고 있다. 최근에는 쌀에 700~2,500nm 파장의 근적외선을 조사하는 근적외분광분석법(NIR)에 의하여 함유되어 있는 수분, 단백질, 지질 및 아밀로스의 함량 등을 측정하는 방법과 밥에 윤기가 많을수록 맛있다는 원리에 근거하여 밥의 윤기 두께를 측정하여 식미로 나타내는 방법이 개발되었다.

근적외분광분석법에 의한 식미측정기 중 사다케의 기기는 분쇄한 정미를 측정대상으로하여 쌀의 단백질, 수분, 지질 및 아밀로스 등을 분석하여 이미 개발된 식미방정식에 의해 식미를 평가하는 방식이다. 시즈오카 · 야마모토의 식미측정기는 분쇄 백미를 대상으로 단백질, 취반액 등의 요드발색도를 분석한 후 식미를 평가하는 방식이고, 니레코의 식미측정기는 Mg, K, N 등 무기성분을 분석하여 식미를 평가하는 방식이다. 토요정미기는 취반한 밥 표면에 특수전자파를 조사하여 반사 및 흡수율을 가지고 밥의 윤기를 측정하여 식미를 평가하는 방식이다.

나. 식미 관능검사법

1) 관능검사실 및 검사 자재

관능검사실 및 검사 자재 등은 앞 장의 방법을 준용한다.

2) 검사원

사전에 검사능력이 검증된 20명으로 하되 남녀 동수로 하고, 20~30세와 40세 이상을 거의 동수로 한다. 평가 전에 향기 없는 비누로 손을 씻고 평가 30분 전에는 껌이나 음식물 섭취를 금한다. 시료의 취급방법, 평가속도 등에 대한 주의 및 사전 교육을 실시한다. 각각 독립적으로 평가하고 평가 중 일체의 대화를 금한다.

3) 검사물

흰색의 접시를 사용한다. 기준미를 포함하여 접시당 1회 4점 평가가 바람직하다. 기준미는 중앙에, 시료는 주변에 배치하고 일련번호를 부여한다. 밥을 접시에 담을 때에는 계량스푼을 사용하고 모양이 일정하도록 한다. 밥알이 퍼져 담기면 검사 중 금방 식고 수분이 증발하여 식미를 제대로 측정하기 어렵다. 동일한 조건 유지를 위하여 미리 준비된 시료는 랩으로 싸서 보관 후 검사원에게 한꺼번에 제공한다.

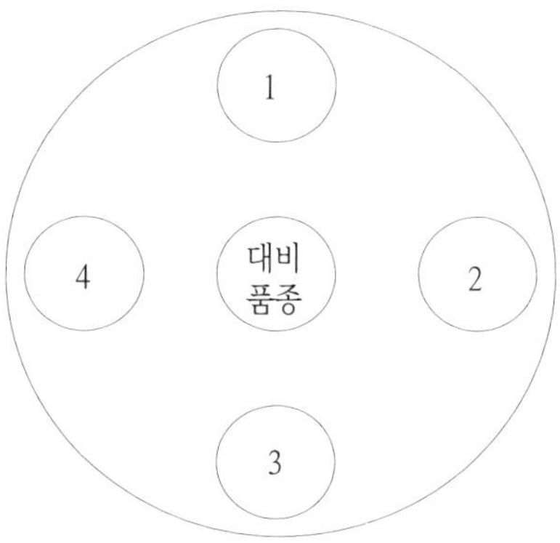

〈그림9-1〉 식미검정 시료 배치도

4) 취반 및 검정순서

검정요원 20명을 기준으로 할 때 시료 쌀 600g을 일정한 조건에서 취반한 후 검사에 제공한다. 검정에 앞서 식미검정요령 설명서를 제시하고 검정에 임하도록 한다.

5) 평가항목 및 평가기준

쌀밥의 식미 관능평기에 사용되는 평가기준은 보통 외관, 향, 조직감, 맛, 총평 등의 5항목으로 한다. 평점은 보통(0점)을 중심으로 좋은 쪽으로 약간 좋음(+1점)과 많이 좋음(+2점), 나쁜 쪽으로 약간 나쁨(-1점)과 많이 나쁨(-2점)의 5단계 평가를 한다. 한편, 쌀 품질의 좋고 나쁨을 논하려면 기준이 되는 표준미가 있어야 한다.

4 실용적 쌀 품질평가 방법

쌀 유통현장에서 적용 가능한 품질평가방법은 기계적 방법과 관능검사를 병행하는 것이다. 기계적 방법은 간편하나 정확도가 떨어지고, 관능검사는 이론적으로는 정확하나 객관성이 떨어지기 때문이다.

먼저 외관품위분석기로 완전미율을 측정하고, 비파괴 성분분석기로 수분함량과 단백질함량을 측정하며, 식미계로 식미값을 측정하여 종합하면 상당한 신뢰도로 신속하게 식미를 추정할 수 있다. 그리고 기계적 측정의 한계를 보완하기 위하여 훈련된 검사요원에 의한 관능검사를 실시하여 종합하면 거의 완전하게 쌀의 품질을 평가할 수 있다. 평가요소별 중요도에 따른 가중치를 부여하면 더 정확한 방법이 될 수 있다.

제3절 기타곡물식품의 품질평가방법

1 식용보리

식용보리로서의 품위검사규격은 겉보리와 쌀보리 모두 수분함량은 14% 이하이고, 1등품 기준으로 피해립은 6%이하, 이종곡립은 1.5% 이하, 이물함량은 0.4% 이하여야 한다. 이 외에 입형·외관·색택·백도·신선도·제분율·종피중·종피율·할맥적성·소화율·아밀로펙틴함량·β -glucan·단백질·지질·비타민·회분·지방산·무기질함량 등이 주요 품질 특성이다.

2 맥주보리

맥주보리의 품질규격은 농산물품질관리원에서 실시하고 있는 등급규격과 맥주회사에서 자체적으로 실시하는 분석평가로 대별할 수 있다. 맥주보리의 1등급 규격은 정립률이 80% 이상이고, 20℃에서 96시간에 발아한 낟알수의 비율인 발아세는 92% 이상이어야 한다. 또, 수분함량 13% 이하이고, 세맥 8% 이하, 피해립 4% 이하, 이종곡립 1.5% 이하, 이물함량은 0.5% 이하여야 한다.

3 밀

밀에 대한 품위검사규격은 수분 13% 이하, 정립률은 1등이 90%, 2등이 75%, 등외가 60% 이상이어야 한다. 그러나 밀은 품위 외에도 단백질함량에 따라 가공용도가 달라지므로 단백질함량이 중요한 품질인자이다. 단백질함량 11~14%는 강력분으로 제빵에 적합하고, 10~12%는 준강력분으로 국수 · 크래커용으로 알맞다. 또, 9~10%는 중력분으로 비스킷용으로 쓰이고, 7~9%는 박력분으로 쿠키용으로 적합하다.

4 콩

콩의 품위검사규격은 〈표9-4〉와 같이 입중의 크기에 따라 품위기준이 다르나 낱알의 고르기는 모두 70% 이상이고 수분함량은 공통적으로 14% 이하이다. 대립종은 1등표준품은 정립률이 90% 이상이고, 피해립이 10% 이하라야 한다. 품위규격 외에 가공용도별 품질요소는 〈표9-5〉와 같이 단백질함량, 아미노산조성, 지방함량, 지방산조성 등이 중요하며, 장콩·두부콩·밥밑콩·풋콩 및 콩나물콩의 품질 특성이 각각 다르다.

〈표9-4〉 콩 품위검사규격

(%)

항목 / 등급	최저한도			최고한도			
	형질	정립	낟알의 고르기	수분	피해립, 미숙립, 이종곡립, 이물		
					계	이종곡립	이물
	Ⅰ. 대립종						
1등	1등표준품	90.0	70.0	14.0	10.0	0.5	0.5
2등	2등표준품	80.0	70.0	14.0	20.0	1.0	1.0
3등	3등표준품	70.0	70.0	14.0	30.0	1.5	1.5
등 외	-	60.0	70.0	14.0	40.0	2.0	2.0
	Ⅱ. 중립종						
1등	1등표준품	88.0	70.0	14.0	12.0	0.5	0.5
2등	2등표준품	78.0	70.0	14.0	22.0	1.0	1.0
3등	3등표준품	70.0	70.0	14.0	30.0	1.6	1.5
등 외	-	63.0	70.0	14.0	37.0	2.0	2.0
	Ⅲ. 소립종						
1등	1등표준품	85.0	70.0	14.0	15.0	0.5	0.5
2등	2등표준품	75.0	70.0	14.0	25.0	1.0	1.0
등 외	-	65.0	70.0	14.0	35.0	2.0	2.0

[기타 조건]

① 껍질의 색깔에 따라 황색콩, 녹색콩, 갈색콩, 흑색콩 등으로 구분한다.

② 색깔이 다른 콩의 혼입률 최고한도를 1등 0.5%, 2등 1.0%, 3등 3.0%, 등외 5.0%로 한다.

③ 낟알의 고르기는 다음과 같이 해당 둥근눈의 판체로 치면 체 위에 남는 잔량에 대한 무게 비율을 말하며, 콩의 굵기에 따라 대립종, 중립종, 소립종 순으로 우선 적용한다.

1) 대립종 : 체눈의 직경이 7.10mm인 체 위에 남는 것

2) 중립종 : 체눈의 직경이 6.30mm인 체 위에 남는 것

3) 소립종 : 체눈의 직경이 4.00mm인 체 위에 남는 것

〈표9-5〉 콩의 일반 및 가공용도별 품질요소와 내용

품질요소	품질 내용
외관품위	종실 크기, 입형, 종피색, 배꼽색, 종실광택, 종피균열, 장해립 비율
영양성	단백질함량, 아미노산조성, 지방함량, 지방산조성, 탄수화물함량, 당 및 섬유소함량, 비타민 함량
가공적성	
장콩	종피색, 콩알 크기, 수분흡수속도, 경도
부두콩	종피색, 배꼽색, 단백질함량, 두부수율, 향, 수분흡수속도
밥밑콩	종피색, 자엽색, 콩알 크기, 경도, 당도
풋콩	꼬투리 및 종피색, 콩알 크기, 당함량, 수분흡수속도, 경도
콩나물콩	발아율, 발아세, 콩알 크기, 배꼽색, 머리 크기, 부리의 길이

5 옥수수

옥수수의 품위검사규격은 수분함량 16% 이하여야 한다. 1등표준품은 정립률이 85% 이상이고, 피해립은 15% 이하여야 한다. 옥수수는 경도, 비중, 마이코톡신 수준도 주요한 품질요소이다. 찰옥수수의 품질요소는 냄새, 정립, 피해립, 파쇄립, 메옥수수혼입률, 이종곡립, 이물 등이고, 팝콘용 옥수수의 품질요소는 수분, 완전립, 피해립, 미숙립, 이종곡립, 이물 등이다.

6 고구마

고구마의 품위검사규격은 1등품은 중결점구가 없어야 하고 경결점구는 10% 이하라야 한다. 이 외에도 괴경 크기, 괴경모양, 비중, 괴경색이 중요하고, 그 밖에 건물률·수분함량·조직감·분질도·당도·향 등도 중요하다.

7 감자

감자의 표준규격은 특품은 무게 구분표상 무게가 다른 것의 비율이 10% 이하이고 무게는 30g 이상, 가벼운 결점은 3% 이하라야 한다. 감자의 포장에는 품목, 산지, 품종, 등급, 무게 또는 개수, 생산자 또는 생산자단체의 명칭 및 전화번호 등을 기재해야 한다. 품위규격 외에 괴경모양, 괴경색, 건물률, 수분함량, 조직감, 분질도, 향, 안토시아닌 등이 일반적 품질요소이다.

8 참깨

참깨의 품위검사규격은 1등품의 용적중은 580g 이상, 수분함량은 10% 이하, 다른 종피색립비율은 1.5% 이하, 이물은 2% 이하라야 한다.

참깨는 이외에도 지방산조성, 맛, 향, 색, 기능성 성분의 함량, 200℃ 전후의 고온에서 볶은 후의 향 강도가 주요 품질요소이다.

9 들깨

종실용은 지방산함량, 맛 및 향기가 중요하고, 조미유용은 지방산함량, 맛, 향기, 기능성 성분이 주요 품질요소이다. 잎채소용은 비타민 C, 베타카로틴, 정유성분인 페릴라알데히드와 안토시아닌 함량이 주요 품질요소이다.

제4절 곡물식품의 저장방법

1 개요

곡물식품은 미생물이나 외부환경의 영향, 곡류 자체의 변화 등에 따라 변질되거나 부패한다. 이런 변질과 부패를 방지하기 위해 각 곡류에 알맞은 여러 가지 방법을 종합적으로 사용하면 저장효과를 높일 수 있다.

쌀, 밀, 보리 등의 곡류는 수분이 16% 이하로 건조된 경우에는 오랜 기간 저장해도 품질이 떨어지지 않는다. 저장조건으로는 온도가 낮고 습도도 어느 정도 낮은 것이 유리하다. 특히 쌀은 수분이 14% 이상이 되면 곰팡이가 번식하여 황변미로 변하는 일이 있으므로 주의해야 한다.

곡류는 생리작용을 하고 있는 생물체이므로 쉬지 않고 호흡을 하고 있으며, 따라서 적은 양이기는 하지만 성분이 소모되며 성분의 화학적 변화도 일어나게 된다.

저장 중의 성분변화는 녹말의 당화, 단백질분해, 지방의 산화, 가수분해, 비타민류의 변화 등이 있으며, 이 중 지방의 산화와 가수분해가 가장 심하다.

저장곡류에 대한 해충, 미생물, 쥐 등의 피해도 커서 쥐, 해충 및 미생물에 의해서 손실되는 것이 7%로 추산된다.

2 저장조건과 형태

가. 저장조건

곡물식품은 수분이 비교적 적고 생리적으로도 안정된 상태에 있기 때문에 다른 식품에 비해서 장기간의 저장이 가능하다. 미곡은 벼를 그대로 저장하는 것이 좋으나, 열대지방에서는 고온다습하여 벼로 저장하더라도 변질되기 쉽고 병충해의 피해가 있다.

곡물은 저장 중 공기의 습도에 따라 곡물 중의 수분함량도 변화하여 평형상태에 놓이게 된다. 또 저장 중의 곡물온도는 대기 온도와 비슷하나 때로는 호흡 등으로 품온이 대기의 온도보다 더 높을 수도 있다.

곡물의 온도가 20℃ 정도 되면 곡물의 호흡과 효소작용이 활발해지고 해충이나 미생물이 번식하므로 저온저장이 좋다. 또 불건전한 입자는 같은 조건에 있어서도 건전한 입자에 비하여 변화를 받기 쉽다.

나. 저장의 형태에 따른 분류

1) 조곡저장

조곡은 겉껍질로 곡립이 둘러싸여 있기 때문에 외부의 작극이나 침해로부터 보호된다.

2) 현곡저장

현곡은 겉껍질은 벗겨졌으나 배유를 감싸고 있는 속껍질이 있어서 약간 보호를 받는다.

3) 정곡저장

정곡은 속껍질까지 떨어져나가 배유가 노출된 상태이므로 보호막이 전혀 없다. 따라서 곡물의 형태에 따른 저장은 조곡이 이상적이고 정곡은 저장이 어렵다.

다. 포장에 따른 분류

1) 포장물 저장

포장에 사용된 자재에 따라 가마니포장, 마대포장, 면대포장, 지대포장, 합성수지대포장 등이 있다.

2) 산물저장

산물저장은 단층 창고에서 수평으로 평평하게 저장하는 방법과 곡물 사일로에 수직으로 저장하는 방법이 있다.

라. 저장장소에 따른 분류

1) 창고저장

현재 우리나라에서의 곡물저장은 포장물에 의한 창고저장이 주를 이루고 있다. 곡물저장 창고는 그 형식에 따라 상온창고, 저온창고, 정온창고, 밀폐창고로 나눌 수 있는데, 가장 이상적인 것은 연중 15℃ 정도가 유지될 수 있는 정온창고라 하겠다.

2) 사일로저장

곡물저장에 있어서는 엘리베이터식 사일로가 바람직하다. 사일로에서는 곡물을 투입하거나 꺼낼 때 창고저장의 경우에 비해 곡립 상호간의 마찰, 사일로벽면과의 마찰 등 곡립이 상해를 받을 염려가 있으며 정곡의 경우 더 심하다.

3) 옥외저장(야적)

창고 수용이 불가피한 경우 응급으로 채용되는 형태인데 바닥으로부터의 침수 또는 흡열이 방지되도록 처리해야 하고, 잘 싸서 외부로부터의 피해요인을 제거해야 한다.

3 저장방법

곡물의 건조방법을 선택하는데 있어서는 기후, 건조장비, 노동력, 곡물의 상태, 관리의 용이도 등 여러 요인이 고려되어야 한다. 곰팡이 등의 미생물 번식을 방지하려면 저장곡물의 수분함량은 14.5% 이하, 상대습도 70% 이하가 바람직하다.

가. 상온저장

자연상태의 온도, 습도로 곡물을 저장하는 일반적인 방법으로 경제적이기는 하나 고온다습한 곳에서는 품질저하가 일어나므로 환기와 통풍이 필요하다.

상온저장은 재래식 저장으로 농촌가정에서 가마니, 자루, 항아리, 나무상자 등에 넣어 방 안에 저장하거나 창고에 저장하는 것이 있고, 쌀의 경우는 벼상태로 저장하는 방법과 정미 후 저장하는 방법이 있다. 오늘날 상온저장은 철제 또는 콘크리트로 통풍시설, 건조시설, 운반시설, 적재시설 등을 갖춘 사일로형태로 저장되는 것이 많다.

나. 저온저장

곡물의 수분과 습도가 조절되어 포장하지 않은 상태의 저장에도 사용되는데, 미국에서 인정된 산물저장은 벼의 수분이 6개월 저장에선 13% 이하, 1년 저장에선 12%로 되어 있다. 창고의 온도를 15℃ 이하로 유지하고 상대습도를 70~80%로 하는 조건이 이용되고 있다. 쌀을 저온저장하면 해충에 의한 패해가 적고, 호흡에 의한 품질저하가 적으며, 발아율저하가 적고, 비타민 B의 감소도 적으며, 외관이나 식미가 좋을 뿐더러 중량감소가 적다.

저온창고 내의 온도와 습도를 조절하는 방법에는 냉각장치로 창고 밖의 공기를 냉각시켜 습도를 조절하면서 창고 내를 강제 순환시키는 냉풍순환식과 냉각관을 창고 내에 배치해 직접 창고 내의 공기를 냉각시키는 직접냉각법이 있다.

다. 산물저장

벼나 원맥의 상태로 산물저장하는 것이 보편화되어 있다. 수확된 벼는 빈(bin) 저장조에 넣고 건조시키는데, 농장에서 사용하는 빈은 원형과 장방형으로 지붕에 환기통을 갖추고 측벽에서 바닥으로 파이프를 통해서 통풍이 되게 된 것, 또는 온도조절이 가능하게 되어 있는 것 등이 있으며, 대부분 조립식으로 이용하지만 대형의 곡물엘리베이터는 철근콘크리트조로 하는 것도 있다. 산물저장의 조건을 보면 수분은 6개월 저장일 때 13% 이하, 장기저장일 때는 12% 정도, 16% 이상일 때는 통풍하면 수개월 동안 저장 할 수 있다. 통풍은 곡물에 보통의 공기를 강제송풍시키는 조작으로 그 효과는 산물저장의 곡물 품온을 내리고, 또한 균일화시키며 국부적으로 발생하는 열을 제거하여 수분의 이동을 차단하는 역할을 한다.

저장 곡물이 호흡에 의해서 밀폐공간 내의 산소를 소비하고 탄산가스를 방출하므로, 호흡을 감소시켜서 해충이나 미생물의 생육을 억제하고 품질의 변화를 줄인다. 그러나 곡물의 호흡이 지나치게 억제되어 혐기호흡을 하게 되면 더 많은 품질변화를 초래하므로 좋지 않다. 따라서 곡물을 잘 건조시켜 인위적으로 최소량의 산소를 함유시키고 질소와 탄산가스가 주성분으로 된 기체를 통풍시키는 방법이 있다.

라. 방사선조사에 의한 저장

방사선조사 목적은 주로 해충, 미생물을 사멸시키는 것으로서 γ 선과 β 선이 있다. 방사선의 감수성은 알이 가장 높고 유충, 번데기, 성충의 순으로 낮은데, 성충은 0.2~2kGy로서 사멸된다. 미생물은 1kGy에서 87~96%가 사멸된다. 그리고 미립의 발아는 0.5kGy 이상에서 상당히 저해되지만 화학성분에 대한 영향은 작고 비타민 B1과 B2는 1kGy의 조사에서 거의 손실되지 않는다. 식미에 대하여는 0.6kGy까지는 쌀의 취반특성의 변화를 볼 수 없다.

마. 약품의 이용

곡물저장에 클로로피크린(chloropicrin), 에틸렌옥사이드(ethylene oxide), 메틸브로마이드(methyl bromide) 등의 훈증제와 피페로닐부톡사이드(piperonyl butoxide), 포스톡신(phostoxin), 알루미넘 포스파이드(aluminium phosphide) 등의 방충제가 이용되기도 한다.

4 저장 중에 일어나는 품질변화

가. 화학적 변화

저장 중인 곡물은 호흡, 산화, 효소작용 등의 화학적 변화가 진행되고 있다. 주요한 화학변화는 녹말의 당화, 단백질의 분해, 지방의 산화 및 가수분해, 비타민류의 변화 등이 있는데, 이들 중 변화가 심한 것은 지방의 분해이다. 곰팡이 등의 미생물에 의해 지방의 분해가 촉진되어 유리지방산이 증가하고, 저장조건이 나쁘거나 장기저장된 것은 유리지방산과 환원당이 증가한다. 단백질은 저장 중에 가용성이 감소하고. 무기성분인 염소나 칼슘은 곡립의 겉층에서 배유부로 이동한다. 비타민 B도 저장 중에 감소되는데, 특히 여름철을 지날 때 심하다. 일반적으로 곡물은 저장 중에 적정산도가 증가하지만 pH의 변화는 적다. 현미의 상온저장에서는 1년이면 발아력을 거의 상실하지만 저온저장을 하면 1년 10개월 후에도 50~60%의 발아율을 나타낸다.

나. 생물에 의한 변질

1) 곤충과 쥐에 의한 피해

바퀴류, 나방류, 갑충류, 응애류 등의 해충은 수분이 많으면 빈식이 촉진된다. 해충은 온도 15℃, 수분 14% 이하에서는 생육이 억제되나 온도가 20℃ 이상이 되면 번식이 빨라진다. 쥐에 의한 피해는 3%로 추산되고, 쥐는 곡물을 먹어버릴 뿐만 아니라 병균의 매개와 품질변화에 간접적인 영향을 준다.

2) 미생물에 의한 피해

변질에 관계하는 곰팡이는 수분의 증가에 따라 생육이 빨라지는데, 수분활성도 0.75 이하에서는 생육하지 못한다. 수분함량과 곰팡이 번식 관계를 보면 수분 16%에서 곰팡이가 발생하면 8일 만에 육안으로 감식할 수 있으나, 14% 이내에서는 100일 이상 경과해야 발견할 수 있다. 쌀, 보리 저장에 비교적 안전한 수분함량의 한계는 상대습도 70~75%, 수분함량 14.5% 정도이다.

곰팡이 중에는 유독물질을 분비하는 것이 있다. 수분함량이 14~15%인 쌀에는 *Penicillium islandicum* 등의 곰팡이가 생육할 수 있으며, 이 곰팡이가 생육된 쌀을 섭취하게 되면 간경변을 일으키게 되는데, 이때의 독성분은 이슬란디톡신(islanditoxin)이다. *Aspergillus sp.*가 쌀에 생육하면 쌀이 변질되지만 수분함량 13% 이하에서는 이 곰팡이들은 잘 발생하지 못한다.

다. 호흡에 의한 변화

곡물은 저장 중에도 호흡을 하고 있다. 수분과 온도는 호흡의 속도를 결정하는 주요요인이며 수분이 증가하면 호흡의 증대로 미생물의 번식이 왕성해져 변질된다. 곡립은 호기적 호흡과 혐기적 호흡의 두 가지가 있는데, 수분이 많을수록 혐기적 호흡이 많아지고 품질저하가 현저하다. 발열은 대부분 해충에 의한 것으로 그 온도는 30~35℃ 정도이며, 미생물에 의한 발열은 곡물 자체의 호흡과 병행된다. 따라서 저장곡물에 변색·변질과 중량의 변화를 가져온다.

라. 물리적 변화

저장 중에 쌀은 흡수력이 점차 적어지고 경도는 높아진다. 충해를 받든가 또는 변질되었을 때는 쌀의 수분함량이 적어지므로 용적중은 커진다.

마. 효소에 의한 화학적 변질

1) 환원당 및 비환원당의 변화

곡물식품을 수분함량이 14% 이상의 상온에서 저장하면 지방산량은 증가하지 않지만, 전분은 감소하고 환원당량은 증가한다. 즉, 곡물 자체의 효소들이 작용하여 전분을 가수분해하는 것이다. 이때 환원당함량은 감소한 전분만큼 증가한다.

2) 무기태 인의 변화

쌀이나 기타 곡류는 저장중 효소의 가수분해로 무기태 인의 함량이 증가한다. 곡류의 성숙 중에는 무기태 인이 감소하고 피트산에 결합된 인의 양이 증가한다.

3) Vitamin B1

쌀의 비타민 B1은 저장 중 감소한다.

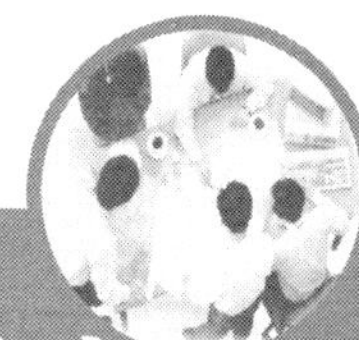

10 청과식품의 품질관리

청과식품의 품질관리란 수확된 청과물이 생산자의 손을 떠나 최종 소비자의 손에 도달되는 전 과정에서 청과물의 품질을 유지하기 위한 목적으로 실시하는 각종 조치들을 말한다. 즉, 수확한 청과물의 선별, 예냉, 저장, 포장, 수송 등에 이르는 전 과정에 대한 기술을 품질관리에 이용함으로써 상품성을 최대한 증진시키는 활동이다. 청과물의 수확 후 관리가 중요한 이유는 청과물은 수확 이후에도 살아 숨쉬는 생명체이기 때문에, 수확 후 생리활동을 정확히 파악하여 품질관리에 적절하게 이용함으로써 유통과정에서 발생하는 가치손실을 최소화하면서 신선도와 안전성을 확보할 수 있기 때문이다.

제1절 수확 후 생리작용

수확된 청과물은 모체로부터 더 이상 양분과 수분을 공급받지 못하고, 재배되고 있는 상태와는 전혀 다른 환경에 처하게 되어 수확당시 체내에 축적된 양분과 수분으로 생명활동을 유지해야 한다. 따라서 수확 후 대사작용의 많고 적음이 소비단계에서 품질을 결정하는 중요한 요인이 된다. 신선하고 품질이 좋은 청과물을 공급하기 위해서는 청과식품의 대사적 특성을 고려하여 각각에 적합한 환경을 조성하여 관리하는 것이 필요하다.

청과식품의 수확 후 생리현상은 호흡작용과 증산작용이 근간이 되고, 종류에 따라 생장작용과 추숙작용이 있게 된다. 이에 따라 청과식품은 발아, 발근, 추대, 위조, 추숙, 조직의 연화 또는 경화, 영양손실 등 여러 형태로 품질이 저하된다.

1 호흡작용

호흡은 살아있는 식물체에서 발생하는 물질대사 과정으로 전분, 당 및 유기산 등 세포 내에 존재하는 물질을 이산화탄소와 물로 변환시키고, 이와 동시에 세포가 사용할 수 있는 에너지를 생산하는 일종의 분해과정이다. 호흡하는 동안 발생하는 열을 호흡열이라 하고 이것은 저장고 건축시 냉각용량 설계에 중요한 참고자료가 되며, 수확 후 관리기술은 호흡열을 줄이기 위하여 외부 환경요인을 조절하는 것이 중요하다.

일반적으로 청과물의 저장수명은 호흡률과 역의 상관관계에 있다. 이것은 품질인자와 직접 관련이 있는 경도, 당도, 향기, 향미 등의 성분들이 대사과정 중 낮아지기 때문이다. 높은 호흡률을 보이는 품목과 품종일수록 저장성이 낮다. 호흡작용의 결과 포도당 1몰(180g)이 호흡으로 산화되면 674kcal의 열량이 생성된다.

$$C_6H_{12}O_6 + 6O_2 \rightarrow 6CO_2 + 6H_2O + 674kcal$$

가. 호흡에 미치는 환경요인

1) 온도

수확 후 저장수명에 가장 크게 영향을 주는 요인은 온도이다. 온도는 대사과정이나 호흡 등 생물학적 반응에 크게 영향을 주기 때문이다. 청과식품의 호흡속도는 온도에 따라 기하급수적으로 상승한다. 채소의 Q_{10}값을 측정한 결과 0.5~10℃ 범위에서는 3~4, 10~24℃ 범위에서는 2~3으로 채소는 온도를 10℃ 내리면 호흡속도가 1/2~1/4로 감소됨을 알 수 있다. 그리고 호흡속도는 대부분의 채소가 0℃ 부근에서 최소가 된다. 이러한 온도에서는 영양소의 소모가 적을 뿐만 아니라 미생물의 활동도 크게 억제되므로 변질속도도 느리다. 호흡속도의 변화는 0→10℃ 쪽이 10→20℃ 쪽보다 훨씬 급격하므로 냉장상태에서 꺼낸 후 급격히 상승한다.

호흡작용에 의해서 생기는 에너지는 여러 가지 생리작용에 쓰이지만 저장 중에는 거의가 열로 발산된다. 특히 엽채류와 같이 호흡작용이 왕성한 채소에서 발산되는 호흡열은 대단한 양으로 대량의 채소를 쌓아 놓거나 밀폐된 상태로 두면 그 열이 축적되어 마침내는 채소가 떠버리고 고온과 증산에 의해 상대습도가 높아져 곧 부패하게 된다. 그러므로 엽채류를 저장하거나 포장하여 수송할 때는 이 열을 외부로 방출할 수 있게 통기에 유의해야 하며, 원거리 수송에는 통풍차나 냉장차를 이용해야 한다.

수확 후 식물이 받는 스트레스에 따라 호흡속도가 영향을 받는다. 일반적으로 식물은 수확 후 0℃ 이상의 온도 범위에서는 저장온도가 낮을수록 호흡속도는 낮아지나 열대나 아열대 원산인 식물은 10~12℃ 이하의 온도에서는 저온스트레스를 받게 된다. 예로서 고구마는 15℃에서는 호흡이 일정하고 장해도 없으나, 10℃ 이하에서는 저장초기에 호흡량이 급격히 증가하고 마침내 부패된다. 오이도 13℃ 이상에서는 저장 중 호흡이 점차 감소하나 10℃ 이하에서는 장해의 발생과 더불어 일단 호흡량이 증가했다가 조직의 세포가 죽으면 급격히 감소한다. 수박, 멜론, 호박, 가지, 피망, 토마토, 오크라 등 호온성채소와 자몽, 레몬, 오렌지, 귤, 파인애플 등 열대과일을 저온으로 저장하면 일반적으로 이러한 호흡변화가 일어난다.

저온에 의한 호흡량의 증가는 장해의 발생정도와 거의 일치한다. 이때의 저온은 동결하지 않는 온도이므로 세포의 파괴가 수반되지 않음에도 불구하고 부패에 이르는 원인은 저온에 의한 이상 호흡으로 유독물질이 축적되어 세포를 죽게 하는 것으로 추측된다.

2) 습도

호흡에 있어서 습도는 온도에 비해 2차적 요인이지만 어느 정도 영향을 미친다. 대체로 약한 건조는 습윤에 비해 호흡작용을 억제하나, 채소의 종류에 따라서 그 영향의 정도가 다르다. 신선상태와 예건상태인 시금치나 배추 등의 호흡량은 예건을 한 것이 적은 것으로 보아 엽채의 수송 및 저장에 있어서 예건은 유효하리라고 생각된다. 양파는 40~50%의 저습도에서 호흡작용이 억제되어 발아가 지연된다.

3) 대기조성

공기 중의 산소와 이산화탄소의 농도도 호흡에 큰 영향을 미친다. 대기 중에는 약 21%의 산소와 0.03%의 이산화탄소가 있는데, 환기가 충분하면 균형이 유지되나 밀폐상태에서 채소를 저장하면 채소에 의해 산소는 소비되고 이산화탄소는 생산된다. 채소는 산소의 농도가 상당히 저하되어도 정상적인 호흡작용을 계속하지만 어느 수준 이하로 떨어지면 호흡작용이 감퇴하기 시작하여 마침내 어느 한계농도 이하가 되면 무기호흡이 일어나 변질 부패된다. 예로서 20℃에서 산소부족의 해가 나타나는 농노는 시금치와 꼬투리용 강낭콩은 1%, 아스파라거스는 2.5%, 완두와 당근은 약 4%이며, 이 한계농도는 수확 후의 경과일수와 저장온도 능에 의해 달라진다. 이산화탄소 과잉의 해는 신속하며 그 정도도 심하여 발효를 촉진시킨다. 그러나 산소가 한계농도보다 다소 많은 때에는 아무런 해가 없이 호흡속도가 약 절반으로 감소된다. 당근의 경우 산소농도를 4.8%로 했을 때 아무런 유해현상이 나타나지 않고 호흡량은 65%나 감소되었다. 이러한 범위의 산소농도에서는 영양소의 소모가 적으므로 저장성이 좋아진다. CA저장(controlled atmosphere storage)과 MA포장(modified atmosphere packaging) 등은 이러한 원리를 응용한 저장방법이다.

4) 물리적 충격

약간의 물리적 충격에도 호흡반응은 흐트러지고 에틸렌 발생 증가와 급격한 호흡증가를 유발한다. 물리적 충격에 의해 발생된 피해는 장해조직으로부터 시작하여 인접한 피해 받지 않은 조직에까지 생리적 변화를 유발한다.

5) 호흡상승과와 비호흡상승과

호흡은 산소의 이용유무에 따라 호기호흡과 혐기호흡으로 구분할 수 있다. 청과물의 호흡속도는 조직의 대사활성을 나타내는 좋은 지표가 되며, 따라서 청과물의 잠재적인 저장 수명을 예측할 수 있게 한다. 청과물의 단위무게 당 호흡속도는 미숙상태일 때 가장 높게 나타나며 이후 지속적으로 감소한다. 토마토, 사과 등은 숙성과 일치하여 호흡이 현저히 증가하는 현상을 보이는데 이러한 청과물을 호흡상승과(climacteric fruits)라고 한다.

호흡상승의 시작은 대략 청과물의 크기가 최대에 도달했을 때와 일치하며 숙성 동안 발생하는 모든 특징적인 변화가 이 시기에 일어난다. 숙성과정의 완성뿐만 아니라 호흡상승도 청과물이 모체에 달려 있을 때나 수확했을 때 모두 진행된다. 감귤, 딸기, 파인애플과 같은 작물들은 호흡상승을 나타내지 않으며 이러한 청과물은 비호흡상승과(non-climacteric fruits)로 분류한다. 비호흡상승과는 호흡상승과에 비하여 느린 숙성변화를 보이는데 대부분의 채소류는 비호흡상승과로 분류된다.

나. 호흡의 조절

체내의 호흡속도가 높은 산물은 저장성이 매우 약하며 주위 온도가 높아져 호흡속도가 상승하면 저장기간이 단축된다. 호흡이 지나치게 왕성하면 산물의 내부 성분이 소모되어 품질이 저하되고 저장성도 떨어져 상품가치를 상실하므로 호흡을 억제하는 방향으로 저장 및 유통 방법이 개선되어야 한다.

호흡상승과의 공통점은 익으면서 에틸렌의 생성이 증가하며, 외부처리로부터 에틸렌 또는 에틸렌과 유사한 물질(프로필렌, 아세틸렌 등)을 처리하면 과실의 호흡이 증가한다는 것이다. 호흡속도는 온도, 습도, 대기조성을 달리함으로써 조절할 수 있다.

2 증산작용

증산은 식물체에서 수분이 빠져나가는 현상으로 식물 생장에는 필수적인 대사작용이지만 수확한 산물에 있어서는 여러 가지 나쁜 영향을 미친다. 수분은 신선한 과일과 채소의 경우 중량의 70~95%를 차지하는 성분이기 때문에 과일이나 채소에서 수분손실이 일어나는 과정, 수분손실에 영향을 미치는 요인, 수분손실을 막거나 줄일 수 있는 기술은 신선한 청과물의 저장생리에서 중요한 분야이다.

수확 후 청과물은 왕성한 증산에 의해 손실되는 수분을 보충해 줄 수 없기 때문에 수분관리는 특히 중요하다. 증산에 의한 수분손실은 채소의 수확 후 생리적 변질 및 신선도를 저하시켜 생산물의 등급 및 가격에 영향을 준다. 또한 수분손실에 의한 무게의 감소는 중량 단위로 팔리는 생산물의 총수입을 떨어뜨리는 직접적인 원인이 된다. 일반적으로 증산으로 인한 중량감소는 호흡으로 발생하는 중량감소의 10배 정도로 크다. 대부분의 채소는 수분함량이 90% 이상 되는데, 온도가 높아지고 상대습도가 낮은 환경에서 증산이 많아져 산물의 생체중량이 5~10%까지 줄어들면 상품성을 상실하게 된다.

증산은 큐티클층을 통해 이루어지는 증산과 기공을 통해서 이루어지는 증산으로 나눌 수 있다. 중량에 비해 엽면적이 큰 종류, 엽면에 큐티클층이 발달하지 않는 종류가 증산이 심하다. 증산은 대기의 포차(vapor pressure deficit)에 대체로 비례한다. 포차는 현재의 수증기압과 주어진 온도에서의 포화수증기압과의 차로서 상대습도가 낮을수록, 습도가 같다면 온도가 높을수록 크다.

공기가 유동하면 식물체를 둘러싸고 있는 수증기가 제거되어 포차를 크게 하여 증산을 촉진하므로 저장 중에 바람에 노출되면 수분손실이 심해진다. 그러므로 증산에 의한 수분의 감량을 적게 하고 신선도를 유지하려면, 온도를 내리고 공기의 유동을 적게 하며 부패의 위험을 경계하면서 습도를 높게 유지해야 한다. 그러나 수확 직후의 채소는 증산작용이 왕성하므로 적당히 환기하지 않으면 과습에 의해 부패되기 쉬우므로 주의해야 하며, 저장 전에 예건하여 수분을 어느 정도 증산시키는 것이 저장성을 높이는 방법이다.

MA포장은 전술한 바와 같이 주머니 속의 이산화탄소 농도를 높여서 호흡을 억제하는 효과가 있는 동시에, 수분손실을 억제하여 신선도 보존에도 효과적이므로 여러 가지 채소저장에 실용화되고 있다. 그러나 밀봉하면 봉지 안이 과습해지거나 산소부족에 의한 호흡의 이상으로 향기를 잃거나 이취가 생기는 수가 있으므로 적당하게 환기공을 뚫어주거나 공기 투과도와 수증기 투과도가 적당한 재질을 선택하는 것이 바람직하다.

3 생장작용

배추나 셀러리 등 엽채류는 저장 중의 온도가 높으면 중심부에서 꽃대나 잎이 자라며 무, 당근, 양파, 감자, 밤 등은 싹과 뿌리가 자라기도 한다. 저장 중의 청과물은 양분의 흡수와 생산이 없으므로 생장작용은 저장양분의 소모로 이루어진다. 따라서 생장이 심하면 엽채류에서는 외엽, 근채류에서는 뿌리나 유조직의 저장양분이 먼저 소비되어 무나 셀러리는 바람들이 현상이 일어나고 수분이 손실되어 품질저하가 일어난다.

한편 감자, 마늘, 양파 등은 성숙되면 휴면기에 들어가 발아에 적당한 조건이 되어도 일정기간은 싹이 자라지 않는다. 휴면기간은 품목에 따라 달라서 감자는 2-3개월, 양파와 마늘은 4-5개월가량이다.

4 추숙작용

숙성과정은 과일의 조직감과 풍미가 발달하는 단계로 식물체상에서 숙성이 완료되는 과일은 성숙과 숙성단계의 구별이 어렵다. 토마토는 수확하지 않은 상태에서도 성숙과 숙성 단계의 구분이 비교적 뚜렷하여 녹숙기에서 완숙기까지의 단계를 숙성과정으로 구분할 수 있다. 반면에 비호흡상승과는 성숙과 숙성단계를 명확히 구분하기가 어렵다. 사과는 시장 출하 목적에 따라 상이한 성숙단계에서 수확하며, 바로 소비되는 과일은 수확 시점이 숙성에 도달한 시점으로 해석할 수 있다.

과일은 숙성됨에 따라 과색, 육질, 맛, 향기 등의 가시적 변화가 발생하여 먹을 수 있는 상태로 된다. 이러한 변화는 과일조직의 구조뿐만 아니라 대사작용의 변화에 의해 결정된다. 수확 후 호흡상승과에 있어서 숙성과정은 일단 개시되기만 하면 비가역적이다. 에틸렌 생성의 증가는 숙성을 촉진시키며 숙성과 관련된 변화에 있어서 일차적인 요인이다. 과일이 숙성되는 동안 색소나 휘발성 물질의 합성과 더불어 엽록소의 파괴와 세포벽의 붕괴작용이 일어난다.

이와 같은 수확 후 관리기술을 정확하게 적용하기 위해서는 선별·등급화를 위한 장비나 시설의 도입이 필수적이고, 초기 투자비용과 시설장비의 활용도를 고려한 물량의 확보가 전제되어야 하며, 동시에 적정수준의 규모화가 필요하다.

제2절 수확 후 관리

1 수확

가. 수확적기의 판정

성숙도의 판정은 청과물의 수확 후 품질관리에서 중요한 과제로 수확을 위해 적당한 성숙에 이르렀는지의 여부를 결정해야 한다. 수확된 청과물의 성숙도는 저장수명과 품질에 중요한 변수로 작용하며 취급과 수송, 판매에 영향을 미치게 된다.

호흡상승형 과일은 호흡량이 최저에 달했을 때부터 약간 증가되는 초기단계가 수확적기이다. 사과의 경우 만개 후 후지는 160~170일, 홍로는 120~130일경이다. 과일의 수확적기는 색깔, 맛, 경도 등 품질구성요소를 만족시켜야 한다.

각 청과물의 수확적기는 〈표10-1〉과 같다.

〈표10-1〉 청과물의 수확적기

품목	수확 적기
사과	· 수확 후 즉시 판매하려면 품종 고유의 특성을 나타낼 수 있도록 완숙한 것을 수확하고, 저장용은 완숙 전에 수확해서 저장한다.
배	· 과일의 껍질에 녹색이 없어지고 적황색을 띠고 빛깔이 짙어질 때 · 직접판매용과 시중출하용은 완숙된 것 · 저장용은 저장기간을 감안하여 완숙기 약간 전에 · 평년 수확일을 감안하여 만개 후부터 성숙까지의 일수, 크기정도, 당함량, 호흡속도 등을 고려한다.

품목	수확 적기
단감	· 품종고유의 색깔로 착색되어 당도가 충분하게 완숙된 것부터 3~4회 나누어 수확하며, 과일의 호흡속도가 최저에 도달된 때
포도	· 품종고유의 색깔로 착색되고 향기가 나며, 산함량이 낮아지고 당도가 높아져 맛이 최상에 이르렀을 때, 만개 후 성숙일수, 착색기간, 당도 등을 종합하여 결정한다.
감귤	· 저장용 감귤은 80% 이상 착색 된 것, 비중이 1.04 이상으로 부피가 거의 없는 것 · 당도 10° Bx 이상, 산함량 1.0% 기준
오이	· 촉성재배는 정식 후 약 40일 · 반촉성재배는 정식 후 약 35~40일 · 조숙재배는 정식 후 약 30일 · 억제재배는 정식 후 약 45~50일
토마토	· 개화 40~50일 후 성숙에 도달 · 토마토는 녹숙과와 적숙과로 구분하여 수확하는데 직판용이나 단거리 수송용은 채색기에 수확하고, 장거리 수송용이나 저장용은 녹숙기에 수확
딸기	· 촉성재배는 정식 후 약 50~60일에 과일 전면이 착색된 때
참외	· 저온기는 수정 후 35~38일 · 고온기는 수정 후 27~30일
고추	· 일반 풋고추는 개화 후 15~20일경 · 피망은 개화 후 20~25일경 · 붉은 고추는 개화 후 45~50일경
마늘	· 줄기와 잎이 1/2~2/3 정도 말랐을 때
양파	· 다수확재배 · 단기저장의 경우는 전부 도복이 되었을 때 · 중장기저장(4~5개월)의 경우는 70~80% 도복 때
무	· 단무지를 목적으로 밀식노지재배의 경우 기온이 너무 상승하기 전 · 알타리무는 뿌리의 윗부분과 아랫부분이 비슷한 굵기가 된 때
배추	· 봄배추는 꽃눈이 분화되기 전에, 가을배추는 -6℃ 이하로 내려갈 때
감자	· 잎이 누렇게 변할 때부터 완전히 마르기 직전

나. 수확방법

신선한 청과물을 판매하는 데는 품질이 매우 중요하기 때문에 물리적인 손상을 받기 쉬운 청과물에 있어 손수확은 중요한 수확방법이다. 따라서 수확자는 청과물이 적당한 성숙에 이르렀는지의 여부를 결정하고 나서 포장으로부터 청과물을 가능한 한 빨리 최소의 비용으로 수집한다.

아침부터 오전 10시경까지 기온이 낮은 때 수확하고 익은 과일부터 몇 차례에 나누어 수확하기도 한다. 과일에 압력을 주면 상처가 나기 쉬우므로 치켜 올려 따거나 꼭지가 질긴 것은 가위나 칼로 따고, 병해를 입었거나 벌레 먹은 과일은 미리 따서 없애 버린다. 시장이나 먼 곳에 보낼 과일은 약간 덜 익은 것을 수확하고, 즉석에서 팔거나 먹을 것은 완숙한 것을 따며 딴 것은 던지거나 떨어뜨려 충격을 주어서는 아니된다.

2 선별

청과물의 선별은 객관적인 품질평가 기준에 따라 등급을 분류하고 분류된 등급에 상응하는 품질을 보증함으로써 균일성으로 상품가치를 높이고 유통 상의 상거래 질서를 공정하게 유지하는 기능을 갖는다. 청과물을 크기, 무게, 모양, 색깔 등의 물리적 성질에 따라 분류하면 균일성을 높여 품질은 물론 상품가치를 향상시킬 뿐만 아니라 선별 후의 가공 조작을 원활하게 하며 저장성 향상에도 크게 기여한다.

가. 손선과

소규모 과수원에서 복숭아, 포도 등을 선과할 때는 손으로 선과하는 것이 유리하다. 과일을 쌓아 놓고 병과, 충과 등을 제거하면서 크기별로 골라 상자에 담는다. 인건비가 많이 들기는 하지만 기계구입이 곤란한 소규모의 농가에서는 이 방법으로 하고 있다. 기계장치를 활용할 때에는 컨베이어 위에 과일을 흘려보내면서 벨트 양쪽에서 과일을 손으로 골라 선과하는 경우도 있다. 크기, 중량, 숙도, 착색 등 품질 위주의 선별을 할 때에는 손으로 하는 것이 유리하다.

나. 기계선과

공동선과할 경우 쓰이는 선과기에는 중량식, 형상식 및 컴퓨터 화상처리식이 있다. 중량식 선과기는 과일을 중량별로 선과하는 것으로서 사과에 많이 사용되고 있다. 이 방법으로 선과하면 상자 당 과일수를 결정하기가 용이하지만 기계의 구조가 복잡하고 가격이 비싼 단점이 있다.

형상식 선과기는 과일의 크기에 따라 선과하는 것으로서 이 선과기는 일직선의 골이 여러 개 있고, 그 골의 안쪽에 벨트가 있어 이것이 부드럽게 회전하면 벨트 사이에 과일이 얹혀 운반된다. 골은 처음은 작고 앞으로 나갈수록 넓게 되어 있어 작은 과일과 큰 과일이 각각 크기별로 선과된다. 이 선과기는 구조가 간단하고 고장이 적으며 능률을 높일 수 있는 장점이 있지만 정밀도가 떨어지는 단점이 있다. 과일의 직경과 과일의 높이가 다를 때 운반되는 도중 넘어져 직경이 아닌 과일의 높이에 의하여 선과되는 경우가 있고, 특히 부정형과일에 있어서는 오차가 생기기 쉽다. 또한 마찰을 받는 기회가 많아 과피가 상할 염려가 있다. 감귤이나 밤의 선과에 사용되고 있다.

컴퓨터 화상처리식 선과기는 TV 카메라를 이용한 선과기로서 주로 감귤을 선과하는데 사용하고 있다. 벨트 위에 일렬로 과일이 1초에 5개 정도의 속도로 광학판정장치 앞을 지나면 그 속에 장치되어 있는 2대의 칼라 카메라가 과일을 크기, 착색정도, 상처의 유무, 외관 등을 즉석에서 화상처리하여 전기신호로 변환시켜 과일이 일정한 위치에 오면 크기별 및 품질별로 선과한다. 청과물의 선별기준은 〈표10-2〉와 같다.

〈표10-2〉 청과물의 선별 기준

품 목	선별 기준
사과	사과 크기의 균일성, 색택, 당도, 신선도, 중결점과 및 경결점과 등의 품위에 따라 특·상·보통으로 구분하고, 무게에 따라 특대·대·중소의 4개 등급
배	외형을 일차 선별하고 꼭지 및 불순물을 제거한 후 당도 등의 품위에 따라 특·상·보통으로 구분하고, 무게에 따라 특대·대·중소의 4개 등급
단감	기형과, 상처과, 생리장해과 등은 골라내고 착색된 색택비율 등의 품위에 따라 특·상·보통으로 구분하고, 무게에 따라 특대·중·소·극소의 5개 등급
포도	미숙한 포도알, 작은 포도알, 열과, 병해를 입었거나 상한 포도알 등은 제거하고 송이 크기별로 품위에 따라 특·상·보통으로 구분하고, 송이의 무게에 따라 특대·대·중소의 4개 등급
감귤	당도, 색택 등 품위에 따라 특·상·보통으로 구분하고, 무게에 따라 특대· 대·중·소·특소의 5개 등급
오이	고르기, 모양, 맛 등의 품위에 따라 특·상·보통으로 구분하고, 길이에 따라 특대·대·중소의 4개 등급
토마토	품위에 따라 특·상·보통으로 구분하고, 무게에 따라 특대·대·중·소·특소의 5개 등급
딸기	색택, 신선도 등의 품위에 따라 특·상·보통으로 구분하고, 무게에 따라 특대·대·중소의 4개 등급
참외	당도, 색택 등 품위에 따라 특·상·보통으로 구분하고, 무게에 따라 특대· 대·중·소·특소의 5개 등급
고추	고르기, 색택, 신선도 등 품위에 따라 특·상·보통으로 구분하고, 길이에 따라 대·중·소의 3개 등급
마늘	통마늘 줄기는 2cm 이내로 절단하여 품위에 따라 특·상·보통으로 구분하고, 구의 지름에 따라 특대·대·중소의 4개 등급
양파	품종고유의 모양 등 품위에 따라 특·상·보통으로 구분하고, 편평형과 구형으로 나누어 1구의 지름에 따라 특대·대·중소의 4개 등급
무	뿌리의 신선도 등 품위에 따라 특·상·보통으로 구분하고, 무게에 따라 특대·대·중소의 4개 등급
배추	결구상태와 잎의 신선도 등 품위에 따라 특·상·보통으로 구분하고, 무게에 따라 특대·대·중소의 4개 등급
감자	다듬기, 고르기 등 품위에 따라 특·상·보통으로 구분하고, 무게에 따라 특대·대·중·소·특소의 5개 등급

3 예냉과 예건

예냉은 수확 직후 청과물의 품질을 유지하기 위하여 포장열을 제거하고 급속히 품온을 낮추어 호흡속도를 줄임으로써 저장양분의 소모를 감소시키고 저장성을 증가시킨다. 고온에서 수확된 청과물은 수확 직후 될 수 있는 한 빨리 적당한 품온까지 냉각함으로써 청과물자체의 호흡속도를 줄여 성분이나 물성의 변화를 억제한다. 예냉은 품질을 유지할 수 있는 냉각작업으로서 저온유통체계를 활성화시켜 청과물의 신선도를 유지한다. 예냉은 장기 저온저장시 냉동기의 과부하와 동결·저온장해를 억제시키고, 단기적인 유통체계에서는 포장열을 제거하고 호흡속도·성분분해를 억제시키며 신선도를 유지하고 출하조절을 할 수 있다.

예냉은 특히 완두콩이나 풋옥수수처럼 품목 자체의 호흡속도가 빠른 품목, 여름철에 주로 수확되는 과일, 인공적으로 높은 온도(하우스 재배 등)에서 수확된 시설채소류에 효과적이다.

가. 예냉 방식

1) 강제통풍식

예냉 소요시간은 12~20시간이며, 온도편차가 적고 예냉 후 저온저장고로 이용할 수 있다. 간접냉각형태로 냉각속도는 느리나 저온저장고에 비하여 냉각능력과 순환송풍량을 증대시킬 수 있다. 실내공기를 냉각시키는 냉동장치와 찬 공기를 적재물 사이로 통과시키는 공기순환장치로서 비교적 시설은 간단하나 속도가 느리고 가습장치가 없을 경우 과실의 순분손실을 가져올 수 있는 단점이 있다.

2) 차압통풍식

예냉 소요시간이 2~6시간으로 빠르고 약간의 경비로 기존 저온저장고의 개조가 가능하나, 포장용기 및 적재 방법에 따라 냉각편차가 발생되기 쉽다. 냉각속도는 강제통풍에 비해 빠르고 균일하게 냉각된다. 통기구멍을 낸 골판지상자를 적재하고 상부를 차단막으로 차단하여 중앙 공기통로를 만든다. 골판지상자에 둘러 쌓인 중앙의 공간으로 차압팬에 의해 흡기 및 배기하면 공간과 적재상자 외부와의 사이에 압력차가 발생하며, 저장고 내의 냉기는 통기구멍을 통해 골판지상자 내로 침입하여 직접 청과물을 냉각하고 중앙공간을 통해 배기 순환된다. 냉기에 직접 접촉된 청과물은 급속히 냉각된다.

3) 진공예냉식

청과물에서 증발잠열을 빼앗는 원리를 이용하여 냉각한다. 20~40분의 빠른 속도로 냉각되고 온도편차가 적으며 높은 선도유지로 당일 출하가 가능하고 엽채류에서 효과가 크다. 그러나 설치

비가 많이 들고 예냉 후 저온유통시스템이 필요하며 대형시설이 요구된다.

4) 냉수냉각식

냉수살수나 냉수침지에 의해 냉각한다. 30분~1시간의 냉각속도로 예냉과 함께 세척효과가 있고 근채류에 적합하나 골판지상자 사용이 불가능하고 부착수를 제거해야 하는 단점이 있다. 시금치, 브로콜리, 무, 당근 등에 이용된다.

냉수냉각 방법의 장점으로는 냉각부하가 큰 수박을 비롯하여 무, 당근 등과 같은 근채류를 냉풍냉각방식보다 빠르게 냉각할 수 있으며, 예냉 중에 감모 현상이 없고 오히려 약간의 시듦은 회복된다. 또한 예냉과 동시에 세척효과도 기대할 수 있고 연약한 엽채류를 제외한 많은 농산물에 적용할 수 있으며, 냉각능력에 비하여 설비비와 운전비용이 싸고 경비가 적다. 단점으로는 골판지상자 등 물에 약한 포장재는 예냉할 때 사용할 수 없고, 부착수에 의하여 부패균이 번식하기 쉬워 부패율이 높아질 우려가 높아 냉각 후 탈수시설 및 저온 보관시설이 필요하다.

나. 예냉의 효과

1) 수분손실 억제

과일은 수확 후 주변환경 및 자체호흡, 증산에 의해 일정하게 수분을 발산하여 중량감소가 일어나고 시들게 되므로 수확 후 품온을 빨리 낮추어 수분손실을 억제시길 수 있다.

2) 호흡활성 및 에틸렌생성 억제

수확 후 호흡 및 에틸렌 생성이 증가하는 과일은 저온에 저장함으로써 호흡의 증가와 에틸렌의 생성을 억제시킬 수 있다.

3) 병원균의 번식 억제

병원성 미생물의 생장과 번식속도는 온도에 따라 크게 다른데 낮은 온도일수록 이들의 번식이 억제되므로 수확 후 바로 온도를 낮추는 것이 유리하다.

다. 예건

식물의 외층을 미리 건조시켜 내부조직의 변화를 억제시키는 방법으로, 수확 직후에 수분을 어느 정도 증산시켜 과습으로 인한 부패를 방지한다.

마늘의 경우 수확 직후 수분함량은 약 85% 정도로 부패하기 쉬우나, 예건으로 인편의 수분함량을 65%까지 감소시키면 부패를 막을 수 있고, 응애와 선충의 밀도를 낮추어 저장기간이 길어진다. 논밭에서 수확한 후 마늘주대를 일직선으로 나열하여 2~3일간 햇볕에서 자연통풍으로 건조시키거나 마늘을 망, 자루, 바구니에 넣어 간이시설의 마루바닥이나 선반에 쌓아 두거나 매달아 건조시킨다. 또 35~38℃의 열풍으로 2~3일 건조하는 열풍건조는 자연건조보다 효율적으로 이루어지기 때문에 저장수명이 길며 부패율도 적다.

결구배추나 양배추 같은 것은 외엽 1층이 거의 말라서 입고 후의 증산작용이 어느 정도 억제되는 상태에서 저장성이 좋다. 양파는 비온 직후에 수확을 피하고 일기가 좋은 날에 수확하여 속히 건조시키는 것이 저장성 증진에 효과적이다.

단감은 수확 후 호흡작용을 안정시키고 과피가 탄력이 생겨 상처 받기 어려우며, 과피의 수분을 제거하므로 곰팡이 발생을 줄일 뿐 아니라, 저장 중 갈변과의 발생을 억제할 수 있다.

예건 기간은 상온에서 3일 정도가 적당하고 성숙기까지 강우량이 많은 해에는 4~6일 정도 실시한다. 예냉과 예건처리를 병행 실시할 경우 유리하고 선별과 포장 작업도 낮은 온도에서 하는 것이 좋다.

예건기간이 지나치게 길 경우 흑변과나 연화과가 발생하고 신선도가 떨어지며 중량감소 등 불리한 점이 있으므로 6일 이상 예건은 피한다.

4 치유와 맹아억제

가. 치유

치유란 서류나 근채류를 캘 때 난 상처를 아물게 하는 것으로 이러한 상처는 병균의 침입구가 되므로 속히 아물게 하는 것이 필요하다.

상처가 아무는 데 적당한 온도 및 습도는 최적저장온도 및 습도보다 높다. 고구마의 치유에 적당한 온도는 30℃이고 상대습도는 85%이다. 온도 및 습도가 이보다 낮으면 치유에 시일이 오래 걸리고 중량의 감소가 많아진다. 고구마를 저장고에 넣는 온도는 21℃로 하는 것이 30℃로 하는 것보다 안전하다. 그 이유는 품온이 낮은 고구마를 온도가 높은 저장고에 넣으면 고구마의 표면에 수증기가 응결하여 젖게 되기 때문이다.

감자는 온도 10~20℃, 상대습도 85~95%인 곳에 1주일 동안 저장하면 코르크층과 유합조직이 잘 형성되어 그 후의 수분손실과 병균침입이 감소된다. 그러나 봄감자 수확기의 기온은 이보다 매우 높으므로 수확물을 공기가 잘 통하는 그늘에 얇게 펴 놓는 방법이 실용적이다.

나. 맹아억제

양파감자 등은 휴면기가 지나면 보통저장고에서는 싹이 자라 상품가치가 급속히 저하된다. 맹아억제방법은 MH(maleic hydrazide) 처리와 방사선조사 방법이 있다.

MH처리는 수확 2주전에 0.20~0.25%의 MH를 엽면살포하면 생장점의 세포분열이 억제되어 1월까지 맹아를 억제할 수 있다. 그러나 그 이후에는 속의 인편이 변색되거나 공동이 생기는 등 상품가치가 저하되고 특히 농도가 높으면 내부에 장해가 생기기 쉽다. MH처리는 냉장하지 않고 연말까지 저장할 수 있으나 안전성에 문제가 있다.

양파와 감자에 γ선을 조사함으로써 맹아를 억제할 수 있는데, 맹아방지에 필요한 최저선량은 양파는 20Gy, 감자는 70~120Gy로 맹아를 방지할 수 있다. 선량이 과다하면 부패량이 많아진다. 생장점 부근의 조직은 방사선에 대해 감수성이 가장 예민하므로 이 부분이 장해를 받고 다른 조직에 대해서는 영향이 가장 적은 선량이 바람직하다. 이 경우에도 어느 기간이 지나면 생장점 부근이 흑변한다. 그러나 상온에서도 상당히 장기간 저장할 수 있다.

제3절 저장과 품질등급화

1 저장

저장이란 식품의 품질이 변하지 않도록 장기간 보관하는 일이다. 여기서 품질은 영양학적인 가치와 기호적인 가치 및 위생학적인 가치를 들 수 있는데, 소비자는 기호적인 가치를 더 중요시하는 경향이 있다. 식품의 기호적인 가치에 영향을 미치는 것은 화학성분, 물리적 상태 및 조직적 상태이며 이들의 성상을 유지하는 것이 저장의 궁극적인 목적이라 할 수 있다. 청과물은 품질을 유지해 줄 환경에 빨리 저장함으로써 시장성을 연장할 수 있다. 바람직한 환경은 온도, 공기순환, 상대습도 및 대기조성이 조정될 수 있는 시설을 갖춤으로써 가능하다.

가. 상온저장

지상부 혹은 반지하부에 외부의 찬 공기를 유입함으로써 저장고 내의 온도를 유지하는 방식이다. 작물의 온도가 원하는 온도 이상일 때는 낮은 온도의 외부공기를 대류현상을 이용하여 위 쪽 배출구와 아래쪽 주입구를 통하여 환기시킨다. 상온저장 방식은 설치비용이 저렴하고 작동하기 쉬워 비교적 고온을 요구하는 고구마나 감자의 저장에 널리 사용되고 있다.

나. 저온저장

냉각에 의해 일정한 온도까지 품온을 내린 후 일정한 저온에서 저장하는 것을 저온저장이라 하며 냉장이라고도 한다. 냉장은 미생물의 증식, 수확 후 대사작용, 효소에 의한 지질의 산화와 갈변, 영양성분의 손실 및 수분손실 현상을 효과적으로 지연시킴으로써 다양한 품목에 널리 이용되고 있다.

청과식품의 저장 시 가장 중요한 요인은 저장온도이다. 일반적으로 온도를 내리면 호흡량이 감소되어 저장양분의 소모가 적고, 부패균의 활동도 억제되어 청과물의 변질속도가 느려진다. 고구마, 토마토, 오이 등 열대 및 아열대 원산지인 호온성 청과물 중에는 저온장해를 받는 경우가 있기 때문에 저온장해를 받지 않는 수준에서 저장온도를 설정한다. 최근 저온저장고의 온도 및 습도를 인터넷으로 관찰(모니터링)하고 필요시 원격제어하는 기술이 개발되어 저온저장고 건축 시 응용되고 있다.

다. CA저장

CA저장(controlled atmosphere storage)은 대기조성과는 다른 공기조성을 갖는 조건에서 저장하는 것을 말한다. 일반적으로 산소는 8% 이하, 그리고 이산화탄소는 1% 이상을 의미한다. CA저장은 대기성분에 원하는 가스를 첨가하거나 제거함으로써 얻어진다. 즉 저장고 내의 산소농도를 낮추어 저장물의 호흡을 최소화시킬 뿐 아니라 필요한 기체(이산화탄소, 질소, 에틸렌) 농도를 제어해주는 저온저장법이다. CA저장은 청과물의 품질유지기술로 발전하여 분자체나 여과시스템을 이용한 압축공기로부터 질소를 공급하는 시스템, 저산소 CA저장, 저에틸렌 CA저장, 급속 CA저장 등이 개발되었다.

CA저장은 호흡, 에틸렌 발생, 연화, 성분변화와 같은 생화학적, 생리적 변화와 연관된 노화를 방지하고, 곰팡이 발생률을 감소시킨다. 그러나 감자에서 흑색심부병, 상추의 갈색반점과 같은 생리적 장해를 유발할 수 있고, 낮은 산소농도에서 혐기적 호흡의 결과로 이취를 유발할 수 있다.

라. MA저장

MA저장(modified atmosphere storage)은 청과물의 호흡에 의한 산소 소비와 이산화탄소의 생산으로 포장 내에 적절한 대기가 조성되도록 하는 저장방법이다. 이때 포장에 사용된 필름은 가스확산을 막을 수 있는 적절한 투과성을 지니고 있다. 과일과 채소에서의 MAP(modified atmosphere packaging)는 고분자 필름으로 포장함으로써 포장 내 O_2와 CO_2 농도를 바꾸는 기술로 주로 소포장 단위를 말한다. 낮은 O_2와 높은 CO_2 농도는 포장된 산물의 대사과정에 영향을 주거나 부패를 야기하는 유기체의 활성을 억제함으로써 저장수명을 연장한다.

실제로 포장 내 O_2 농도가 조절되면서 자동적으로 CO_2 농도가 변하게 된다. 대기조성과는 별개로 MAP는 습도를 높게 유지시킴으로써 가스조성보다 더 큰 영향을 주게 된다. 더욱이 포장함으로써 외부 병원체나 오염물질로부터 보호하는 기능을 갖게 된다.

필름포장 내에 산소농도는 일반적으로 2~5%까지 감소되고 이산화탄소는 16~19%까지 증가하는데, 이러한 이산화탄소 농도 범위에서 대부분의 채소는 장해를 받게 된다. 따라서 MA포장에 사용되는 이상적인 필름은 산소의 유입보다는 이산화탄소의 방출에 더 많은 비중을 두어야 하며,

이산화탄소 투과도는 산소 투과도의 3~5배에 이르러야 한다. 그리고 투습도를 갖고 있어야 하며, 인장강도 및 내열강도가 높고, 접착 작업이 용이해야 하며, 유해물질을 방출하지 말아야 한다. 또한 상업적인 취급 및 인쇄가 용이하여야 한다. 폴리에틸렌 필름과 폴리비닐 클로라이드는 과일과 채소의 포장재로 널리 이용되는 필름 종류이다. 폴리에스테르는 가스투과도가 낮아 호흡률이 낮은 청과물의 포장에 적합하다. 주요 청과물의 저장특성은 〈표10-3〉과 같다.

〈표10-3〉 청과물의 저장특성

품목	저 장 특 성
사과	수확 후 예냉한 사과는 플라스틱 상자에 넣어 저온저장 후 저온유통시 신선도가 유지된다.
배	조생종은 수확 직후 저온저장고에 넣어 품온을 낮추고, 저온저장 중 과피흑변발생 우려가 있는 품종은 야적 후 예건을 실시하여 저장한다.
단감	수확 후 3~4일 예건 및 예냉이 필요하며 만생종 및 육질이 치밀한 품종이 저장력이 높다. 폴리에틸렌 밀봉 저온저장이 가능하다.
포도	수확 후 통풍이 양호한 곳에서 품온을 낮추고 저온저장 시 통풍이 잘 되도록 적재하며 철저히 선별하여 열과는 저장을 피한다. 건조에 의한 탈립방지를 위하여 습도유지에 힘쓴다.
감귤	출고 시 품온이 낮으므로 출하시기를 기준으로 1~2일 전부터 서서히 저장고 온도를 상승시켜 준다.
오이	수확 후 선별, 포장, 유통에 이르기까지 저온을 유지하며 8℃, 95%의 습도를 유지하면 2주 이상 저장이 가능하다.
토마토	수확 즉시 반숙토마토는 18~21℃, 완숙토마토 7~10℃로 품온을 낮추어 저온저장하면 반숙 15~20일, 완숙 20~25일 저장이 가능하다.
딸기	동결이 일어나지 않는 0℃ 저장이 가능하며, CA저장 및 방담필름저장이 권장되고 있다.
참외	저장 중 호흡작용을 억제하고 5~7℃ 범위 내에서 저장한다. 0.03mm의 폴리에틸렌 필름으로 밀봉저장이 가능하다.
고추	수분 14%의 건고추 저온저장은 0~2℃, 습도 65~75%를 유지하고 저장고 습도가 18% 이상일 때에는 그늘에 말려 저장한다.
마늘	수확 후 예건처리가 필수적이며 0~-2℃로 초기온도를 설정하여 맹아신장을 억제하여야 한다. CA저장을 이용하면 품질변화를 막을 수 있다.
양파	수확 후 습도 70~80%, 온도 34~67℃의 조건에서 치유하여 공기의 순환이 용이한 저온저장고에서 0℃, 70~75%의 적정온습도를 유지한다.
무	0~2℃, 습도 90~95%의 저장환경이 최적조건이며, 부패현상은 거의 없으나 바람들이가 문제된다.
배추	0~3℃, 습도 90~95%의 저장환경이 최적조건이며, -3℃에서 겉잎이 얼기 시작하므로 얼기 전에 저장하여야 한다.
감자	수확 직후 치유처리를 2~3주하며, 여름철에는 환기가 잘 되는 용기에 담아 저장하고 겨울에는 0℃ 이하로 내려가지 않게 한다.

2 세척과 정선

청과물에는 여러 가지 불순물이 부착되어 있으므로 유통·가공 시에 소비자의 구매의욕을 떨어뜨릴 뿐만 아니라 건강에도 영향을 미친다. 세척은 청과물로부터 흙이나 먼지와 같은 오염물질을 제거하는 것이다.

가. 건식세척법

청과물 중에 섞여 있는 흙, 모래, 곤충류의 배설물, 작은 돌, 기타 종자 및 금속 조각 등의 이물질을 제거한다. 송풍에 의한 이물질 제거는 이물질의 비중이 서로 다른 성질을 이용하여 분리·제거하는 것이고, 자석에 의한 이물질 제거는 운반하는 벨트 밑에 자석을 설치하여 쇠붙이 등을 제거하는 것이다.

나. 습식세척법

물로 청과물을 깨끗이 씻어 주는 방법으로 표면에 묻은 흙이나 불순물을 제거하는 데 효과적이다. 침지에 의한 세척은 침지 탱크에 물을 넣고 과일, 뿌리채소 등을 담가두면 흙은 가라앉고 가벼운 이물질은 옆면의 출구로 나간다. 살수에 의한 세척은 분무세척기를 이용하여 원료표면에 붙은 흙이나 불순물을 제거하는 것으로 물의 분사압력, 양, 온도, 그리고 청과물과 분무기 사이의 거리 등에 따라 세척 효과가 다르므로 청과물의 특성에 맞는 방법으로 세척하는 것이 효과적이다.

물로 세척한 다음 UV를 조사하여 세균, 곰팡이, 효모와 같은 부패 미생물을 죽임으로써 살균의 효과를 높인다. 파장이 10~400nm인 것이 화학작용이 강하다. 세척 후 남아있는 물기를 진동체판이나 회전체판을 통과시켜 제거한다.

다. 채소의 습식세척

근채류는 시장 출하 전 수확 시에 묻은 이물질을 제거하기 위하여 실시하나 곰팡이의 증식을 유도할 수 있다. 당근, 감자, 셀러리, 무 등에서는 처리시점과 소비시점이 길지 않게 한다.

엽채류는 미생물이 증식될 정도로 물에 오래 방치하지 않는다. 미생물의 확산이나 취급과정에 생긴 상처부위에 따라 곰팡이의 증식정도가 달라지며 곰팡이 억제제로 염소액 100ppm 정도를 사용한다.

이물질을 제거해 주기 위하여 과채류를 닦는 일은 이물질을 제거하거나 광택을 낼 수 있으나, 상처를 낼 수도 있고 이 경우 손상된 세포를 통하여 에틸렌 발생이 증가할 수 있다.

3 등급화

청과물의 품위 판정기준은 농산물표준규격에 규정된 등급규격에 따라 결정된다. 청과물의 품목 또는 품종별 특성에 따라 수량, 크기, 색택, 신선도, 건조도, 결점과, 성분함량 또는 선별상태 등 품질구분에 필요한 다양한 요소가 종합적으로 고려되어 항목을 설정하여 특·상·보통의 3단계로 등급이 결정된다.

가. 등급규격의 항목

1) 무게, 크기, 길이

무게, 직경, 길이, 크기를 계량기준으로 해서 특대, 대, 중, 소의 4~5단계로 구분하여, 「특」·「상」·「보통」의 3단계로 등급이 결정된다.

예) 포도 「특」은 캠벨얼리, 퍼스켓벨일리에이 : 무게 대 인 것, 거봉, 새단 : 무게 대 이상인 것

2) 고르기

무게, 직경, 길이, 크기를 계량기준으로 해서 특대, 대, 중, 소의 4~5단계로 구분하여, 고르기에 따라 「특」·「상」·「보통」의 3단계로 등급이 결정된다.

예) 결구배추 「특」은 무게 구분표상 무게가 다른 것이 섞이지 않은 것

3) 모양, 형태, 송이모양, 결구

포도, 오이, 방울토마토, 건고추, 결구배추 등에 적용되며 「특」·「상」·「보통」의 3단계로 등급이 결정된다.

예) 무 「특」은 모양(껍질)이 매끄러우며 잔뿌리가 적은 것

4) 색택

품종 고유의 색택으로 낱개에 대한 색택면적의 비율을 기준으로 「특」·「상」·「보통」의 3단계로 등급이 결정된다. 색택은 소비자에게 가장 강하게 느껴지는 품위 결정 요인의 하나로서 색택에 따른 품위를 결정할 때 영향을 주게 된다.

5) 당도

낱개에 대한 당도(포도는 송이)를 기준으로 「특」·「상」·「보통」의 3단계로 등급이 결정된다. 단맛의 감각적인 특성을 정량적으로 비교하기란 쉽지 않으나 현장에서 주로 굴절당도계를 이용한 가용성고형물(당도)로 나타낼 수 있다.

6) 신선도

사과·배 등은 윤기가 나고 껍질의 수축현상이 나타나지 않음, 오이 등은 꼭지가 마르지 않음 등을 기준으로 「특」·「상」·「보통」의 3단계로 등급이 결정된다. 신선도, 건조도 등은 평가 도구나 기구를 이용하기 어려워 이들 가시적인 평가항목에 대하여 육안으로 평가하는 방식이 널리 이용되고 있으며, 평가자의 경험이 풍부할 경우 비교적 정확한 평가가 가능하여 주관적인 판단에 의한 평가가 이루어지고 있다.

예) 사과 「특」은 윤기가 나고 껍질의 수축현상이 나타나지 않은 것

7) 맛

담백하고 신선한 맛, 쓴 맛을 기준으로 오이에 적용되며 「특」·「상」·「보통」의 3단계로 등급이 결정된다.

예) 오이 「특」은 담백하고 신선한 맛이 뛰어나며 쓴맛이 없는 것

8) 숙도

과육이 단단하고 떫은맛의 유무를 기준으로 단감에 적용되며 「특」·「상」·「보통」의 3단계로 등급이 결정된다.

예) 단감 「특」은 과육이 단단하고 떫은맛이 없는 것

9) 껍질

온주밀감의 껍질이 얇고 탄력이 있으며 수축현상이 나타남과 껍질 뜬 정도에 따라 「특」·「상」·「보통」의 3단계로 등급이 결정된다.

예) 온주밀감 「특」은 얇고 탄력이 있으며 수축현상이 나타나지 않는 것

10) 꼭지

감귤의 꼭지가 연녹색을 띤 것이나 퇴색여부를 기준으로 「특」·「상」·「보통」의 3단계로 등급이 결정된다.

예) 감귤 「특」은 꼭지가 연녹색을 띤 것

11) 다듬기, 손질

마늘, 양파, 배추, 감자 등에 적용되며 「특」·「상」·「보통」의 3단계로 등급이 결정된다.

예) 마늘 「특」은 통마늘의 줄기를 2cm 이내로 절단한 것

12) 당산비

한라봉에 적용되며 당도(Bx) ÷ 산 함량(%)으로 나타낸다.

예) 한라봉 「특」은 당산비 13 이상

13) 탈락 씨 및 꼭지

건고추에 적용되며 떨어져 나온 고추씨와 꼭지의 무게비율을 나타낸다.

예) 건고추 「특」은 1% 이하

14) 수분

건고추에 적용되며 수분은 105℃ 건조법에 의하여 측정함을 원칙으로 하되 이와 동등한 측정결과를 얻을 수 있는 130℃ 건조법, 적외선조사식 수분계, 전기저항식 수분계, 전열건조식 수분계 등에 의한 측정을 보조방법으로 채택할 수 있다.

15) 가벼운 결점

품질에 영향을 미치는 요소를 기준으로 「특」·「상」·「보통」의 3단계로 등급이 결정된다. 결점과 혼입률은 공시료 개수의 백분비로 표시한다. 결점과는 공시료 매과마다 결점별 기준과 대비하여 경결점과 이상인 것을 공시료 전량에서 선별한 후 이를 다시 경결점과와 중결점과로 분류하여 각각 개수비를 구한다. 결점과 혼입률 산출은 다음의 식에 의한다.

$$\text{혼입률}(\%) = \frac{\text{중결점(경결점)과수(개)}}{\text{공시과수(개)}} \times 100$$

예) 배의 경결점 기준

- 모양이 좋지 않거나 농약피해 등으로 외관이 떨어지는 것
- 병해충의 피해 및 상처 등이 껍질에 그친 것
- 기타 결점의 정도가 경미한 것

예) 배의 결점과 검사기준

- 형상은 품종고유의 과형과 대비 감정하되 산지에 따라 약간의 모양이 다른 것은 허용한다.
- 배의 병충해과 중 검은 무늬점은 과피에 그친 것으로서 반점이 3개 미만이라도 너비가 30mm 이상인 것은 중결점으로 처리한다.

나. 표준규격 제정 청과물 품목

표준규격이 제정된 청과물은 〈표10-4〉와 같이 과일류 18, 과채류 19, 엽채류 41, 서류 2, 버섯류 7 등 총 87품목이다.

〈표10-4 〉 표준규격제정 청과물

종류별	품 목
과일류(18)	사과(후지·홍로·조나골드·쓰가루·세계일), 배(신고·만삼길·장십랑·황금추황), 복숭아(미백·창방·유명·천홍·백도), 포도(캠벨얼리·거봉·머스켓베일리에이·새단), 감귤(온주밀감·청견·한라봉·진지향·금감), 청매실, 단감(서촌조생·부유·대안단감), 떫은감(청도반시·고종시·갑주백목), 홍시감(청도반시·고종시·갑주백목), 자두(대석조생·포모사),

종류별	품 목
	양다래, 유자, 양앵두(버찌), 앵두, 살구, 무화과(봉래시·마쓰이도후인), 모과, 석류
과채류(19)	건고추, 풋고추, 꽈리고추, 물고추(홍고추), 오이(다다기계·가시계·취청계), 호박(애호박주키니호박풋호박단호박늙은호박), 가지, 토마토(일반토마토·완숙토마토), 방울토마토, 송이토마토, 참외, 딸기, 수박, 조롱수박, 멜론(네트계·백피계·파파야계), 피망, 풋옥수수, 풋완두콩, 풋콩
엽근채류(41)	양파, 통마늘(한지형·난지형), 깐마늘, 마늘쫑, 파(대파·쪽파), 무, 열무, 알타리무, 결구배추, 얼갈이배추, 양배추, 당근, 시금치, 상추(치마·결구), 들깻잎, 부추(맛부추·좀부추), 마, 생강, 연근, 우엉, 쑥갓, 미나리(돌미나리·물미나리), 고구마순, 양미나리, 붉은양배추, 녹색꽃양배추, 꽃양배추, 향미나리, 케일, 신립초, 갓, 콩나물, 삼엽채, 청경채, 아욱, 근대, 엔디브, 치커리, 고들빼기, 머위, 달래
서류(2)	감자(수미·대지마), 고구마
버섯류(7)	느타리버섯, 애느타리버섯, 양송이버섯, 팽이버섯, 영지버섯, 영지버섯(절편), 동충하초

4 포장

포장이란 적절한 용기나 재료를 사용하여 외부접촉을 차단하고 위생적으로 장기간 보관할 수 있게 처리한 것을 말하며, 포장재의 물리적 강도, 외부와의 차단성, 청과물 성분과의 반응에 따른 안전성이 중요하다. 청과물의 포장은 생산에서 소비에 이르는 과정에서 물리적인 충격, 병충해, 미생물 등에 의한 오염과 광선, 온도, 습도 등에 의한 변질을 방지하고 상품가치를 증대시키는 포장이어야 한다. 포장에는 크게 소비자 단위의 소규모 포장과 운반, 수송 시 취급의 편리를 위하여 소규모 포장 단위를 모아 포장하는 대규모 포장이 있다. 랩, 트레이, 비닐백 포장 등은 소규모 포장에 속하고 골판지상자 포장과 팔레트단위 포장은 대규모 포장에 속한다.

가. 포장의 구비요건

포장은 취급과 수송 중 내용물을 보호할 수 있는 물리적인 지지력을 갖추어야 한다. 또, 수분, 습기 등에 영향을 받지 않는 방수성과 방습성이 우수하고 포장내의 움직임이 없어야 한다. 그리고 독성이 있거나 오염물질을 함유치 않은 무공해성으로 호흡가스의 충분한 투과성을 지닌 소재를 사용하여야 하고, 무게, 크기, 모양이 취급과 판매에 적합하고 봉합과 개봉이 편리하여야 한다.

나. 포장 재료

1) 종이

식물성 섬유로서 골판지, 양지, 글래싱 등으로 구분한다.

가) 골판지 : 2장의 원지 사이에 파형으로 된 중심원지를 붙여 만든 것으로 강도가 강하고 완충성이 뛰어나며 무공해성이고 봉함과 개봉이 편리하다.

나) 양지 : 크라프트지, 롤지, 모조지 등이 포함되며 지질이 질기고 유연성이 좋다.

다) 글래싱지 : 광택이 있고 반투명성으로 결합부가 적고 내유성이 좋아 채소용 포장에 사용된다.

2) 플라스틱 필름

플라스틱은 가열하여 고화되는 열경화성 플라스틱(페놀수지, 요소수지, 멜라민수지 등)과 가열하면 가소적인 변화를 보이는 열가소성 플라스틱(PE, PP, PVC, PVDC 등)이 있다.

가) PE(polyethylene) : 주로 온상재배에 이용되며 채소류 포장재료로 활용된다.

나) PP(polypropylene) : 방습성, 내열·내한성, 내약품성, 광택 및 투명성이 높아 투명포장과 채소류의 수축포장에 사용된다.

다) PVC(polyvinyl chloride) : 공업용 및 식품포장에 이용된다.

3) 알루미늄박

기체 차단성이 요구되는 식품분야에 많이 이용된다.

4) 포대

지대, 플라스틱 포대 및 포백제포대, 플라스틱망 등이 있다.

가) 지대 : 종이로 만든 소형의 지대인 봉지, 봉투, 쇼핑 백 등이 있다.

나) 포백제 포대 : 일반적으로 자루를 말하며 마대는 곡물용 포대로 사용된다.

다) 플라스틱망 : 압출성형법으로 만들어지며 포장용 네트는 과일과 채소의 포장에 이용된다.

5) 기능성 포장재

수확물의 저장수명을 연장하기 위하여 밀봉 포장함으로써 얻는 간이 가스조절 저장효과와 저장에 유해한 가스인 에틸렌가스를 흡착제거하는 등의 효과를 동시에 얻을 수 있는 다양한 기능성 물질을 첨가한 포장재를 말한다.

가) 방담필름 : 방담필름은 첨가제의 분산에 의하여 필름의 장력을 증가시켜 결로현상이 일어나지 않게 하여 부패균의 발생을 방지하고 청과물의 신선도를 유지시켜 준다.

나) 항균필름 : 포장재 내에 발생하는 곰팡이 등 유해 미생물에 대한 항균력 있는 물질을 코팅·압축성형한 필름이다.

다) 고차단성 필름 : 차단성은 수분, 산소, 질소, 이산화탄소의 차단효과가 있는 필름이다.

라) 키토산 필름 : 키토산은 유해균의 성장을 억제하는 효과가 있으며 200ppm 정도의 농

도에서 유해균에 대한 저해활성을 나타낸다.

다. 포장 규격

1) 포장규격 항목

거래단위, 포장치수, 포장재료, 포장방법 및 표시사항 등을 말한다.

가) 거래단위 : 청과물의 거래시 포장에 사용되는 각종 용기 등의 무게를 제외한 내용물의 무게 또는 개수를 말한다.

나) 포장치수 : 포장재 바깥쪽의 길이, 너비, 높이를 말한다.

다) 포장재료 : 청과물을 포장하는 데 사용하는 재료로서 폐기물관리법 등 관계법령에 적합한 골판지, 그물망, PP, PE 등을 말한다.

2) 겉포장

산물 또는 속포장한 청과물의 수송을 주목적으로 한 외포장을 말하며 포장규격은 〈표10-5〉와 같다.

3) 속포장

소비자가 구매하기 편리하도록 겉포장 속에 들어있는 내포장을 말하며, 속포장 치수는 사용자가 적정하게 정하여 사용할 수 있다.

〈표10-5〉 청과물의 포장규격

품목 및 품종	포 장 규 격		
	겉포장의 거래단위	겉포장의 포장재	속 포 장
사과(후지)	3kg, 5kg, 10kg, 15kg	골판지	1개, 2개, 3개, 2kg, 3kg
배(신고)	5kg, 7.5kg, 10kg, 15kg	골판지	1개, 2개, 3개, 2kg, 4kg
단감(부유)	5kg, 10kg, 15kg	골판지	2개, 3개, 5개, 1kg, 2kg, 3kg
포도(거봉)	2kg, 4kg, 5kg, 8kg, 10kg	골판지	1송이, 2송이, 500g, 1kg, 2kg
감귤(한라봉)	3kg, 5kg, 10kg	골판지	-
오이(다다기계)	50개, 100개	골판지	2개, 3개, 5개, 10개, 20개
방울토마토	4kg, 5kg, 10kg	골판지	500g, 800g, 1kg, 2kg
딸기	1kg, 1.5kg, 2kg, 4kg, 8kg	골판지	500g, 750g, 1kg
참외	3kg, 5kg, 10kg, 15kg, 20kg	골판지	3개, 5개, 2kg
홍고추	10kg, 20kg	골판지	100g, 200g, 500g
통마늘(난지형)	5kg, 10kg, 15kg, 20kg	골판지, 그물망	200g, 500g, 1kg, 2kg

품목 및 품종	포 장 규 격		
	겉포장의 거래단위	겉포장의 포장재	속 포 장
양파	5kg, 10kg, 15kg, 20kg	골판지, 그물망	2개, 3개, 5개, 1kg, 1.5kg, 2kg, 2.5kg, 3kg
무	6~12개 8~12kg, 15kg, 18~20kg	골판지, PP	2개, 3개, 5개
배추(결구)	3~4포기, 10kg, 15kg, 5포기(15~20kg)	골판지, 그물망, PE대	2포기
감자	5kg, 10kg, 15kg, 20kg	골판지	500g, 1kg

4) 포장치수의 적용

겉포장의 길이 및 너비는 한국산업규격(KS A1002)에서 정한 수송포장계열치수의 69개 모듈(1,100mm×1,100mm)과 골판지상자, 지대, PE대, PP대, 그물망의 포장치수로 하고, 높이는 해당 청과물의 포장이 가능한 적정 높이로 한다.

5) 거래단위의 적용과 예외

청과물의 포장은 청과물표준규격의 규정에 의한 포장규격의 거래단위를 적용하되, 5kg 미만의 청과물을 포장할 때에는 표준규격의 규정에 의한 포장규격의 거래단위와 다른 거래단위를 적용할 수 있다.

5 수송

청과물의 수송은 장소효용을 증대시켜 시장개발 및 경쟁조성을 위한 중요한 역할을 하며, 신속하고 탄력적인 수송은 재고수준과 저장비용을 절감시켜 유통기능 수행에 영향을 준다.

보통 장기수송은 해상수송으로 단기수송은 육로수송과 항공수송으로 구분한다. 장거리 수송의 경우 고가의 신선 청과물을 대상으로 저온 컨테이너와 CA 컨테이너를 이용한 수송 비율이 증가하고 있고, 단기간 육로수송인 경우 냉장차를 이용한다. 선진국의 경우 청과물의 운송수단으로 냉장 트레일러나 컨테이너를 이용하여 산지로부터 최종 목적지까지 수송된다. 미국의 경우 산지에서 소비지까지 산물 수송의 약 85%는 냉장 트레일러에 의해 이루어지고 있다.

가. 저온유통체계

청과물을 수확 시부터 품온을 낮춰 유통과정 전반에 걸쳐 적정 저온이 유지되도록 관리하는 체계를 저온유통체계(cold chain system)라 부른다. 즉 청과물의 품질을 최대한 유지하기 위해서는 품목에 알맞은 저온으로 냉각시킨 다음 저장, 수송, 판매에 걸쳐 일관성 있게 적정 온도로 관리하는 것이다.

저온유통체계는 장거리 운송이나 저장에서 발생되기 쉬운 부패의 우려를 줄어들게 함으로써 생산자는 수확 후 품질변화로 인한 가격의 불안으로부터 해방되고, 중간도매상이나 소매상은 품질이 일정하게 유지됨으로써 적정이윤을 보장받게 된다. 이러한 저온유통을 실시하려면 청과물이 안정적으로 확보되어야 하며, 청과물의 품질등급이 표준화되어 기계에 의한 선별이 가능하고 포장규격 또한 표준화되어 유통에 소요되는 제반경비를 절감할 수 있도록 해야 한다. 또한 산지에서도 출하 전까지 적정 저온에 저장할 수 있도록 저온저장고의 구비가 필요하다. 또한 저온을 유지하면서 산지에서 소비지까지 운송할 수 있는 냉장차량의 보급이 선결되어야 한다.

국내의 실정은 유통단계별 저온유통체계의 연계가 미흡하고 예냉시설과 소비지의 저온저장고, 냉장진열대가 부족하여 저온유통의 효율성이 낮은 상태이다. 예냉시설이나 저온저장고의 구축, 냉장차량의 보급 등이 산지조합마다 개별적으로 이루어져서는 고품질 청과물의 유통효과를 기대하기 어렵다. 저온유통체계가 종합적으로 구축되어야 선진국형의 신선 청과물의 고품질 유통이 가능해질 것이다.

나. 저장 후의 출고

저온저장고나 예냉고에서 저장한 청과물을 출고할 때 청과물 주위의 따뜻한 외기가 냉각되어 결로가 발생하면 미생물의 생육을 촉진하고 포장상자 등에 흡수되어 강도가 저하되므로 출고할 때 품온과 외기온도와의 차이를 10℃ 이내가 되도록 한다.

다. 예냉·냉장수송 지원품목

청과물의 집하선별, 예냉, 저온저장, 냉장수송 등 저온유통기반을 구축하여 신선청과물을 소비자에게 공급하고 청과물을 공동선별함으로써 균일품질로 규격포장화하여 상품성제고 및 부가가치창출을 위한 품목이다.

예냉·냉장수송 권장품목은 주로 여름철에 수확되는 것으로서 저장성이 적어 선도유지가 어려운 신선과일 및 엽채류 등(딸기, 토마토, 고랭지배추, 양상추, 양채류, 대파, 쑥갓, 복숭아, 포도, 버섯 등)이고, 주로 봄·가을에 수확되는 것으로 선도 저하가 비교적 느린 품목(단감, 배, 사과, 밤, 마늘, 양파, 당근, 가을배추 등)은 선택품목이다.

라. 수송

수송수단은 냉장 트레일러나 컨테이너를 이용하여 산지로부터 최종 목적지까지 수송되어야 하나 우리나라의 경우 냉장차에 의한 수송은 미흡하고, 수송시에도 고단으로 적재하여 발열과 함께 진동, 압축, 충격 및 마찰에 의한 품질손상이 발생하고 있다. 저온 및 예냉처리된 청과물은 냉동기가 부착된 냉장차를 이용하는 것이 가장 좋은 방법으로 냉장차나 보냉차를 이용하여 10℃ 이하에서 수송하는 것이 바람직하다. 과도한 적재로 냉장차 내부에서 냉기의 흐름이 장해를 받지 않도록 하여야 하며 장거리, 장시간 수송하는 경우 적재물 사이에 10cm 정도의 간격을 두도록 한다.

제4절 청과식품의 안전성관리

청과식품의 안전성에 대한 관심은 고품질 유지와 더불어 가장 중요한 문제로 인식되고 있다. 농산물품질관리법에서도 농산물의 품질향상과 안전한 농산물의 생산·공급을 위하여 토양·용수·자재 등과 생산저장(생산자 저장)의 단계나 출하되어 거래되기 전 단계의 농산물에 대하여 잔류된 농약·중금속·곰팡이독소·식중독균 및 항생물질 기타 유해물질이 잔류허용기준을 초과하는지를 조사하고 있다.

청과물에서는 특히 잔류농약, 중금속, 식중독균이 주요한 위해요소로 인식되고 있으며, 청과물의 안전성관리를 위해 친환경농산물인증제도, 우수농산물관리제도, 추적제, 위해요소중점관리제도 등을 운영하고 있다.

1 친환경농산물의 인증제도

우리나라의 친환경농산물에는 유기농산물, 전환기유기농산물, 무농약농산물, 저농약농산물의 4종류가 있으나 유기식품으로 단일화되어야 할 것이다.

가. 유기농산물

유기농산물로 품질인증을 받으려면 다음과 같은 재배 및 관리조건을 충족시켜야 한다.

1) 경영관리

농산물 재배포장의 비료·농약 등 영농자재 사용에 관한 자료와 농산물의 생산량 등 영농관련 자료를 2년 이상 기록보관하고, 농산물품질관리원장 또는 인증기관이 열람을 요구하는 때에는 이에 응할 수 있어야 한다.

2) 재배포장·용수·종자

유기농산물 재배포장의 토양은 토양환경보전법 규정에 의한 토양오염우려기준을 초과하지 않아야 한다. 용수는 환경정책기본법 및 지하수의수질보전등에관한규칙에 정한 농업용수 이상이어야 한다. 재배포장은 다년생작물 재배 시에는 최초수확하기 전 3년의 기간, 다년생작물 이외의 작물의 재배 시에는 파종 또는 재식 전 2년의 전환기간 이상 동안 규정에 의한 재배방법을 준수한 포장이어야 한다. 종자는 원칙상 유기농산물 인증기준에 맞게 생산관리된 유기종자를 사용해야 하며, GMO 종자를 사용해서는 안 된다.

3) 재배방법

화학비료와 유기합성농약을 일체 사용할 수 없고, 장기간의 적절한 윤작계획에 의한 콩과작물·녹비작물 및 심근성 작물을 재배해야 한다. 토양에 투입하는 유기물은 유기농산물 인증기준에 맞게 생산된 것(농장 및 목장의 퇴구비류, 짚 및 산야초, 사람과 동물의 배설물, 유기농업에서 유래한 재료를 원료로 한 가공산업의 부산물, 무기광물질, 미생물제제 등)이어야 한다. 축산분뇨는 완전히 부숙시켜서 사용하고, 과다한 사용, 유실 및 용탈 등으로 인해 환경오염을 유발하지 않아야 한다. 병해충 및 잡초는 적합한 작물과 품종의 선택, 적합한 윤작체계, 기계적 경운, 천적이용, 멀칭·예취 및 화염제초, 동물 방사 등의 방법(제충국, 데리스, 쿠아시아, 라이아니아, 님제제, 동식물의 유지, 버섯추출액, 해조류추출액 등 전통적인 동식물의 추출액과 소금 등)으로 방제·조절해야 한다.

4) 생산물의 품질관리 등

해충방제 및 식품보존 목적으로 방사선을 사용할 수 없고, 포장재는 식품위생법의 관련 규정에 적합하고, 가급적 생물분해성 재생품 또는 재생이 가능한 자재를 사용하여 제작된 것을 사용해야 한다. 잔류농약은 인근 관행농업의 포장으로부터 바람에 의한 비산이나 관개 또는 이웃 포장의 배수에 의한 오염 등 불가항력적인 경우에 한해 허용되나, 그 허용기준은 식품의약품안전청장이 고시한 농산물의 농약잔류허용기준의 1/10 이하여야 한다.

5) 기타

국제유기농업기준도 비료와 농약, 첨가제 등의 사용을 금지할 뿐만 아니라 유기농산물은 윤작과 함께 축산분뇨를 농지에 환원하여 지력을 회복시키는 가운데 재배해야 하며, 유기축산물 생산은 그 지역에서 생산되는 유기농업에 의한 조사료를 급여해야 한다고 규정하고 있다. 즉 지속적 농업, 친환경농업은 경종과 축산이 한 농가단위, 또는 한 지역단위에서 유축 복합영농의 형태로 이루어져야 함을 강조하고 있다.

나. 전환기유기농산물

1) 경영관리

영농관련 자료를 1년 이상 기록보관해야 한다.

2) 재배포장·용수·종자

재배포장은 유기농산물의 전환기간 동안 규정에 의한 재배방법을 준수한 포장이어야 한다. 전환중인 재배포장에서는 유기농업과 관행농업을 번갈아 하지 않아야 한다.

3) 재배방법, 생산물의 품질관리기준

재배방법, 생산물의 품질관리기준 등은 유기농산물과 동일하다.

다. 무농약농산물

1) 경영관리

영농관련 자료를 1년 이상 기록보관해야 한다.

2) 재배포장·용수·종자

재배포장의 토양은 토양환경보전법 시행규칙에 의한 토양오염우려기준을 초과하지 않아야 하며, 용수는 환경정책기본법 시행령 및 지하수의수질보전등에관한규칙에 의한 농업용수 이상이어야 한다. 콩나물 및 숙주나물 등 싹을 틔워 직접 먹는 청과물은 먹는물의 수질기준에 적합해야 한다. GMO 종자를 사용하지 않아야 한다.

3) 재배방법

화학비료는 농촌진흥청장, 농업기술원장 또는 농업기술센터 소장이 재배포장별로 권장하는 성분량의 1/3 이하를 사용해야 하며, 유기합성농약을 사용하지 않아야 한다. 장기간의 적절한 윤작계획에 의한 콩과작물·녹비작물 또는 심근성 작물을 재배해야 하고, 축산분뇨는 완전히 부숙시켜서 사용해야 하며, 과다한 사용, 유실 및 용탈 등으로 인하여 환경오염을 유발시키지 않아야 한다. 병해충 및 잡초는 적합한 작물과 품종의 선택, 적합한 윤작체계, 기계적 경운, 천적이용, 멀칭·예취 및 화염제초, 동물의 방사 등의 방법으로 방제·조절해야 한다.

4) 생산물의 품질관리 등

병해충관리 및 방제를 위한 예방적 조처로서 병해충 서식처의 제거 및 시설에의 접근방지, 기계적·물리적 및 생물학적 방법을 이용해야 하며, 그러고도 적절하게 방제되지 아니하는 경우에는 병해충관리를 위하여 사용이 인가된 친환경자재만을 사용할 수 있다. 방사선은 사용할 수 없다.

잔류농약은 인근 관행농업의 포장으로부터 바람에 의한 비산이나 관개 또는 이웃포장의 배수에 의한 오염 등 불가항력적인 경우에 한해 허용되지만 그 허용기준은 식품의약품안전청장이 고시한 농산물의 농약잔류허용기준의 1/10 이하여야 한다. 동고시에서 해당 농산물에 대한 농약잔류허용기준이 설정되어 있지 않은 농약이 검출된 경우에는 그 양이 동고시에서 정한 잔류농약 잠정기준의 1/10 이하여야 한다.

5) 기타

수경재배농산물 및 양액재배농산물에 대해서는 토양환경보전법 시행규칙에 의한 토양오염우려기준, 제초제 사용금지, 콩과작물재배 등의 규정을 적용하지 않는다. 그러나 수경재배 및 양액재배의 방식은 순환식으로 하여 양액으로 인한 환경오염이 없어야 하며, 콩나물과 숙주나물 등 싹을 틔워 직접 먹는 청과물은 그 원료가 국내산이어야 한다.

라. 저농약농산물

1) 경영관리

영농관련 자료를 1년 이상 기록보관해야 한다.

2) 재배포장·용수·종자

무농약농산물과 같다.

3) 재배방법

화학비료는 농촌진흥청장, 농업기술원장 또는 농업기술센터 소장이 재배포장별로 권장하는 성분량의 1/2 이하를 사용해야 한다. 유기합성농약의 살포횟수는 농약관리법 규정에 의한 안전사용기준의 1/2 이하여야 하며, 사용시기는 안전사용기준 시기의 2배수를 적용한다. 제초제는 사용하지 않아야 한다. 장기간의 적절한 윤작계획에 의한 콩과작물·녹비작물 또는 심근성 작물을 재배하도록 권장한다. 축산분뇨는 완전히 부숙시켜서 사용해야 하며, 과다한 사용, 유실 및 용탈 등으로 인하여 환경오염을 유발시키지 않아야 한다.

4) 생산물의 품질관리 등

해충방제, 식품보존, 병원균의 제거 또는 위생의 목적으로 방사선을 사용할 수 없다. 잔류농약은 식품의약품안전청장이 고시한 농약잔류허용기준의 1/2 이하여야 한다.

5) 기타

무농약농산물과 같다.

2 우수농산물관리제도

우수농산물관리제도(GAP, good agricultural practice)는 소비자에게 안전하고 위생적인 농산물을 공급할 수 있도록 생산자 및 관리자가 지켜야 하는 생산 및 취급과정에서의 위해요소 차단 규범을 의미한다. 이는 환경에 대한 위해요인을 최소화하고, 소비자에게 안전한 식품을 제공하기 위하여 농산물의 재배, 수확, 수확 후 처리, 저장과정 중의 화학제·중금속· 미생물에 대한 관리 및 관리사항을 소비자가 알 수 있게 하는 체계이다.

세계식량농업기구(FAO)는 기존의 식품 안전성 확보를 위한 정책은 생산과 소비를 배제한 중간 단계에 초점을 맞춘 것으로 오염된 사료에 의한 광우병 등 식품관련 질병을 초래하고 있다고 하여, 최근 화학물질·미생물 등 각종 오염원으로부터 안전한 식품을 소비자에게 공급하기 위한 식품사슬접근법의 도입 필요성을 주장하였다.

식품사슬접근법이란 식품의 생산에서 소비까지 전 단계를 체계적으로 관리하고, 투명하게 공개하는 식품안전 예방조치이다. 식품사슬접근법에서의 토양·수질관리, 농·축산물 생산, 저장, 가공, 폐기물처리 등 농업에서의 기본적인 원칙이 GAP이다.

3 추적제

추적제(traceability)는 청과물의 품목 및 품종, 생산자정보, 포장정보(면적, 위치), 작부내용(파종 및 정식일, 수확개시일, 수확종료일 등), 재배방법(유기, 무농약, 저농약, 일반재배 등), 시비내용(비료의 종류 및 시비횟수), 농약살포(농약의 종류, 사용횟수, 사용시기 등), 잔류농약검사 유무 등의 정보를 소비자가 역으로 거슬러 올라가 확인할 수 있도록 각 단계에서 작성된 기록을 바코드, IC카드, 인터넷, RFID 등을 통하여 검색할 수 있는 제도이다.

그러나 추적제는 청과물의 생산정보뿐만 아니라 유통과정에서의 취급정보도 소비시가 추적할 수 있도록 구성되어야 한다.

4 위해요소중점관리기준

위해요소중점관리제도(HACCP)는 식품의 원료, 제조·가공·조리 및 유통의 전 과정에서 위해물질이 해당 식품에 혼입되거나 오염되는 것을 사전에 방지하기 위하여 위해요소를 중점적으로 관리하는 제도를 말하며, 식품의 안전성을 확보하기 위한 체계적 접근방법이다. 청과물을 포장하고 가공하는 동안 물리적·화학적 그리고 미생물적 오염을 예방하는 일은 안전한 청과물의 생산에 필수적인 것이다.

11 축산식품의 품질관리

제1절 식육의 품질관리

1 식육의 품질변화

동물의 사후 근육은 단단하게 수축한 상태인 강직이 일어나 일정시간 지속된다. 이러한 상태를 사후강직(rigor mortis)이라 하고, 이때 근섬유가 단단하게 수축하지만 일정기간의 강직기가 지나면 점차 연화된다. 이것은 식육 고유의 효소에 의해서 육단백질이 자가소화를 일으켜 부드러워지고 풍미가 증가되며 조리재료로서 적당한 상태로 되는데 이러한 현상을 숙성이라고 한다. 숙성이 진행되면 육이 연화하여 맛과 냄새가 증가되지만 자연상태로 방치하면 부착된 미생물의 번식이 왕성하게 되고 육이 분해되어 식용으로 부적당한 상태로 되는데 이것을 부패라고 한다.

가. 사후강직

가축은 도살하여 방혈, 탈모, 박피 한 다음 내장 및 불가식부를 제거하고 거꾸로 매달아 반도체로 만든다.

가축을 도살한 후 방혈시키고 내장을 적출한 고기와 뼈 등을 포함한 생체를 지육이라 하고, 생체무게에 대한 지육무게의 비율을 지육율(dressing, %) 혹은 도체율이라 한다.

$$지육율(\%) = \frac{지육무게(또는\ 도체중량)}{생체무게} \times 100$$

그리고 지육에서 뼈를 빼낸 가식부의 고기를 정육이라 하며 지육무게에 대한 정육무게의 비율을 정육율(fresh, %)이라 한다. 지육무게를 기준으로 하는 것이 보편적이나 생체무게를 기준으로 하는 경우도 있다.

$$정육율(\%) = \frac{정육무게}{지육무게(혹은\ \ 생체무게)} \times 100$$

동물이 죽으면 근육에 있던 포도당은 ATP, AMP로 분해되고 근육단백질은 그대로 잔존하여 혐기적으로 수축하며, 동시에 젖산이나 인산도 근육 중에 남아서 근육의 pH는 5.4로 낮아져 산성을 띠게 된다. 근육의 산도변화는 도살시의 근육 중에 함유되어 있는 글리코겐의 양에 좌우된다. 따라서 도살 전 동물의 상태나 사료급여는 산도에 영향을 미친다. pH가 낮으면 미생물의 오염도는 낮아지지만 보수성도 역시 낮아지게 된다.

근육의 산도가 높고 pH가 저하되면 근섬유는 수축해서 단단해지고 근육단백질은 용해성이 낮아진다. 즉 생근육에서 60%인 육장은 강직 중에 25%로 감소하고 육질은 40%에서 75%로 증가한다. 강직 중의 육색은 투명도가 감소하며 혼탁하여 광택이 적지만 색소의 절대량이 감소되는 것은 아니다. 강직은 여름에는 빨리 일어나고 빨리 해제되어 약 40시간이면 끝나지만 겨울에는 70~80시간이 걸린다.

강직 중의 육은 단단하여 기호성이 결여되지만, 유축이나 어육에서는 근섬유가 섬세하고 결합조직도 유연하므로 이 시기에 조리하여 급식하는 것이 좋다. 소시지 제조에 있어서는 육의 점착성이 중요하므로 강직 전에 마쇄하는 것이 유리하다.

나. 강직열

소의 체온은 38℃이나 죽은 후 2시간 경에는 체온이 40℃까지 올랐다가 서서히 낮아진다. 이 온도상승은 근육 중의 글리코겐이 젖산으로 변화될 때 생기는 것이다. 근육 중에는 글리코겐은 보통 0.5%정도 함유되어 있으며 이 글리코겐 1g이 젖산으로 변할 때에 240kcal의 열이 발생한다.

다. 자가소화

사후강직의 원인은 생근육의 수축현상처럼 ATP의 분해에 의한다. 강직 후에는 근육단백질이 분해되어 가용성 단백질이 생성되며 육이 서서히 연화된다. 이 분해작용은 조직 중의 효소의 작용에 의한 자가소화 현상이다. 자가소화가 일어나면 육질은 유연하여지고 육즙의 양이 증가해서 투명하게 되며 감칠맛이 증가한다.

육의 숙성에 요하는 시간은 우육의 경우 10℃에서 5일, 5℃에서 10일 간을 요한다. 우육은 0~5℃, 습도 80~90%, 공기순환속도 3~10m/min으로 2~3주간 보존하면 잘 숙성된다.

자가소화가 진행됨에 따라 조직단백질이 분해되어 가용성 질소화합물이 증가하고 pH가 다시 상승해서 6.0 정도로 된 육은 세균번식에 좋은 조건이 된다. 세균은 단백질 등의 고분자 화합물에 직접 작용해서 분해하는 것은 어려우나, 소량의 아미노산이나 저급 질소화합물이 있는 경우에는 잘 생육한다. 어느 정도 생육한 후에는 고분자화합물을 분해하므로 자가소화의 진행과 함께 부패의 조건이 이루어지면 자가소화 말기는 부패의 1단계에 들어섰다고 볼 수 있다. 숙성된 육은 저장성이 약하므로 직접 조리에 적당하다.

라. 육색의 변화

식육의 색은 각 동물의 종류 및 부위에 따라서 다르나 보통 담홍색, 선홍색, 암적색을 띤다. 육색의 대부분은 헤모글로빈과 미오글로빈의 색이지만 이외에 육 자체의 색도 있다.

살아있는 동물에서는 헤모글로빈과 미오글로빈이 환원형(암적색)으로 평형을 이루고 있으나, 도살 후에는 방혈되고 산소공급이 중단되므로 암적색을 띤다.

2 부패

가. 부패의 개념

부패는 유기물이 미생물에 의해서 인간의 생활에 부적당한 물질로 변화되는 것으로, 유기물 중에서도 단백질 및 질소화합물의 분해를 의미한다. 육의 부패는 주로 자가소화와 세균과의 협동작용에 의해서 일어난다. 즉 자가소화에 의해서 생성된 아미노산을 오염된 세균이 분해해서 저급물질을 생성하게 되는 것이다. 그리고 이러한 현상은 온도, 습도, 광선, 다른 종류의 생물 혹은 화합물질이 관여해서 촉진 혹은 억제된다.

나. 세균과 부패

육에 *Bacillus subtilis*, *Clostridium putrificum* 등이 오염되어 부패를 일으키는 과정을 보면 처음 호기성세균이 표면에 부착해서 번식을 시작하고, 단백질은 알칼리성으로 변하여 서서히 분해를 일으키며, 색깔이 변하고 부패취를 발생한다. 육 표면에서 발육한 세균은 결체조직의 간격 또는 혈관을 통해 내부로 침입한다. 또한 혐기성균이 부착해서 내부로 침입이 이루어져 완전한 부패과정에 도달하며 여러 가지 분해산물이 생산된다.

부패에는 반드시 세균류가 관여하므로 부패를 방지하기 위해서는 유기물을 세균증식에 좋은 조건이 되지 않게 하든가 주위의 조건을 위생적으로 처리하여 세균이 생육하지 못하게 한다.

다. 부패에 의한 육의 변화

식육단백질은 부패에 의하여 마지막에는 최하급의 물질까지 분해된다. 육단백질이 아미노산으로 분해되는 과정은 자가소화에 의한 숙성과정이고, 아미노산이 세균에 의해 저급화합물로 분해되는 과정은 부패과정으로 볼 수 있다.

육단백질 → 펩티드 → 펩톤 → 아미노산 →
- 아민
- 지방산
- 암모니아
- H_2S
- CO_2
- H_2O
- CH_4
- 인돌, 스카톨

부패시의 화학적 변화는 탈탄산반응, 탈아미노반응, 탈탄산탈아미노반응 등이다. 부패과정에서 생산된 아민에는 여러 종류의 유해물질이 함유되어 있는데 총칭하여 프토마인(ptomaine)이라고 한다.

라. 부패에 의한 피해

부패에 의해서 육단백질이 변화하면 색깔도 흑갈색, 녹홍색화하며 광택을 잃고 혼탁하게 된다. 또 내면이 건조된 상태로 점조성을 주고 부패 냄새가 나며, 단단하지 않고 손가락으로 누른 흔적을 나타내거나 혹은 다량의 가스를 방출하며 어떤 경우는 곰팡이가 발생된다.

육의 부패는 정성적으로는 pH변화와 암모니아의 발생으로 판정하지만 확정적인 것은 정량적으로 해야 한다.

우육에서는 초기 부패에는 산성물질량이 감소하고 염기성물질량이 증가하여 산성물질량이 염기성물질량의 1.5배 이하로 될 때가 초기 부패의 상태이다. 육류는 부패에 의해서 표면에 균사가 발생하고 불쾌한 냄새가 난다.

3 식육의 저장방법

육을 날것 상태로 방치하면 변질·부패하며 점차 분해되어 저급의 물질로 된다. 즉 자가소화 효소에 의하여 단백질이 분해되어 아미노산을 생성하고 미생물의 증식에 의해서 아민·암모니아·탄산가스·수분으로 분해된다.

부패를 방지하고 육을 저장하기 위하여 미생물의 발육을 저지하고 대사기능을 약화시키며, 가공방법을 가미해서 원료의 성질을 변화시킨다. 육의 저장법은 냉장냉동법, 건조법, 염장법, 훈연법 등이 있다.

가. 냉장냉동법

1) 냉장육과 냉동육

가) 냉장육(cold meat)

냉장육은 식육을 얼지 않은 상태, 즉 육을 빙결점보다 높은 온도로 냉각한 것이다.

나) 냉동육(frozen meat)

식육을 빙결점 이하로 얼린 것이다.

다) 냉각육(chilled meat)

냉장육과 동결육의 중간적인 것, 즉 반동결한 것이다. 이것은 표면이 -2 ~ -5℃ 정도로 내부가 빙결점 이상으로 되어 있는 상태로, 냉동육보다도 보존기간이 짧지만 냉장육보다는 길다. 일반적으로 동물을 도살하면 그 체온이 높아지므로 그 체온을 냉각시켜야 한다. 38~40℃의 육온을 그 중심온도가 5℃ 이내로 되게끔 급속히 냉각한다.

2) 냉각

도살, 해체 및 내장 적출 후 지육을 빨리 낮은 온도로 냉각함으로써 선도를 유지하고 좋은 식육을 얻을 수 있다. 좋은 품질의 고기를 얻기 위해 도축장에서 도체를 이분도체로 분할할 때 냉각수 및 작은 얼음조각을 뿌려 온도를 10℃이하로 내린 후, 다시 15℃로 유지시켜 숙성을 돕는다. 냉장실의 온도는 0~10℃, 습도 80~90%, 공기유속은 0.5~3.0m/sec로 하고, 수용면적은 바닥면적 25m² 에 대해 소 지육 20~25마리분, 돼지 지육 70~75마리분이 적당하다. 이때 소요시간은 1~5시간이며 육의 숙성은 0℃에서 8~14일이 소요된다. 실온이 -2℃인 냉풍식냉각실에서 소 지육을 20~24시간 냉각하면 도체 내부가 3~5℃로 하강하게 된다.

이상의 방냉은 도살 후 도체의 필수적 예비조작이며, 그후 시판육은 냉장하고 장기간 저장하는 것은 냉동육으로 만든다.

3) 냉장

냉각해서 도체의 온도가 내려가면 냉장실로 반입한다. 냉장실의 온도는 일반적으로 0 ~ -1℃ 전후이다. 냉장실은 습도 85~90%, 냉풍유속 0.5m/초 정도가 좋다. 냉장실에 들어간 육의 표면은 적당히 건조되는 것이 좋다. 건조에 의해서 육은 냉장 중 중량이 1~15% 정도 감소하는 대신에 곰팡이 등의 번식을 억제해서 저장성이 증가한다. 냉각육의 저장기간은 도살일로부터 3~4주간이다. 냉각육으로서 저장성을 높이기 위해서 탄산가스를 주입하는 기체냉장을 하는 것도 있다.

축육은 도살 후 급속한 냉각을 마친 후 냉장실로 운반되어 보존하고, 시판용·가공용 등의 목적으로 절단·탈골 등을 한다.

4) 냉동

육류는 냉동한 그대로 저장하면 수년간 보존할 수 있다. 냉동 방법에는 일반냉동법, 송풍급속냉동법, 염수냉동법이 있다.

일반냉동법은 육을 -25 ~ -30℃의 냉동실에서 수십 시간에 걸쳐서 동결하는 방법이고, 송풍급속냉동법은 상기 온도의 동결실 내에서 강제 송풍해서 비교적 단시간에 동결하는 방법이다. 지육을 그대로 냉동하는 경우 -30℃의 송풍냉동실에서 중심온도가 -18℃ 정도로 강하하려면 48시간 정도 걸린다.

냉장, 냉동 저장실의 습도가 낮을 경우 지육의 표면수분증발이 일어나 피막이 형성되어 곰팡이 등의 발생을 억제하는 효과가 있으나 지육의 중량감소를 초래한다.

해동시 방울맺힘에 의한 감소를 줄이기 위하여 도살 후 급랭하여 즉시 동결시키지 않고 수일간 발효시킨 후 동결하는 경우도 있다. 육의 pH가 5.8이하로 되면 해동 시 방울맺힘이 많아지게 된다. 식육의 처리 이용면에서 보면 뼈가 있는 지육보다 뼈를 제거시킨 정육의 냉동이 취급하기 쉬우므로 스테이크나 필레와 같이 뼈를 제거하여 일정한 규격으로 포장해서 냉동하는 것이 좋다.

5) 해동

냉동육을 해동시키는 방법에는 공기해동, 액체해동 혹은 전기해동 등이 있다. 냉동육을 급하게 해동하면 근육조직의 파괴를 일으켜서 다량의 육즙이 유출되고, 완만하게 해동하면 곰팡이가 번식하거나 부패가 일어나기 쉽다. 해동은 완만하게 하며 해동실은 습도 90~95%, 온도 6~8℃, 수용량은 1㎡에 대하여 소 4분체 4개, 돼지 2분체 6개가 적당하다. 우육의 해동에는 3~4일이 필요하며 육 중심부가 -1℃가 되면 해동이 끝났다고 할 수 있다.

나. 염장법

육류의 가공저장상 식염의 효과는 중요하며 앞으로도 발전시킬 가치가 있다.

1) 식염의 효과

식염의 식품에 대한 효과는 주로 저장성에 있다. 동시에 적당량의 사용은 식품의 미각을 향상시키고 무기물의 중요한 급원이 된다. 식염은 짠맛을 주어 식욕을 돋우고 쾌감을 주며 이취를 제거하는 작용이 있다. 그러나 식염은 근육조직을 약간 경화시키고 육의 자연색을 잃게 하므로 조리의 경우에는 조작 후기에 사용하는 것이 좋다.

2) 식육의 염장법

가) 물간법(pickle curing)

물간법은 미리 적당한 식염수(18~22%)를 만들고 그 안에 육을 넣어서 조직 내에 식염을 침투시킨다. 2차 염지액은 식염수에 설탕, 초석, 향신료를 배합하고 솥에서 잘 교반하면서 자비시켜 20분 정도 끓인 후 여과하여 냉각한다.

염지액에 담가두는 시간은 5~10kg의 고기덩어리면 25~40일이 적당하고 염지가 끝난 것은

10~24시간 맑은물에 담가둔다. 이러한 조작이 끝나면 육 중의 염분이 2.5~3.5%가 되며 좋은 풍미도 갖게 된다.

나) 마른간법(dry curing)

마른간법은 식염에 조미료를 혼합해서 건조분말 그대로 살포하여 식염을 침투시키는 염장법이다. 햄이나 베이컨에 이러한 방법을 사용한다. 마른간법은 지방이 많은 돈육 등에 좋다. 수분이 많은 적육은 육 중의 수분과 함께 풍미까지 잃어버릴 위험성이 있다.

다) 급속염장법(rapid curing)

육 중에 염분을 급속히 침투시키기 위하여 급속염장법이 개발되었고 대표적인 것이 감압법과 주사법이다. 감압법은 육류를 밀폐한 용기에 넣어 감압하고 근육조직 사이의 공기를 제거한 후 소금물을 주입하는 방법으로 용기제작에 비용이 많이 든다. 주사법은 염장에 오랜 시간이 걸리는 커다란 고기덩어리에 쓰이며 주사는 염지 전에 관절부위에 한다.

다. 훈연법

참나무, 떡갈나무 등의 불완전 연소에 의해서 생기는 타르물질, 알데히드, 유기산, 아세톤 등에 의해 보존성을 부여하는 방법이다.

이러한 물질이 육 주위에 부착하거나 육 중에 침투하면 세균의 번식이나 발육을 저해시켜 식육에 저장성을 부여하게 된다. 이러한 물질은 식육의 저장성을 높이지만 그 양은 매우 적어서 20~100ppm 정도밖에 존재하지 않으므로 세균에는 유해하지만 인체에는 피해를 주지 않는 정도이다. 그리고 훈연에 의해서 육은 수분이 감소된다.

훈연재료로 쓰이는 나무는 서서히 연소하며 다량으로 연기를 발생하는 참나무·떡갈나무·상수리나무·호두나무·너도밤나무·포플러·벚나무·매화나무·단풍나무 등이 많이 쓰인다.

훈연에는 온도에 따라서 냉훈법, 온훈법, 열훈법으로 구별하고 액훈법도 있다.

1) 냉훈법

건조소시지, 베이컨, 장기저장용 햄류에 쓰이는 것으로 15~30℃ 정도의 저온에서 오랜시간(1~6일) 훈연한다. 냉훈할 때는 훈연실의 측면에 별도로 연기발생장치를 만들어 연기만을 들어오게 하고 온도의 상승을 방지하며, 훈연실을 2단, 3단으로 만들어 상층에 재료를 놓아 화력을 멀리하게 하는 것이다. 또한 훈연재료를 태울 때 불꽃이 나지 않게 톱밥을 사용하여 연기만을 모아서 사용한다.

2) 온훈법

베이컨이나 레귤러 햄 등에 적용되고 30~50℃에서 5~10시간 훈연한다.

3) 열훈법

즉석에서 제조한 제품은 거의 열훈법으로 처리한 것이다. 온도는 50~80℃로 이 이상 올라가면 제품이 파열되며 지방이 용출되어 제품을 손상시킨다. 제품에는 빨리 연기를 침투시켜서 급히 처리(2~10시간)하는 것이 좋으며, 그러려면 훈연 전에 외피를 가능한 한 잘 건조시킬 필요가 있다. 열훈법에 의한 제품은 저장성이 좋지 못하다.

4) 액훈법

목재를 연소시킬 때 발생하는 연기를 용액에 모아서 응축시키고 이것을 피흡연물체에 흡착시키거나 혹은 응축액(훈액) 중에 물체를 침지해서 단시간에 훈제품을 만드는 방법이다. 훈액은 이 조목초액을 목재통에 넣어 방치하여 3층으로 분리되면 중간층의 목초액만을 모아서 농도를 일정하게 조제한다. 건류 목초액을 2배로 희석해서 이것에 수 초간 침지하여 훈연하고, 이 조작을 3회 반복하여 마지막으로 30~60분간 훈건한다.

라. 건조법

건조에 의해 식육의 수분은 감소되고 고형물의 농도가 높아지며 미생물의 번식이 불가능하게 된다. 그리고 식육 자체의 효소적 변화도 일어나기 어렵게 되어 저장성이 증대된다.

1) 육류의 건조법

육류의 건조법 중 자연건조법은 품질이 불균일하므로 인공적인 건조법이 발달하였다. 식육의 건조에 쓰이는 건조장치로는 열풍건조기, 감압건조기, 동결건조기가 있다.

2) 건조에 의한 육의 변화

건조에 의해서 수분이 감소하므로 근육조직은 경화한다. 건조육의 화학적 변화는 적으나 오랜 기간 저장하면 지방이 산화되므로 지방덩어리는 미리 제거할 필요가 있다. 건조온도가 높거나 시간이 길어지면 발효가 진행된다. 감압건조한 육제품은 조직변화가 적고 수분을 흡수 복원시켰을 때 원료에 가까운 상태로 된다. 동결건조법은 조직의 파괴를 적게 하므로 소육편이나 분말제품의 제조에 적당하다.

제2절 우유의 품질관리

우유는 완전에 가까운 식품으로서 심한 열처리를 하게 되면 변질되어 가치를 상실한다. 우유의 품질보존 원리는 미생물 오염의 방지, 오염된 미생물의 활동 및 성장억제, 오염된 미생물의 물리적 제거, 오염된 미생물의 파괴로 미생물을 관리하는 것이다.

이러한 품질보존의 원리를 실천하기 위하여 사용되는 방법으로 위생적생산·여과·가열·농축건조·냉장·냉동·보존제첨가·자외선조사 등이 있다.

1 오염의 방지

우유의 생산 후 가공 전까지의 오염량과 오염균종은 그 후 제품의 품질에 절대적인 영향을 미치게 된다. 이것은 제품의 저장성과 살균 및 멸균효과에 크게 영향을 미치게 되므로, 모든 과정에서의 오염량 저하에 최대한 노력해야 한다. 특히 소 몸의 청결과 착유 등 우유 취급기구의 청결도는 우유의 오염량에 절대적인 영향을 미치므로 더욱 세심한 주의가 필요하다. 여름철에 우유를 즉시 냉각 저장시키기 위해서 농가에 냉장시설 설치와 집유차의 냉각설비 설치가 중요하다.

2 오염된 미생물의 제거

일단 식품에 오염된 미생물을 제거하기는 상당히 어려운 일이다. 우유를 고속원심분리에 의해 청징작업을 하거나 여과에 의해 상당량의 미생물을 제거할 수 있지만, 이것은 미생물의 제거목적보다 생산 중에 우유에 혼입된 이물질과 백혈구 등을 제거함으로써 얻어지는 부수적 효과이다. 우유를 약 10,000×G에서 고속원심분리함으로써 99%의 포자와 50% 이상의 생육형 박테리아를 제거할 수 있다.

3 가열에 의한 미생물의 파괴

열에 의한 우유 내의 미생물 파괴방법으로서는 저온살균법, 고온살균법, 초고온살균법이 사용되고 있다.

가. 살균

살균은 우유에 존재하는 대부분의 미생물을 사멸시키는 방법으로서, 일반적으로 열처리가 이용되며 살균된 식품은 냉각과 포장에 의한 오염방지, 연유에서와 같이 다량의 설탕첨가, 유기산의 첨가 등으로서 2차적 보존법을 강구하는 것이 일반적이다. 우유의 살균목적은 우유 영양분의 열에 의한 파괴를 최소화하면서 우유에 존재하거나 존재할 가능성이 있는 병원균과 부패균을 사멸시켜서 제품의 저장성을 증가시키는 것이다. 또 치즈 제조에서와 같이 젖산균 발효를 시킬 때 다른 미생물을 사멸시켜 원하는 발효가 되도록 도와주며, 우유를 변질시킬 수 있는 우유 내의 효소를 파괴하는데 있다.

우유의 살균방법에는 저온장시간살균법(LTLT)과 고온단시간살균법(HTST)이 있는데, 전자는 65℃에서 30분간 열처리함으로써 살균효과를 얻고, 후자는 75℃에서 15초 정도 열처리함으로써 살균목적을 얻는다. 최근에는 135℃에서 2초간 처리하는 초고온살균법(UHT)이 많이 쓰인다.

원유로부터 사람에 전염될 수 있는 질병은 우결핵, 부루셀라, Q열 등이 있으며, 우유의 살균온도와 시간은 이중 내열성이 높은 *Coxiella burnetii*의 사멸효과를 기초로 하여 정해진 것이다. 살균의 효과는 내열성균의 종류와 오염량, 우유의 고형분량 등에 좌우되고 표준살균처리를 함으로써 우유 내의 미생물은 90~99%가 사멸된다. 살균처리의 지표로서 살균우유 내의 alkaline phosphotase 검정이 사용되고 있으며 표준살균처리에 의해 이 효소는 쉽게 파괴된다.

나. 멸균

멸균은 우유를 130~150℃ 범위에서 최소 1초 이상 열처리함으로써 상업적으로 멸균된 우유를 생산하는 과정을 말한다. 멸균된 우유는 무균적 충전포장장치에 의해 멸균된 포장용기에 충전포장됨으로써 멸균의 가치를 발휘할 수 있게 된다. 이렇게 제조된 멸균유는 상온에서도 1~3개월간 품질의 변화없이 보존될 수 있으므로 열대지역, 농촌지역, 전장 등지에서 편리하게 사용할 수 있다.

열에 민감한 우유를 품질에 큰 변화없이 높은 온도에서 멸균시킬 수 있는 원리는, 10℃ 증가 당 화학반응속도의 증가(Q_{10})는 2~3배로서 열에 의한 우유성분의 변질속도 증가율은 일정하지만, 내열성 미생물 및 포자의 사멸속도 증가율은 10℃ 증가 당 8~30배로서, 온도증가에 따른 미생물 포자의 사멸속도 증가율이 우유성분의 화학변화속도의 증가율보다 몇 십 배 빠른 사실에 근거하고 있다. 따라서 높은 온도에서 극히 짧은 시간 열처리함으로써 영양분의 파괴나 원하지 않는 화학반응을 억제하면서 멸균의 효과를 높일 수 있는 것이다.

UHT 처리장치는 그 가열방법에 따라 직접가열방법과 간접가열방법이 있으며, 멸균된 우유는 무균충전 포장장치에 의해 멸균된 병, 양철관 또는 여러 겹으로 된 특수포장지에 포장된다.

4 우유의 저장방법

가. 저온저장

우유는 착유 후 2시간 내에 5℃ 정도로 냉각시켜서 가공 전까지의 저장 및 수송 시에 유지되어야 한다. 냉장된 우유 내에서도 호냉성 미생물은 생육하므로 우유를 냉장함으로써 미생물의 성장속도를 지연하는 것이지 성장을 정지시키는 것이 아니다.

살균된 우유도 저온에서 성장할 수 있는 미생물을 함유하고 있으므로 소비되기 전까지는 반드시 냉장되어야 하며 냉장상태에서도 4~5일을 넘지 않아야 한다.

나. 건조

우유에서 수분을 제거하여 미생물의 성장을 억제하는 방법으로는 연유제품과 분유제품이 대표적이다.

1) 연유

연유는 우유를 농축시킨 제품으로서 유당함량이 10% 내외로 농축되고 염류도 두 배로 되어서 수분함량이 74% 내외가 된다. 연유는 몇 가지 미생물에게는 성장 억제효과가 있으나 억제능력이 우수하지는 못하다.

제과원료로 제조되는 연유는 냉장시켜 공장에 판매되지만, 소비자용 연유는 통조림 상태로 멸균되어 저장 판매되므로 열처리상의 문제가 없으면 저장성이 상당히 높다. 가당연유는 제품에 43~45%의 설탕을 첨가하여 제조되며 수분활성도가 낮아서 삼투성 효모나 곰팡이는 성장하지 못한다.

2) 분유

우유를 롤러건조법이나 분무건조법으로 건조하며, 롤러건조에서는 4~5배로, 분무건조에서는 2~3배로 미리 농축하여 건조효율을 좋게 하고 있다. 우유는 농축과정에서 상당한 예비가열을 받게 되어 대부분의 미생물은 사멸하게 되지만 포자형성균은 살아 남게 된다.

분무건조과정에서는 분무건조실에 유입되는 열풍의 온도는 121~260℃가 되지만, 우유입자가 실제로 받는 온도는 상당히 낮아서 내열성 미생물포자는 생존하게 된다.

제3절 계란의 품질관리

1 계란의 위생처리

양계장에서 수집되어온 신선란은 먼저 오염란과 기형란을 골라내고 온수와 소독수를 사용하여 자동세척하며 급속송풍건조시킨 후 검사한다. 검사는 투광검란과정에서 혈반란, 변질란, 이상란 등을 가려낸 다음, 계란 무게에 따라 컴퓨터 평량기로 선란하여 같은 크기로 구분한다. 선란기로 시간당 3,000개 이상의 계란을 자동선별하며 기계가 없으면 난평저울로 1개씩 선별한다.

선별된 란은 플라스틱필름 또는 종이상자에 10개씩 포장하며, 저장이나 수송용으로는 30개 들이 난좌에 채워 넣어 12개 난좌를 대형상자에 포장하기도 한다. 포장된 것은 소비 또는 출하 때까지 냉장한다.

우리나라는 〈표11-1〉 및 〈표11-2〉와 같이 계란을 난중에 따라 5등급, 난질에 따라 4개 등급으로 구분하고 있다.

〈표11-1〉 계란의 난중별 등급기준

구분	특란	대란	중란	소란	경란
무게	61g이상	55~60g	48~54g	42~47g	42g이하

〈표 11-2〉 난질별 등급기준

등급 \ 구분		특 급	1 급	2 급	등 외
투광검사	난각	청결하고 상처가 없으며 정상인 것	거의 청결하고 상처가 없으며 약간 이상이 있는 것	약간 오래 되었고 상처가 없으며 이상이 있는 것	상처가 있고 현저히 오염 되었으며 형상 조직이 현저히 불량한 것
	난황	중심에 위치하여 윤곽을 엷게 볼 수 있는 것으로 결점이 없는 것	거의 중심에 위치하여 윤곽은 거의 명확하고, 약간의 결점이 있으며 약간 퍼져 평평한 것	중심으로부터 상당히 떨어져 있고 평면꼴로 보이며 꽤 퍼져서 편평하고 약간의 결점이 있는 것	난황, 난백에 이상이 있는 것으로 혈액과 기타의 이상물질을 함유하는 것
	난백	투명하여 견고한 것	투명도가 약간 연약한 것	투명도가 연약하며 액상이고, 적은 혈액이 있는 것	
	기실	깊이가 4mm 이내로 거의 일정한 것	깊이가 8mm 이내로 약간 이동한 것	깊이가 8mm 이상으로 기포를 함유하고 크게 이동한 것	악취가 있는 것
활란검사	확산면적	적은 것	보통인 것	꽤 넓은 것	
	난황	둥글게 쌓아 올라간 것	약간 편평한 것	편평한 것	
	농후난백	대량으로 쌓아 올라가 난황을 잘 포위한 것	소량으로서 편평하게 된 것	거의 없는 것	
	수양난백	소량의 것	보통량인 것	대량으로 차지한 것	

※ 등외품 중 내용물이 누출한 것, 다량의 혈액을 함유한 것, 녹색 난백인 것 및 부패한 것은 식용 부적합품으로 제외함.

2 계란의 품질 변화

가. 중량 및 비중의 감소

계란은 산란과 동시에 내용물이 변화되기 시작하는데 주로 난백에 있는 수분이 증발하여 중량이 감소한다. 그러나 난백 속의 수분은 난황으로 옮아가는 성질도 있어서 난백의 중량은 감소되지만 난황의 중량은 커지는 경우도 있다. 이런 현상은 계란을 고온저습한 곳에 저장할 때 뚜렷하게 나타나며 수분이 증발하기 때문에 기실이 커지고 비중이 줄어든다.

나. 난황의 변화

난백에서 난황으로 수분이 이동되는 경우에는 난황 용적이 커지고 난황막이 터지기 쉽게 된다. 또한 알끈에 의해서 난백에 고정되어 있던 난황이 흔들리게 된다.

다. 난백의 변화

난백에 녹아 있던 CO_2기 난각 밖으로 발산되어 난백의 pH가 상승하고 그 결과 난백의 품질은 떨어진다. 그리고 저장 중에 난백의 점성이 약해져서 물처럼 퍼지기 쉽게 되고 빛깔도 노란빛을 내게 된다.

라. 알 표면의 감촉변화와 냄새 흡수

초자막의 피막이 남아 있는 신선란은 표면이 꺼칠하지만 저장 중에 그것이 벗겨져서 매끈해진다. 그리고 저장 중 주위에 있는 냄새를 계란 내부에 흡수하여 나쁜 상태가 된다.

3 계란의 부패

산란 직후의 계란은 무균상태이므로 기공을 통하여 미생물이 침입하지 않는 한 무균상태는 계속된다. 그런데 난각은 산란 후에 미생물에 의해서 오염된다. 미생물은 난각 표면에 부착되어 이것이 기공을 통하여 안으로 들어가면, 내용물은 미생물의 영양공급원이 되어서 미생물 번식은 급격히 이루어진다. 그러나 신선한 계란의 표면은 초자막이 기공을 막고 있어서 오랫동안 미생물 침입을 막아주게 된다. 이 초자막이 고온, 고습, 장기저장, 기계적인 마찰 등으로 벗겨지면 미생물의 침입을 막지 못하게 된다.

계란 내부로 침입되는 미생물은 주로 살모넬라균 및 연쇄상구균 등의 세균과 효모·곰팡이 이고,

특히 대장균이 침입했을 때는 난황과 난백이 혼합되어 점성이 없어지고 나쁜 냄새를 내게 된다. 한편 클로스트리디움은 난황과 난백을 흑변시키고 황을 함유하는 아미노산을 분해하여 황화수소를 발생하게 하므로 냄새가 좋지 않게 된다.

4 계란의 저장방법

가. 신선란의 저장

신선란을 난각이 있는 상태로 저장하는 방법은 냉장, 도포, 침지법이 있다.

1) 냉장법

신선한 계란을 난좌에 넣고 다시 상자에 포장하여 2~3℃로 예비냉각을 한 다음 0~5℃ 냉장고에 넣어 저장한다. 계란의 어는점은 -1℃이며 그 이하의 온도에서는 동결되어 깨진다. 습도는 70~80%가 적당하며, 90% 이상이 되면 곰팡이가 발생하기 쉽다. 제대로 하면 약 10개월 저장할 수 있으나 한번 저장했던 것은 쉽게 변질되므로 되도록 빨리 소비하여야 한다. 또 냉장 중의 수분 증발에 의해 1~5% 감량된다.

2) 기체냉장법

신선한 계란에는 CO_2가 들어 있으나, 이것이 차차 배출되어 알 내용물은 알칼리로 된다. 따라서 계란주위의 CO_2량을 신선란과 같이 유지하면서 냉장하면 1년간 저장할 수 있다.

3) 도포법

난각 표면에 기름이나 파라핀 등을 칠하여 난각의 기공을 막고 미생물의 침입, 수분증발, CO_2의 배출을 방지하여 알의 부패와 변질을 방지하는 방법이다. 보통 기름을 분무하는 방법과 113~127℃로 가열한 기름에 담그어서 칠하는 방법을 쓰고 있으나, 이 도포법은 한 번에 많은 수의 계란을 처리할 수 없다.

4) 침지법

계란을 3%의 Na_2SiO_3용액이나 생석회의 포화용액에 담그는 저장법이다. 약 3개월 저장이 되나 냄새가 나고 질도 나빠지므로 요리용 및 제과용으로 쓰일 뿐이다.

나. 냉동 및 건조법

계란을 깨어 내용물만을 저장하는 방법에는 냉동 및 건조 방법이 있다.

1) 냉동

위생적이고 청결한 난액조제실에서 신선란을 한 개 한 개씩 깨어 내용물을 쏟아 혼합기로 난백과 난황을 완전히 균일하게 혼합한 난액을 만들어, 이것을 저란조에 넣어 2~4℃로 예비냉각한다. 이것을 미리 살균하여 준비한 냉동관에 넣어 -18 ~ -21℃에서 2일간 동결하거나, 또는 -23 ~ -29℃에서 급속동결하여 -15℃에 저장한다. 약 2년간 저장할 수 있으나 1년 이내에 이용하는 것이 좋고 사용할 때는 7~10℃에서 짧은 시간에 해동하여야 한다.

2) 건조법

계란의 건조제품에는 전란분, 난백분, 난황분이 있고, 이들 건조제품의 제조법에는 천반법, 분무법, 벨트법이 있으나 분무법이 많이 사용된다.

분무식 건조방법은 분유제조와 같은 방식으로 공기여과기를 통과하고 110℃로 가열된 열풍을 송풍기로 건조실에 보내어 난액을 건조한다. 조제된 난액을 가압식으로 분무하거나 원심식으로 분무하여 열풍과 접촉시킴으로써 순간적으로 변질도 없이 건조한다. 수증기에 포함된 배기 중의 난분은 포착기에 의해서 수집된다. 난분에는 가압식으로 만든 경우에는 6% 내외, 원심식에 있어서는 2~3%의 수분을 가지고 있으며, 그 용해도에 있어서는 원심식으로 제조한 것이 좋다.

12 수산식품의 품질관리

제1절 수산식품의 품질특성

생선은 육류와 함께 양질의 단백질 급원으로, 칼슘, 비타민 B2, 비타민 D 등이 함유되어 있다. 특히 생선의 단백질은 근섬유가 적기 때문에 위에서 소화되는 시간이 적으므로 소화가 잘되는 장점을 가지고 있다.

생선은 살의 색깔에 따라 흰살생선과 붉은살생선으로 나뉘는데 도미, 광어, 가자미, 조기 등은 흰살생선이고 고등어, 꽁치, 멸치, 참치 등은 붉은살생선이다.

생선은 100g 중에 17~20g의 단백질이 들어 있고 지질은 육류에 비해 적은 편이다. 생선에 함유된 지질은 육류의 지질과는 달리 불포화지방산이 많아서 동맥경화 등 성인병을 예방하는 효과가 있다. 고등어, 꽁치 등의 등푸른생선에 비하여 도미, 넙치 등의 흰살생선은 일반적으로 지질이 적고 소화하기 쉬운 것이 특징이다.

생선의 맛은 몸의 성분에 영향을 미치는 요인 즉 부위, 나이, 성장정도, 회유성, 환경, 계절, 어육의 종류 등에 따라 좌우된다. 특히 계절에 따라 성분의 차이가 크며 수온의 변화와 산란기와도 관계가 깊으므로 제철에 나는 것이 맛이 있다.

1 흰살생선

흰살생선은 생선 살색이 희고 껍질이 비늘로 덮여 있으며 살이 두꺼운 것이 특징이다. 바다 깊이 살면서 운동을 별로 하지 않아 살이 연하고 맛이 담백하며 비린내가 적다. 또한 지방이 적고 단백질이 많을 뿐 아니라 소화흡수력이 좋아 노인식, 환자식, 어린이의 영양식으로 많이 이용되고 있다. 대표적인 흰살생선으로는 조기, 민어, 광어, 대구, 명태, 도미, 가자미, 우럭, 복어, 병어, 농어, 갈치, 준치, 쥐치 등이 있다. 생선에 따라 제맛을 내는 시기가 다른데, 대구와 동태는 겨울철에 맛이 좋다. 흰살생선은 냉동식품으로 파는 경우가 많아 사철 그 맛을 즐길 수 있으며 대표적인 것으로는 동태살과 대구살이 있다.

흰살생선의 주요 영양성분으로 단백질은 18~20% 함유되어 육류와 비슷하고 필수 아미노산이 많이 함유되어 있어 질이 좋다. 주식인 곡류에 부족한 라이신, 트레오닌 등의 아미노산이 풍부하므로 상호보충효과가 이루어진다. 등푸른생선에 비하면 적으나 대체로 비타민 A, B1, B2, E가 풍부하게 들어 있다. 비타민 A는 간과 눈에 다량 함유되어 있으며, 특히 대구, 명태, 상어의 간에는 지질, 비타민 A, 비타민 D가 풍부하다. 또 비타민 B1이 풍부한 강정식으로 소화를 촉진시키고 혈액순환을 개선하며, 뇌와 신경에 에너지를 공급하여 스트레스를 해소해준다. 생선의 종류에 따라 다르지만, 껍질부분에는 살부분에 비해 2~3배 정도의 비타민 B2가 함유되어 있으므로 생선살과 껍질을 함께 섭취하는 것이 좋다. 또 비타민 E의 작용으로 생식기능을 정상적으로 유지해 주고 노화를 방지하는 효과가 있으며, 또한 조개류나 오징어류 다음으로 타우린이 풍부하여 고혈압, 심장병, 당뇨병 등에도 효과가 있다. 콘드로이틴 황산은 뼈형성 보조작용과 관절의 윤활화, 눈의 투명도 유지, 노화방지, 피부미용 등에 효과가 있다.

숭어와 붕장어, 갈치, 쥐치에는 DHA와 EPA가 풍부하다. 홍어와 가오리, 상어는 요소와 TMAO가 다량 함유되어 발효되면 미생물에 의하여 분해되어 강한 톡 쏘는 암모니아 냄새가 난다. 또한 칼슘함량이 높다. 광어의 지느러미는 콜라겐과 엘라스틴이 많아 꼬들꼬들하다. 맛성분으로 글리신, 알라닌, 이노신산, 글루탐산 등이 있다.

2 붉은살생선

붉은살생선은 꽁치, 고등어, 전갱이, 참치, 청어 등의 생선을 말하며 값이 싸므로 많이 이용되고 있다. 붉은살생선의 살은 육색소로 불리는 미오글로빈 단백질이 많아서 붉게 보이며 철분을 포함한 철 단백질이다. 붉은살생선은 등쪽은 푸르고 배쪽은 은백색을 띠는데, 그 이유는 등쪽은 바다색과 비슷하여 바닷새로부터 몸을 보호하고 배쪽은 바다밑의 다른 물고기로부터 자신을 보호하기 위한 것이다.

흰살생선에 비해 상대적으로 지방질의 함량이 높으며, 그 중에서도 EPA와 DHA 등의 고도불포화지방산의 함량이 높아서 순환기계질환의 예방에 효과가 있을 뿐만 아니라, 핵산의 중요한 공급원으로서 노화예방에도 사용될 수 있다.

그러나 붉은살생선은 지질함량이 많아 산화되기 쉽고 미생물의 번식이 왕성하기 때문에 위생문제가 있다. 선도저하에 따른 미생물의 번식과 탈탄산효소의 작용에 의한 히스타민의 생성으로 변질되기 때문에 식중독성 알레르기를 일으키기 쉽다.

3 민물고기

민물에서 사는 물고기를 민물고기 또는 담수어라 한다. 한반도에는 170여 종 이상이 서식하고 있으며 휴전선 이남에 145종이 살고 있다. 담수어는 1차 담수어와 2차 담수어로 구분되는데 일생 동안 민물에서만 사는 붕어, 피라미, 송사리 등을 1차 담수어라고 하고, 바닷물과 민물을 드나들면서 사는 뱀장어, 은어, 연어, 황복 등을 2차 담수어라고 한다. 우리나라의 민물고기 중 1차 담수어는 90여 종이며 나머지는 2차 담수어이다.

민물고기는 단백질의 양이 많고 질이 좋으며 지질, 철분, 비타민 A. 비타민 B군이 많이 함유되어 있고, 여러 가지 약리효과를 지닌다. 더욱이 가격이 저렴하여 예로부터 서민들의 여름철 보양식으로 널리 애용되어온 식품이다.

4 갑각류 및 연체류

갑각류는 딱딱한 키틴질의 껍질에 둘러싸여 자기의 몸을 보호하고 있다. 껍질은 마디마디 구분되어 있는 것이 특징이며 그 속에 부드러운 근육이 들어 있다. 갑각류는 머리, 가슴, 배의 몸체가 각각 체절로 되어있다. 수중에서 아가미를 가지고 물로 호흡하는 절지동물로, 주로 바다에 서식하나 강하구나 담수에도 산다. 대형의 바다새우나 게 등은 주요한 단백질 자원이다.

연체류는 몸이 부드럽고 마디가 없는 것이 특징이며 전 세계적으로 6만 여종이 있으나 식용하는 것은 10여종에 불과하다. 연체류는 쫄깃쫄깃하게 씹히는 맛이 있으며 대표적인 것은 문어, 오징어, 골뚜기, 낙지 등이다.

갑각류와 연체류는 수분이 많고 고단백질, 저지방, 저칼로리의 식품이다. 특히 해삼, 우렁쉥이, 해파리는 지방이 거의 없으므로 3대 저칼로리 해산물로 불린다. 불포화지방산, DHA, EPA 등이 풍부하다. 콜레스테롤의 함량이 높지만 타우린의 함량도 높아서 체내의 콜레스테롤 배설을 돕는다.

5 조개류

조개류는 조가비를 가진 연체 동물로서 대부분 식용으로 쓴다. 구석기시대의 유물에서도 조개더미가 발견되는 것으로 보아 아주 오래 전부터 식용한 것으로 추측된다.

모양에 따라 껍질이 두 장인 대합·꼬막·바지락·홍합과 나사조개인 소라·고둥·우렁, 그리고 껍질이 한쪽만 있는 전복 등으로 나눈다. 굴처럼 바위에 붙어사는 것도 있지만 대부분의 조개는 모래나 개펄에 묻혀 산다. 또 바다에 사는 종류가 많지만 민물에 사는 종류도 있다.

조개류는 선도가 중요하다. 죽은 후 일정 시간이 지나면 근육이 굳어지면서 변질되기 쉬으므로 식중독을 일으킬 염려가 있다. 수분이 많이 함유되어 있지만 너무 익히면 질겨지고 맛이 없으므로 센 불에서 단시간 익혀서 먹는다.

일반적으로 조개는 단백질 급원 중에서 지질이 적고 열량이 낮은 것이 특징이다. 소라나 가리비 패주는 100g 중에 단백질이 20g 전후로 생선과 거의 같고, 대합, 모시조개, 굴 등은 생선의 약 반 정도이다. 라이신, 히스티딘과 같은 아미노산이 많고, 글리코겐, 무기질, 비타민도 풍부하다. 또 호박산, 핵산, 아미노산 등이 어우러져 시원한 감칠맛을 낸다. 소화흡수가 잘 되고 간장에 부담을 주지 않아 병을 앓고 난 뒤의 회복 환자, 어린이, 노인의 영양식으로 좋다.

조개를 완전히 해감하기 위해서는 조개가 살고 있던 생활조건에 가까운 상태를 만들어주는 것이 중요하다. 바지락이나 대합 등은 해수에 가까운 2~3%의 소금물을 조개가 잠길 정도로 부어 서늘하고 어두운 곳에 두면 해감이 된다. 소금물이 바닷물보다 농도가 짙으면 조개가 탈수상태가 되므로 약간 묽게 하여야 한다.

재첩은 민물을 부어 어두운 곳에 두어야 해감이 되며 겨울에는 약간 따뜻한 물을 붓는다. 조개가 모래를 뱉는 수온은 20~30℃인데 이온도에서 3시간 정도 해감하고 나서 냉장고에 넣어두는 것이 좋다. 조개는 온도가 낮아지면 가사상태가 되어 호흡을 거의 하지 않으므로 2~3일은 보관된다. 또한 소쿠리에 담아 물에 넣어 두면 조개가 토해낸 모래를 다시 먹는 것을 방지할 수 있다.

6 해조류

해조류는 바다에서 자라는 꽃이 피지 않는 하등식물이다. 꽃이 피지 않으므로 포자에 의해 번식하며 유성생식과 무성생식을 반복한다. 몸은 부드럽고 뿌리, 줄기, 잎의 구분이 없으며 이들과 유사한 모양만 하고 있을 뿐이다. 몸을 구성하는 모든 세포들은 각각 필요한 영양분을 해수 중에서 직접 독립적으로 입수하고 엽록체에서 빛에너지를 이용하여 녹말을 만든다. 육지식물처럼 뿌리에서 흡수한 물과 양분을 옮기는 물관도 없고 잎에서 생산한 녹말을 운반하는 체관도 없다.

해조류는 몸속에 내포된 색소의 종류에 따라서 색깔이 달라져 녹조류, 갈조류, 홍조류로 분류된다. 녹조류는 클로로필만 가지므로 녹색을 띠고, 갈조류는 클로로필과 더불어 녹색 빛을 흡수해버리는 프코크산틴을 많이 함유하기 때문에 갈색이나 흑갈색을 띤다. 홍조류는 클로로필과 함께 피코에리스린과 피코시아닌을 함유하고 카로티노이드도 들어 있으므로 홍색 내지 흑자색을 띠며, 이들 네 종류의 색소가 어떤 비율로 들어 있는가에 따라 연분홍에서 흑자색으로 변화한다. 갈조류에 들어 있는 프코크산틴 및 홍조류의 피코에리스린과 피코시아닌은 클로로필과 함께 광합성작용에 중요하고, 열에 의하여 쉽게 파괴되므로 미역을 데치거나 김을 구우면 클로로필만 남고 다른 색소는 파괴되어 더 선명한 녹색을 나타낸다.

해조류는 단백질, 지질, 당질이 적어 칼로리가 낮고 식이섬유가 풍부하여 소화가 되지 않으므로 미용식과 다이어트식으로 이용된다. 바닷물로부터 직접 필요한 무기질을 흡수하므로 칼슘, 인, 철, 요오드 등의 무기질이 풍부하고, 비타민 A의 전구체인 카로틴과 비타민 B2, C 등이 풍부하다.

제2절 수산물의 선도관리

1 어류의 선도판정법

가. 관능적 판정법

오감에 의하여 판정하는 방법이므로 객관성은 낮으나, 간편하고 신속하여 현장에서 많이 이용된다. 조사항목의 주요한 것을 들면 다음과 같다.

1) 근육의 경도

사후강직 중에 있는 것은 아주 신선한 것이다. 또 손가락으로 눌러 보아 사후강직 이후에 일어난 분해의 정도를 측정할 수 있다.

2) 아가미

신선한 것은 담적색 또는 암적색이고 조직은 단단하게 보인다. 악취가 없고 해수어 냄새가 난다. 선도가 떨어짐에 따라 점차 적색에서 회색을 띠게 되고 결국에는 회녹색으로 된다. 변색은 아가미의 주번부터 시작하여 아가미 전체에 퍼지게 된다. 또 냄새도 서서히 자극성을 띠게 되고 마지막에는 부패된 냄새를 낸다. 아가미 판정은 용이하게 식별할 수 있으므로 좋은 판정의 기준이 되나 어류를 빙수에 담아 운반할 때에는 아가미가 탈색되어 신선한 것도 선도가 떨어진 것처럼 보이기도 한다.

3) 안구

신선한 것은 맑고 아름다우며 정상위치에 있으나 선도가 떨어지면 혼탁하여지고 내부도 침침하게 되며 종국에는 탈락하게 된다.

4) 어피

신선한 것은 광택이 있고 어종에 따른 특유의 색채를 가지고 있으나, 점차 갈색으로 된다. 비늘이 탈락하기 쉬운 종류로서 비늘이 단단히 붙어 있는 것은 신선한 것이다. 어체 표면의 점액은 처음에는 투명하나 선도가 떨어지면 진득진득하여지고 황갈색으로 변화한다.

5) 복부

신선한 것은 내장이 단단하게 붙어 있어 손가락으로 눌러 보아도 연약한 감이 없다. 선도저하와 더불어 연화되고 팽창하여 항문으로부터 내장의 내용물이 누출된다. 내장은 자가소화되기 쉬우므로 오래되면 녹아내리게 된다.

6) 육

신선한 어육은 투명감이 있으나 오래되면 광택이 없어지고 혼탁하여져 불투명하게 된다. 또 육을 잘게 썰면 신선한 것은 껍질부분이 활모양으로 말려든다. 근육 내부의 모세혈관도 처음에는 선명하나 점차 불명료하게 되고 혈액이 육질에 침투하게 된다. 선도가 좋은 어육은 뼈에서 발라내기 어려우나 오래된 것은 뼈 주변의 육이 적갈색으로 변하고 분리하기 쉽게 된다.

7) 냄새

신선한 것은 해수의 냄새 또는 담수의 냄새가 나지만 선도가 떨어지면 불쾌한 비린내가 나게 되고 심해지면 부패취를 내게 된다. 부패는 어체의 부분에 따라 진행이 다르므로 아가미, 내장, 어피, 육질 등 부분적으로 조사하는 것이 바람직하다.

나. 세균학적 판정법

어육에 부착한 세균수를 측정함으로써 선도를 판정하는 방법으로 측정에 1~2일이 소요되고 오차가 생기기 쉬워 실용성이 적다. 어체에서 항상 동일량의 시료를 같은 부위에서 취하기 어려워 표면에 가까운 부분을 취하면 세균수는 많아진다. 그러므로 세균수가 같다고 하여 부패의 정도가 반드시 같다고 할 수는 없다. 어육 1g 중의 세균수가 10^5 이하이면 신선하고 10^8 정도면 초기부패에 해당된다고 할 수 있다.

다. 물리적 판정법

물리적 판정은 어육의 경도를 측정하는 방법, 어체의 전기저항을 측정하는 방법, 안구 수정체의 혼탁도를 유리 표준수정체와 비교하는 방법, 어육 압착즙의 점도를 측정하는 방법, 또는 안방액을 원심분리하여 상등액의 굴절률을 측정하는 방법 등이 있다. 신속하여 실용화할 수 있는 방법이다.

라. 화학적 판정법

화학적 판정의 원리는 신선한 육에는 없든가 또는 적게 함유되어 있던 것이 자가소화 또는 부패에 의하여 생성되는 양을 측정하는 것이다. 증가하는 물질을 지표로 하는 방법, 단백질의 변성을 지표로 하는 방법, 효소의 활성을 지표로 하는 방법, pH값에 의하는 방법 등으로 나눌 수 있다.

1) K치

생선은 죽으면 ATP가 ADP, AMP, IMP, 이노신을 생성하는 방향으로 빠르게 분해되어 크산틴(Hx)으로 변한다. 이 ATP 분해과정 생성물 중의 이노신과 히포크산틴의 양을 ATP분해 전 과정의 생성물 총량으로 나눈 값을 K값이라고 하며 화학적 선도판정의 기준이 된다. K값이 낮을수록 선도가 좋다. 보통 활어는 5%, 생선회는 5~20%, 가공 및 저장 어류는 20~50%이다.

2) 휘발성 염기질소

선도저하에 수반해서 어육 중에 생성되어 증가하는 암모니아, 트리메칠아민, 디메칠아민 등을 총괄해서 휘발성염기질소라 하며, 이를 측정하여 선도를 판정하는 방법이다. 이들 암모니아, 아민 등의 휘발성 염기는 어획 직후의 근육 중에는 적으나, 선도의 저하와 더불어 증가하므로 이들 휘발성 염기질소량을 측정하여 선도를 판정할 수 있다.

휘발성 염기질소량은 아주 신선한 어육에는 5~10mg%, 보통 선도의 어육에서는 15~25mg%, 초기부패의 어육에서는 30~40mg%, 부패한 어육에서는 50mg% 이상이다. 그러나 상어나 가오리의 어육에는 원래 다량의 요소를 함유하여 암모니아의 생성이 많으므로 이 판정기준을 그대로 적용할 수 없다. 정량방법에는 증류법, 미량확산법 등이 있다. 어육을 통조림의 원료로 사용하는 경우는 암모니아의 함량이 20mg% 이하의 것을 사용한다.

3) 트리메칠아민(TMA)

TMA는 신선육에는 거의 존재하지 않으나 사후 세균의 환원작용에 의하여 TMAO가 환원되어 생성되는 것이다. 그 증가율이 암모니아보다 커서 선도판정의 좋은 지표가 된다. 일반적으로 TMA 함량이 3~4mg%를 넘어서면 초기부패로 보는데, 초기부패의 한계치는 어종에 따라 달라서 청어는 7mg%, 가다랭이는 2.0mg%이다. 상어는 TMAO가 많지만 TMA 생산이 느리고, 가열육에서는 가열에 의하여 TMAO가 환원되어 TMA를 생성하므로 판정 시에 주의해야 한다.

4) 휘발성 환원물질

선도가 떨어지면 육 중에 환원성을 갖는 휘발성 물질이 생성되는데, 그 성분은 잘 밝혀져 있지 않으나 알데히드가 주체이다. 어육의 수증기 증류액의 과망간산칼리 소비량으로부터 정량하는데 20mg%를 초과하면 초기부패로 본다.

5) pH

어육은 사후 pH가 내려갔다가 선도의 저하와 더불어 다시 상승하는데, 이때 일반적으로 붉은살어류에 있어서는 6.2~6.4, 흰살어류에 있어서는 6.7~6.8이 되었을 때를 초기부패점으로 보고 있다. 일반적으로 선도판정의 대상이 되는 어체는 상승기에 있는 것이 보통이다.

6) 기타

어육성분의 분해생성물을 지표물질로 정량하는 방법이 있다. DMA는 TMA보다 생성이 빠르므로 관능적으로 검지할 수 없는 단기변화를 측정하는데 적당하다. 한편 단백질이 변성되면 SH기가 유리되어 환원력이 증가하므로 이것을 선도판정의 지표로 하려는 제안도 있다.

마. 실용적 선도감별법

① 어떤 생선이라도 신선한 것은 모양이 그대로 보존되어 있다. 굽어 있다거나 껍질이 벗겨져 있는 것은 피한다.
② 눈이 맑고 불룩 튀어나온 것이 좋으며 특히 안구 흰자위가 투명한 것이 좋다.
③ 아가미를 들추어서 선명하고 빨간 것이 좋다. 아가미가 암적색이면 신선도가 떨어진 것이다.
④ 살은 몸이 단단하고 탄력이 있으며 눌러보아 자국이 남지 않는 것이 좋다.
⑤ 내장이 들어 있는 배를 눌렀을 때 팽팽하고 단단한 느낌이 드는 것이 좋다. 또 꼬리지느러미 앞에 있는 항문으로 내장이나 황색즙이 빠져 나와 있는 것은 내장이 상하기 시작했다는 증거이다. 내장이 상하기 시작하면 배부분이 옅은 갈색으로 변하므로 작은생선은 배를 보고 고른다.
⑥ 냄새는 생선 특유의 비린내 이외의 악취가 나지 않아야 된다.
⑦ 껍질과 비늘은 윤기가 있고 껍질에 비늘이 잘 붙어 있는 것이 좋다.
⑧ 생선을 잘라 보아 생선살에서 윤기가 나고 뼈에 살이 붙어 있는 것이 좋다.
⑨ 냉동생선은 성에가 너무 많이 끼어 있거나 눈이 붉게 변한 것은 피한다.
⑩ 토막내거나 포 뜬 생선살은 투명하고 탄력이 있는 것이 좋다.

2 어육 저장 중의 품질변화

가. 단백질의 변성

동식물의 조직 중에 있는 단백질이 물리적 작용, 화학적 작용, 또는 효소적 작용에 의하여 단백질분자의 입체적인 구조가 변화되는 것을 단백질의 변성이라 한다. 이러한 변화는 분자형태의 붕괴나 해리에 의한 것으로 분해가 아니라 일종의 변환이다.

변성을 일으키게 하는 요인으로 물리적인 것에는 가열·탈수·동결·교반·고압·방사선·초음파 등이 있고, 화학적인 것으로는 산·알칼리·계면활성제·알콜·유기용매·염류·중금속염 등이 있다.

1) 냉동에 의한 어육 단백질의 변성

어육을 냉동하여 오래 저장하면 단백질이 변성하여 불용성으로 되는데 일반적으로 미오신단백질이 불용화 된다. 고기를 동결하면 결합력이 약한 수분부터 빙결정으로 석출되므로 비동결 부위에 염류가 농축되어 단백질이 염석되고 변성이 일어난다.

동결육의 저장온도가 변동하면 빙결정은 더욱 성장하게 되고 무기성분의 농축이 조장되어 단백질 변성이 촉진된다. 냉동변성의 원인이 염석에 있다고 보아 원료육을 충분히 수세하여 무기물을 제거한 후 동결하면 냉동저장 중의 단백질 변성이 감소된다. 또 육 내에 중합인산염이나 당질 또는 염류 등을 첨가하여 냉동하면 단백질 변성방지에 효과가 있어 해동시의 누수량이 감소하고 연제품으로 가공하였을 때 탄력이 좋아진다.

2) 건조에 의한 단백질의 변성

어육을 보통 방법으로 건조하면 외관·수분량·경도·맛 등이 달라지고, 물에 담구어 복수시켜도 건조 전의 생육상태로 돌아가지 않는데 단백질이 변성되었기 때문이다. 어육을 건조하면 탈수도에 비례하여 육단백질의 불용도가 높아지고 대부분의 미오신 단백질이 불용화된다. 그러나 진공동결건조에 의하여 만들어진 제품은 어육단백질의 변성은 크게 억제되어 미오신 단백질의 용해성에 변화가 없으므로 복수시켰을 때 원래의 성상으로 되돌아간다.

3) 염장에 의한 단백질의 변성

어육을 염장하면 단백질이 변성되어 탈염하여도 원래의 상태로 회복되지 않는다. 염장에 의한 변성은 근육단백질이 고농도의 무기염에 의하여 염석되어 일어난다. 근육단백질은 0.5M의 염농도에서 액틴과 미오신으로 분리되고, 미오신이 다시 응집되어 변성한다.

나. 지방의 변화

1) 산패

지방이나 지방함량이 많은 식품을 저장하여 두면 공기 중의 산소, 빛, 효소 등의 작용에 의하여 불쾌한 자극성의 냄새와 떫은맛을 띠게 되는데, 이와 같은 지방의 변패를 산패라고 한다. 산패한 유지가 불쾌취를 내는 것은 주로 알데히드 및 저급지방산에 의하는 것이고 떫은맛은 주로 지급지방산에 의한다. 결국 지방의 산패를 특징지을 수 있는 것은 카보닐화합물과 저급지방산이며, 그 생성량은 과산화물의 생성량에 따라 좌우된다. 그러므로 지방의 산패에 있어서 카보닐화합물량, 유리지방산량, 과산화물량 등은 산패의 정도를 추정하는 지표물질로 삼을 수 있다.

2) 지방의 변질

지방을 많이 함유하는 어육을 공기 중에 오래 두면 지방성분의 영향을 받아 육질이 불에 탄 것과 같이 오렌지색이나 적갈색으로 변색하는 수가 있다. 이렇게 변한 어육으로부터 기름을 유출하여 보면 기름도 변색되어 있다. 기름변색을 일으킨 어육을 불에 구워보면 산패취를 내고 표면에는 진하게 착색된 기름이 스며나와 진득진득하고 떫은맛을 낸다.

3) 냉동 중 어체지방의 변화

어류의 지방은 냉동 중에도 변화하는데 그 원인은 효소작용과 공기 중의 산소에 의한 산화작용 때문이다. 어류의 조직 중에 존재하여 지방을 변화시키는 효소에는 분해효소와 산화효소가 있다. 냉동 중의 지방은 저온에서도 산화되나 산화속도는 저온일수록 느려진다.

4) 가열 중 어육지방의 변화

어체를 물과 같이 가열하면 피하지방의 일부는 조직으로부터 이탈되어 수면 위로 떠오르고 지방을 물과 같이 고온고압으로 처리하면 가수분해가 일어난다.

가공용수 중의 중금속이온 특히 Cu 및 Fe이온은 지방의 산화를 촉진할 뿐만 아니라, Ca, Mg 등은 유리지방산과 불용성의 비누를 만들어 제품표면에 부착하여 외관을 손상시키므로 가공용수의 수질에 주의해야 한다. 또 금속이온, 특히 Fe, Cu이온 등은 카로테노이드 색소의 산화를 촉진하고, 페놀라제를 활성화하며, 당-아미노반응을 촉매하는 등 간접적으로 식품의 변색에 관여할 뿐만 아니고, 직접적으로 여러 가지 착색체를 형성하여 식품을 변색시키는 수도 있다.

다. 색소의 변화

1) 미오글로빈 변색

연어, 송어류를 제외한 일반 어육의 색은 근육 중에 함유되는 적색의 색소단백질인 미오글로빈(Mb)과 헤모글로빈(Hb)에 의한다. 육의 적색색소는 Mb이고 Hb은 혈액에서 유래된 것이므로 양적으로는 대부분이 Mb이다. Mb는 철을 함유하는 적색색소인 헴 1분자와 글로빈 단백질이 결합한 것이고, Hb는 헴 4분자와 글로빈이 결합한 것이다. 이와 같이 Mb과 Hb은 모두 헴을 함유하고 있으므로 이들을 헴계색소라고 한다.

신선한 붉은살어류의 색소가 어두운 느낌의 암적색인 것은 Mb이 환원형 Mb로 존재하기 때문이다. 그러나 공기와 접촉하는 어육의 절단면은 밝은 선홍색으로 변한다. 육을 공기 중에 오래 접촉시켜 두면 갈색으로 변화하게 되고 가열·동결·산·광선조사 등의 조건하에 두면 갈변이 촉진된다. 생육을 가열하면 Mb의 단백질 부분인 글로빈이 열변성을 일으켜 헴이 산화되므로 붉은 육색이 곧 갈색으로 변화한다.

2) 카로테노이드 변색

연어·송어류의 육색, 도미·성게 등의 표피, 게·새우류를 가열하였을 때의 적색 등은 카로테노이드 색소에 의한다. 어류의 표피는 적·등·청록·흑색 등의 여러 가지 색깔을 나타내는데, 흑색은 주로 멜라닌, 청색은 빌리베르딘, 적·황색은 카로테노이드에 의해 나타난다. 어류의 저장 중에 일어나는 카로테노이드의 변화는 이성화 및 산화에 의해 일어난다.

3) 금속에 의한 변색

금속이온이 직접 착색체를 형성하여 변색되는 수가 있는데, 게·새우·바지락·대구 등의 통조림의 흑변을 들 수 있다. 이 흑변은 가열살균 때 육질로부터 발생한 황화수소가 공관 또는 내용물 중의 철분과 반응하여 황화철을 생성하기 때문이다. 흑변은 보통 가열살균 중에 반응이 완결되나 통조림의 냉각이 불충분할 때에는 저장 중에도 진행하는 수가 있다. 어육 통조림의 흑변을 방지하는 데는 황화수소와 금속과의 접촉을 막거나 내용물에 적당한 유기산을 첨가하여 내용물을 산성으로 유지하면 효과가 있다.

4) 미생물에 의한 변색

식염농도 20% 이하의 농후한 식염배지에서도 발육하는 호염세균에는 적색색소를 생성하는 것이 많아 염장어를 적변시켜 상품가치를 손상시키는 수가 있다. 어육연제품이 적변하는 원인은 색소를 생성하기 때문이다. 넙치나 동양가자미 등에 형광을 띤 연황색의 색반이 생기는 것은 수서균이 자라기 때문이고 냉동굴에 효모가 발육하면 분홍색 반점이 생성된다.

5) 식품성분의 석출에 의한 변색

수산식품은 가공 후에 화학물질에 유래하는 백반이나 결정성 물질의 석출에 의하여 변색하는 수가 있다. 자건전복이나 마른오징어의 표면에 다량의 백분이 생기는 것은 타우린이고, 복어의 조미건제품이나 방어의 훈제유지조림에 생성되는 흰색반점은 주로 타이로신이며, 마른미역이나 다시마에 볼 수 있는 백분은 만니톨이다.

제3절 수산식품의 위생관리

1 수산식품의 선도유지

가. 신속한 손질

고기를 잡아 바로 보관하는 것이 선도를 유지하는데 좋다. 칼을 머리 뒤쪽으로 넣어 중골까지 자르고 꼬리 쪽에서도 중골을 잘라 꼬리를 잡고 피를 뺀다. 피를 뺀 생선을 바다고기는 바닷물에, 민물고기는 민물에 씻은 후 비닐에 싸서 운반한다. 생선은 필요 없는 부분을 제거하고 상하기 쉬운 부분이 살에 나쁜 영향을 주지 않도록 빨리 다듬어야 한다. 손질이 빠를수록 비린내가 없는 맛있는 생선을 먹을 수 있다.

1) 씻는다

바다고기는 특히 잘 씻어야 한다. 끈적이는 것은 소금물에 씻는다.

2) 비늘을 긁는다

큰 생선은 지느러미에 손을 다치기 쉬우므로 먼저 잘라내고 비늘을 긁는다. 나중에 껍질을 벗길 생선도 비늘을 미리 벗겨두는 것이 편리하다.

3) 아가미를 꺼낸다

아가미는 부패하기 쉬우므로 반드시 제거한다. 머리를 제거하고 조리할 경우에는 미리 머리를 자른다.

5) 내장을 꺼낸다

꽁치나 청어는 내장이 맛이 있으므로 그냥 두고 조리한다. 잉어는 쓸개주머니가 찢어지지 않도록 주의하여 내장을 빼낸다. 작은 생선의 머리를 잘라 낼 때 칼을 지느러미 위쪽으로 넣어 자른 후 머리를 당기면 내장도 함께 빠져나온다.

6) 물에 씻는다

바다고기는 바닷물과 비슷한 2~3%의 소금물에, 민물고기는 민물에 씻는다. 이때 배를 잡고 씻으면 손의 온기가 생선에 전달되어 선도를 떨어뜨리게 되므로 머리나 꼬리를 잡고 씻도록 한다. 광어나 가자미는 눈 있는 쪽을 잡으면 된다.

7) 냉장보관한다

다듬은 생선은 배를 위로하여 소쿠리에 건져 꼭 짠 수건을 덮은 후 냉장고에 보관한다. 마르기 쉬운 생선은 랩 등을 덮어두어야 한다. 껍질을 벗겨 회를 뜨거나 먹기 좋은 크기로 자르는 것은 조리하기 직전에 하는 것이 좋다. 단 쥐치의 껍질은 손질할 때 벗겨 두는 것이 좋다.

8) 염장한다

생선의 원형을 그대로 두고 아가미를 통해 내장을 제거한 뒤, 소금으로 속을 채워 보관한다.

9) 된장으로 절인다

토막 낸 생선이 남았을 때는 된장을 발라 절이면 조직이 연해지고 비린내도 없어진다.

10) 냉동한다

냉동 저장할 때는 소금을 뿌려 랩에 말거나 랩에 된장을 발라 그 위에 생선을 얹어 말아서 보관한다.

나. 냉염수처리

선어를 냉염수에 처리하면 삼투압에 의해 여분의 수분이 제거되어 물방울의 생성이 억제되고 품온이 내려가 자가소화가 느려지며, 발색효과와 오존에 의한 살균효과가 있다. 처리기를 사용할 때는 선어를 0℃ 전후의 깨끗한 물로 씻은 후 넣는 것이 원칙이나, 부득이 10~15℃ 전후의 물로 씻더라도 품온이 떨어지기 전에 처리기에 넣는 것이 좋다.

냉염수는 기본염도 3.5%로 물탱크를 이용하여 1/2 정도 내용물을 넣어도 넘치지 않게 물을 붓는다. 부은 양의 3.5%에 해당하는 소금을 넣고 잘 섞는다. 온도가 높아져 얼음이 필요한 경우 얼음의 중량에 따라 필요 소금을 계산하여 함께 넣고 섞는다. 염도는 2% 이상으로 유지해야 한다. 침지시간은 계절별로 다르게 하되 소형 생체는 10~15분, 대형 생체는 30~60분으로 한다. 냉염수처리는 원어상태로만 사용하고, 침지종료 후 수분을 제거하고 수건으로 덮어 냉장고에 넣어 두고 필요시 꺼내 쓴다.

세균의 침입경로는 위장, 혈관, 소화기관, 아가미, 표피이므로 진열대, 작업자, 칼, 도마, 수건, 작업대, 작업장, 냉장고, 냉염수처리기, 보관용기 등을 청결하게 유지해야 한다.

다. 냉장 냉동방법

생선을 냉동하는 데는 -30℃ 이하의 저온이 필요하다. 참치류와 같이 혈색소의 색이 변하기 쉬운 생선은 -50~-55℃ 정도의 저온에서 급속동결하지 않으면 색과 맛이 좋은 상태로 보존하기 어렵다.

가정의 냉장고는 -18℃ 정도로 냉동식품을 보존하는데 적당한 정도이고, 선어를 냉동시키는 데는 부적당하다. 게다가 시판되고 있는 생선에는 한번 냉동한 것을 해동하여 파는 것도 있으므로 그것을 다시 냉동하면 맛이 현저하게 떨어진다. 그렇지만 조리거나 소금구이를 해서 냉동하면 육질은 좀 질겨지나 맛은 떨어지지 않는다. 해동할 때는 구운 생선은 약한 불에서, 조린 생선은 언 채로 다시 조리는 것이 좋다. 가정에서 냉동한 생선은 지방이 서서히 산화하고 맛도 떨어지므로 2~3주 내에 사용하는 것이 좋다.

라. 염건품

간고등어 등 절인 생선의 짠맛을 빼기 위하여 물에 담가두는 경우에는 1.5% 정도의 묽은 소금물이나 쌀뜨물에 담가두는 것이 좋다. 물론 물에 담가두면 소금기는 더 잘 빠지나 생선 표면의 염분뿐만 아니라 성분까지도 빠져버린다. 게다가 표면에 수분이 많이 흡수되어 모양이 흩어지기 쉬워진다. 맛있는 성분은 빠지지 않고 내부의 염분만을 균일하게 빼내려면 5% 이상의 소금물이 효과적이다. 그러나 처음에는 1% 정도의 소금물에 담가두어도 2시간 정도 지나면 5% 이상의 농도가 된다. 그 상태로 둔다면 상당히 농도가 짙은 상태로 되어버리므로 아주 짜게 절여진 것이라면 1~2시간이 지나서 1.5%의 소금물에 다시 넣는다. 이렇게 하면 영양성분이나 맛성분이 손실되지 않고 충분히 간을 뺄 수 있다.

또 쌀뜨물에 담가두어 짠맛을 빼기도 하는데 절은맛이 없어져서 좋다. 쌀뜨물은 점도가 높아 생선의 성분이 흘러나오는 것을 막아주고 쌀뜨물의 콜로이드성 물질이 절은맛을 흡착해 주기 때문이다.

소금구이를 할 때 소금을 뿌리면 고기의 맛이 더욱 좋아지는데, 소금은 열에 의해 표면의 단백질이 응고되도록 도와주어 내부의 단백질이 녹아 나오지 못하도록 한다. 더구나 알맞게 절여진 시점에서 구우면 더욱 맛이 있으며, 소금에 절이는 시간과 소금을 뿌리는 시점은 생선에 따라 다르다. 등푸른생선의 근섬유는 잘 절여지지 않으므로 꽁치, 전갱이 등의 작은 생선이라도 1~2시간은 절여야 하고 고등어처럼 큰 생선은 3시간 이상 절인다. 그러나 5시간 이상 두면 수분이 너무 많이 빠져 질겨지고 짜져서 좋지 않다. 흰살생선은 큰 것이라도 2시간 정도 절여야 하며 오래 절이면 짜다. 흰살생선이든 붉은살생선이든 선도가 떨어지면 절이는 시간이 길어진다. 또 은어나 송어 등의 민물생선은 소금에 절이면 제 맛을 잃어버리므로 굽기 직전에 소금을 뿌리는 것이 좋다.

마. 통조림

생선 통조림은 출고된 지 얼마 되지 않은 것이 신선하고 맛이 있다고 생각하기 쉬우나 가공하여 어느 정도 시간이 지나 맛이 스며들면 더 좋다. 참치, 청어 등 기름에 절인 것은 1~2년, 장어구이처럼 간장에 졸인 것은 1년, 물에 삶은 것은 3개월 정도가 맛있는 시기이다. 그러나 상미기간은 4~5년 정도이므로 기간이 너무 경과된 것을 사면 오히려 맛이 떨어지므로 제조년월일을 보고 고르는 것이 좋다.

또 통조림을 고를 때는 먼저 직사광선이 쬐는 곳에 진열되어 있는 것이나 고온다습한 곳에 둔 것은 피한다. 통이 찌그러지거나 녹슨 것은 대체로 이런 환경에 둔 것이 많다. 손가락으로 눌러보아 눌러지거나 부풀어 오른 것은 내부에 가스가 발생한 증거이므로 피하는 것이 좋다.

일단 개봉한 통조림은 반드시 다른 용기에 옮겨 보관해야 하는데 그대로 두면 깡통의 주석이 녹아 나올 위험이 있기 때문이다. 내용물을 끓여서 냉장고에 보관하면 안심이지만 그것도 2~3일을 넘기지 말고 먹도록 한다.

생선통조림은 뼈도 함께 가공하므로 뼈의 성분인 칼슘을 섭취할 수 있어 칼슘의 공급원으로 좋은 식품이다. 레토르트식품이 개발된 후부터는 무거운 통조림을 이용하는 사람이 적어졌지만 통조림은 레토르트식품보다 보존효과가 크고, 칼슘뿐만 아니라 생선에 포함되어 있는 거의 모든 성분을 이용할 수 있다는 장점이 있다.

냉동고와 냉장고의 보급으로 인해 조미나 조리법이 간편한 냉동식품이 개발되어 맛에 있어서 큰 특징이 없는 통조림은 냉동식품에 밀리기 쉽다. 그러나 냉동식품은 지질의 산화나 식품의 건조 등의 결점을 가지고 있는 반면 통조림에서는 그런 변질을 볼 수 없다. 또한 참치, 고등어, 정어리, 꽁치 등의 등푸른생선의 통조림은 DHA와 EPA의 공급원이기도 하다.

2 수산식품의 안전성 관리

가. 기생충 오염

생선회를 먹은 후 복통을 일으키는 경우는 아니사키스라는 기생충의 감염을 의심할 수 있다. 아니사키스는 돌고래나 물개에 기생하는 유충으로 길이는 2~3cm이며 굵기는 0.5mm 정도이다. 색은 우유빛을 띠고 가늘어서 실처럼 보이나 육안으로는 식별이 어렵다. 회를 섭취한 후 일단 감염되면 유충이 위 점막을 뚫고 들어가서 4~5시간 만에 심한 위통이나 구토 등을 일으킨다. 국내에서는 고래고기, 붕장어, 참조기, 방어, 고등어, 오징어 등을 먹고 난 뒤 걸리는 것으로 알려져 있고 5~8월에 특히 잘 걸린다. 생선회를 먹고 감염 증상이 나타나면 위 내시경을 실시하여 유충을 제거하거나 기생충 약을 먹어야 한다.

나. 식중독

수산식품에 들어있는 자연독으로 복어독, 마비성 패독, 설사성 패독, 바지락독이 있다.

복어중독은 동물성 자연독 중 가장 많이 발생하며 복어의 종류에 따라 유독부위와 독력에 차이가 있고 계절에 따라서도 차이가 있다. 독력이 강한 것은 복섬, 검복, 매리복, 졸복, 자주복 및 밀복 등이다. 난소와 간에 독성이 많고 정소에는 독이 거의 없으며 간장의 경우도 수컷보다 암컷이 독성이 강하다. 어류 등을 섭취함으로써 감염되는 기생충에는 흡충, 조충, 선충 및 원충류 등이 있으며 간흡충증이 대표적이다.

간흡충은 간디스토마라고도 하며 성충은 나뭇잎과 같이 납작하고 긴타원형으로 오이씨와 같다. 간흡충증은 피낭유충을 가진 참붕어, 잉어, 피라미 등을 날로 먹을 때 소장으로 들어가 껍질을 벗고 담관으로 이동하여 1개월 후에 성충이 된다. 때로는 왜우렁이에서 나온 피나유충이 오염된 물을 음용함으로써 감염되기도 한다. 간디스토마의 성충이 다수 기생하여 담관을 막으면 간과 비장이 비대해지고, 복수, 부송, 설사, 소화상애, 황날, 빈혈 등이 나타난다. 예방은 민물고기의 생식을 피하고 감염되면 곧 구충해야 한다.

다. 유해물질

오늘날 각종 유해물질이 자연환경으로 방출되어 식용 동식물로 이행되고 축적되어 사람의 건강에 잠재적으로 위해를 주고 있다. 유해물질이 환경 중으로 방출되면 식품사슬을 거쳐 사람에 도달된다. 유해물질 중에서 지용성이 높은 유기염소제, 유기수은제 등은 이러한 식품사슬을 통하여 생물농축된다.

또한 식품의 생산에서부터 가공, 수송, 저장, 소비에 이르는 과정에서 식품이 유해하게 될 수 있다. 즉 양식수산물에 투여한 동물용 약품이나 사료첨가물이 수산식품으로 이행, 축적하여 잔류하게 된다. 또 농약에 의한 수산식품의 오염, 그리고 저장 중에 식품성분의 화학적 변화에 의해서 유해하게 되거나 가공, 조리과정에서 유해물질이 생성될 수 있다. 이 밖에 식품의 조제, 가공단계에서 유해물질이 잘못 사용되거나 식품에 혼입되어 사고를 일으킨 사례도 있다. 최근 중국산 어패류 등이 국내시장을 잠식하고 있어서 식품의 안전성 차원에서 국민의 건강을 위협하고 있다.

13 가공식품의 품질관리

산업사회가 고도화될수록 가공식품에 대한 수요가 증가하여 가공식품에 대한 품질관리가 중요해진다. 우리나라도 식품위생법을 운용하여 가공식품에 대한 품질관리를 강화하고 있다.

식품위생법은 식품을 제조 판매하는 사람이 지켜야 할 사항이 규정되어 있고, 이러한 법적 사항이 그대로 이행되는지의 여부를 확인하기 위해 사후관리를 하는 것으로 되어 있다. 식품을 제조가공하는 자는 식품위생법의 목적과 내용을 이해하고 위생적인 제품을 만들도록 원재료부터 최종제품에 이르기까지 품질관리를 철저히 해야 한다.

식품위생법에서는 원료관리, 제조공정 및 품질관리를 하는데 있어서 식품 및 첨가물의 제조가공업자가 지켜야 할 자가품질검사기준이 정해져 있다. 식품을 제조 판매할 때에는 반드시 영업허가를 얻어야 한다. 또한 품목에 따라서는 품목허가를 받아야 하는 것, 품목허가를 받지 않아도 되는 것, 신고만으로 되는 것과 자가품질규격이 필요한 경우가 있으므로 법적 절차에 따라야 한다. 신규로 허가를 받거나 변경허가를 받을 경우, 제조설비가 바뀌고 원료의 종류 또는 성분배합비율 등이 바뀌는 경우에도 법에 정해진 대로 신고하거나 변경허가를 받아야 한다.

식품위생법에서는 식품위생감시원으로 하여금 연 1회 이상 임검하여 식품·첨가물·기구와 용기·포장·영업시설과 기타의 물건을 검사하거나 시료를 수거할 수 있고, 영업관계의 장부와 서류를 열람할 수 있도록 되어 있다.

제1절 원재료의 품질관리

1 원재료 구입 시의 품질관리

식품을 제조가공시에는 원재료의 품질이 제품의 품질에 결정적인 영향을 미칠 뿐만 아니라, 제조원가에도 큰 비중을 차지하기 때문에 생산 전에 원재료의 품질, 위생 및 수량에 대한 계획을 세워야 한다. 원료는 외관상 같다고 하더라도 가공하기 전의 위생상태, 신선도, 가공방법에 따라 큰 차이가 있기 때문에 사용원료는 신선하고 안전해야 한다. 원재료 조달은 자사에서 직접 가공하거나 외부에서 구입 또는 임가공한다. 외부에서 조달 시에는 영업 또는 품목허가가 있는 업체에서 제조한 것을 구입하도록 하고, 납품업체의 품질관리수준도 파악해둘 필요가 있다. 생산된 제품의 품질에 문제가 발생하면 납품업체의 잘못으로 밝혀진다 하더라도 그것을 사용한 업체에서 책임져야 하므로 원재료를 구입할 때에는 품질관리를 하고 있는 업체의 것을 선택해야 한다.

원재료에서 문제가 되는 것은 미생물 오염으로 인한 변질과 이물질의 혼입이다. 또한 원재료 납품업체에서 사용하고 있는 첨가물의 종류를 파악하고 필요시에는 화학분석으로 확인해 볼 필요가 있으며 외주생산 시에는 생산관리 면과 기술면에 관한 지도도 필요하다. 지도방법은 적임자를 직접 파견하거나 관련되는 정보의 제공 또는 교육훈련 등의 간접적인 방법이 있다. 원료가 입고되면 다음 사항을 점검하고 검사하도록 한다.

① 입고일자, 제조원, 납품업자 및 납품수량
② 형태, 색깔, 맛, 냄새 등 관능검사 결과
③ 포장상태 및 표시내용
④ 화학검사로 법적기준 및 사내기준으로 정한 성분규격과의 적합여부

또한 부재료 및 포장 재료도 원재료와 똑같은 차원에서 관리하도록 한다. 그러나 품질관리를 위해서는 제조업체에서 스스로 규격기준을 만들어 일상적으로 관리할 필요가 있다.

2 원료보관관리

구입한 원재료는 저장하면서 사용하기 때문에 품질이 저하되지 않도록 보관 및 취급에 주의가 필요하다. 이를 위해서는 기능이 있고 위생적이며 원료의 특성에 맞는 조건에서 보관해야 한다. 사용원료의 종류는 다양하기 때문에 원료별로 구분해서 보관해야 하며, 외관상 유사한 원료는 장소를 구분하거나 포장이나 표시를 확실히 한다.

보관시설은 항상 청결을 유지하고 원료만 적재하되 쥐나 바퀴벌레 등의 발생상황을 조사하여 연 2회 이상 구제작업을 실시하고 그 결과를 기록하여 보관한다. 또한 냉장·냉동실이 있는 경우에는 그 실내의 온도를 수시로 점검하여 기록할 수 있는 장치를 설치한다.

원료 중에 식용유, 물엿 등과 같은 액체를 옮기는데 사용하는 호스나 파이프는 오염되지 않도록 해야 한다. 사용 후에는 깨끗이 청소하여 물기를 없애고 곤충이 들어가는 것을 막기 위해서 마개를 하여 놓는다.

원재료는 필요한 양을 계획적으로 구입하여 원료 상호간에 오염이 되지 않도록 하되, 원료의 특성에 적합한 방법으로 보관하도록 한다. 흡습되기 쉬운 원료는 방습포장이 필요하고 하중에 의해 덩어리지는 것은 적재단수를 줄인다.

원재료는 보관 중에 품질이 떨어지기 때문에 선입선출이 되도록 하는 것도 품질관리상 중요하다. 원재료의 선입선출이 제대로 되지 않으면 이를 원료로 제조가공한 최종제품의 유통기한에도 영향을 미치게 된다.

3 원료 등의 구비요건

가. 식품원료

1) 원재료는 품질과 선도가 양호하고 부패 변질되었거나 유독 유해물질 등에 오염되지 아니한 것으로서 안전한 것이어야 한다.

2) 식품제조가공영업허가(신고)대상이 아닌 천연 원료를 직접 처리하여 가공식품의 원료로 사용하는 때에는 흙·모래·티끌 등과 같은 이물을 제거하여야 한다.

3) 허가(신고)대상인 식품원료를 구입하여 사용할 때에는 제조영업허가(신고)를 받았거나 수입신고를 마친 것으로서 기준규격이 제정되었거나 자가품질기준규격의 검사대상식품은 그 기준규격에 적합한 것이어야 한다. 그리고 유통기한 경과 제품 등 부정불량식품을 원료로 사용하여서는 아니 된다.

4) 식품별 기준규격이 정하여지지 아니한 식품은 식품일반에 대한 공통기준규격에 적합한 것이어야 한다. 그리고 기준규격이 정하여져 있는 식품·식품첨가물·수처리제 등은 그 기준규격에, 주정은 주세법에 의한 품질기준에, 원료 소금은 염관리법에 적합한 것이어야 한다.

5) 축산물을 가공식품의 원료로 사용하는 경우 축산물가공처리법의 도살 및 해체방법과 검사기준에 적합한 것이어야 한다. 또한 생지방은 축산물가공처리법에 의하여 검사에 합격한 소 또는 돼지로부터 식용을 목적으로 채취, 취급, 관리된 것으로, 축산물가공처리법에 의한 도축업 또는 식육가공업 영업허가를 받았거나 축산물판매업 영업의 신고를 한 업소에서 위생적으로 채취한 것이어야 하며, 정상의 유지성분 이외의 이물의 혼입이나 다른 동물의 지방조직 등이 혼합되지 아니한 위생적인 것이어야 한다.

6) 용수는 먹는물관리법 적합한 것이어야 한다.

7) 다음의 동식물은 식품제조가공 등의 주원료로 또는 부원료로서 사용할 수 있다.

가) 주원료는 해당 개별식품의 주용도, 제품의 특성 등을 고려하여 다른 식품과 구별, 특정짓게 하기 위하여 사용되는 원료를 말한다. 주원료로 사용가능한 동식물은 117종이 수재되어 있다.

나) 부원료로 사용가능한 동식물은 53종으로 원료배합시의 기준으로 50% 미만(배합수는 제외한다) 사용하여야 하고, 혼합성분의 총량이 제품의 50% 미만(배합수는 제외한다) 이어야 한다. 다만 다류, 음료류, 주류 및 향신료 제조 시에는 주원료로 사용할 수 있다.

8) 식품공전에 명시되어 있지 않은 식품원료는 다음의 기준에 따라 사용가능 여부를 판정한다.

가) 기 수재된 동식물과 분류학적 위치, 특성 및 용도가 유사한 경우 이를 근거로 식품원료 사용가능여부를 판단할 수 있으며, 기타의 경우는 식품원료로서의 이용 타당성 및 안전성을 입증할 수 있는 제출 자료에 근거하여 판단한다.

(1) 동식물의 식품원료의 승인을 위한 기본제출자료

(가) 기본특성자료 : 원료의 학명, 기본성분, 특정성분, 사용용도 등

(나) 식용근거자료 : 식품으로 사용되어 왔거나 사용되고 있음을 입증할 수 있는 자료

(다) 안전성 관련자료 : 사용된 원료의 안전성을 입증할 수 있는 자료

(2) 동식물의 식품원료 사용가능여부 판단기준

(가) 원칙적으로 식용근거자료가 있으며 알려진 독성이나 부작용이 없는 경우 식품원료로 사용가능한 것으로 판단할 수 있다.

(나) 식품으로서의 식용근거를 입증하기 어려운 경우 공인기관의 급성 또는 아급성 독성실험자료 등 안전성을 입증할 수 있는 제출 자료를 검토하여 식품원료로 사용가능여부를 판단한다. 다만 필요한 경우에는 발암 및 생식독성 등 특수독성자료를 제출하도록 할 수 있다.

(다) 식품으로 사용하고자 하는 동식물의 기본특성상 약효·약리효과가 강하고 섭취대상이나 용량 등에 금기사항이 있는 경우 및 원료에 독성이나 심각한 부작용이 있는 것으로 알려진 경우에는 원칙적으로 식품원료로 사용할 수 없는 것으로 판단한다. 다만 독성이나 부작용의 원인이 되는 물질이 정확히 알려져 있으며, 가공공정에 의하여 원인성분이 완전히 제거될 수 있는 경우 이를 입증할 수 있는 자료의 제출에 의해 식품원료의 사용가능 여부를 판단할 수 있다.

나) 식품공전에 기 수재된 동식물의 경우에도 식품원료로서의 안전성과 관련한 새로운 사실이 발견되거나 제시될 경우 재검토하여 식품의 주원료 또는 부원료로서의 사용가능 여부를 판단할 수 있다.

9) 다음에 해당되는 동식물성 기타원재료는 식품의 제조 가공 조리용으로 사용하여서는 아니 된다.

가) 일반인들의 전래적인 식생활이나 통념상 식용으로 하지 아니하는 것

나) 식용을 목적으로 채취, 취급, 가공, 제조 또는 관리되지 아니한 것

다) 식품원료로서 안전성 및 건전성이 입증되지 아니한 것

라) 신개발원료로서 안전성에 대한 입증이나 확인이 되지 아니한 것

마) 기타 식용으로 부적당하다고 인정한 것

10) 식품원료는 품질이 유지될 수 있는 적절한 방법으로 위생적으로 보관하여야 하며, 어패류는 냉장 또는 냉동, 냉동육은 -18℃ 이하, 압착올리브유용 올리브과육 등 변질되기 쉬운 원료는 냉장에서 보존하여야 한다.

나. 기구 및 용기포장

1) 식품의 용기포장은 용기포장류 제조업 신고를 필한 업소에서 제조한 것이어야 한다(다만 그 자신의 제품을 포장하기 위하여 용기포장류를 직접 제조하는 경우는 제외한다).

2) 기구 및 용기포장류는 그 기준 및 규격에 적합한 것이어야 한다.

제2절 제품의 품질관리

식품은 인간의 생명과 건강에 직결되기 때문에 맛 등의 관능품질특성보다 안전성이 더 중요하다. 식품위생법에서는 인체의 건강을 해칠 우려가 있는 식품 또는 첨가물을 판매하거나 판매할 목적으로 채취, 제조, 수입, 가공, 사용, 조리, 저장, 또는 운반하거나 진열하지 못하도록 규정하고 있다.

따라서 안전한 식품을 만들기 위해서는 사용하는 원료나 첨가물은 인체에 유해한 물질이 함유되어서는 아니되며, 제조공정은 철저한 위생 및 품질관리로 식품 및 식품첨가물의 규격기준에 맞아야 한다.

또 제품의 품질을 보증하기 위해서는 사용원료와 공정관리가 중요하다. 공정관리의 경우 각 공정마다 기준을 정해놓고 이 기준에 적합한지를 검사해야 한다. 특히 최종제품은 더미마다 규격기준(또는 자가품질검사기준)의 시험항목 및 시험방법에 따라서 품질을 확인하고, 만일 시험결과 부적합한 제품으로 판정되었을 때에는 그 발생 원인을 추적 규명하여 그 원인을 제거하는 동시에

처리결과도 기록해 놓아야 한다.

제품의 품질기준을 설정할 때는 회사의 공정능력을 파악하는 동시에, 제품이 유통하는 기간 중의 품질변화 등을 예측하여 법에서 정한 기준규격보다 한 단계 높게 정해야 한다. 또한 식품별 기준규격이 법으로 제정되지 아니한 식품은 공통 기준규격에 적합하도록 해야 한다.

식품일반에 대한 공통기준규격에는 원료 등의 구비요건, 제조가공기준, 사용할 수 있는 식품첨가물, 기준규격의 적용, 보존 및 유통기준이 있다.

1 제조가공기준

가. 일반 공통기준

1) 식품 제조가공에 사용되는 기계기구류와 부대시설물은 항시 위생적으로 유지하고 관리하여야 한다.

2) 식품 제조가공 및 조리에 사용하는 물은 먹는물관리법에 적합한 것이어야 한다.

3) 식품 제조가공 과정 중에는 가능한 한 이물의 혼입이나 병원미생물 등에 오염되지 않도록 적절한 예방대책을 강구하여야 한다.

4) 어류의 육질 이외의 부분은 비가식부분을 충분히 제거한 후 중심부 온도를 -18℃ 이하가 되도록 급속동결하여 -18℃ 이하에서 냉동 보관하여야 한다.

5) 냉동된 원료의 해동은 위생적으로 실시하여야 한다.

6) 식품의 제조, 가공, 보존 및 유통 중에는 항생물질, 합성항균제, 호르몬제를 사용할 수 없다.

7) 상온에서 장기보존이 어려운 식품은 제품의 특성에 따라 냉장, 냉동하거나 적정한 방법으로 살균 또는 멸균처리 하여야 한다.

8) 제조가공 중에는 수시로 자가품질관리를 실시하여야 한다.

9) 식품 제조가공 중 열처리, 냉각 또는 냉동공정은 제품의 영양성, 안전성을 고려하여 적절한 방법으로 실시하여야 한다.

10) 식품의 용기포장을 회수하여 재사용하고자 하는 때에는 음용수 등으로 깨끗이 세척하여 일체의 불순물 등이 잔류하지 아니하였음을 확인한 후 사용하여야 한다.

11) 가공식품은 용기 또는 포장에 넣어 가능한 한 신속하게 포장하고 미생물의 오염이 방지되도록 위생적으로 포장하여야 한다.

12) 캡셀 또는 정제형태로 제조할 수 없다. 다만 정제형태의 제품으로서 의약품으로 혼동할

우려가 없는 정도로 제조된 과자류는 제외한다.

13) 식품첨가물은 소기의 목적을 달성할 수 있는 최소량을 사용하여야 한다.

14) 튀김에 사용하는 유지는 신선도가 항상 유지되도록 자주 교체하여 산가 및 과산화물가의 관리를 철저히 하여야 한다.

15) 식염으로는 재제, 가공, 정제 소금을 사용하여야 한다. 다만 원료의 전처리과정에는 천일염을 사용할 수 있으나 이때에는 불순물 등이 식품에 이행되지 않도록 하여야 한다.

16) 식품공전에서 규정하는 식품의 제조가공기준보다 더 위생적이거나 타당성이 있을 때에는 그 방법에 의하여 제조가공할 수 있다.

나. 개별기준

개별기준은 통병조림식품기준을 비롯하여 42품목의 제조·가공기준이 설정되어 있으므로 해당 제품의 제조가공시에는 그 기준에 적합하여야 한다.

2 사용할 수 있는 식품첨가물

가. 식품첨가물이란

식품첨가물은 식품의 상품적, 위생적 가치 또는 식품의 본래 특성을 높이기 위해서 필요한 것으로 그 종류와 사용량이 증가하고 있다. 식품첨가물은 식품을 제조가공 또는 보존함에 있어 식품에 첨가, 혼합, 침윤, 기타의 방법으로 사용되는 물질로서, FAO/WHO의 식품첨가물위원회(JECFA)에서는 식품의 외관, 향미, 조직 또는 저장성을 높이기 위한 목적으로 식품에 미량으로 첨가되는 물질이라고 정의하고 있다.

식품첨가물은 주로 화학적 합성품으로 천연물에 비해 인체에 해로운 것이 많기 때문에 지정한 것만을 식품첨가물로 허용하고 있으며, 화학적합성품 424품목, 천연첨가물 196품목, 혼합제제류 7품목, 총 627품목의 규격기준이 식품첨가물공전에 명시되어 있다.

식품첨가물은 사용용도와 효과에 따라서 조미료, 감미료, 산미료, 착색료, 착향료, 보존료, 살균제, 산화방지제, 소포제 등으로 분류하고 있으며, 각각에 대하여 사용기준이 정해져 있다. 사용기준은 첨가가 허용된 식품에 대하여 한 사람이 가장 많이 먹을 수 있는 양을 식품별로 정하고, 일생동안 먹어도 이상이 없는 안전한 양의 범위 안에서 사용기준이 정해진다. 식품공전에서 정하고 있는 식품첨가물의 사용은 그 기준에 따르고 그 외 식품첨가물의 사용은 식품첨가물공전에 따른다. 다만 기준 및 규격이 고시된 화학적합성품으로서 사용기준이 설정된 품목 중 그 기준이 국제기준과 상이하여 기준적용상 문제가 있을 경우에 잠정적으로 Codex 규정의 사용기준을 준용할 수 있다.

나. 첨가물 사용 시의 품질관리

식품첨가물은 허용된 사용량 내에서는 해롭지 않지만 제조과정에서 유해물질이 잔류하거나 취급과정에서 유해한 물질이 혼입되면 위생문제를 일으킬 수 있다. 사고를 예방하기 위해서는 사용하는 식품첨가물에 대하여 정해진 방법에 따라 규격기준시험을 하여야 한다. 또한 사용량이나 사용방법이 잘못되었을 경우 위생상의 문제가 발생할 수 있으므로 그 성질을 알고 사용해야 한다.

1) 식품첨가물의 성질과 효능을 알고 사용한다.

식품을 제조가공하는 사람은 식품위생에 관한 식품첨가물공전 규정을 알고 그대로 지켜야 한다. 또 식품첨가물 중에는 식품의 성분 또는 성질에 영향을 주거나 받는 일이 있으므로 사용 전에 충분히 검토하여야 한다. 살충제, 살균제 등의 독성물질은 식품을 취급하는 장소로부터 격리시켜 오인에 의해 유독물질이 첨가되지 않도록 한다.

2) 신뢰할 수 있는 제조회사에서 생산된 제품을 사용한다.

사용하는 업체는 제품선택 시에 품질을 믿을 수 있고 신용할 수 있는 회사의 제품을 쓰는 것이 안전하다. 처음으로 거래하는 업체에 대해서는 영업허가증 및 품목허가증을 받아 허가여부를 확인하고, 필요한 경우에는 공인기관이나 제조업체에서 분석한 시험성적서를 제출하도록 하여 품질을 확인한다.

3) 식품첨가물공전의 규격기준에 따라 시험한다.

입고되는 첨가물은 포장에 표시된 내용을 확인한 다음 식품첨가물공전에서 정해진 방법대로 검사한다. 그러나 공전에 수록되지 않은 천연첨가물이나 혼합제제는 식품위생검사기관의 검사를 거쳐 인정된 자가규격기준에 따라서 시험한다.

4) 사용기준을 알고 바르게 사용한다.

사용기준에는 식품첨가물을 사용해도 좋은 식품과 사용최대량이 정해져 있다. 사용기준은 그 첨가물의 독성시험 결과로부터 결정된 것으로 동물시험에서 1일 허용섭취량과 식품의 1일 섭취량과의 상호검토에 의해서 이루어진다.

5) 식품첨가물 사용 시는 바르게 표시한다.

소비자는 합성보존료 등 첨가물이 들어 있으면 싫어하지만 소비자의 입장에서 바르게 사용하고 바르게 표시하여야 한다. 법에서 규정하고 있는 합성첨가물 가운데 감미료, 착색료, 보존료, 산화방지제, 살균제, 발색제로 사용되는 첨가물이 함유된 식품은 첨가물의 명칭과 용도를 표시하도록 되어있다.

6) 정확하게 계량하고 원료에 균일하게 혼합되도록 한다. 첨가물은 소량 사용되기 때문에 혼합작업이 잘못되면 한곳으로 몰려 효과를 얻기 어렵고 소비자의 안전문제가 발생될 우려가 있다.

3 기준규격의 적용

식품공전에 수재된 기준규격은 식품유형에 따라 적용하여야 하며, 식품일반에 대한 공통기준규격은 식품별 기준규격이 정하여진 식품을 포함한 모든 식품에 적용한다. 식품공전에는 식품유형별로 제품명, 성상, 주원료 및 원료배합시의 기준, 제조방법 및 용도 등이 규정되어 있다.

가. 식품일반의 규격

1) 식품 중 유해물질

발기부전치료제 유사물질이 검출되어서는 아니 된다.

2) 중금속

가) 해산 어패류의 중금속 잔류허용기준(생물로 기준할 때)

· 총수은 : 0.5mg/kg 이하(심해성 어류 및 참치류 제외)

· 납 : 2.0mg/kg 이하

나) 담수어의 중금속 잔류허용기준(생물로 기준할 때)

· 총수은 : 0.5mg/kg

· 납 : 2.0mg/kg

다) 패류의 중금속 잔류허용기준(생물로 기준할 때)

· 카드뮴 : 2.0mg/kg 이하

라) 쌀 중의 중금속 잔류허용기준

· 카드뮴 : 0.2mg/kg 이하(현미 제외)

3) 콩나물(숙주나물 포함)의 잔류농약에 대한 잠정규정

카벤다짐, 티아벤다졸, 치람, 캡탄이 검출되어서는 아니 된다.

4) 농산물의 잔류농약 잠정기준적용

우리나라의 농약잔류허용기준 중 해당 농산물에 기준이 설정되어 있지 아니한 농약검출 시 적부판정에 대한 잠정기준을 다음과 같이 한다.

가) Codex 기준을 적용

나) 가)항에 적용되지 아니한 경우, 농약이 검출된 농산물은 우리나라 농약잔류허용기준에서 해당 농약 잔류기준 중 유사한 농산물의 최저기준을 적용

다) 가), 나)항에 적용되지 아니한 경우 검출된 농약은 우리나라의 잔류허용기준 중 해당 농약의 최저기준을 적용

5) 식품첨가물

가) 식품 중의 식품첨가물 사용기준은 식품첨가물공전에 의한다.

나) 어떤 식품에 사용할 수 없는 식품첨가물이 사용할 수 있는 원료에서 유래되었을 경우에는 그 식품 중의 식품첨가물 함유는 원료로부터 이행된 범위 안에서 식품첨가물 사용기준의 제한을 받지 아니할 수 있다.

6) 이물

식품은 원료의 처리과정에서 그 이상 제거되지 아니하는 정도 이상의 이물과 오염된 비위생적인 이물을 함유하여서는 아니 된다. 다만 다른 식물이나 원료식물의 표피 또는 토사 등과 같이 실제에 있어 정상적인 제조가공상 완전히 제거되지 아니하고 잔존하는 경우의 이물로서 그 양이 적고 일반적으로 인체의 건강을 해할 우려가 없는 정도는 제외한다.

7) 식중독균

식육(제조가공용 원료는 제외), 살균 또는 멸균 처리하였거나 더 이상의 가열조리를 하지 않고 그대로 섭취하는 가공식품에서는 식중독균인 살모넬라균, 황색포도상구균, 장염비브리오균, 클로스트리디움 퍼프린젠스, 리스테리아 모노사이토제네스, 대장균 O157: H7 캠필로박터 제주니, 바실러스 세레우스, 여시니아 엔테로콜리티카 등 식중독균이 검출되어서는 아니 되며, 식육 및 식육제품에 있어서는 결핵균, 탄저균, 브루셀라균이 검출되어서는 아니 된다.

나. 특수규격기준

1) 동물용의약품 잔류허용기준

식품 중 항생물질, 합성항균제, 구충제 및 합성호르몬제의 잔류허용기준이 젠타마이신 등 59종에 대해 규정되어 있다.

2) 농산물의 농약잔류허용기준

이민옥타딘 등 370종의 농약잔류허용기준이 규정되어 있다.

3) 축산물의 농약잔류허용기준

글리포세이트 등 87종의 농약잔류허용기준이 고기, 지방, 부산물, 유, 유가공품 및 알에 대하여 규정되어 있다.

4) 인삼(건조품)의 농약잔류허용기준

다이아지논 등 27종의 농약잔류허용기준이 규정되어 있다.

5) 차의 농약잔류허용기준

테부펜피라드 등 24종의 농약잔류허용기준이 규정되어 있다.

6) 식품의 방사선조사기준

식품의 발아억제, 살충, 살균 및 숙도조절의 목적으로 방사선을 조사한다.

7) 식품 중 방사능잠정허용기준

요드와 세슘의 기준이 정해져 있다.

8) 식품 중 곰팡이독소허용기준

아플라톡신 B1, M1, 파툴린이 규정되어 있다.

9) 3-MCPD(3-monochloropropane-1,2-diol) 잠정허용기준

간장과 HVP(식물단백분해물)에 대한 기준이 정해져 있다.

10) 마비성패독 허용기준

패류와 그 가공품에 대해 정해져 있다.

11) 통병조림식품의 규격

통병조림식품이란 함은 식품을 관 또는 병에 넣어 탈기와 밀봉 및 살균 또는 멸균하여 상당기간동안 내용물인 식품 고유의 품질이 보존되도록 제조가공한 것을 말한다.

가) 성상 : 관 또는 병뚜껑이 팽창 또는 변형되지 아니하고 내용물은 고유의 색택을 가지고 이미이취가 없어야 한다.

나) 진공도(cmHg) : 적당한 진공도를 가져야 한다(원터치 캔의 경우는 제외한다).

다) 주석(mg/kg) : 150 이하(산성 통조림은 200이하)

라) 납(mg/kg) : 0.3 이하(수산 통병조림은 2.0이하)

마) 세균 : 세균발육이 음성이어야 한다.

바) 고형량 및 내용량 : 표시량 이상이어야 한다(잼 등과 같이 내용량과 고형량의 분리가 불가능한 것은 고형량 검사를 제외하며, kg과 ℓ 는 g과 mℓ로 환산하여 적용한다).

12) 레토르트식품의 규격

레토르트(retort)식품이라 함은 단층 플라스틱필름이나 금속박 또는 이를 여러 층으로 접착하여 파우치와 기타 모양으로 성형한 용기에, 제조가공 또는 조리한 카레류, 하이스류, 자장류, 죽, 국, 탕, 찌개, 전골, 수프, 육·어육조리가공품 등의 식품을 충전하고 밀봉하여 가압가열살균 또는 멸균한 것으로, 직접 또는 간단한 조리방법으로 식용이 가능하며 보존성이 높고 휴대와 운반이 용이하도록 인스탄트화한 것을 말한다.

가) 성상 : 외형이 팽창 변형되지 아니하고 내용물은 고유의 향미, 색택, 물성을 가지고 이미이취가 없어야 한다.

나) 세균 : 세균발육이 음성이어야 한다.

다) 타르색소 : 검출되어서는 아니 된다.

13) 냉동식품의 규격

냉동식품이라 함은 제조가공 또는 조리한 식품을 장기보존할 목적으로 급속냉동처리하여 냉동보관을 요하는 것으로서 용기포장에 넣은 식품을 말한다.

비가열 섭취 냉동식품 : 식용으로 섭취할 때에 가열을 요하지 아니하는 것을 말한다.

가열 후 섭취 냉동식품 : 식용으로 섭취할 때에 가열을 요하는 것을 말한다.

가) 성상 : 고유의 색택과 향미를 가지고 이미이취가 없어야 한다.

나) 세균수 : 1g당 100,000 이하(발효제품 또는 유산균 첨가제품은 제외한다.)

다) 대장균군 : 1g당 10 이하

라) 유산균수 : 표시량 이상(유산균 첨가제품에 한한다.)

14) 식품별 기준 및 규격 외의 일반가공식품 규격

가) 성상 : 적합하여야 한다.

나) 이물 : 적합하여야 한다.

다) 산가 : 3.0 이하(식용유지가공품에 한하며, 식용번데기 가공품 및 유탕·유처리식품은 5.0 이하)

라) 과산화물가 : 60 이하(식용번데기 가공품 또는 유탕 유처리식품에 한한다)

마) 중금속(mg/kg) : 10 이하(식용유지가공품 또는 당류가공품에 한한다)

바) 대장균군 : 음성이어야 한다(살균제품에 한한다).

사) 세균수 : 음성이어야 한다(멸균제품에 한한다).

아) 타르색소, 합성보존료, 산화방지제는 식품첨가물공전에 사용기준이 정하여진 식품에 한하여 검사하며 중요성에 따라 선별 적용할 수 있다.

4 보존 및 유통기준

가. 국내시판용 식품

1) 모든 식품은 위생적으로 취급 판매하며 그 보관 및 판매장소가 불결한 곳에 위치하여서는 아니 된다. 또한 방서 및 방충 관리를 철저히 한다.

2) 식품의 취급 장소는 눈비 등으로부터 보호될 수 있어야 하며, 인체에 유해한 화공약품, 농약, 독극물 등과 같은 것을 함께 보관하지 않는다.

3) 이물이 혼입되지 않도록 주의하며 제품의 풍미에 영향을 줄 수 있는 다른 식품 및 식품첨가물 등과는 분리 보관한다.

4) 제품은 서늘한 곳에 보관 유통하며 상온에서 7일 이상 보존성이 없는 식품은 가능한 한 냉장 또는 냉동시설에서 보관 유통한다.

5) 두부류 제조원료로 사용되는 대두분을 보존 및 유통함에 있어서 각종 유해물질, 협잡물, 이물 등의 오염을 방지하도록 적절히 관리하며, 직사광선이나 비 등에 노출되지 않도록 보관 유통한다.

6) 도시락류는 제조된 식품을 가장 짧은 시간 내에 소비자에게 공급하도록 하고, 운반 및 유통 시에는 냉장, 온장, 실온 및 일정한 온도관리를 위하여 온도 조절이 가능한 설비 등을 이용하며 이때 냉장은 10℃ 이하, 온장은 60℃ 이상을 유지한다.

7) 어육가공품, 면류 중 냉장제품, 두유류 중 살균제품, 김치류 중 살균제품, 식해류 및 양념젓갈류, 발효음료, 가공두부, 튀김식품은 10℃ 이하에서 보존한다. 다만 어육가공품 중 기밀성이 있는 용기포장에 넣은 후 멸균한 제품은 그러하지 아니할 수 있다. 또한 두부, 전두부, 묵류는 냉장하거나 먹는물 수질기준에 적합한 물로서 가능한 한 환수하면서 보존한다.

8) 냉동제품은 품질변화가 최소화할 수 있도록 냉동한다. 또한 식용얼음류는 0℃ 이하에서 보존한다. 녹은 냉동제품을 재냉동해서는 아니 된다.

9) 냉동 또는 냉장제품의 운반은 적절한 온도를 유지할 수 있는 냉동 또는 냉장차량이나 이와 동등 이상의 효력이 있는 방법으로 한다. 두부, 전두부, 묵류는 제품운반 소요시간이 4시간 이상의 장거리 이동판매를 할 경우에는 제품의 품질유지가 가능하도록 냉장차량을 이용하며 가공두부도 운반 시에는 품질유지가 가능하도록 냉장차량을 이용한다.

10) 흡습의 우려가 있는 제품은 흡습되지 않도록 주의한다.

11) 유탕처리제품은 지방의 산패가 지연될 수 있도록 취급에 주의한다.

12) 제품의 운반 및 포장과정에서 용기·포장이 파손되지 않도록 주의하며 가능한 한 심한 충격을 주지 않도록 한다. 또한 관제품은 외부에 녹이 발생하지 않도록 보관한다.

13) 식품판매자는 평상시의 판매량 등을 고려하여 지나친 물량 구입을 자제하고, 먼저 제조한 제품을 우선으로 출하하거나 판매한다.

14) 소비자로부터 불량식품에 대한 신고를 받았을 때에는 그 원인을 조사하여 소비자 권익보호에 최선을 다한다.

15) 포장식품은 허가 없이 재분할 판매하지 말며 표시대상 식품인 경우 표시가 없는 것을 구입하거나 판매하지 않는다.

16) 제조년월일 및 유통기한이 표시된 부분에 다른 인쇄물 등을 부착시키지 않는다.

17) 보관과정 중의 부주의로 인하여 부패·변질 및 파손된 제품은 제조업소 측에 반품교환하거나 폐기처분한다.

18) 유통기간의 산출은 포장완료(단, 포장 후 제조공정을 거치는 제품은 최종공정을 마친 시점) 시점으로 하고 캅셀제품은 충전성형완료 시점으로 하며, 선물세트와 같이 유통기한이 상이한 제품이 혼합된 경우에는 유통기한이 짧은 제품을 전체 제품의 유통기한으로 정한다. 다만 소분판매하는 제품은 소분용 원료제품의 포장시점을 유통기간 산출시점으로 하고 원료제품의 저장성이 변하지 않는 단순가공처리만을 하는 제품은 원료제품의 포장시점을 유통기간 산출시점으로 한다.

19) 냉동제품을 해동시켜 실온 또는 냉장제품으로 유통시켜서는 아니 되며, 실온 또는 냉장제품을 냉동시켜 냉동제품으로 유통시켜서도 아니 된다. 또한 냉장제품을 실온에서 유통시켜서도 아니 된다.

20) 생로얄젤리는 품질변화를 방지할 수 있는 냉동 및 기타 방법으로 보존한다.

21) 제품의 유통기간 설정은 당해 제품의 제조사(수입식품의 경우에는 제조자가 정한 유통기간 내에서 수입자)가 포장재질, 보존조건, 제조방법, 원료배합비율 등 제품의 특성과 냉장 또는 냉동보존 등 기타 유통실정을 고려하여 위해방지와 품질을 보장할 수 있도록 정한다.

나. 수출용 식품

인삼제품류 중 인삼농축액 또는 인삼농축액을 사용하여 제조가공하는 제품의 인삼성분은 국가대표 상품으로서 성가유지 등을 위하여 인삼농축액 1g당 사포닌 함량기준이 60mg 이상이어야 한다.

제3절 제조공정관리

공정관리란 원재료로부터 최종제품에 이르기까지 제조가공공정의 흐름을 계획, 실시, 확인, 조치해서 공정을 관리된 상태로 유지하는 것이다. 공정관리의 목적은 가장 저렴한 방법으로 필요한 시기에 적절한 품질과 수량의 제품을 생산하는 것이고, 이를 위해서 공정의 단계마다 관리를 체계적으로 하는 것이다.

식품공장은 다품종 소량 생산하는 업체가 대부분이고 공정관리는 생산계획, 자재관리, 공정계획, 배합비율관리, 일정계획, 작업분배, 기록관리 등으로 구성된다.

1 생산계획

기업이 생산 활동을 할 때 생산할 제품의 종류, 품질, 수량, 가격, 제조방법, 장소 및 생산기간 등에 대하여 가장 경제적이고 합리적인 계획을 세우는 것이 생산계획이다. 생산계획량은 생산에서 판매까지의 기간을 고려하여 제품의 적정재고를 유지하도록 수립한다. 생산계획의 기초가 되는 판매예측이 잘못되면 과잉재고로 자금 부담이 커지고 재고로 유지되는 기간만큼 제품의 유통기간이 단축되어 폐기되는 경우도 발생한다.

2 원재료계획

생산을 하는 데 중요한 요소가 원재료이다. 식품의 제조가공에서 원재료의 품질은 제품의 품질에 결정적인 영향을 미칠 뿐만 아니라, 보통 제조원가의 50% 이상을 차지하기 때문에 생산 전에 필요로 하는 수량과 품질에 대한 계획을 세워야 한다. 원재료의 품질은 원료의 품종, 수확시기, 저장조건 및 가공방법 등에 따라 차이가 나기 때문에, 품질기준 설정 시에는 세심한 검토가 필요하다. 또한 확보한 원료를 보관하는 상태에 따라 품질위생에 영향을 미치므로 원료의 특성에 맞도록 관리하는 것이 중요하다.

3 재료관리

식품공업에서 재료관리란 생산계획에 따라서 필요한 수량의 원재료를 필요한 시기에 공급할 수 있도록 구매하는 것과 확보한 재료를 품질의 손상 없이 적정량으로 재고를 유지하는 것이다.

식품의 재료는 변질되기 쉬운 것이 많기 때문에 창고에 먼저 들어온 것은 먼저 나가도록 하는 선입선출관리가 중요하다. 선입선출을 하기 위해서는 창고 내에 재료 적재 시에 운반통로를 확보해야 하며, 적재된 재료에는 입고일자를 표시해 두어야 한다. 재료창고에는 쥐나 곤충이 침입하지 못하도록 하는 시설을 설치한다.

4 공정계획

공정계획은 작업량을 정하고 여기에 필요한 원재료의 수량과 품질을 결정하여 제조가공 순서에 따라서 설비, 기계, 기구와 그 취급법을 명시하여 어느 한계 내에서 목표를 세우는 것이다. 즉 공정마다 기준을 설정하고 그 기준을 달성하기 위한 작업표준을 작성하는 것이다. 이전부터 동일한 제품을 계속 생산 시에는 공정계획이 필요하지 않으나 처음 생산하는 경우에는 자세한 계획을 수립해야 한다. 이 계획에는 미생물오염방지, 이물혼입방지, 환경오염방지 뿐만 아니라 안전사고 예방을 위한 계획도 포함되어야 한다.

또한 공정관리는 기계장치의 성능과 밀접한 관계가 있기 때문에 설비관리계획도 포함되어야 한다. 설비관리는 고장 난 후에 수리하는 것보다 고장이 나지 않도록 평상시에 점검해서 고장을 예방하는 것이 중요하다.

5 배합비율관리

배합비율은 작업현장에 게시하여 작업자가 확인할 수 있도록 하고 품질개선으로 원료의 종류나 배합비율이 달라질 경우에는 법에서 정한 절차에 따라 처리하고, 작업자가 변경내용을 알 수 있도록 해야 한다.

성분배합이 제대로 되었는지의 확인은 원료 중에서 간단히 점검할 수 있는 것을 선택하여 그 함량이 계산대로 되어있는지를 분석해 보면 알 수 있다. 예를 들면 20여종의 원료가 배합되는 인스탄트스프는 배합이 끝난 제품에서 시료를 취하여 소금농도를 분석함으로서 간접적으로 원료의 배합이 잘 되어있는지의 여부를 확인할 수 있다. 표준품과 대비하여 관능검사를 하는 것도 한 가지 방법이다.

배합비율관리에서 중요한 것은 사용하는 계량기의 정확도와 정밀도이고, 계량이 끝난 다음에는 혼합기의 성능과 배합시간이다. 컴퓨터를 이용한 자동계량의 경우에는 원료를 저장하는 호퍼의 관리가 중요하다. 배합관리는 화학분석이나 관능검사로 파악할 수 있으나 매일 생산되는 제품과 사용재료의 재고조사를 실시하여 배합비율이 제대로 지켜지고 있는지 확인할 필요가 있다. 식품첨가물과 같이 사용량이 적은 것은 다른 재료와 미리 혼합하여 두었다가 사용하면 고르게 혼합할 수 있다.

6 일정계획

일정계획은 공정계획이 결정될 때 여기에 맞추어 생산에 필요한 작업이나 업무를 시간적으로 계획하는 것이다. 이 계획을 세우기 위해서는 먼저 원료조달 소요시간, 생산설비나 기계의 부하능력을 정확히 알고, 원료발주에서 제조 가공 출하까지의 모든 작업이나 업무의 시작과 종료의 시기를 도표로 나타낸다.

7 작업분배

작업현장에서 해야 할 작업량이 결정되면 작업분배가 이루어진다. 작업분배란 생산을 위해 어느 공정에 어느 정도의 사람을 배치할 것인가의 노무인시계획으로, 현장의 공정관리를 맡고 있는 사람이 실시한다. 다품종 소량생산을 하는 공장이나 임가공제품을 생산하는 공장에서는 작업분배에 따라 생산성이 좌우된다.

8 기록관리

공장에 입고된 원부재료, 포장재료 등의 품질은 최종제품의 품질과 밀접한 관계가 있기 때문에 법이나 회사표준으로 정해진 검사방법에 따라 시험하고 결과를 기록해 두어야 한다. 생산된 제품에 대해서 품질검사를 하는 것은 당연하나, 식품위생법에서는 제품별로 법에서 정해진 검사항목에 대해서 자가품질검사를 실시하고 그 일지를 보관토록 되어 있다. 계속생산 시에는 몇 가지 중요한 항목만 검사하는 경우가 있으나 최소한 법에서 정해진 항목대로는 검사하고 그 결과를 기록해 두어야 한다. 시험방법도 법에서 정한 방법보다도 더 신속하고 정확하게 분석할 수 있는 기기를 채용하여 분석하는 경우가 있으나, 자가품질검사일지에 기록하는 수치는 법에서 정한 방법으로 한 것이라야 한다. 이외에 공장에서 사용하는 물이 수돗물이 아닌 경우에는 1년마다 공공시험기관에서 분석해서 음료수로서 적합 판정을 받은 성적서, 생산일지 및 재료별 수불일지도 보관해 둔다.

제4절 개인위생관리

식품을 제조 가공하는 시설이 좋고 식품을 취급하는 기구류가 청결하여도 작업자의 위생의식이 결여되어 있고 정해진 행동지침대로 이행하지 않으면 위생적인 제품을 생산하기 어렵다. 식품공장에서 개인위생이 강조되는 이유는 작업자가 병원균 등 많은 미생물로 오염되어 식품에 옮겨지는 것을 막기 위함이다. 따라서 식품공장에 종사하는 사람은 위생적인 습관이 몸에 배도록 교육과 훈련이 있어야 한다.

개인위생관리의 내용은 상식적인 것이나 실행이 쉽지 않다.

① 손을 청결히 씻고 작업 전에는 소독을 한다.
② 머리에는 머리카락보호망과 모자를 쓰고 신발을 소독한다.
③ 두발과 몸을 청결하게 유지한다.
④ 작업복은 자주 세탁하여 항상 깨끗이 한다.
⑤ 손톱은 짧게 깎고 손톱에 매니큐어 등을 바르지 않는다.
⑥ 작업 중에는 손목시계나 반지를 착용하지 않는다.
⑦ 손에 화농성 질환이 있을 때에는 작업하지 않는다.
⑧ 설사가 있을 때에는 작업을 하지 않는다.
⑨ 화장실은 청결하게 유지하고 용변을 본 후에는 반드시 손을 씻고 소독한다.

현장 작업자의 위생적인 행동이 몸에 배게 하기 위해서는 교육을 반복해야 한다. 식품위생법에는 위생관리인은 매년 위생교육을 받아야 하고, 종업원에 대한 위생교육은 영업자 또는 식품위생관리인이 매월 1회 이상 하도록 규정되어 있다.

질병이 있는 사람이 식품을 제조하면 오염의 가능성이 크기 때문에 식품위생법에서는 1년마다 건강진단을 받도록 하고 있다. 건강진단 대상자는 식품 또는 첨가물을 채취, 제조, 가공, 조리, 저장, 운반 또는 판매하는 데 직접 종사하는 자로 한다. 다만 완전 포장된 식품 또는 첨가물을 운반 또는 판매하는데 종사하는 자는 그러하지 아니하다. 건강진단 결과 이상이 없으면 건강진단증만 보관하고 있으면 되나, 이상이 있는 사람은 즉시 직접생산과 관련이 없는 부서로 배치하고, 그 증상이 심한 경우에는 휴직시켜 요양토록 해야 한다. 영업에 종사할 수 없는 질병의 종류에는 콜레라, 장티프스, 파라티프스, 세균성 이질, 결핵, 성병, 피부병, 화농성 질환, 후천성면역결핍증이다.

제5절 식품공장의 GMP

식품으로 인한 위생상의 위해를 방지하기 위해서 식품위생법에서는 식품의 규격기준이나 시설기준이 정해져 있으나, 식품 제조업자의 자주적인 위생관리지표로서는 완전치 못하다. 미국의 FDA에서 제정한 우수제조규범(GMP, good manufacturing practice)에는 식품공장이 위생 상태를 확보하기 위해서 건물, 시설 및 제조관리를 어떻게 해야 하는가를 정하고 있는데 식품제조업자 측에서 보면 상식적인 내용이다.

1 일반조항

가. 우수제조규범

식품이 안전하고 위생적인 조건에서 제조·포장·보관되고 있는 것을 보증하기 위해서 식품의 제조·가공·포장 또는 보관에 사용하는 시설·방법·실행 및 관리가 우수제조규범(GMP)에 따라서 조작 또는 실시되는가를 확인해야 한다.

나. 용어의 정의

1) 적당한(adequate)이란 우수제조규범을 유지하는데 있어서 의도한 목적을 달성하는데 필요한 것을 뜻한다.

2) 공장(plant)이란 식품을 제조 · 가공 · 포장 · 상표부착 및 보관하는 데 이용되거나 또는 관련되는 건물과 그 부속물을 뜻한다.

3) 위생처리(sanitize)란 병원균의 영양세포를 파괴하거나 기타 미생물을 실질적으로 줄이는데 효과적인 어떤 공정으로 처리함을 뜻한다. 그러한 처리는 제품에 영향을 미치지 않아야 하며 소비자에게 안전해야 한다.

다. 작업자

공장관리는 다음을 보증하기 위해서 합리적인 수단과 예방조치를 취해야 한다.

1) 질병관리(disease control)

전염병 환자, 전염병 보균자, 곪거나 상처가 있거나 또는 기타 미생물 오염의 발생원을 갖는 사람은 식품, 원료 및 개인에 질병을 옮길 가능성이 있는 식품공장에서 일해서는 아니 된다.

2) 청결(cleanliness)

식품의 원료 또는 식품이 접촉하는 표면과 직접 접촉하는 작업자는 다음을 준수해야 한다.

가) 청결한 작업복을 착용하고 고도의 개인청결을 유지하며 근무 중에 식품의 오염방지에 필요한 위생적인 기준에 따라야 한다.

나) 작업 전후 및 손이 오염되었을 때에는 미생물의 오염을 막기 위해서 적당한 세정설비에서 손을 씻고 소독해야 한다.

다) 식품을 손으로 다루고 있는 동안에는 보석류는 착용하지 않는다.

라) 장갑을 사용할 경우에는 청결하고 위생적인 상태로 유지해야 하고 장갑은 침투성이 없는 재료이어야 한다.

마) 머리카락 보호망, 모자 또는 머리를 보호할 수 있는 것을 착용해야 한다.

바) 식품 또는 원료가 노출되는 장소나 세정장치를 사용하는 장소는 옷이나 개인소유물을 두지 말아야 하고, 음식을 먹거나 흡연을 하지 않아야 한다.

사) 미생물 또는 땀, 머리카락, 화장품, 담배, 약품 등의 오염을 막기 위해서 필요한 예방조치를 취해야 한다.

3) 교육과 훈련(education and training)

위생관리책임자는 청결하고 안전한 식품을 제조하는 데 필요한 능력을 갖추도록 교육받거나 경험을 갖고 있어야 한다. 작업자 및 감독자는 올바른 식품의 처리기술 및 식품보호 원리에 대한 적절한 훈련을 받아야하며, 불량한 위생과 비위생적인 습관의 위험에 대해 알고 있어야 한다.

4) 감독(supervision)

모든 작업자에게 우수제조규범을 인식시키는 책임을 유능한 관리자에게 맡겨야 한다.

2 건물 및 시설

가. 공장과 부지

1) 부지

식품공장의 부지에서 다음과 같은 식품오염의 발생환경을 없애야 한다.

가) 쥐·해충의 유인물, 공장의 건물 및 건조물의 주변에 방치된 기구, 폐기물, 자르지 않은 잡초

나) 먼지가 쌓인 도로, 구내주차장

다) 해충이나 미생물의 번식처가 되어 식품을 오염시킬 우려가 있는 배수가 불량한 장소

2) 공장의 설계와 건축

공장건물 및 건조물을 유지하고 위생적인 식품의 가공조작을 용이하게 하기 위해 적당한 크기와 구조가 되어 있어야 한다.

가) 위생적인 조작 및 안전한 식품이 제조될 수 있도록 장치의 배관 및 원료의 저장을 위한 충분한 공간을 갖도록 해야 한다. 공장의 바닥, 벽 및 천정은 적당히 세정할 수 있는 구조로 하고 깨끗하고 보수되어 있어야 한다. 부착물, 배출구, 배관은 응축수가 식품, 원료 및 식품과 접촉하는 표면을 오염시키지 않도록 작업장에 걸쳐 놓아서는 아니 된다. 작업통로설비와 설비간격과 벽사이의 작업공간은 식품접촉표면이 작업복이나 사람의 접촉으로 오염 없이 일할 수 있도록 장애물이 없고 충분한 넓이가 있어야 한다.

나) 유해미생물, 약품, 불순물 또는 이물로 식품을 오염시키는 작업은 칸막이, 배치, 기타 효과적인 수단으로 분리해야 한다.

다) 세면대, 탈의실, 화장실, 식품 및 원료를 검사 가공 저장하는 장소나 설비, 기구가 깨끗해야 하는 모든 장소에는, 제조공정상에 노출된 식품을 가로질러 설치된 부착물, 조명설비 및 기타 유리제품은 파손의 경우에 식품오염을 방지할 수 있도록 안전한 형태로 하여야 한다.

라) 식품을 오염시킬 가능성이 있는 장소에서 냄새와 유해한 증기를 줄이는 환기장치를 설치해야 한다. 환기장치는 공기로 인한 식품오염이 일어나지 않도록 하여야 한다.

마) 필요한 곳에는 새, 동물 및 해충의 침입을 막을 수 있는 망이나 보호 장치를 설치해야 한다.

나. 위생시설의 설치

각 공장은 다음과 같은 위생시설 및 설비를 설치해야 한다.

1) 급수(water supply)

급수는 의도하는 작업에 충분해야 하며 적당한 수원에서 끌어들여야 한다. 식품 또는 식품과 접촉하는 면에 닿는 물은 안전하고 위생적인 품질이어야 한다. 식품을 가공하고 시설·기구·용기를 세척하고 종업원의 위생시설이 필요한 장소에는 적당한 온도와 압력이 걸려 있는 흐르는 물이 공급될 수 있어야 한다.

2) 하수처리(sewage disposal)

하수는 적당한 하수처리체계로 처리해야 한다.

3) 배관공사(plumbing)

배관공사는 적당한 크기 및 형태의 것을 적절히 배치하여 항상 보수된 상태로 유지해야 한다.

가) 공장의 필요한 곳에 충분한 용수를 공급할 수 있어야 한다.

나) 공장에 나오는 하수와 액상의 폐기물을 적절히 운반할 수 있어야 한다.

다) 식품, 원료, 급수, 장치 및 기기를 오염되지 않도록 하여야 한다.

라) 바닥에 물이나 액상폐기물이 잘 빠지도록 바닥의 배수장치가 설치되어야 한다.

4) 화장실 시설(toilet facilities)

각 공장은 종업원용의 적당한 화장실 및 손씻는 부대시설을 설치해야 한다. 화장실 문은 자동 개폐식으로 하고 식품이 노출된 장소에 직접 개방되어서는 아니 된다. 화장실을 이용 후에 손을 씻을 비누나 세제가 있는 곳에 방향표시를 해야 한다.

5) 손씻는 시설(hand-washing facilities)

공장 내에 필요한 장소에 종업원이 손을 씻고 소독하고 건조하기 위한 적절하고 편리한 시설을 설치해야 한다. 이러한 설비는 손씻기에 적당한 온수, 소독액, 위생수건 또는 건조장치 그리고 적당한 곳에 쉽게 청소할 수 있는 폐기물 통이 설치되어 있어야 한다.

6) 폐기물 처리(rubbish and offal disposal)

냄새발생을 최소화하고, 곤충의 번식을 막고, 식품과 접하는 면·바닥·급수의 오염을 막기 위해서 폐기물을 운반, 저장, 처리해야 한다.

다. 위생적인 보전

1) 일반적인 유지(general maintenance)

공장건물, 부착물 기타 시설은 항상 양호한 수리상태 및 위생 상태로 유지해야 한다. 세정작업은 식품 및 식품과 접촉하는 면의 오염위험을 최소화하도록 실시해야 한다. 세정 및 살균작업에 사용되는 세정제 및 살균제는 미생물 오염이 없고 안전하고 효과가 있어야 한다.

2) 동물 및 해충관리(animal and vermin control)

식품공장에는 동물, 새, 해충을 구제하고 식품의 오염을 막기 위한 유효한 수단을 취해야 한다. 살충제나 쥐약은 상품 및 포장재가 오염되지 않도록 예방조치를 취하고 사용해야 한다.

3) 장치 및 기구의 위생(sanitation of equipment and utensils)

식품의 오염을 막기 위해서 모든 기구 및 장치가 제품과 접하는 면은 자주 세정해야 한다. 장치가 제품과 접촉하지 않는 면도 먼지나 식품의 분말이 쌓이지 않도록 자주 청소해야 한다. 종이컵, 종이수건과 같은 1회용 물건은 식품 또는 식품과 접하는 면이 오염되지 않도록 적당한 용기에 저장, 사용 및 처리해야 한다. 유해미생물에 식품, 기구 및 장치가 오염되는 것을 막기 위해서 필요한 곳은 사용 전에 세정하고 살균해야 한다. 연속생산작업에 이용되는 장치나 기구는 세정과 살균을 위해 적당한 방법으로 사전 계획된 일정에 따라 세정 및 살균해야 하고 살균제는 살균조건하에서 효과가 있고 안전해야 한다.

4) 이동식 장치 및 기구의 보관(storage and handling of portable equipment)

제품과 접하는 면을 갖는 이동 가능한 장치 및 기구는 세정 소독 후 오염되지 않도록 보관해야 한다.

라. 장치와 조치(equipment and procedures)

1) **공장의 모든 장치 및 기구는 용도에 맞아야 하고 세정할 수 있도록 디자인하며 유지될 수 있어야 한다. 모든 설비는 장치를 세척하고 인접한 공간을 쉽게 청소할 수 있도록 설치하고 유지해야 한다.**

2) **식품공장 내나 주변에 있는 새로운 장치기구 및 식품취급이나 가공을 위한 기계는 위해요소가 들어 있어서는 아니 된다.**

3 생산과 공정관리

가. 공정과 관리

식품의 수입, 검사, 운반, 포장, 분할, 제조, 가공 및 저장에 관한 모든 작업은 적당한 위생상의 원칙에 따라서 실시해야 한다. 공장의 전반적인 위생은 책임이 부여된 사람의 관리 하에 있어야 한다. 미생물 유해물질 및 기타 바람직하지 않은 물질이 제품에 오염되지 않도록 합리적인 예방조치가 취해져야 한다.

1) 원료는 깨끗하고 건전하고 식품으로 가공하는 데 적합하다는 것을 보증하기 위해서 검사하고 구분되어야 한다. 또한 오염을 막고 변패를 최소화시키는 조건에 저장해야 한다. 원료는 오물과 오염을 제거하기 위해서 필요하면 세정해야 한다. 식품을 세정하고 운반하는 데 쓰이는 물은 적당한 품질이어야 한다.

2) 원료의 용기가 제품의 오염 또는 변질의 원인이 되지 않도록 수입 시에 검사해야 한다.

3) 제품과 접촉하는 얼음은 음료수로서 제조하고 위생적인 방법으로 저장, 수송 및 취급해야 한다.

4) 식품가공에 쓰이는 가공장 및 장치는 동물사료 또는 식품 이외의 제품의 가공에 사용치 않도록 해야 한다.

5) 가공장치는 세정 및 소독을 실시하여 위생적인 상태로 유지해야 한다. 필요한 경우에는 장치의 완전한 세정을 위해 분해해야 한다.

6) 포장과 저장을 포함한 모든 식품가공은 미생물 오염, 독소생성, 변질을 최소화하는 조건과 관리 하에서 실시해야 한다.

7) 위생상의 결함 또는 식품오염을 확인하기 위해서 화학적, 미생물학적 시험 및 이물질 시험을 실시해야 한다.

8) 포장공정과 재료가 제품을 오염시키지 않도록 해야 한다.

9) 제조 가공 포장 또는 재포장 되어 판매되었거나 배송된 제품에 의미 있는 부호를 부여하여, 오염되었거나 사용 목적상 부적합한 특수제품을 용이하게 구분할 수 있도록 하여야 한다.

10) 최종제품의 저장 및 수송은 유해미생물의 증식을 방지하고 제품 및 용기의 변질을 방지할 수 있는 조건에 있어야 한다.

나. 자연적 결함

우수제조규범에서 생산되었지만 어떤 식품은 건강에 해가 없는 낮은 수준으로 자연적 또는 피할 수 없는 결함을 갖고 있다. 이러한 식품에 대해 결함에 대한 한계수준을 설정한다.

14 건강기능식품의 품질관리

제1절 건강기능식품의 안전성

1 건강기능식품의 정의

건강기능식품의 정의는 국가 또는 지역에 따라서 매우 다양하다. 건강기능식품을 생리적기능성식품(physiological functional food), 의료식품(medical food), 치료성식품(therapeutical food), 건강식품(health food), 건강기능성식품(health functional food), 구상식품(designer food), 특정보건용식품, 영양약리제(neutraccutical) 등으로 부르고 있다. 건강기능식품은 관례적으로 식품성분이 갖는 생체방어, 생체리듬의 조절, 질병의 예방과 치료 등 생체조절기능을 발휘할 수 있도록 설계되고 가공된 식품이라고 정의되는데, 나라마다 정의는 차이가 있다.

가. 한국

우리나라에서는 2002년에 건강기능식품에관한법률이 제정되었고 법에 건강기능식품이라 함은 인체에 유용한 기능성을 가진 원료나 성분을 사용하여 정제·캡슐·분말·과립·액상·환 등의 형태로 제조가공한 식품을 말한다 라고 정의하고 있다. 종전까지는 식품공전에 특수영양식품과 건강보조식품에 포함시켰었다. 즉 특수영양식품이라 함은 영유아, 병약자, 노약자, 비만자 또는 임산부 등을 위한 용도에 제공할 목적으로 식품원료에 영양소를 가감시키거나 식품과 영양소를 배합하는 등의 방법으로 제조가공된 조제유류, 이유식류, 영양보충용 식품, 특정용도식품, 식이섬유가공식품 등의 식품을 말한다 라고 정의하고 있으며, 건강보조식품이라 함은 건강보조의 목적으로 특정성분을 원료로 하거나 식품원료에 들어 있는 특정성분을 추출, 농축, 정제, 혼합 등의 방법으로 제조가공한 식품을 말한다 라고 정의하고 있다.

우리나라의 경우 병약자, 임산부, 어린이, 비만자 등을 위한 특수영양식품은 각 시도에 신고한 후 생산할 수 있다. 한편, 건강보조식품은 식품공전에 수록된 품목에 한하여 생산할 수 있으나 질병치유나 경감효과의 표현은 불가능하며, 각 시도에 신고한 후 한국식품위생연구원에서 제품검사를 받아야 하고 합격 시 검사합격증지를 붙여 판매하게 된다. 이때의 제품검사는 그 효능이 아니라 공전상의 규격과 합치하는지의 여부를 검사하는 것이다.

나. 일본

일본에서는 식품의 기능을 〈그림14-1〉과 같이 1차, 2차, 3차 기능으로 분류하여 기능성 식품을 3차 기능, 즉 생체조절기능을 갖는 식품으로 정의하고 있다.

〈식품의 기능〉

- 1차 기능 : 영양기능 ——— 생명의 유지 기능
- 2차 기능 : 감각기능 ——— 맛, 향, 색, 조직감, 기호성 등 관능적 기능
- 3차 기능 : 생체조절기능
  - 생체방어
  - 신체리듬조절
  - 노화억제
  - 질병예방
  - 질병회복

〈그림14-1〉 식품의 기능 분류

일본의 경우에 기능성식품이란 식품이 갖는 생체방어, 신체리듬 조절, 질병의 예방과 회복 등에 관계되는 신체조절 기능을 발휘할 수 있도록 설계하여 가공된 식품이라고 정의하고 있다. 즉, 식품 중의 생체조절기능이라는 제3차 기능을 발휘하도록 제조된 것이다. 그러므로 이들이 다음의 조건들을 충족시키면 법적으로 특정보건용 식품으로서 효능을 표시하여 판매할 수 있게 하였다. 즉, 기능성식품의 조건은 목적지향적이며 효과가 발현되어야 하고, 화학구조가 해명된 기능성 인자가 함유되어야 하며, 기능성 인자의 생체내 작용기작이 분자수준에서 해명되어야 하고, 경구섭취에 의해 효과가 있어야 하며, 유효 섭취량과 위험량이 안전하게 설정되고, 식품 중에 안정적으로 존재하며, 식품으로서 수용성이 있어야 한다고 규정하였다. 특정보건용 식품은 특수영양식품 중 특별용도식품의 하나로 규정하고 있다. 이런 식품의 제조를 원하는 신청자가 보건소에 허가신청을 내면, 후생성 생활위생국 신개발식품보건대책실에서 특정보건용 식품 평가검토회에 검토를 의뢰하게 되고, 결과에 따라 허가를 결정한다.

다. 미국

미국의 경우에는 기능성식품이 법으로 규정되어 있지 않으며, 어떤 식품을 질병예방이나 치료의 효과가 있다고 표시할 때에는 의약품으로 취급하고 있다. 식품과 약품의 차이를 구별하기란

쉽지 않으나 식품은 질병의 위험을 감소시키고 장기적이고 미래지향적인데 비해 약품은 특정한 환자의 질병치료를 단시간에 이루려는 목적에 차이가 있다. 미국에서도 인간의 질병과 이를 치료하는데 적합한 의료용 식품이 각광을 받고 있으며 많은 연구가 이루어지고 있다. 또한 식품으로서 치료가 적합할 수 있는 임상학적으로 중요한 질병이 제시되었다.

그러나 1990년도부터 발효된 영양표시와교육강령(Nutrition Labelling and Education Act, NLEA)에 따라 과학적 근거가 있는 몇 가지 건강관련효능은 표시할 수 있는데, 예를 들면, 포화지방산 감소(심장실환 예방), 나트륨 감소(혈압 강하), 지방 감소(암 예방), 칼슘 강화, 저지방 고과채류 성분 식품 등이 있다. 기능성식품(functional food)은 건강을 증진하고 질병을 예방 또는 치료하는 특성을 가지고 있는 자연적이고 생리적 활성을 갖는 화학적 화합물이라고 정의하고 있다. 한편 영양약리제(nutraceutical)는 식품으로부터 분리, 정제되어 약의 형태로 판매되는 질병 예방용 제품으로 정의한다.

라. 유럽연합과 기타

유럽연한(EU)의 경우에도 기능성식품에 관한 규정이 없다. 다만 우리나라의 특수영양식품에 해당하는 특별한 영양목적을 위한 식품들(foods for particular nutritional uses)은 규정에 따라 규정식(dietary) 또는 식이요법용(dietctic) 표시를 허용하고 있다.

호주에서는 기능성식품을 일반 식품에 광범위하게 존재하는 기능 이상의 강한 대사적 및 생체조절 기능을 가진 식품류, 신체의 병적 증상을 조절(예, 혈압의 강하 등)하는 목적을 수행하는 식품류, 그리고 특별 식이요법용 식품으로 건강을 증진시키는 식품이라 정의하고 있다. 이런 의미에서 기능성식품은 자연 상태로 존재하고 영양소를 강화하거나 성분을 첨가한 식품류가 된다. 기능성식품의 개발은 식품의 생산, 가공, 제조로부터 소비에 이르는 전 분야에서 가능하다고 할 수 있다.

캐나다 보건성은 기능성식품을 일반적인 식품과 외관이 유사하고, 보통 식사의 한 부분으로서 섭취되는 식품으로, 기본적인 영양학적 역할 외에 생리학적으로 유익하고 만성질환의 위해를 감소시키는 효과가 입증된 식품으로 정의하고 있다.

2 건강기능식품의 구비요건

가. 일반요건

세계 여러 나라에서 규정하는 건강기능식품(기능성식품)의 규정 또는 요건은 매우 다양하나 우리나라의 건강기능식품에관한법률의 주요 내용은 다음과 같다.

1) 인체에 유용한 기능성을 가진 원료나 성분을 사용하여 정제, 캡슐, 분말, 과립, 액상, 환 등의 형태로 제조가공한 식품을 건강기능식품으로 정의한다.

2) 건강기능식품을 제조가공하고자 하는 자는 적합한 시설을 갖추고 식품의약품안전청장의 허가를 받도록 한다.

3) 건강기능식품을 수입하고자 하는 자는 적합한 시설을 갖추고 식품의약품안전청장에게 신고해야 한다.

4) 건강기능식품을 판매하고자 하는 자는 적합한 시설을 갖추고 시도지사에게 신고하도록 한다.

5) 영업자는 경품제공 등 사행심을 조장하여 건강기능식품을 판매하는 행위를 하지 못하도록 한다.

6) 건강기능식품을 제조하는 자는 품질관리인을 두어 제품 및 시설을 위생적으로 관리하도록 한다.

7) 식품의약품안전청장은 건강기능식품의 제조, 사용, 보존 등에 관한 기준과 규격을 정하도록 한다.

8) 건강기능식품의 기능성에 관한 표시, 광고를 하고자 하는 자는 식품의약품안전청장의 심의를 받도록 한다.

9) 영업자는 건강기능식품에 관하여 허위표시 및 과대광고를 하지 못하도록 한다.

10) 식품의약품안전청장은 우수제조기준(GMP) 적용업소를 지정하여 고시할 수 있도록 한다.

11) 영업자는 위해 건강기능식품을 판매하거나 판매할 목적으로 제조, 수입, 사용, 저장, 운반 또는 진열할 수 없도록 한다.

12) 허가를 받지 아니하고 건강기능식품을 제조하거나 위해 건강기능식품을 판매하는 자는 5년 이하의 징역 또는 1억 원 이하의 벌금에 처하도록 한다.

13) 허위 또는 과대표시 광고를 한 자, 기준규격을 위반한 건강기능식품을 제조판매한 자, 건강기능식품이 아닌 것을 건강기능식품으로 오인하게 하여 판매한 자 등은 3년 이하의 징역 또는 5천만 원 이하의 벌금에 처하도록 한다.

14) 이 법 시행 당시 식품위생법에 의하여 식품제조가공업의 신고를 한 자가 이법의 기준규격에 의한 건강기능식품을 제조하는 경우 이 법에 의한 영업자로 보되, 이 법 시행 후 6월 이내 적합한 시설을 갖추어 식품의약품안전청장의 허가를 받도록 한다.

나. 안전성 요건

건강기능식품의 안전성(safety)은 이용자의 건강에 직접 영향을 주므로 효능 못지않게 중요하다. 건강기능식품이 갖추어야 할 조건은 다음과 같다.

1) 명확한 제조목표를 가져야 한다. 즉 체내의 어느 부위에서 어떤 조절인자로 작용하게 할 것인지의 목표가 있어야 한다.

2) 입을 통해 먹음으로써 효과가 나타나야 한다.

3) 화학구조가 해명되어 있는 기능성 인자를 함유하고 있어야 한다.

4) 식품 중에서 결합형인지 또는 유리형인지 그 존재 형태가 명확해야 한다.

5) 기능성 인자의 작용기작(mechanism)이 해명되어 있어야 한다.

6) 안전해야 한다.

7) 식품 중에 안전하게 존재할 수 있어야 한다.

8) 식품으로서 누구에게나 받아들여져야 한다.

다. 표시사항

건강기능식품은 일반식품과 달리 건강기능식품공전 및 건강기능식품에관한법률에 의해 표시해야 한다. 건강기능식품을 구입할 때에는 다음 표시사항에 주의해야 한다.

1) **명칭** : 명칭은 내용이 어떤 것인지 잘 알 수 있도록 일반화된 것을 기재하도록 되어 있다.

2) **제조년월일** : 식품에 따라 생략될 수도 있지만 표시되는 것이 바람직하며 유통기한의 확인 및 선택에 도움이 된다.

3) **제조업체의 소재지와 이름** : 누가 어디서 그 식품을 제조하였는가를 알고 유사시에 책임소재 및 시비를 가릴 경우 필요하다.

4) **첨가물명** : 식품위생법에 규정되어 있는 식품첨가물이 첨가되어 있는 경우는 해당 첨가물을 함유하고 있다는 것을 표시해야 한다.

5) **용량** : 1일 섭취량의 한도나 기준을 명확하게 표시하고 과잉섭취하면 부작용이 야기될 수 있는 경우에는 과잉으로 섭취하면 장해를 줄 수 있다는 의미를 분명히 표시하고, 그 부작용의 내용을 상세히 설명해야 한다. 섭취량의 한도와 기준은 안전성시험 등 과학적 자료를 기초로 설정해야 한다. 의약품 성분으로 사용되는 것은 의약품 사용범위 내로 한다.

6) **사용법** : 캡슐, 정제, 분말 상 건강기능식품에 대해서는 소화, 흡수 등을 고려하여 물에 녹여 마시는 등의 섭취방법을 명기해야 한다.

3 건강기능식품의 안전성평가

가. 안전성 정보

건강기능식품은 위에서 언급한 바와 같이 일반식품과 마찬가지로 안전해야 한다. 그러나 일반식품에 정상적으로 필요한 안전성 이외에도 치료적 및 영양적 자료가 요구된다. 건강기능식품에 있어서 활성물질의 안전성, 소비자에게 수용 가능성, 정량분석의 상세한 목록, 새로운 원료, 새로운 제조법의 응용, 식이에서의 역할 등이 필요하다. 건강기능식품의 안전성 검사에는 다음과 같은 정보가 요망된다.

1) **종류의 명칭** : 학명, 전통적 이름, 화학적 명칭 등을 제공해야 한다.

2) **출처** : 새로운 식품 또는 구성성분 중 원료물질의 출처, 그리고 생물에서 연유한 새로운 식품인 경우에는 분류학적 출처를 알려주어야 한다.

3) **원산지** : 자연적인지, 재래식 육종법에 의한 것인지 또는 유전자변형기술에 의한 것인지 명시하고, 본래의 생물체에 대한 분류, 종, 변종 등 상세한 내용을 밝혀 주어야 한다. 특히 유전자변형기술에 의해 생산된 식품의 안전성에는 다음 사항이 철저히 검토되어야 한다.
   ㉮ 유전자 조작 (동질성, 출처, 통합의 안전성)의 특성
   ㉯ 새로운 유전자변형 식품의 발현, 독성학적 특성, 동물사료로부터 연유한 식용 제품
   ㉰ 영양소, 비영양소, 독성물질 수준의 잠재적인 변화
   ㉱ 유전자변형식품과 인간 또는 동물의 장내균총간의 유전자 전이
   ㉲ 잠재적 알레르기 유발성
   ㉳ 유전자변형 식품의 잠재적 섭취와 식이 영향
   ㉴ 가공 및 조리 과정의 효과
   ㉵ 살충제 및 제초제 등의 사용에 의한 새로운 대사물질의 형성과 독성

4) **생산 또는 조제 방법** : 제품의 생산 또는 제조방법과 이들 방법이 식품에 존재하는 주된 영양소, 독성물질, 병원성 물질 등에 어떤 영향을 주는지, 또 잠재적인 오염 및 부산물의 생성 등에 관한 정보를 명시해야 한다.

5) **소재의 내역** : 식품, 동물사료성분, 또는 약물로서 사용된 경우와 이에 관련된 가공과 섭취의 상세한 내용을 규정해야 한다.

6) **명세서** : 새로운 식품의 상세한 내용은 시판되는 제품이 안전성에 문제가 없다는 확신을 주게 된다. 이 명세서에는 수분, 질소(단백질), 지방질, 당질, 회분 등의 조성이 포함되어

야 한다. 다른 명세서에는 경우에 따라 다르지만, 새로운 식품의 출처, 가공공정, 독성물질, 영양소, 항영양인자 등이 명시되어야 한다.

7) **목적** : 제품개발의 목적 및 새로운 식품의 식이요법에서의 역할, 섭취량, 섭취목적, 집단 등에 관한 정보가 소비자에게 도움이 될 것이다.

8) **기대하는 사용** : 제품의 가공, 조제방법, 사용회수 및 빈도에 관하여 상세하게 규정되어야 한다.

나. 독성학적 평가

전통적인 식품과 다른 새로운 건강기능식품을 개발할 경우에는 독성학적 연구가 이루어져야 한다. 독성학적 연구의 특성과 범위는 사안별로 결정되어야 하고 새로운 식품의 출처와 조성, 잠재적 섭취, 식사에 특정하게 또는 일반적으로 응용될 것인가를 고려해야 한다. 새로운 식품이 건강기능식품으로서 이용될 경우에 독성학적 연구는 다음과 같은 내용이 참고 되어야 한다.

1) **독성 동력학** : 새로운 식품에 실제로 존재하는 화학적 성분의 흡수, 분배, 대사작용, 배설 등에 관하여 독성 동력학이 연구되어야 한다.

2) **유전 독성학** : 새로운 식품이나 분리된 성분에 대한 시험관내 또는 생체 내에서의 실험이 필요하다.

3) **잠재적 알레르기 유발성** : 일부 사람에게는 식품 중의 아주 적은 양의 알레르기 유발물질도 알레르기를 야기할 수 있다. 그러므로 알레르기 유발 단백질을 분석, 동정하는 실험이 요구된다.

4) **미생물의 집락형성 잠재성** : 새로운 식품과 첨가성분에 미생물이 존재할 경우, 소화기관 내에 집락을 형성할 잠재성이 있고 소화기관에 유전적 물질을 전이시킬 수 있으므로 고려되어야 한다.

5) **병원성** : 새로운 식품의 경우에 미생물이 존재하면 잠재적 발병요인이 될 수 있으므로 이 병원성에 관하여 유의해야 한다.

6) **실험동물에 사료급여 실험** : 모든 실험동물을 이용한 실험에서 공인된 표준방법으로 수행되어야 신빙성 있는 결과를 얻을 수 있다.

7) **기타의 독성 연구** : 그 외의 독성 연구들(제2종 독성실험, 기형발생, 성장신경독성, 번식실험, 발암성실험 등)은 시험 성분의 화학적, 물리적 그리고 생물학적 특성과 새로운 식품이나 첨가제에 따라 좌우된다.

8) **인간에게 안전성의 확정** : 관련된 실험이 내성, 분변 미생물상 범위와 내용에 미치는 효과, 그리고 선택된 생체지표에 주는 영향 등을 포함한다. 초기 생체지표는 측정하기 쉽고, 기존의 실험에 통합되며 중독과정의 초기에 반응하고 낮은 용량에 감도가 높아야 하며 예측될 수 있어야 한다.

건강기능식품은 새로운 식품의 개발, 분리, 또는 첨가 등의 방법에 의해 제조될 수 있으므로 일반식품과 같이 안전성이 매우 중요하다. 따라서 국제적인 법적 근거를 마련하고 이 법규에 따라 성분, 기능성, 안전성 검사를 실시하며 인체의 건강에 유익한 식품만을 유통시키려는 노력과 협력이 필요하다.

제2절 건강기능식품의 기준규격

1 건강기능식품의 원료 또는 성분

가. 원료 또는 성분

건강기능식품의 제조에 사용할 수 있는 원료 또는 성분은 식품의약품안전청장이 건강기능식품의 원료 또는 성분으로 사용할 수 있다고 인정한 것과 식품공전에 따라 식품의 원료로 사용할 수 있는 것으로 한다.

나. 원료 또는 성분의 건강기능식품에 사용가능 여부에 대한 판단 기준

상기 **가.**에 의하여 건강기능식품에 사용할 수 있다고 인정된 것 이외의 원료 또는 성분은 원칙적으로 건강기능식품에 사용할 수 없으며, 이를 건강기능식품의 원료 또는 성분으로 사용하고자 하는 경우에는 건강기능식품에관한법률에 따른다.

다. 건강기능식품의 원료 또는 성분의 기준규격

건강기능식품에 사용하는 원료 또는 성분 중 이 공전에서 기준규격이 정하여져 있는 것은 해당 기준규격에 적합하여야 한다. 이 공전에서 기준규격이 정하여져 있지 않은 것 중 관련 공정서에 기준규격이 정하여져 있는 것은 해당 기준규격에 적합하여야 한다.

라. 건강기능식품의 원료 또는 성분 등의 구비요건

1) 원료 또는 성분은 품질과 선도가 양호하고 부패 변질되지 않았으며 가능한 한 유독·유해물질 등에 오염되지 아니한 것으로 안전성을 가지고 있어야 한다.
2) 허가(신고)대상이 아닌 천연성 원료를 직접 처리하여 건강기능식품의 원료로 사용하는 때에는 흙·모래·티끌 등과 같은 이물을 충분히 제거하고 필요한 때에는 먹는물로 깨끗이 씻어야 하며 비가식부분은 충분히 제거하여야 한다.
3) 허가(신고)대상인 건강기능식품의 원료 또는 성분을 구입하여 사용할 때에는 제조업허가를 받았거나 수입신고를 마친 것으로서 해당 기준규격에 적합한 것이어야 하며 유통기한 경과제품 등 부정·불량한 것을 원료로 사용하여서는 아니 된다.
4) 기준규격이 정하여져 있는 수처리제 등은 그 기준규격에, 주정은 주세법에 의한 품질기준에, 원료소금은 염관리법에, 축산물은 축산물가공처리법에, 용수는 먹는물관리법에 적합한 것이어야 한다.
5) 다음에 해당하는 원료 또는 성분은 건강기능식품의 제조에 사용하여서는 아니 된다.
   가) 식용을 목적으로 채취, 취급, 가공, 제조 또는 관리되지 아니한 것
   나) 원료로서 안전성이 입증 또는 확인되지 아니한 것
   다) 기타 식품의약품안전청장이 식용으로 부적당하다고 인성한 것
6) 건강기능식품의 원료는 품질이 유지될 수 있는 적절한 방법으로 위생적으로 보관하여야 한다.
7) 가르시니아 캄보지아 껍질추출물은 영양보충용제품 중 식이섬유 보충을 목적으로 하는 제품의 부원료로서 최소량을 사용하여야 한다.
8) 은행잎 추출물은 부원료로서 1회 섭취량당 7mg 이하를 사용하여야 한다.

마. 건강기능식품의 주원료

1) 주원료는 해당 개별 건강기능식품의 주용도, 제품의 특성 등을 고려하여 다른 건강기능식품과 구별, 특정짓게 하기 위하여 사용되는 원료 또는 성분을 말한다.
2) 건강기능식품별 기준규격의 건강기능식품 유형의 정의에서 원료배합의 기준이 정하여진 건강기능식품은 그 기준에 의한다.
3) 제품의 특성에 따라 첨가되는 배합수는 제외하며, 물을 첨가하여 복원되는 건조 또는 농축된 건강기능식품의 경우는 복원상태의 성분 및 함량비(%)로 환산 적용한다.

2 제조기준

가. 일반제조기준

1) 건강기능식품의 제조에 사용되는 기계 기구류와 부대시설물은 항시 위생적으로 유지 관리하여야 한다.

2) 건강기능식품의 제조에 사용하는 물은 먹는물관리법에 적합한 것이어야 한다.

3) 건강기능식품의 제조 중에는 가능한 한 이물의 혼입이나 병원미생물 등에 오염되지 않도록 적절한 예방대책을 강구하여야 한다.

4) 냉동된 원료의 해동은 위생적으로 실시하여야 한다.

5) 상온에서 장기보존이 어려운 건강기능식품은 제품의 특성에 따라 냉장 냉동하거나 적정한 방법으로 살균 또는 멸균처리하여야 한다.

6) 제조 중에는 수시로 자가품질관리를 실시하여야 한다.

7) 건강기능식품의 제조 중 열처리, 냉각 또는 냉동공정은 제품의 기능성, 영양성, 안전성을 고려하여 적절한 방법으로 실시하여야 한다.

8) 건강기능식품의 용기·포장을 회수하여 재사용하고자 하는 때에는 음용수 등으로 깨끗이 세척하여 일체의 불순물 등이 잔류하지 아니하였음을 확인한 후 사용하여야 한다.

9) 건강기능식품은 용기 또는 포장에 넣어 가능한 한 신속하게 포장하고, 미생물의 오염이 방지되도록 위생적으로 포장하여야 한다.

10) 건강기능식품의 제조 시에는 살모넬라, 황색포도상구균, 장염비브리오균, 클로스트리디움 퍼프린젠스, 리스테리아 모노사이토제네스, 대장균 O157:H7, 여시니아 엔테로콜리티카, 바실러스 세레우스, 캠필로박터 제주니, 클로스트리디움 보툴리늄 등 식중독균, 결핵균, 탄저균, 브루셀라균이 오염되지 않도록 하여야 하며, 또한 최종제품에서 검출되지 않도록 하여야 한다.

11) 식염으로는 식품공전의 재제·가공·정제소금을 사용하여야 한다. 다만, 원료의 전처리과정에는 천일염을 사용할 수 있으나 이때에는 불순물 등이 건강기능식품에 이행되지 않도록 하여야 한다.

12) 건강기능식품은 원료의 처리과정에서 그 이상 제거되지 아니하는 정도 이상의 이물과 오염된 비위생적인 이물을 함유하여서는 아니 된다. 다만 다른 식물이나 원료식물의 표피

또는 토사 등과 같이 실제에 있어 정상적인 제조가공상 완전히 제거되지 아니하고 잔존하는 경우의 이물로서 그 양이 적고 일반적으로 인체의 건강을 해할 우려가 없는 정도는 제외한다.

13) 비타민 또는 무기질을 사용할 때에는 건강기능식품별 기준규격에서 정한 1일 섭취량당 최대함량기준을 따른다.

14) 추출 또는 분리 등의 제조과정 중에 사용하는 용제로는 관련법령 및 관련공정서의 규격에 적합한 물, 주정, 에테르, 아세톤, 이소프로필알콜, 헥산, 이산화탄소를 사용할 수 있다. 이 중 건강기능식품별 기준규격에서 정한 건강기능식품의 제조에 사용하는 추출용제는 물, 주정, 헥산에 한한다.

15) 건강기능식품의 방사선 조사기준

㉮ 사용방사선의 선원 및 선종은 Co-60의 감마선으로 한다.

㉯ 건강기능식품의 발아억제, 살충, 살균 및 숙도조절의 목적에 한하여 건강기능식품에 방사선을 조사할 경우 기준에 적합하여야 한다.

㉰ 일단 조사한 건강기능식품을 다시 조사하여서는 아니 되며 조사된 건강기능식품을 원료로 사용하여 제조·가공한 건강기능식품도 다시 조사하여서는 아니 된다.

㉱ 조사 건강기능식품은 용기에 넣거나 또는 포장한 후 판매하여야 한다.

16) 이 공전에서 규정하는 건강기능식품의 제조기준보다 더 위생적이거나 타당성이 있다고 인정될 때에는 그 방법에 의하여 제조·가공할 수 있다.

나. 제품의 형태에 따른 제조기준

1) 정제품

㉮ 건강기능식품을 그대로 또는 부형제, 결합제, 붕해제 또는 다른 첨가제를 넣어 고르게 섞은 것을 적당한 방법으로 과립상으로 한 다음 활택제 등을 넣어 압축성형하여 만든다.

㉯ 건강기능식품을 그대로 또는 부형제, 결합제, 붕해제 또는 다른 적당한 첨가제를 넣어 고르게 섞은 것을 직접 압축성형하여 만들거나 미리 만든 과립에 건강기능식품을 그대로 혹은 적당한 첨가제를 넣어 고르게 섞은 다음 압축성형하여 만든다.

㉰ 건강기능식품에 부형제, 결합제 또는 다른 적당한 첨가제를 넣어 고르게 섞은 분말을 용매로 습윤시키고, 습윤된 분말을 저압으로 틀에 넣어서 성형한 후, 적당한 방법으로 건조하여 만든다.

㉣ ㉮, ㉯, ㉰에 따라서 만든 것을 필요에 따라 교미제 등을 넣을 수 있으며 적당한 제피제(製皮劑)로 제피할 수 있다.

2) 캡슐제품

㉮ 경질캡슐제는 보통 캡슐에 건강기능식품, 또는 건강기능식품에 적당한 부형제 등을 고르게 섞은 것, 또는 적당한 방법으로 입상(粒狀)으로 한 것, 또는 입상으로 한 것에 적당한 제피제로 제피한 것을 그대로 또는 가볍게 성형하여 충전하여 만든다.

㉯ 연질캡슐제는 보통 캡슐에 건강기능식품, 또는 건강기능식품에 적당한 부형제 등을 넣은 것을 젤라틴 등 적당한 캡슐기제에 글리세린 또는 솔비톨 등을 넣어 소성(塑性)을 높인 캡슐기제로 피포하여 일정한 형상으로 성형하여 만든다.

㉰ 필요에 따라 캡슐기제에 착색료, 보존료 등을 넣을 수 있다.

3) 환제품

㉮ 환제품은 보통 건강기능식품에 부형제, 결합제, 붕해제 등을 넣어 고르게 섞은 다음 적당한 방법으로 구상으로 성형하여 만든다.

㉯ 필요에 따라 백당이나 다른 적당한 제피제로 제피를, 또는 전분, 활석(talc) 등 적당한 물질로 환의를 입힐 수 있다.

4) 과립제품

㉮ 과립제품은 보통 건강기능식품을 그대로 또는 건강기능식품에 부형제, 결합제, 붕해제 등을 넣어 고르게 섞은 다음 적당한 방법으로 입상으로 만들고 될 수 있는 대로 입자를 고르게 한 것이다. 필요에 따라 착향료, 교미제 등을 넣을 수 있다.

㉯ 과립제품은 12호, 14호 및 45호 체를 써서 다음 입도시험을 할 때에 12호체를 전량 통과하고, 14호체에 남는 것은 전체량의 5.0% 이하이며, 또 45호체를 통과하는 것은 전체량의 15.0% 이하이어야 한다.

다. 제품의 보존방법에 따른 제조기준

1) 통병조림제품

㉮ 원료는 가공 전에 음용에 적합한 물로 세척하고 비가식부분을 제거하여 제품의 특성에 따라 성형한 후 외형이 손상되지 않도록 관 또는 병에 살재임하여야 한다.

㉯ 조미액은 미생물이 잔존하지 않도록 충분히 살균 또는 멸균한 후 적정온도로 주액하여야 한다.

㉰ 제품의 보존성을 확보하기 위하여 적절한 온도에서 탈기한 후 밀봉하여야 한다.

㉱ 멸균은 제품의 중심온도가 120℃에서 4분간 또는 이와 동등 이상의 효력이 있는 방법으로 열처리하여야 한다.

㉲ 약산성 건강기능식품은 제품의 내용물, 가공장소, 가공년월을 확인할 수 있는 기호를 표시하고 멸균공정작업에 대한 기록을 보관하여야 한다.

㉳ 산성 건강기능식품은 pH가 4.5 미만인 것으로 보통 90℃ 이하로 살균처리할 수 있다.

㉴ 제품은 저장성을 가질 수 있도록 그 특성에 따라 적절한 방법으로 살균 또는 멸균처리하여야 하며, 제품의 특성에 따라 살균 또는 멸균한 후 제품은 내용물의 변색이 방지되고 호열성 세균의 증식이 억제될 수 있도록 적절한 방법으로 냉각하여야 한다.

㉵ 제조 시 제품의 특성에 따라 영양소 및 비타민 등의 파괴를 최소화할 수 있도록 관리하여야 한다.

㉶ 밀봉이 적합한가를 보증하기 위하여 무작위 추출한 통조림관에 대해 육안검사를 하고 권체관리의 파괴검사를 하여야 한다.

2) 레토르트제품

㉮ 제조공정은 제품의 특성에 따라 영양소 등의 파괴를 최소화할 수 있도록 실시하여야 한다.

㉯ 밀봉이 끝나면 제품의 저장성을 확보할 수 있도록 그 특성에 맞는 적절한 방법으로 살균하여야 한다. 다만 pH가 4.5 이상이고 수분활성도가 0.94 이상인 제품은 중심부의 온도를 120℃에서 4분 또는 이와 동등 이상의 효력이 있는 방법으로 멸균하여야 한다.

㉰ 멸균 후 제품은 내용물의 변색이 방지되고 호열성 세균의 증식이 억제될 수 있도록 적절한 방법으로 냉각시켜야 한다.

㉱ 보존료는 사용하여서는 아니 된다.

3) 냉동제품

㉮ 원료의 전처리는 저장장소와 분리되어 있는 별도의 장소에서 실시하여야 하며 원료처리의 각 공정은 오염방지를 적절히 하고 신속히 다음 공정으로 연결되어야 한다.

㉯ 냉동하기 전에 가열하는 제품은 그 중심부의 온도를 63℃ 이상에서 30분간 가열하거나 이와 동등 이상의 효력이 있는 방법으로 가열 살균하여야 한다.

㉰ 냉동은 가능한 한 개별급속냉동하여야 한다.

㉱ 제품은 미생물의 2차오염이 방지되도록 깨끗하고 위생적인 용기에 넣거나 밀봉 포장하여야 한다.

라. 식품첨가물 기준

1) 건강기능식품 중의 식품첨가물 사용기준은 식품첨가물공전에 따른다.

2) 어떤 건강기능식품에 사용할 수 없는 식품첨가물이 그 식품첨가물을 사용할 수 있는 원료에서 유래되었을 경우에는 그 건강기능식품 중의 식품첨가물함유는 원료로부터 이행된 범위 내에서 첨가물의 사용기준의 제한을 받지 아니할 수 있다.

3) 건강기능식품에 사용하는 식품첨가물은 식품첨가물공전의 기준규격에 적합하여야 한다.

3 보존 및 유통기준

가. 국내시판용

1) 모든 건강기능식품은 위생적으로 취급 판매하여야 하며 그 보관 및 판매장소가 불결한 곳에 위치하여서는 아니 된다. 또한 방서 및 방충관리를 철저히 하여야 한다.

2) 건강기능식품의 취급 장소는 눈비 등으로부터 보호될 수 있어야 하며, 인체에 유해한 화공약품, 농약, 독극물 등과 같은 것을 함께 보관하지 말아야 한다.

3) 이물이 혼입되지 않도록 주의하여야 하며 제품의 풍미에 영향을 줄 수 있는 다른 제품과는 분리 보관하여야 한다.

4) 제품은 서늘한 곳에서 보관 유통하여야 하며 상온에서 7일 이상 보존성이 없는 건강기능식품은 가능한 한 냉장 또는 냉동시설에서 보관 유통하여야 한다.

5) 냉동제품은 품질변화가 최소화할 수 있도록 냉동시켜야 한다. 해동된 냉동제품을 재냉동해서는 아니 된다.

6) 냉동 또는 냉장제품의 운반은 적절한 온도를 유지할 수 있는 냉동 또는 냉장차량이거나 이와 동등 이상의 효력이 있는 방법으로 한다.

7) 흡습의 우려가 있는 제품은 흡습되지 않도록 주의하여야 한다.

8) 제품의 운반 및 포장과정에서 용기포장이 파손되지 않도록 주의하여야 하며 가능한 한 심한 충격을 주지 않도록 하여야 한다. 또한 관제품은 외부에 녹이 발생하지 않도록 보관하여야 한다.

9) 포장된 건강기능식품은 허가 없이 재분할 판매하지 말아야 하며, 표시대상 건강기능식품인 경우 표시가 없는 것을 구입하거나 판매하지 말아야 한다.

10) 제조년월일 및 유통기한이 표시된 부분에 다른 인쇄물 등을 부착시키지 말아야 한다.

11) 보관과정 중의 부주의로 인하여 부패변질 또는 파손된 제품은 판매하여서는 아니 된다.

12) 유통기간은 포장을 제외한 더 이상의 제조공정이 필요하지 아니한 때를 시점으로 한다. 다만 캡슐제품 정제품은 충전 성형이 완료된 때를 유통기간의 시점으로 한다. 유통기한이 상이한 제품이 혼합된 경우에는 유통기한이 짧은 제품을 전체 제품의 유통기한으로 정하여야 한다.

13) 냉동제품을 해동시켜 실온 또는 냉장제품으로 유통시켜서는 아니 되며 실온 또는 냉장제품을 냉동시켜 냉동제품으로 유통시켜서도 아니 된다. 또한, 냉장제품을 실온에서 유통시켜서는 아니 된다.

14) 제품의 유통기간 설정은 당해 제품의 제조자가 포장재질, 보존조건, 제조방법, 원료배합비율 등 제품의 특성과 냉장 또는 냉동보존 등 기타 유통실정을 고려하여 위해방지와 품질을 보장할 수 있도록 정하여야 한다.

나. 수출용

수출을 목적으로 하는 건강기능식품의 기준규격은 수입자가 요구하는 기준과 규격에 의할 수 있다.

제3절 건강기능식품의 취급

1 검체채취의 의의와 원칙

가. 검체채취의 의의

건강기능식품에관한법률에 따라서 관계공무원이 검사대상으로부터 일부의 검체를 채취한 후, 기준규격의 적부, 오염물질 등에 대한 안전성검사의 결과에 따라 행정조치 등이 이루어지게 되므로 검사대상의 선정, 검체의 채취·취급·운반 등은 효율성을 확보하면서 과학적인 방법으로 수행하여야 한다. 따라서 검체를 채취하여 건강기능식품 검사기관에 검사의뢰하는 것은 중요한 의의를 가지므로 관계공무원은 검체채취 및 취급방법 등에 대하여 충분한 지식을 가지고 그 직무를 수행하여야 한다.

여기서 검체란 검사대상으로부터 채취된 시료를 말한다. 또 검체단위는 검체를 구성한 단위로서 한 번에 채취되는 건강기능식품의 양을 말한다. 검사대상은 동일조건에서 생산·제조·가공·포장된 건강기능식품으로 검체가 채취되는 하나의 대상을 말한다.

나. 검체채취의 일반원칙

1) 검체의 채취는 건강기능식품에관한법률 및 같은법 시행규칙에서 규정하는 자가 수행하여야 한다.
2) 검체는 검사목적, 검사항목 등을 참작하여 검사대상 전체를 대표할 수 있는 최소한도의 양을 채취하여야 한다.
3) 일반적으로 검체는 제조번호, 제조년월일, 유통기한이 동일한 것을 검사대상으로 하나, 품종, 건강기능식품유형, 제조회사, 기호, 수출국, 수출년월일, 도착년월일, 적재선, 수송차량, 화차, 포장형태 및 외관 등의 상태를 파악하고 그 건강기능식품의 특성 및 검사목적을 고려하여 채취하도록 하여야 한다.
4) 채취된 검체가 손상되지 않도록 주의하여야 하고, 건강기능식품을 포장하기 전 또는 포장된 것을 개봉하여 검체로 채취하는 경우에는 이물질의 혼입, 미생물의 오염 등이 되지 않도록 주의하여야 한다.
5) 채취한 검체는 봉인하여야 하며 봉인을 파손하지 않고는 봉인을 열 수 없도록 하여야 한다.

2 검체의 채취 및 취급요령

검체채취시에는 검사목적, 대상 건강기능식품의 종류와 물량, 오염가능성, 균질여부 등 검체의 물리·화학·생물학적 상태를 고려하여야 한다.

가. 검체의 채취요령

1) 검사대상 건강기능식품이 불균질할 때

㉮ 검체가 불균질할 때에는 일반적으로 다량의 검체가 필요하나 검사의 효율성, 경제성 등으로 부득이 소량의 검체를 채취할 수밖에 없는 경우에는 외관, 보관상태 등을 종합적으로 판단하여 의심스러운 것을 대상으로 검체를 채취할 수 있다.

㉯ 특성상 침전 부유 등으로 균질하지 않은 제품은 전체를 가능한 한 균일하게 처리한 후 대표성이 있도록 채취하여야 한다.

2) 검사항목에 따른 균질여부 판단

검체의 균질여부는 검사항목에 따라 달라질 수 있다. 어떤 검사대상 건강기능식품이 불균질하더라도 이에 함유된 중금속 등의 성분은 균질한 것으로 보아 검체를 채취할 수 있다.

3) 포장된 검체의 채취

㉮ 깡통, 병, 상자 등 용기포장에 넣어 유통되는 건강기능식품은 가능한 한 개봉하지 않고 그대로 채취한다.

㉯ 대형 용기포장에 넣은 건강기능식품은 검사대상 전체를 대표할 수 있는 일부를 채취할 수 있다.

4) 냉장냉동 검체의 채취

냉장 또는 냉동 건강기능식품을 검체로 채취하는 경우에는 그 상태를 유지하면서 채취하여야 한다.

5) 미생물 검사를 요하는 검체의 채취

㉮ 검체를 채취·운송·보관하는 때에는 채취당시의 상태를 유지할 수 있도록 밀봉되는 용기 포장 등을 사용하여야 한다.

㉯ 검체를 소분채취할 경우에는 멸균된 기구·용기 등을 사용하여 무균적으로 행하여야 한다.

㉰ 검체는 부득이한 경우를 제외하고는 정상적인 방법으로 보관 유통 중에 있는 것을 채취하여야 한다.

㉱ 검체는 관련정보 및 특별수거계획에 의한 경우를 제외하고는 완전 포장된 것에서 채취하여야 한다.

6) 기체를 발생하는 검체의 채취

㉮ 검체가 상온에서 쉽게 기체를 발산하여 검사결과에 영향을 미치는 경우는 포장을 개봉하지 않고 하나의 포장을 그대로 검체단위로 채취하여야 한다.

㉯ 다만, 소분채취하여야 하는 경우에는 가능한 한 채취된 검체를 즉시 밀봉 냉각시키는 등 검사결과에 영향을 미치지 않는 방법으로 채취하여야 한다.

7) 페이스트상 또는 시럽상 건강기능식품의 채취

㉮ 검체의 점도가 높아 채취하기 어려운 경우에는 검사결과에 영향을 미치지 않는 범위 내에서 가온 등 적절한 방법으로 점도를 낮추어 채취할 수 있다.

㉯ 검체의 점도가 높고 불균질하여 일상적인 방법으로 균질하게 만들 수 없을 경우에는 검사결과에 영향을 주지 아니하는 방법으로 균질하게 처리할 수 있는 기구 등을 이용

하여 처리한 후 검체를 채취할 수 있다.

8) 검사항목에 따른 검체채취의 주의점

㉮ 수분검사용 검체는 증발 또는 흡습 등에 의한 수분함량 변화를 방지하기 위하여 검체를 밀봉용기에 넣고 가능한 한 온도 변화를 최소화하여야 한다.

㉯ 산가 또는 과산화물가 검사용 검체는 빛 또는 온도 등에 의한 지방산화의 촉진을 방지하기 위하여 검체를 빛이 차단되는 밀폐용기에 넣고 채취용기 내의 공간체적과 온도변화를 가능한 한 최소화하여야 한다.

나. 검체채취내역서의 기재

관계공무원은 검체채취 시 당해 검체와 함께 검체채취내역서를 첨부하여야 한다. 다만 검체채취내역서를 생략하여도 기준규격검사에 지장이 없다고 인정되는 때에는 그러하지 아니할 수 있다.

다. 검체의 운반요령

1) 채취된 검체는 오염, 파손, 손상, 해동, 변형 등이 되지 않도록 주의하여 검사실로 운반하여야 한다.

2) 검체가 장거리로 운송되거나 대중교통으로 운송되는 경우에는 손상되지 않도록 특히 주의하여 포장한다.

3) 냉동검체의 운반

㉮ 냉동검체는 냉동상태에서 운반하여야 한다.

㉯ 냉동장비를 이용할 수 없는 경우에는 드라이아이스 등으로 냉동상태를 유지하여 운반할 수 있다.

4) 냉장검체의 운반

㉮ 냉장검체는 온도를 유지하면서 운반하여야 한다.

㉯ 얼음 등을 사용하여 냉장온도를 유지하는 때에는 얼음 녹은 물이 검체에 오염되지 않도록 주의하여야 하며 드라이아이스 사용 시 검체가 냉동되지 않도록 주의하여야 한다.

5) 미생물 검사용 검체의 운반

㉮ 부패변질 우려가 있는 검체는 멸균용기에 무균적으로 채취하여 당해 건강기능식품의 냉장보관 온도를 유지하면서 조속히(8시간 이내) 검사기관에 운반하여야 한다. 부득이

한 사정으로 냉장온도를 유지할 수 없거나 조속히 운반하지 못하였을 때에는 재수거하거나 채취일시 및 그 상태를 기록하여 검사기관에 검사 의뢰한다.

㉯ 부패변질우려가 없는 검체는 반드시 냉장온도에서 운반할 필요는 없으나 오염, 검체 및 포장의 파손 등에 주의하여야 한다.

㉰ 얼음 등을 사용할 때에는 얼음 녹은 물이 검체에 오염되지 않도록 주의하여야 한다.

6) 기체를 발생하는 검체의 운반

㉮ 소분 채취한 검체의 경우에는 적절하게 냉장 또는 냉동한 상태로 운반하여야 한다.

라. 검체채취 기구 및 용기

1) 검체채취 기구 및 용기는 검체의 종류, 형상, 용기포장 등이 다양하므로 검체의 수거목적에 적절한 기구 및 용기를 준비하여야 한다.

2) 식품공전 기구 및 용기포장의 기준규격에 적합한 것이어야 한다.

3) 기구 및 용기는 운반, 세척, 멸균에 편리한 것이어야 하며 미생물검사를 위한 검체채취의 기구용기 중 검체와 직접 접촉하는 부분은 반드시 멸균처리하여야 한다.

4) 검체와 직접 접촉하는 기구 및 용기는 검사결과에 영향을 미치지 않는 것이어야 한다.

5) 검체채취 기구용기의 종류

㉮ 채취용 기구는 핀셋, 가위, 칼, 캔따개, 나무망치, 전기톱 또는 톱, 곡물검체채취기, 드라이어, 피펫, 커터, 액체검체채취용 펌프 또는 튜브, 국자, 깔때기 등이다.

㉯ 채취용 용기포장은 검체봉투, 검체채취병 등이다.

㉰ 소독용구는 알콜램프, 알콜, 솜 등이다.

㉱ 기타 테이프, 아이스박스, 사진기, 필기구 등도 필요하다.

제4절 품질시험방법

1 물리적 시험법

가. 내용량 시험법

1) 용량표시제품

검체의 내용물을 메스실린더에 완전히 옮겨 측정한다. 다만 점성 등이 있어 내용물을 완전히 옮기기 어려운 검체에 대해서는 내용물이 들어 있는 용기에 물을 적가하여 용기를 가득 채웠을 때의 양을 측정하고, 용기의 내용물을 제거하여 물 또는 적당한 용매로 용기의 내부를 깨끗이 씻어 말린 후 물을 적가하여 용기를 가득 채웠을 때의 양을 측정하여 전후의 용량차로 계산한다.

2) 중량표시제품

내용물이 들어있는 용기 외면을 깨끗이 닦고 무게를 정밀히 측정 후, 내용물을 완전히 제거하고 물 또는 용매 등으로 용기의 내부를 깨끗이 씻어 말린 후 용기의 무게를 달아 전후의 무게차로 계산한다. 다만 내용량에 포함된 흡습제 등 비가식 대상은 제외한다.

3) 소포장제품

내용물이 소포장으로 20개 이하일 경우에는 전체를, 20개 이상일 경우에는 20개를 무작위로 취해 위와 같이 실험하여 평균값을 구한 후 전체 개수를 곱하여 총량으로 계산한다.

4) 캡슐제품

㉮ 경질캡슐제품

표시된 검체의 전체 개수를 확인한 후 캡슐 20개를 취하여 무게를 측정하고, 캡슐을 열고 내용물을 작은 붓 등을 사용하여 제거하고 빈 캡슐의 무게를 측정한 후 전후의 무게차를 20으로 나눈 평균값을 캡슐당 무게로 하여 캡슐별로 무게와 총 개수에 대하여 각각 판정한다.

㉯ 연질캡슐제품

표시된 검체의 전체 개수를 확인한 후 캡슐 20개를 취하여 무게를 측정하고, 캡슐을 절개하여 그 내용물을 에테르 등의 휘발성 용매로 씻은 다음 여과지 등으로 빈 캡슐로부터 용매를 가볍게 제거하고 실온으로 30분 이상 방치하여 캡슐에 묻어 있는 용매를 제거하여 빈 캡슐의 무게를 측정한 후, 전후의 무게차를 20으로 나눈 평균값을 캡슐당 무게로 하여 캡슐별의 무게와 총 개수에 대하여 각각 판정한다.

5) 통조림제품

내용물이 들어있는 관 외면을 깨끗이 닦고 무게를 정밀히 단 후 뚜껑의 일부분이 관에 붙어있게 개관한다. 관을 비이커에 2분간 비스듬히 올려놓아 액즙이 충분히 흘러내리게 한 후 내용물이 든 관의 무게(B)를 단다. 다음에 내용물을 완전히 제거하고 물 등으로 용기의 내부를 깨끗이 씻어 말린 후 무게(C)를 달아 (A)와 (C)의 무게차 및 (B)와 (C)의 무게차를 각각 내용량 및 고형량으로 한다.

나. 진공도시험법

오른손의 엄지와 인지 사이에 진공계를 잡고 진공계의 침을 관 뚜껑 역륜의 볼록한 부분에 밀착 삽입시켜서 진공도를 측정한다. 이 때 진공계의 끝이 관 뚜껑에 밀착되도록 주의하고 측정시의 통조림의 온도는 15℃에서 한다.

다만, 타원형 혹은 사각형의 통조림에 있어서는 관 내용물이 진공계의 침공을 폐쇄시킬 수 있으므로 이때는 관을 세워 그 타원의 한쪽을 위로해서 그 중심부에 진공계의 침을 밀착 삽입시켜서 그 진공도를 측정한다.

다. 입도시험법

과립제품의 입도는 12호(1680㎛), 14호(1410㎛) 및 45호(350㎛)체를 써서 시험한다. 다만 이 시험법에 쓰이는 체틀의 안지름은 75㎜로 한다. 검체 20.0g을 정확하게 달아 앞에서 지정한 체 및 수기(受器)를 겹쳐놓은 용기의 상단 체에 넣고 뚜껑을 덮은 다음 3분간 수평으로 흔들어 주면서 때때로 가볍게 두드려준 다음 각 체 및 수기 내 잔류물의 질량을 단다. 12호체를 전량 통과하고 14호체에 남는 것은 전체량의 5% 이하이고 또 45호체를 통과하는 것은 전체량의 15% 이하일 때 적합하다.

라. 방사능 잠정허용기준 시험법

방사성물질 중 감마선방출 방사성물질을 검색하는 것으로 위생상 중요문제가 되는 핵종을 대상으로 하고, 정량감도와 검출한계는 위생상 문제가 되는 농도범위로 한다.

핵종분석 및 방사능계측을 수행하기 전에 직접법, 건조법, 회화법으로 시료를 전처리하고, 방사능 핵종과 방사능을 시험한다.

마. 붕해 시험법

내용고형제품의 시험액에 대한 붕해성 또는 저항성을 시험하는 방법으로 정제품, 적당한 제피제로 제피를 한 정제품, 환제품, 캡슐제품, 과립제품, 장용성의 제품은 정해진 방법에 의한 붕해시험을 한다.

바. 이물 시험법

이물은 체분별법, 여과법, 와일드만 라스크법, 침강법으로 분석한다.

2 화학적 시험법

가. 일반성분시험법

일반성분시험법은 검체 중에 일반적으로 함유되어 있는 성분에 관한 시험법으로서 검체의 규격, 순도의 검사 및 영양가를 평가하기 위하여 수분, 회분, 질소화합물, 탄수화물(당질) 및 지질의 시험방법과 열량계산법에 의한다.

보통 검체 중의 일반시험으로는 외관, 향미, 수분, 회분, 조단백질, 조지방 및 조섬유에 대하여 시험하고, 특별한 경우에는 비중, 각종 당류 및 지질 등에 대하여 시험할 필요가 있다.

일반적으로 당질은 검체 100g 중에서 수분, 조단백질, 조지방, 조섬유 및 회분의 양을 감하여 얻은 양으로서 표시하고, 식품 중의 일반성분의 시험결과는 보통 백분율로 표시한다.

나. 보존료 시험법

1) 데히드로초산, 소르빈산, 안식향산, 파라옥시안식향산 및 그 염류

박층크로마토그라피에 의한 정성분석과 자외선흡수스펙트럼에 의한 정량을 하거나, 가스크로마토그라피에 의해 정성 및 정량한다.

2) 프로피온산 및 그 염류

가스크로마토그라피에 의해 정성 및 정량한다.

3) 소르빈산, 안식향산 및 그 염류

고속액체크로마토그라피에 의해 정성 및 정량한다.

다. 산화방지제 시험법

1) 부틸히드록시아니졸(BHA), 부틸히드록시톨루엔(BHT)

가스크로마토그라피에 의해 정성 및 정량한다.

2) 몰식자산프로필

정성시험과 정량시험으로 분석한다.

3) 이디티에이이나트륨, 이디티에이칼슘이나트륨

고속액체크로마토그라피에 의해 정성 및 정량한다.

4) BHA, BHT, 터셔리부틸히드로퀴논(TBHQ), 몰식자산프로필

액체크로마토그라피에 의해 정성 및 정량한다.

라. 착색료 시험법

1) 타르색소

모사염색법에 의해 분리 정성분석한다.

2) 유용성색소

용제에 의해 분리하거나 여지크로마토그래피로 분석한다.

마. 유해성금속 시험법

일반적으로 황산-질산법, 황산-질산 환류법, 건식회화법으로 시험용액을 조제하여 원자흡광도법, ICP법으로 측정한다.

1) 비소는 굿짜이트법이나 디에틸디티오카바민산은법으로 정량한다.

2) 납과 중금속은 디티존법이나 원자흡광도법으로 정량한다.

3) 주석은 SATP법으로 정량한다.

4) 구리는 디에틸디티오카바민산은법으로 정량한다.

5) 수은은 디티존법이나 원자흡광도법으로 정량한다.

바. 인삼제품 중 잔류농약 시험법

BHC, DDT, 알드린, 디엘드린, 엔드린, 캡탄, 엔도설판, 퀸토젠, 다이아지논, 파라치온, 메타락실, 카벤다짐, 델타메스린, 디페노코나졸, 이민옥타딘, 메탐소디움 등 인삼에 쓰일 수 있는 농약의 분석은 가스크로마토그라피나 고속액체크로마토그라피로 정성 분석하여 전자포획검출기(ECD), 질소인검출기(NPD), 염광광도검출기(FPD), 질량분석기(MSD), 자외선검출기(UVD), 형광검출기 등으로 정성 확인한다.

사. 무기성분 시험법

시험용액은 건식분해와 습식분해로 조제한다. 건식분해는 검체를 회화용기에 취하여 탄화시킨 후 550~600℃의 온도에서 여러 시간 가열하여 백색~회백색의 회분이 얻어질 때까지 회화한다. 습식분해는 검체를 분해 플라스크에 취하여 질산을 가하여 서서히 약하게 가열하고 최초의 심한 반응이 끝난 후 다시 온도를 올려 가열시킨다.

1) 칼슘은 과망간산칼륨법이나 원자흡광도법으로 측정한다.

2) 인은 몰리브덴청 비색법으로 정량한다.

3) 철은 페난트로린 비색법이나 원자흡광도법으로 정량한다.

4) 식염은 회화법이나 직접법으로 측정한다.

5) 나트륨, 칼륨, 아연은 원자흡광도법으로 측정한다.

6) 요드는 이온-선택 전극법으로 측정한다.

아. 비타민 시험법

1) 비타민 A는 비색법이나 고속액체크로마토그라피법으로 정량한다.

2) 비타민 B1은 형광법이나 고속액체크로마토그라피법으로 정량한다.

3) 비타민 B2는 형광법이나 고속액체크로마토그라피법으로 정량한다.

4) 비타민 C는 DNP법, 인도페놀적정법, 고속액체크로마토그라피법으로 정량한다.

5) 니코틴산(나이아신)은 비색법이나 미생물학적 시험법으로 정량한다.

6) 비타민 E는 비색법이나 고속액체크로마토그라피법으로 정량한다.

7) 비타민 D, K1, B6는 고속액체크로마토그라피법으로 정량한다.

8) 비타민 B6, 엽산, 판토텐산, 비타민 B12, 콜린, 비오틴은 미생물학적 시험법으로 정량한다

3 미생물시험법

미생물시험에서 유의하여야 할 점은 검체 중의 미생물의 상황이 시시각각으로 변하여 증식하거나 사멸하는 수가 있으며 원래 검체 중에 함유되어 있던 미생물 외에 별개의 미생물이 시험조작 중 오염될 수 있다는 것이다. 이와 같은 시험상의 오염을 방지하기 위하여 시험조작은 원칙적으로 무균조작이어야 하며 동시에 실험실내는 청결을 유지하여야 한다.

가. 채취방법

1) 검체가 균질한 상태일 때에는 어느 일부분을 채취하여도 무방하나 불균질한 상태일 때에는 일반적으로 많은 양의 검체를 채취하여야 한다.

2) 미생물학적검사를 하는 검체는 잘 섞어도 균질하게 되지 않을 수 있기 때문에 실제와는 다른 검사결과를 가져올 경우가 많으므로 가능한 한 검체를 잘 섞어 균질에 가깝도록 하여 검체를 채취하여야 한다.

3) 미생물학적 검사를 위한 검체의 채취는 반드시 무균적으로 행하여야 하고 멸균한 용기에 넣어 저온으로 유지시키면서 빨리 검사기관에 운반하여야 하며, 가능한 한 빨리 시험에 착수하여야 한다. 부득이 저온으로 검체를 유지할 수 없거나 즉시 운반이 곤란할 경우에는 반드시 채취일시 및 채취 당시의 검체상태를 상세히 기록하여야 한다. 특히 신선한 어패류와 같이 세균의 증식이 적당한 검체는 채취와 운반에 주의하여야 한다.

4) 검체 채취기구는 미리 핀셋, 스푼, 파스테르 피펫 등을 몇 개씩 건열 및 화염멸균을 한 다음 검체 1건마다 바꾸어 가면서 사용하여야 한다.

5) 미생물학적 검사용 검체일지라도 곡분이나 분유와 같이 건조되어 잘 변질 또는 부패되지 않는 검체는 냉장상태에서 운반할 필요는 없으나 2차오염을 방지하기 위하여 밀봉 또는 밀폐하여야 한다.

6) 냉장운반을 위하여 얼음을 사용할 때에는 2차오염을 방지하기 위하여 얼음이나 그 녹은 물이 검체에 직접 접촉되지 않도록 하여야 한다.

7) 시험에 사용되는 검체의 균질화를 위하여 액상검체인 경우에는 강하게 진탕하여 균질화하고 고형 및 반고형인 검체는 균질기를 이용하여 적당량의 희석액과 혼합하여 균질화한 것을 검액으로 사용한다.

8) 칼·도마 및 식기류에서 검체를 채취할 때에는 멸균한 탈지면에 멸균생리식염수를 적셔 검사하고자 하는 기구의 표면을 완전히 닦아낸 탈지면을 무균용기에 넣어 시험용액으로 사용한다.

나. 시험방법

1) 일반세균수는 표준평판법이나 건조필름법으로 측정한다.

2) 저온세균수는 표준평판법으로 측정한다.

3) 내열성세균수는 표준평판법으로 측정한다.

4) 대장균군은 유당배지법, BGLB배지법, 데스옥시콜레이트법으로 측정한다.

5) 대장균은 최확수법, 한도시험법, 건조필름법으로 측정한다.

6) 총균수는 표준평판도말법으로 측정한다.

7) 유산균수는 일반세균수 측정방법에 의한다.

8) 진균(효모 및 사상균)수는 일반세균수 측정방법에 의한다.

9) 탄저균, 결핵균, 부루셀라, 살모넬라, 황색포도상구균, 장염비브리오, 클로스트리듐 퍼프린젠스, 리스테리아 모노사아토제네스, 대장균 O157:H7, 여시니아 엔테로콜리티카, 바실러스 세레우스, 캠필로박터 제주니, 클로스트리디움 보툴리눔의 병원성균은 각각의 시험방법에 의한다.

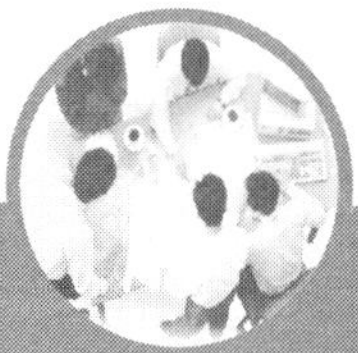

15 기타식품의 품질관리

제1절 소금의 품질관리

1 소금의 종류

소금이란 보통 식염이라고 하며 바닷물에 약 3.5% 들어 있다. 일반적으로 소금의 구성성분은 〈표15-1〉과 같이 염화나트륨을 주성분으로 하여 수분, 칼슘, 마그네슘, 칼륨 등으로 되어 있으며 소금 종별로 그 성분구성비가 다르다. 소금의 품질은 염화나트륨의 함유 비중에 의해서 결정된다.

〈표15-1〉 소금 종류별 성분구성비 (%)

항목	천일염	기계염	재제조염	수입염
NaCl	80~85	99	88	99.2~99.7
Ca	0.2	0.1	0.1~0.15	0.03~0.05
Mg	0.5~1.0	0.2	0.2~0.5	0.013~0.035
SO_4	1.0~1.5	0.4	0.4~0.8	0.13~0.15
K	0.1~0.17	0.1	0.1	0.01~0.02
수분	8~12	0.3	9	2.0~2.5

소금의 종류별 특성은 〈표15-2〉와 같다.

〈표15-2〉 소금 종류별 특성

구분	천일염	기계염	재제조염	가공염
생산방식	해수를 유입하여 태양열로 증발	이온교환식으로 얻어진 함수를 증발관에 넣어 제조	원료염을 용해 탈수 건조시켜 제조	원료염을 볶음, 태움, 용융 등의 방식으로 가공
유통	집산지 거래와 집산지 외 거래	특약점 거래와 직접판매		가공위탁 업체로 직접 유통
염의품질	순도 : 80~85%	순도 : 99%	순도 : 88%	순도 : 99% 이상

구분	천일염	기계염	재제조염	가공염
	결정입자 : 불균등, 공업용 및 재제조염 원료로 부적합	결정입자 : 균등	결정입자 : 균등	
보건위생	전근대적 생산방식과 해수오염가능성 우려, 국민들의 입맛에 일치		불순물을 제거한 위생염, 국민들의 입맛에 일치	
용도	식용 식품가공용	식용 일반공업용	식용 일반공업용	식용 사료용

가. 천일염

천일염은 해수를 저류지로 유입해 태양열, 바람 등 자연을 이용하여 농축시켜서 만든 소금이다. 주요 산지는 지중해, 홍해 연안을 위시하여 미국, 인도, 중국 등 연안에 많으며 한국에서는 서해와 남해에서 생산된다. 천일염의 염도는 일반적으로 90% 내외이고 색은 희거나 투명한데 한국산은 기상조건으로 염도 80% 내외의 백색이다.

나. 암염

천연으로 땅속에 층을 이루고 묻혀 있던 것을 캐낸 것으로 미국, 영국, 독일, 러시아 등지에서 많이 산출되며 채굴된 암염은 분쇄, 선별, 가공되어 공업용과 식용으로 사용된다. 암염은 보통 염도가 96% 이상이고 색은 투명하나 지질에 따라 회색, 갈색, 적색, 청색을 띠기도 한다.

다. 기계염

정제염이라고도 하며 바닷물을 여과조에 담아 Na+ 이온과 Cl- 이온만을 전기분해하고 농축함수를 증발관에 넣어 수분을 증발시켜 이것을 원심분리기에 넣은 후 수분 0.01%로 건조기에서 건조하여 만든다. 보통 염화나트륨의 순도를 99% 이상으로 높인 것으로서 마그네슘염이 제거되어 흡습성이 적고 백색을 띤다.

라. 재제조염

재제조염은 원료소금을 용해, 탈수, 건조 등의 과정을 거쳐 재결정화시켜 제조한 소금으로 꽃소금이라고도 부른다. 보통 국내산 천일염 20%와 수입염 80%를 섞어 115℃로 18시간 동안 가열해서 생산하며 염도가 90% 이상으로 높다.

마. 가공염

가공염은 원료소금을 볶음, 태움, 용융 등의 방법으로 그 원형을 변형한 소금, 또는 식품첨가물을 가하여 가공한 소금을 말한다. 식품공전상에서는 원료 소금을 세척, 분쇄, 압축의 방법으로 가공한 것은 제외한다. 태움에 의한 가공염은 구운 소금과 죽염 등으로 나눌 수 있다.

2 소금의 성질

바닷물의 주성분은 염분으로 바다에 따라 차이가 있다. 태평양, 대서양, 인도양 등 대다수의 큰 바다는 그 농도가 3.3~3.7%로 평균 염분의 농도는 3.5%이다. 해수 중 염류는 〈표15-3〉에서 보는 바와 같으며 이들의 대부분은 지각의 암석을 이루는 성분이 용해되어 바다로 운반된 것이다.

바닷물의 짠맛은 염화나트륨(NaCl)이 녹아있기 때문이며, 다소 쓴맛은 염화마그네슘($MgCl_2$)이 녹아 있기 때문이다. 또한 바닷물에는 염류 뿐 만 아니라 산소(O_2), 질소(N_2), 이산화탄소(CO_2) 같은 기체와 플랑크톤의 먹이가 되는 질산염, 인산염, 규산염 등의 영양 염류도 들어 있다.

〈표15-3〉 해수 중 염류의 조성

염 류	화학식	함량(g/kg)
염화나트륨	NaCl	27.21
염화마그네슘	$MgCl_2$	3.81
황산마그네슘	$MgSO_2$	1.66
황산칼슘	$CaSO_4$	1.26
황산칼륨	K_2SO_4	0.86
탄산칼슘	$CaCO_3$	0.12
브롬화마그네슘	$MgBr_2$	0.08
계		35.00

소금은 100g의 물에 대하여 0℃에서 35.7g, 100℃에서 39.8g이 녹는다. 소금은 물에 녹으면 전해되어 나트륨이온(Na+)과 염소이온(Cl-)으로 해리되는 강한 전해질이다. 소금은 공기 중의 습기를 흡수하여 축축해지는 성질이 있으므로 습기에 대한 주의가 필요하다.

소금의 비중은 2.16이고 소금 1작은술(1ts)은 5g이다. 소금의 경도는 석고와 같은 정도로 단단하다. 소금은 800℃ 이상이 되면 녹아서 액체가 되고, 1,400℃ 이상이 되면 기체가 된다. 소금은 빙점강하작용이 있어서 얼음에 소금을 넣으면 얼음이 녹고 그 물에 소금이 녹는다. 포화소금용액 중에서 얼음은 -21.2℃까지 안정하며 고형의 소금이 있는 한 얼음은 주위나 얼음의 열을 빼앗아 녹으면서 얼음의 온도가 내려가 -21.2℃의 얼음과 소금물이 된다. 이것을 이용하여 -21℃ 정도의 소금물에서 생선을 동결시킨다. 또한 얼음과자를 만들거나 얼음과 소금을 섞어 냉각제로서 음식의 장식에 이용한다. 농도가 진한 소금물은 -20℃까지 얼지 않으므로 겨울철 도로의 동결방지 등에 사용된다.

소금은 방부, 멸균작용이 있다. 유해미생물의 생명유지, 증식은 주위환경조건에 영향을 받는데 삼투압도 그중의 하나이다. 고삼투압 하에서도 증식 가능한 호염균이 있지만 일반적으로 많은 유해미생물은 고염분농도 하에서는 생육하지 않으므로 부패를 방지하는 것이 가능하다.

소금은 삼투, 탈수작용이 있다. 삼투압이 높으면 삼투압을 낮추기 위해서 수분은 삼투압이 높은 용액 쪽으로 이동한다. 삼투작용을 이용하여 식품 중의 수분을 빼낼 수 있다. 채소절임, 생선절임, 오이 소금절이 등이 있다.

소금은 발효조정작용을 한다. 발효는 미생물의 증식에 의하여 일어나므로 염분농도를 변화시켜 유용한 미생물의 증식을 조절하면 발효조정을 할 수 있다. 간장, 된장의 사상균, 효모균, 빵반죽의 효모균, 치즈의 사상균, 효모균, 김치의 유산균 증식은 염분농도에 의해서 좌우되며 염분농도가 적절하지 않으면 좋은 제품이 되지 않는다.

3 소금의 기능과 역할

소금은 식품가공이나 조리에서 다양하게 이용되고 있다. 소금은 실제로 복합적인 역할을 하지만 여기서는 각각 단독의 기능과 역할을 설명한다.

가. 짠맛부여

소금의 짠맛은 조미료로서 사용된다. 모든 식품은 짠맛과 섞여 음식 고유의 맛을 나타내며 강조된다. 그러므로 인간은 음식을 먹을 때 연상했던 기대만큼의 맛에 접근하면 식욕이 나게 된다. 그러므로 음식의 맛도 대부분은 소금의 사용량으로 결정된다. 짠맛의 강약은 음식의 맛을 결정짓는 중요한 요소이다. 가장 맛있는 짠맛을 느끼는 염분농도는 혈중의 염분농도가 140 mM(0.8% NaCl)에 가까운 것으로 이보다 농도가 짙으면 이 농도에 가깝도록 여러 종류의 음식을 먹음으로써 신체가 자연스럽게 조절한다.

1) 대비효과

미각을 자극하는 두 가지의 맛이 있을 때 한쪽의 자극이 존재함으로써 다른 자극을 강하게 변화시키는 현상을 대비효과라 한다. 소금의 대비효과를 나타내는 좋은 예는 설탕에 소량의 소금을 넣은 경우 설탕의 단맛을 강하게 하는 것이다. 단팥죽에 소금을 조금(0.5%) 넣기도 하고 수박에 소금을 뿌려 단맛을 강하게 느끼게도 한다. 또 국물에 소량의 소금을 넣어 감칠맛을 증강시키는 것도 대비효과이다.

2) 억제효과

두 종류의 맛이 있을 때 한쪽의 맛이 다른 쪽의 맛의 존재로 현저하게 약해지는 것을 억제효과라 한다. 예를 들면 초무침에 소량의 소금을 넣으면 신맛이 억제되어 맛있게 된다. 매실절임에 소금을 넣거나 초밥에 소금을 넣는 것은 간을 한다는 의미에 더하여 산의 강한 자극을 부드럽게 하기 위해서다. 역으로 젓갈이 염분농도가 높음에도 불구하고 맛있게 먹을 수 있는 것은 젓갈 속에 들어 있는 각종 아미노산이나 유기산이 짠맛을 부드럽게 하기 때문이다.

3) 짠맛 대체물

소금이 고혈압의 원인일 수도 있다는 연구결과에 따라 소금섭취를 줄이고자 하는 사람이나 소금을 먹을 수 없는 사정의 환자용으로 소금 대체물의 연구가 행해지고 있다. 짠맛 대체용 염류는 염화칼륨(KCl), 브롬화칼륨(KBr) 등이다. 식품가공에서는 염화나트륨의 일부를 염화칼륨으로 대체하여 저나트륨식품을 개발하고자 하는 연구가 있으나, 염화칼륨이 가진 쓴맛이나 뒷맛이 좋지 않고 소금과는 다른 생리적 성질 때문에 만족할 수 있는 제품을 개발하기 어렵다.

나. 단백질 용해삭용

동물이나 식물에 널리 들어있는 단백질로서 알부민과 글로불린이 있다. 알부민은 물에 녹지만 글로불린은 녹지 않는다. 그러나 소금물에는 글로불린도 녹는다. 곡류에 들어있는 단백질인 글리아딘은 소금물에 의해서 녹고, 글리아딘과 글루테닌은 물을 흡수하여 결합한다. 그리고 그 결합한 물질을 계속해서 치댐으로써 두 분자는 그물조직을 만들어 끈기를 내는 물질인 글루텐이 된다. 글루텐의 형성은 우동이나 면의 끈기, 탄력, 씹히는 감촉을 좌우하는 중요한 요소이다.

그리고 콩을 삶기 전에 소금물에 담가 두면 소금물이 콩에 침투하여 콩단백질인 글리시닌을 어느 정도 녹여서 조직을 연하게 하기 때문에 빨리 삶을 수 있다. 햄, 소시지와 같은 육제품과 어묵제품은 근원섬유를 조성하고 있는 단백질이 소금에 의하여 가용화되며 가열에 의하여 변성되어 겔화하므로 결착성이 좋아지고 독특한 씹힘성과 조직감이 생기게 된다.

다. 단백질 변성작용

1) 열응고 촉진

소금은 단백질을 응고시키는 성질이 있다. 열에 의해서도 단백질은 응고하지만 소금이 있으면 응고하는 온도가 낮아지므로 조리할 때에는 이 성질을 이용한다. 생선과 고기를 구울 때 표면에 먼저 소금을 뿌려 두면 표면만이 빨리 응고하여 단단해지며 내부에 있는 수분이 밖으로 나오지 않아 맛있는 성분의 용출을 막는다. 달걀을 삶을 때 소금을 조금 넣으면 달걀이 깨져 흰자가 밖으로 흘러나와도 곧 응고하기 때문에 더 이상 흘러나오지 않게 된다. 마찬가지로 모양을 흐트리지 않고 깨끗하게 수란을 만들 때에도 1~2%의 소금물을 사용한다. 생선이나 육류를 사용하여 단백질식품의 국물을 낼 때에 국물을 만든 다음 건더기를 걸러 내지만 이때 불을 끈 후 소금을 조금 넣으면 생선 또는 육류에 맛있는 성분이 흡착되는 것을 방지할 수 있다. 그러나 처음부터 소금을 넣으면 맛있는 성분이 용출되지 않는다.

2) 산소 실활작용

사과나 감자의 껍질을 벗겨 그대로 공기 중에 방치하면 갈변한다. 이것은 산화효소에 의해 폴리페놀이 산화되어 착색되는 현상이다. 그러나 소금물에 담가 두면 효소가 실활하기 때문에 변색하지 않는다. 소금물에 의한 변색방지와 자연적인 선명한 색의 유지는 클로로필의 녹색 고정, 안토시안의 적색 고정, 햄 등 육제품의 적색 보존 등이 있다.

3) 치환작용

소금 중의 나트륨은 식품 중의 칼슘, 마그네슘과 치환하거나 또는 식품 중의 성분이 칼슘, 마그네슘과 결합하는 것을 방해한다. 채소를 데칠 때의 소금의 역할은 세포를 단단히 고정하고 있는 단단한 펙틴산칼슘의 칼슘과 치환하여 부드럽게 데쳐지도록 하는 것이다. 또한 순두부 또는 두부찌개에 1% 정도의 소금을 넣는 것은 단백질을 단단하게 하는 간수 중의 칼슘, 마그네슘과 결합하여 두부가 단단해지는 것을 막기 위함이다.

라. 조리방법에 따른 소금농도

소금은 짠맛을 내는 기본적인 조미료이지만 그 다루는 방법에 따라 조리의 성패가 좌우된다. 왜냐하면 짠맛에 대한 인간의 기호는 소금농도 0.8 ~ 0.9% 정도로 지극히 그 범위가 좁고 적은 양의 차이가 음식의 맛에 영향을 미치기 때문이다. 또한 소금은 기호성 요인과 식품의 조리조작에도 영향을 미친다.

조리법에 따른 소금농도는 〈표15-4〉와 같이 다양하다. 짠맛의 농도에 대한 기호가 사람에 따라 차이는 있지만 이와 같이 넓은 범위의 소금 농도를 가진 음식을 각각 좋아하는 것으로 받아들여진다는 것은 사람이 자연적인 조절을 하고 있기 때문이다. 소금농도가 진한 음식을 먹을 때에는 조금씩만 먹는다. 같은 조리방법이라도 함께 먹는 음식의 소금농도에 따라 좋아하는 소금농도가 달라진다. 일반적으로 채식을 하는 사람은 육식을 하는 사람보다 소금의 섭취량이 많아야 한다. 왜냐하면 채소에 많이 들어있는 칼륨이 체외로 배출될 때 나트륨을 함께 배출시키므로 배출된 나트륨의 양만큼 소금의 섭취를 늘려야 하기 때문이다.

〈표15-4〉 조리방법에 따른 소금농도

조리방법	소금농도(%)	조리방법	소금농도(%)
소금으로 조미한 밥	0.7 ~ 0.8	진한 조림	5 ~ 10
장국	0.7 ~ 0.9	찜	0.8 ~ 0.9
스프	0.6 ~ 0.7	구이	1 ~ 1.5
연한 조림	1.5 ~ 2.0	초무침	1.2 ~ 2.0
삶기	1.0 ~ 1.2	겉절이	2 ~ 3

마. 조미방법

조미방법은 고체인 소금을 물, 초, 달걀, 기름과 같은 액체에 녹여서 사용하는 경우와 식품에 직접 뿌리는 경우로 대별된다.

1) 샐러드, 무침

갖은 양념의 드레싱소스로서 생채소를 무치면 삼투압의 차이에 의하여 시간이 지남에 따라 수분이 유출되어 샐러드나 무침의 맛이 나빠지므로 먹기 직전에 무친다. 수분의 유출은 수분이 많은 채소일수록 유출이 많고 드레싱소스 중의 기름은 수분의 유출을 억제한다.

2) 무채

삼투압의 차이에 의한 탈수현상을 이용한 것으로 무를 소금으로 비벼 나긋나긋하게 한 다음 얇게 돌려깎기 하여 채썬다. 채썬 것을 물에 담가 두면 다시 물을 흡수하여 팽압이 높아져 빳빳해진다.

3) 채소 데치기

소금을 넣고 데치면 데친 뒤에 푸른 채소의 색이 파랗게 유지된다. 그러나 1% 소금첨가로 일반 채소의 색은 좋아졌지만 시금치에는 효과가 없었다고 한다.

4) 고구마 삶기

1% 소금물에 고구마를 삶으면 삶는 물속에 용출된 점성물질의 일부가 응고하여 침전하기 때문에 삶는 물의 점도가 낮아지고 기포가 억제된다.

5) 찰밥

팥을 넣은 찰밥은 팥 속에 들어 있는 사포닌 때문에 밥 지을 동안에 기포는 잘 일지만 밥이 딱딱해진다. 0.6% 정도의 소금물로서 밥을 지으면 기포가 억제되고 밥이 부드럽게 된다.

6) 조림

짠맛을 균일하게 침투시키기 위하여 가열 도중에 조림국물을 끼얹거나 뒤집어 골고루 맛이 배게 한다. 그러나 재료 및 조림목적에 따라 하룻밤 정도 두면 조미액이 침투되어 맛이 고르게 배게 된다.

7) 구이

굽기 전에 소금을 뿌려 20~30분간 둔 다음 소금이 침투되고 나서 굽는다. 이 밖에 농도가 진한 소금물에 담가 두면 소금이 균일하게 침투된다. 소금의 침투속도는 수분함량이 많을수록 또한 지방함량이 적을수록 크다.

4 소금의 품질규격 기준

가. 천일염

1) **중량 및 포장 :** 검사업무규정이 정하는 바에 의한다.

2) **품 위 :** 다음 표 및 〈표15-5〉와 같이 식품위생법에 의하여 고시하는 재제·가공소금의 성분규격에 의한다.

급 별 성분별	1급	2급	3급
염화나트륨 수분 불용분	88.00 이상 8.00 이하 0.60 이하	83.00 이상 11.00 이하 1.00 이하	80.00 이상 12.00 이하 1.50 이하
색상	백색의 색상 표준염과 비교하여 등급을 정한다.		

나. 기계염

1) **중량 및 포장 :** 검사업무 규정이 정하는 바에 의한다.

2) **품 위 :** 다음 표 및 〈표15-5〉와 같이 식품위생법에 의하여 고시하는 재제·가공소금의 성분규격에 의한다.

급 별 성분별	1급	2급
염화나트륨 수분 불용분	99.00 이상 0.30 이하 0.01 이하	95.00 이상 4.00 이하 0.02 이하
입도	590-149미크론 80% 이상. 다만 이온교환막식 기계염 중 미분염의 경우에는 149미크론 이하로 한다.	
색상	백색의 색상 표준염과 비교하여 등급을 정한다.	

다. 부산물염

1) 중량 및 포장 : 검사업무 규정이 정하는 바에 의한다.

2) 품위 : 다음 표에 의한다.

급 별 / 성분별	1급	2급
염화나트륨 수분 불용분	99.00 이상 0.30 이하 0.01 이하	95.00 이상 4.00 이하 0.02 이하
색상	백색의 색상 표준염과 비교하여 등급을 정한다	

라. 가공염

1) 분쇄가공염

가) 중량 및 포장 : 검사업무 규정이 정하는 바에 의한다.

나) 품 위 : 다음 표 및 〈표15-5〉와 같이 식품위생법에 의하여 고시하는 재제·가공소금의 성분규격에 의한다.

급 별 / 성분별	1급	2급
염화나트륨 수분 불용분	98.00 이상 0.50 이하 0.15 이하	93.00 이상 5.50 이하 0.15 이하
입도	1,190미크론 이상인 것 15% 이내, 500미크론 이하인 것 40% 이내	
색상	백색의 색상 표준염과 비교하여 등급을 정한다.	

2) 세척·압축가공염

가) 중량 및 포장 : 검사업무 규정이 정하는 바에 의한다.

나) 품 위 : 다음 표 및 〈표15-5〉와 같이 식품위생법에 의하여 고시하는 재제·가공소금의 성분규격에 의한다.

급 별 / 성분별	1급	2급
염화나트륨 수분	98.00 이상 0.50 이하	93.00 이상 5.50 이하

급 별 / 성분별	1급	2급
불용분	0.15 이하	0.15 이하
색 상	백색의 색상 표준염과 비교하여 등급을 정한다.	

3) 분쇄 · 세척 · 압축외의 방법으로 가공된 염

가) 중량 및 포장 : 검사업무규정이 정하는 바에 의한다.

나) 품 위 : 다음 표 및 〈표15-5〉와 같이 식품위생법에 의하여 고시하는 재제·가공소금의 성분규격에 의한다.

급 별 / 성분별	1급	2급
염화나트륨 수분 불용분	98.00 이상 0.50 이하 0.15 이하	93.00 이상 5.50 이하 0.15 이하
색 상	백색의 색상 표준염과 비교하여 등급을 정한다.	

※ 첨가물이 포함된 염의 경우에는 첨가물을 제외한 부분의 백분율에 의한다.

마. 함 수

1) 함유 고형분 중에 염화나트륨을 100분의 50 이상 함유하고 섭씨 15℃에서 비중이 보메 5도 이상이어야 한다.

2) 색상은 색상 표준함수와 비교하여 합격여부를 정한다.

〈표15-5〉 재제 가공소금의 중금속 규격 기준

유 형 / 항목	재제소금	가공소금		
		태움·용융 소금	기타가공소금	정제소금
염화나트륨(%)	88.0 이상	88.0 이상	93.0 이상	95.0 이상
총염소(%)	54.0 이상	50.0 이상	56.0 이상	58.0 이상
수분(%)	9.0 이하	0.5 이하	5.5 이하	4.0 이하
불용분(%)	0.02 이하	3.00 이하	0.15 이하	0.02 이하
황산이온(%)	0.8 이하	1.5 이하	1.5 이하	0.4 이하
사분(%)	-	0.1 이하	-	-
비소(mg/kg)	0.5 이하	0.5 이하	0.5 이하	0.5 이하
납(mg/kg)	0.2 이하	2.0 이하	2.0 이하	2.0 이하
카드뮴(mg/kg)	0.5 이하	0.5 이하	0.5 이하	0.5 이하
수은(mg/kg)	0.1 이하	0.1 이하	0.1 이하	0.1 이하

5 소금의 수급구조

가. 소금의 생산량

세계의 소금생산량은 약 2억 톤으로 미국, 중국, 독일, 캐나다가 주요 생산국이며, 한국의 생산량은 1994년 90만 톤에서 빠르게 감소하여 2002년에 36만 톤까지 감소한 후 2004년에 52만 톤으로 증가하였다. 반면에 한국의 염수입량은 〈표15-6〉과 같이 2000년 240만 톤에서 2004년 269만 톤으로 증가하여 자급률이 16.3%로 낮아졌다.

〈표15-6〉 연도별 염공급현황 (천 톤, %)

구분	2000	2001	2002	2003	2004
합계	2,917	3,090	2,886	3,252	3,211
국내염계	521	515	357	411	523
천일염	266	267	210	277	334
기계염	236	232	136	126	180
부산물염	19	16	11	8	9
수입염	2,396	2,575	2,529	2,841	2,688
자급률	17.9	16.7	12.4	12.6	16.3

소금의 용도별 수요현황은 〈표15-7〉과 같이 식용이 55만 톤, 공업용이 266만 톤이었고, 식용은 수산물가공, 장류공업, 식품절임, 식품가공용이 34만 톤, 일반가정용이 21만 톤이었다. 공업용은 가성소다용과 사료용이 대부분이었다.

〈표15-7〉 소금의 용도별 수요현황 (천 톤)

구분			2000	2001	2002	2003	2004
식용	일반가정용	김장용	79	73	74	84	79
		간장, 된장	64	60	54	57	60
		식탁용	82	72	71	78	75
		소계	225	205	199	210	214
	식품공업용	수산물가공	163	139	119	164	155
		장유공업용	70	67	50	51	54
		식품절임용	62	64	61	68	65
		식품가공용	79	78	53	67	63
		소계	374	348	283	350	337
계			599	553	482	569	551
공업용	일반공업용	사료용	64	57	43	70	67
		기타	159	140	105	168	172
		소계	223	197	148	238	239
	화학공업용	가성소다용	1,257	1,690	1,676	1,796	1,803
		기타	568	650	580	649	618
		소계	2,095	2,340	2,256	2,445	2,421
계			2,318	2,537	2,404	2,683	2,660
합계			2,917	3,090	2,886	3,252	3,211

나. 소금의 시장규모

소금의 2004년도 산지 판매액은 약 3,551억 원으로 추산된다. 식용소금 551천 톤 중 국내염이 353천 톤(582억 원)이고 수입염이 198천 톤(198억 원)으로 780억 원 규모이고, 공업용소금이 2,660천 톤으로 2,771억 원으로 추정된다. 수입염은 톤당 100천원, 천일염 등 국산염은 톤당 165 천원 이었다.

제2절 먹는물의 품질관리

1 먹는물의 종류

가. 용어의 정의

1) 먹는물이란 먹는데 통상 사용하는 자연상태의 물과 자연상태의 물을 먹는데 적합하도록 처리한 수돗물, 먹는샘물 등을 말한다.

2) 샘물이란 암반대수층 안의 지하수 또는 용천수 등 수질의 안전성을 계속 유지할 수 있는 자연상태의 깨끗한 물을 먹는 용도로 사용하기 위한 원수를 말한다.

3) 먹는샘물이란 샘물을 먹는데 적합하도록 물리적 처리 등의 방법으로 제조한 물을 말한다.

4) 먹는물공동시설이란 다수인에게 먹는물을 공급할 목적으로 개발하였거나 자연히 형성된 약수터, 샘터 및 우물 등을 말한다.

2 먹는샘물제조업 시설기준

가. 취수정의 설치

1) 취수공의 설치 및 관리

가) 상부구간 착정 및 케이싱 설치

① 취수공(심정) 굴착시에는 충적층 부위는 충분한 구경으로 지층을 굴착, 구경 250~300mm의 외부 케이싱을 설치한 후 견고한 암반선까지 더 굴착하여 구경 200~250mm의 내부 케이싱을 설치한다.

② 이때 최초 지층 굴착 구경은 최초 그라우팅 두께를 확보할 수 있도록 외부 케이싱 구

경보다 최소한 100mm 이상 크게 굴착하여야 한다.

나) 그라우팅 실시

① 상부구간 착정 종료 후 상부 오염수의 유입방지를 위하여 케이싱과 착정경 사이의 공간에 착정공 저부에서부터 역순환식 압력 시멘트 그라우팅을 실시한다.

② 이때 그라우팅은 주입제가 지표로 역류될 때까지 시행하며 그라우팅 주입제는 체적상으로 3%의 벤토나이트를 함유한 시멘트 혼합물을 기준으로 하고 필요시 급결제를 사용할 수 있다.

③ 그라우팅 실시 후 시멘트가 고결될 때까지는 후속작업을 할 수 없다.

다) 취수정 형성

① 그라우팅이 완전 고결된 후 적정구경(150-250mm)으로 하부 대수층까지 굴착한 후 공내 TV-카메라 검층을 실시하여 그라우팅 시공상태 및 케이싱 설치상태와 대수층 상태를 확인하여야 한다.

② TV-카메라 검층결과는 비디오로 촬영하여야 한다.

③ 공내검층 결과 이상이 없으면 수중 모터펌프 설치와 공내 수위관측공 설치가 가능한 적정규격의 우물자재(스테인레스 스틸 자재)를 수중 모터펌프 보호에 충분한 심도까지 설치한 후 공안의 세척을 실시한다.

2) 채수 및 계량시설

가) 양수 모터는 KS규격 이상의 제품을 사용하여야 한다.

나) 취수정에는 취수량을 자동으로 측정 · 기록할 수 있는 계측기를 설치하여야 한다.

3) 취수정 보호시설

가) 취수정의 보호를 위하여 반드시 양수장에 자물쇠가 달린 보호시설을 설치하여야 한다.

나) 취수정 안으로 오염물질이 유입되지 아니하도록 외부 케이싱의 상반부는 양수장의 바닥면보다 최소 30cm 이상 높게 설치하여야 한다.

4) 취수정 자재 등

취수공을 굴착한 후에 공내에 설치할 정호자재는 모두 KS 제품의 304-316 스테인리스 재질이거나 그 이상의 재질이어야 한다.

나. 감시정의 설치와 관리

1) 감시정의 위치

환경영향조사결과 취수정의 위치 · 사양과 취수정의 상하류 구배구간이 결정되면 그 상류구배구간에 2개공의 상류구배 감시정과 그 하류구배구간에 최소 1개공 이상의 하류구배 감시정을 설치하여야 한다.

2) 감시정의 설치

가) 상류구배 감시정

① 취수정에서 지하수 주유동방향의 연장선상에 위치시키며 취수정으로부터 10m 이상 상류에 설치한다.

② 상류구배 감시정의 굴착심도는 취수정 심도와 동일하거나 최소 3분의 2 이상으로 한다.

③ 환경영향조사 시 굴착한 관측정이 ① 및 ②에 부합될 경우에는 이를 상류구배 감시정으로 이용할 수 있다.

나) 하류구배 감시정

① 취수정에서 지하수 유동방향의 연장선상이나 그 대각선 방향에 위치시키며 취수정으로부터 10m 이상 하류에 설치한다.

② 하류구배 감시정의 굴착심도는 취수정 심도와 동일하거나 최소 3분의 2 이상으로 한다.

③ 환경영향조사시 굴착한 관측정이 ① 및 ②에 부합될 경우에는 이를 하류구배 감시정으로 이용할 수 있다.

3) 연속자동계측기 설치 및 관리

감시정에는 원수의 수위 · 전기전도도 · 온도 · 수소이온농도 등을 자동으로 연속 측정 · 기록할 수 있는 연속자동계측기를 설치하여야 한다.

다. 기본기계 · 기구 및 설비의 설치

1) 표준제조공정

가) 표준제조공정을 준수하되 표준공정 이상의 위생적인 공정이 있는 경우에는 그에 의할 수 있다.

취 수 → 원수저장 → 정 수 → 자외선살균 →

처리수저장 → 충 전 (청정실 설치) → 검 사 → 포 장

2) 기본기계 · 기구 및 설비의 관리

가) 원수저장탱크

원수저장탱크는 밀폐되도록 뚜껑을 설치하고 자외선 공기살균기 등 소독시설을 하여야 하며 공기의 유동이 필요한 경우에는 에어필터를 설치하여야 한다.

나) 살균 · 소독시설

살균시설은 2회선 이상을 설치하여야 한다.

다) 처리수 저장조

처리수 저장조는 밀폐되어야 한다. 다만, 공기의 유동이 필요한 경우에는 에어필터를 설치하여야 하며 자외선 살균 등 미생물의 번식을 억제할 수 있는 적합한 시설을 갖추어야 한다.

라) 충전실

충전실은 청정실로 설치되어야 하며 자외선 공기살균시설을 설치하여야 한다.

마) 설비 · 자재

① 각종 설비는 모두 KS제품의 304-316 스테인레스 재질이거나 동등 이상의 재질이어야 한다.

② 먹는샘물 생산 배관자재는 위생배관으로 설치하여야 한다.

③ 전 설비 및 배관은 CIP(Clean In Place) 처리방식을 갖추어야 한다.

바) 기타시설

① 빈병이나 뚜껑 등을 완전히 살균할 수 있는 시설을 갖추어야 한다.

② 회수용기를 재사용하는 경우에는 열탕소독을 할 수 있는 시설을 갖추어야 한다.

③ 원료 · 포장재료 기타 먹는샘물과 직접 접촉하는 부가물은 다른 재료와 떨어져 저장할 수 있는 시설을 갖추어야 한다.

④ 작업장 중 출입구 · 원수처리장 · 제조가공장 · 포장실 및 실험실 등에는 종업원이 사용하기에 편리한 장소에 각각 도관으로 연결된 고정적인 손 씻는 시설을 갖추어야 한다.

⑤ 원수 및 처리수 저장탱크의 바닥은 구배면이 되도록 설비하여 잔류물의 세척이 용이하도록 하여야 한다.

3) 검사실 및 장비

가) 검사실

① 검사실은 제조시설과 격리하여 설치하여야 한다.

② 검사에 필요한 급수시설 및 환기시설을 갖추어야 한다.

나) 검사장비

① 가스크로마토그라피(GC)
② 광전분광광도계
③ 원자흡광광도계(AAS) 또는 발광광도계(ICP)
④ 퍼지트랩장치
⑤ pH메터
⑥ 콜로니 카운터
⑦ 클린벤취
⑧ 정제수 제조장치
⑨ 고압멸균기
⑩ 저울
⑪ 삭제 〈2004.6.30〉
⑫ 건조기
⑬ 부란기
⑭ 진탕수욕조
⑮ 가열판
⑯ 탁도계
⑰ 교반기
⑱ 피펫 세척기
⑲ 수욕조
⑳ 잔류염소 비색계
㉑ 흄후드
㉒ 기타 검사에 필요한 시약 및 초자

다만, 지정검사기관에 검사를 의뢰하는 경우에는 ①내지 ④의 장비를 생략할 수 있다.

3 먹는샘물 등의 검사방법

가. 검사의 종류와 대상

1) 서류검사

수출용 원자재를 수입하는 경우는 제출된 신고서와 첨부서류의 내용을 검토한다.

2) 관능검사

정밀검사 결과 적합판정을 받은 동일회사, 동일제품을 6개월 이내에 다시 수입하는 것은 현품의 성상·색깔·맛·냄새 등에 의하여 판단한다.

3) 정밀검사

다음의 것은 물리적·화학적·세균학적 방법에 의하여 판단한다.

가) 서류검사 또는 관능검사에 해당하지 않는 것

나) 국내에서 유통 중 검사에서 부적합판정된 것

다) 수송중 위생상 안전성에 영향을 줄 수 있는 사고가 발생한 것

라) 기타 환경부장관 또는 유역환경청장(지방환경청장)이 필요하다고 인정하는 것

나. 검체의 수거

1) 검체는 표본의 대표성이 충분히 확보될 수 있도록 대포장단위 3곳 이상에서 수거하여야 한다.

2) 시험에 필요한 기준에 의한 적정량의 검체만 수거하여야 한다.

3) 검체수거는 당해제품 등의 소유자 또는 관리자 입회하에 검사공무원의 자격을 가진 자가 하여야 한다.

4) 관계공무원은 검체를 수거한 경우에는 수거증을 발급하여야 한다.

다. 시 험

1) 수거한 검체에 대한 시험은 당해 유역환경청 또는 지방환경청에서 행한다. 다만 검사가 불가능한 경우에는 환경부장관이 지정한 검사기관에 의뢰할 수 있다.

2) 의뢰받은 지정검사기관은 송부 받은 검체에 대한 시험의뢰항목에 대하여 시험을 신속히 행하고, 그 결과를 지체 없이 유역환경청 또는 지방환경청장에게 통보하여야 한다.

라. 불합격품의 처리

1) 검사결과 부적합 판정된 경우에는 그 내용을 신고인에게 통보함과 아울러 다음의 경우를 제외하고는 이를 폐기하여야 한다.

가) 수출국으로 반송하거나 다른 나라로 반출하는 경우

나) 먹는샘물·수처리제 외의 용도로 사용할 경우

2) 유역환경청 또는 지방환경청장은 부적합판정내용을 환경부장관에게 보고하고 다른 유역환경청장 또는 지방환경청장과 관할세관장에게 통보하여야 한다.

3) 신고자는 불합격된 제품 등에 대한 처리가 완료되면 지체없이 당해 유역환경청장 또는 지방환경청장에게 그 처리결과를 보고하여야 한다.

마. 먹는물 검사항목 및 검사주기

먹는물의 검사항목 및 검사주기는 〈표15-8〉과 같다.

〈표15-8〉 먹는물 검사항목 및 검사주기

구분	검사주기	측정항목
정수장	매일검사	냄새, 맛, 색도, pH, 탁도, 잔류염소
	매주검사	일반세균, 총대장균군, 분원성대장균군 또는 대장균, 암모니아성질소, 질산성질소, 과망간산칼륨소비량, 증발잔류물
	매월검사	먹는물 수질기준 전항목
수도꼭지	매월검사	일반세균, 총대장균군, 분원성대장균군 또는 대장균, 잔류염소
수도관 노후지역 수도꼭지	매월검사	일반세균, 총대장균군, 분원성대장균군 또는 대장균, 암모니아성질소, 철, 동, 아연, 망간, 염소이온, 잔류염소
급수과정 시설별	분기검사	일반세균, 총대장균군, 분원성대장균군 또는 대장균, 암모니아성질소, 총트리할로메탄, 동, 아연, 철, 탁도, 잔류염소, pH
간이·전용상수도 소규모급수시설	분기검사	일반세균, 총대장균군, 분원성대장균군 또는 대장균, 암모니아성질소, 질산성질소, 냄새, 맛, 색도, 탁도, 불소, 망간, 알루미늄, 잔류염소
먹는물공동시설	분기검사	일반세균, 총대장균군, 분원성대장균군 또는 대장균, 암모니아성질소, 질산성질소, 과망간산칼륨 소비량, 증발잔류물
	매년검사	먹는물수질기준 전항목(소독제 및 소독부산물질 제외)

4 먹는물의 수질기준

먹는물의 수질기준은 수돗물과 먹는샘물의 기준이 정해져 있다.

가. 수돗물의 수질기준

수돗물의 수질기준은 〈표15-9〉와 같이 미생물 4개, 유해영향무기물질 11개, 휘발성유기물질 11개, 농약 5개, 소독부산물 8개, 심미적영향물질 16개, 정수처리기준 2개로 총 57개 항목이 정해져 있다.

〈표15-9〉 수돗물 수질기준

구분		수질 항목	개정
미생물		일반세균 (Total Colony Counts)	100CFU/㎖
		총대장균군 (Total Coliforms)	ND/100㎖
		분원성대장균군 (Fecal Coliforms)	ND/100㎖
		대장균 (Escherichia Coli)	ND/100㎖
유해영향무기물질		납 (Pb: Lead)	0.05㎎/ℓ
		불소 (F: Fluoride)	1.5㎎/ℓ
		비소 (As: Arsenic)	0.05㎎/ℓ
		세레늄 (Se: Selenium)	0.01㎎/ℓ
		수은 (Hg: Mercury)	0.001㎎/ℓ
		시안 (CN: Cyanide)	0.01㎎/ℓ
		6가크롬 (Cr^{+6}: Hexachromium)	0.05㎎/ℓ
		암모니아성 질소 (NH_3-N: Ammonium Nitrogen)	0.5㎎/ℓ
		질산성 질소 (NO_3-N: Nitrate Nitrogen)	10㎎/ℓ
		카드뮴 (Cd: Cadmium)	0.005㎎/ℓ
		보론(붕소, B: Boron)	0.3㎎/ℓ
유해영향유기물질	휘발성유기물질	페놀 (Phenol)	0.005㎎/ℓ
		1.1.1-트리클로로 에탄 (1.1.1-Trichloroethane)	0.1㎎/ℓ
		테트라클로로에틸렌(PCE: Tetrachloroethylene)	0.01㎎/ℓ
		트리클로로 에틸렌 (TCE: Trichloroethylene)	0.03㎎/ℓ
		디클로로 메탄 (Dichloromethane)	0.02㎎/ℓ
		벤젠 (Benzene)	0.01㎎/ℓ
		톨루엔 (Toluene)	0.7㎎/ℓ
		에틸벤젠 (Ethyle Benzene)	0.3㎎/ℓ
		크실렌 (Xylene)	0.5㎎/ℓ
		1.1디클로로 에틸렌 (1.1 Dichloroethylene)	0.03㎎/ℓ
		사염화탄소 (Carbon tetrachloride)	0.002㎎/ℓ
	농약	다이아지논 (Diazinon)	0.02㎎/ℓ
		파라티온 (Parathion)	0.06㎎/ℓ
		페니트로티온 (Fenitrothion)	0.04㎎/ℓ
		카바릴 (Carbaryl)	0.07㎎/ℓ
		1,2-디브로모-3-클로로프로판 (1,2-Dibromo-3-Chloropropan)	0.003㎎/ℓ
	소독부산물	유리잔류염소 (Free Residual Chlorine)	4.0㎎/ℓ
		총트리할로메탄 (THMs: Trihalomethanes)	0.1㎎/ℓ
		클로로포름 (Chloroform)	0.08㎎/ℓ
		클로랄하이드레이트 (Chloralhydrate)	0.03㎎/ℓ
		디브로모아세토니트릴 (Dibromoacetonitrile)	0.1㎎/ℓ
		디클로로아세토니트릴 (Dichloroacetonitrile)	0.09㎎/ℓ
		트리클로로아세토니트릴 (Trichloroacetonitrile)	0.004㎎/ℓ
		할로아세틱에시드 (HAA: Haloacetic acid)	0.1㎎/ℓ
심미적영향물질		경도 (Hardness)	300㎎/ℓ
		과망간산칼륨소비량 (Consumption of $KMnO_4$)	10㎎/ℓ
		냄새(소독외의 냄새) (Odor)	ND
		맛(소독외의 맛) (Taste)	ND
		동 (Cu: Cooper)	1㎎/ℓ
		색도 (Color)	5도
		세제 (ABS: Alkyl Benzene Sulfate)	0.5㎎/ℓ
		수소이온농도 (pH)	5.8~8.5
		아연 (Zn: Zinc))	1㎎/ℓ
		염소이온 (Cl^-: Chloride)	250㎎/ℓ
		증발잔류물 (Total Solds)	500㎎/ℓ
		철 (Fe: Iron)	0.3㎎/ℓ
		망간 (Mn: Manganese)	0.3㎎/ℓ
		탁도 (Turbidity)	0.5 NTU
		황산이온 (SO_4^{-2}: Sulfate)	200㎎/ℓ
		알루미늄 (Al: Aluminium)	0.2㎎/ℓ
정수처리기준		바이러스(Viruses)	99.99% 제거
		지아디아 포낭(Giardia lambia)	99.9% 제거

나. 먹는샘물 및 먹는물공동시설의 수질기준

먹는샘물 및 먹는물공동시설의 수질기준은 〈표15-10〉과 같이 먹는샘물에는 미생물 8개, 유해영향무기물질 11개, 휘발성유기물질 11개, 농약 5개, 심미적영향물질 16개로 총 51개 항목이 정해져 있고, 먹는물공동시설에는 미생물이 5개로 총 48개 항목이 정해져 있다.

〈표15-10〉 먹는샘물 및 먹는물공동시설 수질기준

구분		수질항목	먹는샘물	먹는물공동시설
미생물		저온일반세균(21℃)	100CFU/㎖	
		중온일반세균(35℃)	20CFU/㎖	100CFU/㎖
		총대장균군 (Total Coliforms)	ND/250㎖	ND/100㎖
		분원성연쇄상구균(Fecal Streptococci)	ND/250㎖	
		녹농균(Pseudomonas aeruginosa)	ND/250㎖	
		아황산환원혐기성포자형성균(Spore-forming Sulfite-reducing anaerobes)	ND/250㎖	
		살모넬라(Salmonella)	ND/250㎖	
		쉬겔라(Shigella)	ND/250㎖	
		분원성대장균군 (Fecal Coliforms)		ND/100㎖
		대장균 (Escherichia Coli)		ND/100㎖
		여시니아		ND/2ℓ
유해영향무기물질		납 (Pb: Lead)	0.05㎎/ℓ	0.05㎎/ℓ
		불소 (F: Fluoride)	1.5㎎/ℓ	1.5㎎/ℓ
		비소 (As: Arsenic)	0.05㎎/ℓ	0.05㎎/ℓ
		세레늄 (Se: Selenium)	0.01㎎/ℓ	0.01㎎/ℓ
		수은 (Hg: Mercury)	0.001㎎/ℓ	0.001㎎/ℓ
		시안 (CN: Cyanide)	0.01㎎/ℓ	0.01㎎/ℓ
		6가크롬 (Cr^{+6}: Hexachromium)	0.05㎎/ℓ	0.05㎎/ℓ
		암모니아성 질소 (NH_3-N: Ammonium Nitrogen)	0.5㎎/ℓ	0.5㎎/ℓ
		질산성 질소 (NO_3-N: Nitrate Nitrogen)	10㎎/ℓ	10㎎/ℓ
		카드뮴 (Cd: Cadmium)	0.005㎎/ℓ	0.005㎎/ℓ
		보론(붕소, B: Boron)	0.3㎎/ℓ	0.3㎎/ℓ
유해영향유기물질	휘발성유기물질	페놀 (Phenol)	0.005㎎/ℓ	0.005㎎/ℓ
		1.1.1-트리클로로 에탄 (1.1.1-Trichloroethane)	0.1㎎/ℓ	0.1㎎/ℓ
		테트라클로로에틸렌(PCE: Tetrachloroethylene)	0.01㎎/ℓ	0.01㎎/ℓ
		트리클로로 에틸렌 (TCE: Trichloroethylene)	0.03㎎/ℓ	0.03㎎/ℓ
		디클로로 메탄 (Dichloromethane)	0.02㎎/ℓ	0.02㎎/ℓ
		벤젠 (Benzene)	0.01㎎/ℓ	0.01㎎/ℓ
		톨루엔 (Toluene)	0.7㎎/ℓ	0.7㎎/ℓ
		에틸벤젠 (Ethylbenzene)	0.3㎎/ℓ	0.3㎎/ℓ
		크실렌 (Xylene)	0.5㎎/ℓ	0.5㎎/ℓ
		1.1디클로로 에틸렌 (1.1 Dichloroethylene)	0.03㎎/ℓ	0.03㎎/ℓ
		사염화탄소 (Tetrachlorocarbon)	0.002㎎/ℓ	0.002㎎/ℓ
	농약	다이아지논 (Diazinon)	0.02㎎/ℓ	0.02㎎/ℓ
		파라티온 (Parathion)	0.06㎎/ℓ	0.06㎎/ℓ
		페니트로티온 (Fenitrothion)	0.04㎎/ℓ	0.04㎎/ℓ
		카바릴 (Carbaryl)	0.07㎎/ℓ	0.07㎎/ℓ
		1,2-디브로모-3-클로로프로판 (1,2-Dibromo-3-Chloropropan)	0.003㎎/ℓ	0.003㎎/ℓ
심미적영향물질		경도 (Hardness)	300㎎/ℓ	300㎎/ℓ
		과망간산칼륨 소비량 (Consumption of $KMnO_4$)	10㎎/ℓ	10㎎/ℓ
		냄새(소독외의 냄새) (Odor)	ND	ND
		맛(소독외의 맛) (Taste)	ND	ND
		동 (Cu: Cooper)	1㎎/ℓ	1㎎/ℓ
		색도 (Color)	5도	5도
		세제 (ABS: Alkyl Benzene Sulfate)	0.5㎎/ℓ	0.5㎎/ℓ
		수소이온농도 (pH)	5.8~8.5	5.8~8.5
		아연 (Zn: Zinc))	1㎎/ℓ	1㎎/ℓ
		염소이온 (Cl^-: Chloride)	250㎎/ℓ	250㎎/ℓ
		증발잔류물 (Total Solds)	500㎎/ℓ	500㎎/ℓ
		철 (Fe: Iron)	0.3㎎/ℓ	0.3㎎/ℓ
		망간 (Mn: Manganese)	0.3㎎/ℓ	0.3㎎/ℓ
		탁도 (Turbidity)	1 NTU	1 NTU
		황산이온 (SO_4^{+}: Sulfate)	200㎎/ℓ	200㎎/ℓ
		알루미늄 (Al: Aluminium)	0.2㎎/ℓ	0.2㎎/ℓ

다. 먹는샘물 제조업자의 자가품질 검사기준

먹는샘물 제조업자의 자가품질 검사기준은 〈표15-11〉과 같다.

〈표15-11〉 먹는샘물 제조업자의 자가품질 검사기준

구분	검 사 항 목	검사주기
먹는샘물	냄새 · 맛 · 색도 · 탁도 · 수소이온농도	일 1회
	일반세균(저온균 · 중온균) · 대장균군 · 녹농균	주 2회
	분원성연쇄상구균 · 아황산환원혐기성포자형성균 · 살모넬라 · 쉬겔라	월 1회
	먹는물수질기준및검사등에관한규칙 별표 1에서 정하는 모든 항목	분기 1회
샘물	일반세균(저온균 · 중온균) · 대장균군 · 분원성연쇄상구균 · 녹농균 · 아황산환원혐기성포자형성균	주 1회
	먹는물수질기준및검사등에관한규칙 별표 1에서 정하는 모든 항목	분기 1회

주) 1. 샘물에 대하여 매주 1회 이상 검사하는 미생물항목 6개 항목의 1이 기준을 초과하는 경우에는 살모넬라 · 쉬겔라에 대한 검사를 3월간 매월 1회이상 추가로 실시하여야 한다.
2. 먹는샘물 및 샘물에 대하여 매분기 1회 이상 실시하는 검사항목중 기준을 초과한 항목에 대하여는 6월간 매월 1회 이상 검사하여야 한다.

5 먹는물의 생산현황

가. 수돗물의 생산량

한국에서 2004년에 생산 공급한 수돗물의 총량은 〈표15-12〉와 같이 59억 톤으로 누수량 11.6%를 제외한 46억 톤의 유수수량에 대하여 수도요금을 부과하였으며, 총 수도요금은 2조 5,513억 원이었다. 유수수량의 65%가 가정용이고 이중 46%를 식용으로 사용한 것으로 보면 전체 유수수량의 30%인 14억 톤이 식용수돗물인 셈이다.

〈표15-12〉 수돗물 생산량 (백만 톤, 원/톤, 10억원)

	2000	2001	2002	2003	2004
생산량	5,812	5,791	5,696	5,723	5,909
유수수량	4,342	4,367	4,395	4,489	4,633
요금	445	489	514	533	551
부과액	1,934	2,136	2,259	2,392	2,551

주) 수량은 1입방미터를 1톤으로 봄

나. 먹는샘물 생산량

1995년 먹는물관리법 시행당시 14개였던 먹는샘물 제조업체가 2004년에는 72개로 증가하였고, 주로 충청도와 경기, 강원지역에 위치해 있다. 〈표15-13〉과 같이 소득에 비례하여 먹는샘물의 판매량도 증가하여 2004년에는 판매량이 211만 톤, 판매액이 2,215억 원이었으며 단가는 1리터당 105원이었다. 먹는샘물의 가격은 리터당 105원으로 수돗물의 가격(톤 당 551원)에 비해 무려 190배나 비싼데도 소비가 증가하고 있다.

〈표15-13〉 먹는샘물 판매실적 (천 톤, 원/리터, 10억 원)

구분	2000	2001	2002	2003	2004
판매량	1,430	1,851	2,027	1,973	2,110
판매단가	109	110	107	96	105
판매액	156	203	217	190	222

주) 2004년도 수돗물을 포함한 먹는물의 판매액은 2조 4,820억 원이었다.

제3절 얼음의 품질관리

1 얼음의 품질

얼음이라 함은 식품의 제조, 가공, 조리, 저장 등에 사용하거나 그대로 먹을 수 있도록 먹는물을 냉동한 것을 말하며 유형에는 식용얼음과 어업용얼음이 있다.

식용얼음은 식품의 제조, 가공, 조리 등에 직접 사용하거나 그대로 먹는물을 얼린 것으로, 염소이온, 질산성질소, 암모니아성질소, 과망간산칼륨소비량, pH, 세균수, 대장균군이 〈표15-14〉와 같이 규격으로 정해져 있다. 또 어업용얼음은 pH, 증발잔류물, 세균수, 대장균군이 규격기준으로 정해져 있다.

〈표15-14〉 얼음의 품질규격

	식용얼음	어업용 얼음
성상	4/5 이상이 무색투명한 고체로서 이를 녹인 물은 이미·이취가 없어야 한다.	불투명한 고체로서 이를 녹인 물은 염소 이외의 이미·이취가 없어야 한다.
염소이온(mg/ℓ)	250 이하	-
질산성질소(mg/ℓ)	10.0 이하	-
암모니아성질소(mg/ℓ)	0.5 이하	-
과망간산칼륨소비량(mg/ℓ)	10.0 이하	-
pH	5.8 - 8.5	5.8 - 8.5
증발잔류물(mg/ℓ)	-	1,500 이하
세균수(cfu/mℓ)	100 이하	100 이하
대장균군(50mℓ 중)	음성	음성

2 얼음의 생산량

얼음은 2004년에 91만 톤을 공급하였는데 이중 33만 톤이 식용얼음이고, 58만 톤이 수산물을 냉각하는데 쓰이는 어업용얼음이었다. 얼음의 2004년도 생산액은 350억 원으로 식용얼음이 139억 원, 어업용얼음이 211억 원이었으며, 평균가격은 kg당 38원이었다.

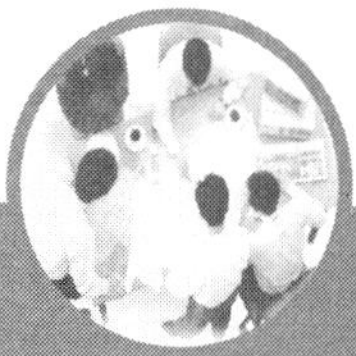

찾 아 보 기

저자소개

학력

서울대학교 농과대학 식품공학과 졸업
서울대학교 대학원 식품공학과 졸업
농학박사
식품기술사

약력

제일제당 식품연구소 연구원
농협대학 식품제조과 조교수, 부교수
농협대학 유통경제전공 부교수

저서

식품공장설계
청과물의 저장과 가공기술
김치의 기술과 경영
농식품물류
식품물류
식품안전과 품질관리

논문

포장방법을 달리한 절임배추의 장기저장 중 품질변화
국산 농식품 소비촉진을 위한 식품안전성 관리제도 개선방안
농식품 산지유통의 발전방안에 대한 연구 외 40여 편

식품안전과 품질관리

2014년 3월 3일 1판 2쇄 발행

지은이 : 한응수
펴낸이 : 이무형
펴낸곳 : 태학원

신고번호 : 제406-2012-000070호(1988년 1월 23일)
주소 : 경기도 파주시 장릉로49번길 26, 나동
전화 : 031-941-4136, 02-719-6680
팩스 : 031-941-4135

가격 : 28,000원

ISBN : 978-89-86016-94-9 13590